Wangzikun

王梓坤文集 | 李仲来 主编

08

生灭过程与马尔可夫链

王梓坤　杨向群　著

北京师范大学出版集团
BEIJING NORMAL UNIVERSITY PUBLISHING GROUP
北京师范大学出版社

前　言

王梓坤先生是中国著名的数学家、数学教育家、科普作家、中国科学院院士。他为我国的数学科学事业、教育事业、科学普及事业奋斗了几十年，做出了卓越贡献。他是中国概率论研究的先驱者，是将马尔可夫过程引入中国的先行者，是新中国教师节的提出者。作为王先生的学生，我们非常高兴和荣幸地看到我们敬爱的老师 8 卷文集的出版。

王老师于 1929 年 4 月 30 日（农历 3 月 21 日）出生于湖南省零陵县（今湖南省永州市零陵区），7 岁时回到靠近井冈山的老家江西省吉安县枫墅村，幼时家境极其贫寒。父亲王肇基，又名王培城，常年在湖南受雇为店员，辛苦一生，受教育很少，但自学了许多古书，十分关心儿子的教育，教儿子背古文，做习题，曾经凭记忆为儿子编辑和亲笔书写了一本字典。但父亲不幸早逝，那年王老师才 11 岁。母亲郭香娥是农村妇女，勤劳一生，对人热情诚恳。父亲逝世后，全家的生活主要靠母亲和兄嫂租种地主的田地勉强维持。王老师虽然年幼，但帮助家里干各种农活。他聪明好学，常利用走路、放牛、车水的时间看书、算题，这些事至今还被乡亲们传为佳话。

王老师幼时的求学历程是坎坷和充满磨难的。1940 年念完初小，村里没有高小。由于王老师成绩好，家乡父老劝他家长送他去固江镇县立第三中心小学念高小。半年后，父亲不幸去世，家境更为贫困，家里希望他停学。但他坚决不同意并做出了他人生中的第一大决策：走读。可是学校离家有十里之遥，而且翻山越岭，路上有狼，非常危险。王老师往往天不亮就起床，黄昏才回家，好不容易熬到高小毕业。1942 年，王老师考上省立吉安中学（现江西省吉安市白鹭洲中学），只有第一个学期交了学费，以后就再也交不起了。在班主任高克正老师的帮助下，王老师申请缓交学费获批准，可是初中毕业时却因欠学费拿不到毕业证，更无钱报考高中。幸而学长王寄萍出资帮助，才拿到了毕业证并且去县城考取了国立十三中（现江西省泰和中学）的公费生。这事发生在 1945 年。他以顽强的毅力、勤奋的天性、优异的成绩、诚朴的品行，赢得了老师、同学和亲友的同情、关心、爱护和帮助。母亲和兄嫂在经济极端困难的情况下，也尽力支持他，终于完成了极其艰辛的小学、中学学业。

1948 年暑假，在长沙有 5 所大学招生。王老师同样没有去长沙的路费，幸而同班同学吕润林慷慨解囊，王老师才得以到了长沙。长沙的江西同乡会成员欧阳伯康帮王老师谋到一个临时的教师职位，解决了在长沙的生活困难。王老师报考了 5 所学校，而且都考取了。他选择了武汉大学数学系，获得了数学系的两个奖学金名额之一，解决了学费问题。在大学期间，他如鱼得水，在知识的海洋中遨游。1952 年毕业，他被分配到南开大学数学系任教。

王老师在南开大学辛勤执教 28 年。1954 年，他经南开大学推荐并考试，被录取为留学苏联的研究生，1955 年到世界著名大学莫斯科大学数学力学系攻读概率论。三年期间，他的绝大部分时间是在图书馆和教室里度过的，即使在假期里有去伏尔加河旅游的机会，他也放弃了。他在莫斯科大学的指导老师是近代概率论的奠基人、概率论公理化创立者、苏联科学院院士柯尔莫哥洛夫（А. Н. Колмогоров）和才华横溢的年轻概率论专家杜布鲁申（Р. Л. Добрушин），两位导师给王老师制订了学习和研究计划，让他参加他们领导的概率论讨论班，指导也很具体和耐心。王老师至今很怀念和感激他们。1958年，王老师在莫斯科大学获得苏联副博士学位。

学成回国后，王老师仍在南开大学任教，曾任概率信息教研室主任、南开大学数学系副主任、南开大学数学研究所副所长。他满腔热情地投身于教学和科研工作之中。当时在国内概率论学科几乎还是空白，连概率论课程也只有很少几所高校能够开出。他为概率论的学科建设奠基铺路，向概率论的深度和广度进军，将概率论应用于国家经济建设；他辛勤地培养和造就概率论的教学和科研队伍，让概率论为我们的国家造福。1959年，时年30岁还是讲师的王老师就开始带研究生，主持每周一次的概率论讨论班，为中国培养出一些高水平的概率论专家。至今他已指导了博士研究生和博士后22人，硕士研究生30余人，访问学者多人。他为本科生、研究生和青年教师开设概率论基础及其应用、随机过程等课程。由于王老师在教学、科研方面的突出成就，1977年11月他就被特别地从讲师破格晋升为教授，这是“文化大革命”后全国高校第一次职称晋升，只有两人（另一位是天津大学贺家李教授）。1981年国家批准第一批博士生导师，王老师是其中之一。

1965年，他出版了《随机过程论》，这是中国第一部系统论述随机过程理论的著作。随后又出版了《概率论基础及其应用》(1976)、《生灭过程与马尔可夫链》(1980)。这三部书成一整体，从概率论的基础写起，到他的研究方向的前沿，被人誉为概率论三部曲，被长期用作大学教材或参考书。1983年又出版专著《布朗运动与位势》。这些书既总结了王老师本人、他的同事、同行、学生在概率论的教学和研究中的一些成果，又为在中国传播、推动概率论学科发展，培养中国概率论的教学和研究人才，起到了非常重要的作用，哺育了中国的几代概率论学人（这4部著作于1996年由北京师范大学出版社再版，书名分别是：《概率论基础及其应用》，即本 8 卷文集的第 5 卷；《随机过程通论》上、下卷，即本 8 卷文集的第 6 卷和第 7 卷）。1992 年《生灭过程与马尔可夫链》的扩大修订版（与杨向群合作）被译成英文，由德国的施普林格（Springer）出版社和中国的科学出版社出版。1999 年由湖南科技出版社出版的《马尔可夫过程与今日数学》，则是将王老师 1998 年底以前发表的主要论文进行加工、整理、编辑而成的一本内容系统、结构完整的书。

1984 年 5 月，王老师被国务院任命为北京师范大学校长，这一职位自 1971 年以来一直虚位以待。王老师在校长岗位上工作了 5 年。王老师常说："我一辈子的理想，就是当教师。"他一生都在实践做一位好教师的诺言。任校长后，就将更多精力投入到发展师范教育和提高教师地位、待遇上来。1984 年 12 月，王老师与北京师范大学的教师们提出设立"教师节"的建议，并首次提出了"尊师重教"的倡议，提出"百年树人亦英雄"，以恢复和提高人民教师在社会上的光荣地位，同时也表达了全国人民对教师这一崇高职业的高度颂扬、崇敬和爱戴。1985 年 1 月，全国人民代表大会常务委员会通过决议，决定每年的 9 月 10 日为教师节。王老师任校长后明确提出北京师范大学的办学目标：把北京师范大学建成国内第一流的、国际上有影响力的、高水平、多贡献的重点大学。对于如何处理好师范性和学术性的问题，他认为两者不仅不能截然分开，而且是相辅相成的；不搞科研就不能叫大学，如果学术水平不高，培养的老师一般水平不会太高，所以必须抓学术；但师范性也不能丢，师范大学的主要任务就是干这件事，更何况培养师资是一项光荣任务。对师范性他提出了三高：高水平的专业、高水平的师资、高水平的学术著作。王老师也特别关心农村教育，捐资为农村小学修建教学楼，赠送书刊，设立奖学金。王老师对教育事业付出了辛勤的劳动，做出了重要贡献。正如著名教育家顾明远先生所说："王梓坤是教育实践家，他做成的三件事情：教师节、抓科研、建大楼，对北京师范大学的建设意义深远。”2008年，王老师被中国几大教育网站授予改革开放30年“中国教育时代人物”称号。

1981年，王老师应邀去美国康奈尔（Cornell）大学做学术访问；1985年访问加拿大里贾纳（Regina）大学、曼尼托巴（Manitoba）大学、温尼伯（Winnipeg）大学。1988年，澳大利亚悉尼麦考瑞（Macquarie）大学授予他荣誉科学博士学位和荣誉客座学者称号，王老师赴澳大利亚参加颁授仪式。该校授予他这一荣誉称号是由于他在研究概率论方面的杰出成就和在提倡科学教育和研究方法上所做出的贡献。

1989年，他访问母校莫斯科大学并作学术报告。

1993年，王老师卸任校长职务已数年。他继续在北京师范大学任职的同时，以极大的勇气受聘为汕头大学教授。这是国内的大学第一次高薪聘任专家学者。汕头大学的这一举动横扫了当时社会上流行的“读书无用论”“搞导弹的不如卖茶叶蛋的”等论调，证明了掌握科学技术的人员是很有价值的，为国家改善广大知识分子的待遇开启了先河。但此事引起极大震动，一时引发了不少议论。王老师则认为：这对改善全国的教师和科技人员的待遇、对发展教育和科技事业，将会起到很好的作用。果然，开此先河后，许多单位开始高薪补贴或高薪引进人才。在汕头大学，王老师与同事们创办了汕头大学数学研究所，并任所长6年。汕头大学的数学学科有了很大的发展，不仅获得了数学学科的硕士学位授予权，而且聚集了一批优秀的数学教师，为后来获得数学学科博士学位授予权打下了坚实的基础。

王老师担任过很多兼职：天津市人民代表大会代表，国家科学技术委员会数学组成员，中国数学会理事，中国科学技术协会委员，中国高等教育学会常务理事，中国自然辩证法研究会常务理事，中国人才学会副理事长，中国概率统计学会常务理事，中国地震学会理事，中国高等师范教育研究会理事长，

《中国科学》《科学通报》《科技导报》《世界科学》《数学物理学报》等杂志编委，《数学教育学报》主编，《纯粹数学与应用数学》《现代基础数学》等丛书编委。

王老师获得了多种奖励和荣誉：1978 年获全国科学大会奖，1982 年获国家自然科学奖，1984 年被中华人民共和国人事部授予“国家有突出贡献中青年专家”称号，1986 年获国家教育委员会科学技术进步奖，1988 年获澳大利亚悉尼麦考瑞大学荣誉科学博士学位和荣誉客座学者称号，1990 年开始享受政府特殊津贴，1993 年获曾宪梓教育基金会高等师范院校教师奖，1997 年获全国优秀科技图书一等奖，2002 年获何梁何利基金科学与技术进步奖。王老师于 1961 年、1979 年和 1982 年 3 次被评为天津市劳动模范，1980 年获全国新长征优秀科普作品奖，1990 年被全国科普作家协会授予“新中国成立以来成绩突出的科普作家”称号。

1991 年，王老师当选为中国科学院院士，这是学术界对他几十年来在概率论研究中和为这门学科在中国的发展所做出的突出贡献的高度评价和肯定。

王老师是将马尔可夫过程引入中国的先行者。马尔可夫过程是以俄国数学家 A. A. Марков 的名字命名的一类随机过程。王老师于 1958 年首次将它引入中国时，译为马尔科夫过程。后来国内一些学者也称为马尔可夫过程、马尔柯夫过程、Markov 过程，甚至简称为马氏过程或马程。现在统一规范为马尔可夫过程，或直接用 Markov 过程。生灭过程、布朗运动、扩散过程都是在理论上非常重要、在应用上非常广泛、很有代表性的马尔可夫过程。王老师在马尔可夫过程的理论研究和应用方面都做出了很大的贡献。

随着时代的前进，特别是随着国际上概率论研究的进展，王老师的研究课题也在变化。这些课题都是当时国际上概率论研究前沿的重要方向。王老师始终紧随学科的近代发展步伐，力求在科学研究的重要前沿做出崭新的、开创性的成果，以带动国内外一批学者在刚开垦的原野上耕耘。这是王老师一生中数学研究的一个重大特色。

20 世纪 50 年代末，王老师彻底解决了生灭过程的构造问题，而且独创了马尔可夫过程构造论中的一种崭新的方法——过程轨道的极限过渡构造法，简称极限过渡法。王老师在莫斯科大学学习期间，就表现出非凡的才华，他的副博士学位论文《全部生灭过程的分类》彻底解决了生灭过程的构造问题，也就是说，他找出了全部的生灭过程，而且用的方法是他独创的极限过渡法。当时，国际概率论大师、美国的费勒（W. Feller）也在研究生灭过程的构造，但他使用的是分析方法，而且只找出了部分的生灭过程（同时满足向前、向后两个微分方程组的生灭过程）。王老师的方法的优点在于彻底性（构造出了全部生灭过程）和明确性（概率意义非常清楚）。这项工作得到了苏联概率论专家邓肯（E. Б. Дынкин，E. B. Dynkin，后来移居美国并成为美国科学院院士）和苏联概率论专家尤什凯维奇（A. A. Юшкевич）教授的引用和好评，后者说：“Feller 构造了生灭过程的多种延拓，同时王梓坤找出了全部的延拓。”在解决了生灭过程构造问题的基础上，王老师用差分方法和递推方法，求出了生灭过程的泛函的分布，并给出此成果在排队论、传染病学等研究中的应用。英国皇家学会会员肯德尔（D. G. Kendall）评论说：“这篇文章除了作者所提到的应用外，还有许多重要的应用……该问题是困难的，本文所提出的技巧值得仔细学习。”在王老师的带领和推动下，对构造论的研究成为中国马尔可夫过程研究的一个重要的特色之一。中南大学、湘潭大学、湖南师范大学等单位的学者已在国内外出版了几部关于马尔可夫过程构造论的专著。

1962 年，他发表了另一交叉学科的论文《随机泛函分析引论》，这是国内较系统地介绍、论述、研究随机泛函分析的第一篇论文。在论文中，他求出了广义函数空间中随机元的极限定理。此文开创了中国研究随机泛函的先河，并引发了吉林大学、武汉大学、四川大学、厦门大学、中国海洋大学等高校的不少学者的后继工作，取得了丰硕成果。

20世纪60年代初，王老师将邓肯的专著《马尔可夫过程论基础》译成中文出版，该书总结了当时的苏联概率论学派在马尔可夫过程论研究方面的最新成就，大大推动了中国学者对马尔可夫过程的研究。

20世纪60年代前期，王老师研究了一般马尔可夫过程的通性，如0-1律、常返性、马丁（Martin）边界和过分函数的关系等。他证明的一个很有趣的结果是：对于某些马尔可夫过程，过程常返等价于过程的每一个过分函数是常数，而过程的强无穷远0-1律成立等价于过程的每一个有界调和函数是常数。

20世纪60年代后期和70年代，由于众所周知的原因，王老师停下理论研究，应海军和国家地震局的要求，转向数学的实际应用，主要从事地震统计预报和在计算机上模拟随机过程。他带领的课题小组首创了“地震的随机转移预报方法”和“利用国外大震以预报国内大震的相关区方法”，被地震部门采用，取得了实际的效果。在这期间，王老师也发表了一批实际应用方面的论文，例如，《随机激发过程对地极移动的作用》等，还有1978年出版的专著《概率与统计预报及在地震与气象中的应用》(与钱尚玮合作)。

20世纪70年代，马尔可夫过程与位势理论的关系是国际概率论界的热门研究课题。王老师研究布朗运动与古典位势的关系，求出了布朗运动、对称稳定过程的一些重要分布。如对球面的末离时、末离点、极大游程的精确分布。他求出的自原点出发的d（不小于3）维布朗运动对于中心是原点的球面的末离时分布，是一个当时还未见过的新分布，而且分布的形式很简单。美国数学家格图（R. K. Getoor）也独立地得到了同样的结果。王老师还证明了：从原点出发的布朗运动对于中心是原点的球面的首中点分布和末离点分布是相同的，都是球面上的均匀分布。

20 世纪 80 年代后期，王老师研究多参数马尔可夫过程。他于 1983 年在国际上最早给出多参数有限维奥恩斯坦-乌伦贝克（OU，Ornstein-Uhlenbeck）过程的严格数学定义并得到了系统的研究成果。如三点转移、预测问题、多参数与单参数的关系等。次年，加拿大著名概率论专家瓦什（J. B. Walsh）也给出了类似的定义，其定义是王老师定义的一种特殊情形。1993 年，王老师在引进多参数无穷维布朗运动的基础上，给出了多参数无穷维 OU 过程定义，这是国际上最早提出并研究多参数无穷维 OU 过程的论文，该文发现了参数空间有分层性质。王老师关于多参数马尔可夫过程的开创性工作，推动和引发了国内对于多参数马尔可夫过程的研究，如中山大学、武汉大学、南开大学、杭州大学、湘潭大学、湖南师范大学等的后继研究。湖南科学技术出版社 1996 年出版的杨向群、李应求的专著《两参数马尔可夫过程论》，就是在王老师开垦的原野上耕耘的结果。

20 世纪 90 年代至今，王老师带领同事和研究生研究国际上的重要新课题——测度值马尔可夫过程（超过程）。测度值马氏过程理论艰深，但有很明确的实际意义。粗略地说，如果普通马尔可夫过程是刻画“一个粒子”的随机运动规律，那么超过程就是刻画“一团粒子云”的随机飘移运动规律。王老师带领的集体在超过程理论上取得了丰富的成果，特别是他的年轻的同事和学生们，做了许多很好的工作。

2002 年，王老师和张新生发表论文《生命信息遗传中的若干数学问题》，这又是一项旨在开拓创新的工作。1953 年沃森（J. Watson）和克里克（F. Crick）发现 DNA 的双螺旋结构，人们对生命信息遗传的研究进入一个崭新的时代，相继发现了“遗传密码字典”和“遗传的中心法则”。现在，人类基因组测序数据已完成，其数据之多可以构成一本 100 万页的书，而且书中只有4个字母反复不断地出现。要读懂这本宏厚的巨著，需要数学和计算机学科的介入。该文首次向国内学术界介绍了人类基因组研究中的若干数学问题及所要用到的数学方法与模型，具有特别重要的意义。

除了对数学的研究和贡献外，王老师对科学普及、科学研究方法论，甚至一些哲学的基本问题，如偶然性、必然性、混沌之间的关系，也有浓厚兴趣，并有独到的见解，做出了一定的贡献。

在“文化大革命”的特殊年代，王老师仍悄悄地学习、收集资料、整理和研究有关科学发现和科学研究方法的诸多问题。1977年“文化大革命”刚结束，王老师就在《南开大学学报》上连载论文《科学发现纵横谈》（以下简称《纵横谈》），次年由上海人民出版社出版成书。这是“文化大革命”后中国大陆第一本关于科普和科学方法论的著作。这本书别开生面，内容充实，富于思想，因而被广泛传诵。书中一开始就提出，作为一个科技工作者，应该兼备德识才学，德是基础，而且德识才学要在实践中来实现。王老师本人就是一位成功的德识才学的实践者。《纵横谈》是十年“文化大革命”后别具一格的读物。数学界老前辈苏步青院士作序给予很高的评价：“王梓坤同志纵览古今，横观中外，从自然科学发展的历史长河中，挑选出不少有意义的发现和事实，努力用辩证唯物主义和历史唯物主义的观点，加以分析总结，阐明有关科学发现的一些基本规律，并探求作为一名自然科学工作者，应该力求具备一些怎样的品质。这些内容，作者是在‘四人帮’① 形而上学猖獗、唯心主义横行的情况下写成的，尤其难能可贵……作者是一位数学家，能在研究数学的同时，写成这样的作品，同样是难能可贵的。”《纵横谈》以清新独特的风格、简洁流畅的笔调、扎实丰富的内容吸引了广大读者，引起国内很大的反响。书中不少章节堪称

① 指王洪文、张春桥、江青、姚文元.

优美动人的散文，情理交融回味无穷，使人陶醉在美的享受中。有些篇章还被选入中学和大学语文课本中。该书多次出版并获奖，对科学精神和方法的普及起了很大的作用。以至19年后，这本书再次在《科技日报》上全文重载（1996年4月4日至5月21日）。主编在前言中说：“这是一组十分精彩、优美的文章。今天许许多多活跃在科研工作岗位上的朋友，都受过它的启发，以至他们中的一些人就是由于受到这些文章中阐发的思想指引，决意将自己的一生贡献给伟大的科学探索。”1993年，北京师范大学出版社将《纵横谈》进一步扩大成《科学发现纵横谈（新编）》。该书收入了《科学发现纵横谈》、1985年王老师发表的《科海泛舟》以及其他一些文章。2002年，上海教育出版社出版了装帧精美的《莺啼梦晓——科研方法与成才之路》一书，其中除《纵横谈》外，还收入了数十篇文章，有的论人才成长、科研方法、对科学工作者素质的要求，有的论数学学习、数学研究、研究生培养等。2003年《莺啼梦晓——科研方法与成才之路》获第五届上海市优秀科普作品奖之科普图书荣誉奖（相当于特等奖）。2009年，北京师范大学出版社出版的《科学发现纵横谈》（第3版）于同年入选《中国文库》（第四辑）（新中国60周年特辑）。《中国文库》编辑委员会称：该文库所收书籍“应当是能够代表中国出版业水平的精品”“对中国百余年来的政治、经济、文化和社会的发展产生过重大积极的影响，至今仍具有重要价值，是中国读者必读、必备的经典性、工具性名著。”王老师被评为“新中国成立以来成绩突出的科普作家”，绝非偶然。

王老师不仅对数学研究、科普事业有突出的贡献，而且对整个数学，特别是今日数学，也有精辟、全面的认识。20世纪90年代前期，针对当时社会上对数学学科的重要性有所忽视的情况，王老师受中国科学院数学物理学部的委托，撰写了《今日数学及其应用》。该文对今日数学的特点、状况、应用，以及其在国富民强和提高民族的科学文化素质中的重要作用等做了全面、深刻的阐述。文章提出了今日数学的许多新颖的观点和新的认识。例如，“今日数学已不仅是一门科学，还是一种普适性的技术。”“高技术本质上是一种数学技术。”“某些重点问题的解决，数学方法是唯一的，非此‘君’莫属。”对今日数学的观点、认识、应用的阐述，使中国社会更加深切地感受到数学学科在自然科学、社会科学、高新技术、推动生产力发展和富国强民中的重大作用，使人们更加深刻地认识到数学的发展是国家大事。文章中清新的观点、丰富的事例、明快的笔调和形象生动的语言使读者阅后感到是高品位的享受。

王老师在南开大学工作 28 年，吃食堂 42 年。夫人谭得伶教授是 20 世纪 50 年代莫斯科大学语文系的中国留学生，1957 年毕业回国后一直在北京师范大学任教，专攻俄罗斯文学，曾指导硕士生、博士生和访问学者 20 余名。王老师和谭老师 1958 年结婚后育有两个儿子，两人两地分居 26 年。谭老师独挑家务大梁，这也是王老师事业成功的重要因素。

王老师为人和善，严于律己，宽厚待人，有功而不自居，有傲骨而无傲气，对同行的工作和长处总是充分肯定，对学生要求严格，教其独立思考，教其学习和研究的方法，将学生当成朋友。王老师有一段自勉的格言：“我尊重这样的人，他心怀博大，待人宽厚；朝观剑舞，夕临秋水，观剑以励志奋进，读庄以淡化世纷；公而忘私，勤于职守；力求无负于前人，无罪于今人，无愧于后人。”

本 8 卷文集列入北京师范大学学科建设经费资助项目，由北京师范大学出版社出版。李仲来教授从文集的策划到论文的收集、整理、编排和校对等各方面都付出了巨大的努力。在此，我们作为王老师早期学生，谨代表王老师的所有学生向北京师范大学、北京师范大学出版社、北京师范大学数学科学学院和李仲来教授表示诚挚的感谢！

杨向群　吴　荣　施仁杰　李增沪

2016 年 3 月 10 日

序

本书的目的在于叙述生灭过程与马尔可夫链（Birth-death processes and Markov chains）的基本理论，并介绍近年来的一些研究进展．所谓马尔可夫链是指时间连续、状态可列、时间齐次的马尔可夫过程．这种链之所以重要，一是由于它的理论比较完整深入，可以作为一般马尔可夫过程及其他随机过程的借鉴；二是它在自然科学和许多实际问题（如物理、化学、生物、规划论、排队论等）中有着越来越多的应用．关于这些，可以参看书末参考文献中钟开莱（K. L. Chung），侯振挺、郭青峰以及巴鲁查-赖特（Bharucha-Reid）等人的优秀著作．

生灭过程是一种特殊的马尔可夫链，虽然有关的资料已相当丰富，但直到本书第 1 版出版以前国内外还没有一本系统的专著来阐述它们．一些著名的学者如肯德尔（D. G. Kendall），路透（G. E. H. Reuter），费勒（W. Feller），特别是卡林(S. Karlin)，麦格雷戈（J. McGregor）等人，在这方面做过许多深入而重要的研究，他们用的大都是分析数学的方法．作者深愧未能遍尝百味之鲜，只能在曾涉猎过的若干问题上粗尽其力．在第 5，第 6 章中，我们用的是由本书第一作者发展起来的概率方法，以构造全部的生灭过程，即从考察运动的轨道出发，摄取直观形象，然后辅以数学计算和测度论的严格证明．此法的优点是概率意义清楚，但可能在一些问题的证明中失之冗长. 在第 7，第 8 章中，我们主要是用分析方法构造了全部的生灭过程与双边生灭过程，并指出了用两种方法构造的生灭过程之间的联系.

第 1 章是预备性的. 第 2，第 3 章讨论马尔可夫链的分析性质与轨道行为，这些研究主要应归功于柯尔莫哥洛夫（А. Н. Колмогоров），莱维（P. Lévy），杜布（J. L. Doob），钟开莱，杜布鲁申（Р. Л. Добрушин）等人. 第 4 章讲一些专题，第 5 章至第 8 章讲生灭过程. 这后 5 章基本上是国内学者包括作者在内近年来的一些研究成果，详见书末“关于各节内容的历史的注”.

本书可以视为第一作者的前两书《概率论基础及其应用》《随机过程论》的姊妹篇，三者遥相呼应而又互不依赖. 为了阅读本书，只需要一般的概率论和测度论知识，并不必须看过前两书.

本书第 1 版面世于 1980 年，内容是这一版的前 6 章（除 §2.4～§2.11 外），由第一作者执笔. 1992 年，科学出版社及德国的施普林格（Springer-Verlag）出版社出版了英文本，根据出版社转来的钟开莱先生的建议，内容大大扩充了：第二作者增写了 §2.4～§2.11 及第 7，第 8 章，主要叙述生灭过程的分析构造方法以及概率方法结果和分析方法结果之间的联系，还有一些他所获得的新结果. 这次他又将这些新增部分译成中文，并统一作了一些调整和新的补充，从而改善了全书.

我们诚挚地感谢杜布鲁申教授，他启迪了我们对生灭过程的兴趣. 我们还要感谢吴荣、刘文、杨振明等诸位教授，他们仔细阅读了底稿并提出了许多改进意见. 第 1 版面世后，不少热心的读者，特别是李文琦教授，给了我们许多指正，作者谨致衷心的谢意.

限于水平，书中一定仍有不少缺点或错误，恳请批评指正.

王梓坤　杨向群

2004 年 6 月

目　录

第 1 章　随机过程的一般概念

§1.1　随机过程的定义

（一）概率空间

设已给点 ω 所成的集 $\Omega=(\omega)$，以及 Ω 中的一些子集 A 所成的集 $\mathcal{F}$，如果 $\mathcal{F}$ 具有下列性质，就称它是一个 σ **代数**：

（i） $\Omega\in\mathcal{F}$，

（ii） 若 $A\in\mathcal{F}$，则 $\overline{A}=\Omega\setminus A\in\mathcal{F}$，

（iii） 若 $A_n\in\mathcal{F}$，$n\in\mathbf{N}^*$，则 $\bigcup\limits_{n=1}^{+\infty}A_n\in\mathcal{F}$.

定义在 σ 代数 $\mathcal{F}$ 上的集函数 P 称为**概率**，如果 P 满足下列条件：

（i） 对任意 $A\in\mathcal{F}$，有 $P(A)\geqslant 0$，

（ii） $P(\Omega)=1$，

（iii） 若 $A_n\in\mathcal{F}$，$n\in\mathbf{N}^*$，$A_nA_m=\varnothing$（空集），$n\neq m$，则

$$P\Big(\bigcup_{n=1}^{+\infty}A_n\Big)=\sum_{n=1}^{+\infty}P(A_n).$$

我们称三元的总体（Ω，$\mathcal{F}$，P）为**概率空间**，并称点 ω 为

基本事件，Ω 为基本事件空间，$\mathcal{F}$ 中的集 A 为**事件**，称 $P(A)$ 为 A 的**概率**.

例 1 设 $\Omega=(1, 2, \cdots, n)$，$\mathcal{F}$ 是 Ω 中一切子集的集，$P(A)=\frac{k}{n}$，k 为 A 中所含点的个数.

例 2 设 $\Omega=\mathbf{N}$，即一切非负整数的集，$\mathcal{F}$ 为 Ω 中一切子集的集，$P(A)=\sum\limits_{k\in A}\frac{\lambda^k}{k!}\mathrm{e}^{-\lambda}$，其中 $\lambda>0$ 为某常数.

例 3 设 $\Omega=[0, 1]$，即 0 与 1 间一切实数的集，$\mathcal{F}$ 为 Ω 中一切波莱尔（Borel）集所成的 σ 代数，$P(A)$ 等于 A 的勒贝格（Lebesgue）测度.

这三个例中的（Ω，$\mathcal{F}$，P）都是概率空间.

有时为了方便，需设概率空间（Ω，$\mathcal{F}$，P）为**完全**的. 所谓**完全**是指：如果 $P(A)=0$，又 $B\subset A$，那么 $B\in\mathcal{F}$，从而 $P(B)=0$. 这就是说，一切概率为 0 的集 A 的子集 B 也是事件，其概率为 0. 以后无特别声明时，总设此条件满足.

（二）随机变量

设 $x(\omega)$ 是定义在 Ω 上的广义实值即 $\overline{\mathbf{R}}=[-\infty,+\infty]$中的值函数，如果对任意实数 λ，有

$$(\omega: x(\omega)\leqslant\lambda)\in\mathcal{F},$$

那么称 $x(\omega)$ 是一随机变量也称随机变数. 令

$$F(\lambda)=P(x\leqslant\lambda), \quad \lambda\in\mathbf{R}=(-\infty, +\infty), \tag{1}$$

其中（$x\leqslant\lambda$）表示满足条件 $x(x)\leqslant\lambda$ 的点 ω 的集，即（$x\leqslant\lambda$）$=$（$\omega: x(\omega)\leqslant\lambda$）. 我们称 $F(\lambda)$ 为 $x(\omega)$ 的**分布函数**. 显然，$F(\lambda)$ 不下降，右连续. 以后无特别声明时，我们总设 $x(\omega)$ 取$\pm\infty$为值的概率为 0 并简单地称 $x(w)$ 为实值随机变量，因而

$$\lim_{\lambda\to-\infty}F(\lambda)=0, \qquad \lim_{\lambda\to+\infty}F(\lambda)=1.$$

定义在同一概率空间（Ω，$\mathcal{F}$，P）上的 n 个随机变量

$x_1(\omega)$，$x_2(\omega)$，…，$x_n(\omega)$ 构成一个 **n 维随机向量** $X(\omega)$：

$$X(\omega)=(x_1(\omega),\ x_2(\omega),\ \cdots,\ x_n(\omega)),\tag{2}$$

并称 n 个元 $(\lambda_1,\ \lambda_2,\ \cdots,\ \lambda_n)\in\mathbf{R}^n$（$n$ 维实数空间）的函数

$$\begin{aligned}&F(\lambda_1,\ \lambda_2,\ \cdots,\ \lambda_n)\\&=P(x_1(\omega)\leqslant\lambda_1,\ x_2(\omega)\leqslant\lambda_2,\ \cdots,\ x_n(\omega)\leqslant\lambda_n)\end{aligned}\tag{3}$$

为 $X(\omega)$ 的 **n 维分布函数**. 由 (3) 可见 $F(\lambda_1,\ \lambda_2,\ \cdots,\ \lambda_n)$ 具有下列性质：

(i) 对每个 λ_j 是不下降的右连续函数；

(ii) $\lim\limits_{\lambda_j\to-\infty}F(\lambda_1,\ \lambda_2,\ \cdots,\ \lambda_n)=0$，$(j=1,\ 2,\ \cdots,\ n)$

$$\lim_{\lambda_1,\lambda_2,\cdots,\lambda_n\to+\infty}F(\lambda_1,\ \lambda_2,\ \cdots,\ \lambda_n)=1;$$

(iii) 若 $\lambda_j<\mu_j$　$j=1,\ 2,\ \cdots,\ n$，则

$$F(\mu_1,\mu_2,\cdots,\mu_n)-\sum_{j=1}^{n}F(\mu_1,\mu_2,\cdots,\mu_{j-1},\lambda_j,\mu_{j+1},\cdots,\mu_n)+\sum_{j,k=1}^{n}F(\mu_1,\mu_2,\cdots,\mu_{j-1},\lambda_j,\mu_{j+1},\cdots,\mu_{k-1},\lambda_k,\mu_{k+1},\cdots,\mu_n)-\cdots+(-1)^nF(\lambda_1,\lambda_2,\cdots,\lambda_n)\geqslant 0.$$

(此条件的直观意义当 $n=2$ 时最明显. 一般地，此式右方是 $x(\omega)$ 取值于 n 维空间 $\mathbf{R}^n$ 中长方体内的概率，故它大于或等于 0；此长方体是 $(\lambda_1,\ \mu_1]\times(\lambda_2,\mu_2]\times\cdots\times(\lambda_n,\mu_n]$，即是由 $\mathbf{R}^n$ 中如下的点所成的集，它的第 j 个坐标位于 $(\lambda_j,\ \mu_j]$ 之中，$j=1,\ 2,\ \cdots,\ n$).

现在可以脱离随机变量来定义分布函数. 我们称任一具有性质 (i) ～ (iii) 的 n 元函数 $F(\lambda_1,\ \lambda_2,\ \cdots,\ \lambda_n)(\lambda_j\in\mathbf{R},\ j=1,\ 2,\ \cdots,\ n)$ 为 **n 元分布函数**. 以 $\mathcal{B}_n$ 表 n 维空间 $\mathbf{R}^n$ 中全体 Borel 集所成的 σ 代数，则由测度论知，$F(\lambda_1,\ \lambda_2,\ \cdots,\ \lambda_n)$ 在 $\mathcal{B}_n$ 上产生一概率测度 $F(A)$：

$$F(A)=\int_A \mathrm{d}F(\lambda_1,\ \lambda_2,\ \cdots,\ \lambda_n),\ (A\in\mathcal{B}_n)$$

称 $F(A)$，$(A\in \mathcal{B}_n)$ 为由 $F(\lambda_1, \lambda_2, \cdots, \lambda_n)$ 所产生的 **n 维分布**. 特别，若 $F(\lambda_1, \lambda_2, \cdots, \lambda_n)$ 由（3）式产生，则称 $F(A)$ 为 $x(\omega)$ 的分布.

（三）随机过程

设 T 为 R_1 的某子集，例如 $T=[0, +\infty)$ 或 $T=\mathbf{N}$. 如果对每个 $t\in T$，有一随机变量 $x_t(\omega)$ 与它对应，我们就称随机变量的集合

$$X(\omega)=\{x_t(\omega), t\in T\}$$

为一**随机过程**，或简称**过程**. 有时也记它为 $\{x(t, \omega), t\in T\}$，或 $\{x_t, t\in T\}$，或 $\{x(t), t\in T\}$，或 $X(\omega)$，或 X.

特别，当 $T=(1, 2, \cdots, n)$ 时，X 化为 n 维随机向量. 像对后者定义其分布函数一样，也可对随机过程来定义其有穷维分布函数. 对任意有限多个 $t_j\in T$，$j=1, 2, \cdots, n$，令

$$\begin{aligned}&F_{t_1, t_2, \cdots, t_n}(\lambda_1, \lambda_2, \cdots, \lambda_n)\\&=P(x_{t_1}\leqslant\lambda_1, x_{t_2}\leqslant\lambda_2, \cdots, x_{t_n}\leqslant\lambda_n),\end{aligned} \tag{4}$$

它是 $x_{t_1}(\omega)$，$x_{t_2}(\omega)$，$\cdots$，$x_{t_n}(\omega)$ 的分布函数. 当 n 在一切正整数中变动而 t_j 在 T 中变动时，我们就得到多元分布函数的集合

$$\begin{aligned}F=\{&F_{t_1, t_2, \cdots, t_n}(\lambda_1, \lambda_2, \cdots, \lambda_n):\\&n=1, 2, \cdots; t_j\in T, j=1, 2, \cdots, n\},\end{aligned} \tag{5}$$

并称 F 为随机过程 X 的**有穷维分布函数族**. 由（4）可见 F 满足下列两条件（相容性条件）：

(i) 对 $(1, 2, \cdots, n)$ 的任一排列 $(\alpha_1, \alpha_2, \cdots, \alpha_n)$，有

$$F_{t_1, t_2, \cdots, t_n}(\lambda_1, \lambda_2, \cdots, \lambda_n)=F_{t_{\alpha_1}, t_{\alpha_2}, \cdots, t_{\alpha_n}}(\lambda_{\alpha_1}, \lambda_{\alpha_2}, \cdots, \lambda_{\alpha_n}).$$

(ii) 若 $m<n$，则

$$\begin{aligned}&F_{t_1, t_2, \cdots, t_m}(\lambda_1, \lambda_2, \cdots, \lambda_m)\\&=\lim_{\lambda_{m+1}, \lambda_{m+2}, \cdots, \lambda_n\to+\infty} F_{t_1, t_2, \cdots, t_n}(\lambda_1, \lambda_2, \cdots, \lambda_n)\end{aligned}$$

现在来研究反面的问题．上面是先给出随机过程 X，从而得到相容的有穷维分布函数族 F．现在反过来，假定先给出的是参数集 T 及满足相容性条件的有穷维分布函数族 $F(5)$，试问是否存在随机过程，它的有穷维分布函数族恰好与 F 重合？答案是肯定的．更精确些，这就是下面的定理：

定理 1　设已给参数集 T 及满足相容性条件的有穷维分布函数族（5），则必存在概率空间（Ω，$\mathcal{F}$，P）及定义于其上的随机过程 $X(\omega)=\{x_t(\omega),\ t\in T\}$，使对任意自然数 n，任意 $\lambda_j\in R_1$，$t_j\in T$，$j=1,2,\cdots,n$，有

$$F_{t_1,t_2,\cdots,t_n}(\lambda_1,\lambda_2,\cdots,\lambda_n)$$
$$=P(x_{t_1}\leqslant\lambda_1,\ x_{t_2}\leqslant\lambda_2,\ \cdots,\ x_{t_n}\leqslant\lambda_n). \tag{6}$$

证　取 $\Omega=R^T=\prod\limits_{t\in T}\mathbf{R}^t$，其中 $\mathbf{R}^t=\mathbf{R}=(-\infty,+\infty)$，因而 $\omega=\lambda(\cdot)$，$\lambda(\cdot)$ 表定义在 T 上的实值函数 $\lambda(t)$，$t\in T$；$\mathcal{F}=\mathcal{B}_T$．这里 $\mathcal{B}_T$ 为 R_T 中包含一切形如（$\lambda(\cdot):\lambda(t)\leqslant c$）的集的最小 σ 代数，其中 $t\in T$，$c\in\mathbf{R}$ 任意．根据测度论中关于在无穷维空间中产生测度的柯尔莫哥洛夫（Колмогоров）定理以及（5）中 F 满足相容性条件的假定，知 F 产生唯一一个定义于 $\mathcal{B}_T$ 上的概率测度 P_F，满足

$$P_F(\lambda(\cdot):\ \lambda(t_1)\leqslant\lambda_1,\ \lambda(t_2)\leqslant\lambda_2,\ \cdots,\ \lambda(t_n)\leqslant\lambda_n)$$
$$=F_{t_1,t_2,\cdots,t_n}(\lambda_1,\lambda_2,\cdots,\lambda_n), \tag{7}$$

取 $P=P_F$．最后，定义

$$x_t(\omega)=\lambda(t),\ \omega=\lambda(\cdot). \tag{8}$$

换句话说，$x_t(\omega)$ 是 t-坐标函数，即 x_t 在 $\omega=\lambda(\cdot)$ 上的值等于 $\lambda(\cdot)$ 在 t 上的值 $\lambda(t)$．容易看出：（R_T，$\mathcal{B}_T$，P_F）及由（8）定义的 $\{x_t(\omega),\ t\in T\}$ 满足定理的要求（6）．实际上，由（8）及（7）得

$$P_F(x_{t_1}(\omega)\leqslant\lambda_1,\ x_{t_2}(\omega)\leqslant\lambda_2,\ \cdots,\ x_{t_n}(\omega)\leqslant\lambda_n)$$

$=P_F(\lambda(\cdot):\lambda(t_1)\leqslant\lambda_1,\lambda(t_2)\leqslant\lambda_2,\cdots,\lambda(t_n)\leqslant\lambda_n)$

$=F_{t_1,t_2,\cdots,t_n}(\lambda_1,\lambda_2,\cdots,\lambda_n).$ ■

（四）几个常用的概念

(i) 随机过程 $\{x_t(\omega),t\in T\}$ 可以看成为 (t,ω) 的二元函数，自变量 $t\in T$，$\omega\in\Omega$. 如前所述，当 t 固定而看成 ω 的函数时，得一随机变量 $x_t(\omega)$. 当 ω 固定而看成 t 的函数时，得一定义在 T 上的函数 $x_t(\omega)$，我们称此函数为（对应于基本事件 ω 的）**样本函数或轨道**.

(ii) 设 $\Xi=\{\xi(\omega)\}$ 是一些随机变量 $\xi(\omega)$ 的集合，考虑 ω 的集 $(\omega:\xi(\omega)\leqslant\lambda)$，当 $\xi(\omega)$ 在 Ξ 中变动而 λ 在 R_1 中变动时，得一个子集系 $\{\xi(\omega)\leqslant\lambda\}$. 包含这子集系的最小 σ 代数记为 $\mathcal{F}\{\Xi\}$，称它为 Ξ **所产生的 σ 代数**，因而 $\mathcal{F}\{x_t,t\in T\}$ 是随机过程 $\{x_t(\omega),t\in T\}$ 所产生的 σ 代数.

(iii) 定义在同一概率空间 $(\Omega,\mathcal{F},P)$ 上的二随机过程 $\{x_t(\omega),t\in T\}$，$\{\xi_t(\omega),t\in T\}$ 称为**等价的**，如对任一固定的 $t\in T$，有

$$P(x_t(\omega)=\xi_t(\omega))=1. \tag{9}$$

由 (9) 推知，对有穷或可列多个 $t_i\in T$，$i\in\mathbf{N}^*$，有

$$P(x_{t_i}(\omega)=\xi_{t_i}(\omega),i\in\mathbf{N}^*)=1. \tag{10}$$

由此可见：等价的两过程具有相同的有穷维分布函数族.

(iv) 称随机过程 $\{x_t(\omega),t\in T\}$（T 为区间）在 $t_0\in T$ 是**随机连续的**，如果

$$P\lim_{t\to t_0}x_t(\omega)=x_{t_0}(\omega). \tag{11}$$

这里 $P\lim$ 表依测度 P 收敛意义下的极限. 如果在任一 $t_0\in T$ 都随机连续，我们就说过程**随机连续**，把 (11) 中 $t\to t_0$ 换为 $t\to t_0+0$（或 $t\to t_0-0$），就得到**右（或左）随机连续**的定义.

(v) 以后我们说几乎一切（或者说：以概率 1）样本函数

具有某性质 A 是指：存在 $\Omega_0\in\mathcal{F}$，$P(\Omega_0)=1$，使对每 $\omega\in\Omega_0$，样本函数 $x(\cdot,\omega)$ 具有性质 A（“$\cdot$”表 T 上的流动坐标）．例如，几乎一切样本函数右下半连续（性质 A）是说：存在概率为 1 的集 Ω_0，当 $\omega\in\Omega_0$ 时，对任一 $t\in T$，有 $\varliminf\limits_{s\downarrow t} x(s,w)=x(t,\omega)$．必须把此概率和下一概念区别开来：几乎一切样本函数在固定点 t 右下半连续，后者只表示

$$P(\omega:\ \varliminf_{s\downarrow t} x(s,\omega)=x(t,\omega))=1,$$

而前者则表示更强的结论

$$P(\omega:\ \varliminf_{s\downarrow t} x(s,\omega)=x(t,\omega),\ 一切\ t\in T)=1.$$

(vi) 如果构成过程 $\{x_t,\ t\in T\}$ 的每个随机变量都取值于同一集 $I(\subset\overline{R}_1)$，称 I 为此过程的**状态空间**，I 中的元 i 称为一个**状态**．状态空间一般不是唯一的，因为任一含 I 的集也是状态空间．称 I 为**最小状态空间**，如果它是一状态空间，而且对每个 $i\in I$，存在 $t\in T$，使 $P(x_t=i)>0$．以后无特别声明时，凡说到状态空间都是指最小的．状态空间有时也叫作**相空间**，以后用 E 或 I 来表示．

(五)

以上我们只讨论了取广义实数为值的过程，简称为实值过程

如果 $x_t(\omega)=y_t(\omega)+z_t(\omega)\mathrm{i}$，其中 $\{y_t(\omega),\ t\in T\}$ 及 $\{z_t(\omega),\ t\in T\}$ 是定义在同一概率空间上的两实值过程，我们便称 $\{x_t(\omega),\ t\in T\}$ 为**复值随机过程**．以后如不特别声明，讨论的都是实值过程．

其实，随机过程的定义还可如下一般化：设已给概率空间 $(\Omega,\mathcal{F},P)$ 及另一可测空间 $(E,\mathcal{B})$（$E=(e)$ 为点 e 的集，而 $\mathcal{B}$ 是一些 E 的子集组成的 **σ-代数**，E 与 $\mathcal{B}$ 合称为可测空间）；定义于 Ω 上而取值于 E 中的变量 $x(\omega)$ 称为随机变量，如果对

任一集 $A\in\mathcal{B}$，有 $(\omega:\ x(\omega)\in A)\in\mathcal{F}$. 今设已给参变量集 T，如对任意 $t\in T$，有如上的随机变量 $x_t(\omega)$ 与它对应，我们便称 $\{x_t(\omega),\ t\in T\}$ 为取值于 $(E,\ \mathcal{B})$ 中的随机过程或 E 值随机过程. 特别，当 $(E,\ \mathcal{B})$ 是 $(R_1,\ \mathcal{B}_1)$（实数及其中波莱尔集全体）时，就得到实值随机过程. 当 $(E,\ \mathcal{B})$ 是 $(R_n,\ \mathcal{B}_n)$（$\mathcal{B}_n$ 为 n 维空间 R_n 中全体波莱尔集）时，就得到 n 维随机过程.

随着 T 与 E 是离散（即最多只含可数多个元）或连续，可能出现四种情况：

(i) T 与 E 皆离散；

(ii) T 离散 E 连续；

(iii) T 连续 E 离散；

(iv) T 与 E 皆连续.

当 T 离散时也称随机过程为**随机序列**.

§1.2　随机过程的可分性

(一)

设已给概率空间 $(\Omega, \mathcal{F}, P)$ 上的随机过程 $\{\xi_t(\omega), t\in T\}$. 回忆我们已将 $(\mathcal{F}, P)$ 完全化. 在实际问题中，常常要讨论一些 ω-集，它们涉及非可列多个 t；例如，要研究

$$A\equiv\{\omega: |\xi_t(\omega)|\leqslant\lambda, \text{一切 } t\in T\} \tag{1}$$

的概率，其中 $\lambda\in R_1$. 由于

$$A=\bigcap_{t\in T}(|\xi_t(\omega)|\leqslant\lambda),$$

如果 T 既非可列集又非有穷集，那么，作为多于可列多个事件的交，A 一般不是事件，即一般地 $A\overline{\in}\mathcal{F}$，更因而谈不上 A 的概率.

于是发生困难：一方面，在实际中很需要研究 A 的概率；另一方面，理论上甚至不能保证 A 有概率.

类似地，如果 $T=[0, +\infty)$，那么 ω 集

$$B\equiv\{\omega: \text{样本函数 } x_t(\omega) \text{ 在 } T \text{ 上的连续}\},$$

$$C\equiv\{\omega: \text{样本函数 } x_t(\omega) \text{ 在 } T \text{ 上单调不减}\}$$

等也未必是事件.

解决这种困难的一种方法是假定过程具有可分性（定义见下），利用可分性，可以把涉及全体参数 t 的某性质 A 的研究，化为只涉及可列多个参数的相应性质的研究.

为了叙述时记号简单，设 T 是 $\mathbf{R}$ 中的区间；其实下面的结论对任意 $T\subset\mathbf{R}$ 成立，只要作明显的修改.

设 $x(t)$，$t\in T$ 是任一普通函数，可取 $\pm\infty$ 为值，记二维点集 $\{(t, x(t)), t\in T\}$ 为 X_T（它的图形是平面上一曲线）. 又

设 R 为 T 中任一可列子集，在 T 中稠密，记 $X_R=\{(r, x(r)), r\in R\}$，它也是二维点集. 显然，$X_R\subset X_T$.

X_R 在通常距离①下的闭包记为 $\overline{X}_R$，因则 $\overline{X}_R$ 由 X_R 及 X_R 之极限点构成.

定义 1 说函数 $x(t)$，$t\in T$ **关于 $\boldsymbol{R}$ 是可分的**，如果 $X_T\subset\overline{X}_R$，也就是说，对任一 $t\in T$，可找到点列 $\{r_i\}\subset R$，(r_i 可等于 r_j)，使同时有

$$r_i\to t,\quad x(r_i)\to x(t),$$

此 R 称为函数的**可分集**.

定义 2 说随机过程 $\{x_t(\omega), t\in T\}$ **关于 $\boldsymbol{R}$ 是可分的**，如果存在零测集 N，使对任意 $\omega\overline{\in}N$，样本函数 $x_t(\omega)(t\in T)$ 关于 R 是可分的. 此时称 R 为过程的可分集，N 为**例外集**.

说随机过程为**可分的**，如存在于 T 中到处稠密的可列子集 R，使它关于 R 是可分的.

说随机过程为**完全可分的**，如果它关于任一如上的 R 是可分的.

例 1 连续函数关于 T 中有理数点集 $\boldsymbol{Q}$ 是可分的，实际上它还是完全可分的.

例 2 设 $s\in T$，s 为任一无理点，函数 $x(t)=0$，$t\in T\setminus\{s\}$，$x(s)=1$. 则此函数关于 T 中有理点集 $\boldsymbol{Q}$ 是不可分的；但关于 $\boldsymbol{Q}\cup\{s\}$ 却是可分的.

例 3 以 F 表有理点集，$x(t)=\begin{cases}1, & t\in F,\\ 0, & t\overline{\in}F.\end{cases}$ 此函数关于 F 不可分；任取一可列、稠于 $\boldsymbol{R}$、由无理点构成的集 E，则此

① 即两点 $P_1=(x_1, y_1)$，$P_2=(x_2, y_2)$ 间的距离为
$$d(P_1, P_2)=\sqrt{(x_1-x_2)^2+(y_1-y_2)^2}.$$

函数关于 $F\cup E$ 可分.

显然，若过程 $\{\xi_t(\omega),\ t\in T\}$ 关于 $\mathbf{R}$ 可分，则（1）中集 A 与事件

$$A'\equiv\{\omega:\ |\xi_r(\omega)|\leqslant\lambda,\ 一切\ r\in R\}=\bigcap_{r\in R}(|\xi_r(\omega)|\leqslant\lambda)\in\mathcal{F}$$

最多只相差一零测集（它是 N 的子集），由于（$\mathcal{F}$，P）的完全性，可见 A 也是一事件.

（二）

定理 1　对任一定义在（Ω，$\mathcal{F}$，P）上的随机过程 $\{\xi_t(\omega),\ t\in T\}$，必存在可分的等价的过程 $\{x_t(\omega),\ t\in T\}$.

这定理说明，虽然一个给定的过程 $\{\xi(t),\ t\in T\}$ 未必是可分的，但在与它等价的过程中，必存在一个可分的代表. 因此，对已给的一族相容的有穷维分布，由 § 1.1 定理 1 及这里的定理 1，必存在一可分的过程，它的有穷维分布族与已给的族相重合. 换言之，只要所研究的问题只涉及有穷维分布族时，可以假定所考虑的过程是可分的. 先证

引理 1　对任意两区间 J 及 G，$J\subset T$，存在数列 $\{s_n\}\subset J$，使对任一固定 $t\in J$，有

$$P(\xi_t\in G,\ \xi_{s_n}\overline{\in}G,\ n\in\mathbf{N}^*)=0. \tag{2}$$

证　用归纳法选 $\{s_n\}$. 任取 $s_1\in J$，如在 J 中已选出 s_1，s_2，…，s_n，令

$$P_n=\sup_{t\in J}P(\xi_t\in G,\ \xi_{s_1}\overline{\in}G,\ \xi_{s_2}\overline{\in}G,\ \cdots,\ \xi_{s_n}\overline{\in}G), \tag{3}$$

于是存在 $s_{n+1}\in J$，使

$$P(\xi_{s_{n+1}}\in G,\ \xi_{s_1}\overline{\in}G,\ \xi_{s_2}\overline{\in}G,\ \cdots,\ \xi_{s_n}\overline{\in}G)\geqslant P_n\left(1-\frac{1}{n}\right). \tag{4}$$

但诸事件 $G_n=(\xi_{s_{n+1}}\in G,\ \xi_{s_1}\overline{\in}G,\ \xi_{s_2}\overline{\in}G,\ \cdots,\ \xi_{s_n}\overline{\in}G)(n\in\mathbf{N}^*)$ 互不相交，故

$$\sum_{n=1}^{+\infty}P(G_n)\leqslant 1.$$

从而（4）式右方值 $P_n\left(1-\frac{1}{n}\right)\to 0$. 此表示

$$\lim_{n\to+\infty} P_n=0. \tag{5}$$

其次，既然对任一固定的 t 有

$$(\xi_t\in G,\ \xi_{s_i}\overline{\in}G,\ i=1,\ 2,\ \cdots,\ n)\supset$$

$$(\xi_t\in G,\ \xi_{s_i}\overline{\in}G,\ i=1,\ 2,\ \cdots,\ n+1)\supset\cdots.$$

这些事件的交就是（2）中的事件，故由（3）及（5）即得证（2）.

定理1之证 称任两个以有理数点为端点的区间 J 及 G（$J\subset T$）为一“对偶”. 全体对偶成一可列集. 对每一对偶（J，G），可得一具有引理1中性质的数列 $\{s_n\}$. 把全体这种数列与 T 中全体有理数合并，得一在 T 中稠密的可列子集 R. 如果在 $\{s_n\}$ 中增加新点，（2）中的事件不能加大，因此，R 具有性质：

对任一固定的 $t\in T$ 及任一固定的对偶（J，G），使 $t\in J$，有

$$P(\xi_t\in G,\ \xi_s\overline{\in}G,\ 对一切\ s\in JR\ 成立)=0. \tag{6}$$

现在固定 t 而以 A_t 表事件“至少存在一对偶（J，G），使 $t\in J$，$\xi_s\in G$，$\xi_t\overline{\in}G$ 对一切 $s\in JR$ 成立”，则由（6）

$$P(A_t)\leqslant\sum_{J,G}P(\xi_t\in G,\xi_s\overline{\in}G,对一切\ s\in JR\ 成立)=0,$$

故 $P(\overline{A}_t)=1$. 以下任意固定 $\omega\in\overline{A}_t$. 任取 G 使 $\xi_t(\omega)\in G$. 由 $\overline{A}_t$ 的定义，对任意含 t 的 J，必存在 $s\in JR$，使 $\xi_s(\omega)\in G$，否则此 $\omega\in A_t$. 由于 J 的任意性，当 J 缩小时，可找到 $\{u_j\}\subset R$，使 $u_j\to t$，而且每 $\xi_{u_j}(\omega)\in G$.

今取 $G_n\supset G_{n+1}$，使 $\xi_t(\omega)\in G_n$，又使 G_n 之长趋于0. 如上所述，对每 G_n，可找到 $\{u_j^{(n)}\}\subset R$，使

$$u_j^{(n)}\to t\ (j\to+\infty),\ \xi_{u_j^{(n)}}\in G_n.$$

选点列 $\{v_i\}\subset R$，如下：

令 $v_1=u_1^{(n)}$，v_n 为满足 $|u_k^{(n)}-t|<\frac{1}{n}$ 的任一 $u_k^{(n)}$. 显然，

$v_n \to t$，$\xi_{v_n}(\omega) \to \xi_t(\omega)$，$(n \to +\infty)$，这表示二维点

$$(t,\ \xi_t(\omega)) \in \overline{\Xi_R(\omega)} = \overline{((r,\ \xi_r(\omega)),\ r \in R)}.$$

由于 $\omega \in \overline{A}_t$ 任意，故证明了：对任意固定的 $t \in T$，有

$$P((t, \xi_t(\omega)) \in \overline{\Xi_R(\omega)}) \geqslant P(\overline{A}_t) = 1. \tag{7}$$

造一新过程 $\{x_t(\omega),\ t \in T\}$：对任一 $\omega \in \Omega$，

$$\left.\begin{aligned} &\text{当 } t \in R \text{ 时，令} \\ &\qquad x_t(\omega) = \xi_t(\omega); \\ &\text{当 } t \overline{\in} R \text{ 时，令} \\ &\qquad x_t(\omega) = \begin{cases} \xi_t(\omega),\ (t,\ \xi_t(\omega)) \in \overline{\Xi_R(\omega)}, \\ \delta_t(\omega),\ (t,\ \xi_t(\omega)) \overline{\in} \overline{\Xi_R(\omega)}. \end{cases} \end{aligned}\right\} \tag{8}$$

这里 $\delta_t(\omega)$ 应选择得使 $(t,\ \delta_t(\omega)) \in \overline{\Xi_R(\omega)}$. 这样的 $\delta_t(\omega)$ 总可用下法找到：任取一列 $\{s_j\} \subset R$，$s_i \to t$，在集合 $\{\xi_{s_i}\}$ 中，任意选一收敛（但极限可为 $+\infty$ 或 $-\infty$）的子列 $\{\xi_{r_i}(\omega)\} \subset \{\xi_{s_i}(\omega)\}$，于是令

$$\delta_t(\omega) = \lim_{i \to +\infty} \xi_{r_i}(\omega)$$

即可.

剩下要证 $\{x_t(\omega),\ t \in T\}$ 是与 $\{\xi_t(\omega),\ t \in T\}$ 随机等价的可分过程.

由 (7) 及 (8) 可见，对任一固定的 t，我们至多只在一零测集上修改了 $\xi_t(\omega)$ 的值以得 $x_t(\omega)$，故

$$P(x_t(\omega) = \xi_t(\omega)) = 1,\ t \in T.$$

其次，由 (8) 中第一式，知对每 $\omega \in \Omega$，有

$$\overline{X_R(\omega)} = \overline{\Xi_R(\omega)}.$$

再由 (8) 中其余两式，知

$$X_T \subset \overline{X_R(\omega)}. \quad \blacksquare$$

通常称定理 1 中的 $\{x_t(\omega),\ t \in T\}$ 为 $\{\xi_t(\omega),\ t \in T\}$ 的**可分修正**. (8) 中的 $\delta_t(\omega)$，必须允许它可能为 $+\infty$ 或 $-\infty$ 时才

能保证存在. $\delta_t(\omega)$ 的选择可能不唯一，但这并不影响结果，因为由（7），有

$$P(x_t(\omega)=\delta_t(\omega))=0.$$

（三）

在实际中运用可分性时，困难之一是：如何找 R? 如果对过程稍加条件，问题极易解决.

定理 2 若可分过程 $\{x_t(\omega),\ t\in T\}$ 随机连续，则此过程是完全可分的.

证 由假定，对任一列 $\{t_i\}\subset T$，$t_i\to t_0$，有

$$P\lim_{i\to+\infty} x_{t_i}=x_{t_0},$$

故存在子列 $\{t_i'\}\subset\{t_i\}$，使

$$P(\lim_{i\to+\infty} x_{t_i'}=x_{t_0})=1. \tag{9}$$

由过程是可分的假定，存在可分集 V，使

$$P(X_T\subset\overline{X}_V)=1.$$

今设 R 为任一稠于 T 的可列集，任取 $t_0\in V$，及 $\{t_i\}\subset R$，$t_i\to t_0$，由（9），$P((t_0,x_{t_0})\in\overline{X}_R)=1$，由 V 的可列性得

$$P(X_V\subset\overline{X}_R)=1,\ P(\overline{X}_V\subset\overline{X}_R)=1.$$

既然，$P(X_T\subset\overline{X}_V)=1$，即得

$$P(X_T\subset\overline{X}_R)=1. \quad \blacksquare$$

如 $T=[0,\ +\infty)$，由上述证明可见：首先，对可分的右随机连续过程，定理 2 的结论仍正确；而且此过程是右完全可分的. 其次，可分性涉及极限点 $\delta_t(\omega)$，因而涉及 R_1 中的拓扑，我们这里用的是欧氏距离产生的拓扑. 如果采用其他的拓扑，$\delta_t(\omega)$ 的选择也随之而异.

§ 1.3　随机过程的可测性

(一)

设 $\{x_t(\omega), t\in T\}$ 为 $(\Omega, \mathcal{F}, P)$ 上的随机过程，T 为 R_1 中任一波莱尔集，有时候，我们需要考虑样本函数 $x_t(\omega)$ 对 t 的积分，因而有必要引进过程可测性的概念.

以 $\mathcal{B}_1$ 表 T 中全体波莱尔子集所成的 σ 代数，$\mu=L\times P$ 表勒贝格测度与 P 的独立乘积测度，μ 定义在乘积 σ 代数 $\mathcal{B}_1\times\mathcal{F}$ 上，最后，$\mathcal{B}_1\times\mathcal{F}$ 关于 μ 完全化的 σ 代数记为 $\overline{\mathcal{B}_1\times\mathcal{F}}$.

称过程 $\{x_t(\omega), t\in T\}$ 为**可测的**. 如对任意实数 λ，有

$$((t, \omega): x_t(\omega)\leqslant\lambda)\in\overline{\mathcal{B}_1\times\mathcal{F}}. \tag{1}$$

注意 (1) 中左方是 (t, ω) 的二维点集.

有些问题中需要一种更强的可测性，称过程 $\{x_t(\omega), t\in T\}$ 为**波莱尔可测的**，如对任意实数 λ，有

$$((t, \omega): x_t(\omega)\leqslant\lambda)\in\mathcal{B}_1\times\mathcal{F}. \tag{2}$$

显然，波莱尔可测过程必为可测的. 至于何时需要那一种可测性，则视问题而异.

以下为简单计，设 T 为区间，其实下列定理对任意波莱尔集 T 正确，只要在证明中作明显的修改.

(二)

定理 1　设 $\{\xi_t(\omega), t\in T\}$ 是随机连续的过程，则必存在与它等价的、完全可分的、可测的过程 $\{x_t(\omega), t\in T\}$.

证　(i) 不失一般性，可设存在常数 $C<+\infty$，使

$$|\xi(t, \omega)|<C, \tag{3}$$

否则，令

$$\tilde{\xi}(t, \omega)=\arctan \xi(t, \omega). \tag{4}$$

显然 $\{\tilde{\xi}(t, \omega)\}$ 是有界的. 若对它存在等价的完全可分可测过程 $\{\tilde{x}(t, \omega), t \in T\}$，则过程

$$x(t, \omega)=\tan \tilde{x}(t, \omega) \tag{5}$$

即所求的过程.

(ii) 今设 T 为有穷区间（开或闭，半开半闭均可），来证明本定理.

不妨设（3）成立. 由假定，还可以假定此过程关于 T 中任一可列稠子集 R 可分. 固定 R，将 R 中前 n 个元排为

$$s_1^{(n)}<s_2^{(n)}<\cdots<s_n^{(n)}.$$

设 $T=[a, b]$，而令 $a=s_0^{(n)}$，$b=s_{n+1}^{(n)}$，造

$$x_n(t, \omega)=\xi(s_{j-1}^{(n)}, \omega), \text{ 如 } s_{j-1}^{(n)} \leqslant t<s_j^{(n)},$$

易见过程 $x_n(t, \omega)$，$t \in [a, b]$ 是波莱尔可测的，因为

$$\begin{aligned} &((t, \omega): x_n(t, \omega) \leqslant c) \\ =&\bigcup_{j=1}^{n}(s_{j-1}^{(n)}, s_j^{(n)}) \times(\xi(s_{j-1}^{(n)}, \omega) \leqslant c) \cup \\ &[s_n^{(n)}, s_{n+1}^{(n)}] \times(\xi(s_n^{(n)}, \omega) \leqslant c) \in \mathcal{B}_1 \times \mathcal{F}. \end{aligned} \tag{6}$$

对任意固定的 $t_0 \in T$，由随机连续性假定，有

$$P \lim_{n \to +\infty} x_n(t_0, \omega)=\xi(t_0, \omega). \tag{7}$$

因对均匀有界随机变量列，依概率收敛等价于平均收敛，故

$$\lim_{n \to +\infty} E|x_n(t_0, \omega)-\xi(t_0, \omega)|=0,$$

$$\lim_{m, n \to +\infty} E|x_n(t_0, \omega)-x_m(t_0, \omega)|=0. \tag{8}$$

由 $x_n(t, \omega)$ 的有界性、T 的有界性及富比尼（Fubini）定理，

$$\begin{aligned} &\lim_{n, m \to +\infty} \int_{T \times \Omega}|x_n(t, \omega)-x_m(t, \omega)| \mu(\mathrm{d} t, \mathrm{d} \omega) \\ =&\lim_{n, m \to +\infty} \int_T E|x_n(t, \omega)-x_m(t, \omega)| \mathrm{d} t=0. \end{aligned}$$

由此可见，$\{x_n(t, \omega)\}$ 关于 μ 平均收敛，故更依测度 μ 收敛，

从而存在一子列 $\{x_{n_j}(t, \omega)\}$ 及 $y(t, \omega)$，使关于 μ 几乎处处都有

$$\lim_{j\to+\infty} x_{n_j}(t, \omega)=y(t, \omega), \tag{9}$$

而且 $\{y(t, \omega), t\in T\}$ 是波莱尔可测过程. 以 M 表（9）式不成立的 (t, ω) 集，则 $\mu(M)=0$. 由富比尼定理，存在 t-集 $T_0\subset T$，$L(T_0)=0$，使如固定 $t\in T\setminus T_0$，则以概率 1 有

$$y(t, \omega)=\lim_{j\to+\infty} x_{n_j}(t, \omega). \tag{10}$$

由（7）知如 $t\in T\setminus T_0$，有

$$P(y(t, \omega)=\xi(t, \omega))=1. \tag{11}$$

今定义 $\{x(t, \omega), t\in T\}$ 使

$$x(t, \omega)=\begin{cases} y(t, \omega), \quad t\in T\setminus(T_0\cup R), \\ \qquad\qquad \text{而且在此 } (t, \omega) \text{ 上（9）式成立}^{①}, \\ \xi(t, \omega), \quad \text{反之.} \end{cases} \tag{12}$$

由于（9）式关于 μ 几乎处处成立，而且 $\mu((T_0\cup R)\times\Omega)=0$，故 $x(t, \omega)$ 与 $y(t, \omega)$ 不重合的点必构成某个 μ 零测集的子集. 既然 $y(t, \omega)$ 为 $\mathcal{B}_1\times\mathcal{F}$ 可测，故 $\{x(t, \omega), t\in T\}$ 是可测过程.

由（11）（12）知 $\{\xi(t, \omega), t\in T\}$ 与 $\{x(t, \omega), t\in T\}$ 等价.

试证 $\{x(t, \omega), t\in T\}$ 完全可分. 由（12），$X_R(\omega)=\Xi_R(\omega)$，故 $\overline{X_R(\omega)}=\overline{\Xi_R(\omega)}$，（一切 $\omega\in\Omega$）. 任取一点 $(t, x(t, \omega))$，$\omega\in\overline{N}$，N 表原可分过程 $\{\xi_t(\omega), t\in T\}$ 的例外集. 那么，它或者重合于 $(t, \xi(t, \omega))$，此时由于 $\xi(t, \omega)$ 关于 R 的可分性，有

$$(t, x(t, \omega))=(t, \xi(t, \omega))\in\overline{\Xi_R(\omega)}=\overline{X_R(\omega)},$$

① 即如 $(t, \omega)\in\{(T-(T_0\cup R))\times\Omega\}\cap\overline{M}$.

或者它重合于$(t,y(t,\omega))$，由（9）及 $x_{n_j}(t,\omega)$ 的定义仍知

$$(t,x(t,\omega))=(t,y(t,\omega))\in\overline{\Xi_R(\omega)}=\overline{X_R(\omega)}.$$

于是得证$\{x(t,\omega),t\in T\}$ 关于 R 可分，由 §1.2 定理 2，即知它完全可分.

（iii）若 T 为无穷区间，则可表 $T=\bigcup_m T_m$，这里 T_m 为有穷区间，$T_n\cap T_m=\varnothing$，$(n\neq m)$. 对每 $\{\xi_t(\omega),t\in T_m\}$，由（ii）得其等价的完全可分、可测修正 $\{x_t^{(m)}(\omega),t\in T_m\}$. 于是 $\{x_t(\omega),t\in T\}$ 即所求，其中

$$x_t(\omega)=x_t^{(m)}(\omega),\quad t\in T_m. \quad ■$$

定理 2 设 $\{\xi_t(\omega),t\in T\}$ 为可分过程，而且对每固定的 $t\in T$，有

$$P\left(\varliminf_{s\downarrow t}\xi(s,\omega)=\xi(t,\omega)\right)=1, \tag{13}$$

则必存在等价的可分、波莱尔可测过程 $\{x_t(\omega),t\in T\}$，它的几乎一切样本函数是右下半连续的.

证 设 $\{\xi_t(\omega),t\in T\}$ 的可分集为 R，对每固定 t，令 $\zeta_t(\omega)=\varliminf_{s\downarrow t}\xi_s(\omega)$. 由可分性及（13），存在 Ω_0，$P(\Omega_0)=1$，使对任意 $\omega\in\Omega_0$，有

（i）样本函数 $\xi(\cdot,\omega)$ 关于 R 可分；

（ii）$\xi(r,\omega)=\zeta(r,\omega)$，$r\in R$.

任取一实数 c 而定义

$$x(t,\omega)\equiv\begin{cases}\zeta(t,\omega), & \omega\in\Omega_0,\\ c, & \omega\in\overline{\Omega}_0,\end{cases} \tag{14}$$

则 $\{x_t(\omega),t\in T\}$ 即所求的过程. 实际上，由（13）（14）知 $\{x_t(\omega),t\in T\}$ 与 $\{\xi_t(\omega),t\in T\}$ 等价. 其次，以 r 表 R 中的元，若 $\omega\in\Omega_0$，则

$$\zeta(t,\ \omega)=\lim_{s\downarrow t}\xi(s,\ \omega)=\lim_{r\downarrow t}\xi(r,\ \omega)$$
$$=\lim_{r\downarrow t}\zeta(r,\ \omega)=\lim_{s\downarrow t}\zeta(s,\ \omega) \tag{15}$$

其中第二等号成立是由于(i),第三等号由于(ii),第一、第四项相等说明 $\zeta(\cdot,\ \omega)$ 关于 R 可分，由此可分性得第四等号，从而 $\zeta(\cdot,\ \omega)$ 右下半连续．因之由（14）知对一切 ω，$x(\cdot,\ \omega)$ 也关于 R 可分而且也右下半连续．最后，由于对任实数 λ，有

$$\left((t,\ \omega):\ \inf_{t<r<t+\frac{1}{n}}\xi(r,\ \omega)<\lambda\right)$$
$$=\bigcup_{r\in R}\left(t:\ t<r<t+\frac{1}{n}\right)\times(\omega:\ \xi(r,\ \omega)<\lambda),$$

而右方每一被加项中第一因子集属于 $\mathcal{B}_1$，第二因子集属于 $\mathcal{F}$，故 $\inf\limits_{t<r<t+\frac{1}{n}}\xi(r,\ \omega)$ 为 $\mathcal{B}_1\times\mathcal{F}$ 可测，从而

$$\zeta(t,\ \omega)=\lim_{n\to+\infty}\inf_{t<r<t+\frac{1}{n}}\xi(r,\ \omega),\ (\omega\in\Omega_0)$$

在 $T\times\Omega_0$ 上为 $\mathcal{B}_1\times\mathcal{F}$ 可测，故 $x(t,\ \omega)$ 在 $T\times\Omega$ 上也为 $\mathcal{B}_1\times\mathcal{F}$ 可测．■

§1.4 条件概率与条件数学期望

（一）

在初等概率论中，事件 A 关于事件 D 的条件概率（有时也称为“在事件 D 出现的条件下，事件 A 的条件概率”）定义为

$$P(A|D)=\frac{P(AD)}{P(D)},$$

但需假定 $P(D)>0$，否则无定义．随机变量 $y(\omega)$，如果$|y|$的数学期望 $E|y|<+\infty$，那么它关于 D 的条件数学期望定义为

$$E(y|D)=\frac{1}{P(D)}\int_D y(\omega)P(\mathrm{d}\omega)=\int_D y(\omega)P(\mathrm{d}\omega|D),$$

但需假定 $P(D)>0$.

这两个定义在实用中很不方便，因为我们往往事先不知 $P(D)$是否大于 0，于是有必要重新定义它们．任何一个概念需要推广或重新定义时，新的定义至少应满足两个要求：它必须起旧概念所起的作用而且能避免后者的缺点；它是旧概念的一般化，使得在一定的特殊情况下，新概念与旧的重合，或与旧的有密切的联系.

取 $y(\omega)=\chi_A(\omega)$，$\chi_A(\omega)$ 是 A 的示性函数，即当 $\omega\in A$ 时等于 1，$\omega\overline{\in}A$ 时等于 0．则由定义

$$E(\chi_A|D)=P(A|D),$$

故条件概率是条件数学期望的特殊情况，自然，在新定义中也应如此．所以，我们从重新定义条件数学期望开始.

概率空间仍记为（Ω，$\mathcal{F}$，P），$\mathcal{B}$ 是 $\mathcal{F}$ 的某一子 σ 代数，$\mathcal{B}\subset\mathcal{F}$，$y(\omega)$ 是满足 $E|y|<+\infty$的随机变量．在新定义中，不是定义 y 关于某一事件，而是关于某 σ 代数 $\mathcal{B}$ 的条件数学期

望. 因此，不好说新定义是旧定义的直接推广，然而，以后会看到（见例 1），两者之间有着紧密的关系.

定义 1　具有下列两性质的随机变量 $E(y|\mathcal{B})$ 称为 $y(\omega)$ **关于 $\mathcal{B}$ 的条件数学期望**[①]（简称**条件期望**），如果

(i) $E(y|\mathcal{B})$ 是 $\mathcal{B}$ 可测函数；

(ii) 对任意 $A\in\mathcal{B}$，有

$$\int_A E(y|\mathcal{B})P(\mathrm{d}\omega)=\int_A yP(\mathrm{d}\omega). \tag{1}$$

定义 2　设 $C\in\mathcal{F}$ 为任一事件，则它的示性函数，即随机变量

$$\chi_C(\omega)=\begin{cases}1, & \omega\in C,\\ 0, & \omega\overline{\in} C.\end{cases}$$

关于 $\mathcal{B}$ 的条件期望称为 C 关于 $\mathcal{B}$ 的条件概率，记为 $P(C|\mathcal{B})$.

换言之，$P(C|\mathcal{B})$ 是满足下面两个条件的随机变量：

(i′) $P(C|\mathcal{B})$ 为 $\mathcal{B}$ 可测函数；

(ii′) 对任意 $A\in\mathcal{B}$，有

$$\int_A P(C|\mathcal{B})P(\mathrm{d}\omega)=P(AC). \tag{2}$$

既然条件概率是条件期望的特殊情况，故只要讨论后者就够了.

为使定义合理，必须保证满足定义 1 的条件 (i) 及 (ii) 的随机变量存在. 为此，注意 (1) 的右方值 $\int_A yP(\mathrm{d}\omega)$，是 $\mathcal{B}$ 上的广义测度，而且在 $\mathcal{B}$ 上，它关于测度 P 是绝对连续的，即当 $P(A)=0$ 时，

---

① 明确些应写 $E(y|\mathcal{B})$ 为 $E(y|\mathcal{B})(\omega)$，以表明它是 ω 的函数，这里及以后都略去了 ω，关于下面的 $P(C|\mathcal{B})$ 也如此.

$$\int_A yP(\mathrm{d}\omega)=0.$$

因此，由拉东-尼科迪姆（Radon-Nikodym）定理，可见满足定义 1 的条件（i）及（ii）的随机变量 $E(y|\mathcal{B})$ 的确存在，而且，一般地有许多个. 但如果有两随机变量 $E_1(y|\mathcal{B})$ 及 $E_2(y|\mathcal{B})$ 都满足定义 1 的条件（i）及（ii），那么

$$P(\omega\text{：}E_1(y|\mathcal{B})=E_2(y|\mathcal{B}))=1. \tag{3}$$

既然 $y(\omega)$ 关于 $\mathcal{B}$ 的条件期望一般不唯一，我们以后所说的条件期望 $E(y|\mathcal{B})$ 只是指它们之中的一个代表.

例 1 设 $\mathcal{B}=(\varnothing, D, \overline{D}, \Omega)$，$\varnothing$ 是空集，$D\in\mathcal{F}$，$0<P(D)<1$，$\overline{D}=\Omega-D$. 试证此时

$$E(y|\mathcal{B})=\begin{cases}\dfrac{1}{P(D)}\displaystyle\int_D y(\omega)P(\mathrm{d}\omega)=E(y|D),\omega\in D,\\ \dfrac{1}{P(\overline{D})}\displaystyle\int_{\overline{D}} y(\omega)P(\mathrm{d}\omega)=E(y|\overline{D}),\omega\in\overline{D},\end{cases} \tag{4}$$

$$P(C|\mathcal{B})=\begin{cases}\dfrac{1}{P(D)}P(CD)=P(C|D),\omega\in D,\\ \dfrac{1}{P(\overline{D})}P(C\overline{D})=P(C|\overline{D}),\omega\in\overline{D}.\end{cases} \tag{5}$$

实际上，为使定义 1 的条件(i)成立，$E(y|\mathcal{B})$ 必须也只需呈下形

$$E(y|\mathcal{B})=\begin{cases}C_1, & \omega\in D,\\ C_2, & \omega\in\overline{D},\end{cases}\quad C_1,\ C_2\text{ 为常数},$$

以之代入（1），并令 $A=D$，即得

$$C_1P(D)=\int_D yP(\mathrm{d}\omega)$$

或

$$C_1=\frac{1}{P(D)}\int_D yP(\mathrm{d}\omega)=E(y|D).$$

同样证明 $C_2=E(y|\overline{D})$，而且这样决定的 C_1，C_2 使定义 1 的条件（ii）对一切 $A\in\mathcal{B}$ 成立.

（二）

试研究 $E(y|\mathcal{B})$（特别地 $P(C|\mathcal{B})$）的性质. 由于 $E(y|\mathcal{B})$ 是用定义 1 的条件，可测性（i）及积分性质（ii）来定义的，这使人想到 $E(y|\mathcal{B})$ 也具有一些类似积分的性质.

以下的等式、不等式或极限关系式都是以概率 1 成立的，又 $y(\omega)$，$y_i(\omega)$ 都是随机变量，而且 $E|y|<+\infty$，$E|y_i|<+\infty$，不再一一声明.

（i）对任意 $C_1\in R$，$C_2\in R_1$，有

$$E(C_1y_1+C_2y_2|\mathcal{B})=C_1E(y_1|\mathcal{B})+C_2E(y_2|\mathcal{B}).$$

证　由定义只要证明：$C_1E(y_1|\mathcal{B})+C_2E(y_2|\mathcal{B})$ 是关于 $\mathcal{B}$ 可测的随机变量；而且对任意 $A\in\mathcal{B}$ 有

$$\begin{aligned}&\int_A[C_1E(y_1|\mathcal{B})+C_2E(y_2|\mathcal{B})]P(\mathrm{d}\omega)\\ &=\int_A(C_1y_1+C_2y_2)P(\mathrm{d}\omega),\end{aligned}\tag{6}$$

这里，由 $E(y_i|\mathcal{B})$ 的定义，它们都是 $\mathcal{B}$ 可测的，故 $C_1E(y_1|\mathcal{B})+C_2E(y_2|\mathcal{B})$ 也 $\mathcal{B}$ 可测；又因对 $A\in\mathcal{B}$，有

$$\int_A E(y_i|\mathcal{B})P(\mathrm{d}\omega)=\int_A y_iP(\mathrm{d}\omega),\quad i=1,2.$$

以 C_i 乘上式两边后，对 $i=1$，2 求和，即得（6）.

（ii）若 $y\geqslant0$，则 $E(y|\mathcal{B})\geqslant0$　a. s..

证　令

$$A=(\omega:E(y|\mathcal{B})<0),\qquad A_m=\left(\omega:E(y|\mathcal{B})\leqslant-\frac{1}{m}\right),$$

则

$$A=\bigcup_m A_m,$$

$$-\frac{1}{m}P(A_m)\geqslant\int_{A_m}E(y|\mathcal{B})P(\mathrm{d}\omega)=\int_{A_m}yP(\mathrm{d}\omega)\geqslant0,$$

故 $P(A_m)=0$，$P(A)\leqslant\sum\limits_m P(A_m)=0$. ■

(iii) $|E(y|\mathcal{B})|\leqslant E(|y||\mathcal{B})$.

证 由 (ii)，有 $E(|y|-y|\mathcal{B})\geqslant 0$，$E(|y|+y|\mathcal{B})\geqslant 0$. 由此及 (i)，得 $E(y|\mathcal{B})\leqslant E(|y||\mathcal{B})$ 和

$$-E(y|\mathcal{B})=E(-y|\mathcal{B})\leqslant E(|y||\mathcal{B}).\quad ■$$

(iv) 设 $0\leqslant y_n\uparrow y$，$E|y|<+\infty$，则

$$E(y_n|\mathcal{B})\uparrow E(y|\mathcal{B}).$$

特别①，若集 $A_n\in\mathcal{F}$，$A_n\uparrow A$，则

$$P(A_n|\mathcal{B})\uparrow P(A|\mathcal{B})$$

证 由 (ii)

$$0\leqslant E(y_1|\mathcal{B})\leqslant E(y_2|\mathcal{B})\leqslant\cdots$$

故几乎处处存在极限 $\lim\limits_{n\to+\infty}E(y_n|\mathcal{B})$；在极限不存在的 ω 上补定义为 0，经这样补定义后的极限是 $\mathcal{B}$ 可测的. 为证它等于 $E(y|\mathcal{B})$，只要注意，用积分单调收敛定理两次，对任意 $A\in\mathcal{B}$. 有

$$\int_A\lim_{n\to+\infty}E(y_n|\mathcal{B})P(\mathrm{d}\omega)=\lim_{n\to+\infty}\int_A E(y_n|\mathcal{B})P(\mathrm{d}\omega)$$

$$=\lim_{n\to+\infty}\int_A y_nP(\mathrm{d}\omega)=\int_A\lim_{n\to+\infty}y_nP(\mathrm{d}\omega)=\int_A yP(\mathrm{d}\omega).\quad ■$$

(v) 设 $y_n\to y$，$|y_n|\leqslant x$，$Ex<+\infty$，则

$$E(y_n|\mathcal{B})\to E(y|\mathcal{B}).$$

证 定义

$$z_n^+=\sup_{k\geqslant 0}y_{n+k},\quad z_n^-=\inf_{k\geqslant 0}y_{n+k},$$

显然 $0\leqslant x-z_n^+\uparrow x-y$，$0\leqslant x+z_x^-\uparrow x+y$. 故由 (iv)，

$$E(x-z_n^+|\mathcal{B})\uparrow E(x-y|\mathcal{B}),$$

$$E(x+z_n^-|\mathcal{B})\uparrow E(x+y|\mathcal{B}).$$

---

① $A_n\uparrow A$ 表 $A_n\subset A_{n+1}$，$A=\bigcup\limits_n A_n$. $A_n\downarrow A$ 表 $A_n\supset A_{n+1}$，$A=\bigcap\limits_n A_n$.

从而

$$E(z_n^+ \mid \mathcal{B}) \downarrow E(y \mid \mathcal{B}), \qquad E(z_n^- \mid \mathcal{B}) \uparrow E(y \mid \mathcal{B}).$$

最后只要注意，由于（ii），

$$E(z_n^- \mid \mathcal{B}) \leqslant E(y_n \mid \mathcal{B}) \leqslant E(z_n^+ \mid \mathcal{B}). \quad ■$$

（vi）若 $z(\omega)$ 对 $\mathcal{B}$ 可测，$E|yz|<+\infty$，$E|y|<+\infty$，则

$$E(zy \mid \mathcal{B}) = zE(y \mid \mathcal{B}). \tag{7}$$

证 令[①] $\mathcal{L}=\{z(\omega):E|yz|<+\infty\}$

$$L=\{z(\omega):\text{使（7）成立}\},$$

由（i）（iv）知 L 为 $\mathcal{L}$-系，当 $z=\chi_M$，$(M\in\mathcal{B})$ 时，

$$\begin{aligned}\int_A zyP(\mathrm{d}\omega) &= \int_A \chi_M yP(\mathrm{d}\omega) = \int_{AM} yP(\mathrm{d}\omega) \\ &= \int_{AM} E(y \mid \mathcal{B})P(\mathrm{d}\omega) = \int_A \chi_M E(y \mid \mathcal{B})P(\mathrm{d}\omega) \\ &= \int_A zE(y \mid \mathcal{B})P(\mathrm{d}\omega), \quad A\in\mathcal{B}.\end{aligned}$$

既然，$zE(y \mid \mathcal{B})$ 明显地是 $\mathcal{B}$ 可测的，故

$$\chi_M \in L, \qquad M\in\mathcal{B}.$$

利用 $\mathcal{L}$-系方法即得所欲证. ■

（vii）若 $y(\omega)$ 为 $\mathcal{B}$-可测，则 $E(y \mid \mathcal{B})=y$.

证 因此时 y 具有定义 1 的条件（i）及（ii）中对 $E(y \mid \mathcal{B})$ 所需性质. ■

（viii）若 $\mathcal{B}_1 \subset \mathcal{B}_2 \subset \mathcal{F}$，则

$$E[E(y \mid \mathcal{B}_2) \mid \mathcal{B}_1] = E(y \mid \mathcal{B}_1) = E[E(y \mid \mathcal{B}_1) \mid \mathcal{B}_2].$$

证 为证前一等式，只要注意若 $A\in\mathcal{B}_1$，则 $A\in\mathcal{B}_2$，故

$$\int_A yP(\mathrm{d}\omega) = \int_A E(y \mid \mathcal{B}_2)P(\mathrm{d}\omega).$$

为证后一等式，注意 $E(y \mid \mathcal{B}_1)$ 为 $\mathcal{B}_2$ 可测，然后应用（vii）

---

① 参看书末附录 2.

即可. ■

在上述各性质中取随机变量为事件的示性函数，就得到相应的条件概率的性质. 例如，在（iv）中取 $y_n(\omega)=\chi_{A_n}(\omega)$，$y(\omega)=\chi_A(\omega)$，$A_n\uparrow A$，即得

$$P(A_n\mid\mathcal{B})\uparrow P(A\mid\mathcal{B}).\tag{8}$$

最后我们还说明一个常用的记号. 设 $\{x_t,\ t\in T\}$ 是一随机过程，$y(\omega)$ 关于 σ 代数 $\mathcal{F}\{x_t,\ t\in T\}$ 的条件数学期望 $E(y|\mathcal{F}\{x_t,\ \in T\})$ 简记为 $E(y|x_t,\ t\in T)$，因而事件 A 关于 $\mathcal{F}\{x_t,\ t\in T\}$ 的条件概率记为 $P(A|x_t,\ t\in T)$. 由于 $E(y|x_t,\ t\in T)$ 关于 $\mathcal{F}\{x_t,\ t\in T\}$ 可测，根据测度论知存在无穷元波莱尔可测函数 $f(z_1,\ z_2,\ \cdots)$，$(z_i\in R_1)$ 及 $t_i\in T$；$i\in\mathbf{N}^*$，使

$$E(y(\omega)\mid x_t(\omega),\ t\in T)=f(x_{t_1}(\omega),\ x_{t_2}(\omega),\ \cdots).\tag{9}$$

特别，当 T 只含 n 个点（1，2，…，n）时，上式化为

$$\begin{aligned}&E(y(\omega)\mid x_1(\omega),\ x_2(\omega),\ \cdots,\ x_n(\omega))\\&=f(x_1(\omega),\ x_2(\omega),\ \cdots,\ x_n(\omega)),\end{aligned}\tag{10}$$

这里 $f(z_1,\ z_2,\ \cdots,\ z_n)$ 是某 n 元波莱尔可测函数.

§1.5　马尔可夫性

(一)

马尔可夫链（简称**马氏链**）是一种特殊的随机过程，它的特征是具有**马尔可夫性**（简称**马氏性**），亦称**无后效性**.

设（Ω，$\mathcal{F}$，P）是一概率空间，定义于其上的随机过程 $X=\{x_t(\omega),\ t\in T\}$ 的状态空间为 E，我们假定 E 是一可列集，且赋 E 以离散拓扑. 称 X 为**马氏链**，如果它具有**马氏性**：对任意有穷多个 $t_i\in T$，$t_1<t_2<\cdots<t_n$，（$n>1$），任意使 $P(x_{t_1}=i_1,\ x_{t_2}=i_2,\ \cdots,\ x_{t_{n-1}}=i_{n-1})>0$ 的 i_1，i_2，…，$i_n\in E$，有

$$P(x_{t_n}=i_n\mid x_{t_1}=i_1,\ x_{t_2}=i_2,\ \cdots,\ x_{t_{n-1}}=i_{n-1})$$
$$=P(x_{t_n}=i_n\mid x_{t_{n-1}}=i_{n-1}).\qquad(1)$$

马氏性的直观解释如下：设想有一作随机运动的质点 Σ，在 t 时 Σ 的位置记为 x_t，把时刻 t_{n-1} 看成“现在”，从而 t_n 属于“将来”，而 t_1，t_2，…，t_{n-2} 都属于“过去”. 于是（1）式表示：在已知过去“$x_{t_1}=i_1$，$x_{t_2}=i_2$，…，$x_{t_{n-2}}=i_{n-2}$”及现在“$x_{t_{n-1}}=i_{n-1}$”的条件下，将来的事件“$x_{t_n}=i_n$”的条件概率，只依赖于现在发生的事件“$x_{t_{n-1}}=i_{n-1}$”. 简单地说，在已知“现在”的条件下：“将来”与“过去”是独立的. 下面的讨论表明，（1）中的“将来”与“过去”的内容可以大大充实，而不仅限于“$x_{t_n}=i_n$”等的形式.

(二)

马氏性有许多等价的形式，下面定理 1 的（i）（ii）（iii）中，用的是关于事件的古典的条件概率，而（iv）（v）中则采用关于 σ 代数的条件概率或条件数学期望. 表面上看，（i）（iv）

含义最少，其实它们都等价．引进下列三个 σ 代数：

$$\mathcal{N}_t^s=\mathcal{F}\{x_u,\ s\leqslant u\leqslant t,\ u\in T\},$$

$$\mathcal{N}_t=\mathcal{F}\{x_u,\ u\leqslant t,\ u\in T\},$$

$$\mathcal{N}^t=\mathcal{F}\{x_u,\ t\leqslant u,\ u\in T\}.$$

定理 1　下列诸条件等价：

（i）马氏性（1）成立．

（ii）对任意 $t\in T$，$i\in E$ 及 $A\in\mathcal{N}^t$，$B\in\mathcal{N}_t$，$P(B,\ x_t=i)>0$，有

$$P(A|B,\ x_t=i)=P(A|x_t=i).\tag{2}$$

（iii）对任意 $t\in T$，$i\in E$ 及 $A\in\mathcal{N}^t$，$B\in\mathcal{N}_t$，$P(x_t=i)>0$，有

$$P(AB|x_t=i)=P(A|x_t=i)P(B|x_t=i).\tag{3}$$

（iv）对任意 $t_1<t_2<\cdots<t_n$，$t_i\in T$，$n>1$，$i\in E$ 有

$$\begin{aligned}&P(x_{t_n}=i|x_{t_1},\ x_{t_2},\ \cdots,\ x_{t_{n-1}})\\&=P(x_{t_n}=i|x_{t_{n-1}}),\quad \text{a. s.}^{①}.\end{aligned}\tag{4}$$

（v）对任意 $t\in T$，如果函数 $\xi(\omega)$ 为 $\mathcal{N}^t$ 可测，而且 $E|\xi|<+\infty$，那么

$$E(\xi|\mathcal{N}_t)=E(\xi|x_t),\quad \text{a. s.}.\tag{5}$$

证　（i）→（iv）：注意 $P(x_{t_n}=i|x_{t_{n-1}})$ 关于 $\mathcal{F}(x_{t_1},\ x_{t_2},\ \cdots,\ x_{t_{n-1}})$ 可测，故为证（4），只要证对任意 $B\in\mathcal{F}\{x_{t_1},\ x_{t_2},\ \cdots,\ x_{t_{n-1}}\}$，$P(B)>0$，有

$$\int_B P(x_{t_n}=i|x_{t_{n-1}})P(\mathrm{d}\omega)=P(B,\ x_{t_n}=i)\tag{6}$$

先设 $B=(x_{t_1}=i_1,\ x_{t_2}=i_2,\ \cdots,\ x_{t_{n-1}}=i_{n-1})$．往证在此 B 上，有

① a. s. 表左式对关于 P 的几乎一切的 ω 成立，亦即左边成立的概率为 1.

$$P(x_{t_n}=i|x_{t_{n-1}})=P(x_{t_n}=i|x_{t_{n-1}}=i_{n-1}). \tag{6'}$$

此式可如下证明：根据 § 1.4 (10)，存在某函数 $f(j)$，使

$$P(x_{t_n}=i|x_{t_{n-1}})=f(x_{t_{n-1}}).$$

在 ω-集（ω：$x_{t_{n-1}}(\omega)=i_{n-1}$）上，$f(x_{t_{n-1}})=f(i_{n-1})$ 是常数. 由条件概率的定义，得

$$\begin{aligned}P(x_{t_{n-1}}=i_{n-1},\ x_{t_n}=i)&=\int_{(x_{t_{n-1}}=i_{n-1})}P(x_{t_n}=i|x_{t_{n-1}})P(\mathrm{d}\omega)\\&=f(i_{n-1})P(x_{t_{n-1}}=i_{n-1}),\end{aligned}$$

于是 $f(i_{n-1})=P(x_{t_n}=i \mid x_{t_{n-1}}=i_{n-1})$，从而（6′）得证.

由于（6′），为证（6）对上面形状的 B 成立，只要证

$$\begin{aligned}&P(x_{t_n}=i|x_{t_{n-1}}=i_{n-1})\cdot P(x_{t_1}=i_1,\ x_{t_2}=i_2,\ \cdots,\ x_{t_{n-1}}=i_{n-1})\\&=P(x_{t_1}=i_1,\ x_{t_2}=i_2,\ \cdots,\ x_{t_{n-1}}=i_{n-1},\ x_{t_n}=i),\end{aligned}$$

而这式由（1）是成立的，于是（6）式对上面形状的 B 成立得证，从而对形如

$$B=(x_{t_1}\in A_1,\ x_{t_2}\in A_2,\ \cdots,\ x_{t_{n-1}}\in A_{n-1}) \tag{7}$$

的 B 也得证，这里 $A_j\subset E$ 任意.

使（6）成立的全体 B 构成一集类 Λ，它是 λ-系，一切（7）形的 B 组成 π-系 Π，由上知 $\Lambda\supset\Pi$，故由 λ-系方法知

$$\Lambda\supset\sigma(\Pi)=\mathcal{F}\{x_{t_1},\ x_{t_2},\ \cdots,\ x_{t_{n-1}}\}.$$

(iv) → (v)：首先，对任意 $u\geqslant t$，$A\subset E$，由 λ-系方法易见

$$P(x_u\in A|\mathcal{N}_t)=P(x_u\in A|x_t)\quad \text{a. s.}. \tag{8}$$

其次，设 $\xi(\omega)$ 为 $\mathcal{F}\{x_u\}$ 可测，且 $E|\xi|<+\infty$，则有

$$E(\xi|\mathcal{N}_t)=E(\xi|x_t)\quad \text{a. s.}. \tag{9}$$

实际上，当 $\xi=\chi_A(x_u)$ 即（$x_u\in A$）的示性函数时，（9）化为 (8)，令

$$\mathcal{L}=\{\text{全体可积函数 }\xi(\omega)\},$$

$$H=\{使（9）成立的全体\ \xi(\omega)\},$$

则 H 是 $\mathcal{L}$-系，既然 $\chi_A(x_u)\in H$，而诸集 $(x_u\in A)$，$A\subset E$ 产生 $\mathcal{F}\{x_u\}$，故由 $\mathcal{L}$-系方法知 $H\supset\mathcal{F}\{x_u\}$.

再次，试证对任意 $t\leqslant u_1<u_2<\cdots<u_m$，$u_i\in T$，$A_i\subset E$，有

$$\begin{aligned}&P(x_{u_i}\in A_i,\ i=1,\ 2,\ \cdots,\ m\,|\,\mathcal{N}_t)\\&=P(x_{u_i}\in A_i,\ i=1,\ 2,\ \cdots,\ m\,|\,x_t)\quad \text{a. s.}.\end{aligned}\tag{10}$$

实际上，当 $m=1$，（10）化为（8）. 下用归纳法而设（10）对 $m-1$ 个 A_i 成立. 简记

$$B_1=(x_{u_1}\in A_1),$$

$$B_2=(x_{u_2}\in A_2,\ x_{u_3}\in A_3,\ \cdots,\ x_{u_m}\in A_m),$$

$$B=B_1B_2,$$

则由条件数学期望的性质得

$$\begin{aligned}P(B\,|\,\mathcal{N}_t)&=E(\chi_{B_1}\chi_{B_2}\,|\,\mathcal{N}_t)=E[E(\chi_{B_1}\chi_{B_2}\,|\,\mathcal{N}_{u_1})\,|\,\mathcal{N}_t]\\&=E[\chi_{B_1}E(\chi_{B_2}\,|\,\mathcal{N}_{u_1})\,|\,\mathcal{N}_t]\\&=E[\chi_{B_1}P(B_2\,|\,\mathcal{N}_{u_1})\,|\,\mathcal{N}_t]\quad \text{a. s.}.\end{aligned}\tag{11}$$

由归纳法前提假定

$$P(B_2\,|\,\mathcal{N}_{u_1})=P(B_2\,|\,x_{u_1})\quad \text{a. s.}.\tag{12}$$

代入（11）得

$$P(B\,|\,\mathcal{N}_t)=E[\chi_A(x_{u_1})P(B_2\,|\,x_{u_1})\,|\,\mathcal{N}_t]\quad \text{a. s.}.$$

但 $\chi_A(x_{u_1})P(B_2\mid x_{u_1})$ 对 $\mathcal{F}\{x_{u_1}\}$ 可测且可积，故由（9）得

$$\begin{aligned}P(B\,|\,\mathcal{N}_t)&=E[\chi_{A_1}(x_{u_1})P(B_2\,|\,x_{u_1})\,|\,x_t]\\&=E[\chi_{B_1}P(B_2\,|\,\mathcal{N}_{u_1})\,|\,x_t]\\&=E[P(B_1B_2\,|\,\mathcal{N}_{u_1})\,|\,x_t]=P(B\,|\,x_t)\quad \text{a. s.}.\end{aligned}\tag{13}$$

最后，从（10）出发用 $\mathcal{L}$-系方法，像从（8）出发证明（9）一样，即可证（5）对任意 $\mathcal{N}^t$ 可测的 ξ 成立，只要 ξ 满足 $E|\xi|<+\infty$.

(v) → (ii)：取 $\xi=\chi_A$，($A\in\mathcal{N}^t$)，则 (5) 化为

$$P(A|\mathcal{N}_t)=P(A|x_t)\quad \text{a. s.}. \tag{14}$$

因 $(B;\ x_t=i)\in\mathcal{N}_t$，故由 (14)，有

$$\begin{aligned}P(AB;\ x_t=i)&=\int_{(B;x_t=i)}P(A|x_t)P(\mathrm{d}\omega)\\&=P(A|x_t=i)P(B;x_t=i),\end{aligned}\tag{15}$$

由此即得 (2).

(ii) ⇒ (i)：在 (2) 中取 $t=t_{n-1}$，$i=i_{n-1}$，$A=(x_{t_n}=i_n)$，$B=\{x_{t_1}=i_1,\ x_{t_2}=i_2,\ \cdots,\ x_{t_{n-2}}=i_{n-2}\}$ 即得 (1).

(ii) ⇔ (iii)：只要利用等式

$$P(AB|x_t=i)=P(B|x_t=i)P(A|x_t=i,\ B)$$

即可.（初定义 $P(A\mid x_t=i,\ B)=0$，如果 $P(x_t=i,\ B)=0$.）■

(三)

一般状态空间中**马尔可夫过程**（简称**马氏过程**）的定义如下. 设 $(\Omega,\ \mathcal{F},\ P)$ 是一概率空间，定义于其上的随机过程 $X=\{x_t(\omega),\ t\in T\}$ 的状态空间为某可测空间 $(E,\ \mathcal{B})$，如果对任意 $t_1<t_2<\cdots<t_n$，$t_i\in T$，$n>1$，任意 $A\in\mathcal{B}$，有

$$\begin{aligned}&P(x_{t_n}\in A|x_{t_1},\ x_{t_2},\ \cdots,\ x_{t_{n-1}})\\&=P(x_{t_n}\in A|x_{t_{n-1}})\quad \text{a. s.},\end{aligned}\tag{16}$$

那么称此过程为**马氏过程**.

注意　(16) 是 (4) 的直接一般化. 不需改变定理 1 中 (iv) → (v) 的证明，可见 (16) 与 (5) 在一般状态空间也是等价的.

§1.6 转移概率

（一）

本节中只讨论离散情况．设已给（Ω，$\mathcal{F}$，P）上的马氏链 $X=\{x_t(\omega),\ t\in T\}$，以后我们只考虑两种 T：$T=[0,\ +\infty)$，或（0，1，2，…）；于是可分别记 X 为 $\{x_t,\ t\geqslant 0\}$，$\{x_n,\ n\geqslant 0\}$．在后一种情形中，n 表非负整数，并称 $\{x_n,\ n\geqslant 0\}$ 为具离散参数的马氏链．

如 $P(x_s=i)>0$，可定义

$$p_{ij}(s,\ t)=P(x_t=j\mid x_s=i),\quad s\leqslant t. \tag{1}$$

称 $p_{ij}(s,\ t)$ 为 s 时在 i 的条件下，t 时转移至 j 的 **X 的转移概率**．但如 $P(x_s=i)=0$，此时（1）的右方无意义．可以按下面的方式定义一个完整的 $p_{ij}(s,\ t)$，i，$j\in E$，s，$t\in T$，$s\leqslant t$．

设 $s\in T$．记 $E_+(s)=\{k:\ P(x_s=k)>0\}$，$E_0(s)=E\setminus E_+(s)$．对 i，$j\in E$，$t\geqslant s$，$t\in T$，定义

$$p_{ij}(s,\ t)=\begin{cases}\delta_{ij}, & E_+(s)=\varnothing, t\geqslant s,\\ \displaystyle\sum_{k\in E_+(s)} u_{ik}(s)P(x_t=j\mid x_s=k), & E_+(s)\neq\varnothing, t>s,\\ \delta_{ij}, & E_+(s)\neq\varnothing, t=s,\end{cases} \tag{1'}$$

其中，δ_{ij} 为克罗内克（Kronecker）记号，$\delta_{ij}=0(i\neq j)$，$\delta_{ii}=1$．而 $u_{ij}(s)$ 如下选取：

$$u_{ij}(s)=\begin{cases}\delta_{ij}, & i\in E_+(s),\ j\in E,\\ 0, & i\in E_0(s),\ j\in E_0(s),\\ \gamma_{ij}, & i\in E_0(s),\ j\in E_+(s).\end{cases}$$

而当 $E_0(s)\neq\varnothing$时，非负的 $\gamma_{ij}(i\in E_0(s), j\in E_+(s))$ 可任意选取，但必须满足 $\sum_{j\in E_+(s)}\gamma_{ij}=1(i\in E_0(s))$. 当 $E_0(s)\neq\varnothing$时，这样的 γ_{ij} 总是存在的.

显然，当 $P(x_s=i)>0$ 时，依（1）和（1′）定义的 $p_{ij}(s, t)$ 是一致的.

按（1′）定义了 $p_{ij}(s, t)(i, j\in E, s, t\in T, s\leqslant t)$. 以 $p_{ij}(s, t)$ 为元素的矩阵记为

$$P(s, t)=(p_{ij}(s, t)), s, t\in T, s\leqslant t.$$

引理 1　矩阵族 $\boldsymbol{P}(s, t), s, t\in T, s\leqslant t$，有下列性质

(i) $0\leqslant p_{ij}(s, t)\leqslant 1$.

(ii) $\sum_j p_{ij}(s, t)=1$.

(iii) 对 $s\leqslant t\leqslant u, s, t, u\in T$，有

$$p_{ij}(s, u)=\sum_k p_{ik}(s, t)p_{kj}(t, u), \tag{2}$$

亦即（采用矩阵的记号）

$$\boldsymbol{P}(s, u)=\boldsymbol{P}(s, t)\boldsymbol{P}(t, u). \tag{2′}$$

(iv) $p_{ij}(s, s)=\delta_{ij}$.

证　(i)(ii)(iv) 是明显的. 往证 (iii). 当 $E_+(s)=\varnothing$ 时，(2) 显然地成立. 故设 $E_+(s)\neq\varnothing$. 此时，当 $s=t$ 或 $t=u$ 时，(2) 也显然地成立. 故只需对 $s<t<u$ 证明 (2).

记　$E_+^2(s, u)=\{(i, j): P(x_s=i, x_t=j)>0\}$.

显然有 $E_+^2(s, u)\subset E_+(s)\times E_+(u)$. 注意：由（1′），当 $m\in E_0(s)$ 时有 $P_{im}(s, t)=0$；当 $m\in E_+(t)$ 时有 $p_{mj}(t, u)=P(x_u=j\mid x_t=m)$. 于是，

$$\begin{aligned}\sum_m p_{im}(s, t)p_{mj}(t, u)&=\sum_{m\in E_+(t)} p_{im}(s, t)p_{mj}(t, u)\\&=\sum_{m\in E_+(t)}\left[\sum_{k\in E_+(s)} u_{ik}(s)P(x_t=m\mid x_s=k)\right]\\&\quad P(x_u=j\mid x_t=m).\end{aligned} \tag{2_1}$$

注意

$$P(x_s=k,\ x_t=m)=0,\qquad (2_2)$$
$$(k,\ m)\in E_+(s)\times E_+(t)-E_+^2(s,\ t).$$

由 X 的马尔可夫性，有

$$P(x_u=j\mid x_s=k,\ x_t=m)=P(x_u=j|x_t=m).$$

于是（2_1）等于

$$\sum_{(k,m)\in E_+^2(s,t)} u_{ik}(s)P(x_t=m|x_s=k)P(x_u=j|x_s=k,\ x_t=m)$$
$$=\sum_{(k,m)\in E_+^2(s,t)} u_{ik}(s)\frac{P(x_s=k,\ x_t=m,\ x_u=j)}{P(x_s=k)},$$

注意到（2_2），上式等于

$$\sum_{(k,m)\in E_+(s)\times E_+(t)} u_{ik}(s)\frac{P(x_s=k,\ x_t=m,\ x_u=j)}{P(x_s=k)}$$
$$=\sum_{k\in E_+(s)} u_{ik}(s)\sum_{m\in E_+(t)}\frac{P(x_s=k,\ x_t=m,\ x_u=j)}{P(x_s=k)}$$
$$=\sum_{k\in E_+(s)} u_{ik}(s)\frac{P(x_s=k,\ x_u=j)}{P(x_s=k)}$$
$$=\sum_{k\in E_+(s)} u_{ik}(s)P(x_u=j|x_s=k)$$
$$=\sum_{k\in E_+(s)} u_{ik}(s)p_{kj}(s,\ u).$$

注意（1′），便知（iii）对于 $s<t<u$，s，t，$u\in T$ 成立，从而（iii）成立. ■

我们称满足引理 1 中（i）～（iv）的矩阵族 $\boldsymbol{P}(s,\ t)=(p_{ij}(s,\ t))$，$i$，$j\in E$，$0\leqslant s\leqslant t$，$s$，$t\in T$，为**转移矩阵族**. 如果马氏链 X 与转移矩阵族 $\boldsymbol{P}(s,\ t)$ 有关系：

$$p_{ij}(s,\ t)=P(x_t=j|x_s=i),\qquad P(x_s=i)>0.$$

称 $\boldsymbol{P}(s,\ t)$，$0\leqslant s\leqslant t$，s，$t\in T$ 为 X 的**转移矩阵**，或者，X 有

转移矩阵 $\boldsymbol{P}(s, t)$，$0\leqslant s\leqslant t$，$s, t\in T$. 引理 1 表明，每个马氏链必有转移矩阵.

通常称 (2) 式为柯尔莫哥洛夫-查普曼（Колмогоров-Chapman）方程.

利用转移矩阵可以表达 X 的联合分布：

引理 2　对任意 $0\leqslant s_1<s_2<\cdots<s_n$；$i_0, i_1, \cdots, i_n\in E$，有

$$P(x_0=i_0, x_{s_1}=i_1, x_{s_2}=i_2, \cdots, x_{s_n}=i_n)$$
$$=q_{i_0}\prod_{k=0}^{n-1} p_{i_k i_{k+1}}(s_k, s_{k+1}), \tag{3}$$

其中 $q_i=p(x_0=i)$.

证　由条件概率的性质，

$$P(x_0=i_0, x_{s_1}=i_1, x_{s_2}=i_2, \cdots, x_{s_n}=i_n)$$
$$=P(x_0=i_0)P(x_{s_1}=i_1|x_0=i_0)$$
$$P(x_{s_2}=i_2|x_0=i_0, x_{s_1}=i_1)\cdots$$
$$P(x_{s_n}=i_n|x_0=i_0, \cdots, x_{s_{n-1}}=i_{n-1}).$$

利用马氏性即得 (3). ■

称马氏链 X 为**齐次的**，如果它的转移概率为**齐次的**，即如对一切 $0\leqslant s\leqslant t$，$i, j\in E$，$p_{ij}(s, t)$ 只依赖于差 $t-s$；这时记

$$p_{ij}(s, s+t)=p_{ij}(t), \quad \boldsymbol{P}(s, s+t)=\boldsymbol{P}(t). \tag{4}$$

于是 (i) ～ (iv) 分别化为

(i′) $0\leqslant p_{ij}(t)\leqslant 1$.

(ii′) $\sum_j p_{ij}(t)=1$.

(iii′) $p_{ij}(s+t)=\sum_k p_{ik}(s)p_{kj}(t)$,

$(P(s+t)=P(s)P(t))$.

(iv′) $p_{ij}(0)=\delta_{ij}$.

这时 X 的转移矩阵族 $\boldsymbol{P}(t)$ 只含一个参数 t.

当 $T=\mathbf{N}$ 时，由 (2′) 得知对非负整数 $m<n$，

$$\boldsymbol{P}(m, n)=\boldsymbol{P}(m, m+1)\cdot\boldsymbol{P}(m+1, m+2)\cdot\cdots\cdot\boldsymbol{P}(n-1, n). \tag{5}$$

故高步的转移概率可通过一步的来表达，特别，如此时 $\boldsymbol{P}(m, n)$ 还是齐次的，那么由（5）并注意 $\boldsymbol{P}(n)=\boldsymbol{P}(0, n)$ 得

$$\boldsymbol{P}(n)=[\boldsymbol{P}(1)]^{n}. \tag{6}$$

因此，对具离散参数的马氏链 X，它的转移概率矩阵族完全由一步转移概率矩阵 $\boldsymbol{P}(1)$ 所决定.

以上，我们先从已给定的 X 得到它的转移概率，并得到了 $\boldsymbol{P}(s, t)$ 的性质（i）～（iv）.

（二）

现在考虑反面问题. 设对每一对 i，$j\in E$，已给实值函数 $p_{ij}(s, t)$ $0\leqslant s\leqslant t$，满足条件（i）～（iv），称这种函数为**转移函数**. 称 (q_i) 为 E 上的**分布**，如果

$$q_i\geqslant 0,\qquad \sum_{i\in E}q_i=1.$$

定理 1 设已给 E 上一分布 $\{q_i\}$ 及转移函数 $p_{ij}(s, t)(i, j\in E)$，则存在概率空间 $(\Omega, \mathcal{F}, P)$ 及定义于其上的马氏链 $X=\{x_t(\omega), t\in T\}$，使 X 的开始分布为 $\{q_i\}$，转移矩阵为 $(p_{ij}(s, t))$，即

$$q_i=P(x_0(\omega)=i),\qquad i\in E. \tag{7}$$

$$p_{ij}(s, t)=P(x_t(\omega)=j\mid x_s(\omega)=i),\qquad i, j\in E;\ s, t\in T. \tag{8}$$

证 对任意 n 个参数 $t_i\in T$，把它们排成 $t_1\leqslant t_2\leqslant\cdots\leqslant t_n$，由于引理 2 的启发，我们定义 n 维空间上的离散分布

$$\begin{aligned}&P_{t_1,t_2,\cdots,t_n}(i_1, i_2, \cdots, i_n)\\&=\sum_i q_i p_{ii_1}(0, t_1)p_{i_1i_2}(t_1, t_2)\cdots p_{i_{n-1}i_n}(t_{n-1}, t_n).\end{aligned} \tag{9}$$

由（i）～（iv）易见有穷维分布族 $P_{t_1,t_2,\cdots,t_n}(i_1, i_2, \cdots, i_n)$

是相容的，故据§1.1定理1，存在概率空间（Ω，$\mathcal{F}$，P）及定义于其上的过程 $\{x_t(\omega),\ t\in T\}$，满足

$$P(x_{t_1}=i_1,\ x_{t_2}=i_2,\ \cdots,\ x_{t_n}=i_n)\\ =P_{t_1,t_2,\cdots,t_n}(i_1,\ i_2,\ \cdots,\ i_n). \tag{10}$$

由（10）（9）得

$$P(x_{t_n}=i_n \mid x_{t_1}=i_1,\ x_{t_2}=i_2,\ \cdots,\ x_{t_{n-1}}=i_{n-1})$$
$$=\frac{P_{t_1,t_2,\cdots,t_n}(i_1,\ i_2,\ \cdots,\ i_n)}{P_{t_1,t_2,\cdots,t_{n-1}}(i_1,\ i_2,\ \cdots,\ i_{n-1})} \tag{11}$$
$$=\frac{\sum_i q_i p_{ii_1}(0,t_1)\cdots p_{i_{n-2}i_{n-1}}(t_{n-2},t_{n-1})p_{i_{n-1}i_n}(t_{n-1},t_n)}{\sum_i q_i p_{ii_1}(0,t_1)\cdots p_{i_{n-2}i_{n-1}}(t_{n-2},t_{n-1})}$$
$$=p_{i_{n-1}i_n}(t_{n-1},\ t_n)=\frac{\sum_i q_i p_{ii_{n-1}}(0,t_{n-1})p_{i_{n-1}i_n}(t_{n-1},t_n)}{\sum_i q_i p_{ii_{n-1}}(0,t_{n-1})}$$
$$=P(x_{t_n}=i_n \mid x_{t_{n-1}}=i_{n-1}).$$

这得证 X 是满足（8）的马氏链. 最后，在（10）中取 $i_1=i_2=\cdots=i_n=i$，$t_1=t_2=\cdots=t_n=0$，得

$$P(x_0=i)=q_i. \quad \blacksquare$$

(三)

在马氏链理论中，重要的是另一概率 $P_{t,i}(A)$，它定义在 σ 代数 $\mathcal{F}\{x_u,\ u\geqslant t,\ u\in T\}$ 上，它是满足下列条件的概率：对任意 $t_1\leqslant t_2\leqslant\cdots\leqslant t_n$，$(t\leqslant t_1)$，$i_1$，$i_2$，$\cdots$，$i_n\in E$，有

$$P_{t,i}(x_{t_1}=i_1,\ x_{t_2}=i_2,\ \cdots,\ x_{t_n}=i_n)\\ =p_{ii_1}(t,\ t_1)p_{i_1i_2}(t_1,\ t_2)\cdots p_{i_{n-1}i_n}(t_{n-1},\ t_n), \tag{12}$$

其中 $p_{ij}(s,\ t)$ 是 X 的转移概率，根据测度论中关于在无穷维空间中产生测度的柯尔莫哥洛夫定理，满足（12）的概率唯一存在.

$P_{t,i}(A)$ 的直观意义如下：设 $P(x_t=i)>0$，则

$$\begin{aligned}&P_{t,i}(x_{t_1}=i_1,\ x_{t_2}=i_2,\ \cdots,\ x_{t_n}=i_n)\\ =&P(x_{t_1}=i_1,\ x_{t_2}=i_2,\ \cdots,\ x_{t_n}=i_n\mid x_t=i).\end{aligned}\tag{13}$$

实际上，由引理 2，右方值等于

$$\begin{aligned}&\frac{P(x_t=i,\ x_{t_1}=i_1,\ \cdots,\ x_{t_n}=i_n)}{P(x_t=i)}\\ =&\frac{\sum_k q_k p_{ki}(0,t)p_{ii_1}(t,t_1)\cdots p_{i_{n-1}i_n}(t_{n-1},t_n)}{\sum_k q_k p_{ki}(0,t)}\\ =&p_{ii_1}(t,\ t_1)p_{i_1i_2}(t_1,\ t_2)\cdots p_{i_{n-1}i_n}(t_{n-1},\ t_n)\\ =&P_{t,i}(x_{t_1}=i_1,\ x_{t_2}=i_2,\ \cdots,\ x_{t_n}=i_n).\end{aligned}$$

根据（13），我们自然称 $P_{0,i}(A)$ 为**开始分布集中在 i 时 A 的条件概率**.

如果 X 是齐次的，那么由（12）及（4）得

$$\begin{aligned}&P_{t,i}(x_{t+t_1}=i_1,\ x_{t+t_2}=i_2,\ \cdots,\ x_{t+t_n}=i_n)\\ =&P_i(x_{t_1}=i_1,\ x_{t_2}=i_2,\ \cdots,\ x_{t_n}=i_n),\end{aligned}\tag{14}$$

其中 $P_i(A)=P_{0,i}(A)$.（14）表明对时间推移的不变性，其实还可把（14）如下推广.

定义在 T 上而取值于 E 中的函数记为 $e(\cdot)$，全体这种函数构成空间 E^T，包含全体形如

$$C=(e(\cdot):\ e(t_1)=i_1,\ e(t_2)=i_2,\ \cdots,\ e(t_n)=i_n)\tag{15}$$

的集的最小 σ 代数记为 $\mathcal{B}^T$，$\mathcal{B}^T$ 是 E^T 中的 σ 代数. 设任意给出一个定义在 E^T 上的函数 $f(e(\cdot))$，我们假定 $f(e(\cdot))$ 有界而且关于 $\mathcal{B}^T$ 可测. 其次，对每固定的 $\omega\in\Omega$，$t\geqslant0$，$t\in T$，以 $x(t+\cdot,\ \omega)$ 表 s 的函数 $x(t+s,\ \omega)$，它可视为自样本函数 $x(\cdot,\ \omega)$ 经“t-推移”而得. 由于 $x(\cdot,\ \omega)$ 及 $x(t+\cdot,\ \omega)$ 都属于 E^T，故 $f(x(\cdot,\ \omega))$ 及 $f(x(t+\cdot,\ \omega))$ 都有定义. 我们证明

$$E_{t,i}[f(x(t+\cdot,\ \omega))]=E_i[f(x(\cdot,\ \omega))].\qquad(16)$$

实际上，由 f 的 $\mathcal{B}^T$ 的可测性知 $f(x(t+\cdot,\ \omega))$ 为 $\mathcal{N}^t$ 可测. 当 f 为（15）中集 C 的示性函数时，（16）左方化为

$$P_{t,i}(x(t+t_1)=i_1,\ x(t+t_2)=i_2,\ \cdots,\ x(t+t_n)=i_n).$$

由（12）及齐次性，此值等于

$$p_{ii_1}(t_1)p_{i_1i_2}(t_2-t_1)\cdots p_{i_{n-1}i_n}(t_n-t_{n-1})$$
$$=P_i(x(t_1)=i_1,x(t_2)=i_2,\cdots,x(t_n)=i_n)=E_if(x(\cdot,\omega)),$$

故（16）对 $f=\chi_c$ 正确；利用 $\mathcal{L}$-系方法即知（16）对任意有界而且 $\mathcal{B}^T$ 可测的函数 $f(e(\cdot))$ 都正确.

引进依赖于 ω 的概率 $P_{t,x_t(\omega)}(A)$：

$$P_{t,x_t(\omega)}(A)=P_{t,i}(A),\qquad x_t(\omega)=i,$$

因而当 ω 固定时，$P_{t,x_t(\omega)}(A)$ 是一普通的概率 $P_{t,i}(A)$，在 §1.5（5）中取 $\xi(\omega)=f(x(t+\cdot,\ \omega))$，并注意（13），得

$$\begin{aligned}&E[f(x(t+\cdot,\ \omega))\mid\mathcal{N}_t]\\&=E_{t,x_t}f(x(t+\cdot,\ \omega))\quad \text{a. s.}.\end{aligned}\qquad(17)$$

如果 X 是齐次的. 由（17）（16）得

$$\begin{aligned}&E[f(x(t+\cdot,\ \omega))\mid\mathcal{N}_t]\\&=E_{x_t}f(x(\cdot,\ \omega))\quad \text{a. s.}.\end{aligned}\qquad(18)$$

(四)

转移函数的概念可稍许推广. 称实值函数 $p_{ij}(s,\ t)(i,\ j\in E,\ s\leqslant t,\ s,\ t\in T)$ 为**广转移函数**，如果它满足（一）中条件（i）（iii）（iv）及

（ii″）$\sum_j p_{i,j}(s,\ t)\leqslant 1$.

广转移函数可通过扩大状态空间而化为转移函数. 实际上，任取一点 $a\overline{\in}E$，把 $\widetilde{E}=E\cup\{a\}$ 看成新状态空间，在其上定义函数

$$\tilde{p}_{ij}(s,t)=\begin{cases}p_{ij}(s,t), & i,j\in E,\\ 1-\sum_{k\in E}p_{ik}(s,t), & i\in E,\quad j=a,\\ \delta_{ij}, & i=a.\end{cases}\tag{19}$$

容易看出，$\tilde{p}_{ij}(s,\ t)$ 是 $\tilde{E}$ 中的转移函数.

根据定理 1，可以找到马氏链 $\tilde{X}=\{\tilde{x}_t(\omega),\ t\in T\}$，它的状态空间是 $\tilde{E}$ 而转移概率是 $\tilde{p}_{ij}(s,\ t)$，由（19）知 a 是 $\tilde{X}$ 的**吸引状态**；就是说，a 具有性质：若 $\tilde{x}_t(\omega)=a$，则有 $\tilde{x}_{t+h}(\omega)\equiv a(h\geqslant 0)$. 直观地说，质点到达 a 后便永远被 a 吸引而不能离开. 令

$$\zeta(\omega)=\inf(t:\ \tilde{x}_t(\omega)=a),\tag{20}$$

则 $\zeta(\omega)$ 是首达 a 的时刻，亦即被 a 开始吸引的时刻，有时也称 $\zeta(\omega)$ 为中断时刻.

第 2 章　马尔可夫链的解析理论

§2.1　可测转移矩阵的一般性质

(一)

设 $p_{ij}(t)(i, j\in E, t\geqslant 0)$ 是齐次转移函数，如上章所述，它是满足下列条件的实值函数；

(i) $p_{ij}(t)\geqslant 0$.

(ii) $\sum_j p_{ij}(t)=1$.

(iii) $p_{ij}(s+t)=\sum_k p_{ik}(s)p_{kj}(t)$.

(iv)[①] $p_{ij}(0)=\delta_{ij}$.

为了研究转移函数的解析性质，需要对它逐步地补加条件，以下简记 $(p_{ij}(t))$ 为 (p_{ij}) 或 $\boldsymbol{P}(t)$.

称转移矩阵 (p_{ij}) 为**可测的**，如果它的每一元 $p_{ij}(t)$ 是 $t\in(0, +\infty)$ 的勒贝格可测函数.

可测性条件导致深远的后果. 下定理表示，可测性等价于

---

① 若只讨论 $\boldsymbol{P}(t)$ 在 $(0, +\infty)$ 上的性质，则条件 (iv) 可不考虑.

每 $p_{ij}(t)$ 在 $(0, +\infty)$ 上的连续性，也等价于每 $p_{ij}(t)$ 在 0 点存在极限 $\lim\limits_{t\to 0+} p_{ij}(t)$.

定理 1 对任意转移矩阵 (p_{ij})，下列五条件等价：

(i′) (p_{ij}) 可测；

(ii′) 对任何固定的 $a>0$.

$$\lim_{h\to 0+}\sup_{t\geqslant a}\sum_j |p_{ij}(t+h)-p_{ij}(t)|=0; \tag{1}$$

(iii′) 对任意固定的 $a>0$，每个 $p_{ij}(t)$ 对 $t\in(a, +\infty)$ 一致连续，而且这一致性对 j 也成立；精确地说，对任给 $\varepsilon>0$，存在 $\delta(=\delta(a))>0$，当 $|h|<\delta$ 时有

$$|p_{ij}(t+h)-p_{ij}(t)|<\varepsilon, \quad 一切\ t\geqslant a,\ j\in E;$$

(iv′) 每 $p_{ij}(t)$ 在 $(0, +\infty)$ 连续；

(v′) 对任何 $i, j\in E$，存在极限

$$\lim_{t\to 0+} p_{ij}(t)=u_{ij},$$

而且极限矩阵 $\boldsymbol{U}=(u_{ij})$ 具有下列性质：

i) $\boldsymbol{U}\geqslant\boldsymbol{0}$ $\quad (u_{ij}\geqslant 0)$；

ii) $\boldsymbol{U1}\leqslant\boldsymbol{1}$ $\quad \left(\sum\limits_j u_{ij}\leqslant 1\right)$；

iii) $\boldsymbol{U}=\boldsymbol{U}^2$ $\quad \left(u_{ij}=\sum\limits_k u_{ik}u_{kj}\right)$，

其中 $\boldsymbol{0}$ 表示元皆为 0 的矩阵，而 $\boldsymbol{1}$ 表单位直列向量（其元皆为 1）.

证 (i′) → (ii′)：由齐次转移函数定义的条件 (iii) 及 (ii)，对 $0\leqslant s<t$，有

$$\begin{aligned}
&\sum_j |p_{ij}(t+h)-p_{ij}(t)| \\
=&\sum_j \left|\sum_k [p_{ik}(s+h)-p_{ik}(s)]p_{kj}(t-s)\right| \\
\leqslant&\sum_k |p_{ik}(s+h)-p_{ik}(s)|\sum_j p_{kj}(t-s) \\
=&\sum_k |p_{ik}(s+h)-p_{ik}(s)|
\end{aligned} \tag{2}$$

这说明级数的和 $\sum_j |p_{ij}(t+h)-p_{ij}(t)|$ 是 t 的不增函数. 由可测性，如 $t\geqslant a$，可将（2）双方对 s 自 0 积分到 a 而得

$$\begin{aligned}&\sum_j |p_{ij}(t+h)-p_{ij}(t)|\\ \leqslant&\sum_k \frac{1}{a}\int_0^a |p_{ik}(s+h)-p_{ik}(s)|\,\mathrm{d}s,\end{aligned}$$

既然右方与 t 无关，故

$$\begin{aligned}&\sup_{t\geqslant a}\sum_j |p_{ij}(t+h)-p_{ij}(t)|\\ \leqslant&\sum_k \frac{1}{a}\int_0^a |p_{ik}(s+h)-p_{ik}(s)|\,\mathrm{d}s.\end{aligned}\tag{3}$$

若 $0<h<a$，则（3）的右方级数被收敛级数 $\frac{2}{a}\sum_k\int_0^{2a}p_{ik}(s)\mathrm{d}s$ 所控制，故可在求和号下对 h 取极限. 因此，若能证明

$$\lim_{h\to 0+}\int_0^a |p_{ik}(s+h)-p_{ik}(s)|\,\mathrm{d}s=0,\tag{4}$$

则在（3）中令 $h\to 0+$ 后即得证（1）.

由实变函数论中卢津（Лузин）定理，对任意 $\varepsilon>0$，存在有界连续函数 $g_{ik}(s)$，满足

$$L(A)<\frac{\varepsilon}{8},\ A=(s:0\leqslant s\leqslant 2a,\ g_{ik}(s)\neq p_{ik}(s)),$$

其中 L 表勒贝格测度. 对 $0\leqslant h\leqslant a$，令

$$B=(s:0\leqslant s\leqslant a,\ g_{ik}(s+h)\neq p_{ik}(s+h)).$$

因为 $s\in B$ 就有 $s+h\in A$，所以 $L(B)\leqslant L(A)$，故

$$\begin{aligned}&\int_0^a |p_{ik}(s+h)-p_{ik}(s)|\,\mathrm{d}s\\ \leqslant&\int_{(0,a)\bar{A}\cap\bar{B}}|g_{ik}(s+h)-g_{ik}(s)|\,\mathrm{d}s+\int_{(0,a)A}|p_{ik}(s+h)-\\ &p_{ik}(s)|\,\mathrm{d}s+\int_{(0,a)B}|p_{ik}(s+h)-p_{ik}(s)|\,\mathrm{d}s.\end{aligned}$$

由 $g_{ik}(s)$ 的有界连续性，当 h 充分小时，右方第一积分小于 $\frac{\varepsilon}{2}$；

第二积分不大于 $2L(A)<\frac{\varepsilon}{4}$；第三积分不大于 $2L(B)\leqslant 2L(A)<\frac{\varepsilon}{4}$，这得证（4）.

（ii′）→（iii′）→（iv′）：显然.

（iv′）→（v′）：设

$$\boldsymbol{U}=\lim_{t_n\to 0+}P(t_n),\qquad \boldsymbol{V}=\lim_{s_n\to 0+}P(s_n)$$

是任两极限矩阵，上两式中的收敛表逐元收敛. 改写齐次转移函数定义的条件（iii）为矩阵的形式

$$\boldsymbol{P}(s+t)=\boldsymbol{P}(s)\boldsymbol{P}(t).\tag{5}$$

在（5）中令 t 沿 $t_n\to 0+$，利用（iv′）及控制收敛定理，再改写 s 为 t 后得

$$\boldsymbol{P}(t)=\boldsymbol{P}(t)\boldsymbol{U}.\tag{6}$$

此式中第 i 横行之和为

$$1=\sum_k p_{ik}(t)=\sum_j p_{ij}(t)\cdot\sum_k u_{jk}.\tag{7}$$

由齐次转移函数定义的条件（ii）显然 $\sum\limits_k u_{jk}\leqslant 1$. 若对某 j，$\sum\limits_k u_{jk}<1$，则由（7）对此 j 有 $p_{ij}(t)=0(t>0)$，从而 $u_{ij}=v_{ij}=0$. 在（6）中令 t 沿 $s_n\to 0+$，利用法图（Fatou）引理得

$$u_{ik}\geqslant\sum_j v_{ij}u_{jk},\tag{8}$$

对 k 求和，并注意刚才所证的结果：若 $\sum\limits_k u_{jk}<1$，则 $v_{ij}=0$，可见（8）式双方对 k 求和后都等于 $\sum\limits_k v_{ik}$，因此（8）中必取等式，亦即有

$$\boldsymbol{V}=\boldsymbol{V}\boldsymbol{U}.\tag{9}$$

另一方面，在（5）中令 s 沿 $s_n\to 0+$，由法图引理得

$$P(t)\geqslant \boldsymbol{V}P(t),\tag{10}$$

于（10）中令 t 沿 $t_n\to 0+$，我们有

$$\boldsymbol{U}\geqslant\boldsymbol{V}\boldsymbol{U}. \tag{11}$$

比较（9）（11）得 $\boldsymbol{U}\geqslant\boldsymbol{V}$；由对称性 $\boldsymbol{V}\geqslant\boldsymbol{U}$，于是 $\boldsymbol{U}=\boldsymbol{V}$ 而得证极限的存在. 由此及（9）得证齐次转移函数定义的条件 iii). i) 与 ii) 则分别由齐次转移函数定义的条件（i）（ii）而显然.

（v′）→（i′）：由

$$\lim_{h\to 0+} p_{ij}(t+h)=\lim_{h\to 0+}\sum_k p_{ik}(t)p_{kj}(h)=\sum_k p_{ik}(t)u_{kj} \tag{12}$$

知 $p_{ij}(t)$ 在每 t 上有右极限. 由函数论知，这种函数的不连续点集至多可数[①]，因而 $p_{ij}(t)$ 可测. ■

注 1　可测性只能导致每 $p_{ij}(t)$ 在 $(0,+\infty)$ 连续，而不能保证在 0 点的连续性，即不能保证 $u_{ij}=\delta_{ij}$. 实际上，$u_{ij}=\delta_{ij}$ 将作为一更强的条件——而引进，见 § 2.2.

(二)

现在来研究 $p_{ij}(t)$ 在 0 点的极限 $\lim\limits_{t\to 0+} p_{ij}(t)$. 为此，由定理 1 中（v′），只要讨论具有性质 i）ii）iii）的一般矩阵 $\boldsymbol{U}$，(不必一定是 $\lim\limits_{t\to 0+} P(t)$). 定理 2 给出了这种矩阵的表达式；或者，从解方程的观点看，它给出了方程 i）ii）iii）的全部解.

定理 2　设 $\boldsymbol{U}=(u_{ij})$ 为任意满足 i）ii）iii）的矩阵，则参数集 $E=(i)$ 可分解为互不相交的子集 F，I，J，…[②]，使

---

① 实际上，对任意有理数 r，令

$$D_r=(t:\overline{\lim_{h\to 0}}\, p_{ij}(t+h)>r>\lim_{h\to 0+} p_{ij}(t+h)),$$

$$E_r=(t:\underline{\lim_{h\to 0}}\, p_{ij}(t+h)<r<\lim_{h\to 0+} p_{ij}(t+h)).$$

显见若 $s\in D_r$，则 s 是 D_r 的右孤立点，故 D_r 至多可数，从而 $\bigcup_r D_r$ 也至多可数. 同理，$\bigcup_r E_r$ 也至多可数. 于是 $p_{ij}(t)$ 的不连续点集也至多可数.

② 集类$(I,J,\cdots)$记为 C，$\sum\limits_J=\sum\limits_{J\in C}$.

i′）$u_{ij}=0$，$j\in F$；

ii′）存在实数 u_j（$j\in E-F$），具有性质

$$u_j>0,\ \sum_{j\in J}u_j=1,\tag{13}$$

使

$$u_{ij}=\delta_{ij}u_j,\ i\in I,\ j\in J.\tag{14}$$

iii′）存在非负数 ρ_{iI}，ρ_{iJ}，…（$i\in F$），具有性质

$$\sum_J\rho_{iJ}\leqslant 1,\tag{15}$$

使

$$u_{ij}=\rho_{iJ}u_j,\ i\in F,\ j\in J.\tag{16}$$

反之，设已给 E 的任一分割，它将 E 分解为不相交的子集 F，I，J，…并且已给满足（13）的实数 $u_j(j\in E-F)$ 及满足（15）的非负数 ρ_{iI}，ρ_{iJ}，…（$i\in F$），则由 i′）（14）及（16）所定义的 $\boldsymbol{U}=(u_{ij})$ 满足极限矩阵的性质 i）ii）iii）.

证 令 $u_j=\sup\limits_i u_{ij}$，由极限矩阵的性质 i）iii）

$$u_{ij}\leqslant\sum_k u_{ik}u_j+u_{ij}(u_{jj}-u_j),$$

故由极限矩阵的性质 ii）

$$u_{ij}(1+u_j-u_{jj})\leqslant\Big(\sum_k u_{ik}\Big)u_i\leqslant u_j,$$

两边对 i 取上确界

$$u_j(1+u_j-u_{jj})\leqslant u_j.$$

如 $u_j>0$，由上式知 $u_j-u_{jj}\leqslant 0$，故由 u_j 的定义得

$$u_{jj}=u_j.\tag{17}$$

如 $u_j=0$，（17）显然成立. 由（17）及极限矩阵的性质 iii）ii）得

$$u_{jj}\leqslant\sum_k u_{jk}u_{jj}+u_{ji}(u_{ij}-u_{jj})\leqslant u_{jj}+u_{ji}(u_{ij}-u_{jj}),$$

因而

$$u_{ij}=u_{jj}, \quad u_{ji}>0. \tag{18}$$

今定义 $F=(j: u_{jj}=0)$. 如 $j\in F$，对任意 i，有 $0\leqslant u_{ij}\leqslant u_j=u_{jj}=0$，故 i′) 成立.

在 $E-F$ 中引进一关系"～"：记 $i\sim j$，如 $u_{ij}>0$. 由 F 的定义知此关系是反射的（即 $j\sim j$）；由（18）知它对称（即若 $i\sim j$，则 $j\sim i$）；由极限矩阵的性质 iii）i）得 $u_{ij}\geqslant u_{ik}u_{kj}$，故它还是推移的（即若 $i\sim k$，$k\sim j$，则 $i\sim j$）. 从而此关系将 $E-F$ 分为不相交子集 I，J，…使当且只当 $u_{ij}>0$ 时，i，j 属于同一子集.

今证（14）：由分类法，如 $i\in I$，$j\in J$，当 $I\neq J$ 时有 $u_{ij}=0$；当 $I=J$ 时有 $u_{ji}>0$，由（18），$u_{ij}=u_j$，合并这两种情形即得（14）.

今证（13）：其中第一式显然. 任取 $j\overline{\in} F$，有

$$0<u_{jj}=\sum_k u_{jk}u_{kj}\leqslant\left(\sum_k u_{jk}\right)u_j, \tag{19}$$

以 $u_j=u_{jj}$ 除两边，并注意极限矩阵的性质 ii）及（14），得

$$1=\sum_j u_{ij}=\sum_{j\in J}u_j, \quad i\overline{\in} F. \tag{20}$$

今定义

$$\rho_{iJ}=\sum_{k\in J}u_{ik}. \tag{21}$$

若 $j\in J$，则

$$u_{ij}=\sum_{k\in J}u_{ik}u_{kj}=\left(\sum_{k\in J}u_{ik}\right)u_j=\rho_{iJ}u_j,$$

此得证（16），由极限矩阵的性质 ii）得（15）.

反面的结论是平凡的，只需直接验证由 i′)（14）及（16）定义的 $\boldsymbol{U}$ 满足极限矩阵的性质 i）～iii）. ■

（三）

现在回到可测转移矩阵（p_{ij}）在 0 点的极限矩阵 $\boldsymbol{U}=$

(u_{ij})，$u_{ij}=\lim\limits_{t\to 0+} p_{ij}(t)$，利用它可以将 $\boldsymbol{P}(t)$ 的元通过较简单的函数表达出来. 对此 $\boldsymbol{U}$，应用定理 2 而得 u_j，F，I，J，…，C.

定理 3 设 (p_{ij}) 为任意可测转移矩阵，$\boldsymbol{U}$ 由上式定义，又 $\boldsymbol{E}$ 按定理 2 的方式对 $\boldsymbol{U}$ 分解为

$$\boldsymbol{E}=\boldsymbol{F}\cup\boldsymbol{I}\cup\boldsymbol{J}\cup\cdots. \tag{22}$$

则 $\boldsymbol{P}(t)$，$(t>0)$ 可如下表达：

(i) $p_{ij}(t)=0$，$j\in\boldsymbol{F}$，$t>0$； (23)

(ii) 存在转移矩阵 (Π_{IJ})，I，$J\in C$，满足

$$\lim_{t\to 0+}\Pi_{IJ}(t)=\delta_{IJ}, \tag{24}$$

使对 $t>0$，有

$$p_{ij}(t)=\Pi_{IJ}(t)u_j,\quad i\in I,\ j\in J, \tag{25}$$

其中 $u_j=u_{jj}$；

(iii) 可以找到在 $(0, +\infty)$ 上的连续函数 Π_{iJ}，$i\in F$，$J\in C$，满足

$$\begin{cases}\Pi_{iJ}(t)\geqslant 0, \quad \sum\limits_J \Pi_{iJ}(t)=1, \\ \sum\limits_K \Pi_{iK}(s)\Pi_{KJ}(t)=\Pi_{iJ}(s+t).\end{cases} \tag{26}$$

使

$$p_{ij}(t)=\Pi_{iJ}(t)u_j,\quad i\in F,\ j\in J. \tag{27}$$

反之，设任给 E 的一分割，它将 E 分解为不相交的子集 F，I，J，…并且已给任一满足 (24) 的转移矩阵 (Π_{IJ})，I，$J\in C$，任意满足 (26) 的 $(0, +\infty)$ 上的连续函数 $\{\Pi_{iJ}, i\in F, J\in C\}$ 及任意满足 (13) 的 u_j，$j\in E-F$，则由 (23) (25) (27) 定义的 $p(t)$（在 $t=0$ 点补定义 $p_{ij}(0)=\delta_{ij}$）是可测转移矩阵.

证 由 (10) 与 (6)，

$$\sum_k u_{ik}p_{kj}(t)\leqslant\sum_k p_{ik}(t)u_{kj}=p_{ij}(t),\quad t>0,\ i,\ j\in E. \tag{28}$$

如 $j\in F$，由定理 2 中 i)，$u_{kj}=0\ (k\in E)$，故由（28）得（23）.

设 $i\in I$，$j\in J$，由（14）及（28），

$$p_{ij}(t)=\Big(\sum_{k\in J}p_{ik}(t)\Big)u_j, \tag{29}$$

故 $p_{ij}(t)u_j^{-1}$ 只依赖于 i 及 J. 另一方面，由（10）得

$$p_{ij}(t)\geqslant\sum_k u_{ik}p_{kj}(t). \tag{30}$$

若说对某 $j=j_0$，上式取严格不等式"$>$"，则在（30）中对 j 求和，由（20）得

$$1>\sum_k u_{ik}\sum_j p_{kj}(t)=\sum_k u_{ik}=1,$$

矛盾，故（30）应取等式. 再由（14）得

$$p_{ij}(t)=\sum_k u_{ik}p_{kj}(t)=\sum_{k\in I}u_kp_{kj}(t).$$

这表明 $p_{ij}(t)u_j^{-1}$ 又只依赖于 I 及 j，与上事实联合后知 $p_{ij}(t)u_j^{-1}$ 只依赖于 I 及 J，从而可定义

$$\Pi_{IJ}(t)=p_{ij}(t)u_j^{-1},\qquad t>0.$$

（25）显然成立.

今证 (Π_{IJ}) 是满足（24）的转移矩阵，$\Pi_{IJ}(t)\geqslant 0$ 明显. 设 $i\in I$，由（13）

$$1=\sum_{j\in F}p_{ij}(t)=\sum_J\sum_{j\in J}\Pi_{IJ}(t)u_j=\sum_J\Pi_{IJ}(t),$$

$$\begin{aligned}\Pi_{IJ}(s+t)&=p_{ij}(s+t)u_j^{-1}=\sum_{k\in F}p_{ik}(s)p_{kj}(t)u_j^{-1}\\&=\sum_{k\in F}\Pi_{I\bar{K}}(s)\Pi_{\bar{K}J}(t)=\sum_{\bar{k}}\Pi_{IK}(s)\Pi_{KJ}(t)\sum_{k\in K}u_k\\&=\sum_{\bar{k}}\Pi_{IK}(s)\Pi_{KJ}(t).\end{aligned}$$

再由(14)，

$$\lim_{t\to 0+}\Pi_{IJ}(t)=\lim_{t\to 0+}p_{ij}(t)u_j^{-1}=u_{ij}u_j^{-1}=\delta_{IJ}. \tag{31}$$

今证（iii）. 注意（29）对一切 i 也成立. 定义

$$\Pi_{iJ}(t)=\sum_{k\in J}p_{ik}(t),\ i\in F,\ j\in C.$$

(29) 化为 (27). 显然 $\Pi_{iJ}(t)\geqslant 0$；又

$$\sum_J \Pi_{iJ}(t)=\sum_J\sum_{j\in J}p_{ij}(t)=\sum_{j\in F}p_{ij}(t)=1.$$

$$\begin{aligned}\Pi_{iJ}(s+t)&=p_{ij}(s+t)u_j^{-1}=\sum_k p_{ik}(s)p_{kj}(t)u_j^{-1}\\&=\sum_K\sum_{k\in K}\Pi_{iK}(s)u_k\Pi_{KJ}(t)\\&=\sum_K\Pi_{iK}(s)\Pi_{KJ}(t),\end{aligned}$$

从而得证 (26). 由 $p_{ij}(t)$ 的连续性及 (27) 知 $\Pi_{iJ}(t)$ 在 $(0,+\infty)$ 上连续.

反面的结论只需直接验证即可. ■

(四)

可测转移矩阵的另一重要性质是下面的定理 4. 先证

引理 1 设 (p_{ij}) 为可测转移矩阵，若 $i\in F$，则级数 $\sum_j p_{ij}(t)$ 在任一闭区间 $[0, T]$ 中对 t 一致收敛于 1.

证 要用到迪尼 (Dini) 关于一致收敛的定理：设级数 $\sum_n u_n(t)=S(t)(a\leqslant t\leqslant b)$ 的项 $u_n(t)\geqslant 0$ 而且连续，则 $S(t)$ 连续的充分必要条件是此级数在 $[a, b]$ 中一致收敛.①

定义

$$\bar{p}_{ij}(t)=\begin{cases}p_{ij}(t), & t>0,\\ u_{ij}, & t=0.\end{cases}\tag{32}$$

由齐次转移函数定义的条件 (ii) 及 (20)，如 $i\in F$，$\sum_j\bar{p}_{ij}(t)=1$. 由迪尼定理，$\sum_j\bar{p}_{ij}(t)$ 在 $[0, T]$ 一致收敛，从而

① 证见 E. C. Titchmarsh，著. 吴锦，译. 函数论. 北京：科学出版社，1962.

$\sum_j p_{ij}(t)$ 亦然. ■

引理 2　设 (p_{ij}) 为可测转移矩阵.

(i) 若 $j \in F$，则 $p_{ij}(t)=0$，一切 $t>0$，$i \in E$；

(ii) 若 $j \overline{\in} F$，则 $p_{ij}(t)>0$，一切 $t \geqslant 0$；

(iii) 若对某 $t_0>0$，有 $p_{ij}(t_0)>0$，则 $p_{ij}(t)>0$，一切 $t \geqslant t_0$.

证　(i) 即 (23). 若 $j \overline{\in} F$，则 $\lim\limits_{t \to 0+} p_{jj}(t)=u_j>0$，故对任意固定的 $t>0$，当 n 充分大时，有 $p_{jj}\left(\frac{t}{n}\right)>0$；从而由齐次转移函数定义的条件 (i) (iii)

$$p_{jj}(t) \geqslant \left[p_{jj}\left(\frac{t}{n}\right)\right]^n>0, \tag{33}$$

$p_{jj}(0)=1>0$. 下证 (iii)，若 $p_{ij}(t_0)>0$ 对某 $t_0>0$ 成立，则 $j \overline{\in} F$；对 $t>t_0$，由 (ii)，

$$p_{ij}(t)>p_{ij}(t_0)p_{jj}(t-t_0)>0. \quad ■$$

引理 2 的深化是定理 4.

定理 4　可测转移矩阵的每一元 $p_{ij}(t)$ 在 $(0,+\infty)$ 上或恒等于 0，或恒大于 0.

证　先设 $i \overline{\in} F$，若说定理结论对某 p_{il} 不正确，则必存在 $t_0>0$ 使

$$p_{il}(t)=0,\ 0<t \leqslant t_0;\ p_{il}(2t_0)=c>0.$$

由引理 1，存在 N，使

$$\sum_{j>N} p_{ij}(t)<\frac{c}{4}, \text{ 一切 } 0<t \leqslant 2t_0. \tag{34}$$

令 $s=\frac{t_0}{2N}$，定义

$$A_m=(k;\ p_{ik}(ms)>0),\ m \in \mathbf{N}^*.$$

由引理 2 得 $A_m \subset A_{m+1}$，令 $B_1=A_1$，$B_m=A_m-A_{m-1}$，$m \geqslant 2$.

若 $k\overline{\in}A_m$，则

$$0=p_{ik}(ms)=\sum_j p_{ij}((m-1)s)p_{jk}(s)$$
$$=\sum_{j\in A_{m-1}} p_{ij}((m-1)s)p_{jk}(s),$$

因此

$$p_{jk}(s)=0,\ j\in A_{m-1},\ k\overline{\in}A_m. \tag{35}$$

今证 B_m（$1\leqslant m\leqslant 2N$）非空而且互不相交，互不相交是显然的．今谬设 $A_m=A_{m-1}$ 对某 m（$2\leqslant m\leqslant 2N$）成立．由（35），

$$p_{ik}((m+1)s)=\sum_{j\in A_m} p_{ij}(ms)p_{jk}(s)=0,\quad k\overline{\in}A_m,$$

因此 $A_{m+1}=A_m$，重复下去得 $A_{m'}=A_m$，一切 $m'\geqslant m$．这是不可能的，因为 $l\overline{\in}A_{2N}$，但由对 p_{il} 的假定 $l\in A_{4N}$．于是谬论不成立．

令 $1\leqslant m\leqslant 2N$；若 $k\overline{\in}A_m$，则由（35），对每 $n\geqslant 1$，

$$p_{ik}((n+1)s)=\left(\sum_{j\overline{\in}A_m}+\sum_{j\in B_m}+\sum_{j\in A_{m-1}}\right)p_{ij}(ns)p_{jk}(s)$$
$$=\left(\sum_{j\overline{\in}A_m}+\sum_{j\in B_m}\right)p_{ij}(ns)p_{jk}(s),$$

$$\sum_{k\overline{\in}A_m} p_{ik}((n+1)s)\leqslant\sum_{j\overline{\in}A_m} p_{ij}(ns)+\sum_{j\in B_m} p_{ij}(ns).$$

对 n 自 1 至 $4N-1$ 求和，得

$$\sum_{k\overline{\in}A_m} p_{ik}(4Ns)\leqslant\sum_{n=1}^{4N}\sum_{j\in B_m} p_{ij}(ns). \tag{36}$$

因 $l\overline{\in}A_{2N}$，l 更不属于 A_m，故左方值至少等于 $p_{il}(4Ns)=c$．于是

$$c\leqslant\sum_{n=1}^{4N}\sum_{j\in B_m} p_{ij}(ns),\quad 1\leqslant m\leqslant 2N.$$

因为集 B_1，B_2，…，B_{2N} 非空不交，故其中至少存在 N 个集与

集 $\{1, 2, \cdots, N\}$ 不相交，此 N 个集之和记为 B，我们有

$$N_c \leqslant \sum_{n=1}^{4N} \sum_{j \in B} p_{ij}(ns). \tag{37}$$

但另一方面，由（34），

$$\sum_{j \in B} p_{ij}(ns) \leqslant \sum_{j > N} p_{ij}(ns) < \frac{c}{4},$$

$$\sum_{n=1}^{4N} \sum_{j \in B} p_{ij}(ns) < Nc.$$

此与（37）矛盾．于是定理对 $i \in F$ 得证．

今设 i 任意而且对某 t_1 有 $p_{ij}(t_1) > 0$．由齐次转移函数定义的条件（iii）及引理2(i)，必存在 $k \in F$ 使

$$p_{ik}\left(\frac{t_1}{2}\right) > 0, \quad p_{kj}\left(\frac{t_1}{2}\right) > 0,$$

由上所证 $p_{kj}\left(\frac{t_1}{4}\right) > 0$，故

$$p_{ij}\left(\frac{3}{4}t_1\right) \geqslant p_{ik}\left(\frac{t_1}{2}\right) p_{kj}\left(\frac{t_1}{4}\right) > 0.$$

重复此推理知 $p_{ij}\left(\left(\frac{3}{4}\right)^n t_1\right) > 0$，一切 $n \in \mathbf{N}^*$，由引理 2(iii) 得知 $p_{ij}(t)$ 在 $(0, +\infty)$ 上恒大于 0．■

（五）

上面已研究了 $p(t)$ 当 $t \to 0+$ 时的极限，现在来研究它当 $t \to +\infty$ 时的极限．

引理 3　设 (p_{ij}) 为可测转移矩阵，则对任意 $i \in F$ 及 j，$p_{ij}(t)$ 在 $(0, +\infty)$ 上一致连续．

证　对 $h > 0$ 有

$$\begin{aligned} p_{ij}(t+h) - p_{ij}(t) &= \sum_k p_{ik}(h) p_{kj}(t) - p_{ij}(t) \\ &= \sum_{k \neq i} p_{ik}(h) p_{kj}(t) - p_{ij}(t)[1 - p_{ii}(h)], \end{aligned}$$

右方两项皆非负，而且都不大于 $1-p_{ii}(h)=\sum_{k\neq i}p_{ik}(h)$，故

$$|p_{ij}(t+h)-p_{ij}(t)|\leqslant 1-p_{ii}(h). \tag{38}$$

注意，上式对任意（不必可测）转移矩阵成立.

由上式知，若条件

$$\lim_{h\to 0+}p_{ij}(h)=1$$

满足，则 $p_{ij}(t)$ 在 $[0,+\infty)$ 上一致连续，而且这一致性对 $j\in E$ 也成立.

如 $i\in I$，$j\in J$，因 $\Pi_{IJ}(t)$ 满足上面条件，故由（25），知 $p_{ij}(t)$ 在 $(0,+\infty)$ 上一致连续（注意（25）只对 $t>0$ 成立）；若 $j\in F$，则由（23）知引理结论仍成立. ■

设 $X=\{x_t,t\geqslant 0\}$ 是可列马氏链，以 (p_{ij}) 为转移概率矩阵，对任意 $h>0$，考虑随机变量的集合

$$X_h=\{x_{nh},n\in\mathbf{N}\},$$

它是一个具有离散参数的马氏链，一步转移概率矩阵为 $\{p_{ij}(h)\}$，n 步则为 $\{p_{ij}(nh)\}$，称 X_h 为 X 的有**单位为 h 的离散骨架**，或简称为 ***h*-骨架**. 在一些问题中，它可用来作为研究 X 的工具，如下定理所示：

定理 5 设 (p_{ij}) 是可测转移矩阵，则对每 $i,j\in E$，存在极限

$$\lim_{t\to+\infty}p_{ij}(t)=v_{ij}, \tag{39}$$

极限矩阵 $\mathbf{V}=(v_{ij})$ 具有极限矩阵的性质 i）～iii)；而且

$$\mathbf{V}=\mathbf{V}\boldsymbol{P}(s)=\boldsymbol{P}(s)\mathbf{V},\qquad 任意\ s>0 \tag{40}$$

$$\sum_j v_{ij}=1,\qquad v_{ii}\neq 0. \tag{41}$$

证 先证极限存在，由（23）只要考虑 $j\overline{\in}F$.

设 $i\overline{\in}F$，由引理 2（ii）知：i 关于 X_h 而言有周期 1，故由离散参数马氏链的极限定理

$$\lim_{n\to+\infty} p_{ij}(nh)=v_{ij}(h) \tag{42}$$

存在，因而对 $\varepsilon>0$，存在 N，当 n，$m\geqslant N$ 时有

$$|p_{ij}(nh)-p_{ij}(mh)|<\frac{\varepsilon}{3}.$$

由引理 3，$p_{ij}(t)$ 在 $(0,+\infty)$ 上一致连续，故存在 $h>0$，使对一切满足 $|s-t|\leqslant h$ 的 $s>0$，$t>0$，有

$$|p_{ij}(t)-p_{ij}(s)|<\frac{\varepsilon}{3}.$$

今对 $t>0$ 定义正整数 n_t，使 $|t-n_th|\leqslant h$，则当 u 及 v 都大于 $(N+1)h$ 时有

$$\begin{aligned}&|p_{ij}(u)-p_{ij}(v)|\\ \leqslant&|p_{ij}(u)-p_{ij}(n_uh)|+|p_{ij}(n_uh)-p_{ij}(n_uh)|+\\ &|p_{ij}(n_uh)-p_{ij}(v)|\\ <&\frac{\varepsilon}{3}+\frac{\varepsilon}{3}+\frac{\varepsilon}{3}=\varepsilon,\end{aligned}$$

从而得证 $i\overline{\in}F$ 时（39）中极限的存在.

特别，对定理 3 中的 (Π_{IJ})，由（24），$\Pi_{KK}(t)$ 在 $(0,+\infty)$ 上恒不为 0，又 (Π_{IJ}) 由（25）可测，故由引理 2（i）及刚才所证知极限 $\lim\limits_{t\to+\infty}\Pi_{KJ}(t)$ 存在.

设 $i\in F$，由（27）（26），存在极限

$$\lim_{t\to+\infty} p_{ij}(t)=\lim_{t\to+\infty}\Pi_{iJ}(t)u_j=\sum_K\Pi_{iK}(s)\lim_{t\to+\infty}\Pi_{KJ}(t)u_j,$$

其中 $t>0$ 任意.

V 显然有极限矩阵的性质 i)，由齐次转移函数定义的条件（ii）及法图引理得极限矩阵的性质 ii)，由齐次转移函数定义的条件（iii）及法图引理得

$$v_{ij}\geqslant\sum_K v_{ik}p_{kj}(s),$$

对 j 求和，$\sum\limits_j v_{ij}\geqslant\sum\limits_k v_{ik}\sum\limits_j p_{kj}(s)=\sum\limits_k v_{ik}$，故上式应取等式

而得

$$v_{ij}=\sum_k v_{ik}p_{kj}(s), \tag{43}$$

此即 $\boldsymbol{V}=\boldsymbol{VP}(s)$．于此式中令 $s\to+\infty$，并注意右方级数被级数 $\sum_k v_{ik}\leqslant 1$ 所控制，即得 $\boldsymbol{V}=\boldsymbol{V}^2$，即齐次转移函数定义的条件 (iii)．在

$$p_{ij}(s+t)=\sum_k p_{ik}(s)p_{kj}(t)$$

中令 $t\to+\infty$，得 $\boldsymbol{V}=\boldsymbol{P}(s)\boldsymbol{V}$．最后，(41) 自 (20) 得到．■

定理 6 设 (p_{ij}) 是可测转移矩阵，则

$$\lim_{T\to+\infty}\frac{1}{T}\int_0^T p_{ij}(t)\,\mathrm{d}t=v_{ij},\quad i,\ j\in E, \tag{44}$$

其中 v_{ij} 由 (39) 定义.

证 由 (39) 及洛必达 (L'Hospital) 求极限的法则直接推出 (44)．■

§2.2　标准转移矩阵的可微性

(一)

设 (p_{ij}) 为齐次转移矩阵，如果它满足条件

$$\lim_{t\to 0+} p_{ij}(t)=\delta_{ij}, \quad i, j\in E, \tag{1}$$

就称它为**标准的**；条件（1）称为**标准性条件**.

由§2.1 定理 1 中（v′）知：标准转移矩阵必可测.

从概率意义上看，标准性条件是很自然的. 它表示：如果 t 很小，那么从 i 出发，经过 t 时后仍在 i 的概率接近于 1. 在许多实际问题中出现的马氏链大都满足（1）. 另一方面，根据§2.1（24）（25），可测转移矩阵的某些性质可以通过标准转移矩阵来研究（例如下面的系 1），由于这两方面的原因，标准转移矩阵是研究得最多，理论也较完满的一种转移矩阵.

回忆 $p_{ij}(0)=\delta_{ij}$，可见条件（1）等价于 $p_{ij}(t)$ 在 0 点的连续性.

显然，条件（1）还等价于

$$\lim_{t\to 0+} p_{ii}(t)=1, \quad i\in E. \tag{2}$$

以后 T 总表示 $[0, +\infty)$.

定理 1　对任意转移矩阵 (p_{ij})，下列四条件等价：

(i) (p_{ij}) 是标准的；

(ii) $p_{ij}(t)$ 在 T 上一致连续[①]，而且这一致性对 j 也成立；

(iii) $p_{ij}(t)$ 在 T 上连续；

(iv) (p_{ij}) 可测，又 E 关于它的按§2.1 定理 3 的分解

---

① 在 0 点的连续性自然应理解为右连续性.

$$E=F\cup I\cup J\cup\cdots \tag{3}$$

中，$F=\varnothing$，而且 I，J 等各只含一点.

证 (i) → (ii)：这在证明 § 2.1 引理 3 时已附带证明.

(ii) → (iii)：显然.

(iii) → (iv)：由连续性得可测性；因 $p_{jj}(t)\to p_{jj}(0)=1$ $(t\to 0+)$，由 § 2.1 引理 2 (i) 知 $F=\varnothing$，又由同节 (13) 知 J 只含一元.

(iv) → (i)：由 § 2.1 定理 3 推出，参看 § 2.1 (25) 并注意那里的 $u_j=1$. ■

(二)

试研究 $p_{ij}(t)$ 在 $(0,+\infty)$ 中的可微性.

利用已给的转移矩阵 (p_{ij})，可以定义一族把序列 $\xi=(\xi_i)$ 变为序列 $T_t\xi=([T_t\xi]_i)$ 的变换 T_t $(t\geqslant 0)$：

$$\begin{cases}\xi\to T_t\xi,\\ [T_t\xi]_i=\sum\limits_{i}\xi_j p_{ji}(t),\end{cases} \tag{4}$$

只要 (4) 中级数对一切 i 收敛.

引理 1 设 (p_{ij}) 为标准转移矩阵，则对于一切 i $p_{ii}(t)$ 在某区间 $[0,t_i]$ 中具有有界变差.

证 只对 $p_{00}(t)$ 证明，对其他的 $p_{ii}(t)$ 之证类似①. 因 $p_{00}(t)$ 在任一有限区间中一致连续，故只要证明

$$\sum_{i=0}^{N-1}\left|p_{00}\left(\frac{it_0}{N}\right)-p_{00}\left(\frac{i+1}{N}t_0\right)\right|\leqslant M<+\infty,$$

其中上界 M 与正整数 N 无关；于是 $p_{00}(t)$ 在 $[0,t_0]$ 中的变差也不超过 M. 这里的 $t_0(>0)$ 待定. 令

① 对 $p_{kk}(t)$ 证明时，只要作下列修改：令 $v_k^*=0$，$v_i^*=v_i$，$(i\neq k)$；$v^{(0)}$ 中 $v_i^{(0)}=\delta_{ki}$ 等.

$$T=T_{\frac{t_0}{N}},\qquad f_i=p_{00}\left(\frac{it_0}{N}\right),$$

$$T^1=T,\qquad T^s=T(T^{s-1}).$$

对任一序列 $v=(v_i)$，以 v^* 表一新序列：

$$v_0^*=0,\ v_i^*=v_i,\qquad i\geqslant 1.$$

今定义一列序列 $v^{(i)}=(v_0^{(i)},\ v_1^{(i)},\ \cdots)$，$i\in\mathbf{N}$：

$$v^{(0)}=(1,\ 0,\ 0,\ \cdots),$$

$$v^{(i+1)}=(T_v{}^{(i)})^*,\tag{5}$$

即 $v^{(0)}$ 中除首元为 1 外，其余元皆为 0；而 $v^{(i+1)}$ 中之首元为 0，其余元等于 $Tv^{(i)}$ 之对应元. 以下之证分成四步.

(i) 先证

$$T^s v^{(0)}=\sum_{i=0}^{s}f_{s-i}v^{(i)}.\tag{6}$$

实际上，当时 $s=1$ 时此式显然成立. 今设它对某 s 正确而欲证

$$T^{s+1}v^{(0)}=\sum_{i=0}^{s+1}f_{s+1-i}v^{(i)}.\tag{6_1}$$

对 (6) 双方施以变换 T，由 T 之线性，得

$$T^{s+1}v^{(0)}=\sum_{i=0}^{s}f_{s-i}Tv^{(i)}.\tag{6_2}$$

分别考虑其分量. 对 $k\geqslant 1$，由 (6_2) 得

$$[T^{s+1}v^{(0)}]_k=\sum_{i=0}^{s}f_{s-i}[Tv^{(i)}]_k=\sum_{i=0}^{s}f_{s-i}v_k^{(i+1)}$$

$$=\sum_{i=0}^{s+1}f_{s+1-i}v_k^{(i)},\quad 因为\ v_k^{(0)}=0,$$

故 (6_1) 对第 $k(\geqslant 1)$ 号分量成立. 今考虑第 0 号，由 T^s 之定义，易见

$$[T^{s+1}v^{(0)}]_0=p_{00}\left(\frac{s+1}{N}t_0\right)=f_{s+1}$$

$$=\sum_{i=0}^{s+1}f_{s+1-i}v_0^{(i)},\quad 因为\ v_0^{(i)}=0,\ i\geqslant 1.$$

（ii）今定义一列正数（β_i）：

$$\beta_0=1-f_1=1-p_{00}\left(\frac{t_0}{N}\right),$$

$$\beta_i=[Tv^{(i)}]_0 \qquad （即\ Tv^{(i)}之首元），i\geqslant 1.$$

于是

$$[Tv^{(0)}]_0=p_{00}\left(\frac{t_0}{N}\right)=f_1=1-\beta_0.$$

比较（6_2）双方之首元，得

$$\begin{aligned} f_{s+1} &= f_s[Tv^{(0)}]_0+\sum_{i=1}^{s}f_{s-i}[Tv^{(i)}]_0 \\ &= f_s(1-\beta_0)+\sum_{i=1}^{s}f_{s-i}\beta_i, \end{aligned} \tag{7}$$

$$\begin{aligned} f_{s+1}-f_s &=-f_s\beta_0+\sum_{i=1}^{s}f_{s-i}\beta_i \\ &= f_s\sum_{i=1}^{s}\beta_i-f_s\beta_0+\sum_{i=1}^{s}(f_{s-i}-f_s)\beta_i, \end{aligned}$$

$$\begin{aligned} &\sum_{s=0}^{N-1}|f_s-f_{s+1}| \\ \leqslant &\sum_{s=0}^{N-1}\left|f_s\sum_{i=1}^{s}\beta_i-f_s\beta_0\right|+\sum_{s=0}^{N-1}\sum_{i=1}^{s}|f_{s-i}-f_s|\beta_i. \end{aligned} \tag{8}$$

但最后一项等于

$$\begin{aligned} \sum_{j=1}^{N-1}\sum_{k=j}^{N-1}|f_{k-j}-f_k|\beta_j &\leqslant \sum_{j=1}^{N-1}\left(j\sum_{s=0}^{N-1}|f_s-f_{s+1}|\right)\beta_j \\ &= \left(\sum_{i=1}^{N-1}i\beta_i\right)\left(\sum_{s=0}^{N-1}|f_s-f_{s+1}|\right), \end{aligned} \tag{9}$$

由（8）（9）得

$$\begin{aligned} &\sum_{s=0}^{N-1}|f_s-f_{s+1}| \\ \leqslant &\sum_{s=0}^{N-1}\left|f_s\sum_{i=1}^{s}\beta_i-f_s\beta_0\right|+\left(\sum_{i=1}^{N-1}i\beta_i\right)\left(\sum_{s=0}^{N-1}|f_s-f_{s+1}|\right). \end{aligned} \tag{10}$$

由（1），可取 $t_0>0$，使

$$p_{00}(t)>\frac{3}{4},\qquad t\leqslant t_0. \tag{11}$$

下面证明

$$\sum_{i=1}^{N-1} i\beta_i<\frac{1}{2},\ \sum_{s=0}^{N=1}\left|f_s\sum_{i=1}^{s}\beta_i-f_s\beta_0\right|<\frac{1}{2},$$

于是由（10）得

$$\sum_{s=0}^{N-1}|f_s-f_{s+1}|<1, \tag{11_1}$$

从而引理 1 得以证明.

(iii) 令 $|v|=\sum_{i=0}^{+\infty}|v_i|$. 为证 $\sum_{i=1}^{N}i\beta_i<\frac{1}{2}$，注意

$$Tv^{(i)}=(v_0^{(i)},\ v_1^{(i)},\ \cdots)P\left(\frac{t_0}{N}\right)$$

$$=\left(\sum v_j^{(i)}p_{j0}\left(\frac{t_0}{N}\right),\ \sum v_j^{(i)}p_{j1}\left(\frac{t_0}{N}\right),\ \cdots\right),$$

$$v^{(i+1)}=[Tv^{(i)}]^*$$

$$=\left(0,\sum v_j^{(i)}p_{j1}\left(\frac{t_0}{N}\right),\ \sum v_j^{(i)}p_{j2}\left(\frac{t_0}{N}\right),\ \cdots,\right),$$

其中 $\sum$ 表 $\sum_{j=0}^{+\infty}$. 注意 $v_0^{(i)}=0$ ($i\geqslant 1$)，故

$$|v^{i+1}|=\sum_{k=1}^{+\infty}\sum_{j=1}^{+\infty}v_j^{(i)}p_{jk}\left(\frac{t_0}{N}\right)=\sum_{j=1}^{+\infty}v_j^{(i)}\left[1-p_{j0}\left(\frac{t_0}{N}\right)\right]$$

$$=|v^{(i)}|-\sum_{j=1}^{+\infty}v_j^{(i)}p_{j0}\left(\frac{t_0}{N}\right)=|v^{(i)}|-\beta_i,$$

$$\beta_i=|v^{(i)}|-|v^{(i+1)}|,\quad i\geqslant 1, \tag{11_2}$$

$$\sum_{i=1}^{N-1}i\beta_i=\sum_{i=1}^{N-1}i[|v^{(i)}|-|v^{(i+1)}|]<\sum_{i=1}^{N}|v^{(i)}|. \tag{12}$$

其次，由（6），$T^Nv^{(0)}=f_Nv(0)+\sum_{i=1}^{N}f_{N-i}v^{(i)}$. 因 $|T^Nv^{(0)}|=1$，故

$$\sum_{i=1}^{N} f_{N-i} \ |v^{(i)}| = 1 - f_N = 1 - p_{00}(t_0) < \frac{1}{4}.$$

又由（11），每 $f_{N-i} = p_{00}\left(\frac{N-i}{N} t_0\right) > \frac{1}{2}$，故由上式得

$$\frac{1}{2} \sum_{i=1}^{N} |v^{(i)}| < \sum_{i=1}^{N} f_{N-i} |v^{(i)}| < \frac{1}{4},$$

$$\sum_{i=1}^{N} |v^{(i)}| < \frac{1}{2}.$$

由此及（12）即得证 $\sum_{i=1}^{N-1} i\beta_i < \frac{1}{2}$.

(iv) 因 $|v^{(1)}| = \sum_{k=1}^{+\infty} p_{0k}\left(\frac{t_0}{N}\right) = 1 - p_{00}\left(\frac{t_0}{N}\right) = \beta_0$，故由（$11_2$）

$$\begin{aligned} \left|\beta_0 - \sum_{i=1}^{s} \beta_i\right| &= \left|\beta_0 - \sum_{i=1}^{s} (|v^{(i)}| - |v^{(i+1)}|)\right| \\ &= |\beta_0 - |v^{(1)}| + |v^{(s+1)}|| = |v^{(s+1)}|. \end{aligned}$$

因此

$$\begin{aligned} \sum_{s=0}^{N-1} \left| f_s \sum_{i=1}^{s} \beta_i - f_s \beta_0 \right| &= \sum_{s=0}^{N-1} f_s |v^{(s+1)}| \\ &\leqslant \sum_{s=1}^{N} |v^{(s)}| < \frac{1}{2}. \quad \blacksquare \end{aligned}$$

引理 2 设（p_{ij}）为标准转移矩阵，则 $p_{ij}(t)$ 在 $[0, t_i]$ 中具有有界变差，t_i 与引理 1 中的相同.

证 仍对 $i=0$ 证. 由（6）我们有

$$T^{s+1} v^{(0)} - T^s v^{(0)} = \sum_{i=0}^{s+1} (f_{s+1-i} - f_{s-i}) \ v^{(i)}, \qquad f_{-1} = 0,$$

$$\begin{aligned} \sum_{s=0}^{N-1} |T^{s+1} v^{(0)} - T^s v^{(0)}| &\leqslant \sum_{s=0}^{N-1} \sum_{i=0}^{s+1} |(f_{s+1-i} - f_{s-i}) v^{(i)}| \\ &\leqslant \sum_{i=0}^{N} \sum_{s=i-1}^{N-1} |(f_{s+1-i} - f_{s-i}) v^{(i)}| \\ &\leqslant \sum_{s=0}^{N-1} |f_{s-1} - f_s| \sum_{i=0}^{N-1} |v^{(i)}|, \end{aligned}$$

利用 (11_1)，并注意 $f_0-f_{-1}=1$ 以及 (12_1)，得

$$\sum_{s=0}^{N-1}|T^{s+1}v^{(0)}-T^sv^{(0)}|\leqslant 2\sum_{i=0}^{N}|v^{(i)}|\leqslant 4, \tag{13}$$

然而由定义

$$\begin{aligned}T^sv^{(0)}&=(1,\ 0,\ 0,\ \cdots)P\left(\frac{st_0}{N}\right)\\&=\left(P_{00}\left(\frac{st_0}{N}\right),\ p_{01}\left(\frac{st_0}{N}\right),\ \cdots\right),\end{aligned}$$

故 (13) 表示

$$\sum_{s=0}^{N-1}\sum_{j=0}^{+\infty}\left|p_{0j}\left(\frac{s+1}{N}t_0\right)-p_{0j}\left(\frac{s}{N}t_0\right)\right|\leqslant 4. \tag{13_1}$$

定理 2　标准转移矩阵中每一元 $p_{ij}(t)$ 在 $(0,\ +\infty)$ 中都有有穷的连续导续 $p'_{ij}(t)$，而且满足方程

$$\begin{gathered}p'_{ij}(s+t)=\sum_{k=0}^{+\infty}p'_{ik}(s)p_{kj}(t)\\ s>0,\ t>0,\ i,\ j\in E,\end{gathered} \tag{14}$$

又 $\sum_{j=0}^{+\infty}|p'_{ij}(t)|$ 有穷，$t>0$，而且对 t 不上升.

证　仍对 $i=0$ 证. 由引理 2，$p_{0j}(t)$ 在 $[0,\ t_0]$ 中具有有界变差，因而在 $[0,\ t_0]$ 中几乎处处有有穷导数. 由于 j 属于可列集，故对任意 $\eta>0$，总存在 t_1，$0<t_1<\min(\eta,\ t_0)$，使一切 $p_{0j}(t)$ 在 t_1 有有穷导数. 以下分成三步.

(i) 先证：对任意 $\varepsilon>0$，存在正整数 k，使对一切 α，$0<\alpha<\frac{t_1}{4}$，有

$$\sum_{j=k}^{+\infty}\frac{|p_{0j}(t_1)-p_{0j}(t_1+\alpha)|}{\alpha}<\varepsilon. \tag{15}$$

事实上，对已给的 $0<\alpha<\frac{t_1}{4}$，可取 $t'_0\in\left(\frac{t_1}{2},\ t_1\right)$ 及正偶数 N，使 $\frac{t'_0}{N}=\alpha$. 然后以 t'_0 代替 t_0 来定义 T 及 $v^{(i)}$，定义方法仿引理 1

之证.

由§2.1引理1，对 $0<\varepsilon_1<\frac{\varepsilon}{8}\cdot\frac{t_1}{2}\cdot\frac{1}{2}$，存在 k_1，使

$$\sum_{j\geqslant k_1} p_{0j}(t)<\varepsilon_1\text{，一切 } t<t_1 \tag{15_1}$$

记 $|v|_k=\sum_{j\geqslant k}|v_j|$，有

$$\begin{aligned}\sum_{i=1}^{N}|v^{(i)}|_{k_1}&=\sum_{i=1}^{N}\sum_{j\geqslant k_1}|v_j^{(i)}|=\sum_{j\geqslant k_1}\sum_{i=1}^{N}|v_j^{(i)}|\\&\leqslant\frac{4}{3}\sum_{j\geqslant k_1}\sum_{i=0}^{N}f_{N-i}|v_j^{(i)}|\quad[\text{由}(11)]\\&=\frac{4}{3}\sum_{j\geqslant k_1}p_{0j}(i_0')\quad[\text{由}(6)]\\&<2\varepsilon_1.\end{aligned}$$

完全仿（13）之证有

$$\begin{aligned}\sum_{s=0}^{N-1}|T^{s+1}v^{(0)}-T^{s}v^{(0)}|_{k_1}&=\sum_{s=0}^{N-1}\left|\sum_{i=0}^{s+1}(f_{s+1-i}-f_{s-i})v^{(i)}\right|_{k_1}\\&\leqslant\sum_{i=0}^{N}\sum_{s=i-1}^{N-1}|f_{s+1-i}-f_{s-i}||v^{(i)}|_{k_1}\\&\leqslant 2\sum_{i=1}^{N}|v^{(i)}|_{k_1}<4\varepsilon_1,\end{aligned}$$

由此即有

$$\sum_{s=0}^{N-1}\sum_{j=k_1}^{+\infty}|p_{0j}([s+1]\alpha)-p_{0j}(s\alpha)|<4\varepsilon_1. \tag{16}$$

于是至少有 $\frac{N}{2}$ 个整数 s，使

$$\sum_{j=k_1}^{+\infty}|p_{0j}([s+1]\alpha)-p_{0j}(s\alpha)|<\frac{8\varepsilon_1}{N}. \tag{17}$$

并且由（13）可见，对其中之一，例如 r，有

$$\sum_{j=0}^{k_1}|p_{0j}([r+1]\alpha)-p_{0j}(r\alpha)|<\frac{8}{N}. \tag{18}$$

今对正数 $\varepsilon_2<\frac{\varepsilon}{8}\times\frac{t_1}{2}\times\frac{1}{2}$，存在 $k>k_1$，使

$$\sum_{j=k}^{+\infty} p_{ij}(t)<\varepsilon_2\text{，一切 } t<t_1 \text{ 及 } i\leqslant k_1. \tag{19}$$

于是

$$\begin{aligned}
&\sum_{j=k}^{+\infty} |p_{0j}(t_1)-p_{0j}(t_1+\alpha)| \\
\leqslant&\sum_{m=k}^{+\infty}\sum_{j=0}^{+\infty} |p_{0j}(r\alpha)-p_{0j}([r+1]\alpha)|p_{jm}(t_1-r\alpha) \\
\leqslant&\sum_{m=k}^{+\infty}\sum_{j=k_1+1}^{+\infty} |p_{0j}(r\alpha)-p_{0j}([r+1]\alpha)|p_{jm}(t_1-r\alpha)+ \\
&\sum_{m=k}^{+\infty}\sum_{j=0}^{k_1} |p_{0j}(r\alpha)-p_{0j}([r+1]\alpha)|p_{jm}(t_1-r\alpha),
\end{aligned}$$

右方第一项由（17）小于$\frac{8\varepsilon_1}{N}$；又由（18）

$$\sum_{j=0}^{k_1} |p_{0j}(r\alpha)-p_{0j}([r+1]\alpha)|<\frac{8}{N},$$

再利用（19），即知右方第二项也小于$\frac{8\varepsilon_2}{N}$，因此

$$\sum_{j=k}^{+\infty}\frac{|p_{0j}(t_1)-p_{0j}(t_1+\alpha)|}{\alpha}\leqslant\frac{8(\varepsilon_1+\varepsilon_2)}{N\alpha}<\frac{t_1\varepsilon}{2N\alpha}.$$

回忆 $\alpha\geqslant\frac{t_0'}{N}$以及 $t_1<2t_0'$，即得证（15）.

(ii) 对任意 $t_2>0$，$\alpha>0$，有

$$\frac{p_{0j}(t_1+t_2)-p_{0j}(t_1+t_2+\alpha)}{\alpha}=\sum_{k=0}^{+\infty}\frac{p_{0k}(t_1)-p_{0k}(t_1+\alpha)}{\alpha}p_{kj}(t_2).$$

由（15），当 $\alpha\to 0+$时，有

$$p_{0j}^{+}(t_1+t_2)=\sum_{k=0}^{+\infty} p_{0k}'(t_1)p_{kj}(t_2), \tag{20}$$

其中 $p_{0j}^{+}(t)$表 $p_{0j}(t)$的右导数. 由（15）还知

$$\sum_{k=0}^{+\infty} |p_{0k}'(t_1)| < +\infty, \tag{21}$$

故可在（20）中求和号下对 t_2 取极限，回忆 $p_{kj}(t_2)$ 对 $t_2 \geqslant 0$ 连续，故由（20）知 $p_{0j}^{+}(t_1+t_2)$ 是 t_2 的连续函数．利用下事实①：一连续函数如有连续的右导数，则必有导数，而且导数与右导数一致．故由（20）得

$$p_{0j}'(t_1+t_2) = \sum_{k=0}^{+\infty} p_{0k}'(t_1) p_{kj}(t_2), \tag{22}$$

由于 $t_1>0$ 可任意小，这表示 $p_{0j}'(t)$ 在（0，$+\infty$）中存在，有穷而且连续．

对任意的 $s>0$，$t>0$，总可找到 $t_1<s$ 使（22）成立．于是

$$\begin{aligned} p_{0j}'(s+t) &= p_{0j}'(t_1+[s-t_1+t]) \\ &= \sum_{k=0}^{+\infty} p_{0k}'(t_1) p_{kj}(s-t_1+t) \\ &= \sum_{k=0}^{+\infty} p_{0k}'(t_1) \sum_{l=0}^{+\infty} p_{kl}(s-t_1) p_{lj}(t) \\ &= \sum_{l=0}^{+\infty} p_{0l}'(s) p_{lj}(t), \end{aligned} \tag{23}$$

此得证（14）．

（iii）对 $t>0$，取 $t_1<t$ 使满足（21）．由（14）

$$p_{0j}'(t) = \sum_{k=0}^{+\infty} p_{0k}'(t_1) p_{kj}(t-t_1),$$

$$\sum_{j=0}^{+\infty} |p_{0j}'(t)| \leqslant \sum_{k=0}^{+\infty} |p_{0k}'(t_1)| < +\infty, \quad t>0. \tag{24}$$

仿（24）之证即知 $\sum_{j=0}^{+\infty} |p_{0j}'(t)|$ 对 t 不上升．■

我们虽然证明了 $p_{ii}'(t)$ 在（0，$+\infty$）中的有穷性及连续

① 证见王梓坤，[1]，§4.5，13.

性，但在 $t=0$ 却未必如此，可能

$$p'_{ii}(0)=-\infty,\ 但\lim_{t\to 0} p'_{ii}(t)\neq-\infty,$$

甚至 $\overline{\lim_{t\to 0}}\, p'_{ii}(t)=+\infty$. 详见史密斯（G. Smith）[1].

系 1　设（p_{ij}）为可测转移矩阵，又

$$\overline{\lim_{t\to 0+}}\, p_{ii}(t)=u_i>0,\quad i\in E, \tag{25}$$

则每个 $p_{ij}(t)$ 在（0，$+\infty$）中有连续有穷导数.

证　利用 § 2.1 定理 3 并采用那里的符号，由（25）知 $F=\varnothing$. 根据

$$p_{ij}(t)=\Pi_{IJ}(t)u_j \tag{26}$$

及（Π_{IJ}）的标准性，$0<u_j\leqslant 1$，知 $p'_{ij}(t)=\Pi'_{IJ}(t)u_j$ 具有所需的性质. ■

系 2　设（p_{ij}）为标准转移矩阵，则

$$\lim_{t\to+\infty} p'_{ij}(t)=0,\quad i,\ j\in E.$$

证　在（14）中，固定 $s>0$ 而令 $t\to+\infty$. 由于 $\sum_j |p'_{ij}(s)|<+\infty$，故可在求和号下取极限；由 § 2.1 定理 5 可见存在极限 $b_{ij}=\lim_{t\to+\infty} p'_{ij}(t)$. 若说 $b_{ij}>0$，则存在常数 $c>0$，使对 $s\geqslant c$，有

$$\frac{1}{2}b_{ij}<p'_{ij}(s)<\frac{3}{2}b_{ij},$$

故由 $p'_{ij}(s)$ 在（0，$+\infty$）的连续性得

$$\frac{1}{2}b_{ij}(t-c)<p_{ij}(t)-p_{ij}(c)=\int_c^t p'_{ij}(s)\mathrm{d}s<\frac{3}{2}b_{ij}(t-c),$$

于是 $\lim_{t\to+\infty} p_{ij}(t)=+\infty$ 而这与 $0\leqslant p_{ij}(t)\leqslant 1$ 矛盾，故 b_{ij} 不可能大于 0. 类似可证它也不能小于 0. 故 $b_{ij}=0$. ■

系 3　$\sum_j p'_{ij}(t)=0,\ t>0.$

证　对 $i=0$ 证明即可. 由（14）知 $\sum_{j=0}^{+\infty} p'_{0j}(t)=M$（常

数），$t>0$. 而对定理 2 证明中的 $t_1>0$，显然有

$$\sum_{j=0}^{k-1}\frac{p_{0j}(t_1+2)-p_{0j}(t_1)}{2}=\sum_{j=k}^{+\infty}\frac{p_{0j}(t_1)-p_{0j}(t_1+2)}{2},\qquad \alpha>0.$$

由于（15），对任意 $\varepsilon>0$，存在 k，使对一切 α，$0<\alpha<\frac{t_1}{4}$，有

$$\left|\sum_{j=0}^{k-1}\frac{p_{0j}(t_1+\alpha)-p_{0j}(t_1)}{\alpha}\right|\leqslant\sum_{j=k}^{+\infty}\frac{|p_{0j}(t_1)-p_{0j}(t_1+\alpha)|}{\alpha}<\varepsilon,$$

而且上式中对更大的 k 及一切 $\alpha\in\left(0,\ \frac{t_1}{4}\right)$ 也成立. 从上式得 $\left|\sum_{j=0}^{k-1}p'_{0j}(t_1)\right|\leqslant\varepsilon$，由于 k 可以任意大，故 $\left|\sum_{j=0}^{+\infty}p'_{0j}(t_1)\right|\leqslant\varepsilon$，再由 ε 的任意性，得 $\sum_{j=0}^{+\infty}p'_{0j}(t_1)=0$，从而 $M=0$.

（三）密度矩阵

现在来研究 $p_{ij}(t)$ 在 0 点的导数. 回忆

$$p_{ij}(0)=\delta_{ij}.$$

定理 3 设 (p_{ij}) 为标准转移矩阵，则存在极限（可能无穷）

$$-\infty\leqslant\lim_{t\to0+}\frac{p_{ii}(t)-1}{t}=p'_{ii}(0)\leqslant0. \tag{27}$$

证 由 §2.1，引理 2 及标准性

$$p_{ii}(t)>0,\qquad t\in T. \tag{28}$$

故函数

$$f(t)=-\lg p_{ii}(t) \tag{29}$$

对一切 $t\geqslant0$ 有定义，非负有穷，而且由于

$$p_{ii}(s+t)\geqslant p_{ii}(s)p_{ii}(t)$$

有

$$f(s+t)\leqslant f(s)+f(t). \tag{30}$$

对 $t>0$，$h>0$，取 n 使 $t=nh+\varepsilon$，$0\leqslant\varepsilon<h$，由（30）

$$\frac{f(t)}{t}\leqslant\frac{nf(h)}{t}+\frac{f(\varepsilon)}{t}=\frac{nh}{t}\frac{f(h)}{h}+\frac{f(\varepsilon)}{t}.$$

令 $h\to 0$，则 $\frac{nh}{t}\to 1$，$f(\varepsilon)=-\lg p_{ii}(\varepsilon)\to 0$，故

$$\frac{f(t)}{t}\leqslant \varliminf_{h\to 0^+}\frac{f(h)}{h},$$

$$\varlimsup_{h\to 0+}\frac{f(h)}{h}\leqslant \sup_{t>0}\frac{f(t)}{t}\leqslant \varliminf_{h\to 0^+}\frac{f(h)}{h},$$

从而得知存在极限

$$\lim_{h\to 0+}\frac{f(h)}{h}=q_i=\sup_{t>0}\frac{f(t)}{t}. \tag{31}$$

由（29）（31）

$$\frac{1-p_{ii}(h)}{h}=\frac{1-\mathrm{e}^{-f(h)}}{h}=[1+o(1)]\frac{f(h)}{h}\to q_i,\qquad h\to 0+.$$

故得证 $p_{ii}(t)$ 在 0 的导数 $p'_{ii}(0)$ 存在，而且

$$0\leqslant -p'_{ii}(0)=q_i\leqslant +\infty, \tag{32}$$

其中 q_i 由（31）定义. ■

定理 4　设（p_{ij}）为标准矩阵，则存在有穷极限

$$0\leqslant \lim_{t\to 0+}\frac{p_{ij}(t)}{t}=q_{ij},\qquad i\neq j. \tag{33}$$

而且

$$0\leqslant \sum_{j\neq i} q_{ij}\leqslant q_i\leqslant +\infty,\qquad i\in E. \tag{34}$$

证　对正数 $\varepsilon<\frac{1}{3}$. 由（2），存在 $\delta>0$，使

$$p_{ii}(t)>1-\varepsilon,\ p_{jj}(t)>1-\varepsilon,\qquad t\leqslant \delta. \tag{35}$$

造函数列

$$\begin{cases} {}_jp_{ik}(h)=p_{ik}(h), \\ {}_jp_{ik}((l+1)h)=\sum\limits_{r\neq j} {}_jp_{ir}(lh)p_{rk}(h). \end{cases} \tag{36}$$

于是 ${}_jp_{ik}((l+1)h)$ 是自 i 出发，于 h，$2h$，…，lh 不在 j，但于（$l+1)h$ 时在 k 的概率，亦即等于

$$P_i(x_{nh}\neq j,\ n=1,\ 2,\ \cdots,\ l,\ x_{(l+1)h}=k),$$

其中 $\{x_t,\ t\geqslant 0\}$ 是以 (p_{ij}) 为转移矩阵的马氏链，因而

$$p_{ik}(mh)=\sum_{l=1}^{m-1}{}_jp_{ij}(lh)p_{jk}((m-l)h)+{}_jp_{ik}(mh).\tag{37}$$

对已给的 h 及 $t(\leqslant\delta)$，$h\leqslant t$，取 $n=\left[\frac{t}{h}\right]$，即 n 为不超过 $\frac{t}{h}$ 的最大整数，则由（37）可得下两不等式：

$$p_{ij}(nh)\geqslant\sum_{l=1}^{n}{}_jp_{ii}((l-1)h)(1-\varepsilon)p_{ij}(h),\tag{38}$$

$$\sum_{l=1}^{n}{}_jp_{ij}(lh)\leqslant\frac{\varepsilon}{1-\varepsilon}.\tag{39}$$

实际上，在（37）中取 $k=j$，$m=n$ 得

$$p_{ij}(nh)=\sum_{l=1}^{n}{}_jp_{ij}(lh)p_{jj}((n-l)h).\tag{40}$$

既然

$${}_jp_{ik}(lh)\geqslant{}_jp_{ii}((l-1)h)p_{ik}(h),$$

故

$$\begin{aligned}p_{ij}(nh)&\geqslant\sum_{l=1}^{n}{}_jp_{ii}((l-1)h)p_{ij}(h)p_{jj}((n-l)h)\\&\geqslant\sum_{l=1}^{n}{}_jp_{ii}((l-1)h)p_{ij}(h)(1-\varepsilon),\end{aligned}$$

此即（38）. 再由（40），并注意 $nh\leqslant\delta$，$i\neq j$，得

$$\varepsilon>p_{ij}(nh)\geqslant(1-\varepsilon)\sum_{l=1}^{n}{}_jp_{ij}(lh),$$

由此得（39）.

今在（37）中令 $k=i$，$m\leqslant n$，利用（39）得

$$\begin{aligned}1-\varepsilon<p_{ii}(mh)&\leqslant\sum_{l=1}^{m-1}{}_jp_{ij}(lh)+{}_jp_{ii}(mh)\\&\leqslant\frac{\varepsilon}{1-\varepsilon}+{}_jp_{ii}(mh),\end{aligned}$$

因而

$$ {}_j p_{ii}(mh) \geqslant \frac{1-3\varepsilon}{1-\varepsilon}. $$

以它代入（38）得

$$ p_{ij}(nh) \geqslant n(1-3\varepsilon) p_{ij}(h), $$

$$ \frac{1}{1-3\varepsilon} \frac{p_{ij}(nh)}{nh} \geqslant \frac{p_{ij}(h)}{h}, \quad \varepsilon < \frac{1}{3}. $$

当 $h \to 0+$ 时，$nh \to t$，既然 $p_{ij}(t)$ 对 t 连续，故

$$ \frac{1}{1-3\varepsilon} \frac{p_{ij}(t)}{t} \geqslant \varlimsup_{h \to 0+} \frac{p_{ij}(h)}{h}, \tag{41} $$

$$ \frac{1}{1-3\varepsilon} \varliminf_{t \to 0+} \frac{p_{ij}(t)}{t} \geqslant \varlimsup_{h \to 0+} \frac{p_{ij}(h)}{h}. $$

再令 $\varepsilon \to 0+$，即得证存在极限 $q_{ij} = \lim\limits_{t \to 0+} \dfrac{p_{ij}(t)}{t} \geqslant 0$；由（41）知 $q_{ij} < +\infty$，在

$$ \sum_{j \neq i} \frac{p_{ij}(t)}{t} = \frac{1-p_{ii}(t)}{t} $$

中，令 $t \to 0+$ 并利用法图引理，即得（34）. ■

记 $q_{ii} \equiv p'_{ii}(0) = -q_i$. 称矩阵

$$ \boldsymbol{Q} = (q_{ij}) \tag{42} $$

为 (p_{ij}) **的密度矩阵**，q_{ij} 是 $p_{ij}(t)$ 在 0 点的（右）导数，$q_{ij} = p'_{ij}(0)$，如果马氏链 $X = \{x_t, t \geqslant 0\}$ 的转移概率矩阵是 (p_{ij})，我们也说 $\boldsymbol{Q}$ 是 X **的密度矩阵**. 在实际问题中，$\boldsymbol{Q}$ 往往比 (p_{ij}) 更容易求到，因为 $\boldsymbol{Q}$ 只决定于 (p_{ij}) 在任意短的时间区间 $[0, \varepsilon)$ 中的值.

(四) 密度矩阵的概率意义

设 $X = \{x_t, t \geqslant 0\}$ 是以 (p_{ij}) 为转移概率矩阵的马氏链，我们有

引理 3　设 (p_{ij}) 标准，则 X 是右随机连续的.

证　对 $t \geqslant 0$，$h \geqslant 0$，由齐次性及标准性，

$$P_{t,i}(x_t \neq x_{t+h}) = P_{0,i}(x_0 \neq x_h)$$
$$= 1 - p_{ii}(h) \to 0, \quad h \to 0. \tag{43}$$

故对任意 $\varepsilon > 0$.

$$P(|x_t - x_{t+h}| > \varepsilon) \leqslant P(x_t \neq x_{t+h})$$
$$= \sum_i P(x_t = i) P_{t,i}(x_t \neq x_{t+h}) \to 0 (h \to 0). \quad \blacksquare$$

由于 X 右随机连续，故根据 § 1.2（三），可以假定 X 是完全可分的过程，本节以后恒如此假定.

定理 5 对任意 $s \geqslant 0$，$i \in E$，有

$$P_{s,i}(x_{s+u} \equiv i,\ 0 \leqslant u \leqslant t) = \mathrm{e}^{-q_i t}. \tag{44}$$

证 由齐次性只要对 $s=0$ 证明. 根据完全可分性及（31），

$$P_i(x_u \equiv i,\ 0 \leqslant u \leqslant t) = \lim_{n \to +\infty} P_i(x_{\frac{kt}{2^n}} = i,\ 0 \leqslant k \leqslant 2^n)$$
$$= \lim_{n \to +\infty} \left[p_{ii}\left(\frac{t}{2^n}\right) \right]^{2n}$$
$$= \lim_{n \to +\infty} \exp\left\{ \frac{\lg p_{ii}\left(\frac{t}{2^n}\right)}{\frac{t}{2^n}} \cdot \frac{t}{2^n} \cdot 2^n \right\}$$
$$= \mathrm{e}^{-q_i t}. \quad \blacksquare$$

由定理 5 可见，若 $q_i = 0$，则质点自 i 出发，以概率 1 永远停留在 i；若 $q_i = +\infty$，则自 i 出发立即离开 i，停留的时间不构成任何一区间；若 $0 < q_i < +\infty$，则自 i 出发，在 i 停留一段时间然后离开，这段时间的长有参数为 q_i 的指数分布. 由于这些原因，称 i 为**吸引**状态，若 $q_i = 0$；为**瞬时**状态，若 $q_i = +\infty$；为**逗留**状态，若 $0 < q_i < +\infty$.

可把（44）换一种写法：定义

$$\boldsymbol{\tau}(\omega) = \inf(t:\ x_t(\omega) \neq x_0(\omega)), \tag{45}$$

由可分性知 $\boldsymbol{\tau}(\omega)$ 是随机变量，取值于 $[0, +\infty]$（如（45）右方 t-集空，就令 $\boldsymbol{\tau} = +\infty$）. 直观上可理解 $\boldsymbol{\tau}(\omega)$ 为离开开始

状态的时刻，也就是停留在开始状态的时间长. 由（44）可得①

$$P_i(\boldsymbol{\tau}>t)=\mathrm{e}^{-q_i t}, \tag{46}$$

$$E_i\boldsymbol{\tau}=\frac{1}{q_i}. \tag{47}$$

设 $f(t)$，$(t\geqslant 0)$ 是任意实值函数，称 s 是它的**跳跃点**，如果存在 $\varepsilon>0$，使 $f(t)\equiv c_1(s-\varepsilon<t<s)$；$f(t)\equiv c_2$，$(s\leqslant i<s+\varepsilon)$，而且 $c_1\neq c_2$. 称 $f(t)$ 在 $[0, c)$ **是跳跃函数**，如果在任意 $[0, \alpha]$ 中，$\alpha<c$，$f(t)$ 只有有穷多个不连续点 s_i，$0<s_1<s_2<\cdots<s_n\leqslant\alpha$，它们都是跳跃点，而且在任一 $[s_i, s_{i+1})$ 中恒等于一常数 c_i，$(s_0=0)$. 在 $[0, +\infty)$ 中的跳跃函数简称为**跳跃函数**.

定理 6　设 X 是波莱尔可测过程，又 $0<q_i<+\infty$，$q_j<+\infty$，$i\neq j$，则②

(i) P_i(X 在 $[0, \alpha)$ 中有第一个不连续点 $\boldsymbol{\tau}(\omega)$；而且它是跳跃点；且 $x(\boldsymbol{\tau}+0)=j)=(1-\mathrm{e}^{-q_i\alpha})\dfrac{q_{ij}}{q_i}$. (48)

(ii) P_i(X 在 $[0, +\infty)$ 中有第一个不连续点 $\boldsymbol{\tau}(\omega)$；而且它是跳跃点；且 $x(\boldsymbol{\tau}+0)=j)=\dfrac{q_{ij}}{q_i}$. (49)

证　任取 $\beta>0$，定义 ω-集

$$D_{n\beta}=\left\{\begin{array}{l}\omega\text{：存在整数 } v,\ 2\leqslant v\leqslant 2^n,\ \text{使} \\ x_t(\omega)=\begin{cases} i, & 0\leqslant t\leqslant \dfrac{v-1}{2^n}\alpha, \\ j, & \dfrac{v\alpha}{2^n}\leqslant t\leqslant \dfrac{v\alpha}{2^n}+\beta. \end{cases}\end{array}\right.$$

---

① 注意，事件 $(\boldsymbol{\tau}>t)$ 与事件 $A_t\equiv(x_u=i, 0\leqslant u\leqslant t)$ 并不相等，实际上 $A_{t+\frac{1}{n}}\uparrow(\boldsymbol{\tau}>t)$，$n\to+\infty$.

② $x(\boldsymbol{\tau}+0)$ 表 $\lim\limits_{t\to\boldsymbol{\tau}+0}x(t)$.

如果 $n_1<n_2<n_3$，又 $\omega\in D_{n_1\beta}$，$\omega\in D_{n_3\beta}$，那么当 n_1 充分大时，有 $\omega\in D_{n_2\beta}$，故

$$D_\beta=\bigcap_{k=1}^{+\infty}\bigcup_{n=k}^{+\infty}D_{n\beta}=\bigcup_{k=1}^{+\infty}\bigcap_{n=k}^{+\infty}D_{n\beta}=\lim_{n\to+\infty}D_{n\beta}.$$

当 $\beta\to0$ 时，D_β 不会下降，故可定义

$$D=\lim_{\beta\to0}D_\beta=\lim_{n\to+\infty}D_{\frac{1}{n}}=\bigcup_{\beta>0}D_\beta,\tag{50}$$

第二等号表示 D 可测，由定理 5 及定理 4 得

$$P_i(D_{n\beta})=\sum_{v=2}^{2^n}\mathrm{e}^{-q_i\frac{v-1}{2^n}\alpha}p_{ij}\left(\frac{\alpha}{2^n}\right)\mathrm{e}^{-q_j\beta}$$

$$=\frac{\dfrac{\mathrm{e}^{-q_i\frac{\alpha}{2^n}}-\mathrm{e}^{-q_i\alpha}}{(1-\mathrm{e}^{-q_i\frac{\alpha}{2^n}})}}{\dfrac{\alpha}{2^n}}\cdot\frac{p_{ij}\left(\dfrac{\alpha}{2^n}\right)}{\dfrac{\alpha}{2^n}}\cdot\mathrm{e}^{-q_j\beta}$$

$$\to\begin{cases}\dfrac{1-\mathrm{e}^{-q_i\alpha}}{q_i}q_{ij}\mathrm{e}^{-q_j\beta}=P_i(D_\beta), & n\to+\infty.\\ (1-\mathrm{e}^{-q_i\alpha})\dfrac{q_{ij}}{q_i}=P_i(D), & \beta\to0.\end{cases}\tag{51}$$

然而当 $\omega\in D$ 时，必存在某 $\boldsymbol{\tau}=\boldsymbol{\tau}(\omega)$，$0<\boldsymbol{\tau}\leqslant\alpha$，使在 $[0,\boldsymbol{\tau})$ 中，$x_t(\omega)\equiv i$，而且在某一以 $\boldsymbol{\tau}$ 为左端点的区间中，$x_t(\omega)$ 恒等于 j，由此推知 D 就是（48）左方括号中的 ω-集，故（48）得证．在（48）中令 $\alpha\to+\infty$ 即得（49）．■

注 1 由（46）知对任一常数 t，$P_i(\boldsymbol{\tau}=t)=0$，故不影响过程的有穷维联合分布及转移概率，可假定 X 在 $\boldsymbol{\tau}$ 右连续，这时，（48）（49）中的 $x(\boldsymbol{\tau}+0)$ 可换为 $x(\boldsymbol{\tau})$；以后永远如此假定．

（五）

(q_i) 的有界性条件．由（46）（47）可见，q_i 的大小关系到质点的转移速度，即 q_i 越大，则停留在 i 的时间越短，因而转移越快；反之则转移慢，如果 (q_i) 有界，即存在常数 c，使

$q_i < c$（一切 i）时，以后会看到，这时在任一有限区间 $[0, a]$ 中，以概率 1 只有有穷多个跳跃点，因而过程 X 的样本函数以概率 1 是跳跃函数. 直观地说，(46)(49) 表示：(q_i) 决定转称速度，而 $\left(\dfrac{q_{ij}}{q_i}\right)$ 则决定在跳跃点的转移概率，$i \neq j$.

试给出 (q_i) 有界的一个充分必要条件：

定理 7 (q_i) 有界的充分必要条件是条件 (2) 对 i 一致成立. 这时 (27) 也对 i 一致成立.

证　由 (29)(31) 得

$$p_{ii}(t) = \mathrm{e}^{-\frac{f(t)}{t}t} \geqslant \mathrm{e}^{-q_i t}, \tag{51'}$$

故若 (q_i) 有上界为 $c \geqslant 0$，则

$$p_{ii}(t) \geqslant \mathrm{e}^{-ct};\ 1 - p_{ii}(t) \leqslant 1 - \mathrm{e}^{-ct}.$$

对 $\varepsilon > 0$，存在 $B > 0$，使 $1 - \mathrm{e}^{-ct} < \varepsilon$，$0 \leqslant t \leqslant B$，故

$$1 - p_{ii}(t) < \varepsilon;\ 一切\ i,\ 0 \leqslant t \leqslant B, \tag{52}$$

故得证 (2) 对 i 的一致性.

反之，设 (52) 成立. 对任意一组常数 $0 = \tau_0 < \tau_1 < \cdots < \tau_n = B$，定义

$$_v p_{ii} = \begin{cases} 1, & v = 0, \\ P_i(x_{\tau_j} = i,\ j = 0, 1, \cdots, v), & n \geqslant v \geqslant 1. \end{cases}$$

则

$$\begin{aligned} 1 - \varepsilon &\leqslant p_{ii}(B) \\ &= {}_n p_{ii} + \sum_{v=0}^{n-2} \sum_{j \neq i} {}_v p_{ii} p_{ij}(\tau_{v+1} - \tau_v) p_{ji}(B - \tau_{v+1}) \\ &\leqslant {}_n p_{ii} + \varepsilon \sum_{v=0}^{n-2} \sum_{j \neq i} {}_v p_{ii} p_{ij}(\tau_{v+1} - \tau_v) \\ &\leqslant {}_n p_{ii} + \varepsilon [1 - {}_n p_{ii}], \end{aligned}$$

因而

$$(1 - \varepsilon)[1 - {}_n p_{ii}] \leqslant 1 - p_{ii}(B) \leqslant \varepsilon. \tag{53}$$

在以（p_{ij}）为转移概率矩阵的马氏链中取一完全可分的修正 X，由（53）及（44）得

$$(1-\varepsilon)[1-e^{-q_iB}]\leqslant 1-p_{ii}(B)\leqslant\varepsilon, \tag{54}$$

取 $\varepsilon=\dfrac{1}{3}$，由上式得 $e^{-q_iB}\geqslant\dfrac{1}{2}$，故（$q_i$）有界.

最后，当 B 充分小时，由（51′）及（54）得

$$(1-\varepsilon)\frac{1-e^{-q_iB}}{B}\leqslant\frac{1-p_{ii}(B)}{B}\leqslant\frac{1-e^{-q_iB}}{B},$$

若（q_i）有上界 c，则由上式经简单计算后得

$$\left|\frac{1-p_{ii}(B)}{B}-q_i\right|\leqslant\frac{c^2}{2}B.$$

这得证（27）对 i 的一致性. ■

注 2 若 E 只含有穷多个状态，则（2）对 i 一致成立，只要标准性条件满足. 因而此时 q_i（$i\in E$）有界.

注 3 设（p_{ij}）为广转移矩阵，如果它是标准的，即如

$$p_{ii}(t)\to 1,\quad t\to 0,\ i\in E. \tag{55}$$

引进附加状态 a 后可化它为标准转移矩阵，因而可利用本节的结果. 例如，可证 $p'_{ij}(t)$ 和 $\widetilde{P}_{ia}(t)\equiv 1-\sum\limits_{j=0}^{+\infty}p_{ij}(t)$ 的导数部存在并于（0，$+\infty$）连续等.

§2.3　向前与向后微分方程组

(一)

设 (p_{ij}) 是标准转移矩阵，有密度矩阵为

$$\boldsymbol{Q}=(q_{ij}),\quad q_{ij}=\lim_{t\to 0+}\frac{p_{ij}(t)-\delta_{ij}}{t}. \tag{1}$$

对 $t\geqslant 0$，$h>0$，有①

$$\begin{aligned}&\frac{p_{ij}(t+h)-p_{ij}(t)}{h}\\&=\frac{p_{ii}(h)-1}{h}p_{ij}(t)+\sum_{k\neq i}\frac{p_{ik}(h)}{h}p_{kj}(t),\end{aligned} \tag{2}$$

$$\begin{aligned}&\frac{p_{ij}(t+h)-p_{ij}(t)}{h}\\&=p_{ii}(t)\frac{p_{ij}(h)-1}{h}+\sum_{k\neq i}p_{ik}(t)\frac{p_{kj}(h)}{h},\end{aligned} \tag{3}$$

以下总设

$$q_i\equiv -q_{ii}<+\infty,\qquad i\in E. \tag{4}$$

令 $h\to 0$ 得

$$p'_{ij}(t)\geqslant -q_i p_{ij}(t)+\sum_{k\neq i}q_{ik}p_{kj}(t), \tag{5}$$

$$p'_{ij}(t)\geqslant -p_{ij}(t)q_j+\sum_{k\neq j}p_{ik}(t)q_{kj}. \tag{6}$$

如果上两式取等号，我们就得到两组线性微分方程，分别称为**向后方程**和**向前方程**，它们是柯尔莫哥洛夫得到的，故也称为柯尔莫哥洛夫（柯氏）方程，以 $\boldsymbol{P}'(t)$ 表矩阵 $(p'_{ij}(t))$，可把它们写成矩阵方程：对 $t\geqslant 0$，

---

① 在§2.2定理2中已证明 $p'_{ij}(t)$ 存在，故只要考虑 $p_{ij}(t)$ 的右导数.

$$\boldsymbol{P}'(t)=\boldsymbol{Q}\boldsymbol{P}(t)\quad（向后方程组）；\tag{7}$$

$$\boldsymbol{P}'(t)=\boldsymbol{P}(t)\boldsymbol{Q}\quad（向前方程组）；\tag{8}$$

对一般的标准转移矩阵，即使一切 $q_i<+\infty$，也未必满足（7）或（8）. 下面分别讨论（7）及（8）成立的充分必要条件.

引理 1 设 $q_i<+\infty$，则

$$\sum_j |p'_{ij}(t)|\leqslant 2q_i,\qquad t\geqslant 0.\tag{9}$$

证 由 § 2.2（31）及其下一式

$$\frac{1}{h}(1-p_{ii}(h))=\frac{1}{h}(1-\mathrm{e}^{-f(h)})\leqslant\frac{f(h)}{h}\leqslant q_i.\tag{10}$$

记 $\delta_{ij}(t,\ t+s)=\dfrac{p_{ij}(t+s)-p_{ij}(t)}{s}$，$(t>0,\ s>0)$，得

$$\delta_{ij}(t,\ t+s)\geqslant\frac{p_{ii}(s)-1}{s}p_{ij}(t)\geqslant -q_ip_{ij}(t),$$

对 $j\in A(\subset E)$ 求和，得

$$\sum_{j\in A}\delta_{ij}(t,\ t+s)\geqslant -q_i.\tag{11}$$

另一方面，由 $\sum\limits_j\delta_{ij}(t,\ t+s)=0$，知

$$\sum_{j\in A}\delta_{ij}(t,\ t+s)=-\sum_{j\overline{\in} A}\delta_{ij}(t,\ t+s)\leqslant q_i.$$

在（11）及上式中取 $A=(j:\ \delta_{ij}(t,\ t+s)\geqslant 0)$，即知

$$\sum_j|\delta_{ij}(t,\ t+s)|=\sum_{j\in A}\delta_{ij}(t,\ t+s)-\sum_{j\overline{\in} A}\delta_{ij}(t,\ t+s)\leqslant 2q_i,$$

令 $s\to 0$ 便得证（9）.

称密度矩阵 $\boldsymbol{Q}$ 为**保守的**，如果

$$\sum_{j\neq i}q_{ij}=-q_{ii}\equiv q_i<+\infty,\qquad i\in E.\tag{12}$$

以下设 $X=\{x_t,\ t\geqslant 0\}$ 是以 (p_{ij}) 为转移概率矩阵的完全可分的马氏链.

定理 1 设 $q_i<+\infty$ $(i\in E)$，则下列三条件等价：

(i) 向后方程组 (7) 成立;

(ii) 密度矩阵 $\boldsymbol{Q}$ 保守;

(iii) 对任意固定的 $t_0 \geqslant 0$，几乎一切样本函数具有性质：或者 x_t 在 $[t_0, +\infty)$ 中恒等于一常数[①]；或者 x_t 在 $[t_0, +\infty)$ 中有不连续点，那么这时必有第一个不连续点，而且它是一跳跃点.

证　(i) → (ii)：改写 (7) 为

$$p'_{ij}(t) = -q_i p_{ij}(t) + \sum_{k \neq i} q_{ik} p_{kj}(t), \quad i, j \in E, \tag{13}$$

对 j 求和并利用 $\sum_j p_{ij}(t) = 1$，得

$$\sum_j p'_{ij}(t) = -q_i + \sum_{k \neq i} q_{ik}, \tag{14}$$

两边对 t 自 0 积分到 s，得

$$\int_0^s \left[\sum_j p'_{ij}(t)\right] \mathrm{d}t = -q_i s + \sum_{k \neq i} q_{ik} s, \tag{15}$$

由引理 1 及富比尼定理

$$\begin{aligned}\int_0^s \left[\sum_j p'_{ij}(t)\right] \mathrm{d}t &= \sum_j \int_0^s p'_{ij}(t) \mathrm{d}t \\ &= \sum_j p_{ij}(s) - 1 = 0.\end{aligned}$$

由此及 (15) 即得 $\boldsymbol{Q}$ 的保守性.

(ii) → (iii)：由齐次性只要考虑 $t_0 = 0$. 如果 $q_i = 0$，那么 i 是吸引状态，故 x_t 在 $[0, +\infty)$ 中以 P_i 概率 1 恒等于常数. 若 $q_i > 0$，则由 $\sum_{j \neq i} \frac{q_{ij}}{q_i} = 1$ 及 §2.2 (49) 式，以 P_i 概率 1，x_t 在 $[0, +\infty)$ 有不连续点，其中存在第一个不连续点 $\boldsymbol{\tau}$，它是跳跃点.

---

① 此常数可依赖于 ω.

(iii) → (i)：设 $x_{t_0}=i$. 于 t_0+t 时转移到 j 的方式至少有两种：一是在 $[t_0, t_0+t]$ 中没有不连续点而转移到 j，发生这种转移的概率为 $\delta_{ij}\mathrm{e}^{-q_i t}$（参看 §2.2（44））；二是在 $[t_0, t_0+t]$ 中有不连续点，而且存在第一个，它是一跳跃点，发生这种转移的概率是

$$\sum_{k\neq i}\int_0^t \mathrm{e}^{-q_i(t-s)}q_{ik}p_{kj}(s)\mathrm{d}s.$$

因此

$$p_{ij}(t)\geqslant \sum_{k\neq i}\int_0^t \mathrm{e}^{-q_i(t-s)}q_{ik}p_{kj}(s)\mathrm{d}s+\delta_{ij}\mathrm{e}^{-q_i t}, \tag{16}$$

而两边之差

$$p_{ij}(t)-\sum_{k\neq i}\int_0^t \mathrm{e}^{-q_i(t-s)}q_{ik}p_{kj}(s)\mathrm{d}s-\delta_{ij}\mathrm{e}^{-q_i t}, \tag{17}$$

则是发生其他种转移的概率；然而在假定（iii）下，后一概率为 0，故（17）中值为 0 而（16）取等号，从而

$$p_{ij}(t)=\sum_{k\neq i}\int_0^t \mathrm{e}^{-q_i(t-s)}q_{ik}p_{kj}(s)\mathrm{d}s+\delta_{ij}\mathrm{e}^{-q_i t}, \tag{18}$$

在此式中对 t 求导数即得（13）. ■

定理 2 设 $q_i<+\infty(i\in E)$，则向前方程组（8）成立的充分必要条件是：对任意固定的 $t_0>0$，几乎一切样本函数 x_t 在 $[0, t_0]$ 中或者恒等于一常数；或者在 $[0, t_0)$ 中有不连续点，那么这时必有最后一个不连续点，而且它是一跳跃点.

证 利用定理 1 的（iii）→（i）中同样的想法，不过要把最后的不连续点代替那里的第一个不连续点. 设 $0<t_1<t_2$ 而且 $x_0=i$，要在 t_2 时转移到 j 至少有两种方式：一是于 t_1 时到 j，然后在 $[t_1, t_2]$ 中不发生转移（即无不连续点）而于 t_2 时到 j，对应的概率是 $p_{ij}(t)\mathrm{e}^{-q_j(t_2-t_1)}$；二是在 $[t_1, t_2]$ 中有不连续点，而且有最后一个，它还是跳跃点，经此次跳跃后来到 j，对应的概率是

$$\sum_{k\neq i}\int_{t_1}^{t_2} p_{ik}(s)q_{kj}\mathrm{e}^{-q_j(t_2-s)}\mathrm{d}s.$$

因此

$$p_{ij}(t_2)-p_{ij}(t_1)\mathrm{e}^{-q_j(t_2-t_1)}$$

$$\geqslant\sum_{k\neq i}\int_{t_1}^{t_2} p_{ik}(s)q_{kj}\mathrm{e}^{-q_j(t_2-s)}\mathrm{d}s. \tag{19}$$

显然，定理中所述的充分条件等价于（19）式取等号. 以t_2-t_1除（19）两边，并令 t_2 及 t_1 都趋于 t. 即得

$$p'_{ij}(t)\geqslant -p_{ij}(t)q_j+\sum_{k\neq i}p_{ik}(t)q_{kj}, \tag{20}$$

由于（20）中取等号等价于（19）中取等号，故得所欲证.

(二)

关于Q过程. 柯氏方程（7）（8）的意义，自然不在于去验证已给的（$p_{ij}(t)$）满足（7）或（8），而是在于当已知Q时，可通过解（7）或（8）而求出转移矩阵（$p_{ij}(t)$）. 上面已经看到，在实际问题中，Q往往比（$p_{ij}(t)$）容易求到.

因此，自然地提出反面的问题：设已给矩阵$\boldsymbol{Q}=(q_{ij})$，i，$j\in E$，满足条件

$$0\leqslant q_{ij}(i\neq j);\quad \sum_{i\neq j}q_{ij}=-q_{ii}\equiv q_i<+\infty. \tag{21}$$

试求向后方程组（7）的标准转移函数解（或标准广转移函数解），亦即求（7）满足§2.1中齐次转移函数定义的条件(i)～(iv）及标准性条件的解（或满足齐次转移函数定义的（i）(ii′)：$\sum_j p_{ij}(t)\leqslant 1$，(iii)（iv）及标准性条件的解）. 注意，用微分方程的话说，齐次转移函数定义的（iv）是开始条件. 对向前方程（8），同样也可提出类似的问题.

这样的解是否存在？是否唯一？如不唯一，如何求出全部这样的解？

前两个问题容易解决，下面就来叙述：但求全部解的问题

迄今还未完全解决，在第 6 章中将对一类特殊的 Q 来讨论此问题.

方程组（7）的求解问题与 Q 过程的构造问题等价. 这可如下说明.

设已给满足（21）的矩阵 $\boldsymbol{Q}=(q_{ij})$，如果转移矩阵（或广转移矩阵）(p_{ij}) 与 $\boldsymbol{Q}$ 有下列关系：

$$\lim_{t\to 0}\frac{p_{ij}(t)-\delta_{ij}}{t}=q_{ij}, \quad i, j\in E, \tag{22}$$

就称 (p_{ij}) 为 **$\boldsymbol{Q}$ 转移矩阵（或 $\boldsymbol{Q}$ 广转移矩阵）**，以 $\boldsymbol{Q}$ 转移矩阵 (p_{ij}) 为转移概率的马氏链 $X=\{x_t, t\geqslant 0\}$ 称为 **$\boldsymbol{Q}$ 过程**.

注意 满足（22）的 (p_{ij}) 可能不唯一，因此，$\boldsymbol{Q}$ 转移矩阵（因之 Q 过程）一般不唯一，即不为 Q 所唯一决定.

如果把具有相同的 (p_{ij}) 的 Q 过程等同起来，就是说，如果两个马氏链 X_1，X_2 具有相同的 (p_{ij})，那么就把 X_1，X_2 看成同一马氏链而不加区别，则 $\boldsymbol{Q}$ 转移矩阵与 Q 过程是一一对应的. 于是一个 Q 过程就是指一个 $\boldsymbol{Q}$ 转移矩阵 (p_{ij}).

下定理表示，$\boldsymbol{Q}$ 转移矩阵与向后方程组（7）的转移矩阵解也是一一对应的. 这样一来，上面对方程组（7）提出的三个问题就分别等价于下列关于 Q 过程的三个问题：满足（22）的 Q 过程是否存在？是否唯一？如不唯一，如何构造出全部 Q 过程？

定理 3 设已给满足（21）的矩阵 $\boldsymbol{Q}$，则标准转移矩阵 (p_{ij}) 是 $\boldsymbol{Q}$ 转移矩阵的充分必要条件是它满足向后方程组（7）.

证 设 (p_{ij}) 满足（22），由于 $\boldsymbol{Q}$ 满足（21），根据定理 1 中（i）（ii）的等价性即知 (p_{ij}) 满足（7）.

反之，设 (p_{ij}) 满足（13）. 由标准性知 $p_{ij}(t)$ 在 T 上连续；由 $\sum\limits_{k\neq i} q_{ik}=q_i<+\infty$ 可在（13）中求和号下对 t 取极限；由

(13) 还知 $p'_{ij}(t)$ 在 T 连续，在 (13) 中令 $t\to 0$ 即得 $p'_{ij}(0)=q_{ij}$，此即 (22). ■

注　Q 转移矩阵必是标准的，这由 (22) 及 $q_i<+\infty$ 推出，定理 3 中标准性假设只在证充分性时用到.

(三)

现在来研究唯一性问题. 采用概率的方法，这种方法的本质是考察运动的轨道（即样本函数）的性质.

引理 2　设 $X=\{x_t,\ t\geqslant 0\}$ 是具有标准转移矩阵 (p_{ij}) 的完全可分马氏链，$q_i<+\infty(i\in E)$，又 τ 是满足下列条件的非负随机变量：

(i) 对每 $s>0$，$(\tau<s)\in\mathcal{F}'\{x_t,\ t\leqslant s\}$[①]　　(23)

(ii) 记 $\Delta=(\tau<+\infty)$，且 $P(\Delta)>0$，在 Δ 上几乎处处存在右极限

$$x(\tau+0)=\lim_{t\to\tau+0}x(t)\in E.$$

则在 $(\Delta,\ \Delta\mathcal{F},\ P(\cdot\mid\Delta))$ 上，$Y=\{y_t,\ t\geqslant 0\}$ 是具有与 X 相同的转移矩阵 (p_{ij}) 的马氏链，其中 $y_t=x_{\tau+t}$；而且 Y 也是完全可分的.

证　为证明方便，不妨设 $P(\tau<+\infty)=1$. 由于存在 $x(\tau+0)$ 及 E 的离散性，以概率 1 存在 $\varepsilon=\varepsilon(\omega)>0$，使 $x(t)$ 在 $(\tau,\ \tau+\varepsilon)$ 中等于常数（此常数依赖于 ω），于是除一零测集外

$$\{x(\tau+0)=j\}=\lim_{n\to+\infty}\bigcup_{r=0}^{+\infty}\left\{\frac{r}{2^n}\leqslant\tau<\frac{r+1}{2^n},\ x\left(\frac{r+1}{2^n}\right)=j\right\}.$$

这表示 $x(\tau+0)$ 是一随机变量而且

$$P\{x(\tau+0)=j\}=\lim_{n\to+\infty}\sum_{r=0}^{+\infty}P\left\{\frac{r}{2^n}\leqslant\tau<\frac{r+1}{2^n},\ x\left(\frac{r+1}{2^n}\right)=j\right\}$$

类似地知 $x(\tau+t)$ 也是随机变量. 由 (i) 及马氏性得

---

① σ 代数 $\mathcal{F}\{x_s,\ s\leqslant t\}$ 关于 P 的完全化 σ 代数记为 $\mathcal{F}'\{x_s,\ s\leqslant t\}$.

$$P\{x(\boldsymbol{\tau}+t)=k\}=\sum_{j}p(x(t+0)=j,\ x(\boldsymbol{\tau}+t)=k)$$

$$=\lim_{\varepsilon=0}\lim_{n\to+\infty}\sum_{j}\sum_{r=0}^{+\infty}P\left\{\frac{r}{2^n}\leqslant\boldsymbol{\tau}<\frac{r+1}{2^n},\right.$$

$$\left.x\left(\frac{r+1}{2^n}\right)=j,\ x\left(\frac{r+1}{2^n}+s\right)=k,\ |s-t|<\varepsilon\right\}$$

$$=\lim_{\varepsilon\to 0}\sum_{j}P\{x(\boldsymbol{\tau}+0)=j\}p_{jk}(t-\varepsilon)\exp\{-q_k 2\varepsilon\}$$

$$=\sum_{j}P(x(\boldsymbol{\tau}+0)=j)p_{jk}(t).\tag{24}$$

更一般地可得，对 $0\leqslant t_1<\cdots<t_l$；$k_i\in E$，有

$$P(x(\boldsymbol{\tau}+t_i)=k_i,\ i=1,\ 2,\ \cdots,\ l)$$

$$=\sum_{j}P(x(\boldsymbol{\tau}+0)=j)p_{jk_1}(t_1)p_{k_1k_2}(t_2-t_1)\cdots$$

$$p_{k_{l-1}k_l}(t_l-t_{l-1}),\tag{25}$$

此得证 Y 是具有转移矩阵（p_{ij}）的马氏链.

由§2.2 引理 3，为证 Y 完全可分，只要证它关于非负有理数集 $\{r_i\}$ 可分，又由于证明开头时所指出的事实，为此只要证明，对几乎一切样本函数 Y，由它作 $\delta\equiv\delta(\omega)>0$ 推移后的函数 $Y_\delta(t)=Y(\delta+t)(t\geqslant 0)$ 关于 $R=\{r_i\}$ 可分，其中 $\delta<\varepsilon$. 因此，不妨设 $\boldsymbol{\tau}$ 以概率 1 取有理数为值. 于是根据

$$X\subset\overline{X}_R\quad \text{a. s.},$$

立得

$$Y\subset\overline{X}_{\boldsymbol{\tau}+R}\subset\overline{Y}_R\qquad \text{a. s.},$$

其中 $\boldsymbol{\tau}+R$ 表全体形如 $\boldsymbol{\tau}+r_i(r_i\in R)$ 的集. 故得证 Y 关于 R 的可分性. ■

现在考虑完全可分的马氏链 $X=\{x_t,\ t\geqslant 0\}$，并设它的密度矩阵是保守的，定义

$$\boldsymbol{\tau}_1(\omega)=\inf(t:\ x_t(\omega)\neq x_0(\omega)).\tag{26}$$

它是 X 的第一个跳跃点，以 R 表可分集，除一零测集外，有

$$(\tau_1(\omega)<s)=\bigcup_{\substack{r_n<s\\ r_n\in R}}\{x(r_n,\ \omega)\neq x(0,\ \omega)\}$$
$$\in\mathcal{F}\{x_t,\ t\leqslant s\}.\tag{27}$$

如果 $\Delta_1=(\tau_1<+\infty)$，$P(\Delta_1)>0$，那么可对 $\tau_1(\omega)$ 应用引理 2，从而知定义在 $(\Delta_1,\ \Delta_1\mathcal{F},\ P(\cdot\mid\Delta_1))$ 上的过程

$$Y_1=\{y_t=x_{\tau_1+t},\ t\geqslant 0)\}$$

是有相同转移概率的完全可分马氏链，于是 Y_1 也有第一个跳跃点 $r_1(\omega)$，而 $\tau_2(\omega)=\tau_1(\omega)+r_1(\omega)$ 显然是 X 的第二个跳跃点，如此继续，便得 X 的一列跳跃点 $\tau_i(\omega)$

$$\tau_1\leqslant\tau_2\leqslant\cdots\leqslant\tau_n\leqslant\cdots;\ \ \tau_n\uparrow\eta\quad \text{a. s.}\tag{28}$$

且若 $\tau_n\leqslant+\infty$，则 $\tau_0<\tau_1<\cdots<\tau_n<\tau_{n+1}$，且若 $q_x(\tau_n)>0$，则 $\tau_{n+1}<+\infty$，若 $q_{x(\tau_n)}=0$，则 $\tau_{n+1}=+\infty$，若 $\tau_n=+\infty$，则令 $\tau_{n+1}=\tau_{n+2}=\cdots=+\infty$. 称 $\eta=\eta(\omega)$ 为 X 的**第一个飞跃点**，有时也称为**首次无穷**或**首次爆发时**它几乎处处有定义，而且是跳跃点集的最小的极限点. 显然，在 $[0,\ \eta)$ 中，X 的样本函数以概率 1 是跳跃函数，如果

$$\eta=+\infty\qquad \text{a. s.},\tag{29}$$

那么 X 的几乎一切样本函数是跳跃函数.

什么时候 (29) 成立？一个简单的充分条件是：$\{q_i\}$ 有界（由 § 2.2 定理 7，这等价于标准性条件对 i 一致成立）. 实际上，令 $q=\sup q_i$，则

$$\begin{aligned}&P(\tau_{n+1}-\tau_n\geqslant\alpha)\\ &=\sum_i P(\tau_{n+1}-\tau_n\geqslant\alpha\mid x(\tau_n)=i)\cdot P(x(\tau_n)=i)\\ &=\sum_i \mathrm{e}^{-q_i\alpha}P(x(\tau_n)=i)\geqslant\mathrm{e}^{-q\alpha},\ n\geqslant 0,\ \alpha\geqslant 0,\end{aligned}\tag{30}$$

其中 $\tau_0\equiv 0$，并理解 $+\infty-c=+\infty$ $(c\leqslant+\infty)$，因而

$$P\left(\bigcap_{k=1}\bigcup_{n=k}[\tau_{n+1}-\tau_n\geqslant\alpha]\right)\geqslant\overline{\lim_{n\to\infty}}P(\tau_{n+1}-\tau_n\geqslant\alpha)\geqslant\mathrm{e}^{-q\alpha}.$$

这表示有无穷多个 $\tau_{n+1}-\tau_n$ 不小于 α 的概率不小于 $e^{-q\alpha}$，于是

$$P(\eta=+\infty)\geqslant e^{-q\alpha},$$

令 $\alpha\to0$ 即得证（29）.

这样便证明了下定理的前半部分：

定理 4 （i）设可分马氏链 X 的转移矩阵（p_{ij}）的密度矩阵 $\boldsymbol{Q}$ 是保守的，则以概率 1 存在一随机变量 $\eta\,(\leqslant+\infty)$，它是跳跃点的最小的极限点，而且在 $[0,\eta)$ 中，几乎一切样本函数是跳跃函数，特别，若 $\{q_i\}$ 有界，则几乎一切样本函数是跳跃函数.

（ii）反之，设已给一矩阵 $\boldsymbol{Q}=(q_{ij})$ 满足（21），则至少存在一个 $\boldsymbol{Q}$ 转移矩阵（p_{ij}）. 只有两种可能性：或者这样的（p_{ij}）只有一个，发生这种可能性的充分必要条件是任一可分 Q 过程的第一个飞跃点 $\eta=+\infty$ a. s.；或者这样的（p_{ij}）有无穷多个，发生这种可能性的充分必要条件是任一可分 Q 过程的第一个飞跃点 η 以正概率小于 $+\infty$.

证 (ii) 取 Z_1 为任一随机变量，它只取值于 E，又取非负随机变量 τ_1，使它与 Z_1 的联合分布由下式决定：

$$P(\tau_1\geqslant\alpha\,|\,Z_1=i)=e^{-q_i\alpha},\quad \alpha\geqslant0,\ q_i=-q_{ii}, \tag{31}$$

（若 $q_i=0$，则取 $\tau_1\equiv+\infty$），如果 $Z_1,Z_2,\cdots,Z_n$ 和 $\tau_1,\tau_2,\cdots,\tau_n$ 都已取定，那么取 Z_{n+1}，使 Z_{n+1} 取值于 E 而且它与 $Z_1,Z_2,\cdots,Z_n,\tau_1,\tau_2,\cdots,\tau_n$ 的联合分布满足下式：

$$P(Z_{n+1}=j\,|\,\tau_1,\tau_2,\cdots,\tau_n;Z_1,Z_2,\cdots,Z_n)$$
$$=\frac{q_{ij}}{q_j},\quad Z_n=i, \tag{32}$$

再取非负随机变量 τ_{n+1}，使对任 $\alpha\geqslant0$，

$$P(\tau_{n+1}-\tau_n\geqslant\alpha\,|\,\tau_1,\tau_2,\cdots,\tau_n,Z_1,Z_2,\cdots,Z_{n+1})$$
$$=e^{-q_i\alpha},\quad 如\ Z_{n+1}=i \tag{33}$$

这里我们假定了：若 $Z_n=i$，则 $q_i>0$. 若 $q_i=0$，应补定义

$$\begin{cases} P(Z_{n+1}=i \mid \boldsymbol{\tau}_1, \boldsymbol{\tau}_2, \cdots, \boldsymbol{\tau}_n; Z_1, Z_2, \cdots, Z_n)=1, \\ Z_n=i, \ q_i=0, \\ P(\boldsymbol{\tau}_{n+1}=+\infty \mid \boldsymbol{\tau}_1, \boldsymbol{\tau}_2, \cdots, \boldsymbol{\tau}_n; Z_1, Z_2, \cdots, Z_{n+1})=1, \\ Z_{n+1}=i, \ q_i=0. \end{cases} \tag{34}$$

由定义可见 $0 \leqslant \boldsymbol{\tau}_1 \leqslant \boldsymbol{\tau}_2 \leqslant \cdots$，$\boldsymbol{\tau}_n \uparrow \eta^{(1)}$，a. s..

今定义

$$x_t(\omega)=\begin{cases} Z_1(\omega), & 0 \leqslant t < \boldsymbol{\tau}_1(\omega), \\ Z_2(\omega), & \boldsymbol{\tau}_1(\omega) \leqslant t < \boldsymbol{\tau}_2(\omega), \\ \cdots \end{cases} \tag{35}$$

因而对几乎一切 ω，$x_t(\omega)$ 在 $[0, \eta^{(1)}(\omega))$ 中有定义，若 $P(\eta^{(1)}(\omega)=+\infty)=1$，则略去一零测集后，$x_t(\omega)$ 对一切 $t \geqslant 0$ 完全确定.

如果 $P(\eta^{(1)}(\omega)=+\infty)<1$，需要补定义 $x_t(\omega)$ 于 $[\eta^{(1)}, +\infty)$. 一种补定义的方法由杜布（Doob）提出，如下：任取一与 Z_n，$\boldsymbol{\tau}_n (n \in \mathbf{N}^*)$ 独立的随机变量 $Z_1^{(1)}$，它取值于 E，分布为 $\{\pi_i\}$，$(i \in E)$，视 $\eta^{(1)}$ 如同 0，视 $Z_1^{(1)}$ 如同 Z_1 而继续上面的造法：取 $\boldsymbol{\tau}_1^{(1)}$ 使

$$\begin{aligned} P(\boldsymbol{\tau}_1^{(1)}-\eta^{(1)} \geqslant \alpha \mid \boldsymbol{\tau}_1, \boldsymbol{\tau}_2, \cdots, \eta^{(1)}; Z_1, Z_2, \cdots, Z_1^{(1)}) \\ =\mathrm{e}^{-q_i \alpha}, \quad Z_1^{(1)}=i, \ q_i>0, \end{aligned}$$

并定义 $x_t(\omega)=Z_1^{(1)}(\omega)$，如 $\eta^{(1)}(\omega) \leqslant t < \boldsymbol{\tau}_1^{(1)}(\omega)$，…；如此仿上继续，直到第二个极限点 $\eta^{(2)}=\lim\limits_{n \to +\infty} \boldsymbol{\tau}_n^{(1)}$，又视 $\eta^{(2)}$ 如同 0，视 $Z_1^{(2)}$ 如同 Z_1，这里 $Z_1^{(2)}$ 有相同的分布 $\{\pi_i\}$，并与 Z_n，$\boldsymbol{\tau}_n$，$Z_n^{(1)}$，$\boldsymbol{\tau}_n^{(1)}$，$n \in \mathbf{N}^*$ 独立. 这样下去，得 $\{\eta^{(n)}\}$. 不难看出

$$\lim_{n \to +\infty} \eta^{(n)}=+\infty \quad \text{a. s..} \tag{36}$$

因而略去一零测集外，对一切 $t \geqslant 0$ 与 ω，$x_t(\omega)$ 有定义. 由于分布 $\pi=\{\pi_i\}$ 有无穷多种取法，这样的过程也有无穷多个.

现在证明所造出的 $X=\{x_t, t \geqslant 0\}$ 是 Q 过程. 为此利用下

事实：若随机变量 y 有指数分布

$$P(y\geqslant t)=\mathrm{e}^{-ct},\quad c>0.$$

则对 $s\geqslant 0$，$t\geqslant 0$ 有

$$P(y\geqslant s+t\,|\,y>s)=P(y\geqslant t)=\mathrm{e}^{-ct}.$$

由此知：若于时刻 s 停止上面的造法，因而 $x_t(\omega)$ 只定义于 $t\leqslant s$，然后以 $x_s(\omega)$ 的分布为开始分布，视 s 如同 0 并重新开始上面的构造而得 $\{y_u(\omega),\ u\geqslant 0\}$，则过程

$$\widetilde{x}_t(\omega)=\begin{cases}x_t(\omega), & t\leqslant s,\\ y_u(\omega), & t=s+u\end{cases}$$

与过程 $\{x_t(\omega),\ t\geqslant 0\}$ 是同一过程，这说明在已知现在 s 时，将来与过去独立，故过程是马氏的；而且 $P(x_t=j\,|\,x_s=i)$ 只依赖于 $t-s$.

所造的过程的转移矩阵 (p_{ij}) 显然满足

$$p_{ii}(t)\geqslant P_i(\tau_1\geqslant t)=\mathrm{e}^{-q_i t}\to 1,\ t\to 0, \tag{37}$$

$$P_i(x(\tau_1)=j)=\frac{q_{ij}}{q_i}, \tag{38}$$

故 (p_{ij}) 是标准的，而且是 $\boldsymbol{Q}$ 转移矩阵. 由于 (p_{ij}) 依赖于 $\{\pi_i\}$，而 $\{\pi_i\}$ 有无穷多种取法，故 $\boldsymbol{Q}$ 转移矩阵也有无穷多个.

这样便证明了（ii）中只有两种可能性，而且 $\eta=+\infty$ a. s. 及 $P(\eta=+\infty)<1$ 分别是这两种可能性出现的充分条件，从而分别也是必要条件. ■

由定理 4 立得

系 1 对满足（21）的 $\boldsymbol{Q}$，向后方程（7）恒有标准转移矩阵解；这种解如不唯一，则必有无穷多个，

在定理 4(ii) 的证明中所造出的 Q 过程称为**杜布过程**，它的转移概率矩阵由矩阵 $\boldsymbol{Q}$ 及 $x(\eta)$ 的分布 $\pi=\{\pi_i\}$ 所决定，故宜记此过程为 **($\boldsymbol{Q}$，$\boldsymbol{\pi}$) 过程.** 今后我们会看到，Doob 过程是一类较简单的 Q 过程，它们远不能穷尽一切 Q 过程.

(四)

为了具体地求出 (7) (及 (8)) 的一个**标准广转移函数解**，设 $X=\{x_t, t\geqslant 0\}$ 是一 Q 过程，并以 ${}_np_{ij}(t)$ 表在 $x_0=i$ 的条件下，于 t 时位于 j，而且这转移只由 n 个跳跃完成的，亦即

${}_np_{ij}(t)=P_i(x_t=j$，在 $[0, t]$ 中只有 n 个断点，它们都是跳跃点). (39)

易见

$$\begin{cases} {}_0p_{ij}(t)=\delta_{ij}\mathrm{e}^{-q_jt} \\ {}_{n+1}p_{ij}(t)=\sum\limits_{k\neq i}\int_0^t \mathrm{e}^{-q_is}q_{ik\,n}p_{kj}(t-s)\mathrm{d}s, \quad n\geqslant 0. \end{cases} \tag{40}$$

${}_np_{ij}(t)$ 也等于

$$\begin{cases} {}_0p_{ij}(t)=\delta_{ij}\mathrm{e}^{-q_it} \\ {}_{n+1}p_{ij}(t)=\sum\limits_{k\neq i}\int_0^t {}_np_{ik}(s)q_{kj}\mathrm{e}^{-q_j(t-s)}\mathrm{d}s, \quad n\geqslant 0. \end{cases} \tag{41}$$

(40) (41) 的成立可由与 (18) (19) 的推导方法得到，也可仿 §2.2 定理 6 而严格证明.

令

$$f_{ij}(t)=\sum_{n=0}^{+\infty}{}_np_{ij}(t), \tag{42}$$

因而 $f_{ij}(t)$ 是自 i 出发，经有穷多次跳跃，历时间 t 而转移到 j 的概率，即

$$f_{ij}(t)=P_i(x_t=j, \eta>t), \tag{43}$$

其中 η 是 X 的第一个飞跃点，由此推出

$$p_{ij}(t)=P_i(x_t=j)\geqslant f_{ij}(t), \tag{44}$$

$$f_i(t)\equiv P_i(\eta\leqslant t)=1-\sum_j f_{ij}(t). \tag{45}$$

注意 $f_i(t)$ 是在 $x(0)=i$ 下，η 的条件分布函数.

引理 3　(f_{ij}) 是标准广转移矩阵.

证　根据 $f_{ij}(t)$ 的概率意义，$0\leqslant f_{ij}(t)\leqslant 1$，而且

$$f_{ij}(s+t)=\sum_{k} f_{ik}(s)f_{kj}(t),$$

$$f_{kj}(0)=\delta_{ij}.$$

由（44），$\sum_{j} f_{ij}(t)\leqslant \sum_{j} p_{ij}(t)=1$. 标准性由下式推出：

$$f_{ij}(t)\geqslant {}_0p_{ij}(t)=\delta_{ij}\mathrm{e}^{-q_i t}\to\delta_{ij},\quad t\to 0. \quad ■$$

定理 5　(i)（f_{ij}）是向后方程组（7）的标准广转移函数解；

(ii)（f_{ij}）是（7）的**最小解**，就是说：如果（g_{ij}）是（7）的任一广转移函数解，那么

$$g_{ij}(t)\geqslant f_{ij}(t),\quad t\geqslant 0,\ i,\ j\in E; \tag{46}$$

(iii)（f_{ij}）也是向前方程组（8）的解.

证　在（40）中对 n 求和，改换变数后得

$$f_{ij}(t)=\sum_{k\neq i}\int_0^t \mathrm{e}^{-q_i(t-s)}q_{ik}f_{kj}(s)\mathrm{d}s+\delta_{ij}\mathrm{e}^{-q_i t}. \tag{47}$$

（比较（18）），对 t 微分后即得证 (i). 类似可证明 (iii). 如（g_{ij}）满足（7），亦即满足（13），对 t 积分得

$$g_{ij}(t)=\sum_{k\neq i}\int_0^t \mathrm{e}^{-q_i(t-s)}q_{ik}g_{kj}(s)\mathrm{d}s+\delta_{ij}\mathrm{e}^{-q_i t}, \tag{48}$$

因此

$$g_{ij}(t)\geqslant\delta_{ij}\mathrm{e}^{-q_i t}={}_0p_{ij}(t).$$

设

$$g_{ij}(t)\geqslant\sum_{v=0}^{n} {}_vp_{ij}(t),\qquad i,\ j\in E.$$

则由（48）得

$$g_{ij}(t)\geqslant\sum_{k\neq i}\int_0^t \mathrm{e}^{-q_i(t-s)}q_{ik}\left(\sum_{v=0}^{n} {}_vp_{kj}(s)\right)\mathrm{d}s+\delta_{ij}\mathrm{e}^{-q_i t}$$

$$=\sum_{v=0}^{n} {}_{v+1}p_{ij}(t)+\delta_{ij}\mathrm{e}^{-q_i t}=\sum_{v=0}^{n+1} {}_vp_{ij}(t).$$

这得证对任一非负整数 n，有

$$g_{ij}(t) \geqslant \sum_{v=0}^{n} {}_{v}p_{ij}(t),$$

今 $n \to +\infty$ 即得（46）. 从（41）出发，仿对（i）的证明，可得（iii）. ■

系 2　向后方程组（7）的标准转移函数解唯一（亦即 Q 过程唯一）的充分必要条件是①

$$\sum_{j} f_{ij}(t) = 1, \quad t \geqslant 0. \tag{49}$$

证　由(44)及(49)，

$$1 = \sum_{j} p_{ij}(t) \geqslant \sum_{j} f_{ij}(t) = 1.$$

再由（44），$p_{ij}(t) = f_{ij}(t)$，即

$$P_i(x_t = j) = P_i(x_t = j,\ \eta > t), \quad t \geqslant 0,$$

从而 $P_i(\eta = +\infty) = 1$（$i \in E$），

$$P(\eta = +\infty) = \sum_{i} P(x(0) = i) P_i(\eta = +\infty) = 1.$$

根据定理 4(ii) 即知 Q 过程（亦即 Q 转移函数）唯一，这得证（49）的充分性，逆转推理即可推出它的必要性. ■

① 在§4.3 系 1 中还要给出其他充分必要条件.

§ 2.4 标准广转移矩阵

本节中，$\boldsymbol{P}(t)=(p_{ij}(t))(i,\ j\in E,\ t\geqslant 0)$ 恒表示**标准广转移矩阵**，即 (p_{ij}) 满足 § 2.1 齐次转移函数定义的条件 (i) (iii) (iv)，§ 2.2 (1)，以及

(ii′) $$\sum_j p_{ij}(t)\leqslant 1.$$

记 $d_i(t)=1-\sum\limits_j p_{ij}(t)$. 任取一点 $a\overline{\in}E$ 并记 $\widetilde{E}=E\cup\{a\}$，设 $\widetilde{E}$ 仍有离散拓扑. 按 § 1.6 (9) 定义 $\widetilde{\boldsymbol{P}}(t)=(\widetilde{p}_{ij}(t))(i,\ j\in\widetilde{E},\ t\geqslant 0)$，即

$$\widetilde{p}_{ij}(t)=\begin{cases}p_{ij}(t), & i,\ j\in E,\\ d_i(t), & i\in E,\ j=a,\\ \delta_{ij}, & i=a,\ j\in\widetilde{E}.\end{cases}\tag{1}$$

定理 1 $\widetilde{\boldsymbol{P}}(t)$ 是 $\widetilde{E}$ 上的标准转移矩阵. 对每个 $i\in E$，$d_i(t)=\widetilde{p}_{ia}(t)$ 是 $t\in[0,\ +\infty)$ 的非降函数，在 $(0,\ +\infty)$ 上恒大于 0，或恒等于 0.

证 § 2.1 中齐次转移函数定义的条件 (i) (ii) 和 (iv) 对 $\widetilde{P}(t)$ 的正确性是显然的. 对 $\widetilde{\boldsymbol{P}}(t)$ 的齐次转移函数定义的条件 (iii) 成为

$$\widetilde{p}_{ij}(s+t)=\sum_{k\in\widetilde{E}}\widetilde{p}_{ik}(s)\widetilde{p}_{kj}(t),\quad i,j\in\widetilde{E}.$$

从 (1) 及对 $\boldsymbol{P}(t)$ 的齐次转移函数定义的条件 (iii) 得出，上式对 $i\in E$，$j\in E$ 及 $i=a$，$j\in\widetilde{E}$ 是正确的. 对 $i\in E$，$j=a$，由于对 $\boldsymbol{P}(t)$ 的齐次转移函数定义的条件 (iii)，有：对 s，$t\geqslant 0$，

$$\begin{aligned}\widetilde{p}_{ia}(s+t)&=1-\sum_{j\in E}p_{ij}(s+t)\\&=1-\sum_{j\in E}\sum_{k\in E}p_{ik}(s)p_{kj}(t)\end{aligned}$$

$$=1-\sum_{k\in E}p_{ik}(s)\sum_{j\in E}p_{kj}(t)$$
$$=1-\sum_{k\in E}p_{ik}(s)[1-\tilde{p}_{ka}(t)]$$
$$=1-\sum_{k\in E}p_{ik}(s)+\sum_{k\in E}p_{ik}(s)\tilde{p}_{ka}(t)$$
$$=\tilde{p}_{ia}(s)+\sum_{k\in E}p_{ik}(s)\tilde{p}_{ka}(t)$$
$$=\sum_{k\in\tilde{E}}\tilde{p}_{ik}(s)\tilde{p}_{ka}(t).$$

从上式还可看出，$d_i(t)=\tilde{p}_{ia}(t)$ 关于 t 非降. 从 $\boldsymbol{P}(t)$ 的标准性及（ii′）得 $\tilde{\boldsymbol{P}}(t)$ 的标准性. 这样，$\tilde{\boldsymbol{P}}(t)$ 的标准转移矩阵，从而依 § 2.1 中定理 4 知 $d_i(t)=\tilde{p}_{ia}(t)$ 在 $(0,+\infty)$ 上恒大于 0，或恒等于 0.

由于定理 1，有关标准转移矩阵的结论，一般都可以移植到标准广转移矩阵 $\boldsymbol{P}(t)$ 上来. 例如，每个标准广转移矩阵 $\boldsymbol{P}(t)$ 都有密度矩阵 $\boldsymbol{Q}=(q_{ij})=(p'_{ij}(0))$，而且 $D_i\equiv d'_i(0)$ 存在且非负有穷，更进一步有

$$0\leqslant q_{ij}<+\infty(i\neq j),\ 0\leqslant D_i<+\infty,\ \sum_{j\neq i}q_{ij}+D_i\leqslant -q_{ii}\equiv q_i\leqslant+\infty. \tag{1′}$$

每个 $p_{ij}(t)$ 和 $d_i(t)$ 在 $(0,+\infty)$ 中都存在有穷的连续导数 $p'_{ij}(t)$ 和 $d'_i(t)$，而且 $\sum_j|p'_{ij}(t)|<+\infty(t>0)$.

定理 2　对每个 $i\in E$，有

$$\sum_j p'_{ij}(t)+d'_i(t)=0,\quad t>0. \tag{2}$$

证　注意 § 2.2（14）对 $\tilde{\boldsymbol{P}}(t)$ 成立，即

$$\tilde{p}'_{ij}(s+t)=\sum_{k\in\tilde{E}}\tilde{p}'_{ik}(s)\tilde{p}_{kj}(t),\ s>0,\ t>0,\ i,\ j\in\tilde{E}.$$

对 $j\in\tilde{E}$ 求和得

$$\sum_{j\in\tilde{E}}\tilde{p}_{ij}(t)=C_i(\text{常数}),\quad t>0. \tag{3}$$

因 $\widetilde{p}_{ij}(t)$ 在 $(0, +\infty)$ 上有连续导数，故对 $0<u\leqslant v\leqslant t$，

$$\widetilde{p}_{ij}(t)=\widetilde{p}_{ij}(u)+\int_u^t \widetilde{p}'_{ij}(v)\mathrm{d}v, \tag{4}$$

由§2.2 定理 2，$\sum\limits_{j\in\widetilde{E}}|\widetilde{p}'_{ij}(v)|\leqslant\sum\limits_{j\in\widetilde{E}}|\widetilde{p}'_{ij}(u)|$. 于是在 (4) 中对 $j\in\widetilde{E}$ 求和时，可以交换求和与积分号次序，我们有

$$1=1+\int_u^t\Big[\sum_{j\in\widetilde{E}}\widetilde{p}'_{ij}(v)\Big]\mathrm{d}v=1+C_i(t-u),$$

从而 $C_i=0$，(3) 成为 (2).

定理 3 设对指定 $i\in E$，$q_i=-p'_{ii}(0)<+\infty$. 则 $p_{ij}(t)$ $(j\in E)$ 和 $d_i(t)$ 在 $[0, +\infty)$ 上有连续导数.

证 由于定理 2 前面的一段说明，我们不妨设 $\boldsymbol{P}(t)$ 是标准转移矩阵，而且只需证明 $p'_{ij}(t)$ 在 $t=0$ 连续.

由§2.1 齐次转移函数定义的条件 (iii) 及§2.2 (51′)，有

$$p_{ij}(t+h)-p_{ij}(t)\geqslant(p_{ii}(h)-1)\geqslant-q_ihp_{ij}(t). \tag{5}$$

故

$$R_{ij}(t)\equiv p'_{ij}(t)+q_ip_{ij}(t)\geqslant0.$$

由§2.2 (14) 和§2.1 齐次转移函数定义的条件 (iii) 得

$$R_{ij}(t+s)=\sum_k R_{ik}(t)p_{kj}(s)\geqslant R_{ij}(t)p_{jj}(s).$$

由于 $p'_{ij}(t)$ 在 $(0, +\infty)$ 上连续，故

$$R_{ij}(s)\geqslant\overline{\lim_{t\downarrow0}}R_{ij}(t)p_{jj}(s),$$

$$\underline{\lim_{s\downarrow0}}R_{ij}(s)\geqslant\overline{\lim_{t\downarrow0}}R_{ij}(t).$$

于是 $\lim\limits_{t\downarrow0}R_{ij}(t)$ 存在，即 $\lim\limits_{t\downarrow0}p'_{ij}(t)$ 存在. 由中值定理得 $\lim\limits_{t\downarrow0}p'_{ij}(t)=p'_{ij}(0)$. ■

定理 4 设对指定 $j\in E$，$q_j=-p'_{jj}(0)<+\infty$. 则对一切 $i\in E$，$p_{ij}(t)$ 在 $[0, +\infty)$ 中有连续导数，而且

$$p'_{ij}(t+s)=\sum_k p_{ik}(t)p'_{kj}(s),\quad t\geqslant0,\ s>0. \tag{6}$$

证　类似（5），我们有

$$p_{ij}(t+h)-p_{ij}(t)\geqslant p_{ij}(t)[p_{jj}(h)-1]\geqslant -p_{ij}(t)q_jh.$$

于是

$$[p_{ij}(t)e^{q_jt}]'=[p'_{ij}(t)+p_{ij}(t)q_j]e^{q_jt}\geqslant 0,$$

故 $p_{ij}(t)e^{q_jt}$ 是 t 的非降函数. 令

$$S_{ij}(t)=p'_{ij}(t)+p_{ij}(t)q_j\geqslant 0.$$

改写 § 2.1 齐次转移函数定义的条件（iii）为

$$p_{ij}(t+s)e^{q_j(t+s)}=e^{q_jt}\sum_k p_{ik}(t)p_{kj}(s)e^{q_js}.$$

对 s 求导并用富比尼的一个定理（若 $f=\sum\limits_n f_n$ 是非降函数项 f_n 的收敛级数，则导数 $f'=\sum\limits_n f'_n$ 几乎处处成立），我们得：对每个 $t\geqslant 0$ 及依赖于 t 的几乎一切 $s\geqslant 0$ 有

$$S_{ij}(t+s)=\sum_k p_{ik}(t)S_{kj}(s). \tag{7}$$

如果用法图引理，那么对一切 s，$t\geqslant 0$ 有

$$S_{ij}(t+s)\geqslant \sum_k p_{ik}(t)S_{kj}(s).$$

特别地，对几乎一切 $t\geqslant 0$ 及一切 $s\leqslant t$，有

$$+\infty > S_{ij}(t)\geqslant p_{ii}(t-s)S_{ij}(s).$$

因而 $S_{ij}(t)$ 在任何有限区间中有上界. 由富比尼关于乘积测度的定理，（7）对 $s\overline{\in}Z$ 及 $t\overline{\in}Z_s$ 成立，这里 Z 和 Z_s 均为勒贝格零测集. 对某个 $s_0\overline{\in}Z$，假设对某个 t_0 有

$$S_{ij}(t_0+s_0)>\sum_k p_{ik}(t_0)S_{kj}(s_0).$$

则对一切 $t>t_0$，有

$$\begin{aligned}S_{ij}(t+s_0)&\geqslant \sum_l p'_{il}(t-t_0)S_{lj}(t_0+s_0)\\&>\sum_l p'_{il}(t-t_0)\sum_k p_{lk}(t_0)p_{kj}(s_0)\\&=\sum_k p_{ik}(t)S_{kj}(s_0).\end{aligned}$$

由于 $s_0\overline{\in}Z$ 时（7）对几乎一切 t 成立，上式不可能成立. 于是

$s\overline{\in}Z$ 时，Z_s 实际上是空集.

其次，设 $s>0$ 任意，$0<s'<s$，$s'\overline{\in}Z$. 则

$$\begin{aligned}S_{ij}(t+s)&=\sum_k p_{ik}(t+s-s')S_{kj}(s')\\&=\sum_k\sum_l p_{il}(t)p_{lk}(s-s')S_{kj}(s')\\&=\sum_l p_{il}(t)S_{lj}(s).\end{aligned}$$

从而 Z 也是空集. 因此，(7) 对一切 $t\geqslant 0$，$s>0$ 成立，即 (6) 成立.

类似于定理 3 的证明，从 (7) 出发可以证明 $\lim\limits_{t\downarrow 0}S_{ij}(t)$ 存在，从而 $\lim\limits_{t\downarrow 0}p'_{ij}(t)$ 存在. 由中值定理得 $\lim\limits_{t\downarrow 0}p'_{ij}(t)=p_{ij}(0)$.

设 $\boldsymbol{P}(t)$ 的密度矩阵为 $\boldsymbol{Q}=(q_{ij})$，若 q_{ii} 有限，则 §2.3 (4) 对一切 $j\in E$ 成立；如果 q_{jj} 有限，那么 §2.3 (6) 对一切 $i\in E$ 成立. 当等号成立时，§2.3 (4) 和 (5) 分别成为

$$(\mathrm{KB_i})\quad p'_{ij}(t)=\sum_k q_{ik}p_{kj}(t),\quad t\geqslant 0,\quad j\in E.$$

$$(\mathrm{KF_j})\quad p'_{ij}(t)=\sum_k p_{ik}(t)q_{kj},\quad t\geqslant 0,\quad i\in E.$$

如果 ($\mathrm{KB_i}$) 成立，那么 $p'_{ij}(0)=q_{ij}\,(j\in E)$，而且有限，因而依 §2.4 (1′) 有

$$0\leqslant q_{ij}<+\infty\,(i\neq j),\quad \sum_{j\neq i}q_{ij}\leqslant -q_{ii}\equiv q_i<+\infty. \tag{8}$$

如果 ($\mathrm{KF_j}$) 成立，那么 $p'_{ij}(0)=q_{ij}\,(i\in E)$，而且有限.

我们将在预先给定满足 (8) 的 $q_{ij}\,(j\in E)$ 的条件下考察 ($\mathrm{KB_i}$)，在预先给定满足 $0\leqslant -q_{jj}\equiv q_j<+\infty$，$0\leqslant q_{ij}<+\infty$ $(i\neq j)$ 的 $q_{ij}\,(i\in E)$ 的条件下来考察 ($\mathrm{KF_j}$).

引理 1 设 ($\mathrm{KB_i}$) 对几乎一切 $t\geqslant 0$ 成立，则 ($\mathrm{KB_i}$) 对一切 $t\geqslant 0$ 成立.

证 因 ($\mathrm{KB_i}$) 对几乎一切 $t\geqslant 0$ 成立，故可以两边求积分得

$$p_{ij}(t)=\delta_{ij}+\int_0^t \sum_k q_{ik} p_{kj}(u)\mathrm{d}u, \quad t\geqslant 0.$$

由于（8），右方被积表达式是连续函数．两边求导后得（$\mathrm{KB_i}$）对一切 $t\geqslant 0$ 成立．■

引理 2　设（$\mathrm{KF_j}$）对几乎一切 $t\geqslant 0$ 成立，则（$\mathrm{KF_j}$）对一切 $t\geqslant 0$ 成立．

证　引理的假设已蕴含 $q_{ij}(i\in E)$ 有限．设 Z 是勒贝格零测集，当 $t\overline{\in} Z$ 时，（$\mathrm{KF_j}$）成立．于是对一切 $t\geqslant 0$ 及 $i\in E$ 有

$$\begin{aligned} p_{ij}(t)&=\delta_{ij}+\int_0^t \sum_k p_{ik}(u)q_{kj}\mathrm{d}u \\ &\geqslant \delta_{ij}+q_{ij}\int_0^t p_{ii}(u)\mathrm{d}u+(1-\delta_{ij})q_{jj}\int_0^t p_{ij}(u)\mathrm{d}u, \end{aligned}$$

$$\frac{p_{ij}(t)-\delta_{ij}}{t}\geqslant q_{ij}\frac{1}{t}\int_0^t p_{ii}(u)\mathrm{d}u+(1-\delta_{ij})q_{jj}\frac{1}{t}\int_0^t p_{ij}(u)\mathrm{d}u.$$

倘若令 $p'_{ij}(0)=\bar{q}_{ij}$，则由上式得

$$\bar{q}_{ij}\geqslant q_{ij}+(1-\delta_{ij})q_{jj}\delta_{ij}=q_{ij}, \quad i\in E.$$

故 $\bar{q}_{jj}\geqslant q_{jj}$，$\bar{q}_j\leqslant q_j<\infty$，从而 $\bar{q}_{ij}(i\in E)$ 有限，并且 § 2.3（6）成为

$$p'_{ij}(t)\geqslant \sum_k p_{ik}(t)\bar{q}_{kj}, \quad t\geqslant 0, \quad i\in E.$$

结合 $t\overline{\in} Z$ 的（$\mathrm{KF_j}$）得

$$\sum_k p_{ik}(t)(\bar{q}_{kj}-q_{kj})\leqslant 0, \quad t\overline{\in} Z, \quad i\in E.$$

左方每个被加项非负，特别有 $p_{ii}(t)(\bar{q}_{ij}-q_{ij})=0$（$t\overline{\in} Z$），从而有 $\bar{q}_{ij}=q_{ij}$，即 $p'_{ij}(0)=q_{ij}$（$i\in E$）．于是当 $t=0$ 时，（$\mathrm{KF_j}$）成立．

设 $u>0$ 且 $u\in Z$．则存在 $t>0$ 使 $t\overline{\in} Z$，$0<u-t\overline{\in} Z$．由（6），

$$\begin{aligned} p'_{ij}(u)&=\sum_l p_{il}(t)p'_{lj}(u-t) \\ &=\sum_l p_{il}(t)\sum_k p_{lk}(u-t)q_{kj} \end{aligned}$$

$$= \sum_k \Big[\sum_l p_{il}(t) p_{lk}(u-t) \Big] q_{kj}$$
$$= \sum_k p_{ik}(u) q_{kj}.$$

这样，(KF_j) 对一切 $t \geqslant 0$ 成立. ■

定理 5 若 (KF_j) 成立，则对每个 $i \in E$，级数 $\sum_k p_{ik}(t) q_{kj}$ 在任何有限区间 $[0, A]$ 中一致收敛.

证 因 $p_{ik}(t) q_{kj}(k \in E)$ 在 $[0, A]$ 中连续，又 (KF_j) 蕴含量 $q_j < +\infty$，从而由定理 4 知 $p'_{ij}(t)$ 在 $[0, A]$ 中连续. 于是只需引用 Dini 定理即可. ■

定理 6 指定 $i \in E$. (KB_i) 成立的充分必要条件是 q_{ij} 有限且

$$\sum_j q_{ij} + D_i = 0, \tag{9}$$

其中 $q_{ij} = p'_{ij}(0)$，$D_i = d'_i(0)$.

证 先证**必要性**. (KB_i) 蕴含 $p'_{ij}(0) = q_{ij}(j \in E)$，而且有限. 在 ($KB_i$) 两边对 j 求和得

$$\sum_j p'_{ij}(t) = \sum_k q_{ik} \sum_j p_{kj}(t) = \sum_k q_{ik}[1 - d_k(t)], \quad t \geqslant 0.$$

由 (2)，上式成为

$$-d'_i(t) = \sum_k q_{ik}[1 - d_k(t)], \quad t > 0.$$

令 $t \to 0$ 得 $-D_i = \sum_k q_{ik}$，即 (9).

次证**充分性**. 设 $q_{ij}(j \in E)$ 有限而且 (9) 成立. 当 $t=0$ 时，(KB_i) 显然成立. 设 $t > 0$. 考虑由 (1) 确定的 $\widetilde{\boldsymbol{P}}(t)$，并设 $\widetilde{p}'_{ij}(0) = \bar{q}_{ij}(i, j \in \widetilde{E})$. 在对 $\widetilde{\boldsymbol{P}}(t)$ 成立的 §2.3 (5) 中对 $j \in \widetilde{E}$ 求和，注意 (2) 和 (9)，得

$$0 = \sum_{j \in \widetilde{E}} \widetilde{p}'_{ij}(t) \geqslant \sum_{k \in \widetilde{E}} \widetilde{q}_{ik} \sum_{j \in \widetilde{E}} \widetilde{p}_{kj}(t)$$
$$= \sum_{k \in \widetilde{E}} \widetilde{q}_{ik} = \sum_{k \in E} q_{ik} + D_i = 0.$$

由上式知，对 $\widetilde{\boldsymbol{P}}(t)$ 的（$\mathrm{KB_i}$）成立，从而对 $\boldsymbol{P}(t)$ 的（$\mathrm{KB_i}$）成立. ■

定理 7　对指定 $i\in E$，设 $q_{ij}=p'_{ij}(0)(j\in E)$ 满足 §2.3（21）. 则（$\mathrm{KB_i}$）成立. 特别地，Q 保守时，向后方程组（$\mathrm{KB_i}$）成立.

证　对 $\widetilde{\boldsymbol{P}}(t)$ 应用 §2.2（34）得

$$0\leqslant\sum_{j\neq i}q_{ij}+D_i\leqslant q_i\leqslant+\infty.$$

比较 §2.3（21）得 $D_i=0$. 于是（9）成立，从而（$\mathrm{KB_i}$）成立. ■

设已给矩阵 $\boldsymbol{Q}=(q_{ij})$ 满足（8）. 如果标准广转移矩阵 $\boldsymbol{P}(t)$ 以给定的 $\boldsymbol{Q}$ 为密度矩阵，即 §2.3（22）成立，就称 $\boldsymbol{P}(t)$ 为 $\boldsymbol{Q}$ 广转移矩阵. 如果 Q 保守，那么每个 $\boldsymbol{Q}$ 广转移矩阵 $\boldsymbol{P}(t)$ 必满足向后方程组. 但对非保守的 Q，同样的结论未必成立.

因此，§2.3（二）中的提法应稍做改变：设已给矩阵 $\boldsymbol{Q}=(q_{ij})$ 满足（8）. $\boldsymbol{Q}$ 广转移矩阵是否存在？如果存在，是否唯一？如何求出全部的 $\boldsymbol{Q}$ 广转移矩阵？如果对 $\boldsymbol{Q}$ 广转移矩阵 $\boldsymbol{P}(t)$ 再附加一些限制（例如要求 $\boldsymbol{P}(t)$ 满足向后方程组，或不满足；要求 $\boldsymbol{P}(t)$ 满足向前方程组，或不满足，等)，同样地可以提出上述的问题.

对于给定的满足（8）的 $\boldsymbol{Q}=(q_{ij})$，依照 §2.3（40）（41）（42)，仍然可以确定 $nP_{ij}(t)$ 和 $f(t)=(f_{ij}(t))$. §2.3 引理 3 和 §2.3 定理 5 的结论和证明对于满足（8）的 $\boldsymbol{Q}$ 仍有效. 因此，上述的第一个问题得以解决. 第二个问题的解答见侯振挺［1］和杨向群［8］. 第三个问题目前只对一些特殊情况已解决. 杨向群［10］中关于双有限情形的 $\boldsymbol{Q}$ 广转移矩阵的构造，至今似乎是最好的.

§2.5 预解矩阵

设 $\boldsymbol{P}(t)=(p_{ij}(t))$（$i$，$j\in E$，$t\geqslant 0$）为标准广转移矩阵．令

$$\psi_{ij}(\lambda)=\int_0^{+\infty}\mathrm{e}^{-\lambda t}p_{ij}(t)\mathrm{d}t,\quad \lambda>0. \tag{1}$$

称 $\boldsymbol{\psi}(\lambda)=(\psi_{ij}(\lambda))$（$i$，$j\in E$，$\lambda>0$）为 $\boldsymbol{P}(t)$ 的**预解矩阵**．如果$\boldsymbol{P}(t)$ 是标准转移矩阵，称 $\boldsymbol{\psi}(\lambda)$ 为**诚实的预解矩阵**．显然地，标准广转移矩阵与其预解矩阵相互唯一决定．

由§2.1齐次转移函数定义的条件（i）（iii），§2.4（ii′）及§2.2（1），对任意 λ，$\nu>0$ 有

$$\psi_{ij}(\lambda)\geqslant 0,\quad \lambda\sum_j\psi_{ij}(\lambda)\leqslant 1, \tag{2}$$

$$\psi_{ij}(\lambda)-\psi_{ij}(\nu)+(\lambda-\nu)\sum_k\psi_{ik}(\lambda)\psi_{kj}(\nu)=0, \tag{3}$$

$$\lim_{\lambda\to+\infty}\lambda\psi_{ij}(\lambda)=\delta_{ij}. \tag{4}$$

对于诚实的预解矩阵，有

$$\lambda\sum_j\psi_{ij}(\lambda)=1. \tag{5}$$

我们称（2）为**范条件**，称（3）为**预解方程**，称（4）为**连续性条件**，称（5）为**诚实性条件**.

定理1 矩阵族 $\boldsymbol{\psi}(\lambda)$，$\lambda>0$ 为某个标准广转移矩阵 $\boldsymbol{P}(t)$ 的预解矩阵的充分必要条件是 $\boldsymbol{\psi}(\lambda)$ 满足范条件、预解方程和连续性条件．$\boldsymbol{\psi}(\lambda)$ 为诚实的，必须且只需诚实性条件成立.

证 **必要性**已指出．往证**充分性**．考虑巴拿赫（Banach）空间 $l=\{$行向量 $v=(v_i,\ i\in E)$：$\|v\|=\sum_i|v_i|<+\infty\}$ 及作用在其上的线性算子 $\psi(\lambda)$：

$$[v\psi(\lambda)]_j = \sum_i v_i \psi_{ij}(\lambda), \quad v \in l. \tag{6}$$

由于范条件（2），$\psi(\lambda)$ 是从 l 到 l 的非负线性算子，而且 $\psi(\lambda)$ 的范数 $\|\psi(\lambda)\| \leqslant \lambda^{-1}$. 由预解方程（3）知算子 $\psi(\lambda)$ 的值域

$$\mathcal{D} = \{v\psi(\lambda): v \in l\}$$

与 $\lambda > 0$ 无关. 对任意 $v \in l$,

$$\begin{aligned}\|v\lambda\psi(\lambda) - v\| &= \sum_j \left| \sum_i v_i \lambda\psi_{ij}(\lambda) - v_j \right| \\ &\leqslant \sum_j |v_j| [1 - \psi_{jj}(\lambda)] + \sum_i \left[\sum_{j \neq i} |v_i| \lambda\psi_{ij}(\lambda) \right] \\ &\leqslant 2\sum_j |v_j| [1 - \lambda\psi_{jj}(\lambda)].\end{aligned}$$

由连续性条件，利用控制收敛定理得：对 $v \in l$,

$$\|v\lambda\psi(\lambda) - v\| \to 0, \quad \lambda \to +\infty. \tag{7}$$

算子 $\psi(\lambda)$ 是一对一的. 实际上，设 $v \in l$，$v\psi(\lambda) = 0$. 由预解方程得 $v\psi(\nu) = 0$ 对一切 $\nu > 0$. 于是由（7）得

$$\|v\nu\psi(\nu) - v\| = \|v\| \to 0, \quad \nu \to +\infty,$$

故 $v = 0$.

因此，我们可以定义算子 $A(\lambda) = \lambda I - [\psi(\lambda)]^{-1}$（$I$ 为恒等算子），其定义域为 $\mathcal{D}$. 算子 $A(\lambda)$ 实际上与 $\lambda > 0$ 无关，可记 $A(\lambda) = A$. 理由是：对 $f \in \mathcal{D}$，必存在唯一的 $v \in l$ 使 $f = v\psi(\lambda)$，因而

$$fA(\lambda) = \lambda f - v.$$

另一方面，由于预解方程，对 $\nu > 0$,

$$\begin{aligned} f &= v\psi(\lambda) = [v + v(\nu - \lambda)\psi(\lambda)]\psi(\nu) \\ &= [v + (\nu - \lambda) f]\psi(\nu), \end{aligned}$$

$$f\psi(\nu)^{-1} = v + (\nu - \lambda) f.$$

因而

$$fA(\nu) = \nu f - [v + (\nu - \lambda) f] = \lambda f - v = fA(\lambda).$$

这样，算子 A 具有下列性质：

(i) A 的定义域$\mathcal{D}$在 l 中处处稠（在强收敛意义下）.

(ii) 对任意 $v\in l$ 及 $\lambda>0$，方程

$$\lambda f-fA=v$$

有解 $f=v\psi(\lambda)$.

(iii) 对任意 $f\in\mathcal{D}$及 $\lambda>0$，$\|\lambda f-A\|\geqslant\lambda\|f\|$.

于是，可以应用著名的希尔-吉田耕作（Hille-Yosida）定理，因而存在广转移矩阵 $\boldsymbol{P}(t)$，它以 A 为无穷小算子，以 $\psi(\lambda)$ 为预解算子，即矩阵 $\boldsymbol{\psi}(\lambda)$ 是 $\boldsymbol{P}(t)$ 的预解矩阵.

最后，设 $\boldsymbol{P}(t)$ 满足 § 2.1 中齐次转移函数定义的条件 (ii)，则显然地，诚实性条件 (5) 成立. 反之，设 (5) 正确. 如果对某个 $t>0$ 有 $\sum_j p_{ij}(t)<1$，那么依 § 2.4 中定理 1，对一切 $t>0$ 有 $\sum_j p_{ij}(t)<1$，而这将导出 (5) 不成立. 于是，从 (5) 得出 $\sum_j p_{ij}(t)=1$ 对一切 $t>0$，即 § 2.1 中齐次转移函数定义的条件 (ii) 成立. ■

注 1 关于希尔-吉田耕作定理，可参看王梓坤 [1] 或其他的有关著作. 王梓坤 [1] § 4.3，§ 4.4 中讨论的马尔可夫过程与半群理论，其基本的巴拿赫空间 B 是 E 上的有界可测实值函数全体. 如 E 可数，空间 B 就是由 E 上的有界列向量组成的空间 m. 但如果基本空间取为 l，讨论仍然有效.

注 2 在定理 1 的充分性部分的证明中，我们运用了希尔-吉田耕作定理以得到广转移矩阵的存在性. 下面给出充分性部分的另一证明，它不需要希尔-吉田耕作定理.

仍然考虑巴拿赫空间 l 及由 (6) 定义的线性算子 $\psi(\lambda)$，它是非负的，且范数 $\|\psi(\lambda)\|\leqslant\lambda^{-1}$. 由于预解方程，在一致算子拓扑中，有

$$\left(-\frac{\mathrm{d}}{\mathrm{d}\lambda}\right)^n \psi(\lambda)=n!\ (\psi(\lambda))^{n+1}. \tag{8}$$

因而

$$0\leqslant\left(-\frac{\mathrm{d}}{\mathrm{d}\lambda}\right)^n \psi_{ij}(\lambda)\leqslant\frac{n!}{\lambda^{n+1}}, \tag{9}$$

更进一步

$$0\leqslant\left(-\frac{\mathrm{d}}{\mathrm{d}\lambda}\right)^n \sum_j \psi_{ij}(\lambda)\leqslant\frac{n!}{\lambda^{n+1}}. \tag{9_1}$$

应用完全单调函数定理（例如，费勒（Feller）[1]，卷Ⅱ，415～418），我们从（9）得出 $\psi_{ij}(\lambda)$ 是某个可测函数 $f_{ij}(t)$ 的拉普拉斯（Laplace）变换. 从（9）和（9_1）得出：对几乎一切 $t\geqslant0$，有

$$0\leqslant f_{ij}(t)\leqslant1, \tag{10}$$

$$0\leqslant\sum_j f_{ij}(t)\leqslant1 \tag{11}$$

在勒贝格测度为零的 t-集上，我们可以修正 $f_{ij}(t)$ 的值使（10）和（11）对一切 $t>0$ 成立. 假定已经作了这样的修正.

下面证明：按平面上的勒贝格测度，对几乎一切非负的 s 和 t，有

$$f_{ij}(s+t)=\sum_k f_{ik}(s)f_{kj}(t). \tag{12}$$

由于双层拉普拉斯变换的唯一性定理，只需证明（12）两边的双层拉普拉斯变换

$$\int_0^{+\infty}\int_0^{+\infty}\cdots \mathrm{e}^{-\lambda s-\nu t}\,\mathrm{d}s\,\mathrm{d}t$$

是相等的.

当 $\lambda\neq\nu$ 时，（12）两边的双层拉普拉斯变换分别是

$$(\nu-\lambda)^{-1}(\psi_{ij}(\lambda)-\psi_{ij}(\nu))\text{和}\sum_k \psi_{ik}(\lambda)\psi_{kj}(\nu).$$

由于 $\psi(\lambda)$ 的预解方程，它们是相等的. 在上式中令 $\lambda\to\nu$，从（8）看出，（12）两边的双层拉普拉斯变换对 $\lambda=\nu$ 也是相等的.

下面我们将在一个零测集上改变 $f_{ij}(t)$ 的值以得到 $p_{ij}(t)$，使得 $\boldsymbol{P}(t)=(p_{ij}(t))$ 是广转移矩阵. 对 $t=0$，定义 $p_{ij}(0)=\delta_{ij}$；对 $t>0$，定义

$$p_{ij}(t)=t^{-1}\sum_k\int_0^t f_{ik}(u)f_{kj}(t-u)\mathrm{d}u \tag{13}$$

$$=t^{-1}\int_0^t\Big(\sum_k f_{ik}(u)\Big)f_{kj}(t-u)\mathrm{d}u. \tag{14}$$

由于（12）对几乎一切（s，t）成立，因而对几乎一切的 $t>0$，（14）中的被积表达式对几乎一切的 $u\in(0,t)$ 均等于 $f_{ij}(t)$，从而由（14）得

$$p_{ij}(t)=f_{ij}(t)\quad 对几乎一切\ t>0. \tag{15}$$

其次，由于两个有界可测函数 f_{ik} 和 f_{kj} 的卷积，函数

$$g_k(t)=\int_0^t f_{ik}(u)f_{kj}(t-u)\mathrm{d}u$$

是连续的. 而由（10），级数 $\sum\limits_k g_k(t)$ 被级数

$$\sum_k\int_0^t f_{ik}(u)\mathrm{d}u \tag{16}$$

逐项控制. 由于级数（16）的每一项是连续的，其和 $\int_0^t\sum\limits_k f_{ik}(u)\mathrm{d}u$ 依照（11）也是连续的. 于是，依照迪尼定理，级数（16）在任何有限区间［0，A］中一致收敛，因而级数 $\sum\limits_k g_k(t)$ 亦然. 这样，$p_{ij}(t)=t^{-1}\sum\limits_k g_k(t)$ 在（0，A）中连续，从而

$$p_{ij}(t)\quad 在(0,+\infty)中连续. \tag{17}$$

依（15）和（17），从（10）得出

$$0\leqslant p_{ij}(t)\leqslant 1,\quad 对一切\ t>0. \tag{18}$$

（11）和（15）推出

$$\sum_j p_{ij}(t)\leqslant 1 \tag{19}$$

对几乎一切 $t>0$ 成立. 依 (17) 并运用法图引理, 我们得 (19) 对一切 $t>0$ 正确.

我们已经证明, $\boldsymbol{P}(t)=(p_{ij}(t))$ 满足 § 2.1 齐次转移函数定义的条件 (i) (iv) 及 § 2.4 (ii′). 往证 $P(t)$ 也满足 § 2.1 齐次转移函数定义的条件 (iii).

考虑到 (15), 以及 (12) 对几乎一切 (s, t) 成立, 我们有

$$p_{ij}(s+t)=\sum_{k} p_{ik}(s) p_{kj}(t), \quad \text{对几乎一切}(s,t). \tag{20}$$

依 (17), 上式的左方在 $s>0$ 及 $t>0$ 中连续. 因此, 为证 (20) 对一切 $s>0$ 及 $t>0$ 成立, 只需证明: 对任意固定的 $s>0$, (20) 的右方在 $t>0$ 中连续; 对任意固定的 $t>0$, (20) 的右方在 $s>0$ 中连续. 依 (17) 和 (19), 前一论断是正确的. 为证后一论断, 只要证明对任意固定的 $t>0$, 级数 $\sum\limits_{k} p_{ik}(s) p_{kj}(t)$ 在任意区间 $[a, b](0<a<b)$ 中一致收敛. 由于 (18), 只要证明级数 $\sum\limits_{k} p_{ik}(s)$ 在 $[a, b]$ 中一致收敛. 事实上, 由 (14) 我们有

$$\begin{aligned}\sum_{j} p_{ij}(t) &= t^{-1}\int_{0}^{t}\Big(\sum_{k}\sum_{j} f_{ik}(u) f_{kj}(t-u)\Big)\mathrm{d}u \\ &= t^{-1}\sum_{k}\int_{0}^{t} f_{ik}(u)\Big(\sum_{j} f_{kj}(t-u)\Big)\mathrm{d}u.\end{aligned}$$

依 (11), 上面的级数 $\sum\limits_{k}$ 被级数 (16) 控制. 而前面已指出, 级数 (16) 在任何有限区间 $[0, A]$ 中一致收敛, 故级数 $\sum\limits_{j} p_{ij}(t)$ 在区间 $[a, b]$ 中一致收敛.

我们已证实了 $\boldsymbol{P}(t)=(p_{ij}(t))$ 是可测的广转移矩阵, 其拉普拉斯变换是 $\psi(\lambda)=(\psi_{ij}(\lambda))$. 依 § 2.1 中定理 1, 极限

$\lim\limits_{t\to 0^+} p_{ij}(t)=u_{ij}$ 存在. 熟知的关于拉普拉斯变换的阿贝尔 (Abel) 性质导至 $\lim\limits_{t\to 0^+} p_{ij}(t)=\lim\limits_{\lambda\to+\infty}\lambda\psi_{ij}(\lambda)$. 注意到连续性条件 (4)，故 § 2.2 中标准性条件 (1) 成立. 于是，$\boldsymbol{P}(t)$ 是标准广转移矩阵，其拉普拉斯变换是给定的 $\psi(\lambda)$. 从而，定理 1 的充分性部分的另一证明完成.

定理 2 设 $\boldsymbol{\psi}(\lambda)$ 是标准广转移矩阵 $\boldsymbol{P}(t)$ 的预解矩阵，$\boldsymbol{Q}$ 是 $\boldsymbol{P}(t)$ 的密度矩阵. 则

$$q_{ij}=\lim_{\lambda\to+\infty}\lambda(\lambda\psi_{ij}(\lambda)-\delta_{ij}). \tag{21}$$

证 设 q_{ij} 有限. 对任给 $\varepsilon>0$，存在 $\delta>0$ 使对 $0<t<\delta$ 有

$$\left|\frac{p_{ij}(t)-\delta_{ij}}{t}-q_{ij}\right|<\varepsilon.$$

于是

$$\begin{aligned}&|\lambda(\lambda\psi_{ij}(\lambda)-\delta_{ij})-q_{ij}|\\ =&\left|\lambda^2\int_0^{+\infty}\mathrm{e}^{-\lambda t}(p_{ij}(t)-\delta_{ij}-q_{ij}t)\mathrm{d}t\right|\\ \leqslant&\lambda^2\int_0^{\delta}\mathrm{e}^{-\lambda t}\varepsilon t\,\mathrm{d}t+\lambda^2\int_\delta^{+\infty}\mathrm{e}^{-\lambda t}(2+|q_{ij}|t)\mathrm{d}t\\ =&\varepsilon(-\mathrm{e}^{-\lambda\delta}(\lambda\delta+1)+1)+2\lambda\mathrm{e}^{-\lambda\delta}+|q_{ij}|\mathrm{e}^{-\lambda\delta}(\lambda\delta+1),\\ &\overline{\lim_{\lambda\to+\infty}}|\lambda(\lambda\psi_{ij}(\lambda)-\delta_{ij})-q_{ij}|\leqslant\varepsilon.\end{aligned}$$

由于 ε 任意，证明了 (21).

设 q_{ii} 无限. 对任意 $N>0$，存在 $\delta>0$ 使对 $0<t<\delta$，有

$$\frac{p_{ii}(t)-1}{t}<-N.$$

于是

$$\begin{aligned}\lambda(\lambda\psi_{ii}(\lambda)-1)&=\lambda^2\int_0^{+\infty}\mathrm{e}^{-\lambda t}(p_{ii}(t)-1)\mathrm{d}t\\ &\leqslant\lambda^2\int_0^{\delta}\mathrm{e}^{-\lambda t}(-Nt)\mathrm{d}t\\ &=-N[\mathrm{e}^{-\lambda\delta}(\lambda\delta+1)+1],\end{aligned}$$

$$\overline{\lim_{\lambda\to+\infty}}\ \lambda(\lambda\psi_{ii(\lambda)}-1)\leqslant -N.$$

由于 $N>0$ 任意，我们得 $\lim\limits_{\lambda\to+\infty}\lambda(\lambda\psi_{ij}(\lambda)-1)=-\infty$. ■

以下假定矩阵 $\boldsymbol{Q}=(q_{ij})$ 满足 § 2.4 中 (8).

条件 (21) 称为 **Q 条件**，而 Q 广转移矩阵 $\boldsymbol{P}(t)$ 的预解矩阵称为 **Q 预解矩阵**. 如果 $\boldsymbol{P}(t)$ 满足向后或向前方程组，其 $\boldsymbol{\psi}(\lambda)$ 称为 **B 型**的或 **F 型**的.

定理 3　$\boldsymbol{\psi}(\lambda)$ 是 $\boldsymbol{Q}$ 预解矩阵的充分必要条件是范条件、预解方程和 Q 条件均成立.

证　这是显然的，因为 Q 条件蕴含连续性条件. ■

设 $\boldsymbol{\psi}(\lambda)$ 是 $\boldsymbol{Q}$ 预解矩阵. 从 § 2.3 中 (5) 和 (6) 得出

$$\lambda\psi_{ij}(\lambda)-\sum_k q_{ik}\psi_{kj}(\lambda)\geqslant\delta_{ij},\quad i,j\in E, \tag{22}$$

$$\lambda\psi_{ij}(\lambda)-\sum_k \psi_{ik}(\lambda)q_{kj}\geqslant\delta_{ij},\quad i,j\in E, \tag{23}$$

依 § 2.4 中定理 7，有

$$\lambda\psi_{ij}(\lambda)-\sum_k q_{ik}\psi_{kj}(\lambda)=\delta_{ij},\quad i\in E-H,\quad j\in E. \tag{24}$$

这里

$$H=\left\{i:\sum_{j\neq i}q_{ij}<q_i\right\} \tag{24_1}$$

表示**非保守状态集**. 如果 § 2.3 中向后方程组 (7) 成立，那么

$$\lambda\psi_{ij}(\lambda)-\sum_k q_{ik}\psi_{kj}(\lambda)=\delta_{ij},\quad i,j\in E. \tag{25}$$

如果 § 2.3 中向前方程组 (8) 成立，那么

$$\lambda\psi_{ij}(\lambda)-\sum_k \psi_{ik}(\lambda)q_{kj}=\delta_{ij},\quad i,j\in E, \tag{26}$$

我们称 (25) 为 **B 条件**，称 (26) 为 **F 条件**.

定理 4　$\boldsymbol{\psi}(\lambda)$ 是 B 型的 $\boldsymbol{Q}$ 预解矩阵的充分必要条件是范条件、预解方程和 B 条件均成立.

证　**必要性**已指出. 往证**充分性**.

由预解方程知 $\psi_{ij}(\lambda)$ 是 λ 的非增函数．B 条件推出

$$\psi_{ij}(\lambda)\downarrow 0,\quad \lambda\uparrow+\infty. \tag{27}$$

再依 B 条件有

$$(\lambda+q_i)\psi_{ij}(\lambda)\downarrow\delta_{ij},\quad \lambda\uparrow+\infty, \tag{28}$$

$$\lambda\psi_{ij}(\lambda)\to\delta_{ij},\quad \lambda\to+\infty, \tag{29}$$

即连续性条件成立．

B 条件等价于

$$\lambda(\lambda\psi_{ij}(\lambda)-\delta_{ij})=\sum_k q_{ik}\lambda\psi_{kj}(\lambda). \tag{30}$$

由范条件，(29) 及控制收敛定理，从上式得 Q 条件成立．于是，$\boldsymbol{\psi}(\lambda)$ 是 $\boldsymbol{Q}$ 预解矩阵．

由 § 2.4 中定理 3 和 § 2.2 中定理 1，$p'_{ij}(t)$ 和 $\sum\limits_k q_{ik}p_{kj}(t)$ 在 $[0,+\infty)$ 中连续．而 B 条件说明它们有相同的拉普拉斯变换，因而它们是相等的，即向后方程组成立．于是，$\boldsymbol{\psi}(\lambda)$ 是 B 型的 $\boldsymbol{Q}$ 预解矩阵．

定理 5 $\psi(\lambda)$ 是 F 型的 $\boldsymbol{Q}$ 预解矩阵的充分必要条件是范条件、预解方程和 F 条件均成立．

证 **必要性**已在前面指出．往证**充分性**．

F 条件仍推出 (27)．再依 F 条件有

$$\psi_{ij}(\lambda)(\lambda+q_j)\downarrow\delta_{ij},\quad \lambda\uparrow+\infty.$$

从而 (29) 仍正确．于是 $\boldsymbol{\psi}(\lambda)$ 是某个广转移矩阵 $\boldsymbol{P}(t)$ 的预解矩阵．

从 F 条件知 $p'_{ij}(t)$ 和 $\sum\limits_k p_{ik}(t)q_{kj}$ 有相同的拉普拉斯变换，从而它们对几乎一切 $t\geqslant 0$ 相等，即，($\mathrm{KF_j}$) ($j\in E$) 对几乎一切 t 成立．依 § 2.4 中引理 2，($\mathrm{KF_j}$) ($j\in E$) 对一切 $t\geqslant 0$ 成立，即向前方程组成立，从而 $p'_{ij}(0)=q_{ij}$．于是，$\boldsymbol{\psi}(\lambda)$ 是 F 型的 $\boldsymbol{Q}$ 预解矩阵．

§ 2.6 最小 Q 预解矩阵

从本节开始直至本章结尾，我们恒设给定的矩阵 Q 满足 § 2.4 中 (8) 式.

称 $d_i=q_i-\sum_{j\neq i}q_{ij}$ 为 i 的**非保守量**，列向量 $\boldsymbol{d}=(d_i,\ i\in E)$ 称为 $\boldsymbol{Q}$ 的**非保守向量**，$H=\{i:\ d_i>0\}$ 称为 $\boldsymbol{Q}$ 的**非保守状态集**.

按照 § 2.3 的 (40) 和 (41)，我们可以确定 ${}_np_{ij}(t)$ 和 $f_{ij}(t)$. 如果我们记 $f_{ij}^{(0)}(t)\equiv 0$，$f_{ij}^{(n)}(t)=\sum_{m=0}^{n-1}{}_mp_{ij}(t)$，那么从 § 2.3 中的 (40) (41) 和 (42) 得

$$\begin{cases} f_{ij}^{(0)}(t)=0, \\ f_{ij}^{(n+1)}(t)=\delta_{ij}\mathrm{e}^{-q_it}+\int_0^t \mathrm{e}^{-q_i(t-u)}\left[\sum_{k\neq i}q_{ik}f_{kj}^{(n)}(u)\right]\mathrm{d}u, \end{cases} \tag{1}$$

或等价地，

$$\begin{cases} f_{ij}^{(0)}(t)=0, \\ f_{ij}^{(n+1)}(t)=\delta_{ij}\mathrm{e}^{-q_jt}+\int_0^t \left[\sum_{k\neq j}f_{ik}^{(n)}(u)q_{kj}\right]\mathrm{e}^{-q_j(t-u)}\mathrm{d}u. \end{cases} \tag{2}$$

于是

$$f_{ij}^{(n)}(t)\uparrow f_{ij}(t),\qquad n\uparrow+\infty. \tag{3}$$

为了说明 (1) 和 (2) 等价，考虑它们的拉普拉斯变换 $\phi_{ij}^{(n)}(\lambda)$ 及 $f_{ij}(t)$ 的拉普拉斯变换 $\phi_{ij}(\lambda)$：

$$\begin{cases} \phi_{ij}^{(0)}(\lambda)=0, \\ \phi_{ij}^{(n+1)}(\lambda)=\dfrac{\delta_{ij}}{\lambda+q_i}+\sum_{k\neq i}\dfrac{q_{ik}}{\lambda+q_i}\phi_{kj}^{(n)}(\lambda) \end{cases} \tag{4}$$

或

$$\begin{cases} \phi_{ij}^{(0)}(\lambda)=0, \\ \phi_{ij}^{(n+1)}(\lambda)=\dfrac{\delta_{ij}}{\lambda+q_j}+\sum_{k\neq j}\phi_{ik}^{(n)}(\lambda)\dfrac{q_{kj}}{\lambda+q_j}. \end{cases} \tag{5}$$

于是（3）成为

$$\phi_{ij}^{(n)}(\lambda)\uparrow\phi_{ij}(\lambda),\qquad n\uparrow+\infty. \tag{6}$$

只需说明（4）与（5）等价即可. 采用矩阵符号较简单. 令 $\boldsymbol{\Pi}=(\Pi_{ij})$，$\boldsymbol{\Pi}(\lambda)=(\Pi_{ij}(\lambda))$：

$$\Pi_{ij}=\begin{cases}\dfrac{(1-\delta_{ij})q_{ij}}{q_i}, & q_i>0,\\ \delta_{ij}, & q_i=0,\end{cases} \tag{7}$$

$$\Pi_{ij}(\lambda)=\frac{q_i}{\lambda+q_i}\Pi_{ij}. \tag{8}$$

记 $\boldsymbol{\Pi}^0(\lambda)=(\Pi_{ij}^{(0)}(\lambda))=(\delta_{ij})$，$\boldsymbol{\Pi}^n(\lambda)=[\boldsymbol{\Pi}(\lambda)]^n=(\Pi_{ij}^{(n)}(\lambda))$ 为 $\boldsymbol{\Pi}(\lambda)$的 n 次幂. 令对角型矩阵

$$\lambda I+\boldsymbol{q}=\mathrm{diag}(\lambda+q_i). \tag{9}$$

则（4）成为

$$\boldsymbol{\phi}^{(0)}(\lambda)=\boldsymbol{0},$$

$$\boldsymbol{\phi}^{(n+1)}(\lambda)=\boldsymbol{\Pi}^{(0)}(\lambda)(\lambda I+\boldsymbol{q})^{-1}+\boldsymbol{\Pi}(\lambda)\boldsymbol{\phi}^{(n)}(\lambda).$$

归纳便得

$$\boldsymbol{\phi}^{(n)}(\lambda)=\sum_{m=0}^{n-1}\boldsymbol{\Pi}^{(m)}(\lambda)(\lambda I+\boldsymbol{q})^{-1},\quad n\geqslant 1. \tag{10}$$

而（5）成为

$$\boldsymbol{\phi}^{(0)}(\lambda)=0,$$

$$\boldsymbol{\phi}^{(n+1)}(\lambda)=\boldsymbol{\Pi}^{(0)}(\lambda)(\lambda I+\boldsymbol{q})^{-1}+\boldsymbol{\phi}^{(n)}(\lambda)(\lambda I+\boldsymbol{q})\boldsymbol{\Pi}(\lambda)(\lambda I+\boldsymbol{q})^{-1}.$$

归纳仍得（10）. 于是（4）与（5）等价，从而（1）与（2）等价.

这样，从（6）和（10）得

$$\boldsymbol{\phi}(\lambda)=\sum_{m=0}^{+\infty}\boldsymbol{\Pi}^m(\lambda)(\lambda I+\boldsymbol{q})^{-1}. \tag{11}$$

定理 1 $\boldsymbol{\phi}(\lambda)$ 是 $\boldsymbol{Q}$ 预解矩阵，它既是 B 型的，也是 F 型的，还是**最小的**：设 $\boldsymbol{\psi}(\lambda)$ 是任一 $\boldsymbol{Q}$ 预解矩阵，则

$$\psi_{ij}(\lambda)\geqslant\phi_{ij}(\lambda),\qquad \lambda>0,\ i,\ j\in E. \tag{12}$$

证　要证明 $\boldsymbol{\phi}(\lambda)$ 满足范条件、预解方程、B 条件和 F 条件，且（12）成立.

$\boldsymbol{\phi}(\lambda)\geqslant\mathbf{0}$ 平凡成立. 用归纳法知 $\lambda\sum_j\phi_{ij}^{(n)}(\lambda)\leqslant 1$，一切 n. 从而令 $n\to+\infty$ 知对 $\boldsymbol{\phi}(\lambda)$ 的范条件成立.

为证 $\boldsymbol{\phi}(\lambda)$ 的预解方程，只需证时对一切 n 有

$$\boldsymbol{\Pi}^n(\lambda)(\lambda I+\boldsymbol{q})^{-1}-\boldsymbol{\Pi}^n(\nu)(\nu I+\boldsymbol{q})^{-1}$$

$$=(\nu-\lambda)\sum_{m=0}^{n}\boldsymbol{\Pi}^m(\lambda)(\lambda I+\boldsymbol{q})^{-1}\boldsymbol{\Pi}^{n-m}(\nu)(\nu I+\boldsymbol{q})^{-1}. \tag{13}$$

因为在上式中对 n 求和，我们便得 $\boldsymbol{\phi}(\lambda)$ 的预解方程.

为证（13），记（13）的右方为 $\boldsymbol{A}_n$. 则将 $\boldsymbol{\Pi}(\lambda)$ 作用到 B 条件的右方得

$$\boldsymbol{\Pi}(\lambda)\boldsymbol{A}_n=\boldsymbol{A}_{n+1}-(\nu-\lambda)(\lambda I+\boldsymbol{q})^{-1}\boldsymbol{\Pi}^{n+1}(\nu)(\nu I+\boldsymbol{q})^{-1}. \tag{14}$$

当 $n=0$ 时，（13）显然地成立. 设（13）对 n 成立. 将 $\boldsymbol{\Pi}(\lambda)$ 作用到（13）的左边得

$$\begin{aligned}&\boldsymbol{\Pi}^n(\lambda)(\lambda I+\boldsymbol{q})^{-1}-\boldsymbol{\Pi}^n(\nu)(\nu I+\boldsymbol{q})^{-1}\\=&\boldsymbol{\Pi}^{n+1}(\lambda)(\lambda I+\boldsymbol{q})^{-1}-\boldsymbol{\Pi}(\lambda)\boldsymbol{\Pi}^n(\nu)(\nu I+\boldsymbol{q})^{-1}\\=&\boldsymbol{\Pi}^{n+1}(\lambda)(\lambda I+\boldsymbol{q})^{-1}-\boldsymbol{\Pi}^{n+1}(\nu)(\nu I+\boldsymbol{q})^{-1}\\&-(\nu-\lambda)(\lambda I+\boldsymbol{q})^{-1}\boldsymbol{\Pi}^{n+1}(\nu)(\nu I+\boldsymbol{q})^{-1}.\end{aligned}$$

上式右方与（14）右方是相等的便得到将（$n+1$）代替 n 后的（13）式. 于是（13）对一切 n 成立.

由（4）（5）得

$$(\lambda+q_i)\phi_{ij}^{(n+1)}(\lambda)=\delta_{ij}+\sum_{k\neq i}q_{ik}\phi_{kj}^{(n)}(\lambda), \tag{15}$$

$$\phi_{ij}^{(n+1)}(\lambda)(\lambda+q_j)=\delta_{ij}+\sum_{k\neq j}\phi_{ik}^{(n)}(\lambda)q_{kj}. \tag{16}$$

令 $n\uparrow+\infty$，得 $\boldsymbol{\phi}(\lambda)$ 满足 B 条件和 F 条件.

最后，设 $\boldsymbol{\psi}(\lambda)$ 是任一 $\boldsymbol{Q}$ 预解矩阵. 显然地 $\psi_{ij}(\lambda)\geqslant\phi_{ij}^{(0)}(\lambda)$. 由 §2.5 的（4）和（22），用归纳法易得 $\psi_{ij}(\lambda)\geqslant\phi_{ij}^{(n)}(\lambda)$，一切 n. 从而得（12）. ■

§2.7 最小 Q 预解矩阵的性质

定理 1 设列向量 $\boldsymbol{\beta}$（不定非负）使 $\boldsymbol{\phi}(\lambda)\boldsymbol{\beta}=\mathbf{0}$，即对每个 i，$\sum_j \phi_{ij}(\lambda)\beta_j=\mathbf{0}$ 且级数绝对收敛. 则 $\boldsymbol{\beta}=\mathbf{0}$. 设行向量 $\boldsymbol{\alpha}$（不定非负）使 $\boldsymbol{\alpha}\boldsymbol{\phi}(\lambda)=\mathbf{0}$，即对每个 j，$\sum_i \alpha_i\phi_{ij}(\lambda)=0$ 且级数绝对收敛. 则 $\boldsymbol{\alpha}=\mathbf{0}$.

证 由 $\boldsymbol{\phi}(\lambda)$ 的 B 条件，我们有

$$\lambda\phi_{ij}(\lambda)=\delta_{ij}+\sum_k q_{ik}\phi_{kj}(\lambda). \tag{1}$$

两边乘 β_j 并对 j 求和得

$$\begin{aligned}0&=\beta_j+\sum_j\sum_k q_{ik}\phi_{kj}(\lambda)\beta_j\\&=\beta_j+\sum_k q_{ik}\sum_j\phi_{kj}(\lambda)\beta_j=\beta_j.\end{aligned}$$

上面的求和号可交换是由于

$$\begin{aligned}&\sum_j\Big(\sum_k|q_{ik}|\phi_{kj}(\lambda)|\beta_j|\Big)\\&=\sum_j|\beta_j|\Big(\sum_k|q_{ik}|\phi_{kj}(\lambda)\Big)\\&=\sum_j|\beta_j|\Big(\sum_k q_{ik}\phi_{kj}(\lambda)+2q_i\phi_{ij}(\lambda)\Big)\\&=\sum_j|\beta_j|(\lambda\phi_{ij}(\lambda)-\delta_{ij}+2q_i\phi_{ij}(\lambda))\\&\leqslant(\lambda+2q_i)\sum_j\phi_{ij}(\lambda)|\beta_j|<+\infty.\end{aligned}$$

由于 $\boldsymbol{\phi}(\lambda)$ 的 F 条件，有

$$\lambda\phi_{ij}(\lambda)=\delta_{ij}+\sum_k\phi_{ik}(\lambda)q_{kj}. \tag{2}$$

由此用类似的方法可证明 $\boldsymbol{\alpha}=\mathbf{0}$.

在 § 2.5 中定理 1 的证明中，我们已引入巴拿赫空间 $l=$ {行向量 $\boldsymbol{v}$：$\|\boldsymbol{v}\| \equiv \sum_j |v_j|<+\infty$}．今引入巴拿赫空间 $m=$ {列向量 $\boldsymbol{u}$：$\|\boldsymbol{u}\| \equiv \sup_i |u_i|<+\infty$}．设 $\boldsymbol{u}$ 是行向量，$\boldsymbol{v}$ 是列向量，记

$$[\boldsymbol{u},\ \boldsymbol{v}]=\sum_i u_i v_i, \tag{3}$$

只要右方的级数绝对收敛．

引理 1　设 $\boldsymbol{u}$ 是非负列向量，$\boldsymbol{v}$ 是非负行向量．设列向量 $\boldsymbol{\xi}^{(n)}$ 和行向量 $\boldsymbol{\eta}^{(n)}$ 如下确定：

$$\xi_i^{(0)}=0,\quad \xi_i^{(n+1)}=\frac{u_i}{\lambda+q_i}+\sum_{k\neq i}\frac{q_{ik}}{\lambda+q_i}\xi_k^{(n)}, \tag{4}$$

$$\eta_j^{(0)}=0,\quad \eta_j^{(n+1)}=\frac{v_j}{\lambda+q_j}+\sum_{k\neq j}\eta_k^{(n)}\frac{q_{kj}}{\lambda+q_j}. \tag{5}$$

则当 $n\uparrow+\infty$ 时有

$$\boldsymbol{\xi}^{(n)}\uparrow\boldsymbol{\phi}(\lambda)\boldsymbol{u},\qquad \boldsymbol{\eta}^{(n)}\uparrow\boldsymbol{v}\boldsymbol{\phi}(\lambda). \tag{6}$$

证　从 § 2.6 的 (4) 和 (5) 得出：上面的 (4) 和 (5) 确定的 $\boldsymbol{\xi}^{(n)}$ 和 $\boldsymbol{\eta}^{(n)}$ 有 $\boldsymbol{\xi}^{(n)}=\boldsymbol{\phi}^{(n)}(\lambda)\boldsymbol{u}$，$\boldsymbol{\eta}^{(n)}=\boldsymbol{v}\boldsymbol{\phi}^{(n)}(\lambda)$，从而有 (6)．

引理 2　设 $\boldsymbol{u}$ 和 $\boldsymbol{\xi}$ 均是非负列向量，满足

$$\begin{cases}(\lambda+q_i)\xi_i=\sum_{j\neq i}q_{ij}\xi_j+u_i, i\in E,\\ 0\leqslant u_i\leqslant+\infty.\end{cases} \tag{7}$$

则 $\boldsymbol{\xi}\geqslant\boldsymbol{\phi}(\lambda)\boldsymbol{u}$．设 $\boldsymbol{v}$ 和 $\boldsymbol{\eta}$ 均是非负行向量，满足

$$\begin{cases}\eta_j(\lambda+q_j)=\sum_{i\neq j}\eta_j q_{ij}+v_j,\quad j\in E,\\ 0\leqslant\eta_j\leqslant+\infty.\end{cases} \tag{8}$$

则 $\boldsymbol{\eta}\geqslant\boldsymbol{v}\boldsymbol{\phi}$ (λ)．

证　应用引理 1．因 $\boldsymbol{\xi}\geqslant\boldsymbol{\xi}^{(0)}=\boldsymbol{0}$．用归纳法从 (4) 和 (7) 得 $\boldsymbol{\xi}\geqslant\boldsymbol{\xi}^{(n)}$，故得 $\boldsymbol{\xi}\geqslant\boldsymbol{\phi}(\lambda)\boldsymbol{u}$．类似地，因 $\boldsymbol{\eta}\geqslant\boldsymbol{\eta}^{(0)}=\boldsymbol{0}$，用归纳法从 (5) 和 (8) 得 $\boldsymbol{\eta}\geqslant\boldsymbol{\eta}^{(n)}$，从而 $\boldsymbol{\eta}\geqslant\boldsymbol{v}\boldsymbol{\phi}(\lambda)$．

设 $\boldsymbol{I}=(\delta_{ij})$ 为单位矩阵．记矩阵

$$\boldsymbol{A}(\nu,\lambda)=\boldsymbol{I}+(\nu-\lambda)\boldsymbol{\phi}(\lambda),\qquad \lambda,\ \nu>0. \tag{9}$$

称矩阵 $\boldsymbol{A}=(a_{ij})$ 为**有界的**，如果 $\|\boldsymbol{A}\|=\sup\limits_i\sum\limits_j|a_{ij}|<+\infty$.

引理 3 对任意 λ，ν，$\mu>0$，有

$$\|\boldsymbol{A}(\lambda,\ \nu)\|\leqslant 1+\frac{|\lambda-\nu|}{\lambda}, \tag{9_1}$$

$$\boldsymbol{A}(\lambda,\ \mu)\boldsymbol{A}(\mu,\ \nu)=\boldsymbol{A}(\lambda,\ \nu), \tag{10}$$

$$\boldsymbol{\phi}(\nu)\boldsymbol{A}(\nu,\ \lambda)=\boldsymbol{A}(\nu,\ \lambda)\boldsymbol{\phi}(\nu)=\boldsymbol{\phi}(\lambda). \tag{11}$$

特别地

$$\boldsymbol{A}(\lambda,\ \nu)\boldsymbol{A}(\nu,\ \lambda)=\boldsymbol{I}. \tag{12}$$

即 $\boldsymbol{A}(\lambda,\ \nu)$ 存在有界右逆 $\boldsymbol{A}(\nu,\ \lambda)$ 和有界左逆 $\boldsymbol{A}(\nu,\ \lambda)$.

证 利用 $\boldsymbol{\phi}(\lambda)$ 的范条件和预解方程，易得（9_1）（10）和（11）. ■

引理 4 设 $\boldsymbol{u}\in m$，$\boldsymbol{v}\in l$. 则

$$C_{\nu\lambda}^{-1}\|\boldsymbol{u}\|\leqslant\|\boldsymbol{A}(\lambda,\nu)\boldsymbol{u}\|\leqslant C_{\lambda\nu}\|\boldsymbol{u}\|, \tag{13}$$

$$C_{\nu\lambda}^{-1}\|\boldsymbol{v}\|\leqslant\|\boldsymbol{v}\boldsymbol{A}(\lambda,\nu)\|\leqslant C_{\lambda\nu}\|\boldsymbol{v}\|, \tag{14}$$

其中 $C_{\lambda\nu}=1+\dfrac{|\lambda-\nu|}{\lambda}$.

证 依 $\boldsymbol{A}(\lambda,\ \nu)$ 的定义和 $\boldsymbol{\phi}(\lambda)$ 的范条件，有

$$\|\boldsymbol{A}(\lambda,\nu)\boldsymbol{u}\|\leqslant\|\boldsymbol{u}\|+\frac{|\nu-\lambda|}{\nu}\|\nu\boldsymbol{\phi}(\nu)u\|\leqslant C_{\lambda\nu}\|\boldsymbol{u}\|,$$

此证明了（13）的第二个不等号．第一个不等号由下式给出：

$$\|\boldsymbol{u}\|=\|\boldsymbol{A}(\nu,\lambda)\boldsymbol{A}(\lambda,\nu)\boldsymbol{u}\|\leqslant C_{\nu\lambda}\|\boldsymbol{A}(\lambda,\nu)\boldsymbol{u}\|.$$

类似可证（14）. ■

方程组

$$\lambda u_i-\sum_{j\neq i}q_{ij}u_j=0,\quad i\in E \tag{15}$$

的解 $u\in m$ 的全体记为 μ_λ. μ_λ^+ 表示 μ_λ 中的非负解全体. $\mu_\lambda^+(1)$

表示 μ_λ^+ 中囿于 1 的解全体. 用 $\mathcal{L}_\lambda$ 表示方程组

$$\lambda v_j - \sum_{i\neq j} v_i q_{ij} = 0,\quad j\in E \tag{16}$$

的解 $v\in l$ 全体，$\mathcal{L}_\lambda^+$ 表示 $\mathcal{L}_\lambda$ 中的非负解全体.

引理 5　如果 $\boldsymbol{u}\in\mu_\nu$ [相应地 μ_ν^+]，那么 $\boldsymbol{A}(\nu,\lambda)\boldsymbol{u}\in\mu_\lambda$ [相应地 μ_λ^+]. 如果 $\boldsymbol{v}\in\mathcal{L}_\nu$[相应地 $\mathcal{L}_\nu^+$]，那么 $\boldsymbol{vA}(\nu,\lambda)\in\mathcal{L}_\lambda$[相应地 $\mathcal{L}_\lambda^+$].

证　设 $u\in\mu_\nu$. 由 $\boldsymbol{\phi}(\lambda)$ 的 B 条件，有

$$\begin{aligned}\boldsymbol{QA}(\nu,\lambda)\boldsymbol{u} &= \boldsymbol{Qu}+(\nu-\lambda)\boldsymbol{Q\phi}(\lambda)\boldsymbol{u}\\ &= \nu\boldsymbol{u}+(\nu-\lambda)(\lambda\boldsymbol{\phi}(\lambda)\boldsymbol{u}-\boldsymbol{u})\\ &= \lambda\boldsymbol{A}(\nu,\lambda)\boldsymbol{u}\in m,\end{aligned}$$

即 $\boldsymbol{A}(\nu,\lambda)\boldsymbol{u}\in\mu_\lambda$.

设 $\boldsymbol{u}\in\mu_\nu^+$. 当 $\lambda\leqslant\nu$ 时，$\boldsymbol{A}(\nu,\lambda)\boldsymbol{u}=\boldsymbol{u}+(\nu-\lambda)\boldsymbol{\phi}(\lambda)\boldsymbol{u}\geqslant\boldsymbol{0}$. 当 $\lambda>\nu$ 时，利用 $\boldsymbol{u}\in\mu_\nu^+$ 有

$$(\lambda\boldsymbol{I}-\boldsymbol{Q})\boldsymbol{u}=(\lambda-\nu)\boldsymbol{u}\geqslant\boldsymbol{0}.$$

由引理 2，$\boldsymbol{u}\geqslant\boldsymbol{\phi}(\lambda)(\lambda-\nu)\boldsymbol{u}=(\lambda-\nu)\boldsymbol{\phi}(\lambda)\boldsymbol{u}$，即 $\boldsymbol{A}(\nu,\lambda)\boldsymbol{u}\geqslant\boldsymbol{0}$，从而有 $\boldsymbol{A}(\nu,\lambda)\boldsymbol{u}\in\mu_\lambda^+$.

类似的方法可以证明引理的后一结论. ■

定理 2　对最小的 $\boldsymbol{Q}$ 预解矩阵 $\boldsymbol{\phi}(\lambda)$，有

$$\begin{cases}\lambda\sum_j \phi_{ij}(\lambda) = 1-\bar{X}_i(\lambda)-\sum_{a\in H}\phi_{ia}(\lambda)d_a,\\ \lambda\boldsymbol{\phi}(\lambda)\boldsymbol{1} = \boldsymbol{1}-\bar{\boldsymbol{X}}(\lambda)-\bar{\boldsymbol{Y}}(\lambda) = \boldsymbol{1}-\boldsymbol{Z}(\lambda),\end{cases} \tag{17}$$

其中，H 由 §2.5 的 (24_1) 决定，即 H 是 Q 的非保守状态集，$\boldsymbol{d}=-Q\boldsymbol{1}$ 是 Q 的非保守向量，$\boldsymbol{1}$ 是分量全为 1 的列向量；$\bar{\boldsymbol{X}}(\lambda)$ 是 $\mu_\lambda^+(1)$ 中的最大元，而且 $\boldsymbol{u}^{(n)}\equiv\boldsymbol{\Pi}^n(\lambda)\boldsymbol{1}\downarrow\bar{\boldsymbol{X}}(\lambda)$，其中 $\boldsymbol{u}^{(n)}$ 由下式确定：

$$\begin{cases}u_i^{(0)}=1,\\ u_i^{(n+1)} = \sum_{k\neq i}\dfrac{q_{ik}}{\lambda+q_i}u_k^{(n)};\end{cases} \tag{18}$$

而

$$\begin{cases}\overline{\boldsymbol{Y}}(\lambda)=\sum\limits_{a\in H}\boldsymbol{X}^{(a)}(\lambda), \quad \boldsymbol{Z}(\lambda)=\overline{\boldsymbol{X}}(\lambda)+\overline{\boldsymbol{Y}}(\lambda),\\ X_i^{(a)}(\lambda)=\phi_{ia}(\lambda)d_a, \quad a\in H.\end{cases} \tag{18_1}$$

证 由 $\boldsymbol{\phi}(\lambda)$ 的 B 条件，有

$$(\lambda\boldsymbol{I}-\boldsymbol{Q})\boldsymbol{\phi}(\lambda)\boldsymbol{d}=\boldsymbol{d}, \tag{19}$$

$$(\lambda\boldsymbol{I}-\boldsymbol{Q})(\boldsymbol{1}-\lambda\boldsymbol{\phi}(\lambda)\boldsymbol{1})=(\lambda\boldsymbol{I}-\boldsymbol{Q})\boldsymbol{1}-\lambda\boldsymbol{I}\boldsymbol{1}=-\boldsymbol{Q}\boldsymbol{1}=\boldsymbol{d}. \tag{20}$$

依引理 2，$\boldsymbol{1}-\lambda\boldsymbol{\phi}(\lambda)\boldsymbol{1}\geqslant\boldsymbol{\phi}(\lambda)\boldsymbol{d}$，故从（19）和（20）得

$$\overline{\boldsymbol{X}}(\lambda)\equiv\boldsymbol{1}-\lambda\boldsymbol{\phi}(\lambda)\boldsymbol{1}-\boldsymbol{\phi}(\lambda)\boldsymbol{d}\in\mu_\lambda^+(1),$$

此即（17）.

依引理 1，$\boldsymbol{1}-\overline{\boldsymbol{X}}(\lambda)=\boldsymbol{\phi}(\lambda)(\lambda+d)$ 是增序列 $\boldsymbol{\xi}^{(n)}$ 的极限，而

$$\begin{cases}\xi_i^{(0)}=0,\\ \xi_i^{(n+1)}=\dfrac{\lambda+d_i}{\lambda+q_i}+\sum\limits_{k\neq i}\dfrac{q_{ik}}{\lambda+q_i}\xi_k^{(n)}.\end{cases} \tag{20_1}$$

于是 $\overline{X}(\lambda)$ 是降序列 $\boldsymbol{u}^{(n)}=\boldsymbol{1}-\boldsymbol{\xi}^{(n)}$ 的极限. 从（20_1）得（18）.

最后，设 $\boldsymbol{u}\in\mu_\lambda^+(1)$. 则由 $\boldsymbol{u}\leqslant\boldsymbol{1}$ 有 $\boldsymbol{u}=\boldsymbol{\Pi}(\lambda)\boldsymbol{u}\leqslant\boldsymbol{\Pi}(\lambda)\boldsymbol{1}$，从而 $\boldsymbol{u}\leqslant\boldsymbol{\Pi}^n(\lambda)\boldsymbol{1}$，$\boldsymbol{u}\leqslant\lim\limits_{n\to+\infty}\boldsymbol{\Pi}^n(\lambda)\boldsymbol{1}=\overline{\boldsymbol{X}}(\lambda)$. ■

引理 6 设 $\boldsymbol{u}\in\mu_\lambda$，$\|\boldsymbol{u}\|\leqslant 1$. 则 $|\boldsymbol{u}|\leqslant\overline{\boldsymbol{X}}(\lambda)$.

证 在定理 2 的证明中已指出，从 $\boldsymbol{u}\leqslant\boldsymbol{1}$ 可得出 $\boldsymbol{u}\leqslant\overline{\boldsymbol{X}}(\lambda)$. 类似地，从 $-\boldsymbol{1}\leqslant\boldsymbol{u}$ 可得出 $-\overline{\boldsymbol{X}}(\lambda)\leqslant\boldsymbol{u}$.

引理 7 设 $\overline{\boldsymbol{X}}(\lambda)\neq\boldsymbol{0}$. 则

$$\sup_i\overline{X}_i(\lambda)=1, \quad \inf_i\overline{Y}_i(\lambda)=0, \tag{21}$$

$$\inf_i(\boldsymbol{\phi}(\lambda)\boldsymbol{u})_i=0，对 \boldsymbol{u}\in m. \tag{22}$$

证 令 $\sup\limits_i\overline{X}_i(\lambda)=c$，则 $0<c\leqslant 1$. 因 $c^{-1}\overline{\boldsymbol{X}}(\lambda)\in\mu_\lambda^+(1)$，依 $\overline{\boldsymbol{X}}(\lambda)$ 的最大性，有 $c^{-1}\overline{\boldsymbol{X}}(\lambda)\leqslant\overline{\boldsymbol{X}}(\lambda)$. 于是 $c^{-1}\leqslant 1$，$1\leqslant c$，从而 $c=1$.

（21）的第 2 个公式从（17）和（21）的第 1 个公式得出.

从（17）和（21）得 $\inf\limits_i(\lambda\boldsymbol{\phi}(\lambda)\boldsymbol{1})_i=0$，从而得（22）.

§ 2.8　流出族和流入族

称 $(\boldsymbol{\xi}(\lambda),\ \lambda>0)$ 为**流出族**，如果 $\mathbf{0}\leqslant\boldsymbol{\xi}(\lambda)\in m$，且

$$\boldsymbol{\xi}(\nu)=\boldsymbol{A}(\lambda,\ \nu)\boldsymbol{\xi}(\lambda),\quad \lambda,\ \nu>0. \tag{1}$$

如果还有 $\boldsymbol{\xi}(\lambda)\in\mu_\lambda^+$ 对某个（从而对一切）$\lambda>0$，那么称 $(\boldsymbol{\xi}(\lambda),\ \lambda>0)$ 为**调和流出族**. 称 $(\boldsymbol{\eta}(\lambda),\ \lambda>0)$ 为**流入族**，如果 $0\leqslant\boldsymbol{\eta}(\lambda)\in l$，且

$$\boldsymbol{\eta}(\nu)=\boldsymbol{\eta}(\lambda)\boldsymbol{A}(\lambda,\ \nu),\quad \lambda,\ \nu>0. \tag{2}$$

如果还有 $\boldsymbol{\eta}(\lambda)\in\mathcal{L}_\lambda^+$ 对某个（从而一切）$\lambda>0$，那么称 $(\boldsymbol{\eta}(\lambda),\ \lambda>0)$ 为**调和流入族**.

显然，对流出族 $(\boldsymbol{\xi}(\lambda),\ \lambda>0)$ 或流入族 $(\boldsymbol{\eta}(\lambda),\ \lambda>0)$，有

$$\boldsymbol{\xi}(\lambda)\downarrow,\quad \boldsymbol{\eta}(\lambda)\downarrow,\quad \text{当 }\lambda\uparrow+\infty. \tag{3}$$

而且，如果对某个 $\lambda>0$ 有 $\boldsymbol{\xi}(\lambda)=\mathbf{0}$ 或 $\boldsymbol{\eta}(\lambda)=\mathbf{0}$，那么对一切 $\lambda>0$ 有 $\boldsymbol{\xi}(\lambda)=\mathbf{0}$ 或 $\boldsymbol{\eta}(\lambda)=\mathbf{0}$.

称 $\boldsymbol{\xi}=\lim\limits_{\lambda\downarrow 0}\boldsymbol{\xi}(\lambda)$ 为流出族 $(\boldsymbol{\xi}(\lambda),\ \lambda>0)$ 的**标准映像**；称 $\boldsymbol{\eta}=\lim\limits_{\lambda\downarrow 0}\boldsymbol{\eta}(\lambda)$ 为流入族 $(\boldsymbol{\eta}(\lambda),\ \lambda>0)$ 的**标准映像**.

引理 1　设流出族 $(\boldsymbol{\xi}(\lambda),\ \lambda>0)$ 的标准映像为 $\boldsymbol{\xi}$，流入族 $(\boldsymbol{\eta}(\lambda),\ \lambda>0)$ 的标准映像为 $\boldsymbol{\eta}$. 则

$$\boldsymbol{\xi}=\boldsymbol{\xi}(\lambda)+\lambda\boldsymbol{\phi}(\lambda)\boldsymbol{\xi}=\boldsymbol{\xi}(\lambda)+\lambda\boldsymbol{\Gamma}\boldsymbol{\xi}(\lambda),\quad \lambda>0, \tag{4}$$

$$\boldsymbol{\eta}=\boldsymbol{\eta}(\lambda)+\lambda\boldsymbol{\eta}\boldsymbol{\phi}(\lambda)=\boldsymbol{\eta}(\lambda)+\lambda\boldsymbol{\eta}(\lambda)\boldsymbol{\Gamma}^{①},\quad \lambda>0, \tag{5}$$

其中 $\boldsymbol{\Gamma}=(\Gamma_{ij})$：

$$\Gamma_{ij}=\lim_{\lambda\downarrow 0}\phi_{ij}(\lambda)=\int_0^{+\infty}f_{ij}(t)\mathrm{d}t. \tag{6}$$

---

① 约定 $0\cdot(+\infty)=(+\infty)\cdot 0=0$.

证 只证（4）. 改写（1）得

$$\boldsymbol{\xi}(\nu)=\boldsymbol{\xi}(\lambda)+(\lambda-\nu)\boldsymbol{\phi}(\nu)\boldsymbol{\xi}(\lambda), \tag{7}$$

$$\boldsymbol{\xi}(\nu)=\boldsymbol{\xi}(\lambda)+(\lambda-\nu)\boldsymbol{\phi}(\lambda)\boldsymbol{\xi}(\lambda). \tag{8}$$

如果 $\sum_j \Gamma_{ij}\xi_j(\lambda)<+\infty$，在（7）中令 $\nu\downarrow 0$ 得到（4）第2个等号. 如果 $\sum_j \Gamma_{ij}\xi_j(\lambda)=+\infty$，在（7）中令 $\nu\downarrow 0$ 并用法图引理得

$$\xi_i\geqslant \xi_i(\lambda)+\lambda\sum_j \Gamma_{ij}\xi_j(\lambda)=+\infty.$$

从而（4）中第二等号仍成立. 类似地，在（8）中令 $\nu\downarrow 0$ 得（4）中第一等号. ■

系1 设 i 固定. 则 $\xi_i<+\infty$ 当且仅当对某个（从而一切）$\lambda>0$ 有 $(\lambda\boldsymbol{\phi}(\lambda)\boldsymbol{\xi})_i=(\lambda\boldsymbol{\Gamma}\boldsymbol{\xi}(\lambda))_i<+\infty$. 此时

$$(\lambda\boldsymbol{\phi}(\lambda)\boldsymbol{\xi})_i=\xi_i-\xi_i(\lambda),\quad \lambda>0. \tag{9}$$

类似地，设 j 固定，则 $\eta_j<+\infty$ 当且仅当对某个（从而一切）$\lambda>0$ 有 $(\lambda\boldsymbol{\eta}\boldsymbol{\phi}(\lambda))_j=(\lambda\boldsymbol{\eta}(\lambda)\boldsymbol{\Gamma})_j<+\infty$. 此时

$$(\lambda\boldsymbol{\eta}\boldsymbol{\phi}(\lambda))_j=\eta_j-\eta_j(\lambda),\quad \lambda>0. \tag{10}$$

引理2 设 $a\in H$，令

$$X_i^{(a)}(\lambda)=\phi_{ia}(\lambda)d_a,\quad X_i^{(a)}=\Gamma_{ia}d_a,\ a\in H. \tag{11}$$

则（$\boldsymbol{X}^{(a)}(\lambda)$，$\lambda>0$）是流出族，其标准映像是 $\boldsymbol{X}^{(a)}$，且

$$\lambda\boldsymbol{\phi}(\lambda)\boldsymbol{X}^{(a)}=\boldsymbol{X}^{(a)}-\boldsymbol{X}^{(a)}(\lambda). \tag{12}$$

而（$\bar{\boldsymbol{X}}(\lambda)$，$\lambda>0$）是调和流出族，其标准映像 $\bar{\boldsymbol{X}}$ 是方程

$$\boldsymbol{\Pi u}=\boldsymbol{u},\quad \boldsymbol{0}\leqslant\boldsymbol{u}\leqslant\boldsymbol{1} \tag{13}$$

的一个解，且

$$\lambda\boldsymbol{\phi}(\lambda)\bar{\boldsymbol{X}}=\bar{\boldsymbol{X}}-\bar{\boldsymbol{X}}(\lambda). \tag{14}$$

这里 $\boldsymbol{\Pi}$ 由 §2.6 中（7）决定.

（$\bar{\boldsymbol{Y}}(\lambda)$，$\lambda>0$）和（$\boldsymbol{Z}(\lambda)$，$\lambda>0$）均是流出族，其标准映像分别为 $\bar{\boldsymbol{Y}}$ 和 $\boldsymbol{Z}$：

$$\bar{\boldsymbol{Y}}=\sum_{a\in H}\boldsymbol{X}^{(a)},\quad \boldsymbol{Z}=\bar{\boldsymbol{X}}+\bar{\boldsymbol{Y}} \tag{14_1}$$

且

$$\begin{cases}\lambda\boldsymbol{\phi}(\lambda)\bar{\boldsymbol{Y}}=\bar{\boldsymbol{Y}}-\bar{\boldsymbol{Y}}(\lambda),\\ \lambda\boldsymbol{\phi}(\lambda)\boldsymbol{Z}=\boldsymbol{Z}-\boldsymbol{Z}(\lambda).\end{cases} \tag{14_2}$$

证　从 $\boldsymbol{\phi}(\lambda)$ 的预解方程知 $(\boldsymbol{X}^{(a)}(\lambda),\lambda>0)$ 是流出族，且 $\boldsymbol{X}^{(a)}(\lambda)\uparrow\boldsymbol{X}^{(a)}(\lambda\downarrow 0)$. 依 § 2.7 中 (17)，我们有 $\sum_{a\in H}\boldsymbol{X}^{(a)}(\lambda)\leqslant\boldsymbol{1}$，从而 $\sum_{a\in H}\boldsymbol{X}^{(a)}\leqslant\boldsymbol{1}$，于是由引理 1 的系得 (12).

由于上面的 (12) 及 § 2.7 中的 (17)，有

$$\lambda\boldsymbol{\phi}(\lambda)\left(\boldsymbol{1}-\sum_{a\in H}\boldsymbol{X}^{(a)}\right)=\left(\boldsymbol{1}-\sum_{a\in H}\boldsymbol{X}^{(a)}\right)-\bar{\boldsymbol{X}}(\lambda). \tag{15}$$

注意　$\bar{\boldsymbol{X}}(\lambda)\in\mu_\lambda^+(1)$，从上式及 $\boldsymbol{\phi}(\lambda)$ 的预解方程知 $(\bar{\boldsymbol{X}}(\lambda),\lambda>0)$ 是调和流出族. 由于 $\bar{\boldsymbol{X}}(\lambda)\leqslant\boldsymbol{1}$，故其标准映像 $\bar{\boldsymbol{X}}\leqslant\boldsymbol{1}$. 因而由引理 1 的系得 (14). 在方程

$$(\lambda\boldsymbol{I}-\boldsymbol{Q})\bar{\boldsymbol{X}}(\lambda)=\boldsymbol{0},\quad \boldsymbol{0}\leqslant\bar{\boldsymbol{X}}(\lambda)\leqslant\boldsymbol{1}. \tag{16}$$

中令 $\lambda\downarrow 0$，得到 $\bar{\boldsymbol{X}}$ 是方程 (13) 的一个解.

由于 $(\boldsymbol{X}^{(a)}(\lambda),\lambda>0)$ 和 $(\bar{\boldsymbol{X}}(\lambda),\lambda>0)$ 均是流出族，引理中最后的结论是显然的. ■

引理 3　令

$$\boldsymbol{X}^{(0)}=\lim_{\lambda\to 0}\lambda\boldsymbol{\phi}(\lambda)\boldsymbol{1}. \tag{17}$$

则

$$\boldsymbol{X}^{(0)}+\bar{\boldsymbol{X}}+\sum_{a\in H}\boldsymbol{X}^{(a)}=\boldsymbol{1}, \tag{18}$$

$$\lambda\boldsymbol{\phi}(\lambda)\boldsymbol{X}^{(0)}=\boldsymbol{X}^{(0)}. \tag{19}$$

而且，$\boldsymbol{X}^{(0)}$ 是方程 (13) 满足条件 $\lambda\boldsymbol{\phi}(\lambda)\boldsymbol{u}=\boldsymbol{u}$ 的最大解.

证　在 § 2.7 中 (17) 中令 $\lambda\downarrow 0$ 得

$$\lambda\boldsymbol{\phi}(\lambda)\boldsymbol{1}\downarrow\boldsymbol{X}^{(0)}=\boldsymbol{1}-\sum_{a\in H}\boldsymbol{X}^{(a)}-\bar{\boldsymbol{X}}\geqslant 0,$$

由此得（18）. 等式（12）连同（14）和（15）推出（19）. 由于 $\boldsymbol{\phi}(\lambda)$的范条件和 B 条件，我们有

$$(\lambda I-\boldsymbol{Q})\lambda\boldsymbol{\phi}(\lambda)\mathbf{1}=\lambda,\quad \boldsymbol{0}\leqslant\lambda\boldsymbol{\phi}(\lambda)\mathbf{1}\leqslant\mathbf{1}.$$

在上式中令 $\lambda\downarrow 0$，知 $\boldsymbol{X}^{(0)}$ 是（13）的一个解. 今设 $\boldsymbol{u}$ 是（13）的一个解且 $\lambda\boldsymbol{\phi}(\lambda)\boldsymbol{u}=\boldsymbol{u}$. 则 $\boldsymbol{u}=\lambda\boldsymbol{\phi}(\lambda)\boldsymbol{u}\leqslant\lambda\boldsymbol{\phi}(\lambda)\mathbf{1}$. 令 $\lambda\downarrow 0$，我们有 $\boldsymbol{u}\leqslant\boldsymbol{X}^{(0)}$. ■

我们称 $\bar{\boldsymbol{X}}$ 为 $\boldsymbol{Q}$ 的**最大流出解**，称 $\boldsymbol{X}^{(0)}$ 为 $\boldsymbol{Q}$ 的**最大通过解**.

定理 1 （$\boldsymbol{\xi}(\lambda)$，$\lambda>0$）是流出族，当且仅当它有如下表现：

$$\boldsymbol{\xi}(\lambda)=\boldsymbol{\phi}(\lambda)\boldsymbol{\beta}+\bar{\boldsymbol{\xi}}(\lambda),\tag{20}$$

其中，列向量 $\boldsymbol{\beta}\geqslant\mathbf{0}$，使得 $\boldsymbol{\phi}(\lambda)\boldsymbol{\beta}\in m$ 对某个（从而一切）$\lambda>0$，（$\bar{\boldsymbol{\xi}}(\lambda)$，$\lambda>0$）是调和流出族. $\boldsymbol{\beta}$ 和（$\bar{\boldsymbol{\xi}}(\lambda)$，$\lambda>0$）被（$\boldsymbol{\xi}(\lambda)$，$\lambda>0$）唯一决定：

$$(\lambda\boldsymbol{I}-\boldsymbol{Q})\boldsymbol{\xi}(\lambda)=\boldsymbol{\beta},\quad \lambda>0,\tag{21}$$

$$\boldsymbol{\xi}(\lambda)\downarrow 0,\ \lambda\boldsymbol{\xi}(\lambda)\to\boldsymbol{\beta},\quad \lambda\uparrow+\infty.\tag{22}$$

类似地，（$\boldsymbol{\eta}(\lambda)$，$\lambda>0$）是流入族，当且仅当它有如下表现：

$$\boldsymbol{\eta}(\lambda)=\boldsymbol{\alpha}\boldsymbol{\phi}(\lambda)+\bar{\boldsymbol{\eta}}(\lambda),\tag{23}$$

其中，行向量 $\boldsymbol{\alpha}\geqslant\mathbf{0}$ 使 $\boldsymbol{\alpha}\boldsymbol{\phi}(\lambda)\in l$ 对某个（从而一切）$\lambda>0$，（$\bar{\boldsymbol{\eta}}(\lambda)$，$\lambda>0$）是调和流入族. $\boldsymbol{\alpha}$ 和（$\bar{\boldsymbol{\eta}}(\lambda)$，$\lambda>0$）被（$\boldsymbol{\eta}(\lambda)$，$\lambda>0$）唯一决定：

$$\boldsymbol{\eta}(\lambda)(\lambda\boldsymbol{I}-\boldsymbol{Q})=\boldsymbol{\alpha},\quad \lambda>0,\tag{24}$$

$$\boldsymbol{\eta}(\lambda)\downarrow\mathbf{0},\quad \lambda\boldsymbol{\eta}(\lambda)\to\boldsymbol{\alpha},\quad \lambda\uparrow+\infty.\tag{25}$$

证 我们先证明后一结论的**必要性**. 由于（$\boldsymbol{\eta}(\lambda)$，$\lambda>0$）是流入族，对任意的 $\nu>0$ 和 $\lambda>0$，我们有

$$\boldsymbol{\eta}(\nu)+(\nu-\lambda)\boldsymbol{\eta}(\nu)\boldsymbol{\phi}(\lambda)=\boldsymbol{\eta}(\lambda)\geqslant\mathbf{0}$$

$$\boldsymbol{\eta}(\nu)\geqslant(\lambda-\nu)\boldsymbol{\eta}(\nu)\boldsymbol{\phi}(\lambda),$$

$$\eta_j(\nu)\geqslant(\lambda-\nu)\eta_j(\nu)\lambda^{-1}+(\lambda-\nu)\sum_i\eta_i(\nu)(\phi_{ij}(\lambda)-\lambda^{-1}\delta_{ij}),$$

$$\nu\eta_j(\nu)\geqslant(1-\nu\lambda^{-1})\sum_i\eta_i(\nu)\lambda(\lambda\phi_{ij}(\lambda)-\delta_{ij}).$$

在上面最后的求和中，除 $i\neq j$ 以外的其余项均非负．由 $\boldsymbol{\phi}(\lambda)$ 的 Q 条件及法图引理，从上面最后的不等式中得

$$\nu\eta_j(\nu)\geqslant\sum_i\eta_i(\nu)q_{ij}.$$

这样，存在一个非负的、有限值分量的行向量 $\boldsymbol{\alpha}(\nu)$ 使

$$\boldsymbol{\eta}(\nu)(\nu\boldsymbol{I}-\boldsymbol{Q})=\boldsymbol{\alpha}(\nu).\tag{26}$$

由于§2.7 中引理 2，$\boldsymbol{\eta}(\nu)\geqslant\boldsymbol{\alpha}(\nu)\boldsymbol{\phi}(\lambda)$，故 $\boldsymbol{\alpha}(\nu)\boldsymbol{\phi}(\nu)\in l$．依 $\boldsymbol{\phi}(\lambda)$的 F 条件，对任意非负行向量 $\boldsymbol{\alpha}$，只要 $\boldsymbol{\alpha\phi}(\lambda)\in l$，便有

$$\boldsymbol{\alpha\phi}(\nu)(\nu\boldsymbol{I}-\boldsymbol{Q})=\boldsymbol{\alpha}.\tag{26_1}$$

于是从（26）和（26_1）得

$$\boldsymbol{\eta}(\nu)=\boldsymbol{\alpha}(\nu)\boldsymbol{\phi}(\nu)+\bar{\boldsymbol{\eta}}(\nu)\tag{26_2}$$

其中$\bar{\boldsymbol{\eta}}(\nu)\in\mathcal{L}_\nu^+$．用 $\mathbf{A}(\nu,\lambda)$ 从右方作用于上式两边，并注意§2.7 中的（2）和（11），我们得

$$\boldsymbol{\eta}(\lambda)=\boldsymbol{\alpha}(\nu)\boldsymbol{\phi}(\lambda)+\bar{\boldsymbol{\eta}}(\nu)\mathbf{A}(\nu,\lambda).\tag{26_3}$$

依§2.7 中引理 5，$\bar{\boldsymbol{\eta}}(\nu)\mathbf{A}(\nu,\lambda)\in\mathcal{L}_\lambda^+$．将上式代入用 λ 代替 ν 后的（26）和（26_1）中，得 $\boldsymbol{\alpha}(\nu)=\boldsymbol{\alpha}(\lambda)$，即 $\boldsymbol{\alpha}(\lambda)=\boldsymbol{\alpha}$ 与 $\lambda>0$ 无关，从而（26_3）成为（23），其中$\bar{\boldsymbol{\eta}}(\lambda)=\bar{\boldsymbol{\eta}}(\nu)\mathbf{A}(\nu,\lambda)$，而 $\boldsymbol{\alpha}\geqslant\mathbf{0}$使 $\boldsymbol{\alpha\phi}(\lambda)\in l$，$(\bar{\boldsymbol{\eta}}(\lambda),\lambda>0)$ 是调和流入族．（25）中的第一个极限从（3）和（24）得出．由此及控制收敛定理，在（24）中令 $\lambda\to+\infty$得（25）中第二个极限．这样，我们完成了必要性的证明．而**充分性**是显然的．

定理的前一结论的证明类似，且更容易．设 $(\boldsymbol{\xi}(\lambda),\lambda>0)$ 是流出族．注意§2.4 中（8），对任意 $\nu>0$，行向量

$$(\nu\boldsymbol{I}-\boldsymbol{Q})\boldsymbol{\xi}(\nu)=\boldsymbol{\beta}(\nu)$$

是有限值分量的．由于 $\boldsymbol{\phi}(\lambda)$ 的 B 条件，我们有

$$(\nu\boldsymbol{I}-\boldsymbol{Q})\boldsymbol{\xi}(\nu)=(\nu\boldsymbol{I}-\boldsymbol{Q})(\boldsymbol{I}+(\lambda-\nu)\boldsymbol{\phi}(\nu))\boldsymbol{\xi}(\lambda)$$

$$=(\nu\boldsymbol{I}-\boldsymbol{Q}+(\lambda-\nu)\boldsymbol{I})\boldsymbol{\xi}(\lambda)$$
$$=(\lambda\boldsymbol{I}-\boldsymbol{Q})\boldsymbol{\xi}(\lambda),$$

故 $\boldsymbol{\beta}(\lambda)=\boldsymbol{\beta}$ 与 $\lambda>0$ 无关，从而（21）真.（22）中第一个极限从（3）和（21）得出. 由此及控制收敛定理，在（21）中令 $\lambda\to+\infty$，得 $\lambda\boldsymbol{\xi}(\lambda)\to\boldsymbol{\beta}$. 因 $\boldsymbol{\xi}(\lambda)\geqslant\boldsymbol{0}$，故必定 $\boldsymbol{\beta}\geqslant\boldsymbol{0}$. 依 § 2.7 中引理 2. 得 $\boldsymbol{\xi}(\nu)\geqslant\boldsymbol{\phi}(\nu)\boldsymbol{\beta}$，从而 $\boldsymbol{\phi}(\nu)\boldsymbol{\beta}\in m$. 依 $\boldsymbol{\phi}(\lambda)$ 的 B 条件，对任意非负列向量 $\boldsymbol{\beta}$，只要 $\boldsymbol{\phi}(\nu)\boldsymbol{\beta}\in m$，便有

$$(\nu\boldsymbol{I}-\boldsymbol{Q})\boldsymbol{\phi}(\nu)\boldsymbol{\beta}=\boldsymbol{\beta}.$$

于是

$$\boldsymbol{\xi}(\nu)=\boldsymbol{\phi}(\nu)\boldsymbol{\beta}+\bar{\boldsymbol{\xi}}(\nu),$$

其中 $\bar{\boldsymbol{\xi}}(\nu)\in\mu_\nu^+$：从（1）及 § 2.7 中（11）得

$$\boldsymbol{\xi}(\lambda)=\boldsymbol{\phi}(\lambda)\boldsymbol{\beta}+\boldsymbol{A}(\nu,\lambda)\bar{\boldsymbol{\xi}}(\nu).$$

故 $\bar{\boldsymbol{\xi}}(\lambda)=\boldsymbol{A}(\nu,\lambda)\bar{\boldsymbol{\xi}}(\lambda)$，即（$\bar{\boldsymbol{\xi}}(\lambda)$，$\lambda>0$）是调和流出族. 于是，**必要性**的证明完成. **充分性**是显然的.

系 2 当 $\lambda\uparrow+\infty$ 时

$$\bar{\boldsymbol{X}}(\lambda)\downarrow\boldsymbol{0},\quad \bar{\boldsymbol{Y}}(\lambda)\downarrow\boldsymbol{0},\quad \boldsymbol{Z}(\lambda)\downarrow\boldsymbol{0}, \tag{27}$$

$$\lambda\bar{\boldsymbol{X}}(\lambda)\to\boldsymbol{0},\quad \lambda\bar{\boldsymbol{Y}}(\lambda)\to\boldsymbol{d},\quad \lambda\boldsymbol{Z}(\lambda)\to\boldsymbol{d},\quad \lambda X_i^{(a)}(\lambda)\to\delta_{ia}d_a. \tag{28}$$

引理 4 设（$\boldsymbol{\eta}(\lambda)$，$\lambda>0$）是流入族. 则

$$\sigma^0\equiv\lambda[\boldsymbol{\eta}(\lambda),\boldsymbol{X}^{(0)}]<+\infty,\text{与 }\lambda>0\text{ 无关}. \tag{29}$$

如果（$\boldsymbol{\xi}(\lambda)$，$\lambda>0$）是流出族，其标准映像为 $\boldsymbol{\xi}$ 且 $\boldsymbol{\xi}\in m$，那么

$$(\lambda-\nu)[\boldsymbol{\eta}(\lambda),\ \boldsymbol{\xi}(\nu)]=\lambda[\boldsymbol{\eta}(\lambda),\ \boldsymbol{\xi}]-\nu[\boldsymbol{\eta}(\nu),\ \boldsymbol{\xi}], \tag{30}$$

$$\lambda[\boldsymbol{\eta}(\lambda),\ \boldsymbol{\xi}]\uparrow V\leqslant+\infty,\quad \lambda\uparrow+\infty. \tag{31}$$

特别地，当 $a\in H$ 时，

$$V_\lambda^{(a)}\equiv\lambda[\boldsymbol{\eta}(\lambda),\ \boldsymbol{X}^{(a)}]\uparrow V^{(a)}<+\infty,\quad \lambda\uparrow+\infty, \tag{32}$$

其中

$$V^{(a)}=V_\lambda^{(a)}+\eta_a(\lambda)d_a,\quad \text{与 }\lambda>0\text{ 无关}. \tag{33}$$

记流入族（$\boldsymbol{\eta}(\lambda)$，$\lambda>0$）的标准映像为 $\boldsymbol{\eta}$. 则当 $[\boldsymbol{\eta}, \boldsymbol{\xi}]<+\infty$ 时有

$$\lambda[\boldsymbol{\eta}(\lambda), \boldsymbol{\xi}]=\lambda[\boldsymbol{\eta}, \boldsymbol{\xi}(\lambda)]; \tag{34}$$

当 $[\boldsymbol{\eta}, \boldsymbol{X}^{(0)}]<+\infty$ 时有

$$\lambda[\boldsymbol{\eta}(\lambda), \boldsymbol{X}^{(0)}]=0. \tag{35}$$

证　因 $\boldsymbol{\xi}\in m$，故

$$\begin{aligned}\lambda[\boldsymbol{\eta}(\lambda), \boldsymbol{\xi}]&=\lambda[\boldsymbol{\eta}(\nu)\boldsymbol{A}(\nu, \lambda), \boldsymbol{\xi}]=\lambda[\boldsymbol{\eta}(\nu), \boldsymbol{A}(\nu, \lambda)\boldsymbol{\xi}]\\&=\lambda[\boldsymbol{\eta}(\nu), \boldsymbol{\xi}]+(\nu-\lambda)[\boldsymbol{\eta}(\nu), \lambda\boldsymbol{\phi}(\lambda)\boldsymbol{\xi}]\\&=\lambda[\boldsymbol{\eta}(\nu), \boldsymbol{\xi}]+(\nu-\lambda)[\boldsymbol{\eta}(\nu), \boldsymbol{\xi}-\boldsymbol{\xi}(\lambda)].\end{aligned} \tag{36}$$

由此及（9）得（30），从而有（31）. 类似地，利用（19）可得 $\sigma^{(0)}$ 与 $\lambda>0$ 无关.

当 $a\in H$ 时，（30）成为

$$V_{\lambda}^{(a)}=V_{\nu}^{(a)}+(\lambda-\nu)[\boldsymbol{\eta}(\nu), \boldsymbol{X}^{(a)}(\lambda)]. \tag{37}$$

由于 $\lambda\boldsymbol{X}^{(a)}(\lambda)\leqslant\boldsymbol{d}_a$，依定理 1 的系和控制收敛定理，有

$$[\boldsymbol{\eta}(\nu), \lambda\boldsymbol{X}^{(a)}(\lambda)]\to\eta_a(\nu)d_a, \quad \lambda\uparrow+\infty, a\in H.$$

于是，在（37）中令 $\lambda\uparrow+\infty$ 得（33）.

最后，如 $[\boldsymbol{\eta}, \boldsymbol{\xi}]<+\infty$，则在（36）中令 $\nu\downarrow 0$ 得（34）. 类似地可得（35）. ■

§ 2.9 Q 预解矩阵的一般形式

定理 1 (i) 每个 Q 矩阵 $\boldsymbol{\psi}(\lambda)$ 有下列形式：

$$\psi_{ij}(\lambda)=\phi_{ij}(\lambda)+\sum_{a\in H}X_i^{(a)}(\lambda)F_j^{(a)}(\lambda)+B_{ij}(\lambda),\tag{1}$$

其中 H 由 § 2.5 中 (24_1) 决定，$X^{(a)}(\lambda)$ 由 § 2.8 中 (11) 决定；$(B_{ij}(\lambda))$ 满足

$$0\leqslant B_{ij}(\lambda),\quad \lambda\sum_j B_{ij}(\lambda)\leqslant 1,\tag{2}$$

$$\lambda B_{ij}(\lambda)-\sum_k q_{ik}B_{kj}(\lambda)=0,\tag{3}$$

而 $F^{(a)}(\lambda)$ 满足

$$0\leqslant F_j^{(a)}(\lambda),\quad \lambda\sum_j F_j^{(a)}(\lambda)\leqslant 1.\tag{4}$$

(ii) 如果 $\boldsymbol{\psi}(\lambda)$ 是 B 型的且 Q 非保守，那么 $F^{(a)}(\lambda)=0$ $(a\in E)$. 如果 $\boldsymbol{\psi}(\lambda)$ 是 F 型的，那么

$$\lambda B_{ij}(\lambda)-\sum_k B_{ik}(\lambda)q_{kj}=0,\tag{5}$$

而且对于非保守的 Q 有 $F^{(a)}(\lambda)\in\mathcal{L}_\lambda^+$，$a\in H$.

证 设 $\boldsymbol{\psi}(\lambda)$ 是一个 Q 预解矩阵，则 $\boldsymbol{\psi}(\lambda)-\boldsymbol{\phi}(\lambda)\geqslant 0$. 因 $\boldsymbol{\psi}(\lambda)$满足 § 2.5 中 (22) 和 (24). $\boldsymbol{\phi}(\lambda)$ 满足 § 2.7 中的 B 条件 (1)，故

$$\lambda(\psi_{ij}(\lambda)-\phi_{ij}(\lambda))-\sum_k q_{ik}(\psi_{kj(\lambda)}-\phi_{kj}(\lambda))\geqslant 0.$$

此外，对于 $i\in E-H$，上式中等号成立. 更详细地，由上式，固定 j，$u_i=\psi_{ij}(\lambda)-\phi_{ij}(\lambda)$ 满足

$$\lambda u_i-\sum_k q_{ik}u_k=d_iF_j^{(i)}(\lambda),\tag{6}$$

其中 $F_j^{(i)}(\lambda)\geqslant 0$ 而 $d_i=q_i-\sum\limits_{k\neq i}q_{ik}$. 依 § 2.7 中引理 2，有

$$B_{ij}(\lambda)\equiv\psi_{ij}(\lambda)-\phi_{ij}(\lambda)-\sum_{a\in H}\phi_{ia}(\lambda)d_aF_j^{(a)}(\lambda)\geqslant 0, \tag{7}$$

和（3）成立. 从（7）得（1）. $\boldsymbol{\psi}(\lambda)$ 的范条件导致（2）.

往证（4）. 假定对应于 $\boldsymbol{\psi}(\lambda)$ 的 $\boldsymbol{Q}$ 广转移矩阵是 $(p_{ij}(t))$，则由§2.4 中（1）定义的 $\widetilde{p}_{ia}(t)=1-\sum_j p_{ij}(t)$ 应满足类似于§2.3 中（5）的公式：

$$\widetilde{p}'_{ia}(t)\geqslant\sum_k\widetilde{q}_{ik}\widetilde{p}_{ka}(t)+\widetilde{q}_{ia}\widetilde{p}_{aa}(t),$$

即 $d_i(t)=1-\sum_j p_{ij}(t)$ 应满足

$$d'_i(t)\geqslant\sum_k q_{ik}d_k(t)+D_i,\quad D_i=d'_i(0)=q_{ia}.$$

因而

$$d'_i(t)\geqslant\sum_k q_{ik}d_k(t).$$

两边取拉普拉斯变换，我们得 $D_i(\lambda)\equiv 1-\lambda\sum_j\psi_{ij}(\lambda)$ 满足

$$\lambda D_i(\lambda)-\sum_k q_{ik}D_k(\lambda)\geqslant 0.$$

因而

$$[(\lambda\boldsymbol{I}-\boldsymbol{Q})\lambda\boldsymbol{\psi}(\lambda)\boldsymbol{1}]_i\leqslant\lambda+d_i. \tag{8}$$

但由 $\boldsymbol{\psi}(\lambda)$ 的范条件，我们可以在（1）的两边左乘 $(\lambda\boldsymbol{I}-\boldsymbol{Q})$ 并对 j 求和得

$$[(\lambda\boldsymbol{I}-\boldsymbol{Q})\lambda\boldsymbol{\psi}(\lambda)\boldsymbol{1}]_i=\lambda+\sum_{a\in H}\delta_{ia}d_a\lambda\sum_j F_j^{(a)}(\lambda). \tag{9}$$

特别地，对 $i=a$ 有

$$[(\lambda\boldsymbol{I}-\boldsymbol{Q})\lambda\boldsymbol{\psi}(\lambda)\boldsymbol{1}]_a=\lambda+d_a\lambda\sum_j F_j^{(a)}(\lambda),$$

上式与（8）比较得（4）.

(ii) 设 $\boldsymbol{\psi}(\lambda)$ 是 B 型的且 Q 非保守. 依§2.5 中定理 4 及 $\boldsymbol{\psi}(\lambda)$ 和 $\boldsymbol{\phi}(\lambda)$ 的 B 条件，从（1）我们有

$$\lambda\Big(\sum_{a\in H}X_i^{(a)}(\lambda)F_j^{(a)}(\lambda)\Big)-\sum_k q_{ik}\Big(\sum_{a\in H}X_k^{(a)}(\lambda)F_j^{(a)}(\lambda)\Big)$$

$$= \sum_{a \in H} \delta_{ia} d_a F_j^{(a)}(\lambda) = 0,$$

于是 $F_j^{(a)}(\lambda)=0$ $(a \in H,\ j \in E)$.

设 $\boldsymbol{\psi}(\lambda)$ 是 F 型的. 依 §2.5 中定理 5，$\boldsymbol{\psi}(\lambda)$ 和 $\boldsymbol{\phi}(\lambda)$ 均满足 F 条件. 于是，若记 $E_{ij}(\lambda) = \sum\limits_{a \in H} X_i^{(a)}(\lambda) F_i^{(a)}(\lambda)$，则从 (1) 得

$$(\boldsymbol{E}(\lambda)+\boldsymbol{B}(\lambda))(\lambda \boldsymbol{I}-\boldsymbol{Q})=\boldsymbol{0}. \tag{10}$$

由于 $\boldsymbol{\psi}(\lambda)$ 满足 §2.5 中 (22) 和 (23)，级数

$$\sum_k \sum_r (\lambda \boldsymbol{I}-\boldsymbol{Q})_{ik} \boldsymbol{\psi}_{kr}(\lambda)(\lambda \boldsymbol{I}-\boldsymbol{Q})_{rj} \tag{11}$$

是绝对收敛的，因而可用 $(\lambda \boldsymbol{I}-\boldsymbol{Q})$ 左乘 (10) 的两边. 注意 $\boldsymbol{\phi}(\lambda)$ 的 B 条件，我们得

$$\sum_{a \in H} \delta_{ia} d_a \left(\lambda F_j^{(a)}(\lambda) - \sum_k F_k^{(a)}(\lambda) q_{kj}\right) = 0.$$

特别地，当 $i=a \in H$ 时我们有 $F^{(a)}(\lambda) \in \mathcal{L}_\lambda^+$，因而从 (10) 得 (5).

定理 2 (i) 每个 Q 预解矩阵 $\boldsymbol{\psi}(\lambda)$ 有下面形式：

$$\psi_{ij}(\lambda) = \phi_{ij}(\lambda) + \sum_k H_i^{(k)}(\lambda) \phi_{kj}(\lambda) + C_{ij}(\lambda), \tag{12}$$

其中

$$0 \leqslant H^{(j)}(\lambda) \in m \quad (j \in E), \tag{13}$$

$$0 \leqslant C_{ij}(\lambda),\ \lambda \sum_j C_{ij}(\lambda) \leqslant 1, \tag{14}$$

$$\lambda C_{ij}(\lambda) - \sum_k C_{ik}(\lambda) q_{kj} = 0. \tag{15}$$

(ii) $\boldsymbol{\psi}(\lambda)$ 是 B 型的，当且仅当

$$H^{(j)}(\lambda) \in \mu_\lambda^+,\ \lambda C_{ij}(\lambda) - \sum_k q_{ik} C_{kj}(\lambda) = 0; \tag{16}$$

$\boldsymbol{\psi}(\lambda)$ 是 F 型的，当且仅当 $H^{(j)}(\lambda)=0$ $(j \in E)$.

证 (i) 依 §2.5 的 (23) 和 §2.7 中的 F 条件 (2)，我们知 $v_j = \psi_{ij}(\lambda) - \phi_{ij}(\lambda) \geqslant 0$ 满足

$$\lambda v_j - \sum_i v_i q_{ij} = H_i^{(j)}(\lambda) \geqslant 0.$$

由于§2.7 中引理 2，我们有

$$C_{ij}(\lambda) \equiv \psi_{ij}(\lambda) - \phi_{ij}(\lambda) - \sum_k H_i^{(k)}(\lambda)\phi_{kj}(\lambda) \geqslant 0. \quad (17)$$

由此得（12）．$\boldsymbol{\psi}(\lambda)$ 的范条件导致（14）和 $H_i^{(j)}(\lambda)\lambda\phi_{jj}(\lambda) \leqslant 1$，从而 $H^{(j)}(\lambda) \in m$.

(ii) 记矩阵 $\boldsymbol{H}(\lambda) = (H_i^{(j)}(\lambda))$．$\boldsymbol{\psi}(\lambda)$ 的 B 条件等价于

$$(\lambda \boldsymbol{I} - \boldsymbol{Q})(\boldsymbol{H}(\lambda)\boldsymbol{\phi}(\lambda) + \boldsymbol{C}(\lambda)) = \boldsymbol{0}.$$

由于级数（11）绝对收敛，上式两边可以右乘（$\lambda \boldsymbol{I} - \boldsymbol{Q}$）而得 $(\lambda \boldsymbol{I} - \boldsymbol{Q})\boldsymbol{H}(\lambda) = \boldsymbol{0}$．从而从上式得 $(\lambda \boldsymbol{I} - \boldsymbol{Q})\boldsymbol{C}(\lambda) = \boldsymbol{0}$．于是，$\boldsymbol{\psi}(\lambda)$的 B 条件等价于（16）．

$\boldsymbol{\psi}(\lambda)$ 的 F 条件等价于

$$(\boldsymbol{H}(\lambda)\boldsymbol{\phi}(\lambda) + \boldsymbol{C}(\lambda))(\lambda \boldsymbol{I} - \boldsymbol{Q}) = \boldsymbol{0},$$

即 $\boldsymbol{H}(\lambda) = \boldsymbol{0}$.

§2.10　简单情形的 Q 预解矩阵的构造

由于§2.7中引理5，解空间 $\mu\lambda$ 或 μ_λ^+ 的维数 m^+ 与 $\lambda>0$ 无关，解空间 $\mathcal{L}_\lambda$ 或 $\mathcal{L}_\lambda^+$ 的维数 n^+ 与 $\lambda>0$ 无关. 如 $m^+=0$，$m^+=1$，或 m^+ 有限，分别地称 Q 为**零流出的**，**单流出的**，或**有限流出的**，如 $n^+=0$，$n^+=1$，或 n^+ 有限，分别地称 Q 为**零流入的**，**单流入的**，或**有限流入的**. 当§2.5中（24）的非保守集 H 是空集，单点集，或有限集时，分别地称 Q 为**保守的**，**单非保守的**，或**有限非保守的**.

（一）单流出时 B 型 Q 预解矩阵的构造

假定 Q 是单流出的. 依§2.7中引理6，我们有 $\bar{\boldsymbol{X}}(\lambda)\neq\boldsymbol{0}$，因而最小解 $\boldsymbol{\phi}(\lambda)$ 是不诚实的. 依§2.9中定理1，每个 B 型的 Q 预解矩阵具有下面的形式：

$$\psi_{ij}(\lambda)=\phi_{ij}(\lambda)+\bar{X}_i(\lambda)F_j(\lambda) \tag{1}$$

我们将在 $m^+>0$ 的条件下决定 $F(\lambda)$，使得按（1）确定的 $\boldsymbol{\psi}(\lambda)$ 是一个 Q 预解矩阵. 由于（1）中的 $\boldsymbol{\psi}(\lambda)$ 必然地满足 B 条件，因而 $\boldsymbol{\psi}(\lambda)$ 必定是 B 型的. 于是只需考虑 $\boldsymbol{\psi}(\lambda)$ 的范条件和预解方程. $\boldsymbol{X}^{(0)}$，$\boldsymbol{X}^{(a)}(a\in H)$，$\bar{\boldsymbol{X}}$，$\bar{\boldsymbol{Y}}$ 等在§2.8中已确定.

定理1　设 $m^+>0$.

(i) 为使（1）确定的 $\boldsymbol{\psi}(\lambda)$ 是一个 Q 预解矩阵，必须而且只需，或者 $\boldsymbol{\psi}(\lambda)=\boldsymbol{\phi}(\lambda)$，或者 $\boldsymbol{\psi}(\lambda)$ 可以如下得到：取行向量 $\boldsymbol{\alpha}\geqslant\boldsymbol{0}$ 使对某个（从而一切）$\lambda>0$ 有 $\boldsymbol{\alpha\phi}(\lambda)\in l$；取调和流入族 $(\bar{\boldsymbol{\eta}}(\lambda),\ \lambda>0)$ 使

$$\boldsymbol{\eta}(\lambda)=\boldsymbol{\alpha\phi}(\lambda)+\bar{\boldsymbol{\eta}}(\lambda)\neq\boldsymbol{0}, \tag{2}$$

$$[\boldsymbol{\alpha},\ \bar{\boldsymbol{Y}}]+\bar{V}<+\infty. \tag{2_1}$$

而当 H 为空集或有限集时，必有（2_1）是成立的. 这里，

$$\begin{cases}\bar{V}_\lambda \equiv \lambda[\bar{\boldsymbol{\eta}}(\lambda), \bar{\boldsymbol{Y}}] \uparrow \bar{V} = \sum\limits_{a\in H} \bar{V}^{(a)},\ \lambda\uparrow+\infty, \\ \bar{V}_\lambda^{(a)} = \lambda[\bar{\boldsymbol{\eta}}(\lambda), \boldsymbol{X}^{(a)}] \uparrow \bar{V}^{(a)} < +\infty,\ \lambda\uparrow+\infty,\end{cases} \tag{3}$$

$$\begin{cases}\bar{V}^{(a)} = \bar{V}_\lambda^{(a)} + \bar{\eta}_a(\lambda)d_a, & \text{与 } \lambda>0 \text{ 无关}, \\ [\boldsymbol{\alpha}, \boldsymbol{X}^{(0)}] = \lambda[\boldsymbol{\alpha}\boldsymbol{\phi}(\lambda), \boldsymbol{X}^{(0)}] < +\infty, & \text{与 } \lambda>0 \text{ 无关}, \\ \bar{\sigma}^{(0)} \equiv \lambda[\bar{\boldsymbol{\eta}}(\lambda), \boldsymbol{X}^{(0)}] < +\infty, & \text{与 } \lambda>0 \text{ 无关}\end{cases} \tag{4}$$

取常数 C 满足

$$C \geqslant [\boldsymbol{\alpha}, \boldsymbol{X}^{(0)}] + \bar{\sigma}^{(0)} + [\boldsymbol{\alpha}, \bar{\boldsymbol{Y}}] + \bar{V}, \tag{5}$$

或取常数 C' 满足

$$C' \geqslant 0. \tag{6}$$

最后令

$$\psi_{ij}(\lambda) = \phi_{ij}(\lambda) + \bar{X}_i(\lambda) m_\lambda \eta_j(\lambda), \tag{7}$$

其中

$$\begin{aligned} m_\lambda &= (C + \lambda[\boldsymbol{\eta}(\lambda), \bar{\boldsymbol{X}}])^{-1} \\ &= (C + [\boldsymbol{\alpha}, \bar{\boldsymbol{X}} - \bar{\boldsymbol{X}}(\lambda)] + \lambda[\bar{\boldsymbol{\eta}}(\lambda), \bar{\boldsymbol{X}}])^{-1} \end{aligned} \tag{7_1}$$

或者

$$m_\lambda = \left(C' + [\boldsymbol{\alpha}, \mathbf{1} - \bar{\boldsymbol{X}}(\lambda)] + \lambda[\bar{\boldsymbol{\eta}}(\lambda), \mathbf{1}] + \sum_{a\in H} \bar{\eta}_a(\lambda) d_a\right)^{-1}. \tag{7_2}$$

(ii) $\boldsymbol{\psi}(\lambda)$ 为诚实的充分必要条件是

$$Q \text{ 保守，且 } [\boldsymbol{\alpha}, \boldsymbol{X}^{(0)}] + \bar{\sigma}^{(0)} = C \tag{8}$$

或者

$$Q \text{ 保守，且 } C' = 0. \tag{8_1}$$

$\boldsymbol{\psi}(\lambda)$ 必定是 B 型的. $\boldsymbol{\psi}(\lambda)$ 是 F 型的充分必要条件是 $\boldsymbol{\alpha} = \mathbf{0}$.

当 $m^+ = 1$ 时，上面的 Q 预解矩阵（7）已经穷尽了所有的非最小的 B 型 Q 预解矩阵. 当 Q 保守且 $m^+ = 1$ 时，上面的 Q 预解矩阵（7）已穷尽了所有的非最小的 Q 预解矩阵.

证 依 $\boldsymbol{\phi}(\lambda)$ 的最小性及§2.7中（17），由（1）确定的 $\boldsymbol{\psi}(\lambda)$ 的范条件等价于

$$\boldsymbol{F}(\lambda)\geqslant 0,\ \overline{\boldsymbol{X}}(\lambda)\lambda[\boldsymbol{F}(\lambda),\ \boldsymbol{1}]\leqslant\overline{\boldsymbol{X}}(\lambda)+\overline{\boldsymbol{Y}}(\lambda), \tag{9}$$

而且，当且仅当（9）的第2式中等号成立时，$\boldsymbol{\psi}(\lambda)$ 是诚实的. 由§2.6中（11）和§2.7中（17），有

$$\overline{\boldsymbol{Y}}(\lambda)=\boldsymbol{\phi}(\lambda)\boldsymbol{d}=\sum_{n=0}^{+\infty}\boldsymbol{\Pi}^n(\lambda)(\lambda\boldsymbol{I}+\boldsymbol{q})^{-1}\boldsymbol{d}\leqslant 1. \tag{10}$$

故当 $n\to+\infty$ 时

$$\boldsymbol{\Pi}^n(\lambda)\overline{\boldsymbol{Y}}(\lambda)=\sum_{k=n}^{+\infty}\boldsymbol{\Pi}^k(\lambda)(\lambda\boldsymbol{I}+\boldsymbol{q})^{-1}\boldsymbol{d}\to 0. \tag{11}$$

（9）的两边均乘 $\boldsymbol{\Pi}^n(\lambda)$ 后，对得到的公式取极限，我们有

$$\overline{\boldsymbol{X}}(\lambda)\lambda[\boldsymbol{F}(\lambda),\ \boldsymbol{1}]\leqslant\overline{\boldsymbol{X}}(\lambda),$$

从而 $\lambda[\boldsymbol{F}(\lambda),\ \boldsymbol{1}]\leqslant 1$. 于是，范条件等价于

$$\boldsymbol{F}(\lambda)\geqslant\boldsymbol{0},\ \lambda[\boldsymbol{F}(\lambda),\ \boldsymbol{1}]\leqslant 1. \tag{12}$$

$\boldsymbol{\psi}(\lambda)$ 是诚实的当且仅当

$$Q\text{ 保守，且 }\lambda[\boldsymbol{F}(\lambda),\ \boldsymbol{1}]=1. \tag{13}$$

由于 $\boldsymbol{\phi}(\lambda)$ 满足预解方程，将（1）中的 $\boldsymbol{\psi}(\lambda)$ 代入 $\boldsymbol{\psi}(\lambda)$ 的预解方程后并注意（$\overline{\boldsymbol{X}}(\lambda)$，$\lambda>0$）是流出族，得出：$\boldsymbol{\psi}(\lambda)$ 的预解方程等价于

$$\boldsymbol{F}(\lambda)\boldsymbol{A}(\lambda,\ \nu)=\{1+(\nu-\lambda)[\boldsymbol{F}(\lambda),\ \overline{\boldsymbol{X}}(\nu)]\}\boldsymbol{F}(\nu). \tag{14}$$

由§2.7中（12），上述等式等价于

$$\boldsymbol{F}(\lambda)=\{1+(\nu-\lambda)[\boldsymbol{F}(\lambda),\ \overline{\boldsymbol{X}}(\nu)]\}\boldsymbol{F}(\nu)\boldsymbol{A}(\nu,\ \lambda). \tag{15}$$

如果对某个 $\nu>0$ 有 $\boldsymbol{F}(\nu)=\boldsymbol{0}$. 那么由（15），有 $\boldsymbol{F}(\lambda)=\boldsymbol{0}$ 对一切 $\lambda>0$. 于是 $\boldsymbol{\psi}(\lambda)=\boldsymbol{\phi}(\lambda)$.

设对一切 $\nu>0$ 有 $\boldsymbol{F}(\nu)\neq\boldsymbol{0}$. 考虑到事实：

$$\lambda[\boldsymbol{F}(\lambda),\ \overline{\boldsymbol{X}}(\nu)]\leqslant\lambda[\boldsymbol{F}(\lambda),\ \boldsymbol{1}]\leqslant 1,$$

故

$$1+(\nu-\lambda)[\boldsymbol{F}(\lambda),\ \overline{\boldsymbol{X}}(\nu)]>0.$$

从(15)知 $\boldsymbol{F}(\nu)\boldsymbol{A}(\nu,\lambda)\geqslant\boldsymbol{0}$，且$\neq\boldsymbol{0}$.

于是，如果固定一个 $\nu>0$，并令 $\boldsymbol{\eta}(\lambda)=\boldsymbol{F}(\nu)\boldsymbol{A}(\nu,\lambda)$，那么（$\boldsymbol{\eta}(\lambda)$，$\lambda>0$）是一个流入族. 从而（15）等价于

$$\boldsymbol{F}(\lambda)=m_\lambda\boldsymbol{\eta}(\lambda),\ m_\lambda>0,\ \boldsymbol{\eta}(\lambda)\neq\boldsymbol{0},\tag{16}$$

其中数量 m_λ 满足

$$m_\lambda=m_\nu+(\nu-\lambda)m_\lambda[\boldsymbol{\eta}(\lambda),\ \bar{\boldsymbol{X}}(\nu)]m_\nu,\tag{17}$$

而（$\boldsymbol{\eta}(\lambda)$，$\lambda>0$）是非零流入族. 按照§2.8 中定理 1，$\boldsymbol{\eta}(\lambda)$ 具有表现（2）. 从而依§2.8 中（32），

$$\begin{aligned}\lambda[\boldsymbol{\eta}(\lambda),\ \boldsymbol{X}^{(a)}]&=\lambda[\boldsymbol{\alpha\phi}(\lambda),\ \boldsymbol{X}^{(a)}]+\lambda[\bar{\boldsymbol{\eta}}(\lambda),\ \boldsymbol{X}^{(a)}]\\&=[\boldsymbol{\alpha}\lambda\boldsymbol{\phi}(\lambda)\boldsymbol{X}^{(a)}]+\bar{V}_\lambda^{(a)}\\&=[\boldsymbol{\alpha},\ \boldsymbol{X}^{(a)}-\boldsymbol{X}^{(a)}(\lambda)]+\bar{V}_\lambda^{(a)}\uparrow[\boldsymbol{\alpha},\ \boldsymbol{X}^{(a)}]+\bar{V}^{(a)}\\&=V^{(a)}<+\infty,\ \lambda\uparrow+\infty.\end{aligned}$$

于是当 H 为空集或有限集时，(2_1）是成立的.

用 $m_\lambda m_\nu$ 除（17）两边得

$$m_\nu^{-1}=m_\nu^{-1}+(\nu-\lambda)[\boldsymbol{\eta}(\lambda),\ \bar{\boldsymbol{X}}(\nu)].\tag{18}$$

但依§2.8 中（30），有

$$(\nu-\lambda)[\boldsymbol{\eta}(\lambda),\ \bar{\boldsymbol{X}}(\nu)]=\nu[\boldsymbol{\eta}(\nu),\ \bar{\boldsymbol{X}}]-\lambda[\boldsymbol{\eta}(\lambda),\ \bar{\boldsymbol{X}}].\tag{19}$$

故（18）成为

$$m_\lambda^{-1}-\lambda[\boldsymbol{\eta}(\lambda),\ \bar{\boldsymbol{X}}]=C\ (\text{常数}).\tag{20}$$

于是，依§2.8 中（14），

$$\begin{aligned}m_\lambda^{-1}&=C+\lambda[\boldsymbol{\eta}(\lambda),\ \bar{\boldsymbol{X}}]\\&=C+\lambda[\boldsymbol{\alpha\phi}(\lambda),\bar{\boldsymbol{X}}]+\lambda[\bar{\boldsymbol{\eta}}(\lambda),\ \bar{\boldsymbol{X}}]\\&=C+[\boldsymbol{\alpha},\ \lambda\boldsymbol{\phi}(\lambda)\bar{\boldsymbol{X}}]+\lambda[\bar{\boldsymbol{\eta}}(\lambda),\bar{\boldsymbol{X}}]\\&=C+[\boldsymbol{\alpha},\ \bar{\boldsymbol{X}}-\bar{\boldsymbol{X}}(\lambda)]+\lambda[\bar{\boldsymbol{\eta}}(\lambda),\ \bar{\boldsymbol{X}}].\end{aligned}\tag{21}$$

而且，从（17）到（21）的每一步推导都是可逆的. 从（21）得（7_1）.

将（16）和（21）代入（12）得

$$\lambda[\boldsymbol{\eta}(\lambda),\ \mathbf{1}-\bar{\boldsymbol{X}}]\leqslant C. \tag{22}$$

然而，由（18）（19）（12）和（14），以及§2.8中引理4，我们有

$$\begin{aligned}
\lambda[\boldsymbol{\eta}(\lambda),\ \mathbf{1}-\bar{\boldsymbol{X}}] &= \lambda[\boldsymbol{\eta}(\lambda),\ \boldsymbol{X}^{(0)}+\bar{\boldsymbol{Y}}] \\
&= \lambda[\boldsymbol{\alpha\phi}(\lambda),\ \boldsymbol{X}^{(0)}]+\lambda[\bar{\boldsymbol{\eta}}(\lambda),\ \boldsymbol{X}^{(0)}]+ \\
&\quad \lambda[\boldsymbol{\alpha\phi}(\lambda),\ \bar{\boldsymbol{Y}}]+\lambda[\bar{\boldsymbol{\eta}}(\lambda),\ \bar{\boldsymbol{Y}}] \\
&= [\boldsymbol{\alpha},\ \lambda\boldsymbol{\phi}(\lambda)\boldsymbol{X}^{(0)}]+\bar{\sigma}^{(0)}+[\boldsymbol{\alpha},\ \lambda\boldsymbol{\phi}(\lambda)\bar{\boldsymbol{Y}}]+ \\
&\quad \lambda[\bar{\boldsymbol{\eta}}(\lambda),\ \bar{\boldsymbol{Y}}] \\
&= [\boldsymbol{\alpha},\ \boldsymbol{X}^{(0)}]+\bar{\sigma}^{(0)}+[\boldsymbol{\alpha},\ \bar{\boldsymbol{Y}}-\bar{\boldsymbol{Y}}(\lambda)]+ \\
&\quad \bar{V}_\lambda \uparrow [\boldsymbol{\alpha},\ \boldsymbol{X}^{(0)}]+\bar{\sigma}^{(0)}+[\boldsymbol{\alpha},\ \bar{\boldsymbol{Y}}]+\bar{V},\ \lambda\uparrow+\infty,
\end{aligned} \tag{23}$$

上式最后一步骤是由于§2.8中（27）和（32）. 因

$$[\boldsymbol{\alpha},\ \boldsymbol{X}^{(0)}]+\bar{\sigma}^{(0)}=\lambda[\boldsymbol{\eta}(\lambda),\boldsymbol{X}^{(0)}]<+\infty,$$

故从（22）知（2_1）和（5）成立. 而（13）化为（8）. 用（$\lambda\boldsymbol{I}-\boldsymbol{Q}$）右乘（7）两边，我们得 $\boldsymbol{\psi}(\lambda)$ 的 F 条件成立当且仅当 $\boldsymbol{\alpha}=\mathbf{0}$. 定理的最后一段的结论（iv）是显然的.

剩下要证（6）（7_2）和（8_1）. 令

$$C'=C-\{[\boldsymbol{\alpha},\ \boldsymbol{X}^{(0)}]+\bar{\sigma}^{(0)}+[\boldsymbol{\alpha},\ \bar{\boldsymbol{Y}}]+\bar{V}\}. \tag{23_1}$$

则由（5）得（6）. 由（7_1）得

$$m_\lambda^{-1}=C'+[\boldsymbol{\alpha},\ \boldsymbol{X}^{(0)}]+\bar{\sigma}^{(0)}+[\boldsymbol{\alpha},\ \boldsymbol{Y}]+\bar{V}+\lambda[\boldsymbol{\eta}(\lambda),\ \bar{\boldsymbol{X}}].$$

由（23）知

$$\lambda[\boldsymbol{\eta}(\lambda),\ \bar{\boldsymbol{X}}]=\lambda[\boldsymbol{\eta}(\lambda),\ \mathbf{1}]-\{[\boldsymbol{\alpha},\ \boldsymbol{X}^{(0)}]+\bar{\sigma}^{(0)}+[\boldsymbol{\alpha},\ \bar{\boldsymbol{Y}}-\bar{\boldsymbol{Y}}(\lambda)]+\bar{V}_\lambda\},$$

而由（6），$\bar{V}-\bar{V}_\lambda=\sum\limits_{a\in H}(\bar{V}^{(a)}-\bar{V}_\lambda^{(a)})=\sum\limits_{a\in H}\bar{\eta}_a(\lambda)d_a$，又

$$\begin{aligned}
\lambda[\boldsymbol{\eta}(\lambda),\ \mathbf{1}] &= \lambda[\boldsymbol{\alpha\phi}(\lambda),\ \mathbf{1}]+\lambda[\bar{\boldsymbol{\eta}}(\lambda),\ \mathbf{1}] \\
&= [\boldsymbol{\alpha},\ \boldsymbol{\lambda\phi}(\lambda)\mathbf{1}]+\lambda[\bar{\boldsymbol{\eta}}(\lambda),\ \mathbf{1}] \\
&= [\boldsymbol{\alpha},\ \mathbf{1}-\bar{\boldsymbol{X}}(\lambda)-\bar{\boldsymbol{Y}}(\lambda)]+\lambda[\bar{\boldsymbol{\eta}}(\lambda),\ \mathbf{1}].
\end{aligned}$$

于是

$$m_\lambda^{-1}=C'+[\boldsymbol{\alpha},\ \mathbf{1}-\bar{\boldsymbol{X}}(\lambda)]+\lambda[\bar{\boldsymbol{\eta}}(\lambda),\ \mathbf{1}]+\sum_{a\in H}\eta_a(\lambda)d_a.$$

从而得 (7_2). ■

在定理 1 的证明中，如果将 (1) 中的 ($\bar{\boldsymbol{X}}(\lambda)$, $\lambda>0$) 用任何非零的调和流出族 ($\boldsymbol{\xi}(\lambda)$, $\lambda>0$) 代替，定理 1 稍作修改，仍然有效.

定理 2　设 $m^+>0$, ($\boldsymbol{\xi}(\lambda)$, $\lambda>0$) 是非零的调和流出族，其标准映像 $\boldsymbol{\xi}\leqslant\bar{\boldsymbol{X}}$.

(i) 为使由

$$\psi_{ij}(\lambda)=\phi_{ij}(\lambda)+\bar{\xi}_i(\lambda)F_j(\lambda) \tag{24}$$

确定的 $\boldsymbol{\psi}(\lambda)=\{\psi_{ij}(\lambda)\}$ 是一个 $\boldsymbol{Q}$ 预解矩阵，必须而且只需或者 $\boldsymbol{\psi}(\lambda)=\boldsymbol{\phi}(\lambda)$, 或者 $\boldsymbol{\psi}(\lambda)$ 可如下得到：取行向量 $\boldsymbol{\alpha}\geqslant\mathbf{0}$ 使 $\boldsymbol{\alpha\phi}(\lambda)\in l$ 对某个（从而一切）$\lambda>0$; 取调和流入族 ($\bar{\boldsymbol{\eta}}(\lambda)$, $\lambda>0$) 使 (2) 成立，而且使

$$[\boldsymbol{\alpha},\ \bar{\boldsymbol{X}}-\boldsymbol{\xi}]+W+[\boldsymbol{\alpha},\ \bar{\boldsymbol{Y}}]+\bar{V}<+\infty. \tag{25}$$

当 H 为空集或有限集时，必有 $[\boldsymbol{\alpha},\ \bar{\boldsymbol{Y}}]+\bar{V}<+\infty$. 这里，$X^{(0)}$, $\boldsymbol{X}^{(a)}(a\in H)$, $\bar{\boldsymbol{X}}$, $\bar{\boldsymbol{Y}}$ 等在 § 2.8 中确定，$\bar{V}$ 由 (3) (4) 确定，而 W 由

$$W_\lambda\equiv\lambda[\bar{\boldsymbol{\eta}}(\lambda),\ \bar{\boldsymbol{X}}-\boldsymbol{\xi}]\uparrow W,\ \lambda\uparrow+\infty. \tag{25$_1$}$$

确定；取常数 C 满足

$$C\geqslant[\boldsymbol{\alpha},\ \boldsymbol{X}^{(0)}]+\bar{\sigma}^{(0)}+[\boldsymbol{\alpha},\ \bar{\boldsymbol{X}}-\boldsymbol{\xi}]+W+[\boldsymbol{\alpha},\ \bar{\boldsymbol{Y}}]+\bar{V}, \tag{26}$$

或者取常数 C' 满足

$$C'\geqslant 0. \tag{26$_1$}$$

最后令

$$\psi_{ij}(\lambda)=\phi_{ij}(\lambda)+\bar{\xi}_i(\lambda)m_\lambda\eta_j(\lambda), \tag{27}$$

其中

$$m_\lambda=(C+\lambda[\boldsymbol{\eta}(\lambda),\ \boldsymbol{\xi}])^{-1}$$

$$=(C+[\boldsymbol{\alpha},\boldsymbol{\xi}-\boldsymbol{\xi}(\lambda)]+\lambda[\bar{\boldsymbol{\eta}}(\lambda),\ \boldsymbol{\xi}])^{-1},\qquad (27_1)$$

或者

$$m_\lambda=\left(C'+[\boldsymbol{\alpha},\ \mathbf{1}-\boldsymbol{\xi}(\lambda)]+\lambda[\bar{\boldsymbol{\eta}}(\lambda),\ \mathbf{1}]+\right.$$

$$\left.(W-W_\lambda)+\sum_{a\in H}\bar{\eta}_a(\lambda)d_a\right)^{-1}.\qquad (27_2)$$

(ii) $\boldsymbol{\psi}(\lambda)$ 是 B 型的；$\boldsymbol{\psi}(\lambda)$ 为 F 型的充分必要条件是 $\boldsymbol{\alpha}=\boldsymbol{0}$；$\boldsymbol{\psi}(\lambda)$ 为诚实的充分必要条件是

$$Q\text{ 保守},\ \boldsymbol{\xi}=\bar{\boldsymbol{X}},\ \text{且 } C=[\boldsymbol{\alpha},\ \boldsymbol{X}^{(0)}]+\bar{\sigma}^{(0)},\qquad (28)$$

或者

$$Q\text{ 保守},\ \boldsymbol{\xi}=\bar{\boldsymbol{X}},\ \text{且 } C'=0.\qquad (28_1)$$

（二）单非保守零流出时 Q 预解矩阵的构造

假定 Q 非保守. 令

$$\boldsymbol{Z}(\lambda)=\mathbf{1}-\lambda\boldsymbol{\phi}(\lambda)\mathbf{1}=\bar{\boldsymbol{X}}(\lambda)+\bar{\boldsymbol{Y}}(\lambda).\qquad (29)$$

§2.8 中引理 2 指出，$(\boldsymbol{Z}(\lambda),\ \lambda>0)$ 是流出族，其标准映像是

$$\boldsymbol{Z}=\bar{\boldsymbol{X}}+\bar{\boldsymbol{Y}}=\mathbf{1}-\boldsymbol{X}^{(0)}.\qquad (30)$$

我们将决定 $\boldsymbol{F}(\lambda)$，使按

$$\psi_{ij}(\lambda)=\phi_{ij}(\lambda)+Z_i(\lambda)F_j(\lambda)\qquad (31)$$

确定的 $\boldsymbol{\psi}(\lambda)=(\psi_{ij}(\lambda))$ 是一个 $\boldsymbol{Q}$ 预解矩阵. 由于 $\boldsymbol{Z}(\lambda)\notin\mu_\lambda^+$，故对 $\boldsymbol{\psi}(\lambda)$ 的 B 条件不成立. 因此，除了考虑 $\boldsymbol{\psi}(\lambda)$ 的范条件和预解方程外，还要考虑 Q 条件.

定理 3 (i) 为使按 (31) 确定的 $\boldsymbol{\psi}(\lambda)$ 是一个非最小的 $\boldsymbol{Q}$ 预解矩阵，充分必要条件是 $\boldsymbol{\psi}(\lambda)$ 可以如下得到：取行向量 $\boldsymbol{\alpha}\geqslant\boldsymbol{0}$ 使 $\boldsymbol{\alpha}\boldsymbol{\phi}(\lambda)\in l$ 对某个（从而一切）$\lambda>0$；然后取调和流入族 $(\bar{\boldsymbol{\eta}}(\lambda),\ \lambda>0)$ 使 (2) 成立，且满足

$$[\boldsymbol{\alpha},\ \boldsymbol{Z}]+U=+\infty,\ \boldsymbol{\alpha}\neq\boldsymbol{0},\qquad (32)$$

或等价地

$$[\boldsymbol{\alpha},\ \mathbf{1}]+T=+\infty,\ \boldsymbol{\alpha}\neq\boldsymbol{0}.\qquad (33)$$

这里

$$U_\lambda=\lambda[\bar{\boldsymbol{\eta}}(\lambda),\ \boldsymbol{Z}]\uparrow U,\ \lambda\uparrow+\infty, \tag{34}$$

$$T_\lambda=\lambda[\bar{\boldsymbol{\eta}}(\lambda),\ \mathbf{1}]\uparrow T,\ \lambda\uparrow+\infty; \tag{35}$$

取常数 C 满足

$$C\geqslant[\boldsymbol{\alpha},\ \boldsymbol{X}^{(0)}]+\bar{\sigma}^{(0)}, \tag{36}$$

其中 $\bar{\sigma}$ 由（4）确定；或者取常数 C'满足

$$C'\geqslant 0. \tag{36_1}$$

最后，令

$$\psi_{ij}(\lambda)=\phi_{ij}(\lambda)+Z_i(\lambda)m_\lambda\eta_j(\lambda), \tag{37}$$

其中

$$\begin{aligned}m_\lambda&=(C+\lambda[\boldsymbol{\eta}(\lambda),\ \boldsymbol{Z}])^{-1}\\&=(C+[\boldsymbol{\alpha},\ \boldsymbol{Z}-\boldsymbol{Z}(\lambda)]+\lambda[\bar{\boldsymbol{\eta}}(\lambda),\ \boldsymbol{Z}])^{-1},\end{aligned} \tag{37_1}$$

或

$$m_\lambda=(C'+[\boldsymbol{\alpha},\ \mathbf{1}-\boldsymbol{Z}(\lambda)]+\lambda[\bar{\boldsymbol{\eta}}(\lambda),\ \mathbf{1}])^{-1}. \tag{37_2}$$

（ii）$\boldsymbol{\psi}(\lambda)$ 是 B 型的；$\boldsymbol{\psi}(\lambda)$ 是 F 型的当且仅当 $\boldsymbol{\alpha}=\boldsymbol{0}$；$\boldsymbol{\psi}(\lambda)$ 诚实的充分必要条件是

$$C=[\boldsymbol{\alpha},\ \boldsymbol{X}^{(0)}]+\bar{\sigma}^{(0)}, \tag{38}$$

或者

$$C'=0. \tag{38_1}$$

证　与定理 1 的证明类似. 为使（31）中的 $\boldsymbol{\psi}(\lambda)$ 满足范条件和预解方程，并且 $\boldsymbol{\psi}(\lambda)$ 不是最小解 $\boldsymbol{\phi}(\lambda)$，必须而且只需（16）成立，其中 $\boldsymbol{\eta}(\lambda)$ 有表现（2），而 m_λ 由（21）决定（用 $\boldsymbol{Z}$ 和 $\boldsymbol{Z}(\lambda)$ 分别代替（21）中的 $\bar{\boldsymbol{X}}$ 和 $\bar{\boldsymbol{X}}(\lambda)$）即

$$\begin{aligned}m_\lambda&=(C+\lambda[\boldsymbol{\eta}(\lambda),\ \boldsymbol{Z}])^{-1}\\&=(C+[\boldsymbol{\alpha},\ \boldsymbol{Z}-\boldsymbol{Z}(\lambda)]+\lambda[\bar{\boldsymbol{\eta}}(\lambda),\ \boldsymbol{Z}])^{-1}.\end{aligned} \tag{39}$$

将（39）代入范条件（12）中产生

$$C\geqslant\lambda[\boldsymbol{\eta}(\lambda),\ \mathbf{1}-\boldsymbol{Z}]. \tag{40}$$

但是

$$\lambda[\boldsymbol{\eta}(\lambda),\ \mathbf{1}-\boldsymbol{Z}]=\lambda[\boldsymbol{\eta}(\lambda),\ \boldsymbol{X}^{(0)}]=[\boldsymbol{\alpha},\ \boldsymbol{X}^{(0)}]+\bar{\sigma}^{(0)}. \tag{41}$$

故（40）成为（36）.

为使（31）中的 $\boldsymbol{\psi}(\lambda)$ 是一个 Q 预解矩阵，我们还需验证 Q 条件，即

$$\lim_{\lambda\to+\infty}\lambda Z_i(\lambda)(C+\lambda[\boldsymbol{\eta}(\lambda),\ \boldsymbol{Z}])^{-1}\lambda\eta_j(\lambda)=0. \tag{42}$$

依§2.8中定理1及其系，我们有

$$\boldsymbol{Z}(\lambda)\downarrow 0,\ \lambda\boldsymbol{Z}(\lambda)\to\boldsymbol{d},\ \lambda\boldsymbol{\eta}(\lambda)\to\boldsymbol{\alpha},\ \lambda\uparrow+\infty. \tag{43}$$

从而

$$\begin{aligned}\lambda[\boldsymbol{\eta}(\lambda),\ \boldsymbol{Z}]&=[\boldsymbol{\alpha},\ \boldsymbol{Z}-\boldsymbol{Z}(\lambda)]+\lambda[\bar{\boldsymbol{\eta}}(\lambda),\ \boldsymbol{Z}]\\&\uparrow[\boldsymbol{\alpha},\ \boldsymbol{Z}]+U,\ \lambda\uparrow+\infty.\end{aligned} \tag{44}$$

于是（42）成为

$$\frac{d_i\boldsymbol{\alpha}_j}{C+[\boldsymbol{\alpha},\ \boldsymbol{Z}]+U}=0, \tag{45}$$

此等价于（32）. 因 $\boldsymbol{Z}=\mathbf{1}-\boldsymbol{X}^{(0)}$，从§2.8中（29）得出

$$\sigma^{(0)}=\lambda[\boldsymbol{\eta}(\lambda),\ \boldsymbol{X}^{(0)}]=[\boldsymbol{\alpha},\ \boldsymbol{X}^{(0)}]+\bar{\sigma}^{(0)}<+\infty. \tag{46}$$

故（32）等价于（33）.

此外，令 $C'=C-([\boldsymbol{\alpha},\ \boldsymbol{X}^{(0)}]+\bar{\sigma}^{(0)})$，（36）化为（$36_1$），（$37_1$）化为（$37_2$）. ■

注意 如果 Q 非保守且非零流入，那么我们可在定理3中取 $\boldsymbol{\alpha}=\mathbf{0}$ 和非零的调和流入族（$\bar{\boldsymbol{\eta}}(\lambda)$，$\lambda>0$）. 因而，定理3中的非最小的 Q 预解矩阵 $\boldsymbol{\psi}(\lambda)$ 是存在的. 如果 Q 非保守且零流入，那么为使定理3中的非最小的 Q 预解矩阵 $\boldsymbol{\psi}(\lambda)$ 存在，必须而且只需：存在 $\boldsymbol{\alpha}\geqslant\mathbf{0}$ 使 $\boldsymbol{\alpha\phi}(\lambda)\in l$，且 $[\boldsymbol{\alpha},\ \mathbf{1}]=+\infty$. 这个条件可由下面的引理给出.

引理1 存在行向量 $\boldsymbol{\alpha}\geqslant\mathbf{0}$ 使 $\boldsymbol{\alpha\phi}(\lambda)\in l$ 对某个（从而一切）$\lambda>0$，且 $[\boldsymbol{\alpha},\ \mathbf{1}]=+\infty$ 的充分必要条件是：对某个（从而一

切）$\lambda>0$，有

$$\inf_i \lambda \sum_j \phi_{ij}(\lambda)=0,\ \lambda>0. \tag{47}$$

证　设存在一个 $\boldsymbol{\alpha}\geqslant\mathbf{0}$ 使 $\boldsymbol{\alpha\phi}(\lambda)\in l$ 且 $[\boldsymbol{\alpha},\ \mathbf{1}]=+\infty$. 从 §2.7 中（11）和（14）看出，$\boldsymbol{\alpha\phi}(\lambda)\in l$ 对某个 $\lambda>0$，则必对一切 $\lambda>0$ 成立. 因为

$$\lambda[\boldsymbol{\alpha\phi}(\lambda),\ \mathbf{1}]=[\boldsymbol{\alpha},\ \lambda\boldsymbol{\phi}(\lambda)\mathbf{1}]\geqslant[\boldsymbol{\alpha},\ \mathbf{1}]\inf_i \lambda \sum_j \phi_{ij}(\lambda),$$

故（47）成立.

设（47）成立. 因 $\lambda\phi_{ii}(\lambda)>0$，故 $\lambda \sum\limits_j \phi_{ij}(\lambda)>0$. 于是从（47）知，存在不同的 $i_k\in E$，$k\in\mathbf{N}$，使

$$\lambda \sum_j \phi_{i_k j}(\lambda)<2^{-k}. \tag{48}$$

取

$$\boldsymbol{\alpha}_j=\begin{cases}1, & j\in\ \{i_1,\ i_2,\ \cdots\},\\ 0, & j\notin\ \{i_1,\ i_2,\ \cdots\},\end{cases} \tag{49}$$

则

$$\lambda[\boldsymbol{\alpha\phi}(\lambda),\ \mathbf{1}]=[\boldsymbol{\alpha},\ \lambda\boldsymbol{\phi}(\lambda)\mathbf{1}]<\sum_{k=1}^{+\infty}2^{-k}=1,$$

$$[\boldsymbol{\alpha},\ \mathbf{1}]=\sum_{k=1}^{+\infty}\boldsymbol{\alpha}_{i_k}\sum_{k=1}^{+\infty}\mathbf{1}=+\infty.\quad\blacksquare$$

依（29），条件（47）等价于

$$\sup_i Z_i(\lambda)=1. \tag{50}$$

如果 $\bar{\mathbf{X}}(\lambda)\neq 0$，那么依 §2.7 中引理 7，（50）是成立的. 如果 $\bar{\mathbf{X}}(\lambda)\neq 0$，那么（50）成为

$$\sup_i \bar{Y}_i(\lambda)=1. \tag{51}$$

如果 Q 是单非保守的，即 H 仅含一个状态 a，那么（51）成为

$$\sup_i X_i^{(a)}(\lambda)=1, \tag{52}$$

或等价地

$$\sup_i \phi_{ia}(\lambda)=\frac{1}{d_a}. \tag{53}$$

定理4 设Q只有一个非保守状态a. 且是零流出的，此时

$$Z_i(\lambda)=\phi_{ia}(\lambda)d_a,\ Z_i=\Gamma_{ia}d_a=1-X_i^{(0)}, \tag{54}$$

其中Γ由§2.8中（6）决定.

(i) 如果Q是零流入的且

$$\sup_i \phi_{ia}(\lambda)<\frac{1}{d_a}, \tag{55}$$

那么$\boldsymbol{Q}$预解矩阵是唯一的.

(ii) 如果Q不是零流入的，或者Q是零流入的且（53）成立，那么$\boldsymbol{Q}$预解矩阵不唯一，且所有的非最小的$\boldsymbol{Q}$预解矩阵可以按定理3中的方式得到.

证 只需注意：当Q是零流出且单非保守时，依§2.9中定理1，每个$\boldsymbol{Q}$预解矩阵$\boldsymbol{\psi}(\lambda)$必定具有形式（31）.

（三）单流入时$\boldsymbol{F}$型$\boldsymbol{Q}$预解矩阵的构造

本节中，我们不要求Q必须保守，但我们假定最小解$\boldsymbol{\phi}(\lambda)$不诚实，且$n^+>0$即$Q$是非零流入的. 此时，我们可以选取非零的调和流入族（$\bar{\boldsymbol{\eta}}(\lambda)$，$\lambda>0$）. 如果$\boldsymbol{Q}$预解矩阵$\boldsymbol{\psi}(\lambda)$具有形式

$$\psi_{ij}(\lambda)=\phi_{ij}(\lambda)+F_i(\lambda)\eta_j(\lambda), \tag{56}$$

那么$\boldsymbol{\psi}(\lambda)$必定是$F$型的. 反之，如果$n^+=1$，即$Q$是单流入的，那么任意的$F$型$\boldsymbol{Q}$预解矩阵$\boldsymbol{\psi}(\lambda)$必定具有形式（56）. 我们将在条件$n^+>0$下决定$\boldsymbol{F}(\lambda)$，使得（56）中的$\boldsymbol{\psi}(\lambda)$是一个$\boldsymbol{Q}$预解矩阵. 因为（56）中的$\boldsymbol{\psi}(\lambda)$满足$F$条件，$\boldsymbol{\psi}(\lambda)$必定是$F$型的. 于是，我们只需考虑范条件和预解方程.

定理5 设最小$\boldsymbol{Q}$预解矩阵$\boldsymbol{\phi}(\lambda)$不诚实，且$Q$是非零流入的.

(i) 为使（56）中的$\boldsymbol{\psi}(\lambda)$是$\boldsymbol{Q}$预解矩阵，充分必要条件是：或者$\boldsymbol{\psi}(\lambda)=\boldsymbol{\phi}(\lambda)$，或者$\boldsymbol{\psi}(\lambda)$可如下得到：取非负常数$\delta$

及调和流出族（$\boldsymbol{\xi}(\lambda)$，$\lambda>0$），其标准映像 $\boldsymbol{\xi}\leqslant\mathbf{1}$. 进一步要求 $\bar{\boldsymbol{\xi}}(\lambda)=0$ 如 $\delta=0$，$\sup_i \bar{\xi}_i(\lambda)=1$ 如 $\delta>0$. 如果 Q 是非保守的，对每个 $a\in H$，取常数 $\beta^{(a)}\geqslant 0$ 使得 $\sum_{a\in H}\beta^{(a)}\boldsymbol{X}^{(a)}(\lambda)\in m$，并且还满足

$$\boldsymbol{\xi}(\lambda)=\sum_{a\in H}\beta^{(a)}\boldsymbol{X}^{(a)}(\lambda)+\delta\bar{\boldsymbol{\xi}}(\lambda)\neq\mathbf{0}, \tag{57}$$

$$\lambda[\bar{\boldsymbol{\eta}}(\lambda),\ \boldsymbol{\xi}]<+\infty,\ \lambda>0. \tag{57$_1$}$$

$$\bar{W}_\lambda\equiv\lambda[\bar{\boldsymbol{\eta}}(\lambda),\ \bar{\boldsymbol{X}}-K\delta\bar{\boldsymbol{\xi}}]\uparrow\bar{W}<+\infty,\ \lambda\uparrow+\infty; \tag{58}$$

其中

$$\boldsymbol{\xi}=\sum_{a\in H}\beta^{(a)}\boldsymbol{X}^{(a)}+\delta\bar{\boldsymbol{\xi}}\ (\neq\mathbf{0}), \tag{59}$$

$$K=\inf\left\{\frac{1}{\delta},\ \frac{1}{\beta^{(a)}},\ a\in H\right\}.\text{①} \tag{60}$$

其次，取常数 C 满足

$$\bar{\sigma}^{(0)}+\bar{W}+\sum_{a\in H}(1-K\beta^{(a)})\bar{V}^{(a)}\leqslant KC, \tag{61}$$

其中 $\bar{\sigma}^{(0)}$，$\bar{V}^{(a)}$ 由（4）（5）决定. 最后令

$$\begin{aligned}\psi_{ij}(\lambda)&=\phi_{ij}(\lambda)+\xi_i(\lambda)m_\lambda\bar{\eta}_j(\lambda)\\&=\phi_{ij}(\lambda)+\left\{\sum_{a\in H}\beta^{(a)}X_i^{(a)}(\lambda)+\delta\bar{\xi}_i(\lambda)\right\}m_\lambda\bar{\eta}_j(\lambda),\end{aligned} \tag{62}$$

其中

$$m_\lambda=\left(C+\sum_{a\in H}\beta^{(a)}\lambda[\bar{\boldsymbol{\eta}}(\lambda),\ \boldsymbol{X}^{(a)}]+\delta\lambda[\bar{\boldsymbol{\eta}}(\lambda),\ \bar{\boldsymbol{\xi}}]\right)^{-1}. \tag{62$_1$}$$

（ii）$\boldsymbol{\psi}(\lambda)$ 是诚实的充分必要条件是

$$\boldsymbol{\xi}=\bar{\boldsymbol{X}},\ \beta^{(a)}=\delta\ (a\in H),\ C=\delta\bar{\sigma}^{(0)}. \tag{63}$$

（iii）$\boldsymbol{\psi}(\lambda)$ 是 F 型的. $\boldsymbol{\psi}(\lambda)$ 是 B 型的当且仅当 $\beta^{(a)}=0$

---

① $\frac{1}{0}=+\infty$.

$(a\in H)$．当 $n^+=1$ 时，上面得到的 $\boldsymbol{Q}$ 预解矩阵已穷尽了一切 F 型的 $\boldsymbol{Q}$ 预解矩阵.

证 依 § 2.7 中（17），$\boldsymbol{\psi}(\lambda)$ 的范条件等价于

$$0\leqslant \boldsymbol{F}(\lambda),\ \boldsymbol{F}(\lambda)\lambda[\bar{\boldsymbol{\eta}}(\lambda),\ \boldsymbol{1}]\leqslant \bar{\boldsymbol{X}}(\lambda)+\bar{\boldsymbol{Y}}(\lambda). \tag{64}$$

类似于（14），$\boldsymbol{\psi}(\lambda)$ 的预解方程等价于

$$\boldsymbol{A}(\nu,\ \lambda)\boldsymbol{F}(\nu)=\boldsymbol{F}(\lambda)+(\lambda-\nu)\boldsymbol{F}(\lambda)[\bar{\boldsymbol{\eta}}(\lambda),\ \boldsymbol{F}(\nu)], \tag{65}$$

或等价地

$$\boldsymbol{F}(\nu)=\{1+(\lambda-\nu)[\bar{\boldsymbol{\eta}}(\lambda),\ \boldsymbol{F}(\nu)]\}\boldsymbol{A}(\lambda,\ \nu)\boldsymbol{F}(\lambda). \tag{66}$$

于是，如果对某个 $\lambda>0$ 有 $\boldsymbol{F}(\lambda)=\boldsymbol{0}$，那么对一切 $\lambda>0$ 有 $\boldsymbol{F}(\lambda)=\boldsymbol{0}$，因而 $\boldsymbol{\psi}(\lambda)=\boldsymbol{\phi}(\lambda)$．否则，（66）等价于

$$\boldsymbol{F}(\lambda)=m_\lambda\boldsymbol{\xi}(\lambda),\ m_\lambda>0,\ \boldsymbol{\xi}(\lambda)\neq\boldsymbol{0} \tag{67}$$

其中数量 m_λ 满足

$$m_\nu=m_\lambda\{1+(\lambda-\nu)[\bar{\boldsymbol{\eta}}(\lambda),\ \boldsymbol{\xi}(\nu)]m_\nu\}, \tag{68}$$

而 $\{\boldsymbol{\xi}(\lambda),\ \lambda>0\}$ 是非零的流出族．由于 § 2.8 中定理 1，$\boldsymbol{\xi}(\lambda)$ 有表现

$$\boldsymbol{\xi}(\lambda)=\boldsymbol{\phi}(\lambda)\boldsymbol{\beta}+\tilde{\boldsymbol{\xi}}(\lambda)\neq\boldsymbol{0}, \tag{69}$$

其中，列向量 $\boldsymbol{\beta}\geqslant\boldsymbol{0}$ 使对某个（从而一切）$\lambda>0$ 有 $\boldsymbol{\phi}(\lambda)\boldsymbol{\beta}\in m$，$(\tilde{\boldsymbol{\xi}}(\lambda),\ \lambda>0)$ 是调和流出族．由于 § 2.7 中引理 5～引理 7，易证 $\delta=\sup\limits_i\tilde{\xi}_i(\lambda)$ 不依赖于 $\lambda>0$．实际上，如 $\tilde{\boldsymbol{\xi}}(\lambda)=\boldsymbol{0}$ 对某个 $\lambda>0$，必定 $\tilde{\boldsymbol{\xi}}(\lambda)=\boldsymbol{0}$ 对一切 $\lambda>0$，此时 $\delta=0$；不然，$\boldsymbol{0}\neq\tilde{\boldsymbol{\xi}}(\lambda)\in m$，故 $0<\delta_\lambda=\sup\limits_i\tilde{\xi}_i(\lambda)<+\infty$，于是 $\delta_\lambda^{-1}\tilde{\boldsymbol{\xi}}(\lambda)\in\mu_\lambda^+(1)$．由 § 2.7 中引理 6，$\bar{\boldsymbol{X}}(\lambda)$ 是 $\mu_\lambda^+(1)$ 中最大者，故 $\bar{\boldsymbol{X}}(\lambda)-\delta_\lambda^{-1}\tilde{\boldsymbol{\xi}}(\lambda)\in\mu_\lambda^+$．依 § 2.7 中引理 5，

$$\boldsymbol{A}(\lambda,\ \nu)(\bar{\boldsymbol{X}}(\lambda)-\delta_\lambda^{-1}\tilde{\boldsymbol{\xi}}(\lambda))=(\bar{\boldsymbol{X}}(\nu)-\delta_\lambda^{-1}\tilde{\boldsymbol{\xi}}(\nu))\in\mu_\nu^+,$$

即 $\delta_\lambda^{-1}\tilde{\boldsymbol{\xi}}(\nu)\leqslant\bar{\boldsymbol{X}}(\nu)$，从而依 § 2.7 引理 7 有 $\delta_\lambda^{-1}\delta_\nu=\sup\limits_i(\delta_\lambda^{-1}\tilde{\xi}_i(\nu))\leqslant\sup\limits_i\bar{\boldsymbol{X}}(\nu)=1$，故 $\delta_\nu\leqslant\delta_\lambda$．类似 $\delta_\lambda\leqslant\delta_\nu$，从而 $\delta_\lambda=\delta_\nu$．这样，存在调和流出族 $(\tilde{\boldsymbol{\xi}}(\lambda),\ \lambda>0)$，其标准映像 $\boldsymbol{\xi}\leqslant\boldsymbol{1}$，使得 $\tilde{\boldsymbol{\xi}}(\lambda)=$

$\delta\boldsymbol{\xi}(\lambda)$，并且如 $\delta=0$ 有 $\boldsymbol{\xi}(\lambda)=\mathbf{0}$，以及

$$\sup_i \bar{\xi}_i(\lambda)=1，如\ \delta>0. \tag{70}$$

将（70）与§2.9 中（1）比较，得 $\beta_j=0$（$j\in E-H$）. 于是，令 $\dot{\beta}^{(a)}=\dfrac{\beta_a}{d_a}$（$a\in H$），（69）成为（57）.

在（68）两边除以 $m_\lambda m_\nu$，得

$$m_\lambda^{-1}=m_\nu^{-1}+(\lambda-\nu)[\bar{\boldsymbol{\eta}}(\lambda),\ \boldsymbol{\xi}(\nu)], \tag{71}$$

$$m_\lambda^{-1}\geqslant(\lambda-\nu)[\bar{\boldsymbol{\eta}}(\lambda),\ \boldsymbol{\xi}(\nu)]. \tag{72}$$

类似于（19），有

$$(\nu-\lambda)[\bar{\boldsymbol{\eta}}(\lambda),\ \boldsymbol{\xi}(\nu)]=\nu[\bar{\boldsymbol{\eta}}(\nu),\ \boldsymbol{\xi}]-\lambda[\bar{\boldsymbol{\eta}}(\lambda),\ \boldsymbol{\xi}],$$

从而由（71）有

$$m_\lambda^{-1}-\lambda[\bar{\boldsymbol{\eta}}(\lambda),\ \boldsymbol{\xi}]=C\ （常数）.$$

于是

$$m_\lambda^{-1}=C+\lambda[\bar{\boldsymbol{\eta}}(\lambda),\ \boldsymbol{\xi}],\ m_\lambda=(C+\lambda[\bar{\boldsymbol{\eta}}(\lambda),\ \boldsymbol{\xi}])^{-1}. \tag{73}$$

将（67）和（57）代入（56）后得到的结果与§2.9 中（1）比较，得 $\boldsymbol{F}^{(a)}(\lambda)=\beta^{(a)}m_\lambda\bar{\boldsymbol{\eta}}(\lambda)$. 由于§2.9 中（4），有

$$\beta^{(a)}m_\lambda\lambda[\bar{\boldsymbol{\eta}}(\lambda),\ \mathbf{1}]\leqslant 1,\ a\in H. \tag{74}$$

将（67）和（57）代入范条件（64），得

$$\left(\sum_{a\in H}\beta^{(a)}\boldsymbol{X}^{(a)}(\lambda)+\delta\boldsymbol{\xi}(\lambda)\right)m_\lambda\lambda[\bar{\boldsymbol{\eta}}(\lambda),\mathbf{1}]\leqslant\bar{\boldsymbol{X}}(\lambda)+\bar{\boldsymbol{Y}}(\lambda), \tag{75}$$

在上式两边乘 $\boldsymbol{\Pi}^n(\lambda)$ 并令 $n\to+\infty$，由（11），得

$$\delta\boldsymbol{\xi}(\lambda)m_\lambda\lambda[\bar{\boldsymbol{\eta}}(\lambda),\ \mathbf{1}]\leqslant\bar{\boldsymbol{X}}(\lambda). \tag{76}$$

相反地，从（74）和（76）推出范条件（75）是成立的，因而范条件等价于（74）和（76）. 更进一步，依 $\boldsymbol{\xi}(\lambda)\leqslant\boldsymbol{\xi}\leqslant\mathbf{1}$ 及 $\bar{X}(\lambda)$ 的最大性，有

$$\boldsymbol{\xi}(\lambda)\leqslant\bar{\boldsymbol{X}}(\lambda). \tag{77}$$

由此及（70）得

$$m_{\lambda}\lambda[\bar{\boldsymbol{\eta}}(\lambda),\ \mathbf{1}]\leqslant K, \tag{78}$$

这里 K 与（60）中的 K 相同，且由（59）和（60）有 $0<K<+\infty$. 将（73）和（59），以及§2.8 中（18）代入（78）得

$$\lambda[\bar{\boldsymbol{\eta}}(\lambda),\ \boldsymbol{X}^{(0)}]+\sum_{a\in H}\lambda[\bar{\boldsymbol{\eta}}(\lambda),\ \boldsymbol{X}^{(a)}]+\lambda[\bar{\boldsymbol{\eta}}(\lambda),\ \bar{\boldsymbol{X}}]$$

$$\leqslant KC+K\sum_{a\in H}\lambda[\bar{\boldsymbol{\eta}}(\lambda),\ \boldsymbol{X}^{(a)}]\beta^{(a)}+K\lambda[\bar{\boldsymbol{\eta}}(\lambda),\ \boldsymbol{\xi}]\delta,$$

即

$$\bar{\sigma}^{(0)}+\bar{W}_{\lambda}+\sum_{a\in H}(1-K\beta^{(a)})\bar{V}_{\lambda}^{(a)}\leqslant KC. \tag{79}$$

令 $\lambda\uparrow+\infty$，我们得范条件等价于（61）.

(ii) $\boldsymbol{\psi}(\lambda)$ 为诚实的充分必要条件是（64）中第二式中的等号成立，即（74）和（76）中的等号成立. 因而，$\beta^{(a)}=\delta$（$a\in H$），$\boldsymbol{\xi}(\lambda)=\bar{\boldsymbol{X}}(\lambda)$，$\boldsymbol{\xi}=\bar{\boldsymbol{X}}$. 这样，$K=\delta^{-1}$，而（61）中等号成为 $\bar{\sigma}^{(0)}=\delta^{-1}C$. 于是，$\boldsymbol{\psi}(\lambda)$ 为诚实的，充分必要条件是（63）成立. 定理的其他结论是显然的. ■

§2.11　Q 预解矩阵的唯一性

给定 $\boldsymbol{Q}=(q_{ij})$ 满足§2.4 中（8）式，$\boldsymbol{Q}$ 预解矩阵总是存在的，Feller 的最小解 $\boldsymbol{\phi}(\lambda)$ 就是一个 $\boldsymbol{Q}$ 预解矩阵，而且对任何的 $\boldsymbol{Q}$ 预解矩阵 $\boldsymbol{\psi}(\lambda)$，恒有 $\boldsymbol{\psi}(\lambda)\geqslant\boldsymbol{\phi}(\lambda)$. 本节讨论唯一性问题.

（一）B 型 Q 预解矩阵的唯一性

回忆§2.7 中的记号 μ_λ，μ_λ^+，$\mu_\lambda^+(1)$，它们分别地表示方程

$$\lambda\boldsymbol{u}-\boldsymbol{Q}\boldsymbol{u}=\boldsymbol{0}，\lambda>0， \tag{1}$$

的解 $\boldsymbol{u}\in m$ 全体，解 $\boldsymbol{0}\leqslant\boldsymbol{u}\in m$ 全体和解 $\boldsymbol{0}\leqslant\boldsymbol{u}\leqslant\boldsymbol{1}$ 全体. $\bar{\boldsymbol{X}}(\lambda)$ 是 $\mu_\lambda^+(1)$ 中的最大解. μ_λ^+ 的维数 m^+ 与 $\lambda>0$ 无关.

定理 1　下列条件等价：

(i) B 型 $\boldsymbol{Q}$ 预解矩阵唯一；

(ii) 对某个 $\lambda>0$（从而一切 $\lambda>0$），μ_λ 仅由零解组成；

(iii) 对某个 $\lambda>0$（从而对一切 $\lambda>0$），μ_λ^+ 仅由零解组成.

如果上面的一个条件不成立，那么有无穷多个 B 型 $\boldsymbol{Q}$ 预解矩阵. 如果还附加条件 Q 保守，那么有无穷多个诚实的 B 型 $\boldsymbol{Q}$ 预解矩阵. 如果附加的条件是 Q 非保守，那么一切 B 型的 $\boldsymbol{Q}$ 预解矩阵都是非诚实的，即是中断的.

证　(i) ⇒ (ii). 设 (ii) 不成立，由§2.7 中引理 6，必定 $\bar{\boldsymbol{X}}(\lambda)\neq 0$. 在§2.10 的（7）式中取行向量 $\boldsymbol{\alpha}\geqslant\boldsymbol{0}$ 使 $[\boldsymbol{\alpha},\boldsymbol{1}]=1$，$C=[\boldsymbol{\alpha},\boldsymbol{X}^{(0)}]$，$\bar{\boldsymbol{\eta}}(\lambda)=\boldsymbol{0}$，得到的 $\boldsymbol{\psi}(\lambda)$ 是 B 型 $\boldsymbol{Q}$ 预解矩阵. 如果 Q 保守，这样的 $\boldsymbol{\psi}(\lambda)$ 还是诚实的. 但这种 $\boldsymbol{\alpha}$ 的选法有无穷多种，因而与 (i) 冲突. 故 (ii) 成立.

(ii) ⇒ (iii) 不待证. 往证 (iii) ⇒ (i). 设 (iii) 成立.

因 $\bar{\boldsymbol{X}}(\lambda)\in\mu_\lambda^+$，故 $\bar{\boldsymbol{X}}(\lambda)=\mathbf{0}$. 由于 $\bar{\boldsymbol{X}}(\lambda)$ 是流出族，故对一切 $\lambda>0$ 有 $\bar{\boldsymbol{X}}(\lambda)=\mathbf{0}$. 如果 $\boldsymbol{\psi}(\lambda)$ 是 B 型的 $\boldsymbol{Q}$ 预解矩阵，依 § 2.9 中定理 1，§ 2.9 中（1）式中的 $\boldsymbol{F}^{(a)}(\lambda)=\mathbf{0}$ （$a\in H$）. 而当 j 固定时，$u_i=\lambda B_{ij}(\lambda)\in\mu_\lambda^+(1)$. 由 $\bar{\boldsymbol{X}}(\lambda)$ 在 $\mu_\lambda^+(1)$ 中的最大性，$\lambda B_{ij}(\lambda)\leqslant\bar{X}_i(\lambda)=0$，故 $B_{ij}(\lambda)=0$. 从而 § 2.9 中（1）式成为 $\boldsymbol{\psi}(\lambda)=\boldsymbol{\phi}(\lambda)$，即得（i）.

如果有诚实的 B 型 $\boldsymbol{Q}$ 预解矩阵 $\boldsymbol{\psi}(\lambda)$，那么在 $\boldsymbol{\psi}(\lambda)$ 的 B 条件中对 j 求和，便得 Q 保守. ■

（二）F 型 Q 预解矩阵的唯一性

回忆 § 2.7 中的记号 $\mathcal{L}_\lambda$ 和 $\mathcal{L}_\lambda^+$，它们分别表示方程

$$\lambda\boldsymbol{v}-\boldsymbol{v}Q=\mathbf{0},\ \lambda>0, \tag{2}$$

的解 $\boldsymbol{v}\in l$，解 $\mathbf{0}\leqslant\boldsymbol{v}\in l$. $\mathcal{L}_\lambda^+$ 的维数 n^+ 与 $\lambda>0$ 无关.

定理 2 （i）如果最小解诚实，或最小解中断但 $n^+=0$，那么 F 型 $\boldsymbol{Q}$ 预解矩阵唯一.

（ii）如果最小解中断且 $n^+=1$. 那么有无穷多个 F 型 $\boldsymbol{Q}$ 预解矩阵，其中只有一个是诚实的.

（iii）如果最小解中断且 $n^+>1$，那么有无穷多个 F 型 $\boldsymbol{Q}$ 预解矩阵，其中有无穷多个是诚实的.

证 （i）如果最小解诚实，F 型 $\boldsymbol{Q}$ 预解矩阵唯一是显然的. 设最小解中断且 $n^+=0$. 如果 $\boldsymbol{\psi}(\lambda)$ 是 F 型 $\boldsymbol{Q}$ 预解矩阵，那么在 § 2.9 定理 1 中，$\boldsymbol{F}^{(a)}(\lambda)\in\mathcal{L}_\lambda^+$ （$a\in H$），固定 i 时 $v_j=B_{ij}(\lambda)\in\mathcal{L}_\lambda^+$. 故 $\boldsymbol{F}^{(a)}(\lambda)=\mathbf{0}$ （$a\in H$），$\boldsymbol{v}=0$ 即 $B_{ij}(\lambda)=0$，从而 § 2.9 中（1）式成为 $\boldsymbol{\psi}(\lambda)=\boldsymbol{\phi}(\lambda)$，即 B 型 $\boldsymbol{Q}$ 预解矩阵唯一.

（ii） § 2.10 中定理 5 已给出构造性证明.

（iii）前一部分已由 § 2.10 中定理 5 回答. 因为 $n^+>1$，故可选调和流出族 $\bar{\boldsymbol{\eta}}^{(a)}(\lambda)$ （$a=1,\ 2$），使 $\bar{\boldsymbol{\eta}}^{(1)}(\lambda)$ 与 $\bar{\boldsymbol{\eta}}^{(2)}(\lambda)$ 线性独立. 任取常数 $p^{(a)}\geqslant0$ （$a=1,\ 2$），使

$$\bar{\boldsymbol{\eta}}(\lambda)=p^{(1)}\bar{\boldsymbol{\eta}}^{(1)}(\lambda)+p^{(2)}\bar{\boldsymbol{\eta}}^{(2)}(\lambda)\neq\mathbf{0}.$$

对于$\bar{\boldsymbol{\eta}}$（λ），按§2.10 定理 5，存在一个诚实的 F 型 Q 预解矩阵．但可以有无穷多种方式选取 $p^{(a)}$（$a=1$，2）而使$\bar{\boldsymbol{\eta}}(\lambda)$ 不同（常数因子不考虑），因而存在无穷多个诚实的 F 型 Q 预解矩阵．■

（三）Q 预解矩阵的唯一性

定理 3　设矩阵 Q 满足§2.4 中（8）式．则 Q 预解矩阵唯一的充分必要条件是：或者最小解 $\boldsymbol{\phi}(\lambda)$ 诚实，或者最小解中断并且满足下面两个条件：

$$\text{(i) } \inf_i \lambda\sum_j \phi_{ij}(\lambda)\equiv\eta_\lambda>0,\ \lambda>0. \tag{3}$$

(ii) $n^+=0$，即方程（2）的非负解 $\boldsymbol{v}\in l$ 必为 $\mathbf{0}$.

我们指出：条件（i）蕴含 $m^+=0$.

实际上，由§2.7 中（17），（3）成为

$$\sup_i(\bar{X}_i(\lambda)+\bar{Y}_i(\lambda))<1,\ \lambda>0. \tag{4}$$

因为当 $\bar{\boldsymbol{X}}(\lambda)\neq\mathbf{0}$ 时，§2.7 中（21）成立．故由（4）必有 $\bar{\boldsymbol{X}}(\lambda)=\mathbf{0}$，从而 $m^+=0$.

于是，条件（i）等价于下面两个条件：

(i_1）$m^+=0$.

(i_2）$\sup\limits_i\sum\limits_{a\in H}\phi_{ia}(\lambda)d_a<1$，$\lambda>0$.

证　先证**必要性**．设最小解 $\boldsymbol{\phi}(\lambda)$ 中断且 Q 预解矩阵唯一．依定理 2，$n^+=0$．今假设

$$\inf_i\lambda\sum_j\phi_{ij}(\lambda)=0. \tag{5}$$

依§2.10 中引理 1，存在行向量 $\boldsymbol{\alpha}\geqslant\mathbf{0}$ 使 $[\boldsymbol{\alpha},\ \mathbf{1}]=+\infty$ 且 $\boldsymbol{\alpha\phi}(\lambda)\in l$．对此 $\boldsymbol{\alpha}$，依§2.10 中定理 3，

$$\psi_{ij}(\lambda)=\phi_{ij}(\lambda)+Z_i(\lambda)(C+[\boldsymbol{\alpha},\ \boldsymbol{Z}-\boldsymbol{Z}(\lambda)])^{-1}(\boldsymbol{\alpha\phi}(\lambda))_j \tag{6}$$

是 Q 预解矩阵，其中 $\boldsymbol{Z}(\lambda)=\mathbf{1}-\lambda\boldsymbol{\phi}(\lambda)\mathbf{1}\neq\mathbf{0}$，$C\geqslant[\boldsymbol{\alpha},\ \boldsymbol{X}^{(0)}]$．因

为 C 的选取可以不唯一，故 $\boldsymbol{Q}$ 预解矩阵不唯一. 这与必要性的假设相冲突. 于是 (i) 成立.

再证**充分性**. 设 (i) (ii) 成立，且 $\boldsymbol{\psi}(\lambda)$ 是 $\boldsymbol{Q}$ 预解矩阵. 由 (i_1)，故 § 2.9 的定理 1 中的 $B(\lambda)=0$，从而 § 2.9 中 (1) 式化为

$$\psi_{ij}(\lambda)=\phi_{ij}(\lambda)+\sum_{a\in H}X_i^{(a)}(\lambda)F_j^{(a)}(\lambda). \tag{7}$$

如果 H 为空集，由上式知 $\boldsymbol{\psi}(\lambda)=\boldsymbol{\phi}(\lambda)$，因而 Q 过程唯一. 下设 $H\neq\varnothing$. 将 (7) 代入 $\boldsymbol{\psi}(\lambda)$ 的预解方程，注意 $\boldsymbol{\phi}(\lambda)$ 满足预解方程，以及由于 § 2.7 中引理 8 得出 $\boldsymbol{X}^{(a)}(\lambda)$，$a\in H$ 的线性独立性，我们得

$$\begin{aligned}\boldsymbol{F}^{(a)}(\lambda)\mathbf{A}(\lambda,\ \mu)=\boldsymbol{F}^{(a)}(\mu)+(\mu-\lambda)\sum_{b\in H}[\boldsymbol{F}^{(a)}(\lambda),\\ \boldsymbol{X}^{(b)}(\mu)]\boldsymbol{F}^{(b)}(\mu),\quad a\in H.\end{aligned} \tag{8}$$

因为 $\boldsymbol{F}^{(a)}(\lambda)\geqslant\mathbf{0}$，$\lambda[\boldsymbol{F}^{(a)}(\lambda),\ \mathbf{1}]\leqslant 1$. 由上式可见，对任意 λ，$\mu>0$，$\boldsymbol{F}^{(a)}(\lambda)\mathbf{A}(\lambda,\ \mu)\in l$. 于是固定 $a\in H$ 及 $\lambda>0$，由 § 2.7 中引理 3 知，$\boldsymbol{\eta}(\mu)=\boldsymbol{F}^{(a)}(\lambda)\mathbf{A}(\lambda,\ \mu)$，$\mu>0$ 是流入族，依 § 2.8 中定理 1，

$$\boldsymbol{\eta}(\mu)=\alpha\boldsymbol{\phi}(\mu)+\bar{\boldsymbol{\eta}}(\mu),$$

其中 $\alpha\geqslant 0$ 与 $\mu>0$ 无关（但与 $a\in H$ 及 $\lambda>0$ 有关），使$\alpha\boldsymbol{\phi}(\mu)\in l$，($\bar{\boldsymbol{\eta}}(\mu)$，$\mu>0$) 是调和流入族. 由充分性假设 (ii) 有 $n^+=0$，故$\bar{\boldsymbol{\eta}}(\mu)=\mathbf{0}$. 又由于 $\boldsymbol{\alpha}$ 与 $\boldsymbol{a}\in H$ 及 $\lambda>0$ 有关，故宜记 $\boldsymbol{\alpha}$ 为 $\boldsymbol{\alpha}^{(a)}(\lambda)$，$\boldsymbol{\eta}(\mu)=\boldsymbol{\alpha}^{(a)}(\lambda)\boldsymbol{\phi}(\mu)$，即

$$\boldsymbol{F}^{(a)}(\lambda)\mathbf{A}(\lambda,\ \mu)=\boldsymbol{\alpha}^{(a)}(\lambda)\boldsymbol{\phi}(\mu),\ \lambda,\ \mu>0. \tag{9}$$

特别地，当 $\lambda=\mu$ 时，

$$\boldsymbol{F}^{(a)}(\lambda)=\boldsymbol{\alpha}^{(a)}(\lambda)\boldsymbol{\phi}(\lambda). \tag{10}$$

由充分性条件 (i)，

$$\begin{aligned}1\geqslant\lambda[\boldsymbol{F}^{(a)}(\lambda),\ \mathbf{1}]&=\lambda[\boldsymbol{\alpha}^{(a)}(\lambda)\boldsymbol{\phi}(\lambda),\ \mathbf{1}]\\ &=[\boldsymbol{\alpha}^{(a)}(\lambda),\ \lambda\boldsymbol{\phi}(\lambda)\mathbf{1}]\geqslant\eta_\lambda[\boldsymbol{\alpha}^{(a)}(\lambda),\ \mathbf{1}],\end{aligned}$$

故

$$[\boldsymbol{\alpha}^{(a)}(\lambda), \mathbf{1}] \leqslant \eta_{\lambda}^{-1}. \tag{11}$$

将（10）代入（8），注意§2.7 中（10）及§2.7 中引理 8，我们有

$$\boldsymbol{\alpha}^{(a)}(\lambda)=\boldsymbol{\alpha}^{(a)}(\mu)+(\mu-\lambda)\sum_{b\in H}[\boldsymbol{\alpha}^{(a)}(\lambda), \boldsymbol{\phi}(\lambda)\boldsymbol{X}^{(b)}(\mu)]\boldsymbol{\alpha}^{(b)}(\mu), \tag{12}$$

因 $\boldsymbol{X}^{(a)}(\lambda)$ 是流出族，故

$$\boldsymbol{\alpha}^{(a)}(\lambda)=\boldsymbol{\alpha}^{(a)}(\mu)+\sum_{b\in H}[\boldsymbol{\alpha}^{(a)}(\lambda), \boldsymbol{X}^{(b)}(\lambda)-\boldsymbol{X}^{(b)}(\mu)]\boldsymbol{\alpha}^{(b)}(\mu). \tag{13}$$

由（12），$\boldsymbol{\alpha}^{(a)}(\lambda)$ 是 $\lambda>0$ 的增函数，往证

$$\boldsymbol{\alpha}^{(a)}(\lambda)\downarrow 0, \lambda\uparrow+\infty. \tag{14}$$

实际上，由于 $\boldsymbol{\psi}(\lambda)$ 和 $\boldsymbol{\phi}(\lambda)$ 均满足 Q 条件，由（7）及（10）得

$$\lim_{\lambda\to+\infty}\sum_{a\in H}\lambda X_i^{(a)}(\lambda)[\lambda\boldsymbol{\alpha}^{(a)}(\lambda)\boldsymbol{\phi}(\lambda)]_j=0,$$

从而

$$\lim_{\lambda\to+\infty}\lambda X_i^{(a)}(\lambda)\alpha_j^{(a)}(\lambda)\lambda\phi_{jj}(\lambda)=0, \quad a\in H.$$

由于 $\boldsymbol{\phi}(\lambda)$ 的连续性条件，从上式得

$$\delta_{ia}d_a\lim_{\lambda\to+\infty}\alpha_j^{(a)}(\lambda)\delta_{jj}=0.$$

取 $i=a$ 得（14）.

因为当 $\lambda>\mu$ 时，由（11），

$$\begin{aligned}\sum_{b\in H}[\boldsymbol{\alpha}^{(a)}(\lambda), \boldsymbol{X}^{(b)}(\lambda)]\boldsymbol{\alpha}^{(b)}(\mu) &\leqslant \sum_{b\in H}[\boldsymbol{\alpha}^{(a)}(\lambda), \boldsymbol{X}^{(b)}(\mu)]\boldsymbol{\alpha}^{(b)}(\mu)\\ &\leqslant \sum_{b\in H}[\boldsymbol{\alpha}^{(a)}(\mu), \boldsymbol{X}^{(b)}(\mu)]\boldsymbol{\alpha}^{(b)}(\mu)\\ &\leqslant \sum_{b\in H}[\boldsymbol{\alpha}^{(a)}(\mu), \boldsymbol{X}^{(b)}(\mu)]\boldsymbol{\eta}_{\mu}^{-1}\\ &\leqslant[\boldsymbol{\alpha}^{(a)}(\mu), \bar{\boldsymbol{Y}}(\mu)]\boldsymbol{\eta}_{\mu}^{-1}\end{aligned}$$

$$\leqslant[\boldsymbol{\alpha}^{(a)}(\mu),\ \mathbf{1}]\eta_\mu^{-1}\leqslant(\boldsymbol{\eta}_\mu^{-1})^2<+\infty.$$

因此，(13) 可以写成

$$\boldsymbol{\alpha}^{(a)}(\lambda)+\sum_{b\in H}[\boldsymbol{\alpha}^{(a)}(\lambda),\ \boldsymbol{X}^{(b)}(\mu)]\boldsymbol{\alpha}^{(b)}(\mu)$$

$$=\boldsymbol{\alpha}^{(a)}(\mu)+\sum_{b\in H}[\boldsymbol{\alpha}^{(a)}(\lambda),\ \boldsymbol{X}^{(b)}(\lambda)]\boldsymbol{\alpha}^{(b)}(\mu),$$

并且当 $\lambda\to+\infty$ 时，可用控制收敛定理得

$$0+\sum_{b\in H}[\mathbf{0},\ \boldsymbol{X}^{(b)}(\mu)]\boldsymbol{\alpha}^{(b)}(\mu)$$

$$=\boldsymbol{\alpha}^{(a)}(\mu)+\sum_{b\in H}[\mathbf{0},\ \mathbf{0}]\boldsymbol{\alpha}^{(b)}(\mu),$$

所以 $\boldsymbol{\alpha}^{(a)}(\mu)=\mathbf{0}$ $(a\in H,\ \mu>0)$. 这样，$\boldsymbol{F}^{(a)}(\lambda)=\mathbf{0}$ $(a\in H,\ \lambda>0)$，从而得 $\boldsymbol{\psi}(\lambda)=\boldsymbol{\phi}(\lambda)$，因而 $\boldsymbol{Q}$ 预解矩阵是唯一的. 充分性证完. ■

第3章　样本函数的性质

§3.1　常值集与常值区间

(一)

设 $X=\{x_t(\omega),\ t\geqslant 0\}$ 为定义在概率空间 $(\Omega,\ \mathscr{F},\ P)$ 上的马氏链，取值于 $E=(i)$，E 是此链的最小状态空间，就是说，对任一 $i\in E$，必存在 $t\geqslant 0$，使

$$P(x_t=i)>0 \tag{1}$$

在本章中，如无特别声明，我们总设 X 的转移矩阵 (p_{ij}) 是标准的：

$$\lim_{t\to 0^+} p_{ii}(t)=1,\qquad i\in E. \tag{2}$$

(p_{ij}) 的密度矩阵仍如上章一样记为 $\boldsymbol{Q}=(q_{ij})$，并令 $q_i=-q_{ii}$.

在样本函数的研究中，假定 X 是可分过程，因而需要引入**一附加状态**，记为∞①. 由§1.2知

$$P(x_t=\infty)=0,\qquad t\geqslant 0. \tag{3}$$

虽然如此，我们仍不能不考虑∞，因为可能对某些过程 X，有

① 即§1.2中的 δ_t，不要把它与表示“无限大”的∞相混.

$$P(\omega\text{：存在 } t\geqslant 0\text{，使 } x_t(\omega)=\infty)=1. \tag{4}$$

对样本函数 $x(\cdot,\omega)$ 及 $i\in E\cup\{\infty\}$，考虑 t-集

$$S_i(\omega)=(t\text{：} x_t(\omega)=i), \tag{5}$$

称 $S_i(\omega)$ 为 i-**常值集**，或简称 ***i*-集**，并以 $\overline{S_i(\omega)}$ 表 $S_i(\omega)$ 在实数中通常欧氏距离所产生拓扑下的闭包. 当 $\omega\in\Omega$ 固定时，$S_i(\omega)$ 及 $\overline{S_i(\omega)}$ 都是 $[0,+\infty)$ 中的集. 回忆瞬时状态的定义，并称非瞬时的状态（即逗留或吸引状态）为**稳定状态**. 显然

$$[0,\infty)=\Big(\bigcup_{i\text{稳定}}S_i(\omega)\Big)\cup\Big(\bigcup_{j\text{瞬时}}S_j(\omega)\Big)\cup S_\infty(\omega) \tag{6}$$

对一切 $\omega\in\Omega$ 成立. 因此，为了研究样本函数 $x(\cdot,\omega)$ 在 $[0,+\infty)$ 的性质，必须首先考察 $S_i(\omega)$ 的结构. 注意，对 $t\in S_i(\omega)$，$x(\cdot,\omega)$ 等于常值 i.

如 X 可分，在 §2.2 中证明了：不论 i 是否稳定，有

$$P_{s,i}(x_{s+u}\equiv i,\ 0\leqslant u\leqslant t)=\mathrm{e}^{-q_i t},\qquad i\neq\infty. \tag{7}$$

我们取这式为以下研究的出发点，分别考虑 i 为稳定，瞬时或 ∞ 三种情况.

引理 1 设 X 可分.

(i) 若 i 稳定，则

$$P_{s,i}(S_i(\omega)\text{ 包含一个含 } s \text{ 的开区间})=1,\qquad s>0. \tag{8}$$

(ii) 若 i 瞬时，则

$$P(S_i(\omega)\text{含某一开区间})=0. \tag{9}$$

证 以 A，B 分别表（8）（9）左方括号中的事件，令

$$P_i(s)\equiv P(x_s=i)=\sum_j P_j(0)p_{ji}(s)>0. \tag{10}$$

由 $p_{ji}(s)$ 的连续性及 $\sum\limits_j P_j(0)=1$，知 $P_i(s)$ 在 $[0,+\infty)$ 连续. 如 $q_i<\infty$，由（7）

$$\begin{aligned}&P_{s,i}(x_u\equiv i,\ s-\varepsilon\leqslant u<s+\varepsilon)\\=&\frac{P(x_{s-\varepsilon}=i;\ x_u\equiv i,\ s-\varepsilon<u<s+\varepsilon)}{P(x_s=i)}\end{aligned}$$

$$=\frac{P(x_{s-\varepsilon}=i)P(x_u\equiv i,\ s-\varepsilon<u<s+\varepsilon\mid x_{s-\varepsilon}=i)}{P(x_s=i)}$$

$$=P_i(s-\varepsilon)\mathrm{e}^{-2q_i\varepsilon}\cdot P_i(s)^{-1},\tag{11}$$

令 $\varepsilon\to 0$，左方趋于 $P_{s,i}(A)$，右方趋于 1，故得 $P_{s,i}(A)=1$.

其次，有

$$P(x_t\equiv i,\ r\leqslant t<r+\varepsilon)$$
$$=P(x_r=i)P_{r,i}(x_t\equiv i,\ r<t<r+\varepsilon)$$

令 $B_{r,\varepsilon}=(x_t\equiv i,\ r\leqslant t<r+\varepsilon)$. 若 $q_i=\infty$，则由 (7)，$P(B_{r,\varepsilon})=0$. 由于 $B\subset\bigcup\limits_r\bigcup\limits_\varepsilon B_{r,\varepsilon}$ (r 遍历非负有理数)，得

$$P(B)\leqslant\sum_{r,n}P(B_{r,\frac{1}{n}})=0.\quad ■$$

称 $S_i(\omega)$ 中的开区间为一 ***i*-常值区间或 *i*-区间**，如果它在下列意义下是最大的：它不是含于 $S_i(\omega)$ 中的另一开区间的真正子区间，由引理 1 知 i-区间只有对稳定的 i 才有意义.

i-区间的个数以概率 1 显然不超过可列多个，以 $\xi_i(s,\ t)$ 表右端点在 $(s,\ t)$ 中的 i-区间的个数，它是一随机变量，取非负整数及 ∞ 为值.

引理 2　设 X 可分，$q_i<\infty$，则对任意 $0\leqslant s<t<+\infty$，

$$P(\xi_i(s,\ t)<\infty)=1,$$

而且

$$E\xi_i(s,\ t)\leqslant q_i(t-s).\tag{12}$$

证　设 R 是可分集，将 $R\cap(s,\ t)$ 中的点排为 $\{r_1,\ r_2,\ \cdots\}$，再将其中前 $n-2$ 个点加上点 s，t 后按大小排为

$$s=r_1^{(n)}<r_2^{(n)}<\cdots<r_n^{(n)}=t.$$

定义随机变量

$$\xi_k^{(n)}(\omega)=\begin{cases}1, & x_{r_{k-1}^{(n)}}(\omega)=i,\ x_{r_k^{(n)}}(\omega)\neq i,\\ 0, & \text{反之},\end{cases}$$

$$\eta^{(n)}(\omega)=\sum_{k=2}^{n}\xi_k^{(n)}(\omega).$$

由§2.3（37）易见

$$
\begin{aligned}
E\eta^{(n)} &= \sum_{k=2}^{n} E\xi_k^{(n)} = \sum_{k=2}^{n} P(x_{r_{k-1}^{(n)}} = i, x_{r_k^{(n)}} \neq i) \\
&= \sum_{k=2}^{n} P_i(r_{k-1}^{(n)})[1 - p_{ii}(r_k^{(n)} - r_{k-1}^{(n)})] \\
&\leqslant \sum_{k=2}^{n} [1 - p_{ii}(r_k^{(n)} - r_{k-1}^{(n)})] \leqslant \sum_{k=2}^{n} [1 - \mathrm{e}^{-q_i(r_k^{(n)} - r_{k-1}^{(n)})}] \\
&\leqslant \sum_{k=2}^{n} q_i(r_k^{(n)} - r_{k-1}^{(n)}) \leqslant q_i(t-s).
\end{aligned}
$$

当 n 增大时，$\eta^{(n)}(\omega)$ 不下降，由可分性

$$\xi_i(s, t) = \lim_{n\to\infty} \eta^{(n)}.$$

根据积分的单调收敛定理得证（12）；再由（12）知

$$P(\xi_i(s, t) < \infty) = 1. \quad \blacksquare \tag{13}$$

我们注意（12）是比（13）更强的结论.

i-区间的内点虽全含于 $S_i(\omega)$ 中，但它们的端点却可能在，也可能不在 $S_i(\omega)$ 中. 由（13），我们可以把 $x(\cdot, \omega)$ 的 i-区间按次序排为 $(a_k(\omega), b_k(\omega))$，使 $a_1(\omega) < b_1(\omega) \leqslant a_2(\omega) < b_2(\omega) \leqslant \cdots$，(a. s.)①，如果说 $b_k(\omega) = a_{k+1}(\omega)$，根据可分性，$x(b_k, \omega) = i$，那么 $(a_k(\omega), b_k(\omega))$ 与 $(a_{k+1}(\omega), b_{k+1}(\omega))$ 应连成一更大的 i-区间，这与 $(a_k(\omega), b_k(\omega))$ 的最大性矛盾，这样便证明了

$$a_1(\omega) < b_1(\omega) < a_2(\omega) < b_2(\omega) < \cdots, \text{ a. s.} \tag{14}$$

对稳定的 i，我们已经知道 $S_i(\omega)$ 包含有穷或可列多个 i-区间，$S_i(\omega)$ 还包含些什么点？下面的定理解决了 $S_i(\omega)$ 的构造问题，它说明 $S_i(\omega)$ 除含一些 i-区间外，至多只含这些 i-区间的端点，因而这定理具有重要的意义，为完全计，我们把引

---

① 如无特别声明，a. s. 系对 P 而言.

理 2 的结论也写在此定理中.

定理 1　设 X 可分，i 稳定，则对几乎一切 ω，有

$$\bigcup_k (a_k(\omega), b_k(\omega)) \subset S_i(\omega) \subset \overline{S_i(\omega)} = \bigcup_k [a_k(\omega), b_k(\omega)], \tag{15}$$

而且在任一有限区间 (s, t) 中只有有穷多个 i-区间，它的个数 $\xi_i(s, t)$ 的平均值满足 (12).

证　由引理 2 只要证明

$$\overline{S_i(\omega)} = \bigcup_k [a_k(\omega), b_k(\omega)]. \tag{16}$$

以 R 表可分集，由引理 1 (i)，对几乎一切 ω，每 $r \in R \cap S_i(\omega)$ 含于某 i-区间中，故存在 $\Omega_0 \subset \Omega$，$P(\Omega_0)=1$，使对任 $\omega \in \Omega_0$，有

i) 在任一有限区间中，$x(\cdot, \omega)$ 只有有穷多个 i-区间 $(a_k(\omega), b_k(\omega))$；

ii) $x(\cdot, \omega)$ 关于 R 可分；

iii) $R \cap S_i(\omega) \subset \bigcup_k (a_k(\omega), b_k(\omega))$.

今对 $\omega \in \Omega_0$ 及 $\tau \in S_i(\omega)$，$\tau \overline{\in} R$，由 ii)，τ 必须是 $R \cap S_i(\omega)$ 的极限点，故由 iii) 知 τ 的任一邻域都必定与某 i-区间相交，这只有两种可能：或者 τ 属于某一 $[a_k(\omega), b_k(\omega)]$；或者 $\tau \overline{\in} \bigcup_k [a_k(\omega), b_k(\omega)]$，但在 τ 的左（或右）方存在无穷多个互不相交的 i-区间，它们的长度趋于 0 而端点趋于 τ. 然而由 i) 知后一种可能性不存在，故 $\tau \in \bigcup_k [a_k(\omega), b_k(\omega)]$. 于是证明了

$$S_i(\omega) \subset \bigcup_k [a_k(\omega), b_k(\omega)].$$

再由 i) 知 $\overline{S_i(\omega)} \subset \bigcup_k [a_k(\omega), b_k(\omega)]$. 注意到 (15) 中第一个包含关系即得 (16). ■

(二)

现在考虑一般的 $i(i \neq \infty)$，以 L 表直线上的 Lebesgue 测

度，设 A 是 L-可测集，称点 t 是 **A 的全密点**，如果

$$\lim_{\varepsilon\downarrow 0}\frac{L[A\cap(t-\varepsilon,\ t+\varepsilon)]}{2\varepsilon}=1.$$

在实变函数论中证明了下述定理：可测集 A 的几乎一切（关于 L 测度）的点 t 是 A 的全密点[①].

显然，若一开区间含 A 的一全密点 t，则在 t 的两边各含 A 的具有正 L 测度的子集，这事实下面要用到.

称集 A 是**自稠密的**，如果任一开区间，只要包含 A 的一点，就必含 A 的具有正 L 测度的子集，

由定理 1 知：若 $q_i<\infty$，则对几乎一切 ω，$S_i(\omega)$ 是自稠密的. 其实这对瞬时状态也成立：

定理 2 设 X 可测. $i\neq\infty$. 则

(i) 任一固定的 $t(>0)$ 是 $S_i(\omega)$ 的全密点（$P_{t,i}$，a. s.）；

(ii) 如果 X 还可分，那么 $S_i(\omega)$ 是自稠密集 a. s..

证 (i) 要证的是：对已给的 $t>0$ 有

$$P_{t,i}\left\{\lim_{\varepsilon\downarrow 0}\frac{1}{2\varepsilon}L[S_i(\omega)\cap(t-\varepsilon,\ t+\varepsilon)]=1\right\}=1. \tag{17}$$

首先注意，由 X 的可测性，二维集

$$\{(s,\ \omega):\ x_s(\omega)=i\}\in\overline{\mathcal{B}_1\times\mathcal{F}},$$

$\overline{\mathcal{B}_1\times\mathcal{F}}$ 表 $\mathcal{B}_1\times\mathcal{F}$ 关于测度 $L\times P$ 的完全化 σ-代数. $\mathcal{B}_1$ 表 $[0,+\infty)$ 中波莱尔 σ-代数由富比尼定理，对几乎一切 ω，上面的二维集的 ω-截口集

$$S_i(\omega)=(s:\ x_s(\omega)=i)\in\mathcal{B}_1,$$

即几乎一切 $S_i(\omega)$ 是 L-可测集

对已给的 ε，$t(0<\varepsilon<t)$，令

① 见 Натансон，著. 徐瑞云，译. 实变函数论. 北京：高等教育出版社，1958：第 9 章，§6，定理 1.

$$e(s,t)=\begin{cases}1, & |s-t|<\varepsilon,\\ 0, & \text{反之};\end{cases}$$

$$\xi(s,\omega)=\begin{cases}1, & x_s(\omega)=i,\\ 0, & \text{反之}.\end{cases} \tag{18}$$

显然，三元函数 $e(s,t)\xi(s,\omega)$ 是 $\overline{\mathcal{B}_1\times\mathcal{B}_1\times\mathcal{F}}$ 可测的. 由富比尼定理

$$L[s_i^{(\omega)}\cap(t-\varepsilon,t+\varepsilon)]=\int_0^{+\infty}e(s,t)\xi(s,\omega)\mathrm{d}s \tag{19}$$

为 $\overline{\mathcal{B}_1\times\mathcal{F}}$ 可测，从而

$$D=\left\{(t,\omega):\lim_{\varepsilon\downarrow 0}\frac{1}{2\varepsilon}L[S_i(\omega)\cap(t-\varepsilon,t+\varepsilon)]=1\right\}$$
$$\in\overline{\mathcal{B}_1\times\mathcal{F}}. \tag{20}$$

根据上述实变函数论中的定理，得

$$L\{t:x_t(\omega)=i;\quad (t,\omega)\overline{\in}D\}=0,\quad \text{a. s.}.$$

由富比尼定理得：对 L-几乎一切 t，有

$$P(\omega:x_t(\omega)=i,\quad (t,\omega)\overline{\in}D)=0,$$

亦即 $P_{t,i}(\omega:(t,\omega)\in D)=1$，这说明（17）对 L-几乎一切 t 成立.

为了完成（i）对一切 $t>0$ 成立的证明，只要证（17）左方的值不依赖于 $t>0$. 对 $0<\varepsilon<\delta<s<t$，由过程的齐次性，

$$P_{t-\delta,i}(x_t=i,M_t)=P_{s-\delta,i}(x_s=i,M_s), \tag{21}$$

其中事件 $M_t=(\omega:\lim\limits_{\varepsilon\downarrow 0}\frac{1}{2\varepsilon}L[S_i\cap(t-\varepsilon,t+\varepsilon)]=1)$.

这说明

$$P_{t-\delta,i}(x_t=i,M_t)=\frac{P(x_{t-\delta}=i,x_t=i,M_t)}{P(x_{t-\delta}=i)} \tag{22}$$

与 t 无关. 令 $\delta\to 0$，由（10）中 $P_i(s)$ 的连续性及 X 的随机连续性，上式右方趋于 $P_{t,i}(M_t)$，故此极限也不依赖于 $t>0$，这得证（i）.

(ii) 以 R 表可分集，对几乎一切 ω 及任一 $\boldsymbol{\tau}\in S_i(\omega)$，每个含 $\boldsymbol{\tau}$ 的开区间必含点 $r\in R\cap S_i(\omega)$，$r>0$，这由可分性的假定直接推出. 另一方面，对 R 中每个 $r>0$ 应用 (i)，可见对几乎一切 ω，任一开区间如含 $R\cap S_i(\omega)$ 中的一点 r，则必在 r 的两侧各含一具有正 L-测度的 $S_i(\omega)$ 的子集，综合这两结论即得证 (ii). ■

注 记 $L(t, i; \varepsilon)=\frac{1}{2\varepsilon}L[S_i(\omega)\cap(t-\varepsilon, t+\varepsilon)]$. 我们有

$$\lim_{\varepsilon\downarrow 0}E_{t,i}|L(t, i; \varepsilon)-1|=0. \tag{23}$$

实际上，由 (17) 知 $L(t, i; \varepsilon)$ 依 $P_{t,i}$ 测度收敛于 1. 注意 $L(t, i; \varepsilon)$ 有界，但对一致有界随机变量，依测度收敛等价于平均收敛，故 (23) 成立.

设 X 为可测过程，对每 $i\in E\cup\{\infty\}$，我们已知 $S_i(\omega)$ 是 L-可测集 (a. s.)，由 (18) 定义的过程 $\xi(t, \omega)$，$t\geqslant 0$ 也是可测的，它只取 0，1 两值. 若 $A\subset R_1$ 为任一 L-可测集，由 Fubini 定理知

$$L[S_i(\omega)\cap A]=\int_A\xi(t, \omega)\mathrm{d}t \tag{24}$$

是随机变量.

最后，关于附加状态∞，我们有

定理 3 设过程 X 可测、可分，则当且仅当 $i=\infty$时，

$$P(L[S_i(\omega)]=0)=1. \tag{25}$$

证 由 (1) 与 (3)，可见当且只当 $i=\infty$时 $P_i(t)\equiv 0$，故

$$E\{L[S_i(\omega)]\}=\int_0^{+\infty}P_i(t)\mathrm{d}t=0$$

因 $L[S_i(\omega)]\geqslant 0$，故 $E\{L[S_i(\omega)]\}=0$ 等价于 (25) 成立. ■

§3.2　右下半连续性；典范链

（一）

在上节中我们对样本函数作了静态的研究，研究了 $S_i(\omega)$ 的结构. 进一步需要作动态的考察，考察样本函数的收敛情形. 为此要区别两个观念："固定的 t" 及 "流动的 t". 固定的 t 是指常数 t，它与 ω 无关；流动的 $t[=t(\omega)]$ 可以随 ω 而不同，它以固定的 t 为特殊情形，因此，"对几乎一切 ω，性质（I）对每个流动的 t 成立" 是比 "对每固定的 t，性质（I）对几乎一切 ω 成立" 更强的结论. 因为前者是说："存在一 Ω_0，$P(\Omega_0)=1$，当 $\omega \in \Omega_0$ 时，（I）对每 t 成立"，这时使（I）不成立的零测集 $\bar\Omega_0$ 是固定的；而后者则指，"对每固定的 t，存在 Ω_t，$P(\Omega_t)=1$，使对每 $\omega \in \Omega_t$，（I）成立"，因而使（I）不成立的零测集 $\bar\Omega_t$ 依赖于 t. 例如："对几乎一切 ω，样本函数对 t（流动的）右下半连续" 和 "对每固定的 t，几乎一切样本函数在 t 点右下半连续" 显然是两不同的论断.

下面的定理是基本的：

定理 1　设 X 可分，则几乎一切样本函数具有

性质（I）　对任一流动的 $t>0$，当 $s \downarrow t$ 或 $s \uparrow t$ 时，$x(s, \omega)$ 至多只有一个有限[①]的极限点；只有三种可能性：

（i）$x(s, \omega) \to i$，此时 i 稳定；

（ii）$x(s, \omega)$ 恰有两极限点 i 及 ∞，此时 i 瞬时；

（iii）$x(s, \omega) \to \infty$.

---

①　属于 E 的点称为有限点.

反之，

(i′) 若 $x(t, \omega)=i$，而且 i 稳定，则至少存在 t 的一侧（右或左），使 s 从此侧趋于 t 时，(i) 对此 i 成立；

(ii′) 若 $x(t, \omega)=i$，而且 i 瞬时，则至少存在 t 的一侧（右或左），使 s 从此侧趋于 t 时，(ii) 对此 i 成立.

证 对固定的 $A>0$ 及 $j\in E$，定义

$$y^{(A,j)}(t, \omega)=p_{x(t,\omega),j}(A-t), \quad 0\leqslant t\leqslant A \tag{1}$$

过程 $\{y^{(A,j)}(t, \omega), 0\leqslant t<A\}$ 关于 σ-代数族 $\mathcal{F}'\{x_s, 0\leqslant s\leqslant t\}$ 是一鞅（Martingale）（见杜布［1］，第7章末，或严加安《鞅与随机积分引论》（第52页定理3.5），上海科学技术出版社，1981）. 取它的可分修正而不改换记号，因而对每固定的 t，(1) 对几乎一切 ω 成立，可分集设为 R. 由鞅的一熟知定理①，存在 ω-集 $N^{(A,j)}$，$P(N^{(A,j)})=0$，使当 $\omega\overline{\in} N^{(A,j)}$ 时，对流动的 $t>0$，存在有穷的左、右极限

$$\begin{cases} y^{(A,j)}(t-0, \omega)=\lim\limits_{s\uparrow t} y^{(A,j)}(s, \omega) \\ y^{(A,j)}(t+0, \omega)=\lim\limits_{s\downarrow t} y^{(A,j)}(s, \omega) \end{cases} \tag{2}$$

注意 X 完全可分，故可分集也可取为 R. 设 M 是 $x(\cdot, \omega)$ 关于 R 不可分的 ω-集，即例外集，则 $P(M)=0$. 令

$$N=\bigcup_{j\in E}\bigcup_{A\in R\setminus\{0\}}\Big\{N^{(A,j)}\cup\bigcup_{r\in R\cap[0,A]}[y^{(A,j)}(r, \omega) \neq p_{x_r(\omega),j}(A-r)]\Big\}\cup M, \tag{3}$$

显然 $P(N)=0$ 今证对 $\omega\overline{\in} N$，下列结论成立：即对任 $t\geqslant 0$，当 $s\downarrow t$ 时，或 $s\uparrow t$ 时，$x_s(\omega)$ 至多有一个有限的极限点，若说不然，则必存在 $\omega_0\overline{\in} N$，$t_0>0$，$i, j\in E$，$i\neq j$，$r_n\downarrow t_0$，$s_n\downarrow t_0$（或 $r_n\uparrow t_0$，$s_n\uparrow t_0$），使

① 见 Doob［1］第7章，定理11.5.

$$\lim_{n\to+\infty} x(r_n, \omega_0)=i, \quad \lim_{n\to+\infty} x(s_n, \omega_0)=j.$$

由 X 的可分性不妨设 $\{r_n\}\subset R$，$\{s_n\}\subset R$. 我们注意，因 i 是孤立点，若 $x(r_n, \omega_0)\to i$，则当 n 充分大后有 $x(r_n, \omega_0)=i$.

根据（2）及 $\omega_0 \overline{\in} N$，

$$\lim_{n\to+\infty} y^{(A,j)}(r_n, \omega_0)=\lim_{n\to+\infty} y^{(A,j)}(s_n, \omega_0)=y^{(A,j)}(t_0+0, \omega_0)$$

（或 $y^{(A,i)}(t_0-0, \omega_0)$）. 再利用 $p_{ij}(t)$ 对 t 的连续性及刚才指出的注意知，对任意 $A\in R\cap(t_0, +\infty)$ 有

$$\begin{aligned} p_{ii}(A-t_0) &= \lim_{n\to+\infty} p_{x(r_n,\omega_0),i}(A-r_n) \\ &= \lim_{n\to+\infty} y^{(A,i)}(r_n, \omega_0)=\lim_{n\to+\infty} y^{(A,i)}(s_n, \omega_0) \\ &= \lim_{n\to+\infty} p_{x(s_n,\omega_0),i}(A-s_n)=p_{ji}(A-t_0). \end{aligned} \tag{4}$$

令 $A\in R$，$A\downarrow t_0$，上式两端化为 $1=0$ 而矛盾.

由此结论显然知只有（i）～（iii）三种可能性.

设 $x(s, \omega)\to i$，由 § 3.1 引理 1（ii）知 i 必稳定. 若 $x(s, \omega)$ 有两极限点 i 及 ∞，则 $t\in\overline{S_i(\omega)}$，而且由于 s 是从一侧趋于 t，可见 $\overline{S_i(\omega)}$ 不含一以 t 为端点的开区间，故若说 i 稳定，则在 t 的附近有无数多个 i-区间，由 § 3.1 定理 1 这是不可能的(a. s.)，故 i 为瞬时状态. 最后，（i′）（ii′）由 X 的可分性推出. ■

注 1　由证明过程可见，性质（I）在 $t=0$ 也正确. 当然此时只考虑 $s\downarrow 0$ 的情形.

系 1　设 X 可分，对几乎一切 ω，若 $i\neq j$，i，$j\in E$，则 $\overline{S_i(\omega)}\cap\overline{S_j(\omega)}$ 在每一有限 t-区间中只有有穷多个点.

证　考虑（3）中的 N，记 $B(\omega)=\overline{S_i(\omega)}\cap\overline{S_j(\omega)}$. 若有 $\omega_0 \overline{\in} N$ 使 $B(\omega_0)$ 在某有限 t-区间中有无穷多个点，则必存在 $B(\omega_0)$ 的一极限点 t，并且在 t 的一侧存在无穷多个 $B(\omega_0)$ 中的点，它们收敛于 t. 于是当 s 从此侧趋于 t 时，$x(s, \omega_0)$ 至少有

两个有限极限点 i 与 j．这是不能的，因为 $\omega_0 \in N$．■

系 2 设 X 可分、可测，对几乎一切 ω，若 $i \neq \infty$，则

$$L[\overline{S_i(\omega)} - S_i(\omega)] = 0. \tag{5}$$

证 我们有

$$\overline{S_i(\omega)} - S_i(\omega) = \bigcup_{j \neq i} [\overline{S_i(\omega)} \cap S_j(\omega)] \cup [\overline{S_i(\omega)} \cap S_\infty(\omega)]. \tag{6}$$

由系 1，前一和集至多是可列集；由 § 3.1 定理 3.

$$L[\overline{S_i(\omega)} \cap S_\infty(\omega)] = 0. \quad ■$$

定理 2 设 X 可分、可测．若 $q_i = \infty$．则对几乎一切 ω，$S_i(\omega)$在 $[0, +\infty)$ 中无处稠密（即指$\overline{S_i(\omega)}$不含任一开区间）．

证 由 § 3.1 引理 1 知 $S_i(\omega)$ 不含任一开区间（a. s. ）．如 $\overline{S_i(\omega)}$含一开区间，则此区间必与某集 $S_j(\omega)$ 相交，$j \neq i$．由可分性并注意∞非孤立点，不妨设 j 还不是∞，由 § 3.1 定理 2 (ii) 知它必含 $S_j(\omega)$ 的具有 L-测度大于 0 的子集．这与系 1 矛盾．■

定理 3 设 X 可分，可测，$t > 0$ 固定．则对几乎一切 ω，下列结论成立：

(i) 若 $x(t, \omega) = i$，i 稳定，则 $\lim\limits_{s \to t} x(s, \omega) = i$；

(ii) 若 $x(t, \omega) = i$，i 瞬时，则当 $s \downarrow t$ 及 $s \uparrow t$ 时，$x(s, \omega)$ 都恰有两极限点 i 及∞；

(iii) $x(t, \omega) \neq \infty$.

证 $P(x(t, \omega) \neq \infty) = \sum\limits_{i \neq \infty} p_i(t) = 1$，故只要考虑 (i) (ii) 两种情形．(i) 中结论由 § 3.1 引理 1 (i) 推出．由 § 3.1 (17)，若 $x(t, \omega) = i$，则当 $s \downarrow t$ 或 $s \uparrow t$ 时，i 是 $x(s, \omega)$ 的一极限点．由性质 (I) 不能有其他有限极限点．如 i 瞬时，由 § 3.1 引理 1 (ii) 必定还有一极限点，它只能是∞．此得证 (ii)．■

引入 t-集

$$S_i^+(\omega)=\{t:\ S_i(\omega)\cap(t,t+\varepsilon)\neq\varnothing\text{对每 }\varepsilon>0\text{ 成立}\},$$

$$S_i^-(\omega)=\{t:\ S_i(\omega)\cap(t-\varepsilon,t)\neq\varnothing\text{对每 }\varepsilon>0\text{ 成立}\}.$$

因而$\overline{S_i(\omega)}=S_i(\omega)\cup S_i^+(\omega)\cup S_i^-(\omega)$. 采用记号 $A_1\doteq A_2$. 它表示此两 ω-集 A_1, A_2 至多只相差一个零测集，即 $P(A_1\setminus A_2)+P(A_2\setminus A_1)=0$.

系 3 若 X 可分，可测 $i\neq\infty$，则对每固定的 $t\geqslant0$，有

$$\{\omega:\ t\in S_i(\omega)\}\doteq\{\omega:\ t\in\overline{S_i(\omega)}\}\doteq\{\omega:\ t\in S_i^+(\omega)\}$$
$$\doteq\{\omega:\ t\in S_i^-(\omega)\}.$$

此系由定理 3 直接推出.

(二)

为了进一步研究样本函数的性质，需要对 X 加些条件.

设马氏链 $X=\{x_t,\ t\geqslant0\}$ 具有标准转移概率矩阵，称它为**典范链**，如果它可分，波莱尔可测，而且一切样本函数**右下半连续**，即对任一 $t\geqslant0$，有

$$\varliminf_{s\downarrow t}x(s,\ \omega)=x(t,\ \omega)\ (\text{一切 }\omega\in\Omega). \tag{7}$$

我们在后面证明，对任一已给的标准转移矩阵 (p_{ij})，以它为转移概率的典范链是存在的. 先来讨论典范链的性质.

上述对可分可测链的某些结果在典范条件下可以加强. 例如，(5) 可以加强为：$\overline{S_i(\omega)}-S_i(\omega)$ 至多可列 a. s. $(i\neq\infty)$. 实际上，由 (7) 知：当且只当$\varliminf_{s\downarrow t}x(s,\ \omega)=\infty$时，$t\in S_\infty(\omega)$；故若 $t\in\overline{S_i(\omega)}\cap S_\infty(\omega)$，则 t 是$\overline{S_i(\omega)}\cap S_\infty(\omega)$ 的右孤立点，否则存在一列 $s_n\in\overline{S_i(\omega)}\cap S_\infty(\omega)$，$s_n\downarrow t$，从而存在$s_n'\in S_i(\omega)$，$s_n'\downarrow t$. 于是由 (7)，$t\in S_i(\omega)$ 而与 $t\in S_\infty(\omega)$ 矛盾. 一个集的点若都是右孤立点，则此集（从而$\overline{S_i(\omega)}\cap S_\infty(\omega)$）至多可列. 于是由系 2 的证明知$\overline{S_i(\omega)}-S_i(\omega)$ 至多可列 a. s..

以 $D(\omega)$ 表 $x(\cdot, \omega)$ 的不连续点集，为方便计

$$S_{\infty}^{*}(\omega)=(t>0: \lim_{s\to t} x(s, \omega)=\infty=x(t, \omega)) \tag{8}$$

中的点及 $t=0$ 也都算作不连续点，显然 i-区间中的点都是连续点. 任一 i-区间泛称为**稳定区间**，由定义，它是开的. 下定理叙述了 $x(\cdot, \omega)$ 的连续点集 $C(\omega)$ 及不连续点集 $D(\omega)$ 的结构.

定理 4 设 X 为典范链，对几乎一切 ω，样本函数的连续点集是全体稳定区间（如果存在的话）的和集. 不连续点集是单点集 $\{0\}$ 和下列五种集的和集，它是一闭集.

(i) $\overline{S_i(\omega)}$，i 为瞬时状态，$L[\overline{S_i(\omega)}]>0$，每 $\overline{S_i(\omega)}$ 是一完全集（即是无孤立点的闭集).

(ii) $\overline{S_i(\omega)}\cap\overline{S_j(\omega)}=(t: t$ 是 i-区间及 j-区间的公共端点)，$i\neq j$，i 和 j 都稳定. 此集中的点是跳跃点，而且在任一有限区间中它是有穷集.

(iii) $\overline{S_i(\omega)}\cap S_{\infty}(\omega)=(t: t$ 是某 i-区间的右端点，而且

$$\lim_{s\downarrow t} x(s, \omega)=x(t, \omega)=\infty),$$

i 稳定，在任一有限区间中此集是有穷集.

(iv) $\overline{S_i(\omega)}\cap(t: \lim_{s\uparrow t} x(s, \omega)=\infty)=(t: t$ 是某 i-区间的左端点，$x(t, \omega)=i$，而且 $\lim_{s\uparrow t} x(s, \omega)=\infty)$，在任一有限区间中此集是有穷集.

(v) $S_{\infty}^{*}(\omega)$，$L[S_{\infty}^{*}(\omega)]=0$.

证 设 Ω_0 是使性质 (I) 成立的集，$P(\Omega_0)=1$. 任取 $\omega\in\Omega_0$ 及 $t\geqslant 0$，如果 t 是 $x(\cdot, \omega)$ 的连续点，那么 $t>0$ 且必存在 $i\neq\infty$，使 $x(s, \omega)\rightarrow x(t, \omega)=i$，$(s\rightarrow t)$，由定理 1 (i) 知 i 稳定. t 属于某一 i-区间中，故 $C(\omega)$ 等于稳定区间之和集，是一开集，从而 $D(\omega)$ 是闭集. 设 $t\in D(\omega)$ 且 $t>0$. 因当 $s\uparrow t$（或 $s\downarrow t$）时 $x(s, \omega)$ 至多只有一有限极限点，故只有下列可

能：s 从某一侧趋于 t 时 $x(s, \omega)$ 有两极限点 i 及 ∞，此即 (i)；剩下情况是各侧分别只有一极限点；或者一侧极限为 i 而另一侧为 j，$i \neq j$，i 和 j 均非 ∞，由定理 1 (i) 此为定理 4 (ii)；或者左侧极限是 i $(\neq \infty)$ 而右侧是 ∞，此即 (iii)；或者右侧是 i 而左侧是 ∞，此即 (iv)，或者两侧都是 ∞，此即 (v)，定理中其他结论都已在上面陆续证明. ■

在实际问题中常见的马氏链是：一切状态都稳定，即一切 $q_i < \infty$，$i \in E$. 这时情况 (i) 不发生.

系 4　设 X 是典范链，一切状态稳定. 那么，对几乎一切 ω，$D(\omega)$ 闭，$L[D(\omega)] = 0$，$D(\omega)$ 中的点 t 或者是一跳跃点（定理 4 (ii)），或者是跳跃点的极限点，这时至少存在一侧，当 s 从此侧趋于 $t > 0$ 时，$x(s, \omega) \to \infty$. 如果密度矩阵 $\boldsymbol{Q}$ 还是保守的，那么 (iii) 不发生；这时若再设向前方程组满足，则 (iv) 也不发生；反之亦然.

证　只要证明后面三结论. 设 Q 保守，如果说 (iii) 出现的概率大于 0，那么必存在一有理数 r 及 $i \in E$，使

$$P(\omega: r \in \text{某 } i\text{-区间}, r \text{ 后的第一个断点不是跳跃点}) > 0,$$

这与 § 2.3 定理 1 (iii) 矛盾.

由 § 2.3 定理 2 知：如 Q 保守（这条件等价于向后方程组成立），为使向前方程组成立，充分必要条件是在任一固定的点 $r > 0$ 之前，如果 $x(\cdot, \omega)$ 在 $[0, r]$ 中有不连续点，那么必有最后一不连续点，它是一跳跃点 a. s.. 今设向前方程组成立，如说 (iv) 出现的概率大于 0，同样会存在有理数 $r > 0$ 及 $i \in E$，使

$$P(\omega: r \in \text{某 } i\text{-区间}, r \text{ 前有最后断点，它不是跳跃点}) > 0,$$

这与上述矛盾. 反之，如果 (iv) 不发生，那么这时只剩下情况 (ii) (v)，显然 § 2.3 定理 2 的条件满足，故向前方程组成

立. ■

对于典范链 X，几乎一切样本函数完全被它们在可分集 R 上的值所决定. 实际上，存在 Ω_1，$P(\Omega_1)=1$，当 $\omega\in\Omega_1$ 时，$x(\cdot,\omega)$ 关于 R 可分，因而 $X_T(\omega)\subset\overline{X_R(\omega)}$，故

$$\lim_{r\downarrow t}x(r,\ \omega)=\lim_{s\downarrow t}x(s,\ \omega)=x(t,\ \omega),\qquad t\geqslant 0,\tag{9}$$

其中 $r\in R$.

最后，试证典范链的存在性.

定理 5 设已给标准转移矩阵 (p_{ij})，则必存在以它为转移概率矩阵的典范链 $X=\{x_t,\ t\geqslant 0\}$.

证 由 § 1.6 定理 1，存在以 (p_{ij}) 为转移概率矩阵的马氏链 $\widetilde{X}=\{\widetilde{x}_t(\omega),\ t\geqslant 0\}$，不妨设它可分. 由定理 3，对任意固定的 $t\geqslant 0$，有

$$P(\lim_{s\downarrow t}\widetilde{x}_s(\omega)=\widetilde{x}_t(\omega))=1.$$

于是由 § 1.3 定理 2，存在与 $\widetilde{X}$ 等价的马氏链 $X=\{t_t(\omega),\ t\geqslant 0\}$，而且 X 是典范链. ■

§ 3.3　强马尔可夫性

（一）

在马氏链的研究中，常常要碰到这样的问题：设 α 是一非负随机变量，$X=\{x_t,\ t\geqslant 0\}$ 是马氏链，试问推移 α 后的过程 $Y=\{x_{\alpha+t},\ t\geqslant 0\}$ 是否马氏链？是否具有与 X 相同的转移概率？如已知 X_α，过去 $\{x_t,\ t\leqslant\alpha\}$ 是否与将来 $\{x_t,\ t\geqslant\alpha\}$ 独立？当 α 是一常数（即不依赖 ω）时，所需的性质化为马氏性，因而答案肯定．在一特殊情形：当 X 可分而且一切状态稳定，对 α 加一些条件后也可得到肯定的答案（见 § 2.3 引理 2）．本节的目的就是要放宽这些条件，使得答案仍然肯定，证明思想的本质仍与上述引理 2 的相同．

首先，为了应用的广泛性，我们来放宽"过去"中的事件．

设已给概率空间 $(\Omega,\ \mathcal{F},\ P)$ 上的马氏链 $X=\{x_t,\ t\geqslant 0\}$，它有标准转移概率矩阵 (p_{ij})，$i,\ j\in E$．又设对每 $t\geqslant 0$，$\mathcal{F}_t$ 是 $\mathcal{F}$ 中的子 σ 代数，$\mathcal{F}_t\subset\mathcal{F}$．称 σ 代数族 $\{\mathcal{F}_t,\ t\geqslant 0\}$ 对此过程是**可取的**，如果

(i) $\mathcal{F}'\{x_s,\ s\leqslant t\}\subset\mathcal{F}_t$；

(ii) $\mathcal{F}_s\subset\mathcal{F}_t$，$s\leqslant t$；

(iii) 对每 $j\in E$，$0<s\leqslant t$，有

$$P(x_t=j\mid\mathcal{F}_s)=p_{x_s,j}(t-s),\quad \text{a. s.}. \tag{1}$$

由此定义立知，若 $\{\mathcal{F}_t,\ t\geqslant 0\}$ 可取，则 $\{\mathcal{F}_{t+0},\ t\geqslant 0\}$ 也可取，其中 $\mathcal{F}_{t+0}=\bigcap\limits_{u>t}\mathcal{F}_u$．实际上，对于它 (i) (ii) 显然满

足．如 $0\leqslant r<t$，在（1）中令 s 沿有理数下降到 r．由鞅的理论[①]，左方收敛到 $P(x_t=j\mid\mathcal{F}_{r+0})$，　a. s.；因而右方也收敛．由于 $\{x_t,t\geqslant 0\}$ 随机连续，$x_s\to x_r$（依概率收敛），故必存在有理数子列 $\{s_n\}$，$s_n\downarrow r$，使 $x_{s_n}(\omega)\to x_r(\omega)$　a. s.，由于 E 中点都是孤立的，所以存在 N（$=N(\omega)$），当 $n\geqslant N$ 时，$x_{s_n}(\omega)=x_r(\omega)$．再由 $p_{ij}(t)$ 对 t 的连续性，即知右方收敛到 $p_{x_r,j}(t-r)$，因而

$$P(x_t=j\mid\mathcal{F}_{r+0})=p_{x_r,j}(t-r),\quad \text{a. s.},\tag{2}$$

即（iii）对 $\{\mathcal{F}_{t+0},\ t\geqslant 0\}$ 成立．

显然，由马氏性知，$\mathcal{F}_t^0=\mathcal{F}'\{x_s,\ s\leqslant t\}$ 是一可取族，称为**最小可取族**．

设 $\alpha=\alpha(\omega)$ 是非负随机变量，可取 ∞ 为值，令 $\Delta=(\alpha<\infty)$，以后总假定 $P(\Delta)>0$．称此 α 为**关于** $\{x_t,\ \mathcal{F}_t,\ t\geqslant 0\}$ 的**马氏时刻**．如对任一非负数 t，有

$$(\omega:\ \alpha(\omega)<t)\in\mathcal{F}_t.\tag{3}$$

关于 $\{x_t,\ \mathcal{F}_t^0,\ t\geqslant 0\}$ 的马氏时刻就简称为**马氏时刻**．

条件（3）与下式等价：对任 $t\geqslant 0$

$$(\omega:\ \alpha(\omega)\leqslant t)\in\mathcal{F}_{t+0}.\tag{4}$$

实际上，由（3）得 $\left(\alpha<t+\dfrac{1}{n}\right)\in\mathcal{F}_{t+\frac{1}{n}}$，令 $n\to+\infty$ 即得（4）；反之，由（4）得 $\left(\alpha\leqslant t-\dfrac{1}{n}\right)\in\mathcal{F}_t$，令 $n\to+\infty$ 即得（3）．

Δ 中全体满足下列条件的可测子集 Λ：

$$\Lambda\cap(\omega:\ \alpha<t)\in\mathcal{F}_t,\qquad t\geqslant 0,\tag{5}$$

构成 Δ 中一 σ 代数，称为（关于 $\{x_t,\ \mathcal{F}_t,\ t\geqslant 0\}$ 的）**α-前 σ 代数**，并记为 $\mathcal{F}_\alpha$．同上理知（5）等价于

$$\Lambda\cap(\omega:\ \alpha\leqslant t)\in\mathcal{F}_{t+0},\qquad t\geqslant 0\tag{6}$$

---

① 见 Doob［1］第 7 章，定理 4.3．或严加安［1］第 43 页系 2.22．

关于 $\{x_t,\ \mathcal{F}_t^0,\ t\geqslant 0\}$ 的 α-前 σ 代数记为 $\mathcal{F}\{x_t,\ t\leqslant\alpha\}$. 特别，常数 α 是马氏时刻，这时 α-前 σ 代数与随机变量 $\{x_t,\ t\leqslant\alpha\}$ 所产生的 σ 代数相同.

称 $X=\{x_t,\ t\geqslant 0\}$ 为**强马氏链**，如果它波莱尔可测，而且具有下列性质（**强马氏性**）：对任意可取族 $\{\mathcal{F}_t,\ t\geqslant 0\}$，任意关于 $\{x_t,\ \mathcal{F}_t,\ t\geqslant 0\}$ 的马氏时刻 α，任意 $\Lambda\in\mathcal{F}_\alpha$，以及任意有穷多个 $0\leqslant t_0<t_1<\cdots<t_N$，$j_0,\ j_1,\ \cdots,\ j_N\in E$，有

$$\begin{aligned}&P(\Lambda;\ x(\alpha+t_v)=j_v,\quad 0\leqslant v\leqslant N)\\&=P(\Lambda;\ x(\alpha+t_0)=j_0)\prod_{v=0}^{N-1}p_{j_v j_{v+1}}(t_{v+1}-t_v),\end{aligned}\tag{7}$$

过程 X 的波莱尔可测性保证 $x(\alpha+t)$ 是一随机变量，令

$$\xi(t,\ \omega)=x(\alpha+t,\ \omega),\qquad t\geqslant 0.\tag{8}$$

它在 $\Delta=(\alpha<\infty)$ 上有定义. $\{\xi(t,\ \omega),\ t\geqslant 0\}$ 是概率空间 $(\Delta,\ \Delta\mathcal{F},\ P(\cdot\mid\Delta))$ 上的随机过程①，称为 α-**后链**，这里 $\Delta\mathcal{F}$ 表 Δ 中全体可测子集所成的 σ 代数，而 $\mathcal{F}'\{\xi_t,\ t\geqslant 0\}$ 则称为 α-**后 σ 代数**，它是 Δ 中的 σ 代数，简记它为 $\mathcal{F}'_\alpha$. 利用 α-后链，并取 $\Lambda=\Delta$，由（7）得

$$\begin{aligned}&P(\xi(t_v,\ \omega)=j_v,\ 0\leqslant v\leqslant N\mid\Delta)\\&\qquad=P(\xi(t_0,\ \omega)=j_0\mid\Delta)\prod_{v=0}^{N-1}p_{j_v j_{v+1}}(t_{v+1}-t_v).\end{aligned}\tag{9}$$

我们的主要目标是要证明典范链的强马氏链. 为此要做一些准备.

(二)

对每 $j\in E$，定义

$$\gamma_j(\omega)=\inf\{t:\ t>\alpha(\omega);\ x(t,\omega)=j\},\tag{10}$$

如右方括号中是空集，就令 $\gamma_j(\omega)=\infty$. 以后类似的定义中都

① $\Delta\mathcal{F}$ 表一切形如 $\Delta\cap A$ 的集所成的 σ 代数，其中 $A\in\mathcal{F}$.

如此约定，不一一申述.

以下假定 X 关于可列稠集 R 可分. 由可分性

$$(\gamma_j(\omega)<t)=\bigcup_{r<t}(\alpha(\omega)\leqslant r;\ x(r,\ \omega)=j),\qquad r\in R,$$

故 $\gamma_j(\omega)$ 是马氏时刻，它的有限值的定义域为

$$\Gamma_j\equiv(\gamma_j(\omega)<\infty)=\Delta\bigcap\{S_j(\omega)\bigcap(\alpha(\omega),\ \infty)\neq\varnothing\}.$$

设 $\Lambda\in\mathcal{F}_\alpha$ 固定，作为 s 的函数，

$$A(\Lambda,\ s)=P(\Lambda;\ \alpha(\omega)\leqslant s)$$

是一广义分布函数，它在 $\mathcal{B}_1$（全体一维波莱尔集构成的 σ 代数）上产生的测度记为 $A(\Lambda,\ \cdot)$.

γ_j 关于 Λ 及 α 的广义条件概率分布定义为满足下列三条件的函数 $C_j(s,B|\Lambda)$，其中自变量为 $s\in T$，$B\in\mathcal{B}_1$：

(i) 对每固定的 s，$C_j(s,\ \cdot\ |\Lambda)$ 是 $\mathcal{B}_1$ 上的测度；

(ii) 对每固定的 B，$C_j(\ \cdot\ ,\ B|\Lambda)$ 是 T 上的 $\mathcal{B}_1$ 可测函数；

(iii) 对每固定的 B_1，$B_2\in\mathcal{B}_1$，有

$$\int_{B_1}C_j(s,\ B_2|\Lambda)A(\Lambda,\ \mathrm{d}s)=P(\Lambda;\ \alpha(\omega)\in B_1;\ \gamma_j(\omega)\in B_2).$$

这样的函数是存在的①. 由条件分布的性质，知对固定的 $B\in\mathcal{B}_1$ 有

$$C_j(s,\ B|\Lambda)=P(\gamma_j(\omega)\in B|\Lambda,\alpha=s),$$
$$(\Lambda\text{-几乎一切 } s)^{②}. \tag{11}$$

简写 $C_j(s,\ [0,\ u]|\Lambda)$ 为 $C_j(s,\ u|\Lambda)$.

如 $K\in\mathcal{F}$，$\Lambda\in\mathcal{F}$，$P(\Lambda)>0$，又 $y(\omega)$ 是一随机变量，我们以 $P(K|\Lambda;\ y)$ 表在 $(\Lambda,\ \Lambda\mathcal{F},\ P(\ \cdot\ |\Lambda))$ 上 K 关于 $y(\omega)$ 的条件概率，当 y 是多个随机变量时定义类似. 因而由条件概率的定义

---

① 见 Doob [1]，第 1 章，第 9 节. 或伊藤清 [1] 第 283 页定理 57.3.

② 关于测度 A（Λ，·）几乎一切 s.

$$P(K, \Lambda, y(\omega)\leqslant t|\Lambda)=\int_{\Lambda\cap(y\leqslant t)} P(K|\Lambda; y)P(\mathrm{d}\omega|\Lambda),$$

两边都消去 $P(\Lambda)^{-1}$后，得

$$P(K, \Lambda, y(\omega)\leqslant t)=\int_{\Lambda\cap(y\leqslant t)} P(K|\Lambda; y)P(\mathrm{d}\omega). \tag{12}$$

引理 1　对 $j, k\in E$，$t\geqslant 0$ 及 $\Lambda\in\mathcal{F}_\alpha$，$P(\Lambda)>0$，在集 $(\omega: \gamma_j(\omega)\leqslant t)$ 上，对几乎一切 ω 有

$$P(x(t, \omega)=k|\Lambda; \alpha, \gamma_j)=p_{jk}(t-\gamma_j). \tag{13}$$

证　对 $[0, t]$ 中的 s 及 s'，令

$$\Lambda_1=\Lambda\cap(\alpha\leqslant s, \gamma_j\leqslant s', \gamma_j<t).$$
$$\Lambda_2=\Lambda\cap(\alpha\leqslant s, \gamma_j\leqslant s', \alpha=\gamma_j=t),$$
$$\Lambda_3=\Lambda\cap(\alpha\leqslant s, \gamma_j\leqslant s', \alpha<\gamma_j=t).$$

则

$$\Lambda\cap(\alpha\leqslant s, \gamma_j\leqslant s', x_t=k)=\left(\bigcup_{i=1}^{3}\Lambda_i\right)\cap(x_t=k).$$

由于 $(\alpha<\gamma_j=t)\subset(\omega: t\in\overline{S_j(\omega)})-(\omega: t\in S_j^-(\omega))$，（这里 $A\subset B$ 表：除差一零测集外，$A\subset B$；即 $P(A-B)=0$）．根据§3.2 系 3，得 $P(\alpha<\gamma_j=t)=0$，从而 $P(\Lambda_3)=0$，再由此系，$\{\omega: \gamma_j=t\}\doteq\{\omega: x_t=j\}$，故

$$P(\Lambda_2, x_t=k)=\delta_{jk}P(\Lambda_2)=\int_{\Lambda_2} p_{jk}(t-\gamma_j)P(\mathrm{d}\omega).$$

剩下要计算 $P(\Lambda_1, x_t=k)$．为此对每 $n\geqslant 0$，定义

$$\gamma_j^{(n)}(\omega)=\min\left(\frac{m}{2^n}: \frac{m}{2^n}>\gamma_j(\omega); x\left(\frac{m}{2^n}, \omega\right)=j\right),$$

它是一随机变量，由 γ_j 的定义及 X 的完全可分性有$\gamma_j^{(n)}(\omega)\downarrow\gamma_j(\omega)$，(a. s. , $\omega\in\Gamma_j$)，故

$$P(\Lambda_1, x_t=k) =\lim_{n\to+\infty} P(\Lambda; \alpha\leqslant s, \gamma_j\leqslant s', \gamma_j^{(n)}<t, x_t=k)$$
$$=\lim_{n\to+\infty}\sum_{m<t2^n} P\left(\Lambda; \alpha\leqslant s, \gamma_j\leqslant s', \gamma_j^{(n)}=\frac{m}{2^n}, x_t=k\right).$$

因为 α 及 γ_j 都是马氏时刻，不难看出

$$\Lambda \cap \left(\alpha \leqslant s,\ \gamma_j \leqslant s',\ \gamma_j^{(n)}=\frac{m}{2^n}\right) \in \mathcal{F}_{m2^{-n}+0},$$

故由（2）得

$$\begin{aligned}P(\Lambda_1,\ x_t=k) &= \lim_{n\to+\infty}\sum_{m<t2^n} P\left(\Lambda;\ \alpha\leqslant s,\ \gamma_j\leqslant s',\ \gamma_j^{(n)}=\frac{m}{2^n}\right)P_{jk}\left(t-\frac{m}{2^n}\right)\\ &= \lim_{n\to+\infty}\int_{\Lambda\cap(\alpha\leqslant s,\gamma_j\leqslant s',\gamma_j^{(n)}<t)} p_{jk}(t-\gamma_j^{(n)})P(\mathrm{d}\omega)\\ &= \int_{\Lambda_1} p_{jk}(t-\gamma_j(\omega))P(\mathrm{d}\omega).\end{aligned}$$

将此与上两结果联合，得

$$\begin{aligned}&P(\Lambda;\ \alpha\leqslant s,\ \gamma_j\leqslant s';\ x_t=k)\\ &= \int_{\Lambda_1\cup\Lambda_2\cup\Lambda_3} p_{jk}(t-\gamma_j(\omega))P(\mathrm{d}\omega)\\ &= \int_{\Lambda\cap(\alpha\leqslant s,\gamma_j\leqslant s')} p_{jk}(t-\gamma_j(\omega))P(\mathrm{d}\omega),\end{aligned} \tag{14}$$

这对 $[0,\ t]$ 中任意 s 及 s' 都正确，故得证（13）. ■

引理2 条件概率 $P(x_t=j|\Lambda;\ \alpha=s)$ 的一个代表是

$$r_j(s,\ t|\Lambda)=\int_{[s,t]} p_{jj}(t-u)C_j(s,\ \mathrm{d}u\mid\Lambda),\quad j\in E,\ 0\leqslant s\leqslant t. \tag{15}$$

对每固定的 $s\geqslant 0$，$r_j(s,\ \cdot\ |\Lambda)$ 在 $[s,\ +\infty)$ 中右连续；又 $r_j(\cdot,\ \cdot\ |\Lambda)$ 是 $(s,\ t)$ 的波莱尔可测函数，$0\leqslant s\leqslant t$.

证 我们有

$$\begin{aligned}&P(x_t=j|\Lambda;\ \alpha=s)\\ &=E\{P[x_t=j|\Lambda;\ \alpha,\ \gamma_j]|\Lambda;\ \alpha=s\},\quad \text{a. s.}.\end{aligned} \tag{16}$$

由（11）及（13）（于其中取 $k=j$），知（16）的右方对 A-几乎一切 s 等于（15）的右方，故后者是 $P(x_t=j|\Lambda;\ \alpha=s)$ 的一个代表，对每固定 s，由 $C_j(s,\ u|\Lambda)$ 的定义知它对 u 右连续. 注意 $p_{jj}(t)$ 连续，由（15）知 $r_j(s,\ t|\Lambda)$ 对 t 右连续，再由

$p_{jj}(t)$连续知$r_j(s,\ t|\Lambda)$可表为$(s,\ t)$的波莱尔可测函数的黎曼-斯蒂尔切斯（Riemann-Stieltjes）和的极限，故它也是$(s,\ t)$的波莱尔可测函数.

以下$(A-\text{a.s.})\ t$或$(A^2-\text{a.s.})\ (t,\ t')$系对$T=[0,\ +\infty)$或$T\times T$上的$A$或$A\times A$测度而言，而测度$A$是$A(\Lambda,\ \cdot)$. 若某式中涉及多个变量，则依其后书写的次序，使此式成立的“a. s.”集可依赖于其前的变量，例如“$t,\ t'\geqslant 0$，A-a. s.，$s\in[0,\ t]$”的详细内容是：“对每$t\geqslant 0$及$t'\geqslant 0$，以及对每$s\in[0,\ t]-Z(t,\ t')$，其中集$Z(t,\ t')$的A-测度为0”.

引理 3　对每$k\in E$，有

$$r_k(s,\ t+t'|\Lambda)=\sum_j r_j(s,\ t|\Lambda)p_{jk}(t'),$$
$$(A-\text{a.s.})s,\ 一切\ t>s,\ t'\geqslant 0;\tag{17}$$

$$\sum_j r_j(s,\ t|\Lambda)=1\quad (A-\text{a.s.})s,\ 一切\ t>s,\tag{18}$$

对每$j\in E$及$(A-\text{a.s.})s$，函数$r_j(s,\ \cdot\ |\Lambda)$. 在$[s,\ +\infty)$中连续.

证　因α为马氏时刻，对$0\leqslant s\leqslant t$，$t'>0$，

$$P(\Lambda,\ \alpha\leqslant s,\ x_{t+t'}=k)=\sum_j P(\Lambda;\ \alpha\leqslant s,\ x_t=j)p_{jk}(t')$$

这对每s都正确. 故由条件概率的定义，以概率 1 有

$$P\{x_{t+t'}=k|\Lambda;\alpha\}=\sum_j P\{x_t=j|\Lambda;\alpha\}p_{jk}(t'),$$

因而由引理 2，对$t,\ t'\geqslant 0$，$(A-\text{a.s.})s\in[0,\ t]$，有

$$r_k(s,\ t+t'|\Lambda)=\sum_j r_j(s,\ t|\Lambda)p_{jk}(t')\tag{19}$$

(19) 两方都是$(s,\ t,\ t')$的波莱尔可测函数，此由引理 2 得出. 根据富比尼定理，知 (19) 对$(A-\text{a.s.})s$及$(A^2-\text{a.s.})$ $(t,\ t')\in[s,\ +\infty)\times[0,\ +\infty)$正确. 因此，由引理 2 中指出的右连续性及法图引理

$$r_k(s,\ t+t'|\Lambda)\geqslant\sum_j r_j(s,\ t|\Lambda)p_{jk}(t')$$

$$(A-\text{a.s.})s,\ \text{一切}\ t\geqslant s,\ t'\geqslant 0; \tag{20}$$

$$\sum_k r_k(s,\ t+t'|\Lambda)\geqslant\sum_j r_j(s,\ t|\Lambda) \tag{21}$$

$$(A-\text{a.s.})s,\ \text{一切}\ t\geqslant s,\ t'\geqslant 0.$$

其次，由引理 2

$$\sum_j r_j(s,\ t|\Lambda)=P(\Lambda|\Lambda;\ \alpha=s)=1,$$

$$t>0,\ (A-\text{a.s.})s\in[0,\ t]. \tag{22}$$

仍由富比尼定理，(22) 对 $(A-\text{a.s.})s$ 及 $(A-\text{a.s.})t\geqslant s$ 成立；像由 (19) 推出 (21) 一样，得

$$\sum_j r_j(s,\ t|\Lambda)\leqslant 1,\quad (A-\text{a.s.})s,\ (A-\text{a.s.})t\geqslant s \tag{23}$$

设 E' 为对 $(A-\text{a.s.})s$ 及 $(A-\text{a.s.})t\geqslant s$ 的 (20) 或 (23) 不成立的 s 所成之集，它的 A-测度为 0. 固定 $s\overline{\in}E'$，对这样的 s，若 (22) 对某 t 成立，则由 (21) 及 (23)，它对一切更大的 t 成立，既然 (22) 对 $(A-\text{a.s.})t\geqslant s$ 正确，故它实际上对一切 $t>s$ 正确. 此得证 (18). 因此，在 (21) 中从而在 (20) 中等号成立，于是 (17) 正确. 最后，由 (18) 及 (17) 及 p_{jk} 的连续性知对 $(A-\text{a.s.})s$，$r_j(s,\ |\Lambda)$ 在 $(s,\ +\infty)$ 连续. 由引理 2，对每 s，$r_j(s,\ \cdot\ |\Lambda)$ 在 s 右连续，故它在 $[s,\ +\infty)$ 连续. ■

对每 $\Lambda\in\mathcal{F}_\alpha$，引进函数 $r_j(\Lambda;\ t)$：

$$r_j(\Lambda;\ t)=\int_0^{+\infty}r_j(s,\ s+t|\Lambda)A(\Lambda;\ \mathrm{d}s),$$

$$j\in E,\ t\geqslant 0 \tag{24}$$

由引理 3 知 $r_j(\Lambda;\ t)$ 对 $t\in T$ 连续，而且对 j，$k\in E$ 及 t，$t'>0$ 有

$$r_j(\Lambda;\ t)\geqslant 0;\ \sum_j r_j\ (\Lambda;\ t)=P(\Lambda), \tag{25}$$

$$\sum_j r_j(\Lambda;\ t)p_{jk}(t')=r_k(\Lambda;\ t+t'). \tag{26}$$

由连续性知存在$\lim\limits_{t\downarrow 0} r_j(\Lambda;\ t)=r_j(\Lambda;\ 0)$，故由法图引理，(25) 及 (26) 中两等号当 $t=0$ 时应换为“$\leqslant$”. 下面说明$r_j(\Lambda;\ 0)$的概率意义.

引理 4　若 X 是典范链，则对 $\Lambda\in\mathcal{F}_\alpha$有

$$P(\Lambda:\ \xi_0(\omega)=j)=r_j(\Lambda;\ 0),\quad j\in E; \tag{27}$$

$$P(\Lambda:\ \xi_0(\omega)=\infty)=P(\Lambda)-\sum_j r_j(\Lambda;\ 0). \tag{28}$$

证　先证

$$(\xi_0(\omega)=j)\doteq(\alpha(\omega)=\gamma_j(\omega)). \tag{29}$$

实际上，若 $\alpha(\omega)=\gamma_j(\omega)$，(a. s.)$\omega\in\Delta$，则由 § 3. 2 定理 1，当 $t\downarrow\alpha(\omega)$ 时 $x(t,\ \omega)$ 的唯一的有限极限点是 j，因而由 X 的右下连续性得 $\xi(0,\ \omega)=x(\alpha,\ \omega)=j$，(a. s.)$\omega\in\Delta$；反之，若 $\xi(0,\ \omega)=j$，则由 $\gamma_j(\omega)$ 的定义知 $\alpha(\omega)=\gamma_j(\omega)$，(a. s.)$\omega\in\Delta$.

由 (29) 及 (11)

$$\begin{aligned}
&P(\Lambda;\ \xi(0,\ \omega)=j)=P(\Lambda;\ \alpha(\omega)=\gamma_j(\omega))\\
&=\lim_{n\to+\infty}\sum_{m=0}^{+\infty}\int_{[\frac{m}{n},\frac{m+1}{n})}C_j\left(s,\ \frac{m+1}{n}\middle|\Lambda\right)A(\Lambda;\ \mathrm{d}s)\\
&=\lim_{n\to+\infty}\int_0^{+\infty}C_j\left(s,\ \frac{[ns+1]}{n}\middle|\Lambda\right)A(\Lambda;\ \mathrm{d}s)\\
&=\int_0^{+\infty}C_j(s,\ \{s\}|\Lambda)A(\Lambda;\ \mathrm{d}s).
\end{aligned}$$

由 (15)，$C_j(s,\ \{s\}|\Lambda)=r_j[s,\ \{s\}|\Lambda)$，故得证 (27). 注意，当且只当 $\xi(0,\ \omega)\overline{\in}E$ 时 $\xi(0,\ \omega)=\infty$，因而得 (28).

(三)

现在来证明主要定理：

定理 1　典范链 $X=\{x_t,\ t\geqslant 0\}$ 是强马氏链.

证　我们的目的是要证明 (7). 由 (8)，亦即要证明

$$P(\Lambda;\ \xi(t_v)=j_v,\ 0\leqslant v\leqslant N)$$
$$=P(\Lambda;\ \xi(t_0)=j_0)\prod_{v=0}^{N-1} p_{j_v j_{v+1}}(t_{v+1}-t_v). \tag{30}$$

考虑 ω-集

$$B_n=\Lambda\cap\bigcup_{m=0}^{+\infty}\left\{\frac{m}{n}\leqslant\alpha<\frac{m+1}{n};\ x\left(\frac{m+1}{n}+t_v\right)=j_v,\ 0\leqslant v\leqslant N\right\},$$

由引理 2，

$$P(B_n)=\sum_{m=0}^{+\infty} P\left(\Lambda;\ \frac{m}{n}\leqslant\alpha<\frac{m+1}{n};\ x\left(\frac{m+1}{n}+t_0\right)=j_0\right)\times$$
$$P\left(x\left(\frac{m+1}{n}+t_v\right)=j_v,1\leqslant v\leqslant N\,|\,x\left(\frac{m+1}{n}+t_0\right)=j_0\right)$$
$$=\sum_{m=0}^{+\infty}\int_{[\frac{m}{n},\frac{m+1}{n})} r_{j_0}\left(s,\ \frac{m+1}{n}+t_0\,\middle|\,\Lambda\right)A(\Lambda;\ \mathrm{d}s)Q$$
$$=\int_0^{+\infty} r_{j_0}\left(s,\ \frac{[ns+1]}{n}+t_0\,\middle|\,\Lambda\right)A(\Lambda;\ \mathrm{d}s)Q, \tag{31}$$

其中

$$Q=\prod_{v=0}^{N-1} p_{j_v j_{v+1}}(t_{v+1}-t_v). \tag{32}$$

由引理 3 及有界收敛定理

$$\lim_{n\to\infty} P(B_n)=\int_0^{+\infty} r_{j_0}(s,\ s+t_0\,|\,\Lambda)A(\Lambda;\ \mathrm{d}s)\ Q$$
$$=r_{j_0}(\Lambda;\ t_0)Q. \tag{33}$$

若 $\omega\in\bigcap_{m=1}^{+\infty}\bigcup_{n=m}^{+\infty}B_n$，则存在一列有理数 $r_k\downarrow\alpha(\omega)$ 而且 $x(r_k+t_v,\ \omega)=j_v$，$0\leqslant v\leqslant N$，故由 § 3.2 定理 1，对几乎一切这样的 ω 有 $\xi(t_v,\ \omega)=\lim\limits_{t\downarrow\overline{\alpha(\omega)+t_v}} x(t,\ \omega)=j_v$，从而

$$\bigcap_{m=1}^{+\infty}\bigcup_{n=m}^{+\infty}B_n\subset\Lambda\cap\{\xi(t_v)=j_v,\ 0\leqslant v\leqslant N\}. \tag{34}$$

由此及（33）得

$$P(\Lambda;\ \xi(t_v)=j_v,\ 0\leqslant v\leqslant N)$$
$$\geqslant\lim_{n\to+\infty} P(B_n)=r_{j_0}(\Lambda;\ t_0)Q. \tag{35}$$

将此式两端对一切 $j_v \in E$，$1 \leqslant v \leqslant N$ 求和，由于 $\sum_j p_{ij}(t) = 1$，得

$$P(\Lambda;\ \xi(t_0)=j_0) \geqslant r_{j_0}(\Lambda;\ t_0). \tag{36}$$

如 $t_0=0$，由（27）（36）应是等式，从而（35）在 $t_0=0$ 时也必是等式（否则将与（36）为等式矛盾）. 如 $t_0>0$，将（36）两方对 $j_0 \in E$ 求和，由（25）得

$$\begin{aligned} P(\Lambda) &\geqslant \sum_{j_0 \in E} P(\Lambda;\ \xi(t_0)=j_0) \\ &\geqslant \sum_{j_0 \in E} r_{j_0}(\Lambda;\ t_0) = P(\Lambda). \end{aligned} \tag{37}$$

于是同样知（35）在 $t_0>0$ 时也取等式，故得证

$$\begin{aligned} &P(\Lambda;\ \xi(t_v)=j_v,\ 0 \leqslant v \leqslant N) \\ &\quad = r_{j_0}(\Lambda;\ t_0) \prod_{v=0}^{N-1} p_{j_v j_{v+1}}(t_{v+1}-t_v). \end{aligned} \tag{38}$$

由（27）（36）（37）知

$$P(\Lambda;\ \xi(t_0)=j_0) = r_{j_0}(\Lambda;\ t_0),\ t_0 \geqslant 0, \tag{39}$$

代入（38）后即得（30）. ■

（四）

现在对强马氏性作一些讨论. 由强马氏性（7）可推出（9），然而（9）式还不足以说明 α-后链 $\{\xi(t,\ \omega),\ t \geqslant 0\}$ 是以原 (p_{ij}) 为转移概率矩阵的定义在 $(\Delta,\ \Delta\mathcal{F},\ P(\cdot\,|\Delta))$ 上的马氏链，因为并没有证明它的最小状态空间含于 E；也就是说，并没有证明原来的附加状态 ∞ 不属于 α-后链的最小状态空间. 问题发生在 $t=0$ 这一点上，由于（25）中第二等式在 $t=0$ 应换为 $\sum_j r_j(\Lambda;\ 0) \leqslant P(\Lambda)$，故根据（28），并在其中取 $\Lambda=\Delta \in \mathcal{F}_\alpha$ 后，得

$$P(\xi_0(\omega)=\infty\,|\Delta) \geqslant 0 \tag{40}$$

（40）中严格“$>$”的确可能成立，例如，设 X 是具有保守密

度矩阵而且同时满足向前与向后两方程组的可分链，令 $\alpha(\omega)$ 为第一个飞跃点 $\eta(\omega)$，由§3.2系4知对 η-后链有 $P(\xi_0(\omega)=\infty|\Delta)=1$，只要 $P(\Delta)>0$.

虽然如此，由（39）（37）并取 $\Lambda=\Delta$ 后，对 $t>0$ 有

$$P(\xi_t\in E|\Delta)=\sum_{j\in E}P(\xi_t=j|\Delta)=1, \tag{41}$$

亦即

$$P(\xi_t\neq\infty|\Delta)=1,\ t>0. \tag{42}$$

（40）（42）表明：X 的附加状态 ∞ 虽然可属于 α-后链 $\{\xi(t,\omega),t\geqslant0\}$ 的最小状态空间，但对开 α-后链 $\{\xi(t,\omega),t>0\}$ 而言，它仍是附加状态.

由此推出下列重要的系，令 $B=(\omega:\xi_0(\omega)\neq\infty)$. 以下总假定 $P(B)>0$，注意 $B\subset\Delta$.

系1 设 $X=\{x_t,t\geqslant0\}$ 是典范链，转移概率矩阵为 (p_{ij})，i，$j\in E$. 那么定义在概率空间 $(B,B\mathcal{F},P(\cdot|B))$ 上的 α-后链 $\{\xi(t,\omega),t\geqslant0\}$ 也是典范链，它的最小状态空间 E' 含于 E，转移概率矩阵是 (p_{ij})，i，$j\in E'$. 同样结论对定义在 $(\Delta,\Delta\mathcal{F},P(\cdot|\Delta))$ 上的开 α-后链 $\{\xi(t,\omega),t>0\}$ 也成立.

证 先证

$$(\xi(0,\omega)=j)\in\mathcal{F}_\alpha,\quad j\in E. \tag{43}$$

实际上，对 $t\geqslant0$，令 A_{mn} 表 ω-集

$$A_{mn}=\left(\omega:j\text{ 是}\left\{x_u(\omega),u\in R\cap\left[\frac{m}{n}t,\frac{m+1}{n}t\right)\right\}\right.$$

$$\left.\text{的有限极限点}\right)\in\mathcal{F}_{\frac{m+1}{n}t},$$

其中 R 表 X 的可分集，则

$$(\alpha<t)\cap(\xi(0,\omega)=j)=(\alpha<t)\cap(x(\alpha,\omega)=j)$$

$$=\bigcap_{n=1}^{+\infty}\bigcup_{m=0}^{n-1}\left[\left(\frac{m}{n}t\leqslant\alpha<\frac{m+1}{n}t\right)\cap A_{mn}\right]\in\mathcal{F}_t,$$

此得证（43），从而 $B=\bigcup\limits_{j\in E}(\xi(0,\ \omega)=j)\in\mathcal{F}_\alpha$.

在（30）中取 $\Lambda=B\supset(\xi(0,\ \omega)=j_0)$，以 P（B）除两边得

$$P(\xi(t_v)=j_v,0\leqslant v\leqslant N\,|\,B)=P(\xi(t_0)=j_0\,|\,B)\times$$

$$\prod_{v=0}^{N-1}p_{j_v j_{v+1}}(t_{v+1}-t_v),\qquad t_0=0.$$

根据系 1 前的讨论，在 B 上的 α-后链的最小状态空间 E' 显然含于 E，这事实连同上式证明了这链的马氏性以及它的转移概率矩阵是（p_{ij}）的子矩阵（p_{ij}），i，$j\in E'$. 此外，这链的波莱尔可测性和样本函数的右下连续性由 X 的相应的性质直接推出，剩下只要证完全可分性.

设 $\{\tilde{\xi}_t,\ t\geqslant0\}$ 是 $\{\xi_t,\ t\geqslant0\}$ 的一完全可分、可测的修正，R 是 $[0,\ +\infty)$ 中任一可列稠集. 对 B 中几乎一切（关于 P）ω，有 $\xi(r,\ \omega)=\tilde{\xi}(r,\ \omega)$，一切 $r\in R$. 其次，因为集 $\{(t,\ \omega):\ \xi(t,\ \omega)\neq\tilde{\xi}(t,\ \omega)\}\in\overline{\mathcal{B}_1\times\mathcal{F}}$，而且 $P\{\omega:\ \xi(t,\ \omega)\neq\tilde{\xi}(t,\ \omega)\}=0$ 对每固定 t 成立，故由富比尼定理知对几乎一切 ω，集 $\{t:\ \xi(t,\ \omega)\neq\xi(t,\ \omega)\}$ 的 L 测度为 0. 最后，因 $\xi(\cdot,\ \omega)$ 的样本函数是 $x(\cdot,\ \omega)$ 的样本函数的尾部分，由 §3.1 定理 2（ii）知，对几乎一切 ω，集 $S_i(\omega)=\{t:\xi(t,\ \omega)=i\}$ 是自稠密集. 联合这三结论后可见：对几乎一切 ω，一开区间如与 $S_i(\omega)$ 相交，则也必与 $\tilde{S}_i(\omega)=\{t:\ \tilde{\xi}(t,\ \omega)=i\}$ 相交，而且又因 $\{\tilde{\xi}_t,\ t\geqslant0\}$ 关于 R 可分，它还与 $R\cap\tilde{S}_i(\omega)=R\cap S_i(\omega)$ 相交，（任一 $i\in E$）. 这说明对几乎一切 ω，若 $t\in\bigcup\limits_{i\in E}S_i(\omega)$，则必存在 R 的子列 $\{r_n\}$，使 $r_n\to t$，$\xi_{t_n}(\omega)\to\xi_t(\omega)$. 如 $t\in S_\infty(\omega)$，即如 $\xi_t(\omega)=\infty$，由右下连续性，仍有 $\lim\limits_{r_n\downarrow t}\xi_{r_n}(\omega)=\infty=\xi_t(\omega)$. 这得证完全可分性.

对 Δ 上的开 α-后链 $\{\xi(t, \omega), t>0\}$ 的证明类似. ■

下系说明 α-前 σ 代数 $\mathcal{F}_\alpha$ 与 α-后 σ 代数的条件独立性，它是强马氏性（7）的一个直接推论.

系 2 设 X 是强马氏链，又 $P\{\xi(0)=j\}>0$，$j\in E$，则对任意 $\Lambda\in\mathcal{F}_\alpha$，$C\in\mathcal{F}'_\alpha$，有

$$P(\Lambda C|\xi(0)=j)=P(\Lambda|\xi(0)=j)\cdot P(C|\xi(0)=j). \tag{44}$$

特别，若存在某 $j\in E$，使

$$\xi(0, \omega)=j, \quad (\text{a.s.}) \quad \omega\in\Delta\equiv(\alpha<\infty). \tag{45}$$

则 $\mathcal{F}_\alpha$ 与 $\mathcal{F}'_\alpha$ 关于测度 $P(\cdot|\Delta)$ 独立，即对任 $\Lambda\in\mathcal{F}_\alpha$，$C\in\mathcal{F}'_\alpha$，有

$$P(\Lambda C|\Delta)=P(\Lambda|\Delta)P(C|\Delta). \tag{46}$$

证 设 $C=\{\xi(t_v)=j_v, 1\leqslant v\leqslant N\}$，如至少有一 $j_v=\infty$，又 $t_v>0$，由（42）有 $P(\xi_{t_v}=\infty)=0$，故（44）成立；若 $t_v=0$，因 $(\xi(0)=\infty)\cap(\xi(0)=j)=\varnothing$，则（44）也成立. 因而不妨设一切 $j_v\neq\infty$，$1\leqslant v\leqslant N$. 在（7）中取 $t_0=0$，$j_0=j$，并以 $P(\xi(0)=j)$ 除两边后，即知（44）对 $C=\{\xi(t_v)=j_v, 1\leqslant v\leqslant N\}$ 成立；由 $\mathcal{F}'_\alpha$ 的定义可推知（44）对任 $C\in\mathcal{F}'_\alpha$ 都成立.

如（45）成立，（44）化为（46）. ■

仿照 §1.5 定理 1 及 §1.6（18）的证明，由强马氏性可推得

$$\begin{aligned} &Ef(x(\alpha+\cdot,\omega)|\mathcal{F}_\alpha) \\ &=E_{x(\alpha)}f(x(\cdot,\omega)), \quad (\text{a.s.} \quad \omega\in B). \end{aligned} \tag{47}$$

这里 f 是定义在 $\overline{E}^{[0,+\infty)}$ 上的关于 $\mathcal{B}^{[0,+\infty)}$ 可测的有界函数，$\mathcal{B}$ 是 $\overline{E}$ 中全体子集所成的 σ 代数.

第 4 章　马尔可夫链中的几个问题

§4.1　0-1 律

（一）

在过程论的研究中，往往出现概率为 0 或 1 的事件，对于独立随机变量序列 $\{x_n\}$，这一现象是周知的. 例如，事件（ω；$\sum_{n=0}^{+\infty} x_n(\omega)$ 收敛）的概率只能是 0 或 1. 近年来对于马氏过程，类似的研究也日益需要. 这一节的目的，就是对这种现象，作一系统的讨论.

设 $X=\{x_t(\omega),\ t\geqslant 0\}$ 是取值于 $E=(i,\ j,\ \cdots)$ 中的可列马氏链，有转移概率为 $P_{ij}(s,\ t)$（不必是齐次的）. 考虑下列 σ 代数

$$\mathcal{N}_t^s=\mathcal{F}\{x_u,\ s\leqslant u\leqslant t\};\ \mathcal{N}_t=\mathcal{N}_t^0,$$

$$\mathcal{N}^s=\mathcal{F}\{x_u,\ s\leqslant u\};\ \mathcal{N}_{t+0}^s=\bigcap_{u>t}\mathcal{N}_u^s.$$

0-1 律有无穷近与无穷远的两种，先叙述前一种.

我们说，对 **X 无穷近 0-1 律**成立，如果对任意 $s\geqslant 0$，$i\in E$ 及 $A\in\mathcal{N}_{s+0}^s$，有 $P_{s,i}(A)=0$ 或 1.

命名的根据是：$\mathcal{N}_{s+0}^{s}$可直观地看成距 s 无穷近将来中的事件所成的σ代数.

定理 1 下列两条件中的任何一个都是使对 X 无穷近 0-1 律成立的充分必要条件：

(i) 对任意 $0\leqslant s<u$，$j\in E$，存在一列 $\{t_n\}$，$t_n\downarrow s$，使对一切 $i\in E$，有

$$P_{s,i}\lim_{t_n\downarrow s} p_{x_{t_n},j}(t_n,\ u)=p_{ij}(s,\ u),\tag{1}$$

其中 $P_{s,i}\lim$ 表依概率 $P_{s,i}$收敛；

(ii) 对任意 $0\leqslant s\leqslant r\leqslant u$，$j\in E$，$i\in E$，有

$$P_{s,i}(x_u=j\mid\mathcal{N}_{r+0}^{s})=p_{x_r j}(r,\ u),\ (p_{s,i}\quad \text{a. s.}).\tag{2}$$

证 对任意 $0\leqslant s\leqslant v_n<u$，$j$，$i\in E$，由马氏性有

$$P_{s,i}(x_u=j\mid\mathcal{N}_{v_n}^{s})=p_{x_{v_n},j}(v_n,\ u),\ (P_{s,i}\quad \text{a. s.}).\tag{3}$$

令 $v_n\downarrow r\geqslant s$. 由鞅收敛定理①，知存在极限

$$\lim_{v_n\downarrow r}P_{s,i}(x_u=j\mid\mathcal{N}_{v_n}^{s})=P_{s,i}(x_u=j\mid\mathcal{N}_{r+0}^{s}),\ (P_{s,i}\quad \text{a. s.})$$

故由（3）知极限$\lim\limits_{v_n\downarrow r}p_{x_{v_n},j}(v_n,\ u)$存在，而且

$$P_{s,i}(x_u=j\mid\mathcal{N}_{r+0}^{s})=\lim_{v_n\downarrow r}p_{x_{v_n},j}(v_n,\ u),\ (P_{s,i}\quad \text{a. s.}).\tag{4}$$

对任意 $\varepsilon>0$ 及 $0\leqslant s\leqslant r\leqslant t\leqslant u$,有

$$\begin{aligned}
&P_{s,i}(|p_{x_t j}(t,\ u)-P_{x_r j}(r,\ u)|>\varepsilon)\\
&=\int_{\Omega}P_{s,i}(|p_{x_t j}(t,\ u)-p_{x_r j}(r,\ u)|>\varepsilon\mid\mathcal{N}_r^{s})P_{s,i}(\mathrm{d}\omega)\\
&=\int_{\Omega}P_{r,x_r}(|p_{x_t j}(t,\ u)-p_{x_r j}(r,\ u)|>\varepsilon)P_{s,i}(\mathrm{d}\omega)\\
&=\sum_k P_{r,k}(|p_{x_t j}(t,\ u)-p_{kj}(r,\ u)|>\varepsilon)p_{ik}(s,\ r).
\end{aligned}\tag{5}$$

今设（i）成立而欲证（ii）. 由（1），对任意 $r<u$，$j\in E$，必存在一列 $r_n\downarrow r$，使对一切 $k\in E$，有

① 见严加安［1］第 43 页 2.22 系.

$$\lim_{r_n \downarrow r} P_{r,k}(|p_{x_{r_n},j}(r_n, u)-p_{kj}(r, u)|>\varepsilon)=0.$$

取（5）中的 t 为 r_n，并令 $n\to+\infty$，由于 $\sum_k p_{ik}(s, r)=1$，可在 $\sum_k$ 号下取极限，故得

$$P_{s,i}\lim_{r_n \downarrow r} p_{x_{r_n},j}(r_n, u)=p_{x_rj}(r, u). \tag{6}$$

由于（4）中 $\{v_n\}$ 是任一满足 $v_n\downarrow r$ 的序列，特别可取 $v_n=r_n$；比较（4）（6）并注意依概率收敛极限的唯一性，可见

$$P_{s,i}(x_u=j|\mathcal{N}_{r+0}^s)=p_{x_rj}(r, u),\ (P_{s,i}\quad \text{a. s.}) \tag{7}$$

对任意 $0\leqslant s\leqslant r<u$ 及 $j\in E$，$i\in E$ 成立，如果 $r=u$，（7）式仍成立，因为这时双方都等于 $\chi_{\{j\}}(x_r)$，（$P_{s,i}$ a. s.），$\chi_{\{j\}}$ 是 $\{j\}$ 的示性函数，$\chi_{\{j\}}(i)=\delta_{ij}$.

次设（ii）正确而欲证无穷近 0-1 律成立．由（2）并根据 E 的可列性，知对任 $A\in\mathcal{N}^r$，有

$$P_{s,i}(A|\mathcal{N}_{r+0}^s)=P_{r,x_r}(A),\ (p_{s,i}\quad \text{a. s.}). \tag{8}$$

在（8）中取 $r=s$，$A\in\mathcal{N}_{s+0}^s$，则左方由条件概率的性质应等于 A 的示性函数 $\chi_A(\omega)$，而右方则显然等于 $P_{s,i}(A)$，（$P_{s,x}$ a. s.），因而

$$P_{s,i}(A)=\chi_A(\omega),\ (P_{s,i}\quad \text{a. s.}).$$

这式说明 $P_{s,i}$- 几乎 $\chi_A(\omega)$ 是一常数，这常数是 0 或 1，从而 $P_{s,i}(A)=0$ 或 1.

最后设无穷近 0-1 律成立而欲证（i）．在证（4）时已证对任一列 $t_n\downarrow s$，$s<u$，存在极限 $\lim\limits_{t_n\downarrow s}p_{x_{t_n},j}(t_n, u)$，（$P_{s,i}$ a. s.），在此极限无定义的 ω 上补定义为 0 后，这极限显然为 $\mathcal{N}_{t_n}^s$ 可测，一切 n；因而必然为 $\mathcal{N}_{s+0}^s=\bigcap\limits_n \mathcal{N}_{t_n}^s$ 可测．既然由假设 $\mathcal{N}_{s+0}^s$ 只含 $P_{s,i}$ 测度为 0 或 1 的集，故存在与 ω 无关的常数 c，使

$$\lim_{t_n\downarrow s} p_{x_{t_n},j}(t_n, u)=c,\ (P_{s,i}\quad \text{a. s.}). \tag{9}$$

剩下只要证 $c=p_{ij}(s,u)$. 为此，利用马氏性及（9）得

$$\begin{aligned}p_{ij}(s,u)&=P_{s,i}(x_u=j)=P_{s,i}(x_s=i,x_u=j)\\&=\int_{(x_s=i)}P_{si}(x_s=i,x_u=j\mid \mathcal{N}^s_{t_n})\mathrm{d}P_{si}\\&=\int_{(x_s=i)}p_{x_{t_n},j}(t_n,u)P_{s,i}(\mathrm{d}\omega)\\&\to\int_{(x_s=i)}cP_{s,i}(\mathrm{d}\omega)=c.\quad\blacksquare\end{aligned}$$

为了要得到一些使无穷近 0-1 律成立的充分条件，只需对 $p_{ij}(s,t)$ 加些条件以使（i）满足.

称（p_{ij}（s,t)）为**右标准的**，如对任一 $s\geqslant 0$，有

$$\lim_{t\downarrow s}p_{ii}(s,t)=1,\quad 一切\ i\in E.\tag{10}$$

特别，若（$p_{ij}(s,t)$）是齐次的，则右标准性化为标准性，即化为

$$\lim_{t\to 0^+}p_{ii}(t)=1,\quad 一切\ i\in E.\tag{11}$$

定理 2 若 X 的转移概率矩阵（$p_{ij}(s,t)$）右标准，则对 X 无穷近 0-1 律成立.

证 先证在条件（10）下，$p_{ij}(s,t)$ 是 $s\in[0,t]$ 的右连续函数. 实际上，设 $t>r>s$，则

$$p_{ij}(r,t)-p_{ij}(s,t)=p_{ij}(r,t)[1-p_{ii}(s,r)]-\sum_{k\neq i}p_{ik}(s,r)p_{kj}(r,t),\tag{12}$$

右方两项都不超过 $1-p_{ii}(s,r)$，故

$$|p_{ij}(r,t)-p_{ij}(s,t)|\leqslant 1-p_{ii}(s,r)\to 0,\ r\downarrow s.\tag{13}$$

其次，对任意 $\varepsilon>0$，$s\leqslant r<t$ 有

$$\begin{aligned}P_{s,i}(|x_t-x_r|>\varepsilon)&=\sum_j P_{r,j}(|x_t-x_r|>\varepsilon)P_{ij}(s,r)\\&\leqslant\sum_j[1-p_{jj}(r,t)]p_{ij}(s,r).\end{aligned}$$

由(10)并注意 $\sum_j p_{ij}(s,r)=1$，根据控制收敛定理得

$$\lim_{t\downarrow r} P_{s,i}(|x_t - x_r| > \varepsilon) = 0,$$

故存在一列 $t_n \downarrow r$，使

$$\lim_{t_n\downarrow r} x_{t_n} = x_r,\ (P_{s,i}\quad \text{a. s.}).$$

因为 E 中点孤立，所以对 $P_{s,i}$ 几乎一切 ω，存在正整数 $N(\omega)$，当 $n > N(\omega)$ 时，$x_{t_n}(\omega) = x_r(\omega)$. 于是由（13）得

$$\lim_{t_n\downarrow r} p_{x_{t_n},j}(t_n,\ u) = p_{x_r j}(r,\ u),\ (P_{s,i}\quad \text{a. s.}). \tag{14}$$

点列 $\{t_n\}$ 的选择虽然可能依赖于 i，但由 E 的可列性，利用对角线方法，总可选取一列 $\{t_n\}$，$t_n \downarrow r$，使（14）对一切测度 $P_{s,i}$（$i \in E$）成立. 在（14）中取 $r = s$ 即得证（i）. ■

系 1　若 X 是齐次马氏链，具有标准转移概率矩阵，则无穷近 0-1 律成立.

例 1　同系 1 中假定，此外还设 X 可分，对 E 的任一子集 H，定义 t-集

$$S_H(\omega) = (t: x_t(\omega) \in H) \tag{15}$$

令 $A = (\omega: S_H(\omega) \cap (s,\ s+\varepsilon) = \varnothing$ 对某 $\varepsilon > 0$ 成立)，$\varnothing$ 表空集；并令 $A_n = \left(\omega: S_H(\omega) \cap \left(s,\ s+\frac{1}{n}\right) = \varnothing\right)$. 显然 $A_n \subset A_{n+1}$，

$$A = \bigcup_{n=1}^{+\infty} A_n = \lim_{n\to+\infty} A_n. \tag{16}$$

自 Ω 中清洗可分性中例外的概率为 0 的集后，$A_n \in \mathscr{N}^s_{s+\frac{1}{n}}$，故 $A \in \mathscr{N}^s_{s+0}$. 由系 1 得

$$P_{s,i}(A) = 0 \text{ 或 } 1.$$

例 2　作为无穷近 0-1 律不成立的例，设 X 只有三状态 0，1，2，有齐次转移概率为

$$p_{00}(0) = 1,\ p_{00}(t) = 0,\ p_{01}(t) = p_{02}(t) = \frac{1}{2},\ t > 0;$$

$$p_{11}(t) = p_{22}(t) = 1,\ t \geqslant 0.$$

可选 X 的一修正（仍记为 X），使它的一切样本函数在 $t > 0$ 连

续，令

$$T(\omega)=\inf(t:t>0,\ x_t(\omega)=1),$$
$$A=(\omega:T(\omega)=0).$$

显然此时 $A=(\omega:x_\varepsilon(\omega)=1)\in\mathcal{N}_\varepsilon^0$，$\varepsilon>0$ 任意，故 $A\in\mathcal{N}_{0+0}^0$，然而 $P_0(A)=p_{01}(\varepsilon)=\frac{1}{2}$.

（二）

现在来讨论另一种 0-1 律.

令 $\Pi=\bigcap\limits_{t>0}\mathcal{N}^t$，又 Π 关于 $P_{s,i}$ 的完全化 σ 代数记为 $\Pi_{s,i}$. 如对一切 $A\in\Pi_{s,i}$. 有 $P_{s,i}(A)=0$ 或 1，就说 $P_{s,i}$-**无穷远 0-1 律成立**：如对任一 $s\geqslant0$，$i\in E$，$P_{s,i}$- 无穷远 0-1 律都成立，就说无穷远 0-1 律成立，直观上可称 $\Pi_{s,i}$ 中的集为尾事件，以后 $A\doteq B(P_{s,i})$ 表 $P_{s,i}(A\Delta B)\equiv P_{s,i}[(A\backslash B)\cup(B\backslash A)]=0$.

定理 3 中结论（i）刻画了全体尾事件，（ii）（iii）则给出此律成立的充分必要条件.

定理 3 任意固定 $A\in\Pi_{s,i}$

（i）A 可表为

$$A\doteq\bigcap_{m=1}^{+\infty}\bigcup_{n=m}^{+\infty}(x_{t_n}\in E_n)\doteq\bigcap_{m=1}^{+\infty}\bigcup_{n=m}^{+\infty}(x_{t_n}\in E_n),\ (P_{s,i}),\tag{17}$$

其中 $\{t_n\}$ 为任一列常数，$t_n\uparrow+\infty$，而 $E_n\subset E(\{E_n\}$ 依赖于 $\{t_n\})$.

（ii）$P_{s,i}(A)=0$ 或 1 的充分必要条件是：存在常数列 $\{t_n\}$. $t_n\uparrow+\infty$（因而对任一列如此的 $\{t_n\}$），有

$$\lim_{n\to+\infty}P_{t_n,x_{t_n}}(A)=c\ （常数），(P_{s,i}\quad \text{a. s.}).\tag{18}$$

此时必然有 $P_{s,i}(A)=c$.

（iii）若定义在 $(\Omega,\ \mathcal{N}^s,\ P_{s,i})$ 上的过程 $\{P_{t,x_t}(A),\ t\geqslant s\}$ 可分，则 $P_{s,i}(A)=0$ 或 1 的充分必要条件是

$$\lim_{t\to+\infty}P_{t,x_t}(A)=c,\ (P_{s,i}\quad \text{a. s.}).\tag{19}$$

证　只需对 $A\in\Pi$ 证明. 由马氏性

$$P_{s,i}(A\mid\mathcal{N}_t^s)=P_{t,x_t}(A),\ (P_{s,i}\quad \text{a. s.}).$$

令 t 沿任一列 $\{t_n\}$ 而趋于 $+\infty$，并注意 $A\in\Pi\subset\mathcal{N}^s$，得

$$\chi_A(\omega)=P_{s,i}(A\mid\mathcal{N}^s)=\lim_{n\to+\infty}P_{t_n,x_{t_n}}(A),\ (P_{s,i}\quad \text{a. s.})\qquad(20)$$

任取常数 α，$0<\alpha<1$，令

$$E_n=(j:P_{t_n,j}(A)>\alpha)\subset E,\qquad(21)$$

对此 $\{E_n\}$，(17) 成立，实际上，以 Ω_0 表集

$$(\omega:\chi_A(\omega)=\lim_{n\to+\infty}P_{t_n,x_{t_n}}(A)),$$

由 (20)，$P_{s,i}(\Omega_0)=1$. 若 $\omega\in A\Omega_0$，则 $\chi_A(\omega)=1$，故对一切充分大的 n，有 $P_{t_n,x_{t_n}(\omega)}(A)>\alpha$，亦即 $x_{t_n}(\omega)\in E_n$，从而

$$\omega\in\bigcup_{m=1}^{+\infty}\bigcap_{n=m}^{+\infty}(x_{t_n}\in E_n).$$

反之，若 $\omega\in\Omega_0-A$，则 $\chi_A(\omega)=0$. 由 $\omega\in\Omega_0$ 还知，对一切充分大的 n 有 $P_{t_n,x_{t_n}(\omega)}(A)\leqslant\alpha$，亦即 $x_{t_n}(\omega)\overline{\in}E_n$；从而

$$\omega\overline{\in}\bigcap_{m=1}^{+\infty}\bigcup_{n=m}^{+\infty}(x_{t_n}\in E_n),$$

故得证：除可能差一 $P_{s,i}$零测集外，

$$\bigcap_{m=1}^{+\infty}\bigcup_{n=m}^{+\infty}(x_{t_n}\in E_n)\subset A\subset\bigcup_{m=1}^{+\infty}\bigcap_{n=m}^{+\infty}(x_{t_n}\in E_n),$$

但左方集显然包含右方集，故得证 (17).

为证 (ii)，只要证存在一列 $t_n\uparrow+\infty$ 使 (18) 成立是 $P_{s,i}(A)=0$ 或 1 的充分条件，而 (18) 对任一列 $t_n\uparrow+\infty$ 成立是必要条件.

设 (18) 对某列 $t_n\uparrow+\infty$ 成立. 对照 (18) 与 (20)，可见 $\chi_A(\omega)=c$，$(P_{s,i}\quad \text{a. s.})$，故 c 必为 0 或 1 而且 $P_{s,i}(A)=c$. 反之，若 $P_{s,i}(A)=0$ 或 1，则 $\chi_A=0$ 或 $\chi_A=1(P_{s,i}\quad \text{a. s.})$. 由 (20) 知，对任一列 $t_n\uparrow+\infty$，有 $\lim\limits_{n\to+\infty}P_{t_n,x_{t_n}}(A)=0$ 或 $\lim\limits_{n\to+\infty}P_{t_n,x_{t_n}}(A)=1(P_{s,i}\quad \text{a. s.})$. 在前一情况取 $c=0$，在后一情况取 $c=1$ 即得证 (18) 对任一列 $t_n\uparrow+\infty$ 成立.

最后，若 $\{P_{t,x_t}(A), t\geqslant s\}$ 是可分过程，则（iii）由（ii）及可分性推出①. ■

注 1 以 $\Pi_{s,i}^{\{t_n\}}$ 表 σ 代数 $\bigcap\limits_{m=0}^{\infty}\mathcal{F}\{x_{t_n}, n\geqslant m\}$ 关于 $P_{s,i}$ 的完全化 σ 代数，$t_n\uparrow\infty$ 为任一固定序列. （17）表示 $\Pi_{s,i}=\Pi_{s,i}^{\{t_n\}}$，因此，对 X 的 $P_{s,i}$- 无穷远 0-1 律的研究，化为对序列 $\{x_{t_n}, n\geqslant 0\}$ 的相应的研究.

例 3 设 $\{x_t, t\geqslant 0\}$ 是由独立随机变量组成的过程，此时 $P_{s,i}=P$ 与 s 及 i 无关，故（21）中的 E_n 为 E 或空集，从而（17）化为 $A\doteq\Omega$ 或 $A\doteq\varnothing$，于是 $P(A)=1$ 或 0. 这给出周知的独立随机变量列满足无穷远 0-1 律的另一证明，注意（18）也满足.

(三)

从现在起只考虑齐次马氏链 X. 由于转移概率 (p_{ij}) 的齐次性，这时不宜考虑 $\Pi_i(=\Pi_{0,i})$ 而考虑它的子 σ 代数 $\mathfrak{U}$.

令 $A\in\mathfrak{U}_i$ 如 $A\in\Pi_i$，而且对任一 $t\geqslant 0$ 有 $P_i(\theta_t A\Delta A)=0$，$\theta_t$ 为 X 的推移算子②. 定义

$$\mathfrak{U}=\bigcap_{i\in E}\mathfrak{U}_i,$$

并称 $\mathfrak{U}$ 中的集为**不变集**. 由于

$$P_i(A\mid\mathcal{N}_t^0)=P_i(\theta_t A\mid\mathcal{N}_t^0)=P_{x_t}(A),\ (P_i\quad \text{a. s.}),$$

$$\chi_A(\omega)=\lim_{t_n\to+\infty}P_i(A\mid\mathcal{N}_{t_n}^0)=\lim_{t_n\to+\infty}P_{x_{t_n}}(A),\ (P_i\quad \text{a. s.}). \tag{22}$$

正如由（20）可证明定理 3 一样，由（22）可证明定理 4：

---

① 见 Doob [1] 第 2 章，定理 2.3.

② 过程 $X_T=\{x_t(\omega)\cdot t\geqslant 0\}$ 的 $s\geqslant 0$ **推移**为过程 $X_{s+T}=\{x_{s+t}(\omega), t\geqslant 0\}$，$s$ 可依赖于 ω；设 g 为定义在 $E^{[0,+\infty)}$ 上的 $\mathcal{B}^{[0,+\infty)}$ 可测函数，$\mathcal{B}$ 是 $E=(i)$ 中全体子集所成的 σ 代数，又 $\xi(\omega)=g(X_T)$. 称 $\xi(\omega)$ 的 s 推移为 $\theta_s\xi=g(X_{s+T})$. 直观地说，ξ 如何依赖于 X_T，则 $\theta_s\xi$ 以同样方式依赖于 X_{s+T}. 若 $B\in\mathcal{F}\{X_T\}$，则集 $\theta_s B$ 由下式定义：$\chi_{\theta_s B}=\theta_s\chi_B$.

定理 4　任意固定 $A\in\mathfrak{U}$ 及 $i\in E$.

(i) 集 A 可表为

$$A\doteq\bigcap_{m=1}^{+\infty}\bigcup_{n=m}^{+\infty}(x_{t_n}\in e_\alpha)\doteq\bigcup_{m=1}^{+\infty}\bigcap_{n=m}^{+\infty}(x_{t_n}\in e_\alpha),\ (P_i\quad \text{a. s.}),\tag{23}$$

其中 $e_\alpha=(j:P_j(A)>\alpha)\subset E$，$0<\alpha<1$，$t_n\uparrow+\infty$ 任意.

(ii) 为使 $P_i(A)=0$ 或 1，充分必要条件是存在一列常数 $\{t_n\}$，$t_n\uparrow+\infty$（因而对任一列如此的 $\{t_n\}$），有

$$\lim_{n\to+\infty}P_{x_{t_n}}(A)=c,\ (\text{常数}),\ (P_i\quad \text{a. s.}),\tag{24}$$

这时必有 $P_i(A)=c$.

(iii) 若 $(\Omega,\ \mathcal{N}^0,\ P_i)$ 上的过程 $\{P_{x_t}(A),\ t\geqslant 0\}$ 可分，则 $P_i(A)=0$ 或 1 的充分必要条件是

$$\lim_{t\to+\infty}P_{x_t}(A)=c,\ (P_i\quad \text{a. s.})\tag{25}$$

(四)

设 X 的转移概率 $p_{ij}(t)$ 是 t 的 L-可测函数，因而是 $t\in(0,+\infty)$ 连续函数. 称状态 $i(\in E)$ 是 X 的**常返状态**，如果 $\int_0^{+\infty}p_{ii}(t)\mathrm{d}t=+\infty$；称过程 ***X* 常返**，如一切状态常返.

引理 1　i 常返的充分必要条件是：对某一（或每一）$h>0$，

$$\sum_{n=0}^{+\infty}p_{ii}(nh)=+\infty.$$

证　设 E 已按§2.1 对 (p_{ij}) 分解为 F，I，J，…，如 $i\in F$，由§2.1 知

$$\int_0^{+\infty}p_{ii}(t)\mathrm{d}t=\sum_{n=0}^{+\infty}p_{ii}(nh)=0,$$

故只要考虑 $i\overline{\in}F$.

如 $i\overline{\in}F$，$\lim\limits_{t\to 0}p_{ii}(t)=u_i>0$，再注意到 $p_{ii}(t)$ 在 $(0,+\infty)$ 的连续性及恒正性，知

$$\delta(h)\equiv\min_{0\leqslant r\leqslant h}p_{ii}(r)>0.$$

易见

$$\lim_{0\leqslant r\leqslant h} p_{ii}(t+r)\geqslant p_{ii}(t)\cdot\min_{0\leqslant r\leqslant h} p_{ii}(r)=p_{ii}(t)\delta(h),$$

$$m_n(h)\equiv\min_{nh\leqslant t\leqslant(n+1)h} p_{ii}(t)\geqslant p_{ii}(nh)\delta(h).$$

类似有 $M_n(h)\equiv\max\limits_{nh\leqslant t\leqslant(n+1)h} p_{ii}(t)\leqslant\dfrac{p_{ii}[(n+1)h]}{\delta(h)}$.

联合后两等式，得

$$\delta(h)h\sum_{n=0}^{N-1}p_{ii}(nh)\leqslant h\sum_{n=0}^{N-1}m_n(h)\leqslant\int_0^{Nh}p_{ii}(t)\mathrm{d}t$$

$$\leqslant h\sum_{n=0}^{N-1}M_n(h)\leqslant\delta(h)^{-1}h\sum_{n=1}^{N}p_{ii}(nh),$$

令 $N\to+\infty$后即得证引理中的结论.

对 $h>0$，考虑过程 $X=\{x_t,\ t\geqslant 0\}$ 的**离散骨架**

$$X_h=\{x_{nh},\ n\in\mathbf{N}\}. \tag{26}$$

X_h 是一具有离散参数的齐次马氏链，n 步转移概率矩阵为

$$(p_{ij}(nh)),\ i,\ j\in E,$$

X_h 与 X 有相同的开始分布，定义在同一概率空间（Ω，$\mathcal{F}$，P）上.

由引理 1 得知，i 是 X 的常返状态的充分必要条件是 i 对 X_h 常返（任意 $h>0$）. 取 $h=1$，由离散参数马氏链的理论知：此时有①

$$P_i(x_n=i\text{ 对无穷多个 }n)=1. \tag{27}$$

说关于 X，自 i 可到 j，并记为 $i\Rightarrow j$，如存在 $t>0$，使 $p_{ij}(t)>0$. 由§2.1，$p_{ij}(h)>0$，故关于 X_h 自 i 也可到 j；反之是显然的. 因而“$i\Rightarrow j$”的概念对 X 与对 X_h 是等价的. 如$i\Rightarrow j$，$j\Rightarrow i$，就说 i，j **互通**，并记为 $i\Leftrightarrow j$.

定理 5 设（p_{ij}）是可测转移矩阵，i 常返，则对任意 $A\in\mathfrak{U}$，有 $P_i(A)=0$ 或 1，再若 $i\Rightarrow j$，则 $P_i(A)=P_j(A)$ 或者同为 0，或者同为 1.

证 由（22）知对 P_i 几乎一切 ω，存在极限 $\lim\limits_{n\to+\infty}P_{x_n}(A)$；

① 见王梓坤［1］，§2.7，14.

由（27）得

$$\lim_{n\to+\infty} P_{x_n}(A)=P_i(A),（常数）(P_i \quad \text{a.s.}).$$

故（24）对 $t_n=n$ 及 $c=P_i(A)$ 满足，从而 $P_i(A)=0$ 或 1.

其次，有

$$P_i(A)=E_i[P_i(A\mid\mathcal{N}_t)]=E_i[P_i(\theta_t A\mid\mathcal{N}_t)]$$
$$=E_iP_{x_t}(A)=\sum_j p_{ij}(t)P_j(A). \tag{28}$$

由 $i\Rightarrow j$ 知存在 $t>0$，使 $p_{ij}(t)>0$；取（28）中的 t 为此 t，如 $P_i(A)=0$，由（28）得 $P_j(A)=0$；如 $P_i(A)=1$，注意到

$$\sum_j p_{ij}(t)=1,$$

即知 $P_j(A)=1$

系 2　设 (p_{ij}) 为可测转移矩阵，一切状态互通、常返，则对任意 $A\in\mathfrak{U}$，有

$$P_i(A)\equiv 0，一切\ i；或\ P_i(A)\equiv 1，一切\ i. \tag{29}$$

由于系 2 的启发，引出下列定义：

设 X 为齐次马氏链，如果对任意 $A\in\mathfrak{U}$，（29）成立，就说对 **X 强无穷远 0-1 律**成立. 此律的进一步研究留待下节.

例 4　设 f 为定义在 E 上的非负函数，过程 X 可测，(p_{ij}) 也可测，由

$$\left(\omega: \int_0^{+\infty} f(x_t)\mathrm{d}t=\infty\right)=\left(\omega: \int_s^{+\infty} f(x_t)\mathrm{d}t=+\infty\right)$$
$$=\theta_s\left(\omega: \int_0^{+\infty} f(x_t)\mathrm{d}t=+\infty\right)$$

知事件 $A=\left(\omega: \int_0^{+\infty} f(x_t)\mathrm{d}t=+\infty\right)\in\mathfrak{U}$. 故若 i 常返，则 $P_i(A)=0$ 或 1. 特别，取 f 为集 $H(\subset E)$ 的示性函数，则 A 化为 $(\omega: L[S_H(\omega)]=+\infty)$，其中 $S_H(\omega)$ 由（15）定义，而 L 表勒贝格测度.

§4.2 常返性与过分函数

(一)

设（p_{ij}）为可测转移矩阵，在§4.1中已经看到：状态i的常返性“$\int_0^{+\infty} p_{ii}(t)\mathrm{d}t=+\infty$”等价于“$\sum\limits_{n=0}^{+\infty} p_{ii}(nh)=+\infty$，$h>0$任意”；即等价于$i$在离散骨架$X_h$中的常返性；因而也等价于：

$$P_i(x_{nh}=i \text{ 对无穷多个 } n=n(\omega)\text{成立})=1. \tag{1}$$

在本节前三段中，我们总设（p_{ij}）标准. 对这种矩阵，常返性有更多的等价性质，任取以（p_{ij}）为转移概率矩阵的可分、可测过程$X=\{x_t,t\geqslant 0\}$，仍令$S_i(\omega)=\{t: x_t(\omega)=i\}$，$L$表勒贝格测度.

定理1 设$i\neq+\infty$，则下列条件等价：

(i) i常返；

(ii) $P_i(S_i(\omega)\text{无界})=1$；

(iii) $P_i(L[S_i(\omega)]=+\infty)=1$.

证 (i) → (ii)：由(1)即得. (iii) → (i)：只要注意

$$\begin{aligned} E_iL[S_i(\omega)] &= E_i\int_0^{+\infty} \chi_{\{i\}}(x_t)\mathrm{d}t \\ &= \int_0^{+\infty} E_i\chi_{\{i\}}(x_t)\mathrm{d}t = \int_0^{+\infty} p_{ii}(t)\mathrm{d}t. \end{aligned} \tag{2}$$

剩下只要证(ii) → (iii). 为此只要证关于概率P，有

$$A_1\equiv\{S_i(\omega)\text{无界}\}\doteq\{L[S_i(\omega)]=+\infty\}\equiv A_2.$$

实际上，对a.s.$\omega\in A_1$，有$x_r(\omega)=i$对R中一无界子集中的r成立，R表可分集. 由§3.1(17)，对任$\eta>0$，存在与r

无关的常数 $\varepsilon=\varepsilon(\eta)>0$，使

$$P_{r,i}\left\{L[S_i(\omega)\cap(r,\ r+\varepsilon)]>\frac{\varepsilon}{2}\right\}\geqslant 1-\eta,\tag{3}$$

故对每 $r\in R$ 有

$$\begin{aligned}&P\left\{L[S_i(\omega)\cap(r,\ +\infty)]>\frac{\varepsilon}{2}\right\}\\&\geqslant\overline{\lim_{n\to+\infty}}\sum_{m=0}^{+\infty}P\left\{x\left(r+\frac{v}{2^n}\right)\neq i,\ 0<v<m;\ x\left(r+\frac{m}{2^n}\right)=i\right\}\cdot\\&\quad P_{r+\frac{m}{2^n},i}\left\{L\left[S_i\cap\left(r+\frac{m}{2^n},\ +\infty\right)\right]>\frac{\varepsilon}{2}\right\}\\&\geqslant P(A_1)(1-\eta).\end{aligned}\tag{4}$$

令 $r\to+\infty$，得 $P(A_2)\geqslant P(A_1)(1-\eta)$. 由 η 的任意性，得 $P(A_2)\geqslant P(A_1)$；但 $P(A_2)\leqslant P(A_1)$，而且 $A_2\subset A_1$，故 $A_1\doteq A_2$. ■

附带指出：如 $\int_0^{+\infty}p_{ii}(t)\mathrm{d}t<+\infty$，由 (2) 知 $P_i(A_2)=0$. 结合 (iii) 可见：$P_i(A_1)=P_i(A_2)$ 只能为 0 或 1，视 $\int_0^{+\infty}p_{ii}(t)\mathrm{d}t<+\infty$ 或 $=+\infty$ 而定.

常返性的一个更简单的充分必要条件如下：设 X 是典范链，对任意 $i\in E$，定义

$$\tau^{(i)}(\omega)=\inf(t:t>0,\ x_t(\omega)=i),\tag{5}$$

当右方括号中 t-集空时，令 $\tau^{(i)}(\omega)=\infty$. 令 $\Omega_i=(\tau^{(i)}(\omega)<+\infty)$，由 X 的右下半连续性，有

$$x(\tau^{(i)},\ \omega)=i,\ \omega\in\Omega_i.\tag{6}$$

称 $\tau^{(i)}(\omega)$ 为**首达 i 的时刻**，它是 § 3. 3 (10) 中所定义的 $\gamma_j(\omega)$ 的特殊情形（在那里应取 $j=i$，$\alpha(\omega)\equiv 0$），因而是马氏时刻.

定理 2　设 X 是典范链，则 X 是互通的常返链的充分必要条件是：对任意 i，$j\in E$，

$$P_j(\Omega_i)=1. \tag{7}$$

证 定义两列随机变量 $I_n(\omega)$，$K_n(\omega)$，$n\in\mathbf{N}^*$，取 i，$k\in E$，$i\neq k$，令

$$\begin{cases}I=\boldsymbol{\tau}^{(i)}, & K=\boldsymbol{\tau}^{(k)},\\ I_1=I, & K_1=I_1+\theta_{I_1}K,\\ I_n=K_{n-1}+\theta_{K_{n-1}}I, & K_n=I_n+\theta_{I_n}K.\end{cases} \tag{8}$$

直观上，I_1 为首达 i 的时刻，K_1 为首达 i 后首达 k 的时刻，I_2 为到达 i 再到 k 后首达 i 的时刻……它们都是马氏时刻，而且

$$\begin{cases}x(I_n,\ \omega)=i, & \omega\in(I_n<+\infty),\\ x(K_n,\ \omega)=k, & \omega\in(K_n<+\infty),\end{cases} \tag{9}$$

今设（7）成立，试证对任 $j\in E$，任意正整数 n，

$$P_j(I_n<+\infty)=1,\ P_j(K_n<+\infty)=1.$$

实际上，当 $n=1$ 时此由（7）正确. 设上式对 $n=m$ 成立，由强马氏性及（7）得

$$P_j(I_{m+1}<+\infty)=P_j(K_m<+\infty,\ K_m+\theta_{K_m}I_1<+\infty)$$

$$=P_j(K_m<+\infty,\ \theta_{K_m}(I_1<+\infty))=\int_{(K_m<+\infty)}P_{x(K_m)}(I_1<+\infty)P_j(\mathrm{d}\omega)$$

$$=P_K(I_1<+\infty)P_j(K_m<+\infty)=1,$$

同样可证 $P_j(K_{m+1}<+\infty)=1$.

于是由刚才所证及 I_n，K_n 的定义，得

$$I_1<K_1<I_2<K_2<\cdots<+\infty,\ (P_j\quad \text{a.s.}),$$

因而 $\{I_n\}$ $\{K_n\}$ 有公共的极限 η. 如果 $\eta(\omega)<+\infty$，那么当 $t\uparrow\eta(\omega)$ 时，根据（9），$x(t,\ \omega)$ 有两个有限的极限 i 及 k，此与 §3.2 定理 1 矛盾，故必定

$$\lim_{n\to+\infty}I_n(\omega)=\lim_{n\to+\infty}K_n(\omega)=+\infty,\ (P_j\quad \text{a.s.}).$$

此结果当 $j=i$ 时自然也成立，这与（9）中第一式联合后，可见定理 1 中条件（ii）满足，故得证 i 的常返性（$i\in E$).

由于（p_{ij}）在（0，$+\infty$）上或恒为 0，或恒大于 0，并注意（7）得 $p_{ji}(t)>0$，故一切状态互通，这得证（7）为 X 互通常返的充分条件.

反之，设 X 互通常返，那么 X_h 亦然，根据具离散参数马氏链的理论，对 j，$i\in E$，有

$$p_j(x_{nh}=i \text{ 对无穷多个 } n \text{ 成立})=1,$$

由此即推出（7）. ■

(二)

联系于马氏链 X，有一类重要的函数：过分函数和它的特殊情形——调和函数，它们与常返性和无穷远 0-1 律间有着密切的联系.

设 X 的转移概率为 $p_{ij}(t)$，i，$j\in E$. 定义在 E 上的非负函数（可取 $+\infty$ 为值）f 称为［关于 X 或（p_{ij}）］**过分的**，如果对任意 $t\geqslant 0$，有

$$\sum_j p_{ij}(t)f(j)\leqslant f(i),\quad i\in E; \tag{10}$$

称有限、非负函数 f 为（关于 X 或（p_{ij}））**调和的**，如果（10）式取等号.

如 X 是具有离散时间参数为 $n\in\mathbf{N}$ 的齐次马氏链，一步转移概率为 p_{ij}，同样对它可定义过分函数与调和函数，只要把（10）中的 t 理解为正整数 n，其实这时要使（10）（或其等式）对一切正整数成立，只需它分别对 $n=1$ 成立就够了.

设 $X=\{x_t,\ t\geqslant 0\}$ 的离散骨架为 $X_h(h>0)$，f 是 X 的过分（或调和）函数，由定义显然可见 f 也是 X_h 的过分（或调和）函数.

定理 3　设 X 的转移概率矩阵（p_{ij}）标准，一切状态互通，则 X 常返的充分必要条件是它的任一过分函数等于一常数.

证　由互通性及 § 2.1 定理 4，$p_{ij}(t)>0$（$t>0$）. 设 f 过

分，若在某 j_0 有 $f(j_0)=+\infty$，则由

$$f(i)\geqslant \sum_j p_{ij}(t)f(j)\geqslant p_{ij_0}(t)f(j_0)=+\infty$$

知 $f(i)\equiv+\infty$ $(i\in E)$，故只要考虑有限的过分函数.

设 X 常返，f 是它的有限过分函数，则 X_1 也常返，而且 f 也是 X_1 的过分函数，因而

$$\sum_j p_{ij}(1)f(j)\leqslant f(i),\ i\in E. \tag{11}$$

考虑随机序列 $\{f(x_n),\ n\geqslant 0\}$，由于马氏性及（11），有

$$E_i\{f(x_{n+1})\mid x_0,x_1,\cdots,x_n\}=E_i\{f(x_{n+1})x_n\}$$

$$=\sum_j p_{x_nj}(1)f(j)\leqslant f(x_n),\ (P_i\quad \text{a. s.}) \tag{12}$$

这说明 $[f(x_n),\ \mathcal{F}\{x_0,\ x_1,\ \cdots,\ x_n\}]$ 关于测度 P_i 是一半鞅. 由后者的收敛定理①，存在有限极限

$$\lim_{n\to+\infty} f(x_n)=\xi,\ (P_i\quad \text{a. s.}). \tag{13}$$

由 X_1 的常返性及互通性，对任意 $j\in E$，

$$P_i(x_n=j\ \text{对无穷多个}\ n)=1. \tag{14}$$

由（13）（14）得 $P_i(\xi=f(j))=1$. 由于 j 任意，又有 $P_i(\xi=f(k))=1$，从而 $f(j)=f(k)$ $(j,\ k\in E)$. 这得证必要性.

今设任一过分函数是常数. 由 (p_{ij}) 的标准性，不妨设 X 是典范链. 对任意 $i\in E$，定义随机变量

$$\tau_t^{(i)}(\omega)=\inf(s: s>0,\ x_{t+s}(\omega)=i),$$

如括号中 s-集空，就定义它为 $+\infty$. 再令

$$f(j)=P_j(\tau^{(i)}<+\infty)=E_j\chi_{(\tau^{(i)}<+\infty)}, \tag{15}$$

$\tau^{(i)}=\tau_0^{(i)}$ 是首达 i 的时刻，$\tau_t^{(i)}$ 是 t 以后首达 i 的时刻，$f(j)$ 是自 j 出发，终于要到达 i 的概率. 我们证明，f 是一过分函数，实际上

---

① 见 Дынкин [1]，779 页.

$$\sum_k p_{jk}(t)f(k)=E_jf(x_t)=E_jE_{x_t}\chi_{(\tau^{(i)}<+\infty)}$$
$$=E_j\theta_t\chi_{(\tau^{(i)}<+\infty)}=E_j\chi_{(\tau_t^{(i)}<+\infty)}$$
$$\leqslant E_j\chi_{(\tau^{(i)}<+\infty)}=f(j).$$

由假定，$f(j)\equiv c$（常数）．根据 X 的右下半连续性，显然有 $f(i)=1$，从而

$$P_j(\tau^{(i)}<+\infty)\equiv 1,\ j\in E,$$

由定理 2 即知 X 常返．

(三)

与定理 3 相应，试考虑强无穷远 0-1 律与调和函数间的关系．为此对 X 加些条件．

称 $X=\{x_t,\ t\geqslant 0\}$ 是**右连续链**，如果对任一对（t，ω），$x_t(\omega)\neq+\infty$，而且对每 $\omega\in\Omega$，$x(\cdot,\omega)$ 是 t 的右连续函数．

由于 E 的拓扑离散，E 中每点孤立，故如 $x(t,\omega)=i$，由右连续性必存在 $h=h(\omega)>0$，使在 $[t,\ t+h]$ 中，$x(\cdot,\omega)$ 恒等于 i．因此，对右连续链 X，如（p_{ij}）标准，则一切状态 i 是稳定的．

定理 4　设 X 右连续，它的（p_{ij}）标准，则强无穷远 0-1 律成立的充分必要条件是任一有界调和函数是一常数．

证　充分性　任取不变集 A，有

$$P_i(A)=P_i(\theta_tA)=E_iE_{x_t}\chi_A$$
$$=E_iP_{x_t}(A)=\sum_j p_{ij}(t)P_j(A),\ t\geqslant 0, \tag{16}$$

故 $P_i(A)$ 是有界调和函数．由假定，$P_i(A)\equiv c$（$i\in E$），c 为常数，于是§4.1 定理 4（ii）中（24）式满足，故得知 $P_i(A)$ 或恒等于 0，或恒等于 1．

必要性　任取有界调和函数 $u(i)$，考虑过程 $\{u(x_t),\ t\geqslant 0\}$，由马氏性及 u 的调和性

$$E_i[u(x_{s+t})\mid x_u,\ u\leqslant s]=E_i[u(x_{s+t})\mid x_s]$$
$$=\sum_j p_{x_s j}(t)u(j)=u(x_s),\qquad(17)$$

这表示 $[u(x_t),\ \mathcal{F}\{x_u,\ u\leqslant t\}]$ 关于 P_i 是一鞅；因 x_t 右连续，$u(x_t)$ 也右连续，故它是一可分鞅，根据后者的收敛定理，存在极限

$$\lim_{t\to+\infty} u[x_t(\omega)]=\xi(\omega),\ (P_i\quad \text{a. s.})$$

由于

$$\theta_s\xi(\omega)=\lim_{t\to+\infty} u[x_{t+s}(\omega)]=\xi(\omega),$$

知 ξ 为 $\mathfrak{U}$ 可测. 根据假定，强无穷远 0-1 律成立，$\mathfrak{U}$ 只含 P_i 测度为 0 或 1 的集，而且若 $P_i(A)=1$，则 $P_j(A)=1(i,\ j\in E)$. 因此，存在不依赖于 i 的常数 c，使

$$\xi=c,\ (P_i\quad \text{a. s.}),\qquad(18)$$

因而

$$E_i\xi\equiv c,\ i\in E.\qquad(19)$$

但另一方面，由 u 的有界性及 $u\ (x_t)$ 的鞅性，得

$$E_i\xi=E_i\lim_{t\to+\infty} u(x_t)=\lim_{t\to\infty} E_iu(x_t)$$
$$=\lim_{t\to+\infty} E_iE_i[u(x_t)\mid x_0]=E_iu(x_0)=u(i).$$

由此及 (19) 即得 $u(i)\equiv c$，$(i\in E)$. ■

(四)

在§2.1中，我们已经证明：对可测转移矩阵 (p_{ij})，存在极限

$$v_{ij}=\lim_{t\to+\infty} p_{ij}(t),\qquad(20)$$

现在来进一步讨论 v_{ij}.

设 E 中一切状态互通，于是对离散骨架 $X_1=\{x_n,\ n\geqslant 0\}$，

一切状态也互通，而且周期为 1. 根据具离散参数马氏链的理论[①]，存在与 i 无关的极限 v_j，

$$v_j=\lim_{n\to+\infty} p_{ij}(n). \tag{21}$$

由 (20)(21) 知 $v_{ij}=v_j$ 不依赖于 i.

由 $\sum_j p_{ij}(t)=1$ 显然得

$$0\leqslant v_j;\ \sum_j v_j\leqslant 1. \tag{22}$$

由具离散参数马氏链的理论还知道：只有两种可能，或者一切 $v_j>0$ 而且 $\sum_j v_j=1$；或者一切 $v_j=0$. 前一种情况发生的充分必要条件是 X_1 (因而任一离散骨架 X_h，$h>0$) 为遍历链；这时 $\{v_j\}$ 构成 E 上一概率分布. 若取此 $\{v_j\}$ 为 X 的开始分布，则由 §2.1 (43) 得

$$v_j=\sum_k v_k p_{kj}(t)=P(x(t)=j),$$

这表示 $P(x(t)=j)$ 与 $t\geqslant 0$ 无关，一切 $j\in E$. 具有这种性质的分布称为 X 的 (或 (p_{ij}) 的) **平稳分布**. 显然，它也是 X_1 (及任一 X_h) 的平稳分布. 但由离散参数马氏链的结论，在状态互通情况下，X_1 的平稳分布是唯一的. 故 X 的平稳分布也是唯一的. 故得证了下面的

定理 5　设 X 有可测转移矩阵，每 $p_{ij}(t)>0$，$t>0$. 则 X(或$(p_{ij}(t))$) 有平稳分布的充分必要条件是 X_1 (或每 X_h，$h>0$) 是遍历链；这时平稳分布 $\{v_j\}$ 是唯一的；它由 (21) 给出；$v_j>0$，$j\in E$.

① 参看王梓坤 [1] §2.4；§2.5.

§4.3 积分型随机泛函的分布

（一）

设 $X=\{x_t(\omega),\ t\geqslant 0\}$ 是定义在 $(\Omega,\ \mathcal{F},\ P)$ 上的马氏链，它的转移概率矩阵 (p_{ij}) 标准；还假定它的密度矩阵 $\boldsymbol{Q}=(q_{ij})$ 保守，即满足

$$\sum_{j\neq i} q_{ij}=-q_{ii}\equiv q_i<+\infty,\ i\in E. \tag{1}$$

设 X 可分，由§2.3，以概率 1 存在跳跃点列

$$0\equiv \boldsymbol{\tau}_0(\omega)\leqslant \boldsymbol{\tau}_1(\omega)\leqslant \boldsymbol{\tau}_2(\omega)\cdots\leqslant +\infty \tag{2}$$

使对几乎一切 ω,若 $\boldsymbol{\tau}_n(\omega)<+\infty$，且若 $q_{x(\boldsymbol{\tau}_n(\omega),\omega)}>0$，则 $\boldsymbol{\tau}_n(\omega)<\boldsymbol{\tau}_{n+1}(\omega)<+\infty$，且若 $q_{x(\boldsymbol{\tau}_n(\omega),\omega)}=0$，则 $\boldsymbol{\tau}_n(\omega)<\boldsymbol{\tau}_{n+1}(\omega)=+\infty$；若 $\boldsymbol{\tau}_n(\omega)=+\infty$，则 $\boldsymbol{\tau}_m(\omega)=+\infty$ 对一切 $m>n$.

第一个飞跃点是

$$\eta(\omega)=\lim_{n\to+\infty} \boldsymbol{\tau}_n(\omega). \tag{3}$$

我们知道，除去一个 ω-零测集外，在 $[0,\ \eta(\omega))$ 中，$x(\cdot,\ \omega)$ 是右连续的跳跃函数，为简单计，设此零测集已自 Ω 中清洗出去，并设 X 是典范链.

定义随机变量列

$$y_n(\omega)=\begin{cases} x(\boldsymbol{\tau}_n(\omega),\ \omega), & \boldsymbol{\tau}_n(\omega)<+\infty, \\ x(\boldsymbol{\tau}_m(\omega),\ \omega), & \boldsymbol{\tau}_n(\omega)=+\infty, \end{cases} \quad n\in\mathbf{N}. \tag{4}$$

其中 $m=\min(k:\ \boldsymbol{\tau}_k(\omega)<+\infty)$.

由于 X 的强马氏性，$\{y_n(\omega)\}$ 是 $(\Omega,\ \mathcal{F},\ P)$ 上的齐次马氏链，一步转移概率矩阵为 (r_{ij})，其中，

$$r_{ij}=\begin{cases}\dfrac{q_{ij}}{q_i}, & q_i>0,\ i\neq j,\\ 0, & q_i>0,\ i=j,\\ \delta_{ij}, & q_i=0,\end{cases} \tag{5}$$

称$\{y_n\}$为 X 的**嵌入链**.

引理 1 说明 $\eta(\omega)$ 可直观地看成 $x(\cdot, \omega)$ 的“**第一个无穷**”:

引理 1　对几乎一切 ω,

$$\eta(\omega)=\begin{cases}\inf(t: t>0,\ \lim\limits_{s\uparrow t}x(s, \omega)=+\infty), & \text{括号中 } t \text{ 集非空}\\ +\infty, & \text{否则}.\end{cases}$$

证　若 $\eta(\omega)=+\infty$，则因 $x(\cdot, \omega)$ 在 $(0, +\infty)$ 是跳跃函数，故上面括号中的 t 集空．若 $\eta(\omega)<+\infty$，由于 $x(\cdot, \omega)$ 在 $[0, \eta(\omega))$ 中跳跃，不可能存在 $t<\eta(\omega)$，使 t 能满足括号中的条件，故只要证对 a. s.　$\omega\in(\eta(\omega)<+\infty)$，有 $\lim\limits_{s\uparrow\eta}x(s, \omega)=+\infty$．设若不然，有

$P(\eta<+\infty$; 当 $s\uparrow\eta$ 时 $x(s, \omega)$ 至少有一有限极限点$)>0$,

则必存在常数 $A<+\infty$ 及 $i\in E$ 使

$$\begin{aligned}0&<P(\eta<A,\ x(\cdot, \omega) \text{ 在 } [0, A] \text{ 中有一极限点为 } i)\\ &\leqslant P(x(\cdot, \omega) \text{ 在 } [0, A] \text{ 中有无穷多个 } i\text{-区间}).\end{aligned}$$

但由 § 3.1 定理 1，最后一概率应为 0，矛盾．■

$\eta(\omega)$ 的另一种刻画方式如下：任取 E 的一列有穷子集 $\{E_n\}$，使

$$E_n\subset E_{n+1},\quad \bigcup_{n=1}^{+\infty}E_n=E, \tag{6}$$

并定义随机变量列 $\{\eta_n(\omega)\}$:

$$\eta_n(\omega)=\begin{cases}\inf(t: t>0,\ x(t, \omega)\overline{\in} E_n), & \text{括号中 } t \text{ 集非空},\\ +\infty, & \text{否则}.\end{cases} \tag{7}$$

直观上，$\eta_n(\omega)$ 为首出 E_n 的时刻.

引理 2 对几乎一切 ω

$$\eta(\omega)=\lim_{n\to+\infty}\eta_n(\omega) \tag{8}$$

证 $\{\eta_n\}$ 对 n 不减 a.s.，故右方极限存在. 由于 $x(\tau_m)\in E=\bigcup_{n=0}^{+\infty}E_n$，a.s.，故对正整数 n，存在 $N=N(n,\omega)$，使 $x(\tau_k)\in E_N$ $(0\leqslant k\leqslant n)$，从而 $\tau_n\leqslant\eta_N\leqslant\lim_{m\to+\infty}\eta_m$，由（3）得

$$\eta(\omega)\leqslant\lim_{n\to+\infty}\eta_n(\omega),\ \text{a.s.}.$$

下证反号不等式成立，我们来证明 $\eta(\omega)\geqslant\eta_n(\omega)$，a.s.. 为此只要考虑 $\eta(\omega)<+\infty$ 的情形. 这时由引理1，存在 $s_m=s_m(\omega)\uparrow\eta(\omega)$，使 $\lim_{m\to+\infty}x(s_m,\omega)=+\infty$. 由于 E_n 是有穷集，故存在 $N=N(\omega)$，当 $k\geqslant N$ 时，$x(s_k,\omega)\overline{\in}E_n$. 根据（7）得

$$\eta(\omega)\geqslant s_k(\omega)\geqslant\eta_n(\omega),\ \text{a.s.}.\ \blacksquare$$

现在来研究 τ_n 及 η_n 的分布. 为简单起见，设

$$E_n=\{0,1,2,\cdots,n-1\},$$

因而 E 重合于全体非负整数集. 令

$$F_{in}(t)=P_i(\eta_n\leqslant t),\quad 0\leqslant i<n. \tag{9}$$

$$G_{in}(t)=P_i(\tau_n\leqslant t),\quad 0\leqslant i<+\infty, \tag{10}$$

$$G_i(t)=P_i(\eta\leqslant t),\quad 0\leqslant i<+\infty. \tag{11}$$

利用已给的密度矩阵 $\boldsymbol{Q}=(q_{ij})$，通过§2.3（40）或（41），可得 ${}_np_{ij}(t)$，$n\in\mathbf{N}$. 它们的概率意义见§2.3（39）. 最后令

$$f_{ij}(t)=\sum_{n=0}^{+\infty}{}_np_{ij}(t). \tag{12}$$

它是自 i 出发，沿 X 的轨道，经有穷多次跳跃而于 t 时到达 j 的概率.

当 $t<0$ 时，显然 $G_{in}(t)=G_i(t)=F_{in}(t)=0$，故以后只考虑 $t\geqslant0$.

引理 3

$$G_{in}(t)=\int_0^t\sum_j{}_{n-1}p_{ij}(s)q_j\,\mathrm{d}s, \tag{13}$$

$$G_i(t)=\lim_{n\to+\infty}G_{in}(t)=1-\sum_j f_{ij}(t). \tag{14}$$

证　对 $A\subset E$，引入记号

$$_np_{iA}(t)=\sum_{j\in A}{}_np_{ij}(t), \tag{15}$$

我们有

$$G_{in}(t)=1-P_i(\boldsymbol{\tau}_n>t)=1-\sum_{m=0}^{n-1}{}_mp_{iE}(t). \tag{16}$$

另一方面，由 § 2.3（41），对 $n\geqslant 1$ 有

$$\begin{aligned}\int_0^t{}_np_{ij}(u)q_j\,\mathrm{d}u&=\int_0^t\int_0^u\sum_{k\neq j}{}_{n-1}p_{ik}(s)q_{kj}\mathrm{e}^{-qj(u-s)}q_j\,\mathrm{d}s\mathrm{d}u\\&=\sum_{k\neq j}\int_0^t{}_{n-1}p_{ik}(s)q_{kj}[1-\mathrm{e}^{-q_j(t-s)}]\mathrm{d}s\\&=\sum_{k\neq j}\int_0^t{}_{n-1}p_{ik}(s)q_{kj}\,\mathrm{d}s-{}_np_{ij}(t),\end{aligned}$$

对 $j\in E$ 求和得

$$_np_{iE}(t)=\int_0^t\sum_j{}_{n-1}p_{ij}(s)q_j\,\mathrm{d}s-\int_0^t\sum_j{}_np_{ij}(s)q_j\,\mathrm{d}s,$$

故

$$\begin{aligned}\sum_{m=0}^{n-1}{}_mp_{iE}(t)&=\mathrm{e}^{-q_it}+\int_0^t q_i\mathrm{e}^{-q_is}\,\mathrm{d}s-\int_0^t\sum_j{}_{n-1}p_{ij}(s)q_j\,\mathrm{d}s\\&=1-\int_0^t\sum_j{}_{n-1}p_{ij}(s)q_j\,\mathrm{d}s,\end{aligned}$$

此式与（16）结合即得（13）.（14）即 § 2.3 中（45）式.

为求 F_{in}（t），把 $\bar{E}_n=\{n,\ n+1,\ n+2,\ \cdots\}$ 合起来看成一个新的状态，仍记为 n，并引进

$$\bar{x}(t,\ \omega)=\begin{cases}x(t,\ \omega), & t<\eta_n(\omega),\\ n, & t\geqslant\eta_n(\omega),\end{cases} \tag{17}$$

$\{\bar{x}(t,\ \omega),\ t\geqslant 0\}$ 是具有限多个状态 $\{0,\ 1,\ 2,\ \cdots,\ n\}$ 的右连续强马氏链，一切样本函数是跳跃函数，n 为吸引状态，它的密度矩阵是 $\bar{\boldsymbol{Q}}=(\bar{q}_{ij})$，$i$，$j\in\{0,\ 1,\ 2,\ \cdots,\ n\}$，

$$\begin{cases}\bar{q}_{ij}=q_{ij},\ 0\leqslant i,\ j<n,\\ \bar{q}_{in}=\sum\limits_{j\geqslant n}q_{ij}=q_i-\sum\limits_{\substack{j=0\\(j\neq 1)}}^{n-1}q_{ij},\\ \bar{q}_{ni}=0,\ 0\leqslant i\leqslant n.\end{cases}\tag{18}$$

它的转移概率矩阵为 $(\bar{p}_{ij}(t))$，$\bar{p}_{ij}(t)=\sum\limits_{m=0}^{+\infty}{}_m\overline{p_{ij}(t)}$，而${}_m\overline{p_{ij}(t)}$ 可通过 § 2.3（40）或（41）求得，只要把那里的 (q_{ik}) 换为（18）中的 $(\bar{q}_{ik})$.

引理 4

$$\begin{cases}F_{in}(t)=\overline{p_{in}(t)},\ 0\leqslant i<n,\\ F_{nn}(t)=1,\qquad t\geqslant 0.\end{cases}\tag{19}$$

证 因 $P_n(\eta_n=0)=1$，故

$$1\geqslant F_{nn}(t)=p_n(\eta_n\leqslant t)\geqslant p_n(\eta_n=0)=1,\ t\geqslant 0.\tag{20}$$

其次，对 $0\leqslant i<n$，有

$$F_{in}(t)=P_i(\eta_n\leqslant t)=P_i(\bar{x}(t)=n)=\overline{p_{in}(t)}.\quad\blacksquare$$

(二)

设已给 E 上一非负函数 V，在许多实际问题中，要求研究下列积分型随机泛函

$$\xi^{(n)}(\omega)=\int_0^{\eta_n(\omega)}V[x(t,\ \omega)]\mathrm{d}t\tag{21}$$

$$\xi(\omega)=\int_0^{\eta(\omega)}V[x(t,\ \omega)]\mathrm{d}t=\lim_{n\to+\infty}\xi^{(n)}(\omega)\tag{22}$$

时分布，令

$$\mathcal{F}_{in}(t)=P_i(\xi^{(n)}\leqslant t),\ \varphi_{in}(\lambda)=\int_0^{+\infty}\mathrm{e}^{-\lambda t}\mathrm{d}\mathcal{F}_{in}(t),\ i<n,\tag{23}$$

$$\mathcal{F}_i(t)=P_i(\varepsilon\leqslant t),\ \varphi_i(\lambda)=\int_0^{+\infty}\mathrm{e}^{-\lambda t}\mathrm{d}\mathcal{F}_i(t).\tag{24}$$

为了研究这些函数，我们引进一个新的过程.

对正的函数 V，伴随着原有的 Q 过程 X，考虑典范链 $\widetilde{X}=$

$\{\tilde{x}(t,\ \omega),\ t\geqslant 0\}$，它具有密度矩阵为

$$\widetilde{\boldsymbol{Q}}=(\tilde{q}_{ij}),\ \tilde{q}_{ij}=\frac{q_{ij}}{V(i)}. \tag{25}$$

X，$\widetilde{X}$ 间有下列关系：

(i) 自 i 出发，第一个 i-区间的长不超过 t 的概率，对 X 为 $1-\mathrm{e}^{-q_i t}$，对 $\widetilde{X}$ 为 $1-\mathrm{e}^{-\frac{q_i}{V(i)}t}$，如 $V(i)>0$. 这表明将 X 的 i-区间的长乘 $V(i)$ 后，此乘积的分布恰为 $\widetilde{X}$ 的 i-区间长的分布（在开始分布集中在 i 的条件下）.

(ii) 自 i 出发，经一次跳跃后转移到 j 的概率，对 X，$\widetilde{X}$ 都同为$\dfrac{q_{ij}}{q_i}$（$q_i>0$）. 若 $q_i=0$，则 i 同为 X 及 $\widetilde{X}$ 的吸引状态.

因此，对 X 在第一个飞跃点以前的轨道，如将每一 i-区间伸长（或缩短）$V(i)$ 倍后（$i\in E$），可以看成为 $\widetilde{X}$ 在第一个飞跃点以前的轨道. 根据这个理由，我们称 $\widetilde{X}$ 为 X 的 **V-伸缩链**. 令

$$S_k^{(n)}(\omega)=\{t: x(t,\ \omega)=k,\ t<\eta_n(\omega)\}, \tag{26}$$

由于 X 的可测性，对每 ω，$S_k^{(n)}(\omega)$ 是 t 的 L 可测集，L 集勒贝格测度，$L[S_k^{(n)}(\omega)]$ 是随机变量，而且根据上面所述

$$\xi^{(n)}=\sum_{k=0}^{n-1}V(k)L[S_k^{(n)}]=\tilde{\eta}_n, \tag{27}$$

这里 $\tilde{\eta}_n$ 是 $\widetilde{X}$ 的首出 E_n 的时刻.

这样，当 $V>0$ 时，对 X 的 $\xi^{(n)}$ 的研究，化为对 $\widetilde{X}$ 的 $\tilde{\eta}_n$ 的研究，于是可运用上一段中的结果. 由引理 4,

$$\begin{cases}\mathcal{F}_{in}(t)=\tilde{p}_{in}(t),\\ \mathcal{F}_{nn}(t)=1,\end{cases} \tag{28}$$

这里（$\tilde{p}_{ij}$）i，$j=0$，1，2，…，n 是转移概率矩阵，有密度矩阵为 $\widetilde{\boldsymbol{S}}=(\tilde{s}_{ij})$：

$$\begin{cases}\tilde{s}_{ij}=\dfrac{q_{ij}}{V(i)},\ (0\leqslant i,\ j<n),\\ \tilde{s}_{in}=\dfrac{q_i}{V(i)}-\sum\limits_{\substack{j=0\\(j\neq 1)}}^{n-1}\dfrac{q_{ij}}{V(i)},\\ \tilde{s}_{ni}=0,\ 0\leqslant i\leqslant n.\end{cases}\tag{29}$$

定理 1

(i) 设 $V(i)>0$，$0\leqslant i<n$. 则 $\mathcal{F}_{in}(t)$，$0\leqslant i<n$，满足方程组

$$\begin{cases}V(i)\dfrac{\mathrm{d}\mathcal{F}_{in}(t)}{\mathrm{d}t}=\sum\limits_{k=0}^{n-1}q_{ik}\mathcal{F}_{kn}(t)+q_i-\sum\limits_{\substack{j=0\\j\neq i}}^{n-1}q_{ij},\ 0\leqslant i<n,\\ \mathcal{F}_{nn}(t)=1.\end{cases}\tag{30}$$

(ii) 设 $V(i)>0$，$(i\in E)$. 则

$$\mathcal{F}_i(t)=1-\sum_{j=0}^{+\infty}g_{ij}(t),\tag{31}$$

其中（g_{ij}）是向后方程

$$\begin{cases}V(i)g'_{ij}(t)=\sum\limits_{j=0}^{+\infty}q_{ik}g_{kj}(t),\ 0\leqslant i<+\infty,\\ g_{ij}(0)=\delta_{ij}.\end{cases}\tag{32}$$

的最小解.

证 (i)(30)中第二式显然正确. 写出 $\widetilde{\boldsymbol{P}}(t)=(\tilde{p}_{ij}(t))$ 所应满足的向后方程

$$\widetilde{\boldsymbol{P}'}(t)=(\tilde{s}_{ij})\widetilde{\boldsymbol{P}}(t),$$

由此得

$$\widetilde{p'_{in}}(t)=\sum_{k=0}^{n}\tilde{s}_{ik}\tilde{p}_{kn}(t).\tag{33}$$

以（28）及（29）代入（33）即得证（30）中前一式.

(ii) 在（27）中令 $n\to+\infty$，得 $\xi=\tilde{\eta}$ a. s.，$\tilde{\eta}$ 是 $\widetilde{X}$ 的第一个飞跃点；故由（14）即得（31）. 因（g_{ij}）是最小 $\tilde{s}$-过程的

广转移概率，写下对（g_{ij}）的向后方程，即知它是（32）的最小解．■

由（28）可见$\mathcal{F}_{in}(t)$连续，再由（30）知它在$[0, +\infty)$上有连续导数$\mathcal{F}'_{in}(t)$，$(i<n)$．

根据定理 1，不难推出$\mathcal{F}_{in}(t)$及$\mathcal{F}_{i}(t)$的拉普拉斯-斯蒂尔切斯变换

$$\varphi_{in}(\lambda)=E_i \mathrm{e}^{-\lambda\xi^{(n)}}, \tag{34}$$

$$\varphi_{i}(\lambda)=E_i \mathrm{e}^{-\lambda\xi} \tag{35}$$

所应满足的方程．

定理 2　设 $V(i)\geqslant 0$ 但不恒等于 0．则有

(i)

$$\begin{cases}\lambda V(i)\varphi_{in}(\lambda)=\sum\limits_{k=0}^{n-1} q_{ik}\varphi_{kn}(\lambda)+\Big(q_i-\sum\limits_{\substack{j=0\\ j\neq i}}^{n-1} q_{ij}\Big)\varphi_{nn}(\lambda), \\ \qquad\qquad 0\leqslant i<n, \\ \varphi_{nn}(\lambda)=1.\end{cases} \tag{36}$$

$$\text{(ii)}\ \lambda V(i)\varphi_i(\lambda)=\sum_{k=0}^{+\infty} q_{ik}\varphi_k(\lambda),\ 0\leqslant i<+\infty,\ \lambda>0. \tag{37}$$

证　先设 $V(i)>0$，$0\leqslant i<n$．由（30）第二式得 $\varphi_{nn}(\lambda)=1$．在（30）第一式中两方取拉普拉斯-斯蒂尔切斯变换，并注意$\varphi_{nn}(\lambda)=1$，即得证（36）．

如果对 $i=0, 1, \cdots, n-1$，$V(i)$不全大于 0，那么在$[0, 1, \cdots, n]$上，引进函数 V_m；

$$V_m(i)=\begin{cases}V(i),\ V(i)>0\ \text{或}\ i=n, \\ \dfrac{1}{m},\quad V(i)=0,\end{cases} \tag{38}$$

由于（35）及积分有界收敛定理，当 $m\to+\infty$时，

$$\xi_m^{(n)}(\omega)\equiv\int_0^{\eta_n(\omega)} V_m[x(t, \omega)]\mathrm{d}t\to\xi^{(n)}(\omega),\ (P_i\quad \text{a.s.})$$

因而 $\xi_m^{(n)}$ 的分布函数 $F_{in}^{(m)}(t)\equiv P_i(\xi_m^{(n)}\leqslant t)$ 弱收敛于 $F_{in}(t)$；又

$$\varphi_{in}^{(m)}(\lambda)\equiv E_i \mathrm{e}^{-\lambda\xi_m^{(n)}}\to\varphi_{in}(\lambda),\ m\to+\infty,$$

由刚才所证知 $\varphi_{in}^{(m)}(\lambda)$（$0\leqslant i<n$）满足（36），即

$$\lambda V_m(i)\varphi_{in}^{(m)}(\lambda)=\sum_{k=0}^{n-1}q_{ik}\varphi_{kn}^{(m)}(\lambda)+\Big(q_i-\sum_{\substack{j=0\\ j\neq i}}^{n-1}q_{ij}\Big)\varphi_n^{(m)}(\lambda),$$

$$0\leqslant i<n,\ \varphi_{nn}^{(m)}=1.$$

令 $m\to+\infty$，即知 $\varphi_{in}(\lambda)$，（$0\leqslant i\leqslant n$），满足（36），这完全证明了（i）.

注意 $\sum_j|q_{ij}|=2q_i<+\infty$；又当 $\lambda>0$ 时，$\varphi_{in}(\lambda)\leqslant 1$，故由 $\lim\limits_{n\to+\infty}\varphi_{in}(\lambda)=\varphi_i(\lambda)$，并在（36）中令 $n\to+\infty$，即得（37）.

（三）

类似于（21），考虑

$$\xi_n(\omega)=\int_0^{\tau_n(\omega)}V[x(t,\ \omega)]\mathrm{d}t. \tag{39}$$

ξ_n 与 $\xi^{(n)}$ 不同之处在于（39）中积分上限 $\tau_n(\omega)$ 是第 n 次跳跃点，$\tau_0(\omega)\equiv 0$. 仍然有

$$\xi(\omega)=\lim_{n\to+\infty}\xi_n(\omega), \tag{40}$$

因而也可以通过 ξ_n 来研究 ξ. 在对 ξ 的某些问题的研究中，有时用 ξ_n 更方便. 为了说明这点，我们来研究什么时候随机积分

$$\xi(\omega)\equiv\int_0^{\eta(\omega)}V[x(t,\ \omega)]\mathrm{d}t \tag{41}$$

几乎处处发散.

仿（34），定义

$$\psi_{in}(\lambda)=E_i\mathrm{e}^{-\lambda\xi_n(\omega)},\ \lambda>0. \tag{42}$$

引理 5 $\psi_{in}(\lambda)$ 满足下列递推方程

$$(\lambda V(i)+q_i)\psi_{in}(\lambda)=\sum_{j\neq i}q_{ij}\psi_{jn-1}(\lambda),\ i\in E, \tag{43}$$

$$\psi_{i0}(\lambda)=1. \tag{44}$$

证 因 $\xi_0(\omega)\equiv 0$，故（44）显然. 如 $q_i=0$，（43）显然. 设 $q_i>0$.

注意 τ_1 是马氏时刻，τ_1-前 σ 代数是 $\mathcal{F}\{x_t, t\leqslant\tau_1\}$（见§3.3），对 τ_1 用强马氏性，得

$$\psi_{in}(\lambda)=E_i\left\{\exp\left[-\lambda\int_0^{\tau_n}V(x_t)\mathrm{d}t\right]\right\}$$

$$=E_i\left(E_i\left\{\exp\left[-\lambda\int_0^{\tau_1}V(x_t)\mathrm{d}t-\lambda\int_{\tau_1}^{\tau_n}V(x_t)\mathrm{d}t\right]\middle|\mathcal{F}\{x_t,t\leqslant\tau_1\}\right\}\right)$$

$$=E_i\left(\exp\left[-\lambda\int_0^{\tau_1}V(x_t)\mathrm{d}t\right]E_{x_{\tau_1}}\left\{\exp\left[-\lambda\int_0^{\tau_{n-1}}V(x_t)\mathrm{d}t\right]\right\}\right)$$

$$=\sum_{j\neq i}\frac{q_{ij}}{q_i}E_i\{\exp[-\lambda V(i)\ \tau_1]\}E_j\left\{\exp\left[-\lambda\int_0^{\tau_{n-1}}V(x_t)\mathrm{d}t\right]\right\}.$$

因为 $P_i(\tau_1\leqslant t)=1-\mathrm{e}^{-q_it}$，所以

$$E_i\{\exp[-\lambda V(i)\tau_1]\}=\int_0^{+\infty}\mathrm{e}^{-\lambda V(i)t}q_i\mathrm{e}^{-q_it}\mathrm{d}t=\frac{q_i}{\lambda V(i)+q_i},\tag{45}$$

代入上式得

$$\psi_{in}(\lambda)=\sum_{j\neq i}\frac{q_{ij}}{\lambda V(i)+q_i}\psi_{jn-1}(\lambda),\tag{46}$$

这就是（43）. ■

当 $\lambda>0$ 时，在（43）中令 $n\to+\infty$ 可重新得到（37）.

引理 6　设对某 $\lambda>0$，实数列 u_i（$i\in E$）满足方程组

$$(\lambda V(i)+q_i)u_i=\sum_{j\neq i}q_{ij}u_j,\ i\in E,\tag{47}$$

$$|u_i|\leqslant 1.\tag{48}$$

则

$$|u_i|\leqslant\psi_i(\lambda)=E_i\mathrm{e}^{-\lambda\xi}.\tag{49}$$

证　由（48）及（44），$u_i\leqslant 1=\psi_{i0}(\lambda)$. 设对一切 j 有 $u_j\leqslant\psi_{jn-1}(\lambda)$，则由（47）及（43）

$$\begin{aligned}(\lambda V(i)+q_i)u_i&=\sum_{j\neq i}q_{ij}u_j\leqslant\sum_{j\neq i}q_{ij}\psi_{j,n-1}(\lambda)\\&=(\lambda V(i)+q_i)\psi_{in}(\lambda),\end{aligned}$$

故得：如 $\lambda V(i)+q_i>0$，有 $u_i\leqslant\psi_{in}(\lambda)$；如 $\lambda V(i)+q_i=0$，有

$\psi_{in}(\lambda)=1$，故也有 $u_i \leqslant \psi_{in}(\lambda)$. 令 $n \to +\infty$ 有 $u_i \leqslant \varphi_i(\lambda)$. 类似可证 $-\psi_i(\lambda) \leqslant u_i$.

定理 3 对一切 $i \in E$，$P_i(\xi=+\infty)=1$ 的充分必要条件是下列两条件中的任一个：

(i) 对某（因而一切）$\lambda>0$，(47) 没有非平凡有界解；

(ii) 对某（因而一切）$\lambda>0$，(47) 没有非平凡非负有界解.

证 充分性 设 (ii) 对某 $\lambda>0$ 成立，既然由 (37)，$\varphi_i(\lambda)=E_i e^{-\lambda\xi}$ 是 (47) 的非负有界解，故 $\varphi_i(\lambda)=0$ $(\lambda>0)$，从而 $P_i(\xi=+\infty)=1$.

必要性 设 $P_i(\xi=+\infty)=1$，因而 $\varphi_i(\lambda)=0$ $(\lambda>0)$. 如果存在某 $\lambda>0$，对此 λ，(47) 有一有界解 u_i，那么，由引理 6，$|u_i|=0$，故 (i) 对一切 $\lambda>0$ 成立. ■

现在用 (4) 中定义的嵌入链 $\{y_n\}$ 来叙述 ξ 几乎处处（关于 P）等于 $+\infty$ 的充分必要条件.

定理 4 $\xi=+\infty$ a. s. 的充分必要条件是

$$\sum_{n=0}^{+\infty}\frac{V(y_n)}{q_{y_n}}=+\infty, \text{ a. s.}^{①}. \tag{50}$$

证 令 $\rho_0=\tau_1$，$\rho_n=\tau_{n+1}-\tau_n$. 由强马氏性有

$$\begin{aligned}&P(\rho_n>\lambda \mid \rho_0, y_1, \rho_1, y_2, \cdots, \rho_{n-1}, y_n)\\&=P(\rho_n>\lambda \mid y_n)=e^{-\lambda q_{y_n}}, \text{ a. s.}.\end{aligned} \tag{51}$$

由此可证明

$$\begin{aligned}&P(V(y_n)\rho_n>\lambda \mid \rho_0, y_1, \rho_1, y_2, \cdots, \rho_{n-1}, y_n)\\&=P(V(y_n)\rho_n>\lambda \mid y_n)=e^{-\frac{\lambda q_{y_n}}{V(y_n)}}, \text{ a. s.},\end{aligned} \tag{52}$$

其中当 $V(i)=0$ 时，不论 $q_i>0$ 或 $=0$，均理解 $e^{-\frac{\lambda q_i}{V(i)}}=0$ $(\lambda>0)$.

---

① 约定 $q_i=0$ 时 $\frac{V(i)}{q_i}=0$ 或 $+\infty$，视 $V(i)=0$ 或 >0 而定.

实际上，$e^{-\frac{\lambda q_{yn}}{V(yn)}}$ 是 $\mathcal{F}\{y_n\}$ 可测函数，故更关于 $\mathcal{F}_n \equiv \mathcal{F}\{\rho_0, y_1, \rho_1, y_2, \cdots, \rho_{n-1}, y_n\}$ 可测；其次，对任一 $\Lambda \in \mathcal{F}_n$ 或 $\mathcal{F}\{y_n\}$，有 $\Lambda_i \equiv \Lambda \cap (y_n = i) \in \mathcal{F}_n$ 或 $\mathcal{F}\{y_n\}$. 由 (51)，

$$P(V(y_n)\rho_n > \lambda,\ \Lambda_i) = P\left(\rho_n > \frac{\lambda}{V(i)},\ \Lambda_i\right).$$

$$\int_{\Lambda_i} e^{-\frac{\lambda q_{y_n}}{V(i)}} P(d\omega) = \int_{\Lambda_i} e^{-\frac{\lambda q_{y_n}}{V(y_n)}} P(d\omega),$$

对 $i \in E$ 求和得

$$P(V(y_n)\rho_n > \lambda,\ \Lambda) = \int_{\Lambda} e^{-\frac{\lambda q_{y_n}}{V(y_n)}} P(d\omega),$$

这得证 (52). 由 (52) 得

$$E(V(y_n)\rho_n \mid \rho_0, y_1, \rho_1, y_2, \cdots, \rho_{n-1}, y_n) = \frac{V(y_n)}{q_{y_n}}, \text{ a. s.. } \tag{53}$$

令 $\zeta_n = V(y_n)\rho_n$，$\zeta_n' = \min(\zeta_n, 1)$. 又令

$$\sigma_n = \sum_{v=0}^{n} \{\zeta_v' - E[\zeta_v' \mid \zeta_0, \zeta_1, \cdots, \zeta_{v-1}]\}, \tag{54}$$

简记 σ-代数 $\mathcal{F}\{\rho_0, \rho_1, \cdots, \rho_n; y_0, y_1, \cdots, y_{n+1}\}$ 为 Z_n，则

$$\begin{aligned}
E\{\sigma_{n+1} \mid Z_n\} &= E\left\{\sum_{v=0}^{n+1} [\zeta_v' - E(\zeta_v' \mid Z_{v-1})] \mid Z_n\right\} \\
&= \sum_{v=0}^{n+1} E(\zeta_v' \mid Z_n) - \sum_{v=0}^{n+1} E(\zeta_v' \mid Z_{v-1}) \\
&= \sum_{v=0}^{n} \zeta_v' + E(\zeta_{n+1}' \mid Z_n) - E(\zeta_{n+1}' \mid Z_n) - \sum_{v=0}^{n} E(\zeta_v' \mid Z_{v-1}) \\
&= \sum_{v=0}^{n} \{\zeta_v' - E[\zeta_v' \mid Z_{v-1}]\} = \sigma_n,
\end{aligned}$$

这表示 $\{\sigma_n, Z_n, n \geqslant 0\}$ 是一鞅. (54) 右方的被加项一致有界为 1，故可用鞅的一个定理①，由是知以概率 1，下两个级数

① 见 Doob，[1]，323 页.

$$\sum_n \zeta_n' \text{ 及 } \sum_n E(\zeta_n' \mid Z_{n-1}) \tag{55}$$

同时收敛或发散．此外，易见 $\sum\limits_n \zeta_n'$ 与级数 $\zeta = \sum\limits_n V(y_n)\rho_n$ 也以概率 1 同时收敛或发散．另一方面，回忆

$$P_i(V(i)\tau_1 < t) = 1 - \mathrm{e}^{-\frac{q_i t}{V(i)}},$$

得 $E(\zeta_n' \mid y_n = i) = E[\min(V(i)\rho_n,\ 1) \mid y_n = i]$

$$\begin{aligned} &= E_i[\min(V(i)\tau_1,\ 1)] \\ &= \frac{q_i}{V(i)}\int_0^1 t\mathrm{e}^{-\frac{q_i t}{V(i)}}\mathrm{d}t + \frac{q_i}{V(i)}\int_1^{+\infty} \mathrm{e}^{-\frac{q_i t}{V(i)}}\mathrm{d}t \\ &= \frac{V(i)}{q_i}[1 - \mathrm{e}^{-\frac{q_i}{V(i)}}], \end{aligned}$$

如 $V(i)=0$，上式右方理解为 0．由上式知

$$E(\zeta_n' \mid Z_{n-1}) = E(\zeta_n' \mid y_n) = \frac{V(y_n)}{q_{y_n}}[1 - \mathrm{e}^{-\frac{q_{y_n}}{V(y_n)}}].$$

然而对任意正数列 $\{q_n\}$，两级数 $\sum\limits_n \frac{V(n)}{q_n}[1 - \mathrm{e}^{-\frac{q_n}{V(n)}}]$ 与 $\sum\limits_n \frac{V(n)}{q_n}$ 同为收敛或发散．从而（55）中第二级数与 $\sum\limits_n \frac{V(y_n)}{q_{y_n}}$ 以概率 1 同时收敛或发散，这与前一方面的结果相结合即得所欲证．

系 1　设已给满足（1）的矩阵 $\boldsymbol{Q}$，下列两条件中的任何一个都是 Q 过程（或以 $\boldsymbol{Q}$ 转移矩阵）唯一的充分必要条件：

（i）对某（或一切）$\lambda > 0$，方程组

$$(\lambda + q_i)u_i = \sum_{j \neq i} q_{ij}u_j,\ i \in E \tag{56}$$

无非平凡（非负）有界解；

（ii）
$$\sum_{n=0}^{+\infty} q_{y_n}^{-1} = +\infty,\ \text{a. s.}. \tag{57}$$

证　因为由定理 5 与定理 4，（i）或（ii）都等价于任一可分 Q 过程的第一个飞跃点 η 几乎处处等于 $+\infty$，故系 1 的结论由 § 2.3 定理 4（ii）推出． ■

§4.4　嵌入问题

(一)

本节中我们研究下列**嵌入问题**：

设已给随机矩阵 $\mathcal{P}=(p_{ij})$，i，$j\in E=\mathbf{N}$，就是说，已给满足下列条件的矩阵 $\mathcal{P}=(p_{ij})$：

$$0\leqslant p_{ij}\leqslant 1,\ \sum_j p_{ij}=1, \tag{1}$$

试问何时存在具有连续参数的标准转移矩阵 $\boldsymbol{P}(t)=(p_{ij}(t))$，$i$，$j\in E$，以及常数 $h>0$，使

$$\boldsymbol{P}(h)=\mathcal{P}. \tag{2}$$

不妨设 $h=1$，因为若 (2) 成立，则取 $\overline{\boldsymbol{P}}(t)=\boldsymbol{P}(th)$，就得 $\overline{\boldsymbol{P}}(1)=\mathcal{P}$；反之，如 (2) 当 $h=1$ 正确，对任意 $h>0$，取 $\widetilde{\boldsymbol{P}}(t)=\boldsymbol{P}\left(\frac{t}{h}\right)$，就得 $\widetilde{\boldsymbol{P}}(h)=\mathcal{P}$. 因此，以下恒设 $h=1$，从而问题化为：对 $\mathcal{P}$ 应加什么条件，才能找到标准转移矩阵 $\boldsymbol{P}(t)$，满足

$$\boldsymbol{P}(1)=\mathcal{P}. \tag{3}$$

如果对 $\mathcal{P}$ 嵌入问题有解，就是说，满足 (3) 的 $\boldsymbol{P}(t)$ 存在，就称 $\mathcal{P}$ 为一**离散骨架**. 全体离散骨架的集记为 M.

(3) 并不一定有解，实际上，为使 $\mathcal{P}\in M$ 的一个简单的必要条件是 $p_{ii}>0$，因为对标准转移矩阵恒有

$$p_{ii}(t)>0,\ t\geqslant 0,\ i\in E.$$

下面会看到，即使 (3) 有解，解也可不唯一.

(二)

称随机矩阵 $\mathcal{P}$ 为无穷可分的，如存在一列随机矩阵 $\mathcal{P}_1$，

$\mathcal{P}_2$，…，使

$$\mathcal{P}=\mathcal{P}_1^2,\quad \mathcal{P}_n=\mathcal{P}_{n+1}^2,\quad n\in\mathbf{N}^*. \tag{4}$$

称无穷可分的随机矩阵 $\mathcal{P}$ 为连续的，如对任一列正整数 $m_n=o(2^n)$，$n\to+\infty$，有

$$\lim_{n\to+\infty}\mathcal{P}_n^{m_n}=\boldsymbol{I}=(\delta_{ij}), \tag{5}$$

这里的收敛表逐元收敛.

全体连续的无穷可分随机矩阵构成集 N.

定理 1　$M=N$.

证　若 $\mathcal{P}\in M$，则存在标准转移矩阵 $\boldsymbol{P}(t)$ 使（3）成立. 取 $\mathcal{P}_n=\boldsymbol{P}\left(\frac{1}{2^n}\right)$，并利用 $\boldsymbol{P}(t)$ 的标准性，

$$\mathcal{P}_n^{m_n}=\boldsymbol{P}\left(\frac{1}{2^n}\right)^{m_n}=\boldsymbol{P}\left(\frac{m_n}{2^n}\right)\to\boldsymbol{I}\text{，即知}\mathcal{P}\in N.$$

下证 $N\subset M$. 设存在一列 $\mathcal{P}_n$，满足（4）（5）. 利用这一列 $\mathcal{P}_n$，先在二进位有理数 r 上定义 $\boldsymbol{P}(r)$，然后利用连续性扩大 $\boldsymbol{P}(r)$ 的定义域到全体非负的 t 上而得 $\boldsymbol{P}(t)$，$t\geqslant 0$，详情如下.

对二进位有理数 $r=\frac{m}{2^n}$，其中 m，n 都是非负整数，定义

$$\boldsymbol{P}(r)=\mathcal{P}_n^m.$$

首先证明这定义是合理的，即若 $r=\frac{m}{2^n}=\frac{m'}{2^{n'}}$，则 $\mathcal{P}_n^m=\mathcal{P}_{n'}^{m'}$. 不妨设 $n'>n$，$m'=m\cdot 2^{n'-n}$，

$$\mathcal{P}_n^m=(\mathcal{P}_{n+1}^2)^m=(\mathcal{P}_{n+2}^2)^{2m}=\mathcal{P}_{n+2}^{2^2\cdot m}=\cdots=\mathcal{P}_{n+(n'-n)}^{m2^{n'-n}}=\mathcal{P}_{n'}^{m'},$$

于是在全体非负二进位有理数集 $\boldsymbol{Q}$ 上定义了 $\boldsymbol{P}(r)=(p_{ij}(r))$，$r\in R$，试讨论它的性质.

(i) $\boldsymbol{P}(r)$ 是随机矩阵；

(ii) $\boldsymbol{P}(r+r')=\boldsymbol{P}(r)\boldsymbol{P}(r')$，$r$，$r'\in\boldsymbol{Q}$.

实际上，设 $r=\frac{m}{2^n}$，$r'=\frac{m'}{2^n}$，则

$$\boldsymbol{P}(r+r')=\boldsymbol{P}\left(\frac{m+m'}{2^n}\right)=\boldsymbol{\mathcal{P}}_n^{m+m'}=\boldsymbol{\mathcal{P}}_n^{m}\cdot\boldsymbol{\mathcal{P}}_n^{m'}$$

$$=\boldsymbol{P}\left(\frac{m}{2^n}\right)\cdot\boldsymbol{P}\left(\frac{m'}{2^n}\right)=\boldsymbol{P}(r)\cdot\boldsymbol{P}(r').$$

(iii) $\lim\limits_{r\to 0}\boldsymbol{P}(r)=\boldsymbol{I}$，$r\in\boldsymbol{Q}$.

实际上，设 $r_n=\dfrac{m_n}{2^n}\to 0$，即 $m_n=o(2^n)$，由（5）

$$\boldsymbol{P}(r_n)=\boldsymbol{P}\left(\frac{m_n}{2^n}\right)=\boldsymbol{\mathcal{P}}_n^{m_n}\to\boldsymbol{I}.$$

(iv) 每 $p_{ij}(r)$ 在 $\boldsymbol{Q}$ 上一致连续.

证　仿§2.1引理3之证.

由（iv），可利用连续性把 $p_{ij}(r)$（$r\in\boldsymbol{Q}$）唯一地拓广定义域到 $[0,+\infty)$ 而得连续函数 $p_{ij}(t)$，$t\geqslant 0$. 我们来证明 $\boldsymbol{P}(t)=(p_{ij}(t))$ 即所求的解. 实际上，由定义显然（3）式成立，剩下只是证 $\boldsymbol{P}(t)$ 是标准转移矩阵.

i）由 $p_{ij}(r)\geqslant 0$ 得

$$p_{ij}(t)=\lim_{r\to t}p_{ij}(r)\geqslant 0.$$

ii）试证 $\sum\limits_j p_{ij}(t)=1$. 令 $F_i(t)=\sum\limits_j p_{ij}(t)$. 由法图引理，

$$F_i(t)=\sum_j\lim_{r\to t}p_{ij}(r)\leqslant\lim_{r\to t}\sum_j p_{ij}(r)=1,\tag{6}$$

$$\begin{aligned}p_{ij}(t+r')&=\lim_{r\to t}p_{ij}(r+r')=\lim_{r\to t}\sum_k p_{ik}(r)p_{kj}(r')\\&\geqslant\sum_k p_{ik}(t)p_{kj}(r'),\quad r,\ r'\in\boldsymbol{Q}.\end{aligned}\tag{7}$$

将（7）两边对 j 求和，得

$$F_i(t+r')\geqslant F_i(t),\quad t\geqslant 0.$$

以 t 代 $t+r'$，r 代 r' 后得

$$F_i(t)\geqslant F_i(t-r),\quad r\leqslant t,\quad r\in\boldsymbol{Q}.$$

设对某 $t_0>0$，$F_i(t_0)<1$，由上式

$$F_i(t_0-r)\leqslant F_i(t_0)<1,\ r\leqslant t_0,\ r\in\boldsymbol{Q}.$$

注意两集合 $\boldsymbol{Q}\cap(0,t_0)$ 及 $(t_0-r:r\in\boldsymbol{Q}\cap(0,t_0))$ 都在 $(0,t_0)$ 中稠密，但在前集上，$F_i(t)=1$；在后集上，由上式它不大于 $F_i(t_0)<1$，这说明 $F_i(t)$ 在 $(0,t_0)$ 中无连续点.

但另一方面，$F_i(t)$ 是以非负连续函数为项的级数的和，故下半连续；又由（6）它有界，故它的连续点在 $(0,t_0)$ 中稠密，这与上面结论矛盾，从而 $F_i(t)=1$，$(t\geqslant 0)$.

iii）今证

$$p_{ij}(s+t)=\sum_k p_{ik}(s)p_{kj}(t).$$

仿（7）知

$$p_{ij}(s+t)\geqslant\sum_k p_{ik}(s)p_{kj}(t),\tag{8}$$

对 j 求和并利用 ii)，

$$1=\sum_j p_{ij}(s+t)\geqslant\sum_k p_{ik}(s)\sum_j p_{kj}(t)=1,$$

故（8）必须取等号.

iv）由 $p_{ij}(t)$ 的连续性及（5）得 $\lim\limits_{t\to 0^+}p_{ij}(t)=\delta_{ij}$. ■

注　当 E 是有穷集时，定理 1 仍成立.

(三)

考虑 $E=(1,2,\cdots,n)$ 只含有限多个（n 个）元的情况，设 $\boldsymbol{Q}=(q_{ij})$ 为 n 阶矩阵，满足

$$\begin{cases}0\leqslant q_{ij}<+\infty, & i\neq j\\ \sum\limits_{j\neq i}q_{ij}=-q_{ii}<+\infty, & i,j\in E\end{cases}\tag{9}$$

全体这样的矩阵构成集 K.

定理 2　n 阶随机矩阵 $\boldsymbol{\mathcal{P}}$ 是离散骨架的充分必要条件是：存在 $\boldsymbol{Q}\in K$，使

$$\boldsymbol{\mathcal{P}}=\mathrm{e}^{Q}\tag{10}$$

$$\left(e^Q = \sum_{n=0}^{+\infty} \frac{Q^n}{n!},\ Q^0 = I\right).$$

证　设 $\mathcal{P}$ 是离散骨架，因而存在标准转移矩阵 $\boldsymbol{P}(t)$，使 $\mathcal{P}=\boldsymbol{P}(1)$.

由于 § 2.2 定理 4 对有穷集 E 仍有效，故对此标准转移矩阵 $(p_{ij}(t))$，存在有穷极限

$$0<q_{ij}=\lim_{t\to 0^+}\frac{p_{ij}(t)}{t},\ i\neq j.$$

由于 $\sum\limits_{j=0}^{n} p_{ij}(t)=1$，故必存在极限

$$0\leqslant -q_{ii}=\lim_{t\to 0^+}\frac{1-p_{ii}(t)}{t}=\lim_{t\to 0^+}\frac{\sum\limits_{j\neq i}p_{ij}(t)}{t}$$

$$=\sum_{j\neq i}q_{ij}<+\infty,$$

像 E 为可列集时一样，仍称矩阵 $\boldsymbol{Q}=(q_{ij})$ 为 $(p_{ij}(t))$ 的密度矩阵.

在 § 2.3 (2) 中令 $h\to 0$，即得向后方程组

$$\boldsymbol{P}'(t)=\boldsymbol{Q}\boldsymbol{P}(t),$$

这里等号成立是因为 E 为有穷集. 在开始条件 $\boldsymbol{P}(0)=\boldsymbol{I}$ 下解这组方程得唯一的标准转移矩阵解为

$$\boldsymbol{P}(t)=e^{\boldsymbol{Q}t},\tag{11}$$

特别
$$\mathcal{P}=\boldsymbol{P}(1)=e^{\boldsymbol{Q}}.$$

反之，设 $\mathcal{P}$ 可表为 (10)，其中 $\boldsymbol{Q}\in K$. 造 $\boldsymbol{P}(t)=e^{\boldsymbol{Q}t}$. 易见它是标准转移矩阵；而且 $\mathcal{P}=\boldsymbol{P}(1)$；故 $\mathcal{P}$ 是离散骨架.

我们还附带证明了：任意矩阵 $\boldsymbol{P}(t)$ 是标准转移矩阵的充分必要条件是它可表为 (11) 的形状，其中 $\boldsymbol{Q}\in K$.

系 1　n 阶随机矩阵 $\mathcal{P}$ 是离散骨架的必要条件是

(i) 对角线上元 $p_{ii}>0$，$i\in E$；

(ii) 行列式 $|\mathcal{P}|\neq 0$.

证 (i) 已在上面证明①. 设 $\mathcal{P}$ 是离散骨架，因而存在 $Q\in K$ 使 $\mathcal{P}=\mathrm{e}^{Q}$. 矩阵 Q 的特征根 λ_j 与 $\mathcal{P}$ 的特征根 ξ_j 间有关系 $\xi_j=\mathrm{e}^{\lambda_j}$，故 $\xi_j\neq 0$，从而 $|\mathcal{P}|\neq 0$. ■

(四)

当 $n=2$ 时，嵌入问题的解答最为完善.

定理 3 二阶随机矩阵 $\mathcal{P}$ 是离散骨架的充分必要条件是：存在两常数 $p\geqslant 0$，$q\geqslant 0$，使

$$\mathcal{P}=\begin{pmatrix} 1-\frac{p}{p+q}[1-\mathrm{e}^{-(p+q)}] & \frac{p}{p+q}[1-\mathrm{e}^{-(p+q)}] \\ \frac{q}{p+q}[1-\mathrm{e}^{-(p+q)}] & 1-\frac{q}{p+q}[1-\mathrm{e}^{-(p+q)}] \end{pmatrix}. \tag{12}$$

(理解 $\frac{0}{0}=0$)

证 由定理 2，$\mathcal{P}$ 是离散骨架的充分必要条件是 $\mathcal{P}=\mathrm{e}^{Q}$，$(Q\in K)$. 此时 Q 必呈下形

$$Q=\begin{pmatrix} -p & p \\ q & -q \end{pmatrix},\ p\geqslant 0,\ q\geqslant 0. \tag{13}$$

由归纳法知

$$Q^n=(-1)^{n-1}(p+q)^{n-1}.\ Q,$$

因而

$$(p_{ij})=\mathcal{P}=\mathrm{e}^{Q}=I+\sum_{n=1}^{+\infty}(-1)^{n-1}\frac{(p+q)^{n-1}}{n!}Q,$$

其中

$$p_{11}=1-p-\frac{(p+q)(-p)}{2!}+\frac{(p+q)^2(-p)}{3!}-\cdots$$

---

① 当 E 有穷时，对标准的 $\boldsymbol{P}(t)$，$p_{ii}(t)>0$ $(t\geqslant 0)$ 仍正确，因由标准性，存在 $\delta>0$，使 $p_{ii}(t)>0$，$(t\leqslant\delta)$，再由 $p_{ii}(s)\geqslant\left[p_{ii}\left(\frac{s}{n}\right)\right]^n$，知 $p_{ii}(s)>0$，一切 $s\geqslant 0$.

$$=1-\frac{p}{p+q}(1-\mathrm{e}^{-(p+q)}).$$

类似求出 p_{12}，p_{21}，p_{22}后即得证（12）. ■

系 2 $\mathcal{P}=\begin{pmatrix}1-r & r\\ s & 1-s\end{pmatrix}$，$0\leqslant r\leqslant 1$，$0\leqslant s\leqslant 1$，是离散骨架的充分必要条件是

$$r+s<1,\ (\text{亦即}\,|\mathcal{P}|>0).$$

证 若$\mathcal{P}$是离散骨架，则它可表为（12），故

$$r+s=1-\mathrm{e}^{-(p+q)}<1.$$

反之，设 $r+s<1$. 如 $r=s=0$，显然 $\mathcal{P}=\boldsymbol{I}$ 是离散骨架；如 $r+s>0$，由下两方程

$$r=\frac{p}{p+q}(1-\mathrm{e}^{-(p+q)}),\quad s=\frac{q}{p+q}(1-\mathrm{e}^{-(p+q)})$$

可解出

$$p=-\frac{r}{r+s}\lg[1-(r+s)]\geqslant 0,$$

$$q=-\frac{s}{r+s}\lg[1-(r+s)]\geqslant 0.$$

通过此 p，q 可把$\mathcal{P}$表为（12）的形式，故由定理 3 即得所欲证. ■

如果 $\boldsymbol{P}(t)$ 满足（3），我们称 $\boldsymbol{P}(t)$ 是$\mathcal{P}$的**连续扩充**.（10）中$\mathcal{P}$的连续扩充是 $\boldsymbol{P}(t)=\mathrm{e}^{Qt}$；（12）中$\mathcal{P}$的连续扩充是

$$\boldsymbol{P}(t)=\begin{pmatrix}1-\frac{p}{p+q}[1-\mathrm{e}^{-(p+q)t}] & \frac{p}{p+q}[1-\mathrm{e}^{-(p+q)t}]\\ \frac{q}{p+q}[1-\mathrm{e}^{-(p+q)t}] & 1-\frac{q}{p+q}[1-\mathrm{e}^{-(p+q)t}]\end{pmatrix}.$$

（五）

现在讨论$\mathcal{P}$的连续扩充的唯一性. 仍设 $E=(1，2，\cdots，n)$ 只含有穷多个状态，我们知道，这时每一标准转移矩阵$\boldsymbol{P}(t)$ 都

由它的密度矩阵 $\boldsymbol{Q}(\in K)$ 唯一决定，而且 $\boldsymbol{P}(t)$ 可通过 $\boldsymbol{Q}$ 来表达，$\boldsymbol{P}(t)=\mathrm{e}^{\boldsymbol{Q}t}$. 如果 $\boldsymbol{\mathcal{P}}$ 有两连续扩充，那么就有 $\boldsymbol{Q}_1\in K$，$\boldsymbol{Q}_2\in K$，使 $\mathcal{P}=\mathrm{e}^{\boldsymbol{Q}_1}$，$\boldsymbol{\mathcal{P}}=\mathrm{e}^{\boldsymbol{Q}_2}$，故

$$\mathrm{e}^{\boldsymbol{Q}_1}=\mathrm{e}^{\boldsymbol{Q}_2}. \tag{14}$$

这样，$\boldsymbol{\mathcal{P}}$ 的连续扩充是否唯一的问题就等价于 $\mathrm{e}^{\boldsymbol{Q}}$ 是否唯一决定 $\boldsymbol{Q}$ 的问题.

当 $n=2$ 时，连续扩充是唯一的. 实际上，如上所述，这时任意 $\boldsymbol{Q}\in K$ 必可表为（13），$\mathrm{e}^{\boldsymbol{Q}}$ 必可表为（12）. 设

$$\boldsymbol{Q}_1=\begin{pmatrix}-p & p\\ q & -q\end{pmatrix},\quad \boldsymbol{Q}_2=\begin{pmatrix}-p' & p'\\ q' & -q'\end{pmatrix}, \tag{15}$$

而且（14）成立. 于是由（12）得

$$\frac{p}{p+q}[1-\mathrm{e}^{-(p+q)}]=\frac{p'}{p'+q'}[1-\mathrm{e}^{-(p'+q')}], \tag{16}$$

$$\frac{q}{p+q}[1-\mathrm{e}^{-(p+q)}]=\frac{q'}{p'+q'}[1-\mathrm{e}^{-(p'+q')}]. \tag{17}$$

不妨设 $q>0$，以（17）除（16）得

$$\frac{p}{q}=\frac{p'}{q'}\quad 或\quad p=q\frac{p'}{q'}, \tag{18}$$

以（18）代入（16）得 $p+q=p'+q'$. 由此式及（18）即得 $p=p'$，$q=q'$，亦即 $\boldsymbol{Q}_1=\boldsymbol{Q}_2$.

但在一般情况，连续扩充不唯一，见例 1：

例 1 取

$$\boldsymbol{Q}_1=\begin{pmatrix}-\lambda & 0 & \lambda\\ \lambda & -\lambda & 0\\ 0 & \lambda & -\lambda\end{pmatrix},$$

$$\boldsymbol{Q}_2=\begin{pmatrix}-\mu & \mu & 0\\ 0 & -\mu & \mu\\ \mu & 0 & -\mu\end{pmatrix},$$

其中 $\lambda>0$，$\mu>0$. 又取

$$a(\lambda)=\frac{2}{3}e^{-\frac{3}{2}\lambda}\cos\frac{\sqrt{3}}{2}\lambda,$$

$$b(\lambda)=\frac{1}{\sqrt{3}}e^{-\frac{3}{2}\lambda}\sin\frac{\sqrt{3}}{2}\lambda,$$

$$e^{Q_1}=\begin{pmatrix}\frac{1}{3}+a(\lambda) & \frac{1}{3}-\frac{a(\lambda)}{2}-b(\lambda) & \frac{1}{3}-\frac{a(\lambda)}{2}+b(\lambda)\\ \frac{1}{3}-\frac{a(\lambda)}{2}+b(\lambda) & \frac{1}{3}+a(\lambda) & \frac{1}{3}-\frac{a(\lambda)}{2}-b(\lambda)\\ \frac{1}{3}-\frac{a(\lambda)}{2}-b(\lambda) & \frac{1}{3}-\frac{a(\lambda)}{2}+b(\lambda) & \frac{1}{3}+a(\lambda)\end{pmatrix},$$

$$e^{Q_2}=\begin{pmatrix}\frac{1}{3}+a(\mu) & \frac{1}{3}-\frac{a(\mu)}{2}+b(\mu) & \frac{1}{3}-\frac{a(\mu)}{2}-b(\mu)\\ \frac{1}{3}-\frac{a(\mu)}{2}-b(\mu) & \frac{1}{3}+a(\mu) & \frac{1}{3}-\frac{a(\mu)}{2}+b(\mu)\\ \frac{1}{3}-\frac{a(\mu)}{2}+b(\mu) & \frac{1}{3}-\frac{a(\mu)}{2}-b(\mu) & \frac{1}{3}+a(\mu)\end{pmatrix}.$$

注意 e^{Q_1} 依赖于 λ，故宜记为 $e^{Q_1}(\lambda)$. 同样，记 e^{Q_2} 为 $e^{Q_2}(\mu)$. 当 $\lambda=\frac{2k\pi}{\sqrt{3}}$（$k\in\mathbf{N}^*$）时，$b(\lambda)=0$，故

$$e^{Q_1}\left(\frac{2k\pi}{\sqrt{3}}\right)=e^{Q_2}\left(\frac{2k\pi}{\sqrt{3}}\right).$$

显然 $\boldsymbol{\mathcal{P}}=e^{Q_1}\left(\frac{2k\pi}{\sqrt{3}}\right)$是随机矩阵，它对应于两个不同的矩阵 $\boldsymbol{Q}_1\in K$，$\boldsymbol{Q}_2\in K$，故此 $\boldsymbol{\mathcal{P}}$ 至少有两个不同的连续扩充为

$$\boldsymbol{P}_1(t)=e^{Q_1t}=e^{Q_1}(\lambda t)；\ \boldsymbol{P}_2(t)=e^{Q_2t}=e^{Q_2}(\mu t).$$

例 2　取

$$\boldsymbol{Q}_1=\begin{pmatrix}-1 & 1 & 0\\ 0 & -1 & 1\\ 1 & 0 & -1\end{pmatrix},$$

$$Q_2=\begin{pmatrix}-1 & \frac{1}{2} & \frac{1}{2}\\ \frac{1}{2} & -1 & \frac{1}{2}\\ \frac{1}{2} & \frac{1}{2} & -1\end{pmatrix},$$

则对应于 $\boldsymbol{Q}_1$ 的转移矩阵 $\boldsymbol{P}_1(t)$ 中，

$$p_{11}(t)=p_{22}(t)=p_{33}(t)=\frac{1}{3}+\frac{2}{3}\mathrm{e}^{-\frac{3t}{2}}\cos\frac{\sqrt{3}}{2}t,$$

$$p_{12}(t)=p_{23}(t)=p_{31}(t)=\frac{1}{3}+\frac{2}{3}\mathrm{e}^{-\frac{3t}{2}}\cos\left(\frac{\sqrt{3}}{2}t-\frac{2\pi}{3}\right),$$

$$p_{13}(t)=p_{21}(t)=p_{32}(t)=\frac{1}{3}+\frac{2}{3}\mathrm{e}^{-\frac{3t}{2}}\cos\left(\frac{\sqrt{3}}{2}t+\frac{2\pi}{3}\right).$$

又对应于 $\boldsymbol{Q}_2$ 的转移矩阵 $\boldsymbol{P}_2(t)$ 中，

$$p_{11}(t)=p_{22}(t)=p_{33}(t)=\frac{1}{3}+\frac{2}{3}\mathrm{e}^{-\frac{3t}{2}},$$

$$p_{ij}(t)=\frac{1}{3}-\frac{1}{3}\mathrm{e}^{-\frac{3t}{2}},\quad i\neq j.$$

当 $t=\frac{4k\pi}{\sqrt{3}}$ 时，$\boldsymbol{P}_1(t)=\boldsymbol{P}_2(t)$，$k\in\mathbf{Z}$.

第 5 章　生灭过程的基本理论

§5.1　数字特征的概率意义

（一）

设 $X=\{x_t(\omega),\ t\geqslant 0\}$ 是定义在概率空间 $(\Omega,\ \mathcal{F},\ P)$ 上的齐次马氏链，具有标准的转移概率矩阵 (p_{ij})，$i,\ j\in E=\mathbf{N}$. 称 X 为**生灭过程**，如果它的密度矩阵 $\boldsymbol{Q}$ 具有下列形式：

$$\boldsymbol{Q}=\begin{pmatrix} -b_0 & b_0 & 0 & \cdots & 0 & 0 & 0 & \cdots \\ a_1 & -(a_1+b_1) & b_1 & \cdots & 0 & 0 & 0 & \cdots \\ \vdots & \vdots & \vdots & & \vdots & \vdots & \vdots & \\ 0 & 0 & 0 & \cdots & a_n & -(a_n+b_n) & b_n & \cdots \\ \vdots & \vdots & \vdots & & \vdots & \vdots & \vdots & \end{pmatrix}, \tag{1}$$

也就是说，$\boldsymbol{Q}$ 满足下列条件：

$$\begin{cases} q_{ii+1}=b_i, & q_{ii-1}=a_i. \\ q_{ii}=-(a_i+b_i), & q_{ij}=0,\ |i-j|>1. \end{cases} \tag{2}$$

这里 $b_i>0(i\geqslant 0)$，$a_i>0(i>0)$. a_0 虽无定义，为方便计，补定义 $a_0=0$. 以后令 $c_i=a_i+b_i$.

我们称（1）中的矩阵为**生灭矩阵**.

容易看出，为使（2）满足，充分必要条件是：当 $t\to 0$ 时

$$P_{ij}(t)=\begin{cases}b_i t+o(t), & j=i+1,\\ a_i t+o(t), & j=i-1,\\ 1-(a_i+b_i)t+o(t), & j=i.\end{cases} \tag{3}$$

对于 $\boldsymbol{Q}$，重要的是下列数字特征：

$$m_i=\frac{1}{b_i}+\sum_{k=0}^{i-1}\frac{a_i a_{i-1}\cdots a_{i-k}}{b_i b_{i-1}\cdots b_{i-k} b_{i-k-1}},$$

$$m_0=\frac{1}{b_0},\ i\geqslant 0; \tag{4}$$

$$e_i=\frac{1}{a_i}+\sum_{k=0}^{+\infty}\frac{b_i b_{i+1}\cdots b_{i+k}}{a_i a_{i+1}\cdots a_{i+k} a_{i+k+1}},\ i>0; \tag{5}$$

$$R=\sum_{i=0}^{+\infty} m_i,\qquad S=\sum_{i=1}^{+\infty} e_i, \tag{6}$$

以及

$$Z_0=0,\ Z_1=\frac{1}{b_0},\ Z_n=\frac{1}{b_0}+\sum_{k=1}^{n-1}\frac{a_1 a_2\cdots a_k}{b_0 b_1 b_2\cdots b_k},\ n>1,$$

$$Z=\lim_{n\to+\infty} Z_n. \tag{7}$$

(二)

试分别阐述各数字特征的概率意义. 从现在起，我们假设 X 是典范链，因而它有强马氏性，而且在第一个飞跃点前样本函数是右连续的. 采用§2.3 中的记号，以 $\eta(\omega)$ 表第一个飞跃点. 以 $\eta_n(\omega)$ 表首达状态 n 的时刻，即

$$\eta_n=\begin{cases}\inf(t:\ t>0,\ x(t,\ \omega)=n), & \text{右方 } t\text{-集非空},\\ +\infty, & \text{否则}.\end{cases} \tag{8}$$

注意 生灭过程有下列特点，它将多次用到而不再明确说明：自 i 出发经一次跳跃只能到 $i+1$ 或 $i-1$（自 0 出发则只能也必定到 1）；因此，为使自 i 经有穷多次跳跃到 l（$l\neq i$），必须经历 i 与 l 之间的一切状态 k（$i<k<l$ 或 $i>k>l$）. 由此可

见：若 $i<n$，则以 P_i 概率1，$\eta_n(\omega)$ 等于首出（0，1，2，…，$n-1$）的时间，亦即首达（n，$n+1$，…）的时刻，因而根据§4.3引理2得

$$\eta(\omega)=\lim_{n\to+\infty}\eta_n(\omega),\ \text{a.s.}. \tag{8'}$$

这里（a.s.）对 P 或 $P_i(i\geqslant 0)$ 而言均可.

定理1 $m_i=E_i\eta_{i+1}$；$R=E_0\eta$.

证 回忆 $c_i=a_i+b_i$，令 $d_i=E_i\eta_{i+1}$. 因而 d_i 是自 i 出发首达 $i+1$ 所需的平均时间. 我们证明：d_i 满足差分方程

$$\begin{cases}d_0=\dfrac{1}{b_0},\\[2ex] d_i=\dfrac{b_i}{c_i}\cdot\dfrac{1}{c_i}+\dfrac{a_i}{c_i}\left(\dfrac{1}{c_i}+d_{i-1}+d_i\right),\ i>0.\end{cases} \tag{9}$$

实际上，以 $\boldsymbol{\tau}_1$ 表第一个跳跃点，由 $P_0(\boldsymbol{\tau}_1>t)=\mathrm{e}^{-b_0t}$ 及 $E_0\eta_1=E_0\boldsymbol{\tau}_1$ 得（9）中前式；又由

$$\eta_{i+1}-\boldsymbol{\tau}_1=\theta_{\boldsymbol{\tau}_1}\eta_{i+1},\ (P_j\quad \text{a.s.}\quad j\leqslant i) \tag{10}$$

及强马氏性得

$$\begin{aligned}d_i&=E_i\boldsymbol{\tau}_1+E_i\theta_{\boldsymbol{\tau}_1}\eta_{i+1}=\frac{1}{c_i}+E_iE_{x(\boldsymbol{\tau}_1)}\eta_{i+1}\\&=\frac{1}{c_i}+\int_{(x(\boldsymbol{\tau}_1)=i+1)}E_{i+1}\eta_{i+1}P_i(\mathrm{d}\omega)+\int_{(x(\boldsymbol{\tau}_1)=i-1)}E_{i-1}\eta_{i+1}P_i(\mathrm{d}\omega).\end{aligned} \tag{11}$$

由于 $E_{i+1}\eta_{i+1}=0$ 及 $P_i(x(\boldsymbol{\tau}_1)=i-1)=\dfrac{a_i}{c_i}$，故

$$d_i=\frac{1}{c_i}+\frac{a_i}{c_i}E_{i-1}\eta_{i+1}. \tag{12}$$

其次，对 $j\geqslant 0$ 及 $n>0$ 有

$$\begin{aligned}E_j\eta_{j+n}&=E_j\left[\sum_{i=0}^{n-1}(\eta_{j+i+1}-\eta_{j+i})\right]\\&=\sum_{i=0}^{n-1}E_j[E_j(\eta_{j+i+1}-\eta_{j+i}\mid\mathcal{N}_{\eta_{j+i}})]\end{aligned}$$

$$= \sum_{i=0}^{n-1} E_j[E_j(\theta_{\eta_{j+i}}\eta_{j+i+1} \mid \mathcal{N}_{\eta_{j+i}})]$$

$$= \sum_{i=0}^{n-1} E_j[E_{j+i}\eta_{j+i+1}] = \sum_{i=0}^{n-1} d_{j+i}. \tag{13}$$

由(12)(13)得

$$d_i = \frac{1}{c_i} + \frac{a_i}{c_i}(d_{i-1} + d_i), \tag{14}$$

这就是（9）中第二式.

解方程（9）得

$$d_i = \frac{1}{b_i} + \sum_{k=0}^{i-1} \frac{a_1 a_{i-1} \cdots a_{i-k}}{b_i b_{i-1} \cdots b_{i-k} b_{i-k-1}} = m_i, \tag{15}$$

这式说明了（4）中数字特征 m_i 的概率意义：$m_i = E_i\eta_{i+1}$；即 m_i 是自 i 出发，首次到达 $i+1$ 的平均时间. 由（13）（15）

$$E_0\eta_n = \sum_{i=0}^{n-1} d_i = \sum_{i=0}^{n-1} m_i$$

根据积分单调收敛定理，

$$E_0\eta = \lim_{n\to+\infty} E_0\eta_n = \lim_{n\to\infty}\sum_{i=0}^{n-1} m_i = R. \quad \blacksquare$$

由定理 1 知：R 是自 0 出发，沿生灭过程的轨道，首次到达“$+\infty$”的平均时间. 下面证明：相反地，在一定意义下，从“$+\infty$”到达 0 的平均时间恰好是 S. 所谓在“一定意义下”的准确含义应如下理解

考虑 $N+1$ 级矩阵

$$\boldsymbol{Q}_N = \begin{pmatrix} -b_0 & b_0 & 0 & \cdots & 0 & 0 & 0 \\ a_1 & -(a_1+b_1) & b_1 & \cdots & 0 & 0 & 0 \\ \vdots & \vdots & \vdots & & \vdots & \vdots & \vdots \\ 0 & 0 & 0 & \cdots & a_{N-1} & -(a_{N-1}+b_{N-1}) & b_{N-1} \\ 0 & 0 & 0 & \cdots & 0 & a_N+b_N & -(a_N+b_N) \end{pmatrix}, \tag{16}$$

它由 $\boldsymbol{Q}$ 中前 $N+1$（横）行与前 $N+1$（直）列上的元构成，但要将第 $N+1$ 行与第 N 列上的元 a_N 换成 a_N+b_N. 设 $X_N=\{x_N(t,\ \omega),\ t\geqslant 0\}$ 是以 $\boldsymbol{Q}_N$ 为密度矩阵的典范马氏链，相空间为 $(0,\ 1,\ \cdots,\ N)$. 直观上，X_N 的轨道可如下得到：设质点沿 X 的轨道自 $i\leqslant N$ 出发而运动，每当它到达 N 时，下一步跳跃人为地要它回到 $N-1$，然后照原运动，这质点运动的轨道就是 X_N 的轨道.

由（16）可见 0 与 N 都是 X_N 的反射壁，定义

$$\eta_i^{(N)}(\omega)=\inf(t:\ t>0,\ x_N(t,\ \omega)=i),\ 0\leqslant i\leqslant N, \tag{17}$$

它是 X_N 首达 i 的时刻. X_N 的转移概率列 $P_{ij}^{(N)}(t)$ 及集中在一点 i 上的开始分布所产生的测度记为 $P_i^{(N)}$，关于 $P_i^{(N)}$ 的数学期望记为 $E_i^{(N)}$.

定理 2　$\lim\limits_{N\to+\infty} E_N^{(N)}\eta_0^{(N)}=S.$

证　定义

$$e_i^{(N)}=E_i^{(N)}\eta_{i-1}^{(N)}, \tag{18}$$

$e_i^{(N)}$ 是自 i 出发，沿 X_N 的轨道，首达 $i-1$ 的平均时间. 像证明（9）一样，可见 $e_i^{(N)}$ 满足差分方程组

$$\begin{cases} e_N^{(N)}=\dfrac{1}{c_N}, \\ e_i^{(N)}=\dfrac{a_i}{c_i}\cdot\dfrac{1}{c_i}+\dfrac{b_i}{c_i}\left(\dfrac{1}{c_i}+e_{i+1}^{(N)}+e_i^{(N)}\right), \\ \qquad i=1,\ 2,\ \cdots,\ N-1. \end{cases} \tag{19}$$

解（19）后得

$$e_i^{(N)}=\frac{1}{a_i}+\sum_{k=0}^{N-2-i}\frac{b_ib_{i+1}\cdots b_{i+k}}{a_ia_{i+1}\cdots a_{i+k}a_{i+k+1}}+\frac{b_ib_{i+1}\cdots b_{N-1}}{a_ia_{i+1}\cdots a_{N-1}a_N}. \tag{19$'$}$$

回忆 e_i 及 S 的定义（5）及（6），即得

$$\lim_{N\to+\infty} e_i^{(N)}=e_i, \tag{20}$$

$$\lim_{N\to+\infty} E_N^{(N)}\eta_0^{(N)}=\lim_{N\to+\infty}\sum_{i=1}^{N} e_i^{(N)}=S. \quad \blacksquare \tag{21}$$

直观上，$e_i^{(N)}$ 是当 N 为反射壁时，自 i 出发首次到达 $i-1$ 的平均时间，$\sum_{i=1}^{N} e_i^{(N)}$ 是自 N 出发首次到达 0 的平均时间．因此，由（20）（21），可分别理解 e_i，S 为：当“$+\infty$”是反射壁时，自 i 出发首次到达 $i-1$ 及自“$+\infty$”出发首次到达 0 的平均时间．

现在来看 Z_n，Z 的概率意义，定义

$$P_k(m,\ n)=P_k(\eta_m<\eta_n),\ m\leqslant k\leqslant n \text{ 或 } m\geqslant k\geqslant n, \tag{22}$$

$$q_k(m)=P_k(\eta_m<\eta), \tag{23}$$

其中

$$\tilde{\eta}_k=\begin{cases}\inf\{t:\ t>\tau_1,\ x(t)=k\}, \\ +\infty,\ \text{上面的 } t\text{-集为空集}.\end{cases}$$

而 τ_1 是 X 的第一个跳跃点，显然，当 $x_0=k$ 且 $m\neq k$ 时，$\eta_m=\tilde{\eta}_m$，但 $m=k$ 时，$\eta_k=0<\tau_1\leqslant\tilde{\eta}_k$.

因而 $p_k(m,\ n)$ 是自 k 出发，沿 X 的轨道，在首达 n 以前先到 m 的概率；$q_k(m)$ 是自 k 出发，沿 X 的轨道，经有穷（$\geqslant 1$）次跳跃而到达 m 的概率．显然，$P_k(m,\ n)$ 及 $q_k(m)$ 也是嵌入马氏链 $\{y_n\}$ （见§4.3（4））的同样事件的概率．至于 $q_k(k)$，我们理解它为自 k 出发，沿 X 的轨道，离开 k 后，经有穷多次跳跃而回到 k 的概率，通常称为**回转概率**.

定理 3 （i）设 $m<k<n$，则

$$\begin{aligned} P_k(m,\ n)&=\frac{Z_n-Z_k}{Z_n-Z_m}, \\ P_k(n,\ m)&=\frac{Z_k-Z_m}{Z_n-Z_m}. \end{aligned} \tag{24}$$

(ii)

$$q_k(m)=\begin{cases}\dfrac{Z-Z_k}{Z-Z_m}, & k>m,\\ 1, & k<m,\\ \dfrac{a_k}{c_k}+\dfrac{b_k}{c_k}\dfrac{Z-Z_{k+1}}{Z-Z_k}, & k=m,\end{cases}\tag{25}$$

$\left(\text{理解}\dfrac{+\infty}{+\infty}=1\right)$；

(iii) 当且仅当 $Z=+\infty$ 时，嵌入马氏链的一切状态都是常返的.

证 对固定的 m，n，简记 $P_k(m, n)$ 及 $P_k(n, m)$ 为 p_k 及 $\tilde{p}_k$. 对 X（或嵌入链 $\{y_n\}$）用强马氏性（或马氏性），立得

$$p_k=\frac{a_k}{c_k}p_{k-1}+\frac{b_k}{c_k}p_{k+1},$$

或

$$a_kp_{k-1}+b_kp_{k+1}-c_kp_k=0,\quad m<k<n\tag{26}$$

显然，p_k 应满足边值条件

$$p_m=1,\quad p_n=0.\tag{27}$$

解 (26) (27) 即得 (24) 中前式.

同样可证 $\{\tilde{p}_k\}$ 也满足 (26)，但边值条件应换为

$$\tilde{p}_m=0,\quad \tilde{p}_n=1.\tag{28}$$

解 (26) (28) 即得 (24) 中后式.

对 $m<k<n$，当 $n\to+\infty$ 时，除差一个零测集外

$$(x(0)=k,\ \eta_m<\eta_n)\uparrow(x(0)=k,\ \eta_m<\eta),$$

对两边集取条件概率 P_k，并利用 (24)，即得 (25) 中第一式. 为证第二式，在 $(0, 1, 2, \cdots, m)$ 上考虑嵌入链，只是把 m 改造为反射壁 $(p_{m,m-1}=1)$，所得的新链不可分，常返，因而对此链自 $k(k<m)$ 出发，经有穷多步到达 m 的概率 $f_{km}=1$.

但在到达 m 以前，新链与嵌入链有相同的轨道，故 $q_k(m)=f_{km}=1$. 最后，对嵌入链用马氏性得

$$q_k(k)=\frac{a_k}{c_k}q_{k-1}(k)+\frac{b_k}{c_k}q_{k+1}(k),$$

以（25）中前两式代入此式即得（25）中第三式. ■

在实际应用中，$q_k(0)$ 称为**灭绝概率**，即开始时有 k 个个体，终于（经有穷次转移后）完全灭绝（即到达状态 0）的概率.

（三）

试讨论数字特征间的关系式. 考虑到（5）中 e_1 的通项，引进下列数量

$$\mu_0=1,\ \mu_n=\frac{b_0b_1b_2\cdots b_{n-1}}{a_1a_2\cdots a_n}. \tag{29}$$

于是

$$\sum_{n=0}^{+\infty}\mu_n=1+\sum_{n=1}^{+\infty}\frac{b_0b_1b_2\cdots b_{n-1}}{a_1a_2\cdots a_n}=1+b_0e_1, \tag{30}$$

$$\sum_{n=0}^{+\infty}\frac{1}{b_n\mu_n}=\frac{1}{b_0}+\sum_{k=1}^{+\infty}\frac{a_1a_2\cdots a_k}{b_0b_1b_2\cdots b_k}=Z. \tag{31}$$

$\{\mu_i\}$ 的概率意义见 § 5.5（43），那里证明了：在一定条件下，$\left\{M_i\left(\sum\limits_{n=0}^{+\infty}M_n\right)^{-1}\right\}$是过程的极限分布.

由直接验算，容易证明下列等式

$$\begin{aligned}m_i&=\frac{a_1a_2\cdots a_i}{b_0b_1\cdots b_i}\left(1+\frac{b_0}{a_1}+\frac{b_0b_1}{a_1a_2}+\cdots+\frac{b_0b_1b_2\cdots b_{i-1}}{a_1a_2\cdots a_i}\right)\\&=(Z_{i+1}-Z_i)\sum_{k=0}^{i}\mu_k,\end{aligned} \tag{32}$$

$$R=\sum_{i=0}^{+\infty}m_i=\sum_{i=0}^{+\infty}(Z_{i+1}-Z_i)\sum_{k=0}^{i}\mu_k=\sum_{i=0}^{+\infty}(Z-Z_i)\mu_i. \tag{33}$$

把 R 写成三角形求和的形式，并按对角线求和，得

$$R=\sum_{n=0}^{+\infty}\left(\frac{1}{b_n}+\frac{a_{n+1}}{b_nb_{n+1}}+\frac{a_{n+1}a_{n+2}}{b_nb_{n+1}b_{n+2}}+\cdots\right)$$

$$=\sum_{n=0}^{+\infty}\frac{b_0b_1\cdots b_{n-1}}{a_1a_2\cdots a_n}\left(\frac{a_1a_2\cdots a_n}{b_0b_1\cdots b_n}+\frac{a_1a_2\cdots a_{n+1}}{b_0b_1\cdots b_{n+1}}+\frac{a_1a_2\cdots a_{n+2}}{b_0b_1\cdots b_{n+2}}+\cdots\right)$$

$$=\sum_{n=0}^{+\infty}\mu_n\sum_{i=n}^{+\infty}\frac{1}{b_i\mu_i}.\tag{34}$$

至于 e_i 与 S，则有

$$e_1=\frac{1}{a_i}+\frac{b_i}{a_ia_{i+1}}+\frac{b_ib_{i+1}}{a_ia_{i+1}a_{i+2}}+\cdots$$

$$=\frac{a_1a_2\cdots a_{i-1}}{b_0b_1b_2\cdots b_{i-1}}\sum_{n=i}^{+\infty}\mu_n=(Z_i-Z_{i-1})\sum_{n=i}^{+\infty}\mu_n,\tag{35}$$

$$S=\sum_{i=1}^{+\infty}e_i=\sum_{i=1}^{+\infty}(Z_i-Z_{i-1})\sum_{n=i}^{+\infty}\mu_n=\sum_{i=1}^{+\infty}Z_i\mu_i.\tag{36}$$

由以上可见，Z_i 与 μ_i 是基本的，因为其他的数字特征可通过它们表示出来. 由定义，显然有

$$R\geqslant Z,\qquad S\geqslant e_1.\tag{37}$$

引理 1　$R+S=(b_0e_1+1)Z.$　　(38)

证

$$e_{n+1}=\frac{a_n}{b_n}\left(e_n-\frac{1}{a_n}\right)=\frac{a_1a_2\cdots a_n}{b_1b_2\cdots b_n}e_1-\frac{a_2a_3\cdots a_n}{b_1b_2\cdots b_n}-\frac{a_3a_4\cdots a_n}{b_2b_3\cdots b_n}-\cdots-\frac{a_n}{b_{n-1}b_n}-\frac{1}{b_n},\tag{39}$$

以它代入 $S=\sum_{n=1}^{+\infty}e_n$，得二重级数，按对角线求和，并注意

$$Z=\frac{1}{b_0}+\sum_{k=1}^{+\infty}\frac{a_1a_2\cdots a_k}{b_0b_1b_2\cdots b_k},$$

同时利用（34）中第一等式，即得

$$S=b_0e_1Z-(R-Z)=(b_0e_1+1)Z-R.\quad ■$$

由（39）立得：一切 $e_i(i\in\mathbf{N}^*)$ 或同时有穷，或同时无穷，

系 1　下列三条件等价：

i）$R+S=+\infty$；

ii）$Z+e_1=+\infty$；

iii）$\sum\limits_{n=1}^{+\infty}\left(\frac{a_1a_2\cdots a_n}{b_0b_1b_2\cdots b_n}+\frac{b_0b_1b_2\cdots b_n}{a_1a_2\cdots a_{n+1}}\right)=+\infty$.

证 i)，ii）的等价性由（38）推出；而 ii)，iii）的等价性则来自（30）（31）. ■

注意，如上所述，$e_i(i\in\mathbf{N}^*)$ 或都为无穷，或都为有穷，故 ii）中的 e_1 可换为任一 e_i.

系 2 设 $R=+\infty$，又 $e_1<+\infty$，则 $Z=+\infty$.

系 3 设 $R<+\infty$，则 $S<+\infty$的充分必要条件是 $e_1<+\infty$.

证 利用（37）（38）. ■

注 在系 2、系 3 中，将 R，S 对调，e_1，Z 对调，所得结论仍正确.

Feller 在［3］中曾根据这些数字特征而区分四种情况：

i）正则：$Z<+\infty$，$e_1<+\infty$；

ii）流出：$Z<+\infty$，$R<+\infty$，$e_1=+\infty$；

iii）流入：$Z=+\infty$，$S<+\infty$；

iv）自然：其他情形.

系 4 i）“正则”等价于 $R<+\infty$，$S<+\infty$；

ii）“流出”等价于 $R<+\infty$，$S=+\infty$；

iii）“流入”等价于 $R=+\infty$，$S<+\infty$；

iv）“自然”等价于 $R=+\infty$，$S=+\infty$.

证 i）由（38）推出.

ii）由系 3 推出.

iii）由系 3 及注即得.

iv）由于上述三种情形分别等价，故各剩下一种情形也应等价. ■

§5.2　向上的积分型随机泛函

(一)

设 $X=\{x_t(\omega),\ t\geqslant 0\}$ 为生灭过程，考虑它的首达状态 n 的时刻 $\eta_n(\omega)$ 及首达 $+\infty$ 的时刻亦即第一个飞跃点 $\eta(\omega)$，它们的严格数学定义见 §5.1 (8) 及 (8′). 又 $V(i)\geqslant 0$ 是定义在状态空间 E 上的函数 ($i\in E$)，我们自然假定 V 不恒等于 0. 我们的目的是研究下列两积分型随机泛函的分布：

$$\xi^{(n)}(\omega)=\int_0^{\eta_n(\omega)} V[x(t,\ \omega)]\mathrm{d}t, \tag{1}$$

$$\xi(\omega)=\int_0^{\eta(\omega)} V[x(t,\ \omega)]\mathrm{d}t. \tag{2}$$

记 $\xi^{(n)}$ 的分布函数为

$$F_{kn}(x)=P_k(\xi^{(n)}\leqslant x). \tag{3}$$

考虑 $F_{kn}(z)$ 的 Laplace 变换

$$\varphi_{kn}(\lambda)=E_k\exp(-\lambda\xi^{(n)})=\int_0^{+\infty} \mathrm{e}^{-\lambda x}\mathrm{d}F_{kn}(x), \tag{3′}$$

$\varphi_{kn}(\lambda)$ 至少对 $\lambda\geqslant 0$ 有定义，一般地，$F_{kn}(x)$ 可自 $\varphi_{kn}(\lambda)$ 经反拉普拉斯变换而得.

注意　若 $V\equiv 1$，则 $\xi^{(n)}$ 与 ξ 分别化为 η_n 与 η.

本节中只讨论开始状态 $k\leqslant n$ 的情形，这时 $F_{kn}(x)$ 是自 k 出发，上限为首次到达更大的状态 n 的时刻的积分的分布，或者说积分是向上的；下节将研究向下的（即向状态 0 的）积分.

基本引理　设 A 为 E 的任一非空子集，$\tau(\omega)$ 为首达 A 的时刻，即

$$\tau(\omega)=\begin{cases}\inf(t:\ x(t,\ \omega)\in A), & \text{右方 } t \text{ 集不空},\\ +\infty, & \text{否则}.\end{cases}$$

令

$$f_{k,A}(\lambda)=E_k\exp\left(-\lambda\int_0^{\tau(\omega)}V[x(t,\omega)]\mathrm{d}t\right),$$

则 $f_k(\lambda)\equiv f_{k,A}(\lambda)$ 满足差分方程：

$$a_kf_{k-1}(\lambda)-c_kf_k(\lambda)+b_kf_{k+1}(\lambda)-\lambda V(k)f_k(\lambda)=0,\ k\overline{\in}A,$$

$$f_k(\lambda)=1,\ k\in A.$$

证 以 β 表示过程的第一个跳跃点，它是马氏时刻，β-前 σ 代数记为 $\mathcal{F}_\beta$. 令

$$F(x)\equiv P_k(\beta\leqslant x)=1-\mathrm{e}^{-c_kx},$$

$$E_k\mathrm{e}^{-\lambda V(k)\beta}=\int_0^{+\infty}\mathrm{e}^{-\lambda V(k)x}\mathrm{d}F(x)=\frac{c_k}{\lambda V(x)+c_k}. \tag{3''}$$

以下采用记号 $\int_u^v\equiv\int_u^vV(x_t)\mathrm{d}t$.

设 $k\overline{\in}A$，则有

$$\begin{aligned}f_k(\lambda)&\equiv E_k\mathrm{e}^{-\lambda\int_0^\tau}=E_kE_k(\mathrm{e}^{-\lambda\int_0^\tau}\mid\mathcal{F}_\beta)\\&=E_kE_k(\mathrm{e}^{-\lambda\int_0^\beta}\cdot\mathrm{e}^{-\lambda\int_\beta^\tau}\mid\mathcal{F}_\beta)\\&=E_k[\mathrm{e}^{-\lambda\int_0^\beta}E_k(\mathrm{e}^{-\lambda\int_\beta^\tau}\mid\mathcal{F}_\beta)]=E_k[\mathrm{e}^{-\lambda V(k)\beta}E_{x(\beta)}\mathrm{e}^{-\lambda\int_0^\tau}].\end{aligned}$$

利用(3″)以及

$$P_k(x(\beta)=k+1)=\frac{b_k}{c_k},\quad P_k(x(\beta)=k-1)=\frac{a_k}{c_k}$$

即得

$$\begin{aligned}f_k(\lambda)&=\frac{c_k}{\lambda V(k)+c_k}\frac{b_k}{c_k}f_{k+1}(\lambda)+\frac{c_k}{\lambda V(k)+c_k}\frac{a_k}{c_k}f_{k-1}(\lambda)\\&=\frac{b_k}{\lambda V(k)+c_k}f_{k+1}(\lambda)+\frac{a_k}{\lambda V(k)+c_k}f_{k-1}(\lambda).\end{aligned}$$

最后，若 $k\in A$，则因 $P_k(\tau=0)=1$，故 $f_k(\lambda)=E_k1=1$. ■

定理 1 存在常数 $h>0$，使当 $\lambda>-h$ 时，一切 $\varphi_{kn}(\lambda)(k\leqslant$

n）都有穷；而且满足差分方程组①

$$\begin{cases} a_k\varphi_{k-1,n}(\lambda)-c_k\varphi_{kn}(\lambda)+b_k\varphi_{k+1,n}(\lambda)-\lambda V(k)\varphi_{kn}(\lambda)=0, \\ \quad 0\leqslant k\leqslant n, \\ \varphi_{nn}(\lambda)=1. \end{cases}$$

因而

$$\varphi_{kn}(\lambda)=\frac{\delta_n^{(k+1)}(\lambda)}{\delta_n(\lambda)},\ 0\leqslant k<n,\ \delta_n^{(n+1)}(\lambda)=\delta_n(\lambda), \tag{4}$$

这里

$$\delta_n(\lambda)=\begin{vmatrix} D_0 & b_0 & 0 & 0 & \cdots & 0 & 0 & 0 \\ a_1 & D_1 & b_1 & 0 & \cdots & 0 & 0 & 0 \\ 0 & a_2 & D_2 & b_2 & \cdots & 0 & 0 & 0 \\ \vdots & \vdots & \vdots & \vdots & & \vdots & \vdots & \vdots \\ 0 & 0 & 0 & 0 & \cdots & a_{n-2} & D_{n-2} & b_{n-2} \\ 0 & 0 & 0 & 0 & \cdots & 0 & a_{n-1} & D_{n-1} \end{vmatrix}, \tag{5}$$

其中 $D_i=-(\lambda V(i)+c_i)$，$i=0$，1，…，$n-1$；而 $\delta_n^{(k)}(\lambda)$ 是以

列向量 $\begin{pmatrix} 0 \\ 0 \\ \vdots \\ 0 \\ -b_{n-1} \end{pmatrix}$ 代替 $\delta_n(\lambda)$ 中第 k 列所得的行列式.

为证此定理需要两引理.

首先注意，按最后一行展开（5），得

$$\begin{cases} \delta_n(\lambda)=-(\lambda V(n-1)+c_{n-1})\delta_{n-1}(\lambda)-a_{n-1}b_{n-2}\delta_{n-2}(\lambda), \\ \delta_1(\lambda)=-(\lambda V(0)+c_0), \\ \delta_0(\lambda)=1(\text{设}). \end{cases} \tag{6}$$

---

①　此方程组是§4.3（36）的特殊情形.

引理 1 存在常数 $\theta>0$，使当 $\lambda>-\theta$ 时，$\delta_n(\lambda)$ 不等于 0 而与 $(-1)^n$ 同号.

证 对 $\delta_0(\lambda)$，$\delta_1(\lambda)$ 结论明显. 设对一切 $\delta_k(\lambda)$，$(0\leqslant K\leqslant n-1)$，正确，下证对 $\delta_n(\lambda)$ 也正确，由于 $\delta_n(\lambda)$ 是 λ 的连续函数，故只要证当 $\lambda\geqslant 0$ 时，$\delta_n(\lambda)$ 与 $(-1)^n$ 同号. 计算

$$\begin{aligned}\frac{\mathrm{d}\delta_n(\lambda)}{\mathrm{d}\lambda}=&-V(0)\delta_{11}(\lambda)+V(1)(\lambda V(0)+c_0)\widetilde{\delta}_{22}(\lambda)-\\&V(2)\delta_{33}(\lambda)-V(3)\delta_{44}(\lambda)-\cdots-\\&V(n-3)\delta_{n-2\ n-2}(\lambda)+V(n-2)[\lambda V(n-1)+\\&C_{n-1}]\delta_{n-2}(\lambda)-V(n-1)\delta_{n-1}(\lambda),\end{aligned}\tag{7}$$

其中 $\delta_{ii}(\lambda)$ 是自 $\delta_n(\lambda)$ 中删去第 i 行与第 i 列后所得的 $n-1$ 级行列式. $\widetilde{\delta}_{22}(\lambda)$ 是自 $\delta_n(\lambda)$ 中删去前两行与前两列后所得的 $n-2$ 级行列式. 因为 $\delta_k(\lambda)(\lambda\geqslant 0)$ 的符号只依赖于它的元的符号而不依赖于它们的数值. 所以 $\delta_{11}(\lambda)$，$\widetilde{\delta}_{22}(\lambda)$，$\delta_{33}(\lambda)$，$\delta_{44}(\lambda)$，…，$\delta_{n-2\ n-2}(\lambda)$ 分别与 $\delta_{n-1}(\lambda)$，$\delta_{n-2}(\lambda)$，$\delta_2(\lambda)\delta_{n-3}(\lambda)$，$\delta_3(\lambda)\delta_{n-4}(\lambda)$，…，$\delta_{n-3}(\lambda)\delta_2(\lambda)$ 同号. 由归纳法前提，知 (7) 右方各项都与 $(-1)^n$ 同号，因而 $\frac{\mathrm{d}}{\mathrm{d}\lambda}\delta_n(\lambda)$ 也与 $(-1)^n$ 同号. 既然 $\frac{\mathrm{d}}{\mathrm{d}\lambda}\delta_n(\lambda)$ 连续，可见当 $\lambda>0$ 时，

$$\delta_n(\lambda)-\delta_n(0)=\int_0^\lambda\frac{\mathrm{d}\delta_n(x)}{\mathrm{d}x}\mathrm{d}x$$

仍然与 $(-1)^n$ 同号. 最后只要注意，由 (6) 及归纳法，易见 $\delta_0(0)=1$，

$$\delta_n(0)=(-1)^n b_{n-1}b_{n-2}\cdots b_1 b_0.\ \blacksquare$$

引理 2 设 X 为任意典范链，$\xi(\omega)$ 为 $\mathcal{F}\{x(t,\ \omega),\ t\geqslant 0\}$ 可测函数，又 $\tau(\omega)$ 为 X 的马氏时刻，如果 $V(x_t)\theta_t\xi$ 是 $(t,\ \omega)$ 可积的，那么

$$E_i\int_0^\tau V(x_t)\theta_t\xi\mathrm{d}t = E_i\int_0^\tau V(x_t)E_{x_t}\xi\mathrm{d}t. \tag{8}$$

证　以 $H(t)$ 表 $(0, +\infty]$ 的示性函数 $\chi_{(0,+\infty]}(t)$. 由于

$$(\tau - t\leqslant 0)\in \mathcal{N}_{t+0}=\bigcap_{s>t}\mathcal{F}(x_u,\ u\leqslant s),$$

故

$$\begin{aligned}&E_iE_i[V(x_t)H(\tau-t)\theta_t\xi\mid \mathcal{N}_{t+0}]\\&=E_i[V(x_t)H(\tau-t)E_i(\theta_t\xi\mid \mathcal{N}_{t+0})],\end{aligned} \tag{9}$$

由此得

$$\begin{aligned}E_i\int_0^\tau V(x_t)\theta_t\xi\mathrm{d}t &= E_i\int_0^{+\infty} V(x_t)H(\tau - t)\theta_t\xi\mathrm{d}t\\&=\int_0^{+\infty}E_iV(x_t)H(\tau - t)\theta_t\xi\mathrm{d}t\\&=\int_0^{+\infty}E_i[E_i(V(x_t)H(\tau - t)\theta_t\xi\mid \mathcal{N}_{t+0})]\mathrm{d}t\\&=\int_0^{+\infty}E_i[V(x_t)H(\tau - t)E_i(\theta_t\xi\mid \mathcal{N}_{t+0})]\mathrm{d}t\\&=E_i\int_0^\tau V(x_t)E_{x_t}\xi\mathrm{d}t. \quad\blacksquare\end{aligned}$$

定理 1 之证　令 $h=\lim\limits_{k\leqslant n-1,\theta}\left(\dfrac{c_k}{V(k)};\ \theta\right)>0$，其中应理解 $\dfrac{c}{0}=+\infty(c>0)$. $\lambda>-h$，考虑线性代数方程组

$$\begin{cases}a_k\psi_{k-1,n}(\lambda)-c_k\psi_{kn}(\lambda)+b_k\psi_{k+1,n}(\lambda)-\lambda V(k)\psi_{kn}(\lambda)=0,\\ \psi_{nn}(\lambda)=1,\ 0\leqslant k<n.\end{cases} \tag{10}$$

由引理 1，(10) 的系数行列式不等于 0，因此它有唯一解

$$\psi_{kn}(\lambda)=\frac{\xi_n^{(k+1)}(\lambda)}{\xi_n(\lambda)},\ 0\leqslant k<n,\ \delta_n^{(n+1)}(\lambda)=\delta_n(\lambda). \tag{11}$$

如果能证明一切 $\varphi_{kn}(\lambda)(k\leqslant n)$ 都有穷，那么根据基本引理知 $\varphi_{kn}(\lambda)(k\leqslant n)$ 是 (10) 的解，因之，$\varphi_{kn}(\lambda)=\psi_{kn}(\lambda)$ 而定理得证.

为证 $\varphi_{kn}(\lambda)$ 有穷，分成两步.

(i) 简记 $\psi_{kn}(\lambda)$ 为 $\psi(k)$，试证

$$\psi(k)=-\lambda E_k\int_0^{\eta_n}\psi(x_t)V(x_t)\mathrm{d}t+1. \tag{12}$$

实际上，以 τ_1 表 X 的第一个跳跃点而考虑线性算子$\mathfrak{U}$，它把行向量（$b(0)$，$b(1)$，…，$b(n-1)$）变为（$\mathfrak{U}b(0)$，$\mathfrak{U}b(1)$，…，$\mathfrak{U}b(n-1)$），而

$$\begin{aligned}\mathfrak{U}b(k)&\equiv\frac{E_kb(x_{\tau_1})-b(k)}{E_k\tau_1}\\&=c_k\left[\frac{b_k}{c_k}b(k+1)+\frac{a_k}{c_k}b(k-1)-b(k)\right]\\&=a_kb(k-1)-c_kb(k)+b_kb(k+1).\end{aligned} \tag{13}$$

于是（10）可改写为

$$\begin{cases}\mathfrak{U}\psi(k)-\lambda V(k)\psi(k)=0,\\\psi(n)=1,\ 0\leqslant k<n.\end{cases} \tag{14}$$

以 $\zeta(k)$ 表（12）的右方值，$\zeta(k)$ 取有限值，显然 $\zeta(n)=1=\psi(n)$ 而（12）于 $k=n$ 时正确．其次

$$\begin{aligned}\mathfrak{U}\zeta(k)&=\frac{E_k\zeta(x_{\tau_1})-\zeta(k)}{E_k\ \tau_1}\\&=\frac{1}{E_k\tau_1}\left[-\lambda E_kE_{x_{\tau_1}}\int_0^{\eta_n}\psi(x_t)V(x_t)\mathrm{d}t+\lambda E_k\int_0^{\eta_n}\psi(x_t)V(x_t)\mathrm{d}t\right]\\&=\lambda E_k\int_0^{\tau_1}\frac{\psi(x_t)V(x_t)}{E_k\tau_1}\mathrm{d}t=\lambda V(k)\psi(k),\end{aligned}$$

故由（14）及$\mathfrak{U}$的线性得

$$\mathfrak{U}[\psi(k)-\zeta(k)]=0,\ 0\leqslant k<n.$$

这个线性代数方程组的系数行列式 $\delta_n(0)\neq 0$，它只有零解，从而

$$\psi(k)=\zeta(k),\quad 0\leqslant k<n.$$

(ii) 若 $\lambda\geqslant 0$，$\varphi_{kn}(\lambda)$ 显然有穷，则只要对 $-h<\lambda<0$ 证有穷性．定义

$$\begin{cases} u_0(k) \equiv 1, \\ u_m(k) = -\lambda E_k \int_0^{\eta_n} V(x_t) u_{m-1}(x_t) \mathrm{d}t + 1. \end{cases} \tag{15}$$

根据（12）．并用归纳法，可见

$$u_m(k) \leqslant \psi(k),\ 0 \leqslant k \leqslant n. \tag{16}$$

由定义，$u_0(k) \equiv 1$，$u_1(k) = 1 - \lambda E_k \int_0^{\eta_n} V(x_t) \mathrm{d}t$，

$$u_2(k) = 1 - \lambda E_k \int_0^{\eta_n} V(x_t) \mathrm{d}t + \lambda^2 E_k \int_0^{\eta_n} V(x_t) \left[E_{x_t} \int_0^{\eta_n} V(x_s) \mathrm{d}s \right] \mathrm{d}t,$$

但由引理 2

$$\begin{aligned} & E_k \int_0^{\eta_n} V(x_t) \left[E_{x_t} \int_0^{\eta_n} V(x_s) \mathrm{d}s \right] \mathrm{d}t \\ = & E_k \int_0^{\eta_n} \left[V(x_t) \theta_t \int_0^{\eta_n} V(x_s) \mathrm{d}s \right] \mathrm{d}t \\ = & E_k \int_0^{\eta_n} \int_t^{\eta_n} V(x_t) V(x_s) \mathrm{d}s \mathrm{d}t \\ = & \frac{1}{2!} E_k \left[\int_0^{\eta_n} V(x_t) \mathrm{d}t \right]^2, \end{aligned}$$

故

$$u_2(k) = 1 - \lambda E_k \int_0^{\eta_n} V(x_t) \mathrm{d}t + \frac{\lambda^2}{2!} E_k \left[\int_0^{\eta_n} V(x_t) \mathrm{d}t \right]^2.$$

一般的有

$$\begin{aligned} u_m(k) = & \sum_{s=0}^{+\infty} E_k \frac{\left[-\lambda \int_0^{\eta_n} V(x_t) \mathrm{d}t \right]^s}{s!} \\ & \uparrow E_k \exp\left(-\lambda \int_0^{\eta_n} V(x_t) \mathrm{d}t \right) = \varphi_{kn}(\lambda). \end{aligned}$$

由（16）可见

$$\varphi_{kn}(\lambda) \leqslant \psi(k),\ 0 \leqslant k \leqslant n. \quad \blacksquare$$

（二）

现在来求 $\xi^{(n)} = \int_0^{\eta_n} V(x_t) \mathrm{d}t$ 的各阶矩．令

$$m_{kn}^{(l)}=E_k\{[\xi^{(n)}]^l\},\ l\in\mathbf{N}^*. \tag{17}$$

定理 2

$$\begin{cases}m_{kn}^{(l)}=\sum_{i=k}^{n-1}G_{in}^{(l)},\ 0\leqslant k\leqslant n-1,\\ m_{nn}^{(l)}=0.\end{cases} \tag{18}$$

其中①

$$G_{in}^{(l)}=\frac{lV(i)m_{in}^{(l-1)}}{b_i}+\sum_{k=0}^{i-1}\frac{a_ia_{i-1}\cdots a_{i-k}lV(i-k-1)m_{i-k-1,n}^{(l-1)}}{b_ib_{i-1}\cdots b_{i-k}b_{i-k-1}}. \tag{19}$$

证 令 $\varphi_{kn}^{(l)}(0)=\frac{\mathrm{d}^l}{\mathrm{d}\lambda^l}\varphi_{kn}(\lambda)|_{\lambda=0}$，则

$$m_{kn}^{(l)}=(-1)^l\varphi_{kn}^{(l)}(0). \tag{20}$$

我们已知 $\{\varphi_{kn}(\lambda)\}$ 是（10）的唯一解，以它代入（10）中的 $\{\psi_{kn}(\lambda)\}$，对 λ 求 l 次导数（由（11）知 $\psi_{kn}(\lambda)$ 可微分任意多次），并令 $\lambda=0$，乘 $(-1)^l$ 后由（20）得

$$\begin{cases}a_km_{k-1\,n}^{(l)}-c_km_{kn}^{(l)}+b_km_{k+1,n}^{(l)}+lV(k)m_{kn}^{(l-1)}=0,\\ m_{nn}^{(l)}=0,\ 0\leqslant k<n.\end{cases} \tag{21}$$

解（21）得

$$m_{kn}^{(l)}=\frac{\widetilde{\delta}_n^{(k+1)}(0)}{\delta_n(0)},\ 0\leqslant k<n,$$

其中 $\widetilde{\delta}_n^{(k+1)}$ 是以 $-l\begin{pmatrix}V(0)m_{0n}^{(l-1)}\\ \vdots\\ V(n-1)m_{n-1,n}^{(l-1)}\end{pmatrix}$ 代替 $\delta_n(0)$ 中第 $k+1$ 列后所得行列式. 展开此两行列式即得（18）（19）. ■

由定理 2 知：高阶矩 $m_{kn}^{(l)}$ 可通过低阶矩 $m_{kn}^{(l-1)}$ 表示. 特别，

① 自然，$m_{kn}^{(0)}=1$. 由此及（19）（18）可求出 $m_{kn}^{(1)}$. 一般地，已知 $m_{kn}^{(l-1)}$，由（19）（18）即可求出 $m_{kn}^{(l)}$，$0\leqslant k\leqslant n$.

$G_{in}^{(l)}$ 与 n 无关，简记它为 G_i，由（19）得

$$G_i=\frac{V(i)}{b_i}+\sum_{k=0}^{i-1}\frac{a_ia_{i-1}\cdots a_{i-k}V(i-k-1)}{b_ib_{i-1}\cdots b_{i-k}b_{i-k-1}}. \qquad (22)$$

若 $V\equiv 1$，则 $\xi^{(n)}(\omega)=\eta_n(\omega)$. 由（18）及（22）

$$m_{kn}^{(1)}=E_k\eta_n=\sum_{i=k}^{n-1}\left(\frac{1}{b_i}+\sum_{k=0}^{i-1}\frac{a_ia_{i-1}\cdots a_{i-k}}{b_ib_{i-1}\cdots b_{i-k-1}}\right). \qquad (23)$$

(三)

现在研究 $\xi(\omega)$. 回忆（2）并由积分单调收敛定理，得

$$m_k^{(l)}=E_k[\xi(\omega)^l]=\lim_{n\to+\infty}m_{kn}^{(l)}. \qquad (24)$$

令

$$G_i^{(l)}=\lim_{n\to+\infty}G_{in}^{(l)}=\frac{lV(i)m_i^{(l-1)}}{b_i}+$$

$$\sum_{k=0}^{i-1}\frac{a_ia_{i-1}\cdots a_{i-k}lV(i-k-1)m_{i-k-1}^{(l-1)}}{b_ib_{i-1}\cdots b_{i-k}b_{i-k-1}}, \qquad (25)$$

由(24)(18)得下定理中结论(i). ■

定理 3　(i) $m_k^{(l)}=\sum_{i=k}^{+\infty}G_i^{(l)}$；

(ii) 各阶矩 $m_k^{(l)}$（k，$l\in\mathbf{N}$）有下列集体性质：或者它们都无穷，或者它们都有穷.

证　只要证（ii）. 简写 $G_i^{(l)}$ 为 G_i，由（i），

$$m_0^{(1)}=E_0\xi(\omega)=\sum_{i=0}^{+\infty}G_i. \qquad (26)$$

如 $m_0^{(1)}<+\infty$，因为 $m_0^{(1)}\geqslant m_1^{(1)}\geqslant m_2^{(1)}\geqslant\cdots$，所以由（i）及(25)，

$$m_k^{(2)}\leqslant 2m_0^{(1)}\left(\sum_{i=k}^{+\infty}G_i\right)\leqslant 2!\ (m_0^{(1)})^2.$$

设 $m_k^{(n-1)}\leqslant(n-1)!\ (m_0^{(1)})^{n-1}$，则仍由（i）及（25）得

$$m_k^{(n)}\leqslant nm_0^{(n-1)}m_k^{(1)}\leqslant n!\ (m_0^{(1)})^n,\qquad 0\leqslant k<+\infty. \qquad (27)$$

这得证一切 $m_k^{(n)}<+\infty$（k，$n\in\mathbf{N}$）. 如 $m_0^{(1)}=+\infty$，由（i）及

（25）易见一切 $m_k^{(n)}=+\infty$，（k，$n\in\mathbf{N}$）. ■

注 1 如 $V\equiv 1$，由（25）及（i）知，G_i 与 $m_0^{(1)}$ 分别化为 §5.1 中（4）（6）中的 m_i 及 R.

$m_0^{(1)}<+\infty$，不仅使一切 $m_k^{(n)}<+\infty$，（$n\in\mathbf{N}^*$；$k\in\mathbf{N}$），甚至还使 $\xi(\omega)<+\infty(P_k-a,s)$，$k=0$，2，…，这是下定理的一个结论.

定理 4 对一切整数 $k\geqslant 0$，只有两种可能：

（i）或者 $P_k(\xi(\omega)=+\infty)=1$，充分必要条件是

$$E_0\xi=\sum_{i=0}^{+\infty}G_i=+\infty.$$

（ii）或者 $P_k(\xi(\omega)<+\infty)=1$，充分必要条件是

$$E_0\xi=\sum_{i=0}^{+\infty}G_i<+\infty.$$

在情况（ii）下，对 $\lambda>0$，

$$\varphi_k(\lambda)\equiv E_k\exp(-\lambda\xi)=\lim_{n\to+\infty}\frac{\delta_n^{(k+1)}(\lambda)}{\delta_n(\lambda)},\quad k\geqslant 0. \tag{28}$$

除差一常数因子外，它是下列方程组的唯一非平凡有界解[①]：

$$a_k\varphi_{k-1}(\lambda)-c_k\varphi_k(\lambda)+b_k\varphi_{k+1}(\lambda)-\lambda V(k)\varphi_k(\lambda)=0,\quad k\geqslant 0. \tag{29}$$

先证一引理

引理 3 设 $f_n>0$，$g_n>0(n\geqslant 1)$，又 $0\leqslant z_0<z_1<z_2<\cdots$，而且

$$z_{n+1}-z_n=f_nz_n+g_n(z_n-z_{n-1}). \tag{30}$$

则 $\{z_n\}$ 有界的充分必要条件是

$$\sum_{n=1}^{+\infty}(f_n+g_nf_{n-1}+\cdots+g_ng_{n-1}\cdots g_2f_1+g_ng_{n-1}\cdots g_2g_1)<+\infty. \tag{31}$$

① 参看 §4.3（37）.

证　反复用（30）得

$$z_{n+1}-z_n=f_nz_n+g_nf_{n-1}z_{n-1}+\cdots+g_ng_{n-1}\cdots g_2f_1z_1+g_n\cdots g_2g_1(z_1-z_0).$$

故若记 $F_n=f_n+g_nf_{n-1}+\cdots+g_ng_{n-1}\cdots g_2f_1+g_n\cdots g_2g_1$，则

$$z_{n+1}-z_n\leqslant F_nZ_n.$$

另一方面有 $z_{n+1}-z_n\geqslant F_n(z_1-z_0)$. 由此两不等式得

$$z_1+(z_1-z_0)\sum_{k=1}^{n-1}F_k\leqslant z_n\leqslant z_1\prod_{k=1}^{n-1}(1+F_k),\ n>1.$$

这表示当且仅当 $\sum\limits_{k=1}^{+\infty}F_k<+\infty$时 $\{z_n\}$ 有界. ■

定理 4 之证　因 $E_k\xi\leqslant E_0\xi$，故若 $E_0\xi=\sum\limits_{i=0}^{+\infty}G_i<+\infty$，则结论（ii）成立. 由于 $\lambda>0$，$0\leqslant\varphi_k(\lambda)\leqslant1$，故由积分控制收敛定理及（ii）即得（28）.

仿照基本引理的证明，或直接由 §4.3 定理 2，知 $\{\varphi_k(\lambda)\}$ 满足（29）. 除了平凡解以外，由于 $a_0=0$，（29）只有一个线性独立解，但可能无界. 任取 $\varphi_0(\lambda)\geqslant0$，由引理 3，可见此解有界的充分必要条件是

$$\sum_{n=1}^{+\infty}\left[\lambda\left(\frac{V(n)}{b_n}+\frac{a_nV(n-1)}{b_nb_{n-1}}+\frac{a_na_{n-1}V(n-2)}{b_nb_{n-1}b_{n-2}}+\cdots+\frac{a_na_{n-1}\cdots a_2V(1)}{b_nb_{n-1}\cdots b_2b_1}\right)+\frac{a_na_{n-1}\cdots a_1}{b_nb_{n-1}\cdots b_1}\right]<+\infty.$$

后一条件在 $V\not\equiv0$ 时等价于 $\sum\limits_{i=0}^{+\infty}G_i<+\infty$.

如 $\sum\limits_{i=0}^{+\infty}G_i=+\infty$,(28)中的$\{\varphi_k(\lambda)\}$ 只可能是平凡解，因为此 $\{\varphi_k(\lambda)\}$ 有界. 这样，$\varphi_k(\lambda)\equiv0$，$k\geqslant0$，$\lambda>0$，故

$$P_k(\xi(\omega)=+\infty)=1.$$

若 $\sum\limits_{i=0}^{+\infty}G_i<+\infty$，（28）中的 $\{\varphi_k(\lambda)\}$ 不可能是平凡解，

否则势必 $P_k(\xi(\omega)=+\infty)=1$，从而 $E_k\xi=\sum\limits_{i=k}^{+\infty}G_i=+\infty$. 这与假设矛盾. ■

定理 4 的一个重要推论如下：

系 1 ［杜布鲁申（Добрушин）］对一切整数 $k\geqslant 0$，第一个飞跃点 $\eta(\omega)$ 或者以 P_k-概率 1 无穷，或者以 P_k-概率 1 有穷；这两种可能性分别决定于 $R(=E_0\eta)=+\infty$ 或 $R<+\infty$. 以 §5.1（1）中的 $\boldsymbol{Q}$ 为密度矩阵的生灭过程唯一的充分必要条件是 $R=+\infty$.

证 取 $V\equiv 1$，则定理 4 中的 ξ，$E_0\xi=\sum\limits_{i=0}^{+\infty}G_i$ 分别化为 η，$E_0\eta=R$，于是得定理 4 得前一结论. 由此及 §2.3 定理 4（ii）即得后一结论. ■

作为定理 3 的推论有

系 2 由（2）定义的随机泛函 $\xi(\omega)$ 的分布

$$F_k(x)=P_k(\xi(\omega)\leqslant x),\ k\in\mathbf{N}$$

由它的矩 $m_k^{(l)}(l\in\mathbf{N};\ m_k^{(0)}=1)$ 所唯一决定.

证 由（27），当 $r<\dfrac{1}{m_0^{(1)}}$时，有

$$\sum_{n=0}^{+\infty}\frac{m_k^{(n)}}{n\,!}r^n\leqslant\sum_{n=0}^{+\infty}[m_0^{(1)}r]^n<+\infty$$

故由矩问题中一熟知定理①，如 $m_k^{(1)}<+\infty$（或等价地，$m_0^{(1)}<+\infty$），所需结论正确。如 $m_k^{(1)}=+\infty$，由定理 4（i）得 $P_k(\xi(\omega)=+\infty)=1$，因而 $F_k(x)\equiv 0$，$x\in(-\infty,+\infty)$. ■

例 1 设 $V(0)=1$，$V(k)=0(k>0)$. 这时 $\xi^{(n)}$ 是首达 n 以前在 0 的总共逗留时间，ξ 是在第一个飞跃点以前在 0 的总共逗

---

① 参看 H. Cramer，著. 魏宗舒，译. 统计学数学方法. 上海：上海科学技术出版社，1966：§15.4.

留时间（如果 $\eta=+\infty$，那么 ξ 是在 0 的总共逗留时间），又（22）中的 G_i 化为g_i：

$$g_0=\frac{1}{b_0},\ g_i=\frac{a_i a_{i-1}\cdots a_1}{b_i b_{i-1}\cdots b_2 b_1 b_0}. \tag{32}$$

根据（4），用归纳法可证

$$\varphi_{0n}(\lambda)=E_0\exp(-\lambda\xi^{(n)})=\left[\lambda\sum_{i=0}^{n-1}g_i+1\right]^{-1}, \tag{33}$$

由拉普拉斯变换知

$$P_0(\xi^{(n)}\leqslant x)=\begin{cases}0, & x<0,\\ 1-\mathrm{e}^{-x\div\sum\limits_{i=0}^{n-1}g_i}, & x\geqslant 0.\end{cases} \tag{34}$$

由定理 2

$$E_0\xi^{(n)}=\sum_{i=0}^{n-1}g_i.$$

由定理 4，$P_0(\xi<+\infty)=1$ 的充分必要条件是 $E_0\xi=\sum\limits_{i=0}^{+\infty}g_i<+\infty$；在此情况下，我们有

$$\varphi_0(\lambda)=E_0\exp(-\lambda\xi)=\left[\lambda\sum_{i=0}^{+\infty}g_i+1\right]^{-1}; \tag{35}$$

$$P_0(\xi\leqslant x)=\begin{cases}0, & x<0,\\ 1-\mathrm{e}^{-x\div\sum\limits_{i=0}^{+\infty}g_i}, & x\geqslant 0;\end{cases} \tag{36}$$

$$E_0\xi=\sum_{i=0}^{+\infty}g_i. \tag{37}$$

(四)

至此，我们已对 $\xi^{(n)}$ 及 ξ 的分布和各阶矩研究清楚，所用方法是解差分方程（10）与（21），但在实际应用中会遇到解方程的不便. 因此，我们来叙述另一方法——递推法. 令

$$h_k(\lambda)=E_k\exp\left(-\lambda\int_0^{\eta_{k+1}(\omega)}V[x(t,\ \omega)]\mathrm{d}t\right), \tag{38}$$

我们有

$$\varphi_{kn}(\lambda)=h_k(\lambda)h_{k+1}(\lambda)\cdots h_{n-1}(\lambda),\quad n>k. \tag{39}$$

实际上，

$$\begin{aligned}\varphi_{kn}(\lambda) &= E_k \mathrm{e}^{-\lambda\int_0^{\eta_n} V(x_t)\mathrm{d}t} \\ &= E_k \mathrm{e}^{-\lambda\int_0^{\eta_{k+1}} V(x_t)\mathrm{d}t-\lambda\int_{\eta_{k+1}}^{\eta_n} V(x_t)\mathrm{d}t} \\ &= E_k \mathrm{e}^{-\lambda\int_0^{\eta_{k+1}} V(x_t)\mathrm{d}t} \cdot E_{k+1}\mathrm{e}^{-\lambda\int_n^{\eta_n} V(x_t)\mathrm{d}t} \\ &= h_k(\lambda)\cdot\varphi_{k+1,n}(\lambda) = h_k(\lambda)h_{k+1}(\lambda)\cdots h_{n-1}(\lambda).\end{aligned}$$

因此，要求 $\varphi_{kn}(\lambda)$，只需求出 $h_i(\lambda)$. 为此，仿照基本引理的证明，我们有

$$h_k(\lambda)=\frac{b_k}{\lambda V(k)+c_k}+\frac{a_k}{\lambda V(k)+c_k}h_{k-1}(\lambda)h_k(\lambda),$$

亦即

$$h_k(\lambda)=b_k\cdot[\lambda V(k)+c_k-a_k h_{k-1}(\lambda)]^{-1}. \tag{40}$$

如能求出 $h_0(\lambda)$，利用上式就可求出一切 $h_k(\lambda)$. 然而

$$h_0(\lambda) = E_0\mathrm{e}^{-\lambda\int_0^{\eta_1} V(x_t)\mathrm{d}t} = E_0\mathrm{e}^{-\lambda V(0)\eta_1} = \frac{b_0}{\lambda V(0)+b_0}. \tag{41}$$

由（40）（41）得 $h_k(\lambda)$ 的连分数表达式

$$h_k(\lambda)=\cfrac{b_k}{D_k-a_k\cfrac{b_{k-1}}{D_{k-1}-a_{k-1}\cfrac{b_{k-2}}{D_{k-2}-a_{k-2}\cfrac{b_{k-3}}{\ddots D_1-a_1\cfrac{b_0}{D_0}}}}}, \tag{42}$$

其中 $D_i=\lambda V(i)+c_i$，特别地，有

$$h_0(\lambda)=\frac{b_0}{\lambda V(0)+b_0},$$

$$h_1(\lambda)=\frac{b_1[\lambda V(0)+b_0]}{[\lambda V(0)+c_0][\lambda V(1)+c_1]-a_1 b_0}.$$

一般地，$h_k(\lambda)=\dfrac{U_{k+1}(\lambda)}{L_{k+1}(\lambda)}$，其中 $U_k(\lambda)$，$L_k(\lambda)$ 分别是不高于

$k-1$ 次及 k 次的 λ 的多项式. 由 (40) 得

$$\frac{U_{k+1}(\lambda)}{L_{k+1}(\lambda)}=h_k(\lambda)=\frac{b_kL_k(\lambda)}{[\lambda V(k)+c_k]L_k(\lambda)-a_kU_k(\lambda)},$$

故除一常数因子外，可取

$$\begin{aligned}&U_{k+1}(\lambda)=b_kL_k(\lambda),\\&L_{k+1}(\lambda)=[\lambda V(k)+c_k]L_k(\lambda)-a_kU_k(\lambda).\end{aligned}\tag{43}$$

由此可见

$$\varphi_{0n}(\lambda)=h_0(\lambda)h_1(\lambda)\cdots h_{n-1}(\lambda)=\frac{b_0b_1b_2\cdots b_{n-1}}{L_n(\lambda)},$$

$$\begin{aligned}\varphi_{kn}(\lambda)&=h_k(\lambda)h_{k+1}(\lambda)\cdots h_{n-1}(\lambda)=\frac{\varphi_{0n}(\lambda)}{\varphi_{0k}(\lambda)}\\&=\frac{b_kb_{k+1}\cdots b_{n-1}L_k(\lambda)}{L_n(\lambda)}.\end{aligned}\tag{44}$$

这里 $L_n(\lambda)$ 满足递推关系式：

$$\begin{cases}L_0(\lambda)\equiv1,\ L_1(\lambda)=\lambda V(0)+b_0,\\L_n(\lambda)=[\lambda V(n-1)+c_{n-1}]L_{n-1}(\lambda)-a_{n-1}b_{n-2}L_{n-2}(\lambda).\end{cases}\tag{45}$$

显然，$L_n(\lambda)$ 中最高次项 λ^n 的系数是 $V(0)V(1)\cdots V(n-1)$；常数项是 $b_0b_1\cdots b_{n-1}$.

有时考虑多项式

$$\mathcal{L}_n(\lambda)\equiv\frac{L_n(\lambda)}{b_0b_1b_2\cdots b_{n-1}}=\frac{1}{\varphi_{0n}(\lambda)}.\tag{46}$$

更方便，由 (45)，显然有

$$\begin{cases}\mathcal{L}_0(\lambda)\equiv1\ (\text{设})；\ \mathcal{L}_1(\lambda)=\dfrac{\lambda V(0)}{b_0}+1,\\[2ex]\mathcal{L}_n(\lambda)=\dfrac{\lambda V(n-1)+c_{n-1}}{b_{n-1}}\mathcal{L}_{n-1}(\lambda)-\dfrac{a_{n-1}}{b_{n-1}}\mathcal{L}_{n-2}(\lambda).\end{cases}\tag{47}$$

例 2　设 $V(0)=V(1)=1$，$V(i)=0$，$i>1$. 则

$$\mathcal{L}_0(\lambda)=1,\ \mathcal{L}_1(\lambda)=\frac{\lambda}{b_0}+1,$$

$$\mathcal{L}_2(\lambda)=\frac{g_1}{a_1}\lambda^2+\left(g_1+g_0+\frac{b_0}{a_1}g_1\right)\lambda+1, \tag{48}$$

其中g_i由（32）定义．因$\mathcal{L}_2(\lambda)$是连续函数，而且$\mathcal{L}_2(0)>0$，$\mathcal{L}_2(-b_0)<0$，$\mathcal{L}_2(-\infty)>0$，故它有两个不相等的负零点，设为$-\frac{1}{\alpha_1}$，$-\frac{1}{\alpha_2}$，即

$$\mathcal{L}_2(\lambda)=(\alpha_1\lambda+1)(\alpha_2\lambda+1),\quad \alpha_2>\alpha_1>0.$$

由于此时$\int_0^{\eta_2}V(x_t)\mathrm{d}t=\eta_2$，故

$$E_0\mathrm{e}^{-\lambda\eta_2}=\frac{1}{(\alpha_1\lambda+1)(\alpha_2\lambda+1)}.$$

取反拉普拉斯变换，可见自 0 出发，首达状态 2 的时间 η_2 有双指数分布：

$$P_0(\eta_2\leqslant x)=\int_0^x\frac{\mathrm{e}^{-\frac{t}{\alpha_1}}-\mathrm{e}^{-\frac{t}{\alpha_2}}}{\alpha_1-\alpha_2}\mathrm{d}t,$$

首达时间的一般性研究见下节．

下面讨论停留时间的分布．利用（48）及归纳法，容易证明

$$\mathcal{L}_n(\lambda)=\left(\frac{1}{a_1}\sum_{i=1}^{n-1}g_i\right)\lambda^2+\left(\sum_{i=0}^{n-1}g_i+\frac{b_0}{a_1}\sum_{i=1}^{n-1}g_i\right)\lambda+1. \tag{49}$$

注意　此时$\xi^{(n)}\equiv\int_0^{\eta_n}V(x_t)\mathrm{d}t$由于$V$之特殊性，而化为在首达状态$n$以前停留在状态 0 与 1 的总时间．由

$$E_0\mathrm{e}^{-\lambda\xi^{(n)}}\equiv\varphi_{0n}(\lambda)=\frac{1}{\mathcal{L}_n(\lambda)} \tag{50}$$

及（49），并简记E_0为E得

$$E\xi^{(n)}=-\varphi_{0n}'(0)=\sum_{i=1}^{n-1}g_i+\frac{b_0}{a_1}\sum_{i=1}^{n-1}g_i. \tag{51}$$

令

$$G_n=\sum_{i=1}^{n}g_i,\qquad g_i=\frac{a_1a_2\cdots a_i}{b_0b_1b_2\cdots b_i},\qquad G=\sum_{i=1}^{+\infty}g_i.$$

考虑随机变量$\frac{\xi^{(n)}}{E\xi^{(n)}}$，它的分布的拉普拉斯变换为

$$\varphi_{0n}\left(\frac{\lambda}{E\xi^{(n)}}\right)=\frac{1}{\frac{a_1b_0^2G_{n-1}}{(a_1b_0G_{n-1}+a_1+b_0^2G_{n-1})^2}\lambda^2+\lambda+1},\tag{52}$$

分母显然有两个不相等的负零点，因此，$\frac{\xi^{(n)}}{E\xi^{(n)}}$也有双指数分布

$$P_0\left(\frac{\xi^{(n)}}{E\xi^{(n)}}\leqslant x\right)=\int_0^x\frac{\mathrm{e}^{-\frac{t}{\beta_1}}-\mathrm{e}^{-\frac{t}{\beta_2}}}{\beta_1-\beta_2}\mathrm{d}t,\tag{52$'$}$$

其中$-\frac{1}{\beta_1}$，$-\frac{1}{\beta_2}$是（52）右方分母的零点，$\beta_2>\beta_1>0$.

今考虑当$n\to+\infty$时的极限分布，分两种情况：

i) $G_n\uparrow G=+\infty$，由（52）得

$$\lim_{n\to+\infty}\varphi_{0n}\left(\frac{\lambda}{E\xi^{(n)}}\right)=\frac{1}{\lambda+1},\tag{53}$$

也就是

$$\lim_{n\to+\infty}P_0\left(\frac{\xi^{(n)}}{E\xi^{(n)}}\leqslant x\right)=1-\mathrm{e}^{-x}.\tag{54}$$

注意　$G=+\infty$等价于$Z=+\infty$（见§5.1（7）），故由§5.1定理3，我们证明了：若嵌入马氏链常返，则$\frac{\xi^{(n)}}{E\xi^{(n)}}$有渐近指数分布（54）.

ii) $G_n\uparrow G<+\infty$. 由（52）立刻看出：$\frac{\xi^{(n)}}{E\xi^{(n)}}$有渐近双指数分布，亦即

$$\lim_{n\to+\infty}P_0\left(\frac{\xi^{(n)}}{E\xi^{(n)}}\leqslant x\right)=\int_0^x\frac{\mathrm{e}^{-\frac{t}{\alpha_1}}-\mathrm{e}^{-\frac{t}{\alpha_2}}}{\alpha_1-\alpha_2}\mathrm{d}t,\tag{55}$$

而$-\frac{1}{\alpha_1}$，$-\frac{1}{\alpha_2}$是二次多项式

$$\frac{a_1b_0^2G}{(a_1b_0G+a_1+b_0^2G)^2}\lambda^2+\lambda+1=0\tag{56}$$

的两根，$\alpha_2>\alpha_1>0$.

§5.3 最初到达时间与逗留时间

（一）

在本节中，我们来研究 $V(i)\equiv 1$ 的特殊情形，这时$\xi^{(n)}(\omega)$化为 $\eta_n(\omega)$，即最初到达状态 n 的时刻，而§5.2中（45）内的多项式递推关系化为

$$\begin{cases}L_0(\lambda)\equiv 1,\ L_1(\lambda)=\lambda+b_0,\\ L_n(\lambda)=(\lambda+c_{n-1})L_{n-1}(\lambda)-a_{n-1}b_{n-1}L_{n-2}(\lambda),\ n\geqslant 2.\end{cases}\tag{1}$$

引理1 设 $A_n(\lambda)(n\in\mathbf{N})$ 为如下定义的多项式：

$$\begin{cases}A_0(\lambda)\equiv 1,\ A_1(\lambda)=\lambda+e_0,\\ A_n(\lambda)=(\lambda+f_{n-1})A_{n-1}(\lambda)-e_{n-1}A_{n-2}(\lambda),\ n\geqslant 2,\end{cases}\tag{2}$$

其中 f_n 为实数，$e_n>0$，$A_n(0)>0$，则

$$A_n(\lambda)=0,\ n\geqslant 1$$

的根为负数，互不相同，而且被 $A_{n-1}(\lambda)=0$ 的根所隔开，即

$$A_n(\lambda)=\prod_{i=1}^{n}(\lambda-\lambda_i^{(n)}),$$

$$0>\lambda_1^{(n)}>\lambda_1^{(n-1)}>\lambda_2^{(n)}>\lambda_2^{(n-1)}>\cdots>\lambda_{n-1}^{(n)}>\lambda_{n-1}^{(n-1)}>\lambda_n^{(n)}.\tag{3}$$

证 $A_1(\lambda)=0$ 只有一个负根 $-e_0$. 当 $n=2$ 时，由假设 $A_2(0)>0$，又 $A_2(-e_0)=-e_1<0$，$A_2(-\infty)>0$，故（3）对 $n=1$，$n=2$ 正确，即有

$$0>\lambda_1^{(2)}>\lambda_1^{(1)}=-e_0>\lambda_2^{(2)}.$$

今设对 $n\geqslant 3$ 有

$$0>\lambda_1^{(n-1)}>\lambda_1^{(n-2)}>\cdots>\lambda_{n-2}^{(n-1)}>\lambda_{n-2}^{(n-2)}>\lambda_{n-1}^{(n-1)}.$$

则 $A_{n-2}(\lambda_i^{(n-1)})$ 与 $(-1)^{i-1}$有相同的符号，即

$$\operatorname{sgn} A_{n-2}(\lambda_i^{(n-1)})=(-1)^{i-1},\ i=1,2,\cdots,n-1.\tag{4}$$

由（2），$A_n(\lambda_i^{(n-1)})=-e_{n-1}A_{n-2}(\lambda_i^{(n-1)})$，所以由（4）得

$$\operatorname{sgn} A_n(\lambda_i^{(n-1)})=(-1)^i,\ i=1,\ 2,\ \cdots,\ n-1.$$

因为 $\operatorname{sgn} A_n(-\infty)=(-1)^n$，可见下列各区间

$$(-\infty,\ \lambda_{n-1}^{(n-1)}),\ (\lambda_{n-1}^{(n-1)},\ \lambda_{n-2}^{(n-1)}),\ \cdots,\ (\lambda_1^{(n-1)},\ 0)$$

中各含 $A_n(\lambda)=0$ 的一根. ■

现在来讨论（1）中多项式 $L_n(\lambda)$ 的性质：

(i) $L_n(\lambda)=0$ 的根是互不相同的负数，而且被 $L_{n-1}(\lambda)=0$ 的根所隔开.

这由引理 1 推出.

(ii) $L_n(\lambda)$ 中，最高次项即 λ^n 次项的系数是 1，常数项等于 $b_0b_1b_2\cdots b_{n-1}$.

这由（1）直接看出.

(iii) $L_n(\lambda)$ 中，λ^{n-1} 的系数等于 $\sum\limits_{i=1}^{n-1} a_i+\sum\limits_{i=0}^{n-1} b_i$. 因此，$L_n(\lambda)=0$ 诸根的和为此和数的负数.

这由性质 2 及归纳法推出.

(iv) $L_n(\lambda)$ 中，λ 的系数为 $b_0b_1b_2\cdots b_{n-1}E_0\eta_n$.

事实上，由 § 5.2（44）知

$$\varphi_{0n}(\lambda)=\frac{b_0b_1b_2\cdots b_{n-1}}{L_n(\lambda)}, \tag{5}$$

但 $\varphi_{0n}(\lambda)=E_0\mathrm{e}^{-\lambda\eta_n}$，故

$$E_0\eta_n=-\varphi_{0n}'(0)=\frac{b_0b_1b_2\cdots b_{n-1}L_n'(0)}{L_n^2(0)}. \tag{6}$$

利用性质 2，可见 λ 的系数（即 $L_n'(0)$）为 $b_0b_1b_2\cdots b_{n-1}E_0\eta_n$.

定理 1　自 0 出发，最初到达 n 的时刻 η_n 有分布密度为

$$f_{0n}(t)=\sum_{k=1}^{n}\frac{b_0b_1b_2\cdots b_{n-1}}{L_n'(-\mu_k^{(n)})}\mathrm{e}^{-\mu_k^{(n)}t}, \tag{7}$$

这里 $-\mu_k^{(n)}$ 是 $L_n(\lambda)$ 的零点，

$$L_n(\lambda)=\prod_{k=1}^{n}(\lambda+\mu_k^{(n)}),\tag{8}$$

而

$$L_n'(-\mu_k^{(n)})=\frac{\mathrm{d}}{\mathrm{d}\lambda}L_n(\lambda)\Big|_{\lambda=-\mu_k^{(n)}}=\prod_{\substack{i=1\\ i\neq k}}^{n}(\mu_i^{(n)}-\mu_k^{(n)}).$$

证 由性质 1，(8) 式成立，故

$$E_0\mathrm{e}^{-\lambda\eta_n}=\frac{b_0b_1b_2\cdots b_{n-1}}{\prod\limits_{k=1}^{n}(\lambda+\mu_k^{(n)})},\tag{9}$$

取反拉普拉斯变换即得 (7). ■

对 $m<n$，由于 § 5.2 (44)

$$E_m\mathrm{e}^{-\lambda\eta_n}=\varphi_{mn}(\lambda)=\frac{\varphi_{0n}(\lambda)}{\varphi_{0m}(\lambda)}=\frac{b_mb_{m+1}\cdots b_{n-1}L_m(\lambda)}{L_n(\lambda)},$$

故得

定理 1′ 自 m 出发，最初到达 n 的时刻 η_n 有分布密度为

$$f_{mn}(t)=\sum_{k=1}^{n}\frac{b_mb_{m+1}\cdots b_{n-1}L_m(-\mu_k^{(n)})}{L_n'(-\mu_k^{(n)})}\mathrm{e}^{-\mu_k^{(n)}t},\quad m<n.\tag{7′}$$

(二)

现在来研究当 $n\to+\infty$ 时 η_n 的渐近分布. 考虑多项式 $\mathcal{L}_n(\lambda)=\dfrac{L_n(\lambda)}{b_0b_1\cdots b_{n-1}}$，设

$$\mathcal{L}_n(\lambda)=1+c_{n,1}\lambda+c_{n,2}\lambda_2+\cdots+c_{n,n}\lambda^n.\tag{10}$$

由上述性质 (iv)，知

$$E_0\eta_n=c_{n,1}.\tag{11}$$

由 § 5.2 (47)，得

$$\mathcal{L}_0(\lambda)\equiv1,\quad \mathcal{L}_1(\lambda)=1+\frac{\lambda}{b_0},$$

$$\mathcal{L}_{n+1}(\lambda)-\mathcal{L}_n(\lambda)=\frac{a_n}{b_n}[\mathcal{L}_n(\lambda)-\mathcal{L}_{n-1}(\lambda)]+\frac{\lambda}{b_n}\mathcal{L}_n(\lambda)$$

$$=\frac{a_n}{b_n}\left\{\frac{a_{n-1}}{b_{n-1}}[\mathcal{L}_{n-1}(\lambda)-\mathcal{L}_{n-2}(\lambda)]+\frac{\lambda}{b_{n-1}}\mathcal{L}_{n-1}(\lambda)\right\}+\frac{\lambda}{b_n}\mathcal{L}_n(\lambda)$$

$$=\cdots$$

$$=\lambda g_n\left[\sum_{i=1}^{n}\frac{1}{b_i g_i}\mathcal{L}_i(\lambda)+\mathcal{L}_0(\lambda)\right], \tag{12}$$

这里的g_n与（5.2）中（32）相同，即$g_n=\dfrac{a_1a_2\cdots a_n}{b_0b_1b_2\cdots b_n}$.

引理 2　诸系数 $c_{n,l}$间有下列关系：

i） $c_{n+1,l}-c_{n,l}=g_n\sum\limits_{k=l-1}^{n}\dfrac{c_{k,l-1}}{b_kg_k}$，$n\geqslant l-1$，$c_{l-1,l}=0$，$c_{k,0}=1$.

（13）

ii） 一切 $c_{n,l}>0$，而且 $c_{n+1,l}>c_{n,l}$，$n\geqslant l$；

iii） $c_{n,l}<c_{n,l-1}c_{n,1}$；（14）

iv） $c_{n,l}\leqslant\dfrac{(c_{n,1})^l}{l\,!}$.（15）

证　i）以（10）代入（12），比较 λ^l 的系数即得（13）.

ii）由上段中性质（ii）

$$c_{ll}=\frac{1}{b_0b_1b_2\cdots b_{l-1}}>0,$$

再反复利用（13），即得所欲证.

iii）（13）右方诸分子中以 $c_{n,l-1}$ 为最大，故

$$c_{n+1,l}-c_{n,l}\leqslant c_{n,l-1}g_n\sum_{k=0}^{n}\frac{1}{b_kg_k}$$

$$=c_{n,l-1}g_n\sum_{k=0}^{n}\frac{c_{k,0}}{b_kg_k}\ （利用（13））$$

$$=c_{n,l-1}(c_{n+1,1}-c_{n,1})\leqslant c_{n+1,l-1}c_{n+1,1}-c_{n,l-1}c_{n,1}. \tag{16}$$

（16）两方对 n 自 $l-1$ 起至 n 止求和，得

$$c_{n+1,l}\leqslant c_{n+1,l-1}c_{n+1,1}-c_{l-1,l-1}c_{l-1,1}<c_{n+1,l-1}c_{n+1,1}.$$

iv）注意

$$a^l(b-a)\leqslant\int_a^b x^l\mathrm{d}x=\frac{b^{l+1}-a^{l+1}}{l+1}.\tag{17}$$

当 $l=1$ 时（15）正确；设（15）对 l 正确，则由（16）前半式及（17）

$$\begin{aligned}c_{n+1,l+1}-c_{n,l+1}&\leqslant c_{n,l}(c_{n+1,1}-c_{n,1})\\&\leqslant\frac{c_{n,1}^{l}}{l!}(c_{n+1,1}-c_{n,1})\leqslant\frac{c_{n+1,1}^{l+1}-c_{n,1}^{l+1}}{(l+1)!}.\end{aligned}\tag{18}$$

将（18）两端对 $n=l$，$l+1$，…，$m-1$ 求和，即得

$$c_{m,l+1}\leqslant\frac{c_{m,1}^{l+1}}{(l+1)!}.\quad\blacksquare$$

以下简记 $E_0\eta_n$ 为 m_{0n}，它等于 $c_{n,1}$. 考虑多项式

$$\mathcal{L}_n\left(\frac{\lambda}{m_{0n}}\right)=\mathcal{L}_n\left(\frac{\lambda}{c_{n,1}}\right)=1+\lambda+d_{n,2}\lambda^2+\cdots+d_{n,n}\lambda^n.\tag{19}$$

显然 $d_{n,l}=\frac{c_{n,l}}{c_{n,l}^{l}}$，由（14）（15）得

$$d_{n,l}\leqslant d_{n,l-1}\text{；}\ d_{n,l}\leqslant\frac{1}{l!}.\tag{20}$$

现在可以叙述所需的渐近分布，我们有

定理 2 为使

$$\lim_{n\to+\infty}P_0\left(\frac{\eta_n}{m_{0n}}\leqslant t\right)=1-\mathrm{e}^{-t}\tag{21}$$

充分必要条件是下列三条件中任何一个成立：

(i) $\lim\limits_{n\to+\infty}d_{n,2}=0$；　(22)

(ii) $\frac{E_0(\eta_n^2)}{m_{0n}^2}\to 2$，$n\to+\infty$；　(23)

(iii) $$\lim_{n\to+\infty}\frac{\sum\limits_{i=0}^{n-1}\left[\frac{m_{in}}{b_i}+\sum\limits_{k=0}^{i-1}\frac{a_ia_{i-1}\cdots a_{i-k}}{b_ib_{i-1}\cdots b_{i-k-1}}m_{i-k-1,n}\right]}{\left[\sum\limits_{i=0}^{n-1}\left(\frac{1}{b_i}+\sum\limits_{k=0}^{i-1}\frac{a_ia_{i-1}\cdots a_{i-k}}{b_ib_{i-1}\cdots b_{i-k-1}}\right)\right]^2}=1,\tag{24}$$

其中

$$m_{kn}=E_k\eta_n=\sum_{i=k}^{n-1}\left(\frac{1}{b_i}+\sum_{k=0}^{i-1}\frac{a_ia_{i-1}\cdots a_{i-k}}{b_ib_{i-1}\cdots b_{i-k-1}}\right).$$

证　(i) 注意 (21) 右方分布的拉普拉斯变换为$\frac{1}{1+\lambda}$，而 $E_0\mathrm{e}^{-\lambda\eta_n}=\frac{1}{\mathcal{L}_n(\lambda)}$，故 (21) 等价于：对任意有限区域中的 λ，均匀地有

$$\lim_{n\to+\infty}\mathcal{L}_n\left(\frac{\lambda}{m_{0n}}\right)=1+\lambda,\tag{25}$$

因而由 (19) 可见 (22) 的必要性是明显的. 反之，设 (22) 成立. 考虑复平面上任一有限区域 Λ，令 $R=\sup\limits_{\lambda\in\Lambda}|\lambda|>1$. 对$\varepsilon>0$，选 l_0 使 $\sum\limits_{l>l_0}\frac{R^l}{l!}<\frac{\varepsilon}{2}$；再选 n_0，使得当 $n>n_0$ 时，$d_{n,2}<\frac{\varepsilon}{2l_0R^{l_0}}$. 由 (20)，当 $n>n_0$ 及 $\lambda\in\Lambda$ 时有

$$\begin{aligned}\left|\mathcal{L}_n\left(\frac{\lambda}{m_{0n}}\right)-1-\lambda\right|&\leqslant\sum_{l=2}^{l_0}d_{n,l}R^l+\sum_{l>l_0}^{n-1}d_{n,l}R^l\\&\leqslant d_{n,2}l_0R^{l_0}+\sum_{l>l_0}^{+\infty}\frac{R^l}{l!}<\frac{\varepsilon}{2}+\frac{\varepsilon}{2}=\varepsilon.\end{aligned}$$

这说明对 $\lambda\in\Lambda$，(25) 均匀成立.

(ii) 由于

$$E_0\mathrm{e}^{-\lambda\frac{\eta_n}{m_{0n}}}=\varphi_{0n}\left(\frac{\lambda}{m_{0n}}\right)=\frac{1}{1+\lambda+d_{n,2}\lambda^2+\cdots+d_{n,n}\lambda^n}\tag{26}$$

$$E_0\left[\left(\frac{\eta_n}{m_{0n}}\right)^2\right]=\tilde{\varphi}''_{0n}(\lambda)\Big|_{\lambda=0}=2-2d_{n,2},$$

这里 $\tilde{\varphi}_{0n}(\lambda)=\varphi_{0n}\left(\frac{\lambda}{m_{0n}}\right)$，故显然可见，(22) 与 (23) 等价 (附带指出：(21) 右方指数分布的二阶矩也是 2，故 (23) 要求 $\frac{\eta_n}{m_{0n}}$的二阶矩趋向极限分布的二阶矩).

(iii) 由§5.2 (18) (19) (23) 立刻看出：(23) 与 (24) 等价. ■

下面给出一个简单的充分条件：

定理 3① 如果 $R=+\infty$，$e_1<+\infty$，那么 (21) 成立，这里 R，e_1 分别由§5.1 (6) 及 (5) 定义.

证 由 e_1 的定义及§5.2 (32)，易见

$$e_1=\frac{1}{a_1}+\frac{1}{b_0}\sum_{i=2}^{n-1}\frac{1}{b_ig_i},$$

故 $e_1<+\infty$ 等价于 $\sum\limits_{i=0}^{+\infty}\frac{1}{b_ig_i}<+\infty$，由 (13) 并注意 $c_{12}=0$，得

$$c_{n2}=\sum_{k=1}^{n-1}(c_{k+1,2}-c_{k,2})=\sum_{k=1}^{n-1}g_k\sum_{l=1}^{k}\frac{c_{l,1}}{b_lg_l}\leqslant\sum_{k=1}^{n-1}g_k\sum_{l=1}^{n-1}\frac{c_{l,1}}{b_lg_l}.$$

但

$$\begin{aligned}c_{n,1}=E_0\eta_n&=\sum_{k=0}^{n-1}g_k\sum_{l=0}^{k}\frac{1}{b_lg_l}\\&=\sum_{k=0}^{n-1}g_k\left(1+\frac{1}{b_1g_1}+\cdots\right)>\sum_{k=0}^{n-1}g_k,\end{aligned}$$

故

$$d_{n,2}=\frac{c_{n,2}}{c_{n,1}^2}<\frac{1}{c_{n,1}}\sum_{i=1}^{n-1}\frac{c_{l,1}}{b_lg_l}.$$

对 $\varepsilon>0$，选 k_0，使 $\sum\limits_{k=k_0+1}^{+\infty}\frac{1}{b_kg_k}<\frac{\varepsilon}{2}$，固定此 k_0，由于 $c_{n1}=E_0\eta_n\to R=+\infty$，$(n\to+\infty)$，故可选 n_0，使

$$\frac{c_{k_01}}{c_{n_01}}<\frac{\varepsilon}{2B},$$

其中

---

① 在此定理的条件下，必有 $Z=+\infty$，见§5.1 系 2.

$$B=\sum_{k=0}^{+\infty}\frac{1}{b_k g_k}.$$

于是当 $n>n_0$ 时，

$$d_{n,2}\leqslant\sum_{k=1}^{k_0}\frac{c_{k1}}{c_{n1}}\cdot\frac{1}{b_k g_k}+\sum_{k=k_0+1}^{n-1}\frac{c_{k1}}{c_{n1}}\cdot\frac{1}{b_k g_k}$$

$$<\frac{c_{k_0 1}}{c_{n1}}B+\sum_{k=k_0+1}^{+\infty}\frac{1}{b_k g_k}<\frac{\varepsilon}{2}+\frac{\varepsilon}{2}=\varepsilon.\quad\blacksquare$$

此后会看到（见§5.5 定理 4），当 $R=+\infty$ 时，$e_1<+\infty$ 等价于存在平稳分布.

以 η_{kn} 表自 k 出发，最初到达 $n(>k)$ 的时刻，而 m_{kn} 是它的平均时刻（$\eta_n=\eta_{0n}$）.

系　设 $R=+\infty$，$e_1<+\infty$，则

$$\lim_{n\to+\infty}P_k\left(\frac{\eta_{kn}}{m_{kn}}\leqslant t\right)=1-\mathrm{e}^{-t}.\tag{27}$$

证　由于 $R=+\infty$，$P_0(\eta_n\to+\infty)=1$，又 $m_{0n}\to R=+\infty$ $(n\to+\infty)$. 注意 $\eta_{kn}=\eta_n-\eta_k$，$m_{kn}=m_{0n}-m_{0k}$，得

$$P_k\left(\frac{\eta_{kn}}{m_{kn}}\leqslant t\right)=P_0\left(\frac{\eta_{kn}}{m_{kn}}\leqslant t\right)$$

$$=P_0\left(\frac{\eta_n}{m_{0n}}\cdot\frac{1-\dfrac{\eta_k}{\eta_n}}{1-\dfrac{m_{0k}}{m_{0n}}}\leqslant t\right)\xrightarrow[n\to+\infty]{}1-\mathrm{e}^{-t}.\quad\blacksquare$$

(三)

现在来研究逗留时间. 设

$$V(i)=1,\ 0\leqslant i<n;\ V(j)=0,\ j\geqslant n,\tag{28}$$

这时 $\xi_k^{(n)}=\int_0^{\eta_{n+k}}V(x_t)\mathrm{d}t$ 是在首达 $n+k$ 之前. 在（0，1，2，…，$n-1$）中总共逗留的时间，显然 $\xi_0^{(n)}=\eta_n$ 化为最初到达 n 的时刻. 回忆§5.1（7）中 Z 的定义.

定理 4 设 $Z=+\infty$，则

$$\lim_{k\to+\infty} P_0\left(\frac{\xi_k^{(n)}}{E_0\xi_k^{(n)}}\leqslant t\right)=1-\mathrm{e}^{-t},\tag{29}$$

其中 $E_0\xi_k^{(n)}$ 由 § 5.2（18）（22）给出，即

$$E_0\xi_k^{(n)}=\sum_{i=0}^{n+k-1}\left(\frac{V(i)}{b_i}+\sum_{j=0}^{i-1}\frac{a_ia_{i-1}\cdots a_{i-j}V(i-j-1)}{b_ib_{i-1}\cdots b_{i-j}b_{i-j-1}}\right),\tag{30}$$

这里 $V(i)$ 满足（28）.

证 仍然利用（10）中的 $\mathcal{L}_n(\lambda)$. 由于（28）及 § 5.2（47），有

$$\mathcal{L}_{n+1}-\mathcal{L}_n=\frac{a_n}{b_n}(\mathcal{L}_n-\mathcal{L}_{n-1}),$$

$$\mathcal{L}_{n+2}-\mathcal{L}_{n+1}=\frac{a_{n+1}}{b_{n+1}}\cdot\frac{a_n}{b_n}(\mathcal{L}_n-\mathcal{L}_{n-1}),$$

$$\cdots$$

$$\mathcal{L}_{n+k}-\mathcal{L}_{n+k-1}=\frac{a_{n+k-1}}{b_{n+k-1}}\cdot\frac{a_{n+k-2}}{b_{n+k-2}}\cdot\cdots\cdot\frac{a_n}{b_n}(\mathcal{L}_n-\mathcal{L}_{n-1}).$$

将这些等式相加，得

$$\mathcal{L}_{n+k}=\mathcal{L}_n+(\mathcal{L}_n-\mathcal{L}_{n-1})A_{nk},\tag{31}$$

其中

$$A_{nk}=\sum_{j=0}^{k-1}\frac{a_na_{n+1}\cdots a_{n+j}}{b_nb_{n+1}\cdots b_{n+j}}.$$

$\mathcal{L}_{n+k}$是λ 的 n 次多项式，因此，$\xi_k^{(n)}$ 的精确分布也类似于（7）. 以（10）代入（31）的右方，得

$$\mathcal{L}_{n+k}(\lambda)=1+\sum_{i=1}^{n}[A_{nk}(c_{n,i}-c_{n-1,i})+c_{n,i}]\lambda^i,\quad c_{n-1,n}=0.$$

由于 $E_0\exp(-\lambda\xi_k^{(n)})\equiv\varphi_{0,n+k}(\lambda)=[\mathcal{L}_{n+k}(\lambda)]^{-1}$，故

$$E_0\xi_k^{(n)}=-\varphi_{0,n+k}'(0)=A_{nk}(c_{n,1}-c_{n-1,1})+c_{n,1},$$

$$E_0\exp\left(-\lambda\frac{\xi_k^{(n)}}{E_0\xi_k^{(n)}}\right)=\left[\mathcal{L}_{n+k}\left(\frac{\lambda}{E_0\xi_k^{(n)}}\right)\right]^{-1}$$

$$=\left\{1+\lambda+\sum_{i=2}^{n}\frac{A_{nk}(c_{n,i}-c_{n-1,i})+c_{n,i}}{[A_{nk}(c_{n,1}-c_{n-1,1})+c_{n,1}]^i}\lambda^i\right\}^{-1}.\tag{32}$$

对复平面上任一有限区域 Λ，令 $R=\sup\limits_{\lambda\in\Lambda}(\lambda)$，则

$$\begin{aligned}&\left|\mathcal{L}_{n+k}\left(\frac{\lambda}{E_0\xi_k^{(n)}}\right)-1-\lambda\right|\\ &\leqslant\sum_{i=2}^{n}\left|\frac{A_{nk}(c_{n,i}-c_{n-1,i})+c_{n,i}}{[A_{nk}(c_{n,1}-c_{n-1,1})+c_{n,1}]^i}R^i\right|\\ &\leqslant k\cdot R\cdot\sum_{i=2}^{n}\left(\frac{R}{A_{nk}}\right)^{i-1}\ (k\text{ 为某常数}).\end{aligned}\tag{33}$$

但由（33），§5.1（7）及假设 $Z=+\infty$，得

$$\lim_{k\to+\infty}A_{nk}=\left[Z-1-\frac{a_1}{b_1}-\cdots-\frac{a_1a_2\cdots a_{n-1}}{b_1b_2\cdots b_{n-1}}\right]\frac{b_1b_2\cdots b_{n-1}}{a_1a_2\cdots a_{n-1}}=+\infty,$$

故当 k 充分大以后，(33) 右方小于任意小的正数 ε，这得证对 $\lambda\in\Lambda$，均匀地有

$$\lim_{k\to+\infty}E_0\exp\left(-\lambda\frac{\xi_k^{(n)}}{E_0\xi_k^{(n)}}\right)=1+\lambda,$$

这等价于（29）. ■

注　如果 $Z<+\infty$，那么 $\lim\limits_{k\to+\infty}A_{nk}=A<+\infty$. 在（32）中令 $k\to+\infty$后，右方括号中是 λ 的 n 次多项式，如果它有 n 个互异的负根，那么它对应的极限分布密度仍类似于（7）. 注意，§5.2 例 1 及例 2 均是本定理的特殊情形.

§5.4　向下的积分型随机泛函

（一）

继承上节的记号．考虑过程 X 的首达状态 0 的时刻 $\eta_0(\omega)$，在生灭过程的实际应用中也称 η_0 为**灭绝时刻**，我们来研究

$$\xi(\omega)=\int_0^{\eta_0(\omega)} V[x(t,\ \omega)]\mathrm{d}t,\ V(i)\geqslant 0 \tag{1}$$

的分布函数

$$F_k(x)=P_k(\xi\leqslant x). \tag{2}$$

为此，取它的拉普拉斯变换①

$$\varphi_k(\lambda)=E_k\mathrm{e}^{-\lambda\xi}=\int_0^{+\infty}\mathrm{e}^{-\lambda x}\mathrm{d}F_k(x). \tag{3}$$

像前节一样，研究的方法仍有差分方程法与递推法两种，与上节大同小异，因此我们这里的叙述从简，只着重于不同之处．

注意　如果 $V(i)\equiv 1$，那么 $\xi(\omega)$ 化为灭绝时刻 $\eta_0(\omega)$，而 $F_k(x)$ 则化为灭绝时刻的分布函数．因此，自然称（1）中 $\xi(\omega)$ 为 V-灭绝时间，于是灭绝时间重合于 1-灭绝时间．

定理 1　$\varphi_k(\lambda)$ 满足差分方程组

$$a_k\varphi_{k-1}(\lambda)-c_k\varphi_k(\lambda)+b_k\varphi_{k+1}(\lambda)-\lambda V(k)\varphi_k(\lambda)=0,\ k>0, \tag{4}$$

$$\varphi_0(\lambda)=1. \tag{5}$$

证　在 §5.2 基本引理中取 $A=\{0\}$，即得（4）（5）．■

要求（4）（5）的解，还必须预先求出一个 $\varphi_i(\lambda)$，$(i\neq 0)$，当然，能求出 $\varphi_1(\lambda)$ 更好，但这是比较困难的，我们在下面两种特殊情况下可以给出完满的解答．

---

① 如果要采用上节的记号，下式中的 $\varphi_k(\lambda)$ 应记为 $\varphi_{k0}(\lambda)$．但因本节中状态 0 始终固定，故简写 $\varphi_{k0}(\lambda)$ 为 $\varphi_k(\lambda)$．同理，后面的 $m_k^{(l)}$ 也是 $m_{k0}^{(l)}$ 的简写．

(二)

第一种情况是：设 $V(i)\equiv 1$，这也是应用中特别重要的情况，以 $\boldsymbol{\tau}_k$ 表第 k 个 0-区间（见 § 3.1（一））的长，以 γ_k 表第 k 次离开 0（因而来到 1）起，首次回到 0 所需的时间. 令

$$E_1=(\boldsymbol{\tau}_1\geqslant t),$$

$$E_n=\left(\sum_{k=1}^{n}(\boldsymbol{\tau}_k+\gamma_k)\leqslant t<\sum_{k=1}^{n}(\boldsymbol{\tau}_k+\gamma_k)+\boldsymbol{\tau}_{n+1}\right)$$

显然转移概率 $p_{00}(t)$ 满足

$$p_{00}(t)=\sum_{n=0}^{+\infty}p_0(E_n),\tag{6}$$

$P_0(E_1)=\mathrm{e}^{-b_0t}$. 为求 $P_0(E_n)(n\geqslant 1)$，注意 $\boldsymbol{\tau}_k$，γ_k 独立，$\boldsymbol{\tau}_k(k\in\mathbf{N}^*)$ 独立同分布，又 $\boldsymbol{\tau}_k+\gamma_k(k\in\mathbf{N}^*)$ 也独立同分布，故

$$P_0(E_n)=\int_0^t\mathrm{e}^{-b_0(t-x)}\mathrm{d}F^{(n)}(x),\tag{7}$$

其中 $F^{(1)}(x)=\int_0^x\mathrm{e}^{-b_0(x-s)}\mathrm{d}F_{10}(s)$，$F_{10}(s)$ 是自 1 出发，首次回到 0 的时间不大于 s 的概率，而 $F^{(n)}(x)$ 是 $F^{(1)}(x)$ 的 n 次卷积，亦即是 $\sum\limits_{k=1}^{n}(\boldsymbol{\tau}_k+\gamma_k)$ 的分布函数. 于是由（6）（7）得

$$p_{00}(t)=\mathrm{e}^{-b_0t}+\sum_{n=1}^{+\infty}\int_0^t\mathrm{e}^{-b_0(t-s)}\mathrm{d}F^{(n)}(x).$$

在此式两边取拉普拉斯变换，令 $p_0(\lambda)=\int_0^{+\infty}p_{00}(t)\mathrm{e}^{-\lambda t}\mathrm{d}t$，得

$$\begin{aligned}p_0(\lambda)&=\frac{1}{b_0+\lambda}+\sum_{n=1}^{+\infty}\frac{1}{b_0+\lambda}\left(\frac{b_0}{b_0+\lambda}\right)^n\varphi_1^n(\lambda)\\&=\frac{1}{\lambda+b_0[1-\varphi_1(\lambda)]},\end{aligned}$$

从而

$$\varphi_1(\lambda)=\frac{b_0+\lambda}{b_0}-\frac{1}{b_0p_0(\lambda)}.\tag{8}$$

总结以上所述，得

定理 2 当 $V(i)\equiv 1$ 时，(4)(5)(8) 给出灭绝时间 η_0 的分布的拉普拉斯变换 $\varphi_k(\lambda)(k\geqslant 0)$.

注意 (8) 中 $\varphi_1(\lambda)$ 依赖于 $p_{00}(t)$，当且仅当 $R=+\infty$ 时，$p_{00}(t)$ 才由 a_i，b_i 唯一决定，见 §2.3 (42) (41) 或 (40)，此时 $p_{00}(t)=f_{00}(t)$ 即最小解.

(三)

另一情况是：将过程 X 稍加改造，使状态 N 成为反射的，$(N>0)$；即设系统到达 N 后，以概率 1 回到 $N-1$，而且逗留于 N 的平均时间为$\frac{1}{c_N}$，换言之，我们以另一状态数为$N+1$ 的生灭过程 $X'=\{X'(t,\ \omega),\ t\geqslant 0\}$ 代替原过程 X，X'的密度矩阵$\boldsymbol{Q}_N$ 由 §5.1 (16) 定义. 当质点在到达 N 以前，两过程的概率法则是相同的，因此 (5) 及 (4) 当 $0<k<N$ 时对 X'也成立. 于是我们共有 N 个方程，为了要决定 $N+1$ 个未知函数 ${}_N\varphi_k(\lambda)$，$(0\leqslant k\leqslant N)$，(${}_N\varphi_k(\lambda)$ 对 X'定义，就像 $\varphi_k(\lambda)$ 对 X 定义一样)，还要给出另一方程. 考虑①

$$\begin{aligned}{}_N\varphi_N(\lambda) &= E_N\mathrm{e}^{-\lambda\int_0^{\eta'_0}V(x'_t)\mathrm{d}t} = E_N\mathrm{e}^{-\lambda\int_0^{\tau_1}V(x'_t)\mathrm{d}t-\lambda\int_{\tau_1}^{\eta'_0}V(x'_t)\mathrm{d}t}\\ &= E_N\mathrm{e}^{-\lambda V(N)\tau_1}\cdot E_{N-1}\mathrm{e}^{-\lambda\int_0^{\eta'_0}V(x'_t)\mathrm{d}t}\\ &= \frac{c_N}{\lambda V(N)+c_N}\,{}_N\varphi_{N-1}(\lambda).\end{aligned}$$

由此得出另一方程

$$c_{N\,N}\varphi_{N-1}(\lambda)-(c_N+\lambda V(N))\cdot{}_N\varphi_N(\lambda)=0. \tag{9}$$

总之，(9) 连同 (5) 及满足 $0<k<N$ 的 (4)（在其中以 ${}_N\varphi_k(\lambda)$ 代替 $\varphi_k(\lambda)$）唯一决定${}_N\varphi_k(\lambda)$ $(0\leqslant k\leqslant N)$.

---

① 下面 η'_0表 X'的首达 0 的时刻.

我们指出：由于对 X'，N 是反射状态，而且所研究的随机积分上限是首达 0 的时刻 η_0；这种情况恰与 § 5.2的（一）（二）段中的情况相对称，因为那里对 X，0 是反射状态，而所研究的随机积分上限是首达 n 的时刻 η_0. 所以两者的结果也应该是对称的. 下面便将这一思想具体化.

用解线性代数方程的熟知方法解（9）及满足 $0<k<N$ 的（4），得

$$ {}_N\varphi_k(\lambda)=\frac{\Delta_N^{(k)}(\lambda)}{\Delta_N(\lambda)},\ k=1,\ 2,\ \cdots,\ N, $$

其中

$$ \Delta_N(\lambda)=\begin{vmatrix} D_1 & b_1 & 0 & 0 & \cdots & 0 & 0 & 0 \\ a_2 & D_2 & b_2 & 0 & \cdots & 0 & 0 & 0 \\ 0 & a_3 & D_3 & b_3 & \cdots & 0 & 0 & 0 \\ \vdots & \vdots & \vdots & \vdots & & \vdots & \vdots & \vdots \\ 0 & 0 & 0 & 0 & \cdots & a_{N-1} & D_{N-1} & b_{N-1} \\ 0 & 0 & 0 & 0 & \cdots & 0 & a_N & D_N \end{vmatrix}, \tag{10} $$

$D_i=-(\lambda V(i)+c_i)$，又 $\Delta_N^{(k)}(\lambda)$，是以列向量 $\begin{pmatrix} -a_1 \\ 0 \\ 0 \\ \vdots \\ 0 \end{pmatrix}$ 代替 $\Delta_N(\lambda)$ 中第 k 列所得的行列式.

试求各阶矩. 令 ${}_Nm_k^{(l)}=E_k\left[\int_0^{\eta_0'}V(x_t')\mathrm{d}t\right]^l$，$l$ 为正整数，将（9）（5）（$0<k<N$），对 λ 微分 l 次，令 $\lambda=0$，再乘 $(-1)^l$，以 ${}_Nm_k^{(l)}=(-1)^l{}_N\varphi_k^{(l)}(0)$ 代入后，即得

$$ \begin{cases} a_km_{k-1}^{(l)}-c_km_k^{(l)}+b_km_{k+1}^{(l)}+lV(k)m_{kn}^{(l-1)}=0, 0<k<N \\ c_Nm_{N-1}^{(l)}-c_Nm_N^{(l)}+lV(N)m_N^{(l-1)}=0, \end{cases} \tag{11} $$

其中 $m_k^{(l)}={}_Nm_k^{(l)}$. 由于 $m_0^{(l)}=0$，我们得

$$ {}_Nm_k^{(l)}=\frac{\widetilde{\Delta}_N^{(k)}(0)}{\Delta_N(0)},\ 0<k\leqslant N, \tag{12}$$

其中 $\widetilde{\Delta}_N^{(k)}(0)$ 是以列向量 $-l\begin{pmatrix}V(1)m_1^{(l-1)}\\V(2)m_2^{(l-1)}\\\vdots\\V(N)m_N^{(l-1)}\end{pmatrix}$ 代替 $\Delta_N(0)$ 中第 k 列后所得行列式. 展开（12）中两行列式，便得

$$ {}_Nm_k^{(l)}=\sum_{i=1}^{k}{}_N\varepsilon_i^{(l)}, \tag{13}$$

$$ {}_N\varepsilon_i^{(l)}=\frac{lV(i)\,{}_Nm_i^{(l-1)}}{a_i}+\sum_{k=0}^{N-2-i}\frac{b_ib_{i+1}\cdots b_{i+k}lV(i+k+1)\cdot{}_Nm_{i+k+1}^{(l-1)}}{a_ia_{i+1}\cdots a_{i+k}a_{i+k+1}}+\frac{b_ib_{i+1}\cdots b_{N-1}lV(N)\cdot{}_Nm_N^{(l-1)}}{a_ia_{i+1}\cdots a_{N-1}c_N}. \tag{14}$$

因此，高阶矩可通过低阶矩表示：${}_Nm_k^{(0)}=1$，$k>0$.

特别，若 $V(i)\equiv1$，$l=1$，则 ${}_N\varepsilon_i^{(1)}$ 化为 §5.1（19）中的 $e_i^{(N)}$.

我们最感兴趣的，自然是当反射壁 $N\to+\infty$时的情况. 由（13）（14）直接可以看出，存在极限

$$ {}_{+\infty}m_k^{(l)}\equiv\lim_{N\to+\infty}{}_Nm_k^{(l)}=\sum_{i=0}^{k}{}_{+\infty}\varepsilon_i^{(l)}, \tag{15}$$

$$ {}_{+\infty}\varepsilon_i^{(l)}\equiv\lim_{N\to+\infty}{}_N\varepsilon_i^{(l)}=\frac{lV(i)\cdot{}_{+\infty}m_i^{(l-1)}}{a_i}+\sum_{k=0}^{+\infty}\frac{b_ib_{i+1}\cdots b_{i+k}lV(i+k+1)\cdot{}_{+\infty}m_{i+k+1}^{(l-1)}}{a_ia_{i+1}\cdots a_{i+k}a_{i+k+1}}. \tag{16}$$

直观上，可把 ${}_{+\infty}m_k^{(l)}$ 解释为：自 k 出发而且当虚状态$+\infty$为“反射壁”时，$\int_0^{\eta_0}V[x(t,\ \omega)]\mathrm{d}t$ 的 l 阶矩. 当然，（16）中的级数可能发散. 特别，当 $V(i)\equiv1$ 时，${}_{+\infty}\varepsilon_i^{(1)}$ 重合于 §5.1（5）

中的 e_i，又 $\lim\limits_{k\to+\infty}{}_{+\infty}m_k^{(l)}$ 重合于§5.1（6）中的 S.

令 $m_k^{(l)}=E_k\left(\int_0^{\eta_0}V[x(t,\ \omega)]\mathrm{d}t\right)^l$. 注意，一般地 $m_k^{(l)}$ 并不等于 ${}_{+\infty}m_k^{(l)}$，因为前者的定义中不需要“$+\infty$为反射壁”的假定，直观地猜想，如果自 k 出发的质点无须到达 $+\infty$（因而不管 $+\infty$ 是否“反射壁”）就来到 0，那么 $m_k^{(l)}$ 会等于 ${}_{+\infty}m_k^{(l)}$. 这一想法的精确化是下定理：

定理 3　设 $Z=+\infty$，则

$$\varphi_k(\lambda)=\lim_{N\to+\infty}{}_N\varphi_k(\lambda);\quad m_k^{(l)}={}_{+\infty}m_k^{(l)} \tag{17}$$

这里 $\varphi_k(\lambda)$ 由（3）定义，又 Z 的定义见§5.1（7）.

证　若 $Z=+\infty$，则由§5.1（25），$q_k(0)=1$，即对过程 $X=\{x(t,\ \omega),\ t\geqslant 0\}$，自 k 出发，经有限多次跳跃来到 0 的概率为 1. 因此，若以 $M(=M(\omega))$ 表自 k 出发，在来到 0 以前所历经的状态中的最大者，则 $P_k(M<+\infty)=1$. 其次，注意过程 $X'=\{X'(t,\ \omega),\ t\geqslant 0\}$ 依赖于 N，而且在到达 N 以前，X' 与 X 的样本函数重合，即 $x(t,\ \omega)=x'(t,\ \omega)$，$t\leqslant\eta_N(\omega)$，现在任取 $\omega\in(M<+\infty)$，并设 $M(\omega)=n$，$n<N$，则对此 ω，$\eta_0(\omega)<\eta_N(\omega)$，从而

$$\int_0^{\eta_0(\omega)}V[x'_t(\omega)]\mathrm{d}t=\int_0^{\eta_0(\omega)}V[x_t(\omega)]\mathrm{d}t\text{，一切 }N>n.$$

因此，当 $N\uparrow+\infty$ 时

$$P\left(\int_0^{\eta_0}V[x'_t]\mathrm{d}t\uparrow\int_0^{\eta_0}V[x_t]\mathrm{d}t\right)=P(M<+\infty)=1,$$

于是

$${}_N\varphi_k(\lambda)\downarrow\varphi_k(\lambda);\quad {}_Nm_k^{(l)}\uparrow m_k^{(l)}.\quad\blacksquare$$

简写 $m^{(l)}=\lim\limits_{k\to+\infty}{}_{+\infty}m_k^{(l)}=\sum\limits_{i=1}^{+\infty}{}_{+\infty}\varepsilon_i^{(l)}$. 完全仿照§5.2 定理 3 的证明，我们有

$$m^{(l)}\leqslant l!\ (m^{(1)})^l,$$

因此，一切 $m^{(l)}(l\in\mathbf{N}^*)$，或者同时都有穷，或者同时都无穷.

(四)

现在用递推法以求 $\varphi_k(\lambda)$. 令

$$g_k(\lambda)=E_k\exp\left[-\lambda\int_0^{\eta_{k-1}} V(x_t)\mathrm{d}t\right]. \tag{18}$$

与推导§5.2中（39）式类似，有

$$\varphi_k(\lambda)= g_1(\lambda)g_2(\lambda)\cdots g_k(\lambda). \tag{19}$$

注意 在推导（19）式时，需要利用下列事实：自 k 到达0必须以概率1顺次经过 $k-1$，$k-2$，…，1，这在 $R=+\infty$ 的条件下是成立的[①]（如果 $R<+\infty$，那么第一个飞跃点以概率1有穷，因而自 k 出发，可以以正的概率，不通过上列方式而经过首次飞跃直接到达0，例如杜布过程就可以如此）. 仿照§5.2（40），得

$$g_k(\lambda)=\frac{a_k}{\lambda V(\lambda)+c_k}+\frac{b_k}{\lambda V(k)+c_k}g_{k+1}(\lambda)g_k(\lambda),$$

亦即

$$g_{k+1}(\lambda) =\frac{\lambda V(k)+c_k}{b_k}-\frac{a_k}{b_k g_k(\lambda)},\ k>0. \tag{20}$$

因此，若能求出 $g_1(\lambda)$，则（19）（20）给出在 $R=+\infty$ 时问题的完全解. 特别，当 $V(i)\equiv 1$ 时，$g_1(\lambda)=\varphi_1(\lambda)$ 由（8）给定.

(五)

以上结果可以用来研究与回转时间有关的问题. 以 δ_k（$\equiv\delta_k(\omega)$）表自来到 k 的时刻算起，离开 k 后，首次回到 k 的时间；并称 δ_k 为 k 的**回转时间**. 令[②]

$$\psi_k(\lambda)=E_k\exp\left(-\lambda\int_0^{\delta_k} V(x_t)\mathrm{d}t\right), \tag{21}$$

并称 $\int_0^{\delta_k} V(x_t)\mathrm{d}t$ 为 **V-回转时间**. 仿照§5.2基本引理的证明，

---

① 如果 $R<+\infty$，那么当 $X=\{x_t(\omega)\}$ 为最小过程时，（19）仍成立.

② $\psi_k(\lambda)$ 不等于以上定义的 $\varphi_{kk}(\lambda)$，后者由定义等于1. 同理，下面的 $n_k^{(l)}$ 也不等于 $m_{kk}^{(l)}$，后者按定义等于0.

易见

$$\psi_k(\lambda)=\frac{a_k}{\lambda V(k)+c_k}h_{k-1}(\lambda)+\frac{b_k}{\lambda V(k)+c_k}g_{k+1}(\lambda), \tag{22}$$

其中 $h_{k-1}(\lambda), g_k(\lambda)$ 的定义分别见 §5.2 (38) 及本节 (18).

记 $n_k^{(l)}=E_k\left(\int_0^{\delta_k} V(x_t)\mathrm{d}t\right)^l$，它可由对 $\psi_k(\lambda)$ l 微分次而求得，也可用下法. 设 $m_{k+1,k}^{(l)}<+\infty$，简记 $\beta=\boldsymbol{\tau}_1$，则

$$\begin{aligned}
n_k^{(l)} &= E_k\left(\int_0^{\beta} V(x_t)\mathrm{d}t+\int_\beta^{\delta_k} V(x_t)\mathrm{d}t\right)^l \\
&= E_k\left[\sum_{i=0}^{l}\mathrm{C}_l^i(V(k)\beta)^i\left(\int_\beta^{\delta_k} V(x_t)\mathrm{d}t\right)^{l-i}\right]^{①} \\
&= \sum_{i=0}^{l}\mathrm{C}_l^i E_k(V(k)\beta)^i\cdot E_k\left(\int_\beta^{\delta_k} V(x_t)\mathrm{d}t\right)^{l-i}.
\end{aligned}$$

由于

$$E_k(\beta)^i=\int_0^{+\infty} t^i c_k \mathrm{e}^{-c_k t}\mathrm{d}t=\frac{i!}{c_k^i},$$

$$\begin{aligned}
&E_k\left(\int_\beta^{\delta_k} V(x_t)\mathrm{d}t\right)^l \\
&=\frac{a_k}{c_k}\cdot E_{k-1}\left(\int_0^{\eta_k} V(x_t)\mathrm{d}t\right)^l+\frac{b_k}{c_k}E_{k+1}\left(\int_0^{\eta_k} V(x_t)\mathrm{d}t\right)^l,
\end{aligned}$$

故②

$$n_k^{(l)}=\sum_{i=0}^{l}\frac{l!\ [V(k)]^i}{(l-i)!\ c_k^i}\left[\frac{a_k}{c_k}m_{k-1,k}^{(l-i)}+\frac{b_k}{c_k}m_{k+1,k}^{(l-i)}\right], \tag{23}$$

特别，当 $l=1$ 时（略去上标 1）有

$$n_k=\frac{a_k}{c_k}m_{k-1,k}+\frac{b_k}{c_k}m_{k+1,k}+\frac{V(k)}{c_k}. \tag{23'}$$

根据 §5.2 (25)

$$m_{k-1,k}=G_{k-1}=\frac{V(k-1)}{b_{k-1}}+$$

---

① β 与 $\int_\beta^{\delta_k} V(x_t)\mathrm{d}t$ 关于 P_k 相互独立，这由 Chung K. L. [1] Ⅱ §15 定理 2 推出.

② 下式中如 $V(k)=0$，应理解 $0^0=1$. 又 $a_0=0$.

$$\sum_{j=0}^{k-2}\frac{a_{k-1}a_{k-2}\cdots a_{k-1-j}V(k-2-j)}{b_{k-1}b_{k-2}\cdots b_{k-1-j}b_{k-2-j}}. \tag{24}$$

如果 $Z=+\infty$，那么由定理 3 及（15）（16），得

$$m_{k+1,k}={}_{+\infty}\varepsilon_{k+1}=\frac{V(k+1)}{a_{k+1}}+$$

$$\sum_{j=0}^{+\infty}\frac{b_{k+1}b_{k+2}\cdots b_{k+1+j}V(k+2+j)}{a_{k+1}a_{k+2}\cdots a_{k+1+j}a_{k+2+j}}. \tag{25}$$

例 1 取 $V(i)\equiv 1$，于是 $\int_0^{\delta_k}V(x_t)\mathrm{d}t=\delta_k$，而 $\psi_k(\lambda)$ 化为 k 的回转时间 δ_k 的分布的拉普拉斯变换. 由（22）

$$\psi_k(\lambda)=\frac{a_k}{\lambda+c_k}h_{k-1}(\lambda)+\frac{b_k}{\lambda+c_k}g_{k+1}(\lambda). \tag{26}$$

根据§5.2（40）（41）及本节（20）（8），得

$$\begin{cases}h_{k-1}(\lambda)=b_{k-1}[\lambda+c_{k-1}-a_{k-1}h_{k-2}(\lambda)]^{-1},\\ h_0(\lambda)=b_0[\lambda+b_0]^{-1};\end{cases} \tag{27}$$

$$\begin{cases}g_{k+1}(\lambda)=\dfrac{\lambda+c_k}{b_k}-\dfrac{a_k}{b_kg_k(\lambda)},\\ g_1(\lambda)=\dfrac{\lambda+b_0}{b_0}-\dfrac{1}{b_0p_0(\lambda)}.\end{cases} \tag{28}$$

特别，

$$\psi_0(\lambda)=1-\frac{1}{(\lambda+b_0)p_0(\lambda)}, \tag{29}$$

$$\psi_1(\lambda)=\frac{a_1b_0}{(\lambda+c_1)(\lambda+b_0)}+1-\frac{a_1}{(\lambda+c_1)g_1(\lambda)}. \tag{30}$$

设 $Z=+\infty$，现在来求 k 的平均回转时间 $n_k=E_k(\delta_k)$. 我们来证明

$$n_k=\begin{cases}\dfrac{a_1a_2\cdots a_k}{b_0b_1b_2\cdots b_{k-1}c_k}(1+b_0e_1), & k>0,\\ \dfrac{1}{b_0}+e_1, & k=0.\end{cases} \tag{31}$$

e_1 的定义见 § 5.1 (5).

实际上，在 (23′) 中取 $V(k)\equiv 1$，得

$$n_k=\frac{a_k}{c_k}m_{k-1,k}+\frac{b_k}{c_k}m_{k+1,k}+\frac{1}{c_k}, \tag{32}$$

以 (24) (25) 代入后有

$$c_k n_k = 1 + a_k\left(\frac{1}{b_{k-1}}+\sum_{l=0}^{k-2}\frac{a_{k-1}a_{k-2}\cdots a_{k-1-l}}{b_{k-1}b_{k-2}\cdots b_{k-1-l}b_{k-2-l}}\right)+b_k e_{k+1}. \tag{33}$$

另一方面，由 e_i 的定义（§ 5.1 (5)）. 可见

$$e_i=\frac{1}{a_i}+\frac{b_i}{a_i}e_{i+1}, \quad i>0. \tag{34}$$

反复利用此式，

$$\frac{a_1a_2\cdots a_k}{b_0b_1b_2\cdots b_{k-1}}(1+b_0e_1)$$

$$=\frac{a_1a_2\cdots a_k}{b_0b_1b_2\cdots b_{k-1}}\left(1+\sum_{j=1}^{k}\frac{b_0b_1b_2\cdots b_{j-1}}{a_1a_2\cdots a_j}+\frac{b_0b_1b_2\cdots b_k}{a_1a_2\cdots a_k}e_{k+1}\right), \quad k>0.$$

此式右方与 (33) 右方一致，故两者左方也相等而得证 (31) 对 $k>0$ 正确. 设 $k=0$，则因 $a_0=0$，$b_0=c_1$ 而 (32) 化为 (31) 中第二个等式.

例 2　设 $Z=+\infty$. 试求自 k 出发在首次回到 k 以前在状态 0 的平均时间 n_k. 如 $k=0$，显然 $n_0=\frac{1}{b_0}$. 下设 $k>0$. 取 $V(0)=1$，$V(k)=0$，($k>0$). 由 (23′) (24) (25)

$$n_k=\frac{a_k}{c_k}m_{k-1,k}+\frac{b_k}{c_k}m_{k+1,k},$$

$$m_{k-1,k}=\frac{a_{k-1}a_{k-2}\cdots a_1}{b_{k-1}b_{k-2}\cdots b_0}, \quad m_{k+1,k}=0.$$

故

$$n_k=\frac{a_k a_{k-1}\cdots a_1}{c_k b_{k-1}\cdots b_0}, \quad k>0.$$

§5.5 几类柯尔莫哥洛夫方程的解与平稳分布

(一)

设已给矩阵 $\boldsymbol{Q}$，满足§5.1中（1）（2）. 对此 $\boldsymbol{Q}$ 写出向后方程组

$$\begin{cases} p'_{ij}(t)=-(a_i+b_i)p_{ij}(t)+b_ip_{i+1,j}(t)+a_ip_{i-1,j}(t), \\ \qquad i>0, \\ p'_{0j}(t)=-b_0p_{0j}(t)+b_0p_{ij}(t),\ t\geqslant 0,\ j\in\mathbf{N}. \end{cases} \tag{1}$$

及向前方程组

$$\begin{cases} p'_{ij}(t)=-(a_j+b_j)p_{ij}(t)+b_{j-1}p_{i,j-1}(t)+a_{j+1}p_{i,j+1}(t), \\ \qquad j>0, \\ p'_{i0}(t)=-b_0p_{i0}(t)+a_1p_{i1}(t),\ t\geqslant 0,\ i\in\mathbf{N}. \end{cases} \tag{2}$$

我们希望在开始条件

$$p_{ij}(0)=\delta_{ij} \tag{3}$$

下解此两方程组. 在§2.3中已知，一般的有无穷多组解，但若

$$R=+\infty \tag{4}$$

(R 的定义见§5.1（6）)，则由§5.2系1，方程组（1）或（2）各只有唯一的转移函数解，而且（1）（2）的解相同.

在本节前三段中，我们总设（4）满足，因而只要在（3）下解此两组方程中的任何一组.

理论上，这个问题已在§2.3中完全解决，因为所求的唯一转移函数解就是最小解 $f_{ij}(t)$：

$$f_{ij}(t)=\sum_{n=0}^{+\infty}{}_np_{ij}(t), \tag{5}$$

其中${}_np_{ij}(t)$ 由§2.3（40）或（41）以及§5.1（2）定义.

这个解答不十分使人满足的是${}_np_{ij}(t)$ 必须通过递推方程定出，实际的计算量是很大的. 因此我们希望找到 $f_{ij}(t)$ 的明显表式，在一些特殊情形，这愿望可以实现.

为确定计，只考虑向前方程组（2），并对固定的 i 简写 $p_{ij}(t)$为 $p_j(t)$.

（二）

情形Ⅰ　设 $a_j=a>0$，$b_j=b>0$. 这时（4）满足，因为

$$R\geqslant\sum_{j=1}^{+\infty}\frac{1}{b_j}=\sum_{j=1}^{+\infty}\frac{1}{b}=+\infty.$$

方程组（2）化为

$$\begin{cases}p_j'(t)=-(a+b)p_j(t)+bp_{j-1}(t)+ap_{j+1}(t),\\ p_0'(t)=-bp_0(t)+ap_1(t).\end{cases}\tag{6}$$

定义 $p_j(t)$ 的母函数

$$P(z,t)=\sum_{j=0}^{+\infty}p_j(t)z^j,\tag{7}$$

它在$|z|<1$ 中收敛. 以 z^{j+1}乘（6）中方程两边并对 j 求和，集项后得

$$z\frac{\partial P(z,\ t)}{\partial t}=(1-z)[(a-bz)P(z,\ t)-ap_0(t)],\tag{8}$$

由（3）得开始条件为

$$P(z,\ 0)=z^i.\tag{9}$$

以 $f^*(s)$ 表 $f(t)$ 的拉普拉斯变换，即

$$f^*(s)=\int_0^{+\infty}\mathrm{e}^{-st}f(t)\mathrm{d}t.$$

由（9）得

$$\begin{aligned}\int_0^{+\infty}\mathrm{e}^{-st}\frac{\partial P(z,t)}{\partial t}\mathrm{d}t&=[\mathrm{e}^{-st}P(z,t)]\Big|_0^{+\infty}+s\int_0^{+\infty}\mathrm{e}^{-st}P(z,t)\mathrm{d}t\\&=-z^i+sP^*(z,s).\end{aligned}\tag{10}$$

现在对一阶线性偏微分方程（8）两边取拉普拉斯变换，并利用（10）即得

$$-z^{i+1}+szP^*(z,s)=(1-z)[(a-bz)P^*(z,s)-ap_0^*(s)],$$

故

$$P^*(z,s)=\frac{z^{i+1}-a(1-z)P_0^*(s)}{sz-(1-z)(a-bz)}. \tag{11}$$

下面把 $P^*(z,s)$ 表为 z 的幂级数，z^n 的系数 $p_n^*(s)$ 是 $p_n(t)$ 的变换，因而取反拉普拉斯变换后就求得 $p_n(t)(=p_{in}(t))$.

因为 $P^*(z,s)$ 在单位圆内及其上对 $\mathrm{Re}(s)>0$ 收敛，所以（11）中分母在那里的零点必须与分子的零点重合；但前者为

$$\alpha_k(s)=\frac{b+a+s\pm[(b+a+s)^2-4ab]^{\frac{1}{2}}}{2b},\ k=1,2. \tag{12}$$

$\alpha_k(s)$ 中的 s 有正实部 $\mathrm{Re}(s)>0$，$\alpha_1(s)$ 表示（12）中根号前取正号的根.

现在要用到复变函数论中的

儒歇（Rouchdé）定理[①] 设 $f(z)$ 及 $g(z)$ 都是在闭路 C 内及其上的解析函数，而且在 C 上 $|g(z)|<|f(z)|$，则 $f(z)$ 与 $f(z)+g(z)$ 在 C 内的零点个数相同.

今应用此定理于（11）右方的分母，令

$$f(z)=(a+b+s)z,\ g(z)=-bz^2-a,$$

$$C=(z:|z|=1),$$

则定理条件满足，因而 $f(z)$ 与 $f(z)+g(z)$（即分母）有同样多个零点，即只有一个零点于 $|z|=1$ 内. 由于 $|\alpha_2(s)|<|\alpha_1(s)|$ 而且在 $|z|=1$ 上无零点，故分母在 $|z|=1$ 内的零点必为 $z=\alpha_2(s)$.

① 见 А. И. Маркушевич: Теория аналитических функции, 1950, 第 4 章, §3.5, 317 页.

如上所述，(11) 中分子也以 $\alpha_2(s)$ 为零点，从而

$$P_0^*(s)=\frac{\alpha_2^{i+1}}{a(1-\alpha_2)},\qquad \alpha_k=\alpha_k(s),\ k=1,\ 2. \tag{13}$$

以 (13) 代入 (11) 得

$$
\begin{aligned}
&P^*(z,\ s)\\
&=\frac{z^{i+1}-\dfrac{(1-z)\alpha_2^{i+1}}{1-\alpha_2}}{-b(z-\alpha_1)(z-\alpha_2)}\\
&=\frac{(1-\alpha_2)z^{i+1}-(1-z)\alpha_2^{i+1}}{b\alpha_1(z-\alpha_2)\left(1-\dfrac{z}{\alpha_1}\right)(1-\alpha_2)}\\
&=\frac{(z^{i+1}-\alpha_2^{i+1})-(\alpha_2z^{i+1}-z\alpha_2^{i+1})}{b\alpha_1(z-\alpha_2)\left(1-\dfrac{z}{\alpha_1}\right)(1-\alpha_2)}\\
&=\frac{(z-\alpha_2)(z^i+\alpha_2z^{i-1}+\cdots+\alpha_2^i)-z\alpha_2(z-\alpha_2)\cdot(z^{i-1}+\alpha_2z^{i-2}+\cdots+\alpha_2^{i-1})}{b\alpha_1(z-\alpha_2)\cdot\left(1-\dfrac{z}{\alpha_1}\right)(1-\alpha_2)}.
\end{aligned}
\tag{14}
$$

消去公因子 $(z-\alpha_2)$，减去并加上 α_2^{i+1}，在分子中提出公因子 $1-\alpha_2$，并注意 $\left(1-\dfrac{z}{\alpha_1}\right)^{-1}=\sum\limits_{k=0}^{+\infty}\left(\dfrac{z}{\alpha_1}\right)^k$，得

$$
\begin{aligned}
&P^*(z,\ s)\\
&=\frac{(z^i+\alpha_2z^{i-1}+\cdots+\alpha_2^i)-z\alpha_2(z^{i-1}+\alpha_2z^{i-2}+\cdots+\alpha_2^{i-1})-\alpha_2^{i+1}+\alpha_2^{i+1}}{b\alpha_1\left(1-\dfrac{z}{\alpha_1}\right)\times(1-\alpha_2)}\\
&=\frac{(z^i+\alpha_2z^{i-1}+\cdots+\alpha_2^i)-\alpha_2(z^i+\alpha_2z^{i-1}+\cdots+z\alpha_2^{i-1}+\alpha_2^i)+\alpha_2^{i+1}}{b\alpha_1\left(1-\dfrac{z}{\alpha_1}\right)(1-\alpha_2)}\\
&=\frac{z^i+\alpha_2z^{i-1}+\cdots+\alpha_2^i}{b\alpha_1\left(1-\dfrac{z}{\alpha_1}\right)}+\frac{\alpha_2^{i+1}}{b\alpha_1\left(1-\dfrac{z}{\alpha_1}\right)(1-\alpha_2)}
\end{aligned}
$$

$$=\frac{1}{b\alpha_1}(z^i+\alpha_2 z^{i-1}+\cdots+\alpha_2^i)\sum_{k=0}^{+\infty}\left(\frac{z}{\alpha_1}\right)^k+\frac{\alpha_2^{i+1}}{b\alpha_1(1-\alpha_2)}\sum_{k=0}^{+\infty}\left(\frac{z}{\alpha_1}\right)^k, \tag{15}$$

其中用到$\left|\frac{z}{\alpha_1}\right|<1$.

（15）右方第二个 $\sum$ 中，z^n 的系数为

$$\frac{\alpha_2^{i+1}}{b\alpha_1^{n+1}(1-\alpha_2)}=\frac{\alpha_2^{i+1}}{b\alpha_1^{n+1}}\left(\sum_{k=0}^{+\infty}\alpha_2^k\right)=\frac{\alpha_2^{i+1}}{b}\left(\frac{b\alpha_2}{a}\right)^{n+1}\left(\sum_{k=0}^{+\infty}\alpha_2^k\right)$$

$$=\frac{1}{b}\left(\frac{b}{a}\right)^{n+1}\cdot\sum_{k=n+i+2}^{+\infty}\alpha_2^k$$

$$=\frac{1}{b}\left(\frac{b}{a}\right)^{n+1}\sum_{k=n+i+2}^{+\infty}\left(\frac{a}{b}\right)^k\frac{1}{\alpha_1^k}, \tag{16}$$

其中用到$|\alpha_2|<1$ 及根与系数的关系 $\alpha_1\alpha_2=\frac{a}{b}$.

另一方面，由（7）得 $P^*(z,s)=\sum_{n=0}^{+\infty}p_n^*(s)z^n$. 与（15）比较 z^n 的系数，并利用（16），得知当 $n\geqslant i$ 时

$$P_n^*(s)=\frac{1}{b}\left[\frac{1}{\alpha_1^{n-i+1}}+\frac{\frac{a}{b}}{\alpha_1^{n-i+3}}+\frac{\left(\frac{a}{b}\right)^2}{\alpha_1^{n-i+5}}+\cdots+\frac{\left(\frac{a}{b}\right)^i}{\alpha_1^{n+i+1}}+\left(\frac{b}{a}\right)^{n+1}\sum_{k=n+i+2}^{+\infty}\left(\frac{a}{b}\right)^k\frac{1}{\alpha_1^k}\right]. \tag{17}$$

今求 $p_n^*(s)$ 的反拉普拉斯变换 $p_n(t)$

$$p_n(t)=\frac{1}{2\pi\mathrm{i}}\int_{c-\mathrm{i}\infty}^{c+\mathrm{i}\infty}\mathrm{e}^{st}p_n^*(s)\mathrm{d}s.$$

为此，利用拉普拉斯变换中下列三事实：

(i) 若 $f(t)$ 的变换是 $f^*(s)$，则 $\mathrm{e}^{-at}f(t)$ 的变换为$f^*(s+a)$；

(ii) 可在（17）右方逐项取反变换；

(iii) 回忆 $\alpha_1(s)$ 的表达式 (12)，并注意 $\left[\frac{s+\sqrt{s^2-4ab}}{2b}\right]^{-v}$ 是 $v\left(\sqrt{\frac{b}{a}}\right)^v t^{-1} I_v(2\sqrt{abt})$ 的拉普拉斯变换，其中 $I_v(z)$ 是修正后的第一类贝塞尔 (Bessel) 函数

$$I_v(z)=\sum_{k=0}^{+\infty}\frac{\left(\frac{z}{2}\right)^{v+2k}}{k!(v+k)!}, \tag{18}$$

它满足关系式

$$2vI_v(z)=z[I_{v-1}(z)-I_{v+1}(z)], \tag{19}$$

$$I_{-v}(z)=I_v(z). \tag{20}$$

于是

$$p_n(t)=\frac{e^{-(a+b)t}}{b}\Bigg[\left(\sqrt{\frac{b}{a}}\right)^{n-i+1}(n-i+1)t^{-1}I_{n-i+1}(2\sqrt{abt})+$$
$$\frac{a}{b}\left(\sqrt{\frac{b}{a}}\right)^{n-i+3}(n-i+3)t^{-1}I_{n-i+3}(2\sqrt{abt})+\cdots+$$
$$\left(\frac{a}{b}\right)^{i}\left(\sqrt{\frac{b}{a}}\right)^{n+i+1}(n+i+1)t^{-1}I_{n+i+1}(2\sqrt{abt})+$$
$$\left(\frac{b}{a}\right)^{n+1}\sum_{k=n+i+2}^{+\infty}\left(\sqrt{\frac{a}{b}}\right)^{k}kt^{-1}I_k(2\sqrt{abt})\Bigg],$$

利用公式 (19) 后，得

$$p_n(t)=\frac{e^{-(a+b)t}}{b}\Bigg\{\left(\sqrt{\frac{b}{a}}\right)^{n-i+1}\sqrt{ab}[I_{n-i}(2\sqrt{abt})-$$
$$I_{n-i+2}(2\sqrt{abt})]+\left(\sqrt{\frac{b}{a}}\right)^{n-i+1}\sqrt{ab}[I_{n-i+2}\times$$
$$(2\sqrt{abt})-I_{n-i+4}(2\sqrt{abt})]+\cdots+$$
$$\left(\sqrt{\frac{b}{a}}\right)^{n-i+1}\sqrt{ab}[I_{n+i}(2\sqrt{abt})-I_{n+i+2}(2\sqrt{abt})]+$$
$$\left(\frac{b}{a}\right)^{n+1}\sum_{k=n+i+2}^{+\infty}\left(\sqrt{\frac{a}{b}}\right)^{k}\sqrt{ab}[I_{k-1}(2\sqrt{abt})-$$

$$I_{k+1}(2\sqrt{abt})]\Big\}. \tag{21}$$

然而

$$\left(\frac{b}{a}\right)^{n+1}\sum_{k=n+i+2}^{+\infty}\left(\sqrt{\frac{a}{b}}\right)^{k}[I_{k-1}(2\sqrt{abt})-I_{k+1}(2\sqrt{abt})]$$

$$=\left(\frac{b}{a}\right)^{n+1}\Bigg[\left(\sqrt{\frac{a}{b}}\right)^{n+i+2}I_{n+i+1}(2\sqrt{abt})+$$

$$\sqrt{\frac{a}{b}}\sum_{k=n+i+2}^{+\infty}\left(\sqrt{\frac{a}{b}}\right)^{k}I_{k}(2\sqrt{abt})+$$

$$\left(\sqrt{\frac{a}{b}}\right)^{n+i+1}I_{n+i+2}(2\sqrt{abt})-$$

$$\sqrt{\frac{b}{a}}\sum_{k=n+i+2}^{+\infty}\left(\sqrt{\frac{a}{b}}\right)^{k}I_{k}(2\sqrt{abt})\Bigg]$$

$$=\left(\sqrt{\frac{b}{a}}\right)^{n-i}I_{n+i+1}(2\sqrt{abt})+\left(\sqrt{\frac{b}{a}}\right)^{n-i+1}I_{n+i+2}\times$$

$$(2\sqrt{abt})+\left(1-\frac{b}{a}\right)\left(\frac{b}{a}\right)^{n}\sqrt{\frac{b}{a}}\sum_{k=n+i+2}^{+\infty}\times$$

$$\left(\sqrt{\frac{a}{b}}\right)^{k}I_{k}(2\sqrt{abt}).$$

因此，（21）中第一项中第二式与第二项中第一式相消……故对 $n\geqslant i$，最后得

$$p_n(t)=\mathrm{e}^{-(a+b)t}\Bigg[\left(\sqrt{\frac{a}{b}}\right)^{i-n}I_{n-i}(2\sqrt{abt})+$$

$$\left(\sqrt{\frac{a}{b}}\right)^{i-n+1}I_{n+i+1}(2\sqrt{abt})+\cdots+$$

$$\left(1-\frac{b}{a}\right)\left(\frac{b}{a}\right)^{n}\sum_{k=n+i+2}^{+\infty}\left(\sqrt{\frac{a}{b}}\right)^{k}I_{k}(2\sqrt{abt})\Bigg]. \tag{22}$$

剩下要证明：对 $n<i$，（22）仍正确. 为此仍旧仿照上面的推理而用比较系数法，不过（17）式要换为

$$p_n^*(s)=\frac{1}{b\alpha_1}\left[\left(\frac{a}{b\alpha_1}\right)^{i-n}+\left(\frac{a}{b\alpha_1}\right)^{i-n+1}\frac{1}{\alpha_1}+\cdots+\right.$$

$$\left.\left(\frac{a}{b\alpha_1}\right)^{i}\left(\frac{1}{\alpha_1}\right)^{n}\right]+\left(\frac{b}{a}\right)^{n+1}\sum_{k=n+i+2}^{+\infty}\left(\frac{a}{b}\right)^{k}\frac{1}{\alpha_1^k}\Bigg].\qquad(23)$$

以下的计算与上面相同，前后项仍然消去，因此，只要证在 $n<i$ 时，剩下的首项与（22）中首项重合．（23）中首项 $\frac{1}{b\alpha_1}\left(\frac{b}{a\alpha_1}\right)^{i-n}$ 的反变换是

$$\frac{e^{-(a+b)t}}{b}\left[\left(\frac{a}{b}\right)^{i-n}\left(\sqrt{\frac{b}{a}}\right)^{i-n+1}\frac{i-n+1}{t}I_{i-n+1}(2\sqrt{abt})\right]$$

$$=\frac{e^{-(a+b)t}}{b}\left\{\left(\sqrt{\frac{b}{a}}\right)^{n-i+1}\sqrt{ab}[I_{i-n}(2\sqrt{abt})-I_{i-n+2}(2\sqrt{abt})]\right\},$$

利用（20），并回忆上面所说的第二项消去，可见首项与（22）的首项相同．

这样便证明了

定理 1　当 $a_j=a>0$，$(j>0)$；$b_j=b>0$，$(j\geqslant 0)$ 时，方程组（2）（或（1））在开始条件（3）下有唯一转移函数解 (p_{ij})，$p_{in}(t)$ 由（22）右方给出．

（三）

情形Ⅱ　设 $a_j=ja>0$，$b_j=b>0$．这时 $R=+\infty$，向前方程组化为

$$\begin{cases}p_j'(t)=-(ja+b)p_j(t)+bp_{j-1}(t)+(j+1)ap_{j+1}(t),\\ p_0'(t)=-bp_0(t)+ap_1(t).\end{cases}\qquad(24)$$

考虑母函数（7），有

$$\frac{\partial P(z,t)}{\partial t}=\sum_{j=0}^{+\infty}p_j'(t)z^j$$

$$=-bp_0(t)(1-z)+ap_1(t)(1-z)-bp_1(t)(1-z)z+$$

$$2ap_2(t)z(1-z)+\cdots$$

$$=-b(1-z)\sum_{j=0}^{+\infty}p_j(t)z^j+a(1-z)\sum_{j=1}^{+\infty}jp_j(t)z^{j-1}$$

$$=-b(1-z)P(z,\ t)+a(1-z)\frac{\partial P(z,\ t)}{\partial z}.$$

因而得证母函数满足偏微分方程

$$\frac{\partial P}{\partial t}-(1-z)a\frac{\partial P}{\partial z}=-b(1-z)P,\ P=P(z,\ t).$$

现在用通常的方法来解此一阶线性偏微分方程. 考虑联系于上方程的拉格朗日方程

$$\frac{\mathrm{d}t}{1}=\frac{\mathrm{d}z}{-(1-z)a}=\frac{\mathrm{d}P}{-b(1-z)P},$$

由第一、第二项所成的方程解得

$$(1-z)\mathrm{e}^{-at}=c_1,$$

由第二、第三项所成的方程解得

$$P\mathrm{e}^{-\frac{b}{a}z}=c_2,$$

因而通解是

$$P=\mathrm{e}^{\frac{b}{a}z}g[(1-z)\mathrm{e}^{-at}]. \tag{25}$$

现在利用开始条件 $P(z,\ 0)=z^i$ 来确定函数g. 在上式中令 $t=0$ 得

$$z^i=\mathrm{e}^{\frac{b}{a}z}g(1-z),$$

令 $y=1-z$ 得

$$g(y)=\mathrm{e}^{-\frac{b}{a}(1-y)}(1-y)^i,$$

以此式代入（25），化简后得

$$P(z,\ t)=[1-(1-z)\mathrm{e}^{-at}]^i\exp\left[-\frac{b}{a}(1-z)(1-\mathrm{e}^{-at})\right]. \tag{26}$$

现在来求 $p_n(t)=p_{in}(t)$. 为此注意下列三点：

(i) 设 ξ 是具有二项分布的随机变量，

$$P(\xi=k)=\mathrm{C}_i^k p^k(1-p)^{i-k},\ (k=0,\ 1,\ 2,\ \cdots,\ i),$$

p 为参数，则 ξ 的母函数为

$$f(z)=\sum_{k=0}^{i}\mathrm{C}_i^k(pz)^k(1-p)^{i-k}$$
$$=(pz+q)^i,\ (q=1-p).$$

(ii) 设 η 是具有泊松（Poisson）分布的随机变量，

$$P(\eta=k)=\mathrm{e}^{-\lambda}\frac{\lambda^k}{k!},\ (k\in\mathbf{N}),\ \lambda>0\ \text{为参数},$$

则 η 的母函数为

$$h(z)=\sum_{k=0}^{+\infty}\mathrm{e}^{-\lambda}\frac{(\lambda z)^k}{k!}=\mathrm{e}^{-\lambda}\mathrm{e}^{\lambda z}=\mathrm{e}^{-\lambda(1-z)}.$$

(iii) 若 ξ，η 独立，则 $\xi+\eta$ 的母函数是 $f(z)h(z)$.

由此可见，(26) 右方第一因子是参数为 e^{-at} 的二项分布随机变量 ξ 的母函数，第二因子是参数为 $\frac{b}{a}(1-\mathrm{e}^{-at})$ 的泊松分布随机变量 η 的母函数，故 $P(z,\ t)$ 可视为独立随机变量 ξ 与 η 的和 $\xi+\eta$ 的母函数，从而

$$p_n(t)=P(\xi+\eta=n)$$
$$=\exp\left[-\frac{b}{a}(1-\mathrm{e}^{-at})\right]\sum_{k=0}^{\min(i,n)}\mathrm{C}_i^k\left(\frac{b}{a}\right)^{n-k}\times$$
$$\frac{\mathrm{e}^{-atk}(1-\mathrm{e}^{-at})^{i+n-2k}}{(n-k)!}.\tag{27}$$

特别，当 $i=0$ 时，

$$p_{0n}(t)=\frac{\exp\left\{-\left[\frac{b}{a}(1-\mathrm{e}^{-at})\right]^{n+1}\right\}}{n!}.\tag{28}$$

于是得证.

定理 2　设 $a_j=ja>0$，$b_j=b>0$ $(j\geqslant0)$，则方程组 (2)（或 (1)）在开始条件 (3) 下有唯一转移函数解 (p_{ij})，$p_{in}(t)$ 由 (27) 右方给出.

(四)

情形Ⅲ（线性生长）：$a_j=ja>0$，$b_j=jb>0$. 这时 $R=$

$+\infty$，像上面同样计算，可见母函数

$$P(z,t)=\sum_{n=0}^{+\infty}p_n(t)z^n,\ P(z,0)=z^i,\ p_n(t)=p_{in}(t),$$

满足$\frac{\partial P}{\partial t}=(z-1)(bz-a)\frac{\partial P}{\partial z}$；解之得

$$P(z,t)=\left\{\frac{a[1-e^{(b-a)t}]-z[b-ae^{(b-a)t}]}{a-be^{(b-a)t}-bz[1-e^{(b-a)t}]}\right\}^i,$$

特别，当 $i=1$ 时，有

$$p_n(t)=[1-p_0(t)]\left[1-\frac{b-be^{(b-a)t}}{a-be^{(b-a)t}}\right]\left[\frac{b-be^{(b-a)t}}{a-be^{(b-a)t}}\right]^{n-1},\ n\geqslant 1,$$

$$p_0(t)=\frac{ae^{(b-a)t}}{be^{(b-a)t}-a}.$$

（五）

现在来研究一类与生灭过程关系紧密的过程——纯生过程. 称齐次、具有标准转移矩阵 (p_{ij}) 的马氏过程 $\{x_t,\ t\geqslant 0\}$ 为**纯生过程**，如果 $E=\mathbf{N}$ 而且密度矩阵 $\boldsymbol{Q}$ 为

$$\boldsymbol{Q}=\begin{pmatrix}-b_0 & b_0 & & \mathbf{0}\\ & -b_1 & b_1 & \\ & & -b_2 & b_2\\ \mathbf{0} & & \ddots & \ddots\end{pmatrix}, \tag{29}$$

$b_i>0$. 也就是说，$\boldsymbol{Q}=(q_{ij})$ 中，

$$-q_{ii}=q_{i,i+1}=b_i>0,\ q_{ij}=0,\ j\neq i,\ j\neq i+1. \tag{30}$$

可以把这种过程看成为当 $a_i=0$ 时的生灭过程. 然而它不属于生灭过程，因为对后者我们总假设 $a_i>0$.

在（1）（2）中令 $a_i=0$，就得到对纯生过程的向后与向前方程. 例如，固定 i 并简记 $p_{ij}(t)$ 为 $p_j(t)$，得向前方程为

$$\begin{cases}p_j'(t)=-b_jp_j(t)+b_{j-1}p_{j-1}(t),\ j>0,\\ p_0'(t)=-b_0p_0(t).\end{cases} \tag{31}$$

此时 R 化为级数 $\sum\limits_{n=0}^{+\infty}\frac{1}{b_n}$. 受§5.2 系 1 的启发，我们有

定理 3　最小解 $(f_{ij}(t))$ 满足 $\sum\limits_{j=0}^{+\infty}f_{ij}(t)=1$，$(i\geqslant 0,\ t\geqslant 0)$，(亦即 Q 过程唯一) 的充分必要条件是

$$\sum_{n=0}^{+\infty}\frac{1}{b_n}=+\infty. \tag{32}$$

证　以 $\{y_n\}$ 表任意可分 Q 过程的嵌入链，则 $P_0(y_n=n)=1$，$P_0(q_{y_n}=b_n)=1$，故结论由§4.3 系 1 推出

(32) 中级数的概率意义是：以 η 表可分 Q 过程的第一个飞跃点，仿§5.1 定理 1 的证，得

$$E_0\eta=\sum_{n=0}^{+\infty}\frac{1}{b_n} \tag{33}$$

在开始条件 (3) 下[①]，(31) 的解可以如下求出：

$$\begin{cases}p_0(t)=p_1(t)=\cdots=p_{i-1}(t)=0,\\ p_i(t)=\mathrm{e}^{-b_it},\\ p_j(t)=\mathrm{e}^{-b_jt}\int_0^t\mathrm{e}^{b_js}b_{j-1}p_{j-1}(s)\mathrm{d}s,\ j>i.\end{cases} \tag{34}$$

两种特殊的纯生过程如下：

(i) 弗里-尤尔 (Furry-Yule) 过程　此时

$$b_j=jb,\ j\geqslant 1,\ b>0\ 为常数, \tag{35}$$

而且 $E=\mathbf{N}^*$. 这时 (32) 成立，又 (31) 成为

$$p_j'(t)=-jbp_j(t)+(j-1)bp_{j-1}(t),\ j>0. \tag{36}$$

在开始条件 (3) 下，由 (34) 它的解是

$$\begin{cases}p_1(t)=\cdots=p_{i-1}(t)=0,\\ p_j(t)=\mathrm{C}_{j-1}^{j-i}\mathrm{e}^{-ibt}(1-\mathrm{e}^{-bt})^{j-i},\ j\geqslant i.\end{cases} \tag{37}$$

---

① 这时 (3) 化为 $p_i(0)=1$，$p_j(0)=0$，$j\neq i$.

(ii) 泊松过程

$$b_j=b,\ j\geqslant 0,\ b>0\ 常数.$$

这时（32）仍成立，（31）化为

$$p_j'(t)=-bp_j(t)+bp_{j-1}(t),\ j\geqslant 1,$$
$$p_0'(t)=-bp_0(t).$$

在开始条件（3）下，它的解是

$$\begin{cases}p_0(t)=\cdots=p_{i-1}(t)=0,\\ p_j(t)=\mathrm{e}^{-bt}\dfrac{(bt)^{j-i}}{(j-i)!},\ j\geqslant i.\end{cases}\tag{38}$$

(六)

对生灭过程，一切状态都互通，故由§4.2（四），极限

$$v_j=\lim_{t\to+\infty}p_{ij}(t)\tag{39}$$

与 i 无关. 下设 $R=+\infty$. 为求 v_j，（$j\geqslant 0$），在（2）中令 $t\to+\infty$，注意§2.2系2后，得到代数方程组

$$\begin{cases}a_{j+1}v_{j+1}=(a_j+b_j)v_j-b_{j-1}v_{j-1},\\ a_1v_1=b_0v_0.\end{cases}\tag{40}$$

由此容易解得

$$v_j=\frac{b_0b_1b_2\cdots b_{j-1}}{a_1a_2\cdots a_j}v_0,\ j>0.\tag{41}$$

剩下要决定 v_0，由上式

$$1\geqslant\sum_{j=0}^{+\infty}v_j=v_0\left\{1+\frac{b_0}{a_1}+\frac{b_0b_1}{a_1a_2}+\cdots\right\}=v_0(1+b_0e_1),\tag{42}$$

其中 $e_1=\dfrac{1}{a_1}+\dfrac{b_1}{a_1a_2}+\dfrac{b_1b_2}{a_1a_2a_3}+\cdots$（参看§5.1（5））

由（42）可见：(i) 如果 $e_1<+\infty$，即 $v_0=(1+b_0e_1)^{-1}$，由（41）得（40）的唯一解为

$$\begin{cases}v_0=(1+b_0e_1)^{-1},\\ v_j=\dfrac{b_0b_1b_2\cdots b_{j-1}}{a_1a_2\cdots a_j(1+b_0e_1)},\ j>0.\end{cases}\tag{43}$$

显然，由（43）定义的 $\{v_j\}$，$(j\geqslant 0)$，是 (p_{ij}) 的平稳分布. 注意，由 § 5.1 系 2，此时 $Z=+\infty$.

(ii) 如果 $e_1=+\infty$，(42) 式表示一切 $v_j=0$，$j\geqslant 0$.

现在再来考虑上述两特殊情形.

在情形Ⅰ：

$$1+b_0e_1=\sum_{n=0}^{+\infty}\left(\frac{b}{a}\right)^n.$$

如 $b\geqslant a$，得 $v_j=0$，$(j\geqslant 0)$. 如 $b<a$，这时由（43）

$$v_j=\left(1-\frac{b}{a}\right)\left(\frac{b}{a}\right)^j,\ j\geqslant 0. \tag{44}$$

这结果也可在（22）中（把 n 换为 j 后）令 $t\to+\infty$ 而得到.

在情形Ⅱ：

$$1+b_0e_1=\sum_{n=0}^{+\infty}\frac{1}{n!}\left(\frac{b}{a}\right)^n=e^{\frac{b}{a}},$$

$$v_j=e^{-\frac{b}{a}}\left(\frac{b}{a}\right)^j\div j!,\quad j\geqslant 0. \tag{45}$$

如果在（28）中令 $t\to+\infty$，也同样得到（45）.

总之，得

定理 4　(i) 设 $R=+\infty$，则平稳分布唯一存在的充分必要条件是 $e_1<+\infty$，它由（43）给出①.

(ii) 在情形Ⅰ，若 $b\geqslant a$，则 $v_j=0$ $(j\geqslant 0)$，若 $b<a$，则 $v_j>0$ 由（44）给出.

(iii) 在情形Ⅱ，$v_j>0$ 由（45）给出.

---

① 由 § 5.1 系 2，此时 $Z=+\infty$；又由 § 6.8 定理 1，此时过程为遍历的.

§5.6 生灭过程的若干应用

(一)

产生生灭过程的现实模型如下：一质点在 $E=\mathbf{N}$ 上做随机运动，它从任一状态 i 出发，下一步只能到达相邻的状态 $i+1$ 或 $i-1$，但从 0 出发则只能到 1；如果于时刻 t 它在 i，那么在时间 $(t, t+h)$ 内转移到 $i+1$ 的概率为 $b_i h+o(h)$，转移到 $i-1$（如 $i\geqslant 1$）的概率为 $a_i h+o(h)$，在 $(t, t+h)$ 内发生一次以上的转移的概率为 $o(h)$.

以 x_t 表于时刻 t 质点所在的状态，$\{x_t, t\geqslant 0\}$ 构成一直观意义下的随机过程，以 $p_{ij}(t)$ 表它的转移概率，那么上一段话的数学表达是：当 $h\to 0$ 时，

$$p_{ij}(h)=\begin{cases} b_j h+o(h), & j=i+1, \\ a_j h+o(h), & j=i-1, \\ 1-(a_j+b_j)h+o(h), & j=i. \end{cases} \tag{1}$$

以下设 $R=+\infty$，这条件在实际中容易满足.

在许多问题中，常常需要考虑无条件概率 $p_j(t)$：

$$p_j(t)=P(x_t=j). \tag{2}$$

我们来推导 $\{p_j(t)\}$ 所应满足的方程，为了计算 $p_j(t+h)$，注意只有出现下列四种情况之一时，才能使质点于 $t+h$ 时位于 j：

(i) 于 t 时位于 j 且在 $(t, t+h)$ 中不发生转移；

(ii) 于 t 时位于 $j-1$，然后转移到 j；

(iii) 于 t 时位于 $j+1$，然后转移到 j；

(iv) 于 $(t, t+h)$ 中发生一次以上转移并到 j，这种情况的概率为 $o(h)$. 因此，由假定得

$$p_j(t+h)=p_j(t)\{1-a_jh-b_jh\}+b_{j-1}hp_{j-1}(t)+ a_{j+1}hp_{j+1}(t)+o(h),\ j\geqslant 1.$$

把 $p_j(t)$ 移至左方，除以 h，再令 $h\to 0$，得

$$p_j'(t)=-(a_j+b_j)p_j(t)+b_{j-1}p_{j-1}(t)+a_{j+1}p_{j+1}(t). \tag{3}$$

类似得

$$p_0'(t)=-b_0p_0(t)+a_1p_1(t). \tag{4}$$

如果 $P(x_0=i)=1$，那么开始条件为

$$p_i(0)=1,\ p_j(0)=0,\ j\neq i. \tag{5}$$

反之，解方程（3）～（5），就可求出无条件概率.

注意，方程（3）（4）在形式上与§5.5中向前方程组（2）完全一样（如果把那里的 $p_{ij}(t)$ 看成 $p_j(t)$ 的话），因此，解向前方程组的理论也适用于解（3）（4）. 特别，我们来求（3）（4）的一组常数解：

$$p_j(t)=d_j,\ (j\in\mathbf{N};\ d_j\ \text{为常数}).$$

这也就是要求过程的平稳分布（参看§4.2（四）），由（3）（4）得

$$\begin{cases}a_{j+1}d_{j+1}=(a_j+b_j)d_j-b_{j-1}d_{j-1},\\ a_1d_1=b_0d_0.\end{cases}$$

这与§5.5方程（40）重合. 因此，若 $R=+\infty$，则当且只当 $e_1<+\infty$ 时，存在唯一的平稳分布 $\{d_j\}$，$d_j=v_j$ 由§5.5（43）给出.

生灭过程在许多领域如排队论、生物学、物理学、传染病学等中有重要应用，这里只举一些例以见一斑，详见巴鲁查-赖特（Bharucha-Reid）[1].

（二）

例 1　在实际中大量出现排队问题. 顾客源源不断地来到某商店. 他们来到的时刻是随机的，以 τ_m 表第 m 个顾客来到的

时刻. 设商店共有 n 个售货员. 顾客来到以后，如果 n 个售货员都不空，他便需要排队等候. 以 β_m 表第 m 个顾客等候的时间，β_m 也是随机的，显然，等候时间依赖于下列因素：

i）顾客来到的时刻 τ_1，τ_2，…（例如，如果 $\tau_m-\tau_{m-1}$ 都很大，$\tau_0=0$，那么等候时间便短）；

ii）为第 m 个顾客服务的时间 α_m（如果 α_m 都很小，那么等候时间短）；

iii）售货员的个数 n.

以 x_t 表示时刻 t 时顾客总数（包括正在被服务的和正在等候的），以 ξ_t 表 t 时正在等候的顾客总数，$\{x_t, t\geqslant 0\}$，$\{\xi_t, t\geqslant 0\}$ 是两随机过程. 排队论中主要研究的问题是：x_t，ξ_t，β_m 的分布或极限分布等.

排队问题不仅出现在商店中，也出现在汽车站、飞机场、港口、电话局、机器修理站等场所.

先考虑第一个因素. 以 N_t 表在时间 $(0, t]$ 中来到的顾客总数，我们假定：

(i) $\{N_t, t\geqslant 0\}$ 是简单型的；也就是说，它满足下列三条件：

(i_1) 在任意 k 个不相交的区间 $(a_i, b_i]$，$i=1, 2, \cdots, k$，中，各自来到的顾客个数 $N(a_i, b_i]$ 是相互独立的随机变量；

(i_2) $N(a, a+t]$，$(t>0)$ 的分布与 a 无关；

(i_3) 令 $\varphi_i(t)=P(N(a, a+t]=i)$，则

$$\lim_{t\to+\infty}\frac{\varphi_1(t)}{t}=b,\ b>0, \tag{6}$$

$$\lim_{t\to+\infty}\frac{1-\varphi_0(t)-\varphi_1(t)}{t}=0. \tag{7}$$

对第二个因素，我们假定：

(ii) $\{\alpha_m\}$ 是独立同分布的随机变量，

$$P(\alpha_m > t) = \mathrm{e}^{-at}, \quad a > 0. \tag{8}$$

在假设（i）（ii）下，分别考虑三种情形.

Ⅰ．售货员个数 $n=1$.

令 $p_j(t)=P(x_t=j)$. 这时的排队问题可以化归上述模型，只要把“顾客总数”看成“质点”，如果 $x_t=i$，为了在（t，$t+h$）中转移到 $i+1$，需要来到一个顾客，根据假设（i），它对应的概率是 $\varphi_1(h)=bh+o(h)$；为了转移到 $i-1$，需要有一个顾客被服务完毕，由假设（ii），对应的概率为 $\frac{1-\mathrm{e}^{-ah}}{h}=ah+o(h)$，($h\to 0$)；由（7）（8），在（$t$，$t+h$）中发生一次以上转移的概率为 $o(h)$. 因此，由（3）（4），得 $p_j(t)$ 所应满足的方程组为

$$\begin{cases} p_j'(t) = -(a+b)p_j(t) + bp_{j-1}(t) + ap_{j+1}(t), \quad j \geqslant 1, \\ p_0'(t) = -bp_0(t) + ap_1(t). \end{cases} \tag{9}$$

这恰好是§5.5 情形Ⅰ中的方程组（6），于是完全可以应用上节与本节的结果. 特别，$p_{in}(t)$ 由§5.5（22）给出，v_j，d_j 由§5.5（44）给出.

Ⅱ．$n=+\infty$.

这是理想情形，它可看成 n 很大时的近似，这时仍可化归为上述模型，理由是类似的，唯一的差别在于，如果 $x_t=i$，为了在（t，$t+h$）中转移到 $i-1$，需要有一个顾客被服务完，由于 $n=+\infty$，在 t 时的 i 个顾客都被服务. 因此，对应的概率为 ia. 换句话说，这时

$$a_i = ia, \qquad b_i = b$$

恰好是§5.5 的情形Ⅱ，于是 $p_{in}(t)$ 及 v_j，d_j 分别由§5.5（27）及（45）给出.

Ⅲ．$n=m<+\infty$.

同样的想法，可见这时

$$a_i=ia,\ 1\leqslant i<m;\ a_i=ma,\ m\leqslant i,$$
$$b_i=b,\ i\leqslant 0.$$

故 $p_i(t)=P(x_t=j)$ 满足微分方程组

$$\begin{cases}p_0'(t)=-bp_0(t)+ap_1(t),\\ p_j'(t)=-(b+ja)p_j(t)+bp_{j-1}(t)+a(j+1)p_{j+1}(t),\\ \qquad 1\leqslant j<m,\\ p_j'(t)=-(b+ma)p_j(t)+bp_{j-1}(t)+map_{j+1}(t),\\ \qquad j\geqslant m.\end{cases}\tag{10}$$

在开始条件 $p_j(0)=\delta_{ij}$ 下，这方程可以解出，方法与 § 5.5（二）中的相同（参看萨蒂（Saaty）[1]，第 4 章，110 页）.

例 2 试讨论纯生过程在迁移理论中的应用，设有两不相交的区域 R_1 与 R_2，在 R_1 中有许多质点要随机地迁移到 R_2 中，以 x_t 表于 t 时已迁移到 R_2 中的质点数，如果 $x_t=i$，那么在 $(t,\ t+h)$ 中，有一质点迁移到 R_2 中的概率为 $b_ih+o(h)$，$(h\to 0)$. 以 $p_j(t)$ 表 $P(x_t=j)$，$\{p_j(t)\}$ 满足 § 5.5 的方程组 (31)，即

$$\begin{cases}p_j'(t)=-b_jp_j(t)+b_{j-1}p_{j-1}(t),\ j>0,\\ p_0'(t)=-b_0p_0(t).\end{cases}\tag{11}$$

如果质点还可以自 R_2 中回到 R_1 中来，那么类似地可以得到生灭过程的向前方程组.

例 3 宇宙射线主要有两种：硬射线与软射线. 前者能穿过 1 m 厚的铅板，而后者经过 10 cm 厚的铅板已全部被吸收. 软射线由电子和光子构成. 一个重要的问题是：以 x_t 表能到达厚度为 t 的铅板层的电子数，试求 x_t 的分布，这里厚度 t 起随机过程中的时间参数的作用.

原来，有两种放射蜕变：

(i) 一个光子穿过某种媒介质中长为 t 的路程后，按一定概

率放出两个电子而消失；

(ii) 一个电子按一定的概率在失去能量后放出一个光子.

一个电子（或光子）作为第一代，第二代由一个光子组成，这光子再产生第三代的两个电子……从而构成一电子-光子流.

上述问题的初步解答由巴巴（BhaBha）及海利特（Heilter）给出，他们认为，作为一个电子的后代，通过厚度 t 而且能量大于 E 的电子数 x_t 等于 n 的概率 $p_n(E, t)$ 为

$$p_n(E, t)=\frac{(\lambda t)^n}{n!}\mathrm{e}^{-\lambda t}, \ \lambda=\lambda(E)$$

于是 $Ex_t=\lambda t$.

弗里改进了上述解答. 他略去了光子代，并假定一个电子经过长为 h 的路程后变成两个电子的概率为 $bh+o(h)$，而且每个电子蜕变情况与其他电子无关，于是他得到了纯生过程. 如果 $x_t=i$，那么在 $(t, t+h)$ 得到 $i+1$ 个电子，必须这 i 个电子中恰有一个蜕变为两个，它的概率是 $ibh+o(h)$，这样便得到弗里-尤尔过程 $b_i=ib$，从而 $p_j(t)=P(x_t=j)$ 应该满足 §5.5 (36)，解也由那里的 (37) 给出，即

$$p_j(t)=\mathrm{e}^{-bt}(1-\mathrm{e}^{-bt})^{j-1}, \ j\in\mathbf{N}^*; \ t>0 \tag{12}$$

(注意这时开始条件是 $p_1(0)=1$，$p_j(0)=0$，$j\neq1$).

然而弗里的解答也有缺点，因为他没有考虑能量，更完满的理论后来由乌伦贝克（Uhlenbeck），阿利（Arley）等人建立.

第 6 章　生灭过程的构造理论

§ 6.1　杜布过程的变换

（一）

设 $X=\{x(t,\ \omega),\ t\geqslant 0\}$ 是定义在概率空间 $(\Omega,\ \mathcal{F},\ P)$ 上的生灭过程，取值于 $E=\mathbf{N}$，密度矩阵为 $\boldsymbol{Q}$，$\boldsymbol{Q}$ 具有 § 5.1 中 (1) 式的形式，也就是说，$\boldsymbol{Q}$ 是生灭矩阵，考虑 § 5.1(6) 中的 R 与 S，由 § 5.2 系 1，当而且只当 $R=+\infty$ 时，以 $\boldsymbol{Q}$ 为密度矩阵的生灭过程唯一；亦即 Q 过程唯一（采用 § 2.3（二）中的术语）.

当 $R<+\infty$ 时，情况就复杂化了，这时 Q 过程不唯一，实际上这时存在无穷多个 Q 过程，于是出现正反两方面的问题.

正问题　既然这时 $\boldsymbol{Q}$ 不足以唯一决定 Q 过程，那么两个 Q 过程还在哪些方面不一样？或者说，还需要补加什么特征数才有唯一决定它？

以后会看到，这些补加的特征数紧密地联系于样本函数在第一个飞跃点后的行为.

反问题　设已给生灭矩阵 $\boldsymbol{Q}$，满足条件 $R<+\infty$，试求出一切 Q 过程.

反问题已在§2.3（二）中叙述过，我们这里只重复一点，以说明研究反问题的意义：求出一切 Q 过程，等价于求出向后微分方程组

$$\boldsymbol{P}'(t)=\boldsymbol{Q}\boldsymbol{P}(t),\ \boldsymbol{P}(0)=\boldsymbol{I}$$

的全体 Q 转移矩阵解 $\boldsymbol{P}(t)$. 这里，如同§2.3（二）中所述，我们把 Q 转移矩阵 $\boldsymbol{P}(t)$ 与 Q 过程 X 看成一一对应的.

在本章中，我们将彻底解决正、反问题，最后的结果见§6.6中的基本定理. 所用的方法是概率分析方法，它建立于对样本函数的深刻研究的基础上. 这种方法的基本思想类似于函数构造论：根据样本函数的性质，可以看出杜布过程的结构较为简单，然后用这种较简单的过程来逼近任一 Q 过程.

因此，我们的讨论从杜布过程开始.

我们知道，密度矩阵 Q 只决定在第一次飞跃 τ_1 以前质点运动的概率法则. 如果 $R<+\infty$ 因而 τ_1 以概率 1 有穷时，质点在有限时间内到达附加状态 $+\infty$，至于如何从 $+\infty$ 回到有限状态的概率法则则不是由 Q 给出，那么，它到底决定于什么呢？在§6.5中，我们找到了一列特征数 p，q，r_n，$n\geqslant 0$，它们完满地解决了这个问题，给出了质点到达 $+\infty$ 后如何继续运动的法则. 直观地说，q 可看成为自 $+\infty$ "连续流入"（§6.2）的概率，所谓"连续流入"可想象为遍历一切充分大的状态（…，$n+2$，$n+1$，n）而回到有限状态，$p=1-q$ 是非连续流入的概率，而 r_n 则是非连续流入而且立即自 $+\infty$ 到达状态 n 的可能性的一种测度（§6.5定理2），任一 Q 过程被它的特征数列唯一决定. 读者不妨先看一遍.

§6.5（三）及§6.6可作为本章的内容提要，其中的结论可不依赖于前几节而直接阅读.

本章中恒作下列假定而不一一声明：i）Q 为生灭矩阵而且

$R<+\infty$；ii）Q 过程都是典范的，即可分、波莱尔可测、右下半连续；iii）我们知道，转移概率 $p_{ij}(t)$ 不能唯一地决定 Q 过程的样本函数（例如，在一个零测集上任意改变样本函数的值并不影响转移概率），虽然如此，为理论的完整起见，两个 Q 过程，只要它们的转移概率相同，我们就不加以区别而看成是同一 Q 过程.

由于杜布过程是构造论中的基石，我们的叙述就从 Doob 过程开始.

（二）

先改述一下杜布过程的定义，使它便于应用，考虑生灭矩阵 $\boldsymbol{Q}$，$R<+\infty$，在某概率空间（Ω，$\mathcal{F}$，P）上考虑一列相互独立的 Q 过程 $x^{(n)}(t, \omega)$，$t\geqslant 0$，($n\in\mathbf{N}^*$)，它们可分，在跳跃点上右连续，又 $x^{(n)}(t, \omega)(n\geqslant 2)$ 有共同的开始分布为 $\pi=(\pi_0, \pi_1, \cdots)$. Q 过程 $x^{(n)}(t, \omega)$ 的第一个飞跃点记为 $\boldsymbol{\tau}^{(n)}(\omega)$，$P(\boldsymbol{\tau}^{(n)}<+\infty)=1$. 令 $\boldsymbol{\tau}_0=0$，$\boldsymbol{\tau}_n=\sum\limits_{v=0}^{n}\boldsymbol{\tau}^{(v)}$，定义

$$x(t, \omega)=x^{(n)}(t-\boldsymbol{\tau}_{n-1}(\omega), \omega),\quad \boldsymbol{\tau}_{n-1}(\omega)\leqslant t<\boldsymbol{\tau}_n(\omega),$$

并称 $\{x(t, \omega), t\geqslant 0\}$ 为杜布过程. 由于此过程的转移概率完全由 Q 及 π 决定，故也称它为（Q，π）过程. 称

$$\{x^{(1)}(t, \omega), t<\boldsymbol{\tau}^{(1)}(\omega)\}$$

为**最小链**，它是 Q 过程在第一个飞跃点前的那一段，它的转移概率就是 §2.3(42) 所定义的向后方程的最小解.

设 $y(t)$，$t\geqslant 0$ 为取值于 $\bar{E}=\mathbf{N}$ 的普通（非随机的）函数，称点 $\boldsymbol{\tau}$ 为它的**飞跃点**，如对任意 $\varepsilon>0$，在 $[\boldsymbol{\tau}-\varepsilon, \boldsymbol{\tau}]$ 中，它有无穷多个跳跃点.

对生灭矩阵 $\boldsymbol{Q}$，杜布过程的样本函数是所谓 ***T* 跳跃函数**. 值域为 E 的函数 $y(t)$，$t\geqslant 0$ 称为 T **跳跃的**，如果：

i）在任一有穷区间中，只有有穷多个飞跃点 $\boldsymbol{\tau}_i$，($\boldsymbol{\tau}_0=0$，$\boldsymbol{\tau}_i<\boldsymbol{\tau}_{i+1}$)；

ii）在任一飞跃区间 $[\tau_i,\ \tau_{i+1})$ 中，一切不连续点都是跳跃点 τ_{ij}，其数可列（$\tau_i=\tau_{i0}<\tau_{i1}<\tau_{i2}<\cdots$），$i\in\mathbf{N}$；

iii）在任两相邻的不连续点上，有

$$|y(\tau_{ij}-y(\tau_{ij+1})|=1,\quad i,\ j\in\mathbf{N}.$$

T 跳跃函数称为 $\boldsymbol{T_n}$ **跳跃的**，如在任一飞跃点 $\tau_i(i>0)$ 上，$y(\tau_i)\leqslant n$.

注意，T 跳跃函数右连续，不以 $+\infty$ 为值.

对于上述杜布过程 $x(t,\ \omega)$，$t\geqslant 0$，由于 $R<+\infty$，一切随机变量 $\tau_{ij}(\omega)$ 均以概率 1 有穷，又 $\pi_i=P(x(\tau_i,\ \omega)=j)$，$(i\in\mathbf{N})$.

以后常要用到过程的一种变换.

称函数 $y(t)$，$t\geqslant 0$ 自 $x(t)$，$t\geqslant 0$ **经** $C(a_k,\ b_k)$ **变换**得来，如果存在两列正数 (a_k)，(b_k)，使

$$0(=b_0)<a_1\leqslant b_1<a_2\leqslant b_2<\cdots,\ \sum_{k=0}(a_{k+1}-b_k)=+\infty,$$

而且 $y(t)$ 如下定义：

$$y(t)=x(t),\qquad\qquad 0\leqslant t<d_1,$$

$$y(d_k+t)=x(b_k+t),\quad 0\leqslant t<a_{k+1}-b_k,$$

其中

$$d_1=a_1,\ d_{k+1}=d_k+(a_{k+1}-b_k).$$

直观地说，抛去 $x(t)$ 对应于 $[a_i,\ b_i)$ 的那些段，剩下的第一段 $[0,\ a_1)$ 保留不动，其余的段向左移动，使 $[0,\ a_1)$，$[b_i,\ a_{i+1})$，$(i\in\mathbf{N})$ 按原序联结而不相交，所得函数即 $y(t)$.

今以 $x_n(t)$ 表某 T_n 跳跃函数，用下列方法定义两列正数，这种迭代定义方法将多次引用. 以

$$\tau_1\text{表 } x_n(t)\text{ 的第一个飞跃点，}\tag{1}$$

$$\tau_{k_1}=\inf(\tau:\ \tau\geqslant\tau_1,\ \tau\text{是飞跃点，而且 } x_n(\tau)<n),\tag{2}$$

如果已定义 $\tau_{k_{i-1}+1}$，τ_{k_i}，那么令

$$\tau_{k_i+1}=\inf(\tau:\ \tau>\tau_{k_i},\ \tau\text{是飞跃点}),\tag{3}$$

$$\tau_{k_{i+1}}=\inf(\tau:\ \tau\geqslant\tau_{k_i+1},\ \tau\text{是飞跃点},\ x_n(\tau)<n).\tag{4}$$

于是

$$0<\tau_1\leqslant\tau_{k_1}<\tau_{k_1+1}\leqslant\tau_{k_2}<\cdots<\tau_{k_i+1}\leqslant\tau_{k_{i+1}}<\cdots$$

设以上诸数均有穷，而且

$$\sum_{i=0}(\tau_{k_i+1}-\tau_{k_i})=+\infty,\ k_0=0,\ \tau_0=0.\tag{5}$$

对 $x_n(t)$ 施行 $C(\tau_{k_i+1},\ \tau_{k_{i+1}})$ 变换后，得一 T_{n+1} 跳跃函数 $x_{n-1}(t)$，记此关系为

$$f_{nn-1}(x_n(t))=x_{n-1}(t).\tag{6}$$

故 f_{nn-1} 表 T_n 跳跃函数到 T_{n-1} 跳跃函数的变换. 注意（6）并不表示对固定的 t 双方相等.

现在考虑（Q，$\boldsymbol{\Phi}^{(n)}$）过程 $x_n(t,\ \omega)$，$t\geqslant0$，（$\omega\in\Omega$）. 这里 $\boldsymbol{\Phi}^{(n)}=(\varphi_0^{(n)},\ \varphi_1^{(n)},\ \cdots,\ \varphi_n^{(n)})$ 是集中在前 $n+1$ 个状态（0，1，…，n）上的分布，使 $P(x_n(\tau_i,\omega)=j)=\varphi_j^{(n)}$. 为简单计，设 $\varphi_0^{(n)}>0$. 利用（1）（2）定义随机变量列 $\tau_{k_i+1}(\omega)$，$\tau_{k_{i+1}}(\omega)$，（$i\geqslant0$），则由于 $R<+\infty$ 及 $\varphi_0^{(n)}>0$，它们均以概率 1 有穷而且（5）成立，对过程 $x_n(t,\ \omega)$，$t\geqslant0$ 施行 $C(\tau_{k_i+1}(\omega),\ \tau_{k_{i+1}}(\omega))$，变换后，得二元函数 $x_{n-1}(t,\ \omega)$，$t\geqslant0$，($\omega\in\Omega$)，即

$$f_{nn-1}(x_n(t,\ \omega))=x_{n-1}(t,\ \omega).\tag{7}$$

引理 1 $x_{n-1}(t,\ \omega)$，$t\geqslant0$ 是（Q，$\boldsymbol{\Phi}^{(n-1)}$）过程，这里

$$\varphi_i^{(n-1)}=\frac{\varphi_i^{(n)}}{\sum_{i=0}^{n-1}\varphi_j^{(n)}},\ 0\leqslant i<n.\tag{8}$$

证 对固定的 ω，由定义知 $x_{n-1}(t,\ \omega)$ 是 T_{n-1} 跳跃函数，令证对每固定的 t，$x_{n-1}(t,\ \omega)$ 是随机变量. 以 $\sigma_l(\omega)$ 表 $x_{n-1}(t,\ \omega)$ 的第 l 个飞跃点（$\sigma_0=0$），并令

$$\eta_l(\omega)=\sum_{i=1}^{l}(\tau_{k_i}(\omega)-\tau_{k_{i-1}+1}(\omega)),\ k_0=0.\tag{9}$$

（换言之，$\eta_l(\omega)$ 是在 $\tau_{k_l}(\omega)$ 以前，自 $x_n(t,\ \omega)$ 变换为 $x_{n-1}(t,\ \omega)$ 所抛去的区间的总长）. 注意 $x_n(t,\ \omega)$ 是右连续过程，故

是波莱尔可测的，因而

$$
\begin{aligned}
&(x_{n-1}(t,\ \omega)=i,\ \sigma_l(\omega)<t\leqslant\sigma_{l+1}(\omega))\\
=&(x_n(t+\eta_l,\ \omega)=i,\ \tau_{kl}(\omega)<t+\eta_l(\omega)<\tau_{k_{l+1}}(\omega))
\end{aligned}
$$

是可测集，故 $(x_{n-1}(t,\ \omega)=i)=\sum\limits_{l=0}(x_{n-1}(t,\ \omega)=i,\ \sigma_l(\omega)<t\leqslant\sigma_{l+1}(\omega))$ 也可测，再留意 $x_{n-l}(0,\ \omega)=x_n(0,\ \omega)$，即得证 $x_{n-1}(t,\ \omega)$，$t\geqslant 0$ 是一随机过程. 它还是 $(Q,\ \boldsymbol{\Phi}^{(n-1)})$ 过程，因为对任意 $l\geqslant 1$，令 τ_m 为 $x_n(t,\ \omega)$ 的第 m 个飞跃点，由 (8) 得

$$
\begin{aligned}
&P(x_{n-1}(\sigma_l)=j)=P(x_n(\tau_{k_l})=j)\\
=&\sum_{m=l}^{+\infty}P(x_n(\tau_{k_l})=j\mid\tau_{k_l}=\tau_m)\cdot P(\tau_{k_l}=\tau_m)\\
=&\sum_{m=l}^{+\infty}\frac{(1-\varphi_n^{(n)})^{l-1}\cdot\varphi_j^{(n)}\cdot[\varphi_n^{(n)}]^{m-l}}{(1-\varphi_n^{(n)})^l\cdot[\varphi_n^{(n)}]^{m-l}}P(\tau_{kl}=\tau_m)\\
=&\varphi_j^{(n-1)}\sum_{m=l}^{+\infty}P(\tau_{kl}=\tau_m).
\end{aligned}
$$

因为 $\varphi_0^{(n)}>0$，故 $P(\tau_l\leqslant\tau_{k_l}<+\infty)=1$，即 $\sum\limits_{m=l}^{+\infty}P(\tau_{k_l}=\tau_m)=1$，从而

$$
P(x_{n-1}(\sigma_l)=j)=\varphi_j^{(n-1)},\ 0\leqslant j\leqslant n-1.
$$

最后，根据杜布过程的定义，还要证明：$x_{n-1}(t,\ \omega)$ 是由相互独立的最小链组成. $x_{n-1}(t,\ \omega)$ 是由最小链组成是显然的，故只要证独立性①. 以 τ_{ij}，σ_{ij} 分别表 $x_n(t,\ \omega)$ 及 $x_{n-1}(t,\ \omega)$ 第 i 个飞跃点后第 j 个跳跃点 $(j\geqslant 0)$，$f_u(x_1,\ y_1,\ x_2,\ y_2,\ \cdots)$ 表任意无穷维波莱尔可测函数，$u\in\mathbf{N}$. 令

$$
\begin{aligned}
F_{uv}^{(n-1)}(\omega)&=f_u(x_{n-1}(\sigma_{v0}),\ \sigma_{v1}-\sigma_{v0},\ x_{n-1}(\sigma_{v1}),\ \sigma_{v2}-\sigma_{v1},\ \cdots),\\
F_{uv}^{(n)}(\omega)&=f_u(x_n(\tau_{v0}),\ \tau_{v1}-\tau_{v0},\ x_n(\tau_{v1}),\ \tau_{v2}-\tau_{v1},\ \cdots).
\end{aligned}
$$

① 此独立性也可由 § 6.3 定理 1 推出.

设 l 为任意正整数，c_1，c_2，…，c_l 为任意 l 个实数，则

$$P(x_{n-1}(\sigma_v)=j_v,\ f_{vv}^{(n-1)}<c_v,\ v=1,\ 2,\ \cdots,\ l)$$
$$=P(x_n(\boldsymbol{\tau}_{k_v})=j_v,\ F_{vk_v}^{(n)}<c_v,\ v=1,\ 2,\ \cdots,\ l)$$
$$=\sum P(k_v(\omega)=m_v,\ x_v(\boldsymbol{\tau}_{mv})=j_v,\ F_{vm_v}^{(n)}<c_v,\ v=1,\ 2,\ \cdots,\ l)$$
$$=\sum P(x_n(\boldsymbol{\tau}_{m_v})\ =j_v,\ F_{vm_v}^{(n)}<c_v,\ v=1,\ 2,\ \cdots,\ l,$$
$$x_n(\boldsymbol{\tau}_i)=n,\ i\neq m_1,\ \neq m_2,\ \cdots,\ \neq m_l,\ i<m_l).$$

这里及以下的 $\sum$ 表对正整数 $m_l>m_{l-1}>\cdots>m_1\geqslant 1$ 求和，由于 $x_n(t,\ \omega)$ 是杜布过程，故构成 $x_n(t,\ \omega)$ 的最小链是相互独立的. 因此，如以 $\overline{P}_i$ 表开始分布集中在 i 上时最小链所产生的测度，即得上式最右项

$$=\sum [\varphi_n^{(n)}]^{m_1-1}\cdot[\varphi_n^{(n)}]^{m_2-(m_1+1)}\cdots[\varphi_n^{(n)}]^{m_l-(m_{l-1}+1)}\prod_{v=1}^{l}\overline{P}_{jv}(F_{vm_v}^{(n)}<c_v)$$
$$=\prod_{v=1}^{l}\frac{\overline{P}_{jv}(F_{vm_v}^{(n)}<c_v)}{1-\varphi_n^{(n)}}$$
$$=\prod_{v=1}^{l}P(x_n(\boldsymbol{\tau}_{k_v})=j_v,\ F_{vk_v}^{(n)}<c_v)$$
$$=\prod_{v=1}^{l}P(x_{n-1}(\sigma_v)=j_v,\ F_{vv}^{(n-1)}<c_v),\tag{10}$$

然后对 j_v 自 0 到 $n-1$ 求和（$v=1,\ 2,\ \cdots,\ l$），即得

$$P(F_{vv}^{(n-1)}<v_c,\ v=1,\ 2,\ \cdots,\ l)=\prod_{v=1}^{l}P(F_{vv}^{(n-1)}<c_v),$$

此即表诸构成 $x_{n-1}(t,\ \omega)$ 的最小链的独立性.

类似于 $f_{n,n-1}$，定义另一种变换 $g_{n,n-1}$ 如下：对 T_n 跳跃函数 $x_n(t)$，仿（1）～(4)，令

$$\boldsymbol{\tau}_1\text{为 } x_n(t)\text{的第一个飞跃点，}\tag{1'}$$
$$\beta_{k_1}=\inf(t:t\geqslant\boldsymbol{\tau}_1,\ x_n(t)<n),\tag{2'}$$
$$\boldsymbol{\tau}_{k_i+1}\text{为 }\beta_{k_i}\text{后的第一个飞跃点，}\tag{3'}$$
$$\beta_{k_{i+1}}=\inf(t:\ t\geqslant\boldsymbol{\tau}_{k_i+1},\ x_n(t)<n).\tag{4'}$$

仍设此诸数皆有穷而且

$$\sum_{i=0} (\tau_{k_i+1}-\beta_{k_i})=+\infty,\ k_0=0,\ \beta_0=0. \tag{5'}$$

对 $x_n(t)$ 施以 $C(\tau_{k_i+1},\ \beta_{k_{i+1}})$ 变换后，得一 T_{n-1} 跳跃函数 $x_{n-1}(t)$，记此关系为

$$g_{n,n-1}(x_n(t))=x_{n-1}(t), \tag{11}$$

或者，为以后方便，记成

$$g_{n+1,n}(x_{n+1}(t))=x_n(t). \tag{12}$$

这表示变换$g_{n+1,n}$把 T_{n+1} 跳跃函数变为 T_n 跳跃函数.

今考虑 $(Q,\ V^{(n+1)})$ 过程 $x_{n+1}(t,\ \omega)$，$t\geqslant 0$，这里

$$V^{(n+1)}=(v_0^{(n+1)},\ v_1^{(n+1)},\ \cdots,\ v_{n+1}^{(n+1)})$$

表某集中在 $(0,\ 1,\ 2,\ \cdots,\ n+1)$ 上的分布，它的样本函数是 T_{n+1} 跳跃函数. 由 (12)，令

$$g_{n+1,n}(x_{n+1}(t,\omega))=x_n(t,\omega). \tag{13}$$

则类似地得

引理 2　$x_n(t,\ \omega)$，$t\geqslant 0$ 是 $(Q,\ V^{(n)})$ 过程，这里

$$\begin{cases} v_j^{(n)}=\dfrac{v_j^{(n+1)}}{\sum\limits_{i=0}^{n} v_i^{(n+1)}+v_{n+1}^{(n+1)}c_{n+1,n}},\ j<n, \\ v_n^{(n)}=\dfrac{v_n^{(n+1)}+v_{n+1}^{(n+1)}c_{n+1,n}}{\sum\limits_{i=0}^{n} v_i^{(n+1)}+v_{n+1}^{(n+1)}c_{n+1,n}}, \\ \sum\limits_{i=0}^{n} v_i^{(n)}=\sum\limits_{i=0}^{n+1} v_i^{(n+1)}=1,\ n\in\mathbf{N}. \end{cases} \tag{14}$$

其中 $c_{kj}=q_k(j)$ 由 §5.1(25) 定义，它是自 k 出发，沿 Q 过程的轨道，经有穷次转移而到达 j 的概率.

证　证明仿引理 1，不同处在于证 (14). 分别以 $\sigma_l(\omega)$，$\tau_l(\omega)$ 表 $x_n(t,\ \omega)$ 与 $x_{n+1}(t,\ \omega)$ 的第 l 个飞跃点，

$$\begin{aligned} v_j^{(n)} &=P(x_n(\sigma_l)=j)=P(x_{n+1}(\beta_{kl})=j) \\ &=\sum_{m=l} P(x_{n+1}(\beta_{kl})=j\mid \tau_m\leqslant\beta_{kl}<\tau_{m+1})\times \end{aligned}$$

$$P(\boldsymbol{\tau}_m \leqslant \beta_{kl} < \boldsymbol{\tau}_{m+1}). \tag{15}$$

由于 $R<+\infty$，对 $x_{n+1}(t, \omega)$，自 k 出发，经有穷步到达 $j(\geqslant k)$ 的概率为 1，到达 $k-1$ 的概率为 $c_{k,k-1}$，故

$$\Delta \equiv \sum_{i=0}^{n} v_i^{(n+1)} + v_{n+1}^{(n+1)} c_{n+1,n} > 0$$

是自任一飞跃点出发经有穷步[①]到达（0，1，2，…，n）的概率. 因而

$$P(x_{n+1}(\beta_{kl})=j \mid \boldsymbol{\tau}_m \leqslant \beta_{kl} < \boldsymbol{\tau}_{m+1})$$
$$=\frac{(1-\Delta)^{m-1}\Delta^{l-1} v_j^{(n+1)}}{(1-\Delta)^{m-l}\Delta^{l}}=\frac{v_j^{(n+1)}}{\Delta}, \quad 0 \leqslant j \leqslant n.$$

类似地有

$$P(X_{n+1}(\beta_{kl})=n \mid \boldsymbol{\tau}_m \leqslant \beta_{kl} < \boldsymbol{\tau}_{m+1})$$
$$=\frac{v_n^{(n+1)} + v_{n+1}^{(n+1)} c_{n+1,n}}{\Delta}.$$

以此两式代入（15），并注意易证 $P(\boldsymbol{\tau}_1 \leqslant \beta_{kl} < +\infty)=1$，

$$P(\lim_{i\to+\infty} \boldsymbol{\tau}_i = +\infty)=1,$$

即得证（14）中前两式. 最后一式是显然的. ■

更一般地，对 $n>m$，定义两变换

$$f_{nm} = f_{m+1,m} \cdots f_{n-1,n-2} f_{n,n-1}, \tag{16}$$

$$g_{nm} = g_{m+1,m} \cdots g_{n-1,n-2} g_{n,n-1}. \tag{17}$$

它们都是把 T_n 跳跃函数变为 T_m 跳跃函数的单值变换，逆变换 f_{nm}^{-1}，g_{nm}^{-1}，则把 T_m 跳跃函数变为 T_n 跳跃函数，但后者一般是多值的.

（三）

仍旧考虑（Q，$\boldsymbol{\Phi}^{(n)}$）过程 $x_n(t, \omega)$，$t \geqslant 0$. 根据随机过程的表现理论[②]，可以取基本事件空间 $\Omega=\Omega_n$，这里 $\Omega_n=(\omega_n)$ 是

① 0 步也算作有穷步.

② 见 Doob [1] 第 1 章 § 6.

全体 T_n 跳跃函数的集合，而且基本事件 ω_n 与样本函数 $x_n(t,\omega_n)$ 重合，即 $x_n(t,\omega_n)=\omega_n(t)$，$(t\geqslant 0)$. 这样取定的概率空间记为 $(\Omega_n, \mathcal{F}_n, P_n)$，$P_n$ 完全由 Q，$\boldsymbol{\Phi}^{(n)}$ 及一开始分布决定，今如取由 (8) 定义的分布 $\boldsymbol{\Phi}^{(n-1)}$，则由 (7) 及引理 1，定义在 $(\Omega_n, \mathcal{F}_n, P_n)$ 上的过程 $f_{nn-1}(x_n(t,\omega_n))$ 是 $(Q, \boldsymbol{\Phi}^{(n-1)})$ 过程，由此易见 $f_{nm}(x_n(t,\omega_n))$ 是定义在 $(\Omega_n, \mathcal{F}_n, P_n)$ 上的 $(Q, \boldsymbol{\Phi}^{(m)})$ 过程，$(m<n)$，这里

$$\varphi_i^{(m)}=\frac{\varphi_i^{(n)}}{\sum\limits_{j=0}^{m}\varphi_j^{(n)}},\ 0\leqslant i\leqslant m. \tag{18}$$

此式是 (8) 的推广.

今设已给一列非负数 (φ_i)，使

$$0<\sum_{i=0}^{+\infty}\varphi_i\leqslant+\infty, \tag{19}$$

(注意此级数可以发散)，故至少有一 $\varphi_i>0$. 不失以下讨论的一般性，设 $\varphi_0>0$. 由 (φ_i) 作集中在 $(0, 1, 2, \cdots, n)$ 上的分布

$$\boldsymbol{\Phi}^{(n)}=(\varphi_0^{(n)}, \varphi_1^{(n)}, \cdots, \varphi_n^{(n)}),$$

其中

$$\varphi_i^{(n)}=\frac{\varphi_i}{\sum\limits_{i=0}^{n}\varphi_i} \tag{20}$$

显然，分布列 $(\boldsymbol{\Phi}^{(n)})$ 满足关系 (18).

引理 3　存在概率空间 $(\Omega, \mathcal{F}, P)$，在其上可以定义一列 $(Q, \boldsymbol{\Phi}^{(n)})$ 过程 $x_n(t,\omega)$，$t\geqslant 0$，$(n\in\mathbf{N})$，使满足关系 (7). 这里 $\boldsymbol{\Phi}^{(n)}$ 由 (20) 决定.

证　固定一分布 (v_i) 作为开始分布，如上所述，对每一 $n\geqslant 0$，存在 $(\Omega_n, \mathcal{F}_n, P_n)$ 及定义于其上的 $(Q, \boldsymbol{\Phi}^{(n)})$ 过程 $x_n(t,\omega_n)$，$t\geqslant 0$. 对任意 $k(\geqslant 1)$ 个非负整数 $n_1, n_2, \cdots, n_k$，任取 $n\geqslant\max(n_1, n_2, \cdots, n_k)$，定义在 $(\Omega_n, \mathcal{F}_n, P_n)$ 上的

过程 $z_{n_i}(t, \omega_n) = f_{nn_i}(x_n(t, \omega_n))$ 也是 $(Q, \boldsymbol{\Phi}^{(n_j)})$ 过程，故与 $x_{n_i}(t, \omega_{n_i})$，$t \geqslant 0$ 有相同的有穷维分布. 今对 $t_i \in [0, +\infty)$ 及 $j_i \in E$ $(i=1, 2, \cdots, k)$，定义 k 维分布

$$F_{n_1 t_1, n_2 t_2, \cdots, n_k t_k}(j_1, j_2, \cdots, j_k)$$
$$= P_n(z_{n_i}(t_i, \omega_n) = j_i, i=1, 2, \cdots, k). \tag{21}$$

易见此分布不依赖于 n 的选择，而且有穷维分布族 $\{F_{n_1 t_2, n_2 t_2, \cdots, n_k t_k}\}$ 是相容的. 故根据柯尔莫哥洛夫定理，存在概率空间 $(\Omega, \mathcal{F}, P)$，及定义于其上的过程列 $x_n(t, \omega)$，$t \geqslant 0$ $(n \in \mathbf{N})$，使

$$P(x_{n_i}(t_i, \omega) = j_i, i=1, 2, \cdots, k)$$
$$= F_{n_1 t_1, \cdots, n_k t_k}(j_1, j_2, \cdots, j_k). \tag{22}$$

由此及 (21)，特别地知 $x_n(t, \omega)$ 与 $z_n(t, \omega_n)$ 有相同的有穷维分布. 其次，按上引定理，可取 $\Omega = (\omega)$，其中 $\omega = \omega(n, t)$ 是取值于 E 的二元函数 $(n \in \mathbf{N}; t \in [0, +\infty))$，并且 $x_n(t, \omega) = \omega(n, t)$. 由于对一切 $n \geqslant m \geqslant 0$，$P_n(f_{nm}(z_n(t, \omega_n)) = z_m(t, \omega_n)) = 1$，$P_n(Z_n(t, \omega_n)$ 是 T_n 跳跃函数$) = 1$，故可自 Q 中除去一零测集，以使对每 ω，$x_n(t, \omega)$ 是 T_n 跳跃函数，而过程 $x_n(t, \omega)$，$t \geqslant 0$，则成为 $(Q, \boldsymbol{\Phi}^{(n)})$ 过程，并且使 (7) 成立. 清洗（缩小）后的概率空间仍记为 $(\Omega, \mathcal{F}, P)$，则此空间符合要求. ■

逐句重复引理 3 的证明，作显然的记号上及字面上的修改后，即可证明下面的引理.

引理 4 存在概率空间 $(\Omega, \mathcal{F}, P)$，在其上可以定义一列 $(Q, V^{(n)})$ 过程 $x_n(t, \omega)$，$t \geqslant 0$ $(n \in \mathbf{N}^*)$，使满足关系 (13)，这里 $V^{(n)} = (v_0^{(n)}, v_1^{(n)}, \cdots, v_n^{(n)})$，$(n \in \mathbf{N}^*)$，是 (14) 的任一列非负解.

§6.2　连续流入不可能的充分必要条件

(一)

设 $x(t,\ \omega)$，$t\geqslant 0$ 为可分 Q 过程，由 §3.1，不影响转移概率，对每 $i\in E$，可设 t-集 $S_i(\omega)=(t:\ x(t,\ \omega)=i)$ 以概率 1 是有穷或可列多个左闭右开的不相交的 i 区间的和，而且在任一有界区间中，只含有穷多个 i 区间，在任一定点 t 后有第一个断点，它是跳跃点 a. s. .

定理 1　对任意可分 Q 过程 $x(t,\ \omega)$，$t\geqslant 0$，t-集，$\Gamma(\omega)=(t:\ t$ 是 $x(s,\ \omega)$，$s\geqslant 0$ 的飞跃点) 是闭集 a. s. .

证　对固定的 ω，称 a 是 $\Gamma(=\Gamma(\omega))$ 的左极限点，如 a 是 Γ 的极限点，但存在 $\varepsilon>0$，使 $x(t)$ 在 $[a-\varepsilon,\ a)$ 中为常数. 记 Γ 的左极限点集为 A，并令 $B=(b:\ x(t)$ 在 b 不连续，而且在某 $[b-\delta,\ b)$ $(\delta>0)$ 为常数). 显然 $A\subset B$. 但另一方面，因 $[b-\delta,\ b)$ 必含于某 i 区间之中，而且 B 中不同的 i 不能含于同一 i 区间之中，故 B 是可列集 a. s. . 记 $B=(b_n)$，则 b_n 不是跳跃点的概率等于 0. 否则，存在 $r\in R$（可分 t-集），使 $P(r\in[b_n-\delta,\ b_n)$ 而且 b_n 非跳跃点$)>0$. 于是 r 后第一个断点以正概率不是跳跃点，此如上述不可能. 故 B 由跳跃点构成；然而由 A 的定义，A 中的点均非跳跃点，故 $AB=\varnothing$，从而 $A=\varnothing$　a. s. .

若点 γ 是 Γ 的极限点，但 $\gamma\overline{\in}A$，则在任一 $[b-\varepsilon,\ b)$ 中必有无穷多个跳跃点，故 $\gamma\in\Gamma$，因而得证，$\Gamma(\omega)$ 是闭集 a. s. .

任意固定 $\varphi\geqslant 0$. 由定理 1，可定义

$$\tau_\varphi(\omega)\ =\max(\gamma:\ \gamma\leqslant\varphi,\ \gamma\in\Gamma(\omega))\tag{1}$$

换言之，$\tau_{\varphi}(\omega)$ 是 φ 前的最后一个飞跃点（如右方括号中集是空的，则令 $\tau_{\varphi}(\omega)=0$）. 它是随机变量. 易见几乎处处存在极限 $\lim\limits_{t\downarrow\tau_{\varphi}(\omega)} x(t,\ \omega)$. 实际上，如说不然，必存在 $i\in E$，使

$$P\left(\overline{\lim_{t\downarrow\tau_{\varphi}(\omega)}}\ x(t,\ \omega)>\underline{\lim_{t\downarrow\tau_{\varphi}(\omega)}}\ x(x,\ \omega)=i\right)>0.$$

由于 $P(\tau_{\varphi}(\omega)\leqslant\varphi)=1$，故上式表示以正的概率在 $[0,\ \varphi]$ 中有无穷多个 i 区间，此不可能.

定义 $x(\tau_{\varphi},\ \omega)=\overline{\lim\limits_{t\downarrow\tau_{\varphi}}}x(t,\ \omega)$. 若对任意 $\varphi\geqslant0$，有 $P(x(\tau_{\varphi},\ \omega)=+\infty)=0$，则说**质点不能自 $+\infty$“连续地”流入有穷状态**；不久可证，其充分必要条件是 $S=+\infty$，这里 S 由 §5.1(6) 定义.

(二)

设 $x(t,\ \omega)$，$t\geqslant0$ 是取值于 E 的典范链，对 $[0,\ +\infty)$ 中任一子集 B，以 $\mathcal{B}_B$ 表含 ω-集 $(x(t,\ \omega)=j)$，$(t\in B,\ j\in E)$ 的最小 σ-代数. 设随机变量 $\zeta(\omega)(\leqslant+\infty)$ 为马氏时刻，记 $\Omega_{\zeta}=(\zeta(\omega)<+\infty)$. 令

$$\begin{aligned}\mathcal{B}[0,\ \zeta]=(A:A\subset\Omega_{\zeta}，对任\ t\geqslant0,\\ A\cap(\zeta\leqslant t)\in\mathcal{B}[0,\ t]),\end{aligned}\tag{2}$$

则 $\mathcal{B}[0,\ \zeta]$ 是 Ω_{ζ} 中一 σ-代数. 由强马氏性，对任意 $B\in\mathcal{B}[0,\ +\infty)$，在 Ω_{ζ} 上，除去某零测度集外，有

$$P(\theta_{\zeta}B\mid\mathcal{B}[0,\ \zeta])=P_{x(\zeta)}(B).\tag{3}$$

引理 1 设 $\zeta(\omega)$ 为随机变量，满足条件

(i) 对任意 $s\geqslant0$，$t\geqslant0$，ω-集 $A_s=(\xi>s)\in\mathcal{B}[0,\ s]$，而且 $A_{s+t}\subseteq A_S\cap\theta_sA_t$；

(ii) 存在 $T>0$，$\alpha>0$，使对一切 $k\in E$，有 $P_k(A_T)<1-\alpha$. 则 $E_{\xi}<+\infty$.

证 因 $A_s\in\mathcal{B}[0,\ s]$，$\theta_sA_T\in\mathcal{B}[s,\ +\infty)$，由马氏性得

$$P_k(A_{s+T})\leqslant P_k(A_s\cap\theta_sA_T)=\int_{A_s}P_{x(s)}(A_T)P_k(\mathrm{d}\omega)$$
$$\leqslant(1-\alpha)P_k(A_s),\tag{4}$$

从而 $P_k(A_nT)\leqslant(1-\alpha)^n$，并且

$$E_k\xi=\int_0^{+\infty}P_k(\xi>s)\mathrm{d}s=\sum_{n=0}^{+\infty}\int_{nT}^{(n+1)T}P_k(\xi>s)\mathrm{d}s$$
$$\leqslant T\sum_{n=0}^{+\infty}P_k(\xi>nT)=T\sum_{n=0}^{+\infty}P_k(A_{nT})\leqslant\frac{T}{\alpha}<+\infty.$$

由于 $k\in E$ 任意，故 $E_\xi\in+\infty$.

(三)

定理 2　设 Q 满足 $S=+\infty$，则对任意 Q 过程 $x(t,\ \omega)$，$t\geqslant0$，有 $P(x(\boldsymbol{\tau}_\varphi,\ \omega)=+\infty)=0$，这里 $\varphi\geqslant0$ 任意.

证　若 $R=+\infty$，则因第一个飞跃点 $\boldsymbol{\tau}(\omega)=+\infty$，a. s.，故 $\boldsymbol{\tau}_\varphi(\omega)=0$，a. s.，而定理显然正确.

设 $R<+\infty$，令 $\eta_i(\omega)=\inf(t:\ x(t,\ \omega)=i)$，则 $P_0(\eta_i<+\infty)=1$. 引进随机变量

$$\xi_k(\omega)=\inf(t:x(t,\ \omega)=k,\ x(\boldsymbol{\tau}_t,\ \omega)=+\infty),\ k\in E,\tag{5}$$

(若右方括号中集是空的，则令 $\xi_k(\omega)=+\infty$). 试证 $P(\xi_k(\omega)=+\infty)=1$.

先证 $P(\xi_0(\omega)=+\infty)=1$. 若说不然，则 $P(\xi_0<+\infty)>0$，故至少有一 $i\in E$，使 $P_i(\xi_0<+\infty)>0$. 既然 $P(\xi_0(\omega)\geqslant\boldsymbol{\tau}(\omega))=1$，故

$$P_0(\xi_0<+\infty)=P_0(\eta_i<+\infty,\ \xi_0-\eta_i<+\infty),$$

对 η_i 用强马氏性即得

$$P_0(\xi_0<+\infty)=\int_{(\eta_i<+\infty)}P_0(\xi_0-\eta_i<+\infty\mid\mathcal{B}_{[0,\eta_i]})P_0(\mathrm{d}\omega)$$
$$=\int_{(\eta_i<+\infty)}P_{x(\eta_i)}(\xi_0<+\infty)P_0(\mathrm{d}\omega).$$

因为 $x(\eta_i)=i$，$P_0(\eta_i<+\infty)=1$，所以由上式得 $P_0(\xi_0<+\infty)=$

$P_i(\xi_0<+\infty)>0$，于是存在 $T>0$，$\alpha>0$，使 $P_0(\xi_0\leqslant T)\geqslant\alpha$. 既 $k\in E$，有

$$\begin{aligned}P_0(\xi_0\leqslant T)&\leqslant P_0(\eta_k\leqslant T,\ \xi_0-\eta_k\leqslant T)\\&=\int_{(\eta_k\leqslant T)}P_0(\xi_0-\eta_k\leqslant T\mid\mathcal{B}_{[0,\eta_k]})P_0(\mathrm{d}\omega)\\&=P_k(\xi_0\leqslant T)P_0(\eta_k\leqslant T),\end{aligned}$$

故 $P_k(\xi_0\leqslant T)\geqslant P_0(\xi_0\leqslant T)\geqslant\alpha$，即 $P_k(\xi_0>T)<1-\alpha$，$(k\in E)$，从而引理 1 条件（ii）满足；由 $\xi_0(\omega)$ 的定义，易见那里（i）也满足，故得 $E\xi_0<+\infty$. 按 § 5.1 定理 2 及假设，

$$\lim_{n\to+\infty}E\sigma_n=S=+\infty,$$

σ_n 为自 n 出发，经有穷步首达 0 的时间. 故存在 N，使

$$E\sigma_N>2E\xi_0. \tag{6}$$

另一方面，用迭代法定义

$$\begin{aligned}&\alpha_1(\omega)=\inf(t:\ x(t,\ \omega)=N),\\&\beta_1(\omega)=\inf(t:\ t>\alpha_1(\omega),\ x(t,\omega)=N+1),\\&\alpha_k(\omega)=\inf(t:\ t>\beta_{k-1}(\omega),\ x(t,\ \omega)=N-1),\\&\beta_k(\omega)=\inf(t:\ t>\alpha_k(\omega),\ x(t,\ \omega)=N+1),\ k>1.\end{aligned}$$

由于 $R<+\infty$，易见[①] $P(\alpha_k<+\infty,\ \beta_k<+\infty,\ k\in\mathbf{N})=1$. 今保存区间 $[\alpha_k(\omega),\ \beta_k(\omega))$，$(k\in\mathbf{N})$ 而抛去其他区间，并将保留区间向左按原序平移，使 $\alpha_1(\omega)$ 重合于 0，并使各区间相连而不相交，所得为 Q_N 过程 $x_N(t,\ \omega)$，$t\geqslant0$，（见 § 5.1(16)），$P(x_N(0,\ \omega)=N)=1$. 显然 $\sigma_N(\omega)=\inf(t:x_N(t,\omega)=0)\leqslant\xi_0(\omega)$，故 $E_{\sigma_N}\leqslant E\xi_0$. 此与（6）矛盾，故 $P(\xi_0(\omega)=+\infty)=1$.

其次，由 $P(\xi_0<+\infty)\geqslant P(\xi_k<+\infty)\prod\limits_{i=1}^{k}\dfrac{a_i}{a_i+b_i}$，得

$$P(\xi_k(\omega)=+\infty)=1,\quad k\in E. \tag{7}$$

---

① 这也可从 § 6.3 定理 2 证（i）推出.

今如说定理不真，即对某 $\varphi \geqslant 0$，有 $P(x(\tau_{\varphi})=+\infty)>0$，则必存在 $k \in E$，使 $P(x(\tau_{\varphi})=+\infty,\ x(\varphi)=k)>0$，故 $P(\xi_k<+\infty) \geqslant P(x(\tau_{\varphi})=+\infty,\ x(\varphi)=k)>0$. 此与（7）矛盾. ■

系 1　若 $S=+\infty$，则存在 Ω_0，$P(\Omega)=1$，使 $\omega \in \Omega_0$ 时，t-集 $H_{\omega}=(t:\ \lim\limits_{s \downarrow t} x(s,\ \omega)=+\infty$，而且存在 $\varepsilon>0$，使在 $(t,\ t+\varepsilon)$ 中无飞跃点) 是空集.

证　只要令 $\Omega_0=\bigcap_k(\omega:\ \xi_k(\omega)=+\infty)$. ■

反之，如 $S<+\infty$，由下面 § 6.6 系 2，知存在 Q 过程使定理 2 中结论不成立，故 $S=+\infty$ 是不可能“连续”流入有穷状态的充分必要条件（参看 § 6.5 中定理 2 及定理 3），这一结果在构造论中会起到重要作用.

§6.3 一般 Q 过程变换为杜布过程

(一)

是否可变迁一 Q 过程为杜布过程？本节给出一般方法．此时 Q 不变而转移概率的变化则可控制得很小①

设 Q 为保守矩阵（见§2.3(12)），而且 $q_i>0$，一切 $i\in E$；称**矩阵 Q 为原子的**，如满足

$$P(\xi_n=j\mid\xi_{n-1}=i)=\frac{q_{ij}}{q_i},\qquad i,\ j\in E \tag{1}$$

的马氏链 (ξ_n)，$(n\geqslant 0)$，具有性质：对任一集 $R\subset E$，不论开始分布如何，存在正整数 $N(=N(\omega))$，使

$$P(\xi_n\in R,\ n\geqslant N)=0 \text{ 或 } 1. \tag{2}$$

称 **Q 过程为原子**的，若 Q 是原子的；而由（1）定义的马氏链 (ξ_n)，则称为此 Q 过程的嵌入马氏链．

易见生灭过程是原子的．实际上，以 A 表（2）中左方括号中的 ω-集，A 是 (ξ_n) 的不变集，仿§4.2(16)，得

$$P_i(A)=\frac{a_i}{c_i}P_{i-1}(A)+\frac{b_i}{c_i}P_{i+1}(A),\quad i>1,$$

$$P_0(A)=P_1(A).$$

解之得 $P_i(A)\equiv c$，从而 $P_i(A)\equiv 0$ 或 $\equiv 1$ $(i\in E)$，故

$$P(A)=0 \text{ 或 } 1.$$

今设 $x(t,\ \omega)$，$t\geqslant 0$，为可分的波莱尔可测齐次马氏链，τ 为其第一个飞跃点；又设 ζ 为马氏时刻，$P(\zeta<+\infty)=1$，$P(x(\zeta)=+\infty)=0$，$\tau_\zeta^{(n)}$ 为 ζ 后的第 n 个跳跃点，$\tau_\zeta=\lim\limits_{n\to+\infty}\tau_\zeta^{(n)}$

---

① 参看§6.4定理3的证明．

是 ζ 后的第一个飞跃点，易见 $\tau_\zeta^{(n)}$ 为马氏时刻.

定理 1　若 Q 过程 $x(t, \omega)$，$t\geqslant 0$，是原子的，且 $P(\tau<+\infty)=1$，则

$$P(\theta_{\tau_\zeta}B\mid \mathcal{B}_{[0,\tau_\zeta)})=C. \tag{3}$$

这里 $B\in\mathcal{B}_{[0,+\infty)}$；又 $\mathcal{B}_{[0,\tau_\zeta)}$ 是含一切 $\mathcal{B}_{[0,\tau_\zeta^{(n)}]}$，$(n\geqslant 0)$，$(\tau_\zeta^{(0)}=\zeta)$ 的最小 σ-代数；C 为不依赖于 ζ 的常数.

证　除去一零测集后，$\tau_\zeta^{(n)}<\tau_\zeta^{(n+1)}$，$\Omega_{\tau_\zeta^{(n)}}=\Omega_{\tau_\zeta^{(n+1)}}$. 先证 $\mathcal{B}_{[0,\tau_\zeta^{(n)}]}\subset\mathcal{B}_{[0,\tau_\zeta^{(n+1)}]}$. 任取 $A\in\mathcal{B}_{[0,\tau_\zeta^{(n)}]}$，则 $A\subset\Omega_{\tau_\zeta^{(n+1)}}$，又①

$$\begin{aligned}(A,\ \tau_\zeta^{(n+1)}\leqslant t)&=(A,\ \tau_\zeta^{(n)}\leqslant t)\cap(\tau_\zeta^{(n+1)}\leqslant t,\ \tau_\zeta^{(n)}\leqslant t)\\&=(A,\ \tau_\zeta^{(n)}\leqslant t)\cap\bigcup_{v=1}^{+\infty}\bigcup_{u=v}^{+\infty}\bigcup_{k=1}^{2^u-1}\left[\left(\frac{(k-1)t}{2^u}<\tau_\zeta^{(n)}\leqslant\frac{kt}{2^u}\right)\cap\right.\\&\qquad\left.\left(\text{存在 } j,\ k<j\leqslant 2^u,\ \text{使 } x\left(\frac{jt}{2^u}\right)\neq x\left(\frac{kt}{2^u}\right)\right)\right]\in\mathcal{B}_{[0,t]},\end{aligned}$$

故 $A\in\mathcal{B}_{[0,\tau_\zeta^{(n+1)}]}$. 于是 $\mathcal{B}_{[0,\tau_\zeta^{(n)}]}\uparrow\mathcal{B}_{[0,\tau_\zeta]}$. 由强马氏性，得

$$\begin{aligned}P(\theta_{\tau_\zeta}B\mid\mathcal{B}_{[0,\tau_\zeta)})&=\lim_{n\to+\infty}P(\theta_{\tau_\zeta}B\mid\mathcal{B}_{[0,\tau_\zeta^{(n)}]})\\&=\lim_{n\to+\infty}P_{x(\tau_\zeta^{(n)})}(\theta_\tau B).\end{aligned}\tag{4}$$

任意取实数 $\alpha>0$，令 $R=(i:\ P_i(\theta_\tau B)>\alpha)$，由（4）

$$\begin{aligned}&P(\omega:\ P(\theta_{\tau_\zeta}B\mid\mathcal{B}_{[0,\tau_\zeta)})>\alpha)\\&=P(\omega:\ \text{存在 } N(=N(\omega)),\ \text{使 } n\geqslant N \text{ 时},\ x(\tau_\zeta^{(n)})\in R),\end{aligned}$$

然而 $(x(\tau_\zeta^{(n)}))$，$(n\in\mathbf{N})$，是 Q 过程的嵌入马氏链，开始分布为 $r_i=P(x(\zeta)=i)(i\geqslant 0)$. 由原子性得

$$P(\omega:\ P(\theta_{\tau_\zeta}B\mid\mathcal{B}_{[0,\tau_\zeta)})>\alpha)=0\text{ 或 }1.$$

由于 α 为任一正数，故以概率 1

$$P(\theta_{\tau_\zeta}B\mid\mathcal{B}_{[0,\tau_\zeta)})=C(\zeta),$$

这里 $C(\zeta)$ 表一常数，它可能依赖于 ζ，更精确些，可能依赖于

---

① $(A,\ B)$ 表 $A\cap B$.

开始分布 $r_i=P(x(\zeta)=i)$，$(i\in E)$. 利用马氏链理论中下列简单事实：设 (x_n) 为马氏链，f 为实值函数，若对任意开始分布，$f(x_n)$ 当 $n\to+\infty$ 时以概率 1 收敛于常数，则此常数与开始分布无关[①]. 因此，在此事实中取 $x_n=x(\boldsymbol{\tau}_\zeta^{(n)})$，$f(x_n)=P_{x_n}(\theta_\tau B)$，即得 $c(\zeta)$ 与 ζ 无关.

由此定理可见，事件 $\theta_{\tau_\zeta}B$ 与 $\mathscr{B}_{[0,\tau_\zeta)}$ 中的事件独立.

（二）

现在进一步设 Q 为生灭矩阵而且 $R<+\infty$，用迭代法定义

$$\boldsymbol{\tau}_1(\omega)(=\boldsymbol{\tau}(\omega))\text{为 } x(t,\ \omega)\text{的第一个飞跃点，} \tag{5}$$

$$\beta_1^{(n)}(\omega)=\inf(t:\ t\geqslant\boldsymbol{\tau}_1(\omega),\ x(t,\ \omega)\leqslant n). \tag{6}$$

若 $\boldsymbol{\tau}_{m-1}(\omega)$，$\beta_{m-1}^{(n)}(\omega)$ 已定义，则令

$$\boldsymbol{\tau}_m(\omega)\ \text{为}\ \beta_{m-1}^{(n)}(\omega)\ \text{后的第一个飞跃点，} \tag{7}$$

$$\beta_m^{(n)}(\omega)=\inf(t:\ t\geqslant\boldsymbol{\tau}_m(\omega),\ x(t,\ \omega)\leqslant n), \tag{8}$$

此外，令 $\beta_{mk}^{(n)}(\omega)$ 为 $\beta_m^{(n)}(\omega)$ 后的第 k 个跳跃点.

对 Q 过程 $x(t,\ \omega)$，$t\geqslant 0$，施行 $C(\boldsymbol{\tau}_m(\omega),\ \beta_m^{(n)}(\omega))$ 变换后，所得过程记为 $x_n(t,\ \omega)$，$t\geqslant 0$.

定理 2 若 $R<+\infty$，则 $x_n(t,\ \omega)$ 为 $(Q,\ V^{(n)})$ 过程，其中 $V^{(n)}=(v_0^{(n)},\ v_1^{(n)},\ \cdots,\ v_n^{(n)})$ 满足 § 6.1 (14).

证 为证此只需要证明下列结论：

(i) 对一切 n，$m\in\mathbf{N}^*$，$P(\beta_m^{(n)}<+\infty)=1$；

(ii) 对任意固定的 $n\geqslant 1$，$x(\beta_m^{(n)})$，$(m\in\mathbf{N}^*)$，独立同分布，而且 $v_i^{(n)}=P(x(\beta_m^{(n)})=i)$ 满足 § 6.1 (14)；

---

① 实际上，先设开始分布 $u=(u_i)$ 满足 $u_i>0$，一切 i，则于 $P(f(x_n)\to c(u))=1$ 得 $P_i(f(x_n)\to c(u))=1$，$c(u)$ 为可能依赖于 u 的常数. 另一方面，由假定 $P_i(f(x_n)\to c(d_i))=1$，d_i 表集中于单点 i 上之分布，故 $c(u)=c(d_i)$. 今设 u' 为任意分布，则至少存在一 i，使 $u'_i>0$，重复上推理得 $c(u')=c(d_i)=c(u)$.

(iii) 对任意固定的 $n\geqslant 1$，随机变量族

$(x(\beta_{mk}^{(n)})$；$(\beta_{m,k+1}^{(n)}-\beta_{mk}^{(n)})$，$k\in\mathbf{N})$，$(\beta_{m0}^{(n)}=\beta_m^{(n)})$ 不依赖于随机变量族

$$(x(\beta_{jk}^{(n)});\ \beta_{jk}^{(n)},\ j=0,\ 1,\ \cdots,\ m-1;\quad k\in\mathbf{N}).$$

如果这些结论得以证明，那么由于 $x_n(t,\omega)$，$t\geqslant 0$ 的密度矩阵是 $\boldsymbol{Q}$（这由 $\boldsymbol{Q}$ 中元的概率意义推出，见§2.2 定理 5，6.）而且在飞跃点上的分布为 $P(x(\beta_m^{(n)})=i)=v_i^{(n)}(0\leqslant i\leqslant n)$，故它是（$\boldsymbol{Q}$，$V^{(n)}$）过程.

(i)～(iii) 的证明分成四步：

i）由 $R<+\infty$，存在 $s>0$ 及 $l\in E$，使

$$P(\beta_1^{(l)}<+\infty)\geqslant P(\tau_1<s,\ x(s)\leqslant l)>0. \tag{9}$$

由此可见[①]存在 $T>0$，$\alpha>0$，使对任一 $k\in E$，有 $P_k(\beta_1^{(l)}\leqslant T)\geqslant\alpha$. 从而根据§6.2 引理 1 立得 $E\beta_1^{(l)}<+\infty$，故有 $P(\beta_1^{(l)}<+\infty)=1$. 今考虑 $y(t,\omega)=x(\beta_1^{(l)}(\omega)+t,\omega)$，$t\geqslant 0$，由关于 $\beta_1^{(l)}$ 的强马氏性，它也是 Q 过程. 仿（6）对此 $y(t,\omega)$ 定义的 $\beta_1^{(l)}(\omega)$ 记为 $\beta_{1y}^{(l)}(\omega)$，则由上知 $P(\beta_{1y}^{(l)}(\omega)<+\infty)=1$. 于是由 $\beta_2^{(l)}(\omega)=\beta_1^{(l)}(\omega)+\beta_{1y}^{(l)}(\omega)$ 得 $P(\beta_2^{(l)}<+\infty)=1$. 由此继续，得证 $P(\beta_m^{(l)}<+\infty)=1$，$(m\geqslant 1)$. 既然当 $n\geqslant l$ 时，$\beta_m^{(n)}(\omega)\leqslant\beta_m^{(l)}(\omega)$，故 (i) 对 $n\geqslant l$ 正确.

ii）固定 $n(\geqslant l)$. 令 $\tau_0\equiv 0$. 取 $B_i=(x(\beta_0^{(n)})=i)$，并于定理 1 中令 $\zeta(\omega)=\beta_{m-1}^{(n)}(\omega)$，$(m=2,3,\cdots)$. 得知诸事件

$$\theta_{\tau_m}B_i=(x(\beta_m^{(n)})=i),\quad i=0,\ 1,\ 2,\ \cdots,\ n,$$

与 $\mathcal{B}_{[0,\tau_m)}$ 中的事件独立，特别与事件 $(x(\beta_j^{(n)})=i)$，$j<m$，$i=0,1,2,\cdots,n$，及其交独立，从而诸 $x(\beta_m^{(n)})$，$(m\geqslant 1)$，相互独立. 再在定理 1 中顺次令 $\zeta(\omega)=0$，$\zeta(\omega)=\beta_1^{(n)}(\omega)$，$\zeta(\omega)=$

---

① 实际上，由（9）至少有一 $j\in E$ 使 $p_j(\beta_i^{(l)}<+\infty)>0$；从而由 $R<+\infty$ 知 $P_0(\beta_1^{(l)}<+\infty)>0$. 故有 T，α 使 $P_0(\beta_1^{(l)}\leqslant T)\geqslant\alpha$，于是 $P_k(\beta_1^{(l)}\leqslant T)\geqslant P_0(\beta_1^{(l)}\leqslant T)\geqslant\alpha$.

$\beta_2^{(n)}(\omega)$，…，可见诸事件 $\theta_{\tau_1}B_i=(x(\beta_1^{(n)})=i)$，$\theta_{\tau_2}B_i=(x(\beta_2^{(n)})=i)$ …有相同的概率.

iii）为证（iii）对 $n(\geqslant l)$ 成立，只需证（$x(\beta_{mk}^{(n)})$，$\beta_{mk+1}^{(n)}-\beta_{mk}^{(n)}$，$k\in\mathbf{N}$）与 $\mathcal{B}_{[0,\tau_m)}$ 中的事件独立. 对任两组整数 $k_1<k_2<\cdots<k_u$，$r_1<r_2<\cdots<r_v$，有

$$(x(\beta_{mk_1}^{(n)})=i_1,\ \cdots,\ x(\beta_{mk_u}^{(n)})=i_u;\ \beta_{mr_1+1}^{(n)}-\beta_{mr_1}^{(n)}>t_1,\cdots,\ \beta_{mr_v+1}^{(n)}-\beta_{mr_v}^{(n)}>t_v)=\theta_{\tau_m}B,$$

其中 $B=(x(\beta_{0k_1}^{(n)})=i_1,\ x(\beta_{0k_2}^{(n)})=i_2,\ \cdots,\ x(\beta_{0k_u}^{(n)})=i_u;$

$$\beta_{0r_1+1}^{(n)}-\beta_{0r_1}^{(n)}>t_1,\ \cdots,\ \beta_{0r_v+1}^{(n)}-\beta_{0r_v}^{(n)}>t_v).$$

然后仿 ii）利用定理 1 即可.

iv）证（i）～（iii）中的结论对任一 $n(\geqslant 1)$ 成立. 只要证 $P(\beta_k^{(l)}<+\infty)=1$ 即可. 若 $v_1^{(l)}=P(x(\beta_1^{(l)})=1)>0$. 则由 i）及 ii）得

$$P(\beta_1^{(l)}<+\infty)=v_1^{(l)}\sum_{n=0}^{+\infty}(1-v_1^{(l)})^n=1;$$

若 $v_1^{(l)}=0$，则取 $k(\leqslant l)$，使 $v_k^{(l)}>0$，于是

$$P(\beta_1^{(l)}<+\infty)=v_k^{(l)}c_{k1}\cdot\sum_{n=0}^{+\infty}(1-v_k^{(l)}c_{k1})^n=1.$$

然后利用 i）中之方法得证 $P(\beta_k^{(l)}<+\infty)=1$，($k\geqslant 1$). 故 i）完全得证. 为完全证明（ii）（iii），只要在 ii）iii）中以 1 换 l；最后，注意 $g_{n+1,n}(x_{n+1}(t,\ \omega))=x_n(t,\ \omega)$，故（$v_i^{(n)}$）满足 §6.1（14）.

对于 $R<+\infty$，$S=+\infty$ 的 Q，尚可如下把 Q 过程变为 Doob 过程，代替（5）～（8），令

$$\boldsymbol{\tau}_1(\omega) \text{ 为 } x(t,\ \omega) \text{ 的第一个飞跃点，} \tag{10}$$

$$\alpha_1^{(n)}(\omega)=\inf(t:\ t\geqslant\boldsymbol{\tau}_1(\omega),\ t \text{ 为飞跃点，} x(t,\ \omega)\leqslant n), \tag{11}$$

$$\boldsymbol{\tau}_m(\omega) \text{ 为 } \alpha_{m-1}^{(n)}(\omega) \text{ 后的第一个飞跃点，} \tag{12}$$

$$\alpha_m^{(n)}(\omega)=\inf(t:\ t\geqslant\boldsymbol{\tau}_m(\omega),\ t \text{ 为飞跃点，} x(t,\ \omega)\leqslant n). \tag{13}$$

此外，令 $\alpha_{mk}^{(n)}(\omega)$ 为 $\alpha_m^{(n)}(\omega)$ 后的第 k 个跳跃点.

对 Q 过程 $x(t, \omega)$，$t\geqslant 0$ 施行 $C(\boldsymbol{\tau}_m(\omega), \alpha_m^{(n)}(\omega))$ 变换后，所得过程也记为 $x_n(t, \omega)$，$t\geqslant 0$.

定理 3　设 $R<+\infty$，$S=+\infty$，则 $x_n(t, \omega)$，$t\geqslant 0$，($n\geqslant l$，l 为某非负数)，为 (Q，$\boldsymbol{\Phi}^{(n)}$) 过程，其中 $\boldsymbol{\Phi}^{(n)}=(\varphi_0^{(n)}, \varphi_1^{(n)}, \cdots, \varphi_n^{(n)})$ 满足 § 6.1 (8).

证　取 $\varphi>0$，使 $P(\boldsymbol{\tau}_1<\varphi)>0$. 由 § 6.2 定理 2，$P(x(\boldsymbol{\tau}_\varphi)\neq+\infty)=1$，这里 $\boldsymbol{\tau}_\varphi(\omega)$ 是 φ 以前的最后一个飞跃点. 故存在 $l\in E$，使 $P(\boldsymbol{\tau}_1\leqslant\boldsymbol{\tau}_\varphi, x(\boldsymbol{\tau}_\varphi)=l)=P(\boldsymbol{\tau}_1<\varphi, x(\boldsymbol{\tau}_\varphi)=l)>0$，从而

$$P(\alpha_1^{(l)}<+\infty)\geqslant P(\boldsymbol{\tau}_1\leqslant\boldsymbol{\tau}_\varphi, x(\boldsymbol{\tau}_\varphi)=l)>0,$$

故得到了与 (9) 类似的式子，然后只要逐句重复上定理的证明至 iv) 以前，并作显然的改变即可.

§6.4　$S<+\infty$时Q过程的构造

(一)

固定任一生灭矩阵$\boldsymbol{Q}$，使$R<+\infty$. 考虑§6.1中方程组(14)，任意给定$v_1^{(1)}$，$0\leqslant v_1^{(1)}\leqslant 1$，则$v_0^{(1)}$唯一决定；如果（$v_0^{(n)}$，$v_1^{(n)}$，…，$v_n^{(n)}$）已求出，那么任意给定$v_{n+1}^{(n+1)}$，$0\leqslant v_{n+1}^{(n+1)}\leqslant 1$后，可唯一决定（$v_0^{(n+1)}$，$v_1^{(n+1)}$，…，$v_{n+1}^{(n+1)}$）. 因此给出一数列（$v_n^{(n)}$）后（以后简记为（$v_n$），即$v_n=v_n^{(n)}$），可唯一决定§6.1中（14）的一组解. 为使此组解中每（$v_0^{(n)}$，$v_1^{(n)}$，…，$v_n^{(n)}$），（$n\in\mathbf{N}^*$），均是一概率分布，不难看出，充分必要条件是（v_n）满足条件

$$1\geqslant v_1\geqslant 0,$$

$$1\geqslant v_n\geqslant\frac{v_{n+1}(z-z_{n+1})}{(z-z_n)-v_{v+1}(z_{n+1}-z_n)}\geqslant 0,\ n\geqslant 1. \tag{1}$$

由§6.3定理2(ii)，立得

引理1　设已给Q过程$x(t,\omega)$，$t\geqslant 0$，使$R<+\infty$，则序列（v_n）

$$v_n=P(x(\beta_1^{(n)})=n),\ n\geqslant 1 \tag{2}$$

满足(1).

本节中，以下恒设$R<+\infty$，$S<+\infty$.

重要的是，以后会证明：设已给满足(1)的序列（v_n），则必存在Q过程$x(t,\omega)$，$t\geqslant 0$，满足(2)，而且此过程是唯一的，为此要作相当准备.

设已给一列满足(1)的（v_n），它决定§6.1(14)的一组解记为（$\boldsymbol{V}^{(n)}$），$\boldsymbol{V}^{(n)}=(v_0^{(n)},v_1^{(n)},\cdots,v_n^{(n)})$. 由§6.1引理4，

可在某空间（Ω，$\mathcal{F}$，P）上作一列（Q，$\mathbf{V}^{(n)}$）过程 $x_n(t, \omega)$，$t\geqslant 0(n\geqslant 1)$，并且

$$g_{nm}(x_n(t, \omega))=x_m(t, \omega), \quad n\geqslant m. \tag{3}$$

换言之；对 $x_n(t, \omega)$ 施行 $C(\boldsymbol{\tau}_i^{(n,m)}(\omega), \beta_i^{(n,m)}(\omega))$ 变换后即得 $x_m(t, \omega)$，这里 $\boldsymbol{\tau}_i^{(n,m)}(\omega)$，$\beta_i^{(n,m)}(\omega)$ 仿 § 6.3 中（5）～（8）对过程 $x_n(t, \omega)$ 定义，即

$\boldsymbol{\tau}_1^{(n,m)}(\omega)$ 为 $x_n(t, \omega)$ 的第一个飞跃点，　(4)

$\beta_1^{(n,m)}(\omega)=\inf(t: t\geqslant\boldsymbol{\tau}_1^{(n,m)}(\omega), x_n(t, \omega)\leqslant m)$，　(5)

$\boldsymbol{\tau}_i^{(n,m)}(\omega)$ 为 $\beta_{i-1}^{(n,m)}(\omega)$ 后第一个飞跃点，　(6)

$\beta_i^{(n,m)}(\omega)=\inf(t: t\geqslant\boldsymbol{\tau}_i^{(n,m)}(\omega), x_n(t, \omega)\leqslant m)$，　(7)

$\boldsymbol{\tau}_i^{(n)}(\omega)$ 为 $x_n(t, \omega)$ 的第 i 个飞跃点，　(8)

$\boldsymbol{\tau}_{ij}^{(n)}(\omega)$ 为 $\boldsymbol{\tau}_i^{(n)}(\omega)$ 后的第 j 个跳跃点.　(9)

先考虑一特殊情况，即 $v_n=1$，$(n\geqslant 1)$，时，此（v_n）所决定的 § 6.1（14）的解记为（$\pi^{(n)}$），显然

$$\pi^{(n)}=(\pi_0^{(n)}, \cdots, \pi_{n-1}^{(n)}, \pi_n^{(n)})=(0, \cdots, 0, 1). \tag{10}$$

引理 2　对（Q，$\pi^{(n)}$）过程 $x_n(t, \omega)$，$t\geqslant 0$，令 $\xi^{(n,m)}(\omega)$ 表示 $\beta_i^{(n,m)}(\omega)<\beta_1^{(n,0)}(\omega)$ 的 i 的个数，则

$$E\xi^{(n,m)}(\omega)<\sum_{i=0}^{+\infty}P(\beta_i^{(n,m)}<\beta_1^{(n,0)})=\frac{Z}{Z-Z_m}. \tag{11}$$

这里 Z 及 Z_m 由 § 5.1(7) 定义.

证　定义 $\eta_i(\omega)=1$ 或 0，视 $\beta_i^{(n,m)}<\beta_1^{(n,0)}$ 与否而定. 则 $E\xi^{(n,m)}=\sum_{i=1}^{+\infty}E\eta_i=\sum_{i=1}^{+\infty}P(\beta_1^{(n,m)}<\beta_1^{(n,0)})$. 但 $P(\beta_i^{(n,m)}<\beta_1^{(n,0)})=(1-c_{m0})^{i-1}$，故由 § 5.1(25) 并回忆 $c_{m0}=q_m(0)$，得

$$E\xi^{(n,m)}=\sum_{i=1}^{+\infty}(1-c_{m0})^{i-1}=\frac{1}{c_{m0}}=\frac{Z}{Z-Z_m}. \quad \blacksquare$$

对（Q，$\pi^{(n)}$）过程 $x_n(t, \omega)$，$t\geqslant 0$，定义

$$T^{(n,r)}(\omega)=\beta_1^{(n,r)}(\omega)-\boldsymbol{\tau}_1^{(n)}(\omega), \quad n>r. \tag{12}$$

故 $T^{(n,r)}$ 是自 $\boldsymbol{\tau}_1^{(n)}$ 算起，初次到达 r 的时间. 注意 $P(x_n(\boldsymbol{\tau}_1^{(n)})=n)=1$，故 $ET^{(n,r)}$ 是在“质点自 n 出发，到达 $+\infty$ 后立刻回到 n”的条件下，质点初次到达 r 的平均时间，因此，它不超过在“自 n 出发，到达 $+\infty$ 后‘连续地’回到有穷状态”的条件下，此时间的平均值 $\sum\limits_{k=r+1}^{+\infty} e_k$（见 § 5.1(5)）. 此直观上明显的事实可如下证明.

引理 3 对（Q，$\pi^{(n)}$）过程，$ET^{(n,r)}\leqslant\sum\limits_{k=r+1}^{+\infty} e_k\leqslant S$，$n>r\geqslant 0$.

证 首先注意一简单事实：设有差分方程

$$\mathcal{D}_k=\frac{1}{c_k}(1-\mathrm{e}^{-c_k\varepsilon})+\frac{a_k}{c_k}\mathcal{D}_{k-1}+\frac{b_k}{c_k}\mathcal{D}_{k+1},\quad 0<n<k<N,\tag{13}$$

其中 $c_k=a_k+b_k$，$a_k>0$，$b_k>0$，$0<\varepsilon\leqslant+\infty$（若 $\varepsilon=+\infty$，则令 $\mathrm{e}^{-c_k\varepsilon}=0$），在边值条件 $\mathcal{D}_n=0$，$\mathcal{D}_N=c$，$(c\geqslant 0)$ 下之解记为 $(\mathcal{D}_n^{(c)}, \mathcal{D}_{n+1}^{(c)}, \cdots, \mathcal{D}_N^{(c)})$，则 $\mathcal{D}_k^{(c)}\geqslant\mathcal{D}_k^{(0)}$，$n\leqslant k\leqslant N$.

今以 f_i 表对（Q，$\pi^{(n)}$）过程自 i 出发初次回到 $i-1$ 的平均时间，仿 § 5.1(19)，得

$$f_i=\frac{a_i}{c_i}\cdot\frac{1}{c_i}+\frac{b_i}{c_i}\left(\frac{1}{c_i}+f_{i+1}+f_i\right),\ 1\leqslant i\leqslant n,\tag{14}$$

或 $f_i=\frac{1}{a_i}+\frac{b_i}{a_i}f_{i+1}$，$(1\leqslant i\leqslant n)$；故若已知 f_{n+1}，则

$$f_i=\frac{1}{a_i}+\sum_{k=0}^{n-1-i}\frac{b_ib_{i+1}\cdots b_{i+k}}{a_ia_{i+1}\cdots a_{i+k}a_{i+k+1}}+\frac{b_ib_{i+1}\cdots b_n}{a_ia_{i+1}\cdots a_n}f_{n+1}.\tag{15}$$

故若能证 $f_{n+1}\leqslant e_{n+1}$，则由（15）及 § 5.1(5) 立得 $f_i\leqslant e_i$，而

$$ET^{(n,r)}\leqslant\sum_{i=r+1}^{+\infty} f_i\leqslant\sum_{i=r+1}^{+\infty} e_i=S.$$

为证 $f_{n+1}\leqslant e_{n+1}$，考虑 $N>k>n$，以 $\overline{\mathcal{D}}_k^{(N)}$ 表自 k 出发初次到达 n 的平均时间，但当到达 N 时，立刻回到 n（更精确些，

$\overline{\mathcal{D}}_k^{(N)}$ 为对 (Q, π_n) 过程，自 k 出发初次到达含两点之集 $\{n, N\}$ 的平均时间）；而 $\overline{\overline{\mathcal{D}}}_k^{(N)}$ 表对 Q_N-过程（见 §5.1(16)）自 k 出发初次到达 n 的平均时间，易见 $(\overline{\mathcal{D}}_k^{(N)})$ 与 $(\overline{\overline{\mathcal{D}}}_k^{(N)})$ $(n\leqslant k\leqslant N)$，分别是（13）当 $\varepsilon=+\infty$ 时在边界条件 $\mathcal{D}_n=0$，$\mathcal{D}_N=0$ 及 $\mathcal{D}_n=0$，$\mathcal{D}_N=c\left(\geqslant\dfrac{1}{a_N+b_N}\right)$ 下的解，故由上述事实 $\overline{\mathcal{D}}_{n+1}^{(N)}\leqslant\overline{\overline{\mathcal{D}}}_{n+1}^{(N)}$. 但 $\overline{\mathcal{D}}_{n+1}^{(N)}\uparrow f_{n+1}$；$\overline{\overline{\mathcal{D}}}_{n+1}^{(N)}\uparrow e_{n+1}$，$N\to+\infty$ [注意 $\overline{\overline{\mathcal{D}}}_{n+1}^{(N)}=e_{n+1}^{(N)}$，见 §5.1(20) 上面一式]，故 $f_{n+1}\leqslant e_{n+1}$. ■

对任 ε，$0<\varepsilon\leqslant+\infty$，考虑函数

$$f_\varepsilon(x)=\begin{cases}x, & 0\leqslant x<\varepsilon,\\ \varepsilon, & x\geqslant\varepsilon.\end{cases}\tag{16}$$

设 $\xi(\geqslant0)$ 是具有分布密度 $c\mathrm{e}^{-cy}$ $(c>0)$ 的随机变量，则易见 $Ef_\varepsilon(\xi)=\dfrac{1}{c}(1-\mathrm{e}^{-c\varepsilon})$. 特别，$Ef_{+\infty}(\xi)=\dfrac{1}{c}$.

对 $(Q, \pi^{(n)})$ 过程及 $n>r$，定义

$$T_\varepsilon^{(n,r)}(\omega)=\sum_{\tau_1^{(n)}\leqslant\tau_{ij}^{(n)}<\beta_1^{(n,r)}}f_\varepsilon(\boldsymbol{\tau}_{ij+1}^{(n)}(\omega)-\boldsymbol{\tau}_{ij}^{(n)}(\omega))\tag{17}$$

特别，$T_{+\infty}^{(n,r)}=T^{(n,r)}$. 直觉地说，将 $(Q, \pi^{(n)})$ 过程 $x_n(t, \omega)$，$t\geqslant0$ 的常数区间如下变形：若其长不小于 ε，则缩短之使其长变为 ε，若长小于 ε，则保留不变. 于是 $T_\varepsilon^{(n,r)}(\omega)$ 是 $[\boldsymbol{\tau}_1^{(n)}(\omega), \beta_1^{(n,r)}(\omega))$ 中变形后的区间的总长.

引理 4　对 $(Q, \pi^{(n)})$ 过程

$$ET_\varepsilon^{(n,r)}\leqslant\sum_{k=r+1}^{+\infty}\left[\frac{1}{a_k}(1-\mathrm{e}^{-c_k\varepsilon})+\sum_{l=0}^{+\infty}\frac{b_kb_{k+1}\cdots b_{k+l}}{a_ka_{k+l}\cdots a_{k+l}}\times\frac{(1-\mathrm{e}^{-c_{k+l+1}\varepsilon})}{a_{k+l+1}}\right]\leqslant S.\tag{18}$$

证　$(Q, \pi^{(n)})$ 过程的 k 区间经如上变形后，有平均长度

为 $E_k f_\varepsilon(\beta)=\frac{1}{c_k}(1-e^{c\varepsilon_k})$①，然后重复引理3的证明，只要换 $\frac{1}{c_k}$，$\frac{1}{a_k}$ 为 $\frac{1}{c_k}(1-e^{-c_k\varepsilon})$ 及 $\frac{1}{a_k}(1-e^{-c_k\varepsilon})$ 即可.

由于（3），对固定 $\varepsilon>0$，有 $T_\varepsilon^{(n,0)}(\omega)\leqslant T_\varepsilon^{(n+1,0)}(\omega)$，令 $T_\varepsilon(\omega)=\lim\limits_{n\to+\infty}T_\varepsilon^{(n,0)}(\omega)$.

引理5 对 $(Q,\pi^{(n)})$ 过程，

$$\lim_{\varepsilon\to0}ET_\varepsilon(\omega)=0;\quad P(\lim_{\varepsilon\to0}T_\varepsilon(\omega)=0)=1.$$

证 由

$$ET_\varepsilon^{(n,0)}\leqslant S_\varepsilon=\sum_{k=1}^{+\infty}\Big[\frac{1}{a_k}(1-e^{-c_k\varepsilon})+\sum_{l=0}^{+\infty}\frac{b_kb_{k+l}\cdots b_{k+l}(1-e^{-c_{k+l+1}\varepsilon})}{a_ka_{k+l}\cdots a_{k+l}a_{k+l+1}}\Big]\leqslant S<+\infty$$

得 $ET_\varepsilon\leqslant S_\varepsilon$，$\lim\limits_{\varepsilon\to0}ET_\varepsilon\leqslant\lim\limits_{\varepsilon\to0}S_\varepsilon=0$. 又由 $T_\varepsilon(\omega)$ 关于 ε 的单调性，存在 $\lim\limits_{\varepsilon\to0}T_\varepsilon(\omega)=T(\omega)\geqslant0$. 根据积分单调定理 $ET(\omega)=\lim\limits_{\varepsilon\to0}ET_\varepsilon(\omega)=0$. 从而 $P(T(\omega)=0)=1$. ■

今令

$$L_{nm}^{(i)}(\omega)=\begin{cases}\beta_i^{(n,m)}(\omega)-\boldsymbol{\tau}_i^{(n,m)}(\omega), & \beta_i^{(n,m)}(\omega)<\beta_1^{(n,0)}(\omega),\\ 0, & \beta_i^{(n,m)}(\omega)>\beta_1^{(n,0)}(\omega).\end{cases}\tag{17'}$$

故 $\sum\limits_{k=1}^{+\infty}L_{nm}^{(i)}(\omega)$ 是经（3）自 $x_n(t,\omega)$ 得 $x_m(t,\omega)$ 时，在 $[\boldsymbol{\tau}_1^{(n)}(\omega),\beta_1^{(n,0)}(\omega)]$ 中所抛去区间之总长. 由（3）可见

$$\sum_{i=1}^{+\infty}L_{nm}^{(i)}(\omega)\leqslant\sum_{i=1}^{+\infty}L_{n+1,m}^{(i)}(\omega),$$

---

① 注意 $P_k(\beta\leqslant t)=\begin{cases}1-e^{-c_kt}, & t\geqslant0,\\ 0, & t<0.\end{cases}$ β 为第一个跳跃点.

故存在 $L_m(\omega)=\lim\limits_{n\to+\infty}\sum\limits_{i=1}^{+\infty}L_{nm}^{(i)}(\omega)$.

引理 6　对 $(Q,\pi^{(n)})$ 过程，

$$\lim_{m\to+\infty}EL_m(\omega)=0,\ \text{又}\ P(\lim_{m\to+\infty}L_m(\omega)=0)=1.$$

证　由 $(Q,\pi^{(n)})$ 过程 $x_n(t,\omega)$，$t\geqslant0$，的构造，$\beta_i^{(n,m)}-\boldsymbol{\tau}_i^{(n,m)}$ 不依赖[①]于事件 $(\beta_i^{(n,m)}<\beta_1^{(n,0)})$，而且 $\beta_i^{(n,m)}-\boldsymbol{\tau}_i^{(n,m)}$，$(i\in\mathbf{N}^*)$，同分布，故由引理 2 及 $\boldsymbol{\tau}_1^{(n,m)}(\omega)=\boldsymbol{\tau}_1^{(n)}(\omega)$，得

$$\begin{aligned}\sum_{i=1}^{+\infty}EL_{nm}^{(i)}&=\sum_{i=1}^{+\infty}E(\beta_i^{(n,m)}-\boldsymbol{\tau}_i^{(n,m)}\mid\beta_i^{(n,m)}<\beta_1^{(n,0)})P(\beta_i^{(n,m)}<\beta_1^{(n,0)})\\&=\sum_{i=1}^{+\infty}E(\beta_i^{(n,m)}-\boldsymbol{\tau}_i^{(n,m)})P(\beta_i^{(n,m)}<\beta_1^{(n,0)})\\&=E(\beta_1^{(n,m)}-\boldsymbol{\tau}_1^{(n,m)})\sum_{i=1}^{+\infty}P(\beta_i^{(n,m)}<\beta_1^{(n,0)})\\&=E(\beta_1^{(n,m)}-\boldsymbol{\tau}_1^{(n)})\frac{Z}{Z-Z_m}.\end{aligned}\tag{18'}$$

再由引理 3 及 §5.1(5)（7），经简单计算后

$$\sum_{i=1}^{+\infty}EL_{nm}^{(i)}\leqslant\sum_{k=m+1}^{+\infty}e_k\cdot\frac{Z}{Z-Z_m}\leqslant Z\sum_{k=m}^{+\infty}\frac{b_1b_2\cdots b_k}{a_1a_2\cdots a_ka_{k+1}}.\tag{19}$$

注意 $Z<R<+\infty$，$\sum\limits_{k=1}^{+\infty}\dfrac{b_1b_2\cdots b_k}{a_1a_2\cdots a_ka_{k+1}}<S<+\infty$，故

$$\lim_{m\to+\infty}EL_m(\omega)=\lim_{m\to+\infty}\left(\lim_{n\to+\infty}\sum_{i=1}^{+\infty}EL_{nm}^{(i)}\right)=0.$$

再由 $L_m(\omega)\geqslant L_{m+1}(\omega)$ 即得 $p(\lim\limits_{m\to+\infty}L_m(\omega)=0)=1$.

由（7）及（3），可见 $\beta_i^{(n,0)}(\omega)\leqslant\beta_i^{(n+1,0)}(\omega)$，故存在极限 $\beta_i^{(0)}(\omega)=\lim\limits_{n\to+\infty}\beta_i^{(n,0)}(\omega)$. 由定义 $P(\lim\limits_{i\to+\infty}\beta_i^{(n,0)}(\omega)=+\infty)=1$，$(n\geqslant1)$，既然 $\beta_i^{(n,0)}(\omega)\leqslant\beta_i^{(0)}(\omega)$，故得

$$P(\lim_{i\to+\infty}\beta_i^{(0)}(\omega)=+\infty)=1.\tag{20}$$

---

① 即对任意实数 a，事件 $(\beta_i^{(n,m)}-\boldsymbol{\tau}_i^{(n,m)}<a)$，$(\beta_i^{(n,m)}<\beta_i^{(n,0)})$ 独立.

以下“几乎一切 t”系对勒贝格测度而言.

定理 1 以概率 1，$(Q, \pi^{(n)})$ 过程的样本函数 $x_n(t, \omega)$ 当 $n \to +\infty$ 时对几乎一切 t 收敛.

证 除去一零测度集后，可设对每一 $\omega \in \Omega$，$x_n(t, \omega)$ 在任一有限区间中只有有限多个 i 区间（$n \geqslant 0$，$i \in E$）. 若向左平移使每 $x_n(t, \omega)$ 为常数的区间，而且每区间平移的距离不大于 ε，则在 $[0, \beta_1^{(n,0)}(\omega))$ 中. 使 $x_n(t, \omega)$ 不等于 $x_m(t, \omega)$（$n > m$）的点 t 所成区间的总长不超过 $\varepsilon + T_\varepsilon^{(n)}(\omega) < \varepsilon + T_\varepsilon(\omega)$. 固定 k，取 $n > m > l$（$> k$）. 由于 $\beta_1^{(n,0)}(\omega) \geqslant \beta_1^{(k,0)}(\omega)$，得

$$
\begin{aligned}
& L(t: t \in [0, \beta_1^{(k,0)}(\omega)), x_n(t, \omega) \neq x_m(t, \omega)) \\
& \leqslant L_l(\omega) + T_{L_l}(\omega).
\end{aligned} \tag{21}
$$

令 $\Omega_0 = (L_l(\omega) + T_{L_l}(\omega) \downarrow 0)(l \to +\infty)$，由引理 5，6 得 $P(\Omega_0) = 1$. 固定 $\omega \in \Omega_0$. 由（21）知 $x_n(t, \omega)(= x_n(t))$ 在 $[0, \beta_1^{(k,0)})$ 中依测度 L 收敛，故存在一列 $n_i \to +\infty$，使 $x_{n_i}(t)$ 在 $[0, \beta_1^{(k,0)})$ 中对几乎一切 t 收敛，固定一收敛点 t_0. 由于 Doob 过程的相空间为 E，故存在 $M \in E$，使 $x_n(t_0) \to M$，$(i \to +\infty)$. 由于 E 离散，有正整数 L，使

$$
x_{n_i}(t_0) = M, \quad i \geqslant L. \tag{22}
$$

今证存在正整数 L'，使 $n > L'$ 时，$x_n(t_0) = M$，从而 $\{x_n(t_0)\}$ 收敛. 因为，否则必存在一列 $m_i \to +\infty$，使

$$
x_{m_i}(t_0) \neq M.
$$

由此式及（22），并根据 $g_{nm}(x_n(t,\omega)) = x_m(t, \omega)$，即知在 $[0, t_0]$ 中，$x_M(t, \omega)$ 有无穷多个不同的 M 区间，此与证明开始时所说的矛盾.

于是得证在 $[0, \beta_1^{(k,0)}(\omega))$ 中，定理结论成立；令 $k \to +\infty$ 即得在 $[0, \beta_1^{(0)}(\omega))$ 中也成立；同样得证在 $[0, \beta_i^{(0)}(\omega))$ 中成立；再由（20）即得证定理.

(二)

今考虑一般情况. 取 § 6.1 (14) 的任一非负解 $V^{(n)}=(v_0^{(n)}, v_1^{(n)}, \cdots, v_n^{(n)})$, $n\geqslant 1$. 下面看到, 在证 $(Q, V^{(n)})$ 过程列的收敛时, $(Q, \pi^{(n)})$ 过程列将在一定意义下起控制作用.

定理 2　以概率 1, $(Q, V^{(n)})$ 过程的样本函数 $x_n(t, \omega)$ 当 $n\to+\infty$ 时对几乎一切 t 收敛.

证　若能证引理 5 及 6 对 $(Q, V^{(n)})$ 过程也成立, 则只需逐字重复定理 1 的证明即可.

像对 $(Q, \pi^{(n)})$ 过程列定义 $L_{nm}^{(i)}(\omega)$, $T_\varepsilon^{(n,r)}(\omega)$ 等一样, 对 $(Q, V^{(n)})$ 过程列定义 $\overline{L}_{nm}^{(i)}(\omega)$, $\overline{T}_\varepsilon^{(n,r)}(\omega)$ 等, 只于其上加一短横线以表区别.

与推导 (18) 同样, 得

$$E\left(\sum_{i=1}^{+\infty}\overline{L}_{nm}^{(i)}\right)=E(\bar{\beta}_1^{(n,m)}-\bar{\tau}_1^{(n,m)})\cdot\sum_i P(\bar{\beta}_i^{(n,m)}<\bar{\beta}_1^{(n,0)}), \qquad (23)$$

然而

$$\begin{aligned}P(\bar{\beta}_i^{(n,m)}<\bar{\beta}_1^{(n,0)})=&\sum_{d_j=1(j=1,2,\cdots,i-1)}^{m}P(\bar{\beta}_i^{(n,m)}\\&<\bar{\beta}_1^{(n,0)}\mid x_n(\bar{\beta}_j^{(n,m)})=d_j,\ j=1,2,\cdots,i-1)\times\\&P(x_n(\bar{\beta}_j^{(n,m)})=d_j,\ j=1,2,\cdots,i-1)\\=&\sum_{d_j=1(j=1,2,\cdots,i-1)}^{m}\bigcap_{j=1}^{i-1}(1-c_{d_j0})P(x_n(\bar{\beta}_j^{(n,m)})=d_j,\\&j=1,2,\cdots,i-1)\leqslant(1-c_{m0})^{i-1},\end{aligned}$$

$$\sum_i P(\bar{\beta}_i^{(n,m)}<\bar{\beta}_1^{(n,0)})\leqslant\sum_{i=1}^{+\infty}(1-c_{m0})^{i-1}=\frac{Z}{Z-Z_m}. \qquad (24)$$

如果能够证明下列直觉上显然正确的事实: 质点自 $(0, 1, 2, \cdots, n)$ 中的状态出发, 每当到达 $+\infty$ 时, 立即回到 $(0, 1, 2, \cdots, n)$, 这样运动直到初次[①]到达 $(0, 1, 2, \cdots, m)$

---

① 若自 $(0, 1, 2, \cdots, m)$ 出发, 则认为初次回到 $(0, 1, 2, \cdots, m)$ 的时间为 0.

$(m<n)$，的平均时间，不大于它自 n 出发，每当到达 $+\infty$ 时，立即回到 n，如是运动直到初次到达 $(0, 1, 2, \cdots, m)$ 的平均时间．换言之，即

$$E(\bar{\beta}_1^{(n,m)}-\bar{\tau}_1^{(n,m)})\leqslant E(\beta_1^{(n,m)}-\tau_1^{(n,m)}). \tag{25}$$

那么由（23）～（25）立得

$$E\left(\sum_{i=1}^{+\infty}\bar{L}_{nm}^{(i)}\right)\leqslant E(\beta_1^{(n,m)}-\tau_1^{(n,m)})\frac{Z}{Z-Z_m}, \tag{26}$$

从而（18′）对 $(Q, V^{(n)})$ 过程正确，故引理 6 对 $(Q, V^{(n)})$ 过程也正确．

为严格证明上列事实，利用乘积空间的技巧，可造 Ω，使在其上同时定义 $(Q, \pi^{(n)})$ 过程及一列独立随机变量 $(y_n(\omega))$，有相同的分布 $P(y_n(\omega)=i)=v_i^{(n)}$，$(i=0, 1, 2, \cdots, n)$．将 $(Q, \pi^{(n)})$ 过程的样本函数自第一个飞跃点起至初次出现状态 $y_1(\omega)$ 的时刻止的那一段抛去，再将自下一飞跃点（即出现 $y_1(\omega)$ 的时刻后的第一飞跃点）起至以后初次出现状态 $y_2(\omega)$ 的时刻①止的那一段抛去，如此继续，经平移后所得即 $(Q, V^{(n)})$ 过程．因而已将 $(Q, V^{(n)})$ 过程嵌入于 $(Q, \pi^{(n)})$ 过程之中．对此两过程，易见对几乎一切 $\omega\in\Omega$，有

$$\bar{\beta}_1^{(n,m)}(\omega)-\bar{\tau}_1^{(n,m)}(\omega)\leqslant\beta_1^{(n,m)}(\omega)-\tau_1^{(n,m)}(\omega),$$

甚至更一般的有

$$\bar{T}_\varepsilon^{(n,m)}(\omega)\leqslant T_\varepsilon^{(n,m)}(\omega).$$

因而得证（25），并且 $\bar{T}_\varepsilon^{(n,m)}(\omega)\leqslant T_\varepsilon^{(n,m)}(\omega)$；$\bar{T}_\varepsilon(\omega)\leqslant T_\varepsilon(\omega)$．由于 $ET_\varepsilon(\omega)\to 0\ (\varepsilon\to 0)$，$P(\lim\limits_{\varepsilon\to 0}T_\varepsilon(\omega)=0)=1$，即知引理 5 对 $(Q, V^{(n)})$ 过程成立．■

（三）

以 $x(t, \omega)$ 表 $(Q, V^{(n)})$ 过程列的极限．由定理 2，对几

① 易见这些时刻以概率 1 有穷．

乎一切 ω，存在 L(勒贝格)零测集 T_ω，当 $t\in T_\omega$ 时，$x(t,\ \omega)$ 无定义. 补定义

$$x(t,\ \omega)=+\infty,\ t\in T_\omega, \tag{27}$$

从而以概率 1，$x(t,\ \omega)$ 在 $[0,\ +\infty)$ 有定义. 由于 $(Q,\ V^{(n)})$ 过程 $x_n(t,\ \omega)$，$t\geqslant 0$ 波莱尔可测，故对 $i\in E$，$((t,\ \omega):\ x(t,\ \omega)=i)\in\overline{\mathcal{B}_1\times\mathcal{F}}$，这里 $\mathcal{B}_1$ 表 $[0,\ +\infty)$ 中 Borel 集族，而 $\overline{\mathcal{B}_1\times\mathcal{F}}$ 则表 $B_1\times\mathcal{F}$ 关于 $L\times P$ 的完全化 σ 代数. 因此

$$((t,\ \omega):\ x(t,\ \omega)=+\infty)\in\overline{\mathcal{B}_1\times\mathcal{F}}.$$

由定理 2，$L(t:\ x(t,\omega)=+\infty)=0$ 对几乎一切 ω 成立，故由富比尼定理，存在 L 测度为零的集 T，使 $t\overline{\in}T$ 时，

$$P(\omega:\ x(t,\ \omega)=+\infty)=0. \tag{28}$$

试证 (28) 对一切 $t\in[0,\ +\infty)$ 成立.

实际上，由 (3) 可见，对 $\omega\in\Omega$ 及一切 n

$$x(t,\ \omega)=x_n(t,\ \omega),\ t<\tau(\omega), \tag{29}$$

这里 $\tau(\omega)=\tau_1^{(n)}(\omega)$ 是第一个飞跃点，由此易见

$$P(x(t)=i\,|\,x(0)=i)\geqslant \mathrm{e}^{-(a_i+b_i)t}\to 1,\ t\to 0. \tag{30}$$

而且对任意给定的 $t>0$，$\eta>0$，存在 $\delta>0$，使 $\varepsilon<\delta$ 时，下两式成立：

$$\begin{aligned}&|P(x(t)\neq+\infty\,|\,x(0)=i,\ x(\varepsilon)=i)-\\&\quad P(x(t)\neq+\infty\,|\,x(\varepsilon)=i)|<\eta,\end{aligned} \tag{31}$$

$$\begin{aligned}&|P(x(t)\neq+\infty\,|\,x(\varepsilon)=i)-\\&\quad P(x(t-\varepsilon)\neq+\infty\,|\,x(0)=i)|<\eta,\end{aligned} \tag{32}$$

只要用到的条件概率有意义. 对 $t\in T$，有

$$\begin{aligned}P(x(t)=j\,|\,x(0)=i)\geqslant&P(x(t)=j\,|\,x(0)=i,\ x(\varepsilon)=i)\cdot\\&P(x(\varepsilon)=i\,|\,x(0)=i),\end{aligned} \tag{33}$$

$$\begin{aligned}P(x(t)\neq+\infty\,|\,x(0)=i)=&\sum_j P(x(t)=j\,|\,x(0)=i)\\\geqslant&P(x(\varepsilon)=i\,|\,x(0)=i)\cdot P(x(t)\end{aligned}$$

$$\neq +\infty \mid x(0)=i,\ x(\varepsilon)=i). \tag{34}$$

今因 $L(T)=0$，$0\overline{\in} T$，故对 $\eta>0$，存在 ε_1，使 $t-\varepsilon_1\overline{\in} T$，同时使（31）（32）对 ε_1 成立，而且 $P(x(\varepsilon_1)=i\mid x(0)=i)>1-\eta$. 于是由（34）立得 $P(x(t)\neq+\infty\mid x(0)=i)>(1-\eta)(1-2\eta)$. 由 η 的任意性，

$$P(x(t)\neq+\infty\mid x(0)=i)=1，或 P(x(t)=+\infty)=0.$$

定理 3 (i) $x(t,\ \omega)$，$t\geqslant 0$ 是 Q 过程；

(ii) 以 $P_{ij}^{(n)}(t)$ 及 $P_{ij}(t)$ 分别表（Q，$V^{(n)}$）过程 $x_n(t,\ \omega)$ 及 $x(t,\ \omega)$ 的转移概率，则

$$\lim_{n\to+\infty} P_{ij}^{(n)}(t)=P_{ij}(t).$$

证 若能证 $x(t,\ \omega)$，$t\geqslant 0$ 是齐次马氏链，则由（29）及 Q 中元的概率意义知它是 Q 过程，显然它的相空间是 $\overline{E}$. 由上述 $P(x(t,\ \omega)=+\infty)=0$ 及定理 2，对任一组 $0\leqslant t_1<t_2<\cdots<t_k$，随机向量（$x_n(t_1)$，$x_n(t_2)$，…，$x_n(t_k)$）当 $n\to+\infty$ 时以概率 1 收敛于（$x(t_1)$，$x(t_2)$，…，$x(t_k)$），故也依分布收敛，即

$$\begin{aligned}&\lim_{n\to+\infty} P(x_n(t_1)=i_1,\ x_n(t_2)=i_2,\ \cdots,\ x_n(t_k)=i_k)\\&=P(x(t_1)=i_1,\ x(t_2)=i_2,\ \cdots,\ x(t_k)=i_k),\end{aligned} \tag{35}$$

由此式并利用 $x_n(t,\ \omega)$，$t\geqslant 0$ 是齐次马氏链，即知 $x(t,\ \omega)$，$t\geqslant 0$ 也是齐次马氏链，而且 $\lim\limits_{n\to+\infty} P_{ij}^{(n)}(t)=P_{ij}(t)$.

过程 $x(t,\ \omega)$，$t\geqslant 0$ 自然地称为（Q，V）过程，其中 $V=(v_n)$ 是满足（1）的任一序列. 回忆 § 6.3（6），有

定理 4 （Q，V）过程 $x(t,\ \omega)$，$t\geqslant 0$，是满足

$$P(x(\beta_1^{(n)})=n)=v_n,\ n\geqslant 0, \tag{36}$$

的唯一 Q 过程.

证 先证（Q，V）过程满足（36）. 设（$v_0^{(n)}$，$v_1^{(n)}$，…，$v_n^{(n)}$），$n\geqslant 1$，是 § 6.1（14）的任一非负解，利用 $c_{l+1,l}c_{l,l-1}=c_{l+1,l-1}$，用归纳法易见

$$v_i^{(n)}=\frac{v_i^{(n+k)}}{\sum_{j=0}^{n+k}v_j^{(n+k)}c_{jn}},\quad v_n^{(n)}=\frac{\sum_{j=n}^{n+k}v_j^{(n+k)}c_{jn}}{\sum_{j=0}^{n+k}v_j^{(n+k)}c_{jn}},\tag{37}$$

k，$n\in\mathbf{N}^*$，$i=0$，1，…，$n-1$. 今考虑 $(Q, V^{(k)})$ 过程 $x_k(t,\omega)$，$t\geqslant 0$，对此过程用（5）定义 $\beta_1^{(k,n)}$. 由（3）$\beta_1^{(k,n)}(\omega)\leqslant\beta_1^{(k+1,n)}(\omega)$，$(k>n)$. 容易看出，以概率1有

$$\lim_{k\to+\infty}\beta_1^{(k,n)}(\omega)=\beta_1^{(n)}(\omega),$$
$$\lim_{n\to+\infty}x_k(\beta_1^{(k,n)})=x(\beta_1^{(n)}).$$

根据（37）得

$$\begin{aligned}P(x(\beta_1^{(n)})=n)&=\lim_{k\to+\infty}P(x_k(\beta_1^{(k,n)})=n)\\&=\lim_{k\to+\infty}P(x_{n+k}(\beta_1^{(n+k,n)})=n)\\&=\lim_{k\to+\infty}\frac{\sum_{j=n}^{n+k}v_j^{(n+k)}c_{jn}}{\sum_{j=0}^{n+k}v_j^{(n+k)}c_{jn}}=v_n^{(n)}=v_n,\ n\geqslant 0.\end{aligned}$$

次证：若 $\tilde{x}(t,\omega)$，$t\geqslant 0$，为某满足（36）的可分波莱尔可测的 Q 过程，则它与 (Q, V) 过程有相同的转移概率. 实际上，利用§6.3（5）～（8）对 $\tilde{x}(t,\omega)$ 定义 $(\boldsymbol{\tau}_m, \beta_m^{(n)})$，$m\geqslant 1$，并对它进行 $C(\boldsymbol{\tau}_m, \beta_m^{(n)})$ 变换，由§6.3定理2，所得过程 $x_n(t,\omega)$，$t\geqslant 0$，是 $(Q, V^{(n)})$ 过程. 由（36），$v_n^{(n)}=v_n$. 根据定理3，它们的转移概率 $p_{ij}^{(n)}(t)$ 收敛于 (Q, V) 过程的转移函数 $P_{ij}(t)$.

另一方面，可证对任意固定的 $t\geqslant 0$，$P(\lim_{n\to+\infty}x_n(t,\omega)=\tilde{x}(t,\omega))=1$，从而 $P_{ij}^{(n)}(t)\to\tilde{P}_{ij}(t)$，($\tilde{P}_{ij}(t)$ 是 $\tilde{x}(t,\omega)$ 的转移函数)，于是 $\tilde{P}_{ij}(t)=P_{ij}(t)$. 为证此令

$S_{+\infty}^{(b)}(\omega)=(t$：$t\in[0,b]$，$t$ 是 $\tilde{x}(t,\omega)$ 的飞跃点)

$S_i^{(b)}(\omega)=(t$：$t\in[0,b]$，$x(t,\omega)=i)$

则由 § 6.2 定理 1 及 § 3.2 系 4，以概率 1，$S_{+\infty}^{(b)}(\omega)$ 是 L 测度为零的闭集，既然 $[0, b]=S_{+\infty}^{(b)}(\omega)\bigcup\left[\bigcup_{i\neq+\infty}S_i^{(b)}(\omega)\right]$，故以概率 1

$$\sum_{i\neq+\infty}L(S_i^{(b)}(\omega))=b. \tag{38}$$

根据 $x_n(t, \omega)$ 的定义，在 $[0, b]$ 中，它至少包含 $\tilde{x}(t, \omega)$ 的对应于 $S_i^{(b)}(\omega)$，$i\leqslant n$ 的段，由于

$$x_n(t, \omega)=\tilde{x}(t+\boldsymbol{\tau}_t^{(n)}, \omega), \quad t\in[0, b], \tag{39}$$

这里 $\boldsymbol{\tau}_t^{(n)}(\omega)$ 是自 $\tilde{x}(t, \omega)$ 变到 $x_n(t, \omega)$ 时，自 $[0, b]$ 中所抛去的部分段的总长，故

$$\boldsymbol{\tau}_t^{(n)}(\omega)\leqslant\sum_{i\geqslant n+1, i\neq+\infty}L(S_i^{(b)}(\omega)), \quad t\in[0, b]$$

由 (38) 得 $\lim\limits_{n\to+\infty}\boldsymbol{\tau}_t^{(n)}(\omega)\leqslant\lim\limits_{n\to+\infty}\sum\limits_{i\geqslant n+1, i\neq+\infty}L(S_i^{(b)}(\omega))=0$. 由此及 (39) 得知，$P(\lim\limits_{n\to+\infty}x_n(t, \omega)=\tilde{x}(t, \omega))=1$ 对任一固定点 $t\in[0, b]$ 成立，因为 t 以概率 1 是 $\tilde{x}(s, \omega)$，$s\geqslant0$ 的连续点. 由 $b>0$ 的任意性即得所欲证. ■

总结以上主要结果，得

定理 5 (i) 设已给可分、波莱尔可测 Q 过程 $x(t, \omega)$，$t\geqslant0$，使 $R<+\infty$，则序列 (v_n)

$$v_n=P(x(\beta_1^{(n)})=n), \quad n\geqslant1, \tag{40}$$

满足关系 (1).

(ii) 反之，设已给 Q 使 $R<+\infty$，$S<+\infty$，则对满足 (1) 的序列 (v_n)，存在唯一 Q 过程 $x(t, \omega)$，$t\geqslant0$，使 (40) 成立，它的转移概率 $P_{ij}(t)=\lim\limits_{n\to+\infty}P_{ij}^{(n)}(t)$. 这里 $P_{ij}^{(n)}(t)$ 是 $(Q, V^{(n)})$ 过程的转移概率，而 $V^{(n)}=(v_0^{(n)}, v_1^{(n)}, \cdots, v_n^{(n)})$ 是 § 6.1 (14) 在条件 $v_n^{(n)}=v_n$ 下的解，$n\geqslant1$.

实际上，由引理 1 得 (i) (ii) 则自定理 3 及定理 4 推出.

§6.5　特征数列与生灭过程的分类

(一)

§6.4 中结果的深化有待于对 §6.1 中方程组（14）的非负解的研究，本节中首先求出此方程组的全部非负解，然后应用此结果来进一步刻画全体 Q 过程. 以下恒设 $R<+\infty$. 令

$$R_n=\sum_{i=0}^{n-1} v_i^{(n)}c_{i0},\quad S_n=v_n^{(n)}c_{n0},\quad \Delta_n=R_n+S_n.$$

引理 1　设 $V^{(n)}=(v_0^{(n)},\ v_1^{(n)},\ \cdots,\ v_n^{(n)})$，$n\geqslant 1$，是 §6.1（14）的非负解，则 $\lim\limits_{n\to+\infty}\dfrac{R_n}{\Delta_n}=p(\geqslant 0)$，$\lim\limits_{n\to+\infty}\dfrac{S_n}{\Delta_n}=q(\geqslant 0)$；$p+q=1$；当且只当 $v_n^{(n)}=1(n\geqslant 1)$ 时，$q=1$，$p=0$.

证　改写 §6.1（14）为

$$v_j^{(n+1)}=v_j^{(n)}\left(1-v_{n+1}^{(n+1)}\frac{z_{n+1}-z_n}{z-z_n}\right),\ j=0,\ 1,\ 2,\ \cdots,\ n-1,$$

$$v_n^{(n+1)}=v_n^{(n)}\left(1-v_{n+1}^{(n+1)}\frac{z_{n+1}-z_n}{z-z_n}\right)-v_{n+1}^{(n+1)}\frac{z-z_{n+1}}{z-z_n},\tag{1}$$

$$\sum_{i=0}^{n} v_i^{(n)}=\sum_{i=0}^{n+1} v_i^{(n+1)}=1;$$

并令

$$\delta_{n+1}=\sum_{i=0}^{n} v_i^{(n+1)}+v_{n+1}^{(n+1)}c_{n+1,n}=1-v_{n+1}^{(n+1)}\frac{z_{n+1}-z_n}{z-z_n}>0.$$

由 §6.1（14）及 §6.4（37）经简单计算后得

$$\frac{R_{n+1}}{\Delta_{n+1}}=\frac{R_n}{\Delta_n}+\frac{v_n^{(n+1)}c_{n0}}{\Delta_n\delta_{n+1}},$$

故 $\dfrac{R_n}{\Delta_n}\uparrow p$，$0\leqslant p\leqslant 1$. 由 $\dfrac{R_n}{\Delta_n}+\dfrac{S_n}{\Delta_n}=1$，得 $\dfrac{S_n}{\Delta_n}\downarrow q$，$0\leqslant q\leqslant 1$，$p+q=1$. 若 $v_n^{(n)}=1$，$(n\geqslant 1)$，则 $R_n=0$，$q=1$. 反之，若 $q=1$，

则$\frac{S_n}{\Delta_n}=1$，$n\geqslant 1$，$R_n=0$，因 $c_{i0}>0$，故 $v_i^{(n)}=0$，$i<n$，从而 $v_n^{(n)}=1(n\geqslant 1)$.

引理 2 设 $V^{(n)}$，$n\geqslant 1$，为 § 6.1（14）的非负解，若存在 k 使 $v_i^{(i)}=1$，$i\leqslant k$，但 $v_{k+1}^{(k+1)}<1$，则（i）$v_k^{(n)}>0$，$(n\geqslant k)$；

（ii）$\frac{v_j^{(n)}}{v_k^{(n)}}$不依赖于$n(>\max(j,\ k))$；

（iii）任取一数 $r_k>0$，并令 $r_j=\frac{v_j^{(n)}}{v_k^{(n)}}r_k$，$(n>\max(j,\ k))$，则

$$0<\sum_{m=0}^{+\infty} r_m c_{m0}<+\infty. \tag{2}$$

证 因 $(v_0^{(i)},\ v_1^{(i)},\ \cdots,\ v_{i-1}^{(i)},\ v_i^{(i)})=(0,\ 0,\ \cdots,\ 0,\ 1)$，$(i\leqslant k)$，由（1）得

$$v_j^{(n)}=0,\ 一切\ n>j,\ j=0,\ 1,\ \cdots,\ k-1, \tag{3}$$

特别，$v_j^{(k+1)}=0$，$j\leqslant k-1$. 由假定 $v_{k+1}^{(k+1)}<1$，$\sum_{j=0}^{k+1}v_j^{(k+1)}>0$，故 $v_k^{(k+1)}>0$，由（1）得证（i）. 任取 $n>m>\max(j,\ k)$，由 § 6.4（37）得

$$\frac{v_j^{(m)}}{v_k^{(m)}}=\frac{v_j^{(n)}\div\sum\limits_{l=0}^{n}v_l^{(n)}c_{lm}}{v_k^{(n)}\div\sum\limits_{l=0}^{n}v_l^{(n)}c_{lm}}=\frac{v_j^{(n)}}{v_k^{(n)}},$$

此即（ii）. 因 $r_k>0$ 而一切 $r_m\geqslant 0$，故得（2）中前一不等式. 取 $n>k$，由（3），$v_1^{(n+1)}=v_2^{(n+1)}=\cdots=v_{k-1}^{(n+1)}=0$. 由 p 的定义及（ii）与 § 6.4（37）得

$$p=\lim_{n\to\infty}\frac{\sum\limits_{l=k}^{n}v_l^{(n+1)}c_{l0}}{v_k^{(n+1)}}\cdot\frac{v_k^{(n+1)}}{v_k^{(n+1)}c_{k0}+\left(\sum\limits_{l=k+1}^{n+1}v_l^{(n+1)}c_{l,k+1}\right)c_{k+1,0}}$$

$$= \lim_{n\to+\infty}\frac{1}{r_k}\Big(\sum_{l=k}^{n} r_l c_{l0}\Big)\frac{v_k^{(k+1)}}{v_k^{(k+1)}c_{k0}+v_{k+1}^{(k+1)}c_{k+1,0}}.$$

因由 (3)，$r_l=0$，$l<k$，故得

$$\sum_{l=0}^{+\infty} r_l c_{l0}=\frac{pr_k\ (v_k^{(k+1)}c_{k0}+v_{k+1}^{(k+1)}c_{k+1,0})}{v_k^{(k+1)}}<+\infty. \quad \blacksquare$$

注意　p，q 由解 $v^{(n)}$，$n\geqslant1$，唯一决定，(r_j) 则除一常数因子外唯一决定.

(二)

定理 1　为使 $(v_0^{(n)}, v_1^{(n)}, \cdots, v_n^{(n)})$，$n\geqslant1$，是 §6.1 (14) 的一非负解，充分必要条件是存在非负数 p，q，r_n，$n\geqslant0$，满足关系式

$$p+q=1, \tag{4}$$

$$0<\sum_{n=0}^{+\infty} r_n c_{n0}<+\infty,\ p>0, \tag{5}$$

$$r_n=0,\ n\geqslant0,\ p=0, \tag{6}$$

使 $(v_0^{(n)}, v_1^{(n)}, \cdots, v_n^{(n)})$ 可表为：当 $p>0$ 时，

$$v_j^{(n)}=X_n\frac{r_j}{A_n},\ j=0,1,2,\cdots,n-1, \tag{7}$$

$$v_n^{(n)}=Y_n+X_n\frac{\sum_{l=n}^{+\infty} r_l c_{ln}}{A_n}; \tag{8}$$

当 $p=0$ 时，

$$v_j^{(n)}=0,\ j=0,1,2,\cdots,n-1,\ v_n^{(n)}=1; \tag{8$'$}$$

其中 $0<A_n=\sum_{l=0}^{+\infty} r_l c_{ln}<+\infty$，而

$$X_n=\frac{pA_n(Z-Z_n)}{pA_n(Z-Z_n)+qA_0Z},\ Y_n=\frac{qA_0Z}{pA_n(Z-Z_n)+qA_0Z}. \tag{9}$$

此时 p，q 唯一决定，而 r_n，$n\geqslant0$，则除一常数因子外唯一决定.

证　充分性　设已给满足（4）～（6）的 p，q，r_n. 若 $p=0$，则由（8′）得 $(v_0^{(n)}, v_1^{(n)}, \cdots, v_{n-1}^{(n)}, v_n^{(n)})=(0, 0, \cdots, 0, 1)$，$n\geqslant 1$，它显然是 § 6.1（14）的一非负解. 如 $p>0$，由（5）及

$$A_n - A_{n+1}c_{n+1,n} = \left(\sum_{i=0}^{n} r_i\right)(1-c_{n+1,n}), \tag{10}$$

$$A_n \geqslant A_0, \tag{11}$$

可见 $0<A_n<+\infty$，$0<X_n<+\infty$，由（7）（8）及 § 5.1（25），有

$$\sum_{i=0}^{n+1} v_i^{(n+1)} c_{in} = \frac{X_{n+1}}{A_{n+1}} A_n + Y_{n+1} c_{n+1,n}. \tag{12}$$

由（9）得

$$\frac{Y_{n+1}}{X_{n+1}} \cdot \frac{z-z_{n+1}}{z-z_n} A_{n+1} = A_n \frac{Y_n}{X_n},$$

利用 $X_n+Y_n=1$ 及 § 5.1（25）有

$$\frac{X_n}{A_n} = \frac{\dfrac{X_{n+1}}{A_{n+1}}}{\dfrac{X_{n+1}}{A_{n+1}} A_n + Y_{n+1} c_{n+1,n}},$$

以（12）代入得

$$\frac{X_n}{A_n} = \frac{\dfrac{X_{n+1}}{A_{n+1}}}{\displaystyle\sum_{i=0}^{n+1} v_i^{(n+1)} c_{in}},$$

乘此式两方以 r_j，　$(j=0, 1, 2, \cdots, n-1)$，并利用（7）（8）得

$$v_j^{(n)} = \frac{v_j^{(n+1)}}{\displaystyle\sum_{i=0}^{n+1} v_i^{(n+1)} c_{in}}, \ j=0, 1, 2, \cdots, n-1. \tag{13}$$

由（7）（8）有

$$\sum_{j=0}^{n} v_j^{(n)} = \sum_{j=0}^{n+1} v_j^{(n+1)} = 1,$$

按（13）及 $c_{jn}=1$，$(j\leqslant n)$，

$$v_n^{(n)} = 1 - \sum_{j=0}^{n-1} v_j^{(n)} = \frac{v_n^{(n+1)} + v_{n+1}^{(n+1)} c_{n+1,n}}{\sum_{i=0}^{n+1} v_i^{(n+1)} c_{in}}, \tag{14}$$

因而充分性证完.

必要性　设已给 §6.1（14），的一非负解 $(v_0^{(n)}, \cdots, v_{n-1}^{(n)}, v_n^{(n)})$. 取引理 1 中的 p，q，此时若 $p=0$，则取 $r_n=0$，$(n\geqslant 1)$，而结论显然正确，否则由引理 1 必存在 $k(\geqslant 0)$，使满足引理 2 的条件，于是如引理 2 定义 r_n，$(n\geqslant 1)$. 由此两引理知（4）～（6）满足. 下证（7）（8）成立. 为此定义

$$u_j^{(n)} = X_n \frac{r_j}{A_n},\ j=0,\ 1,\ 2,\ \cdots,\ n-1,$$

$$u_n^{(n)} = Y_n + X_n \frac{\sum_{l=n}^{+\infty} r_l c_{ln}}{A_n}, \tag{15}$$

其中 $A_n = \sum_{l=0}^{+\infty} r_l c_{ln} > 0$，而 X_n，Y_n 由（9）给出. 由充分性之证知 $(u_0^{(n)}, u_1^{(n)}, \cdots, u_{n-1}^{(n)}, u_n^{(n)})$，$(n\geqslant 1)$ 是 §6.1（14）的非负解，故为证

$$(v_0^{(n)}, v_1^{(n)}, \cdots, v_n^{(n)}) = (u_0^{(n)}, u_1^{(n)}, \cdots, u_n^{(n)}),\ n\geqslant 1,$$

只要证

$$v_n^{(n)} = u_n^{(n)},\ n\geqslant 1. \tag{16}$$

注意　若 $n\leqslant k$，则由（3）得 $u_n^{(n)} = 1 = v_n^{(n)}$，而此时（16）成立. 故只要对 $n\geqslant k+1$ 证明（16）. 对 n 用归纳法，经过一些计算后，可证

$$u_k^{(n)} = v_k^{(n)},\ n\geqslant k+1. \tag{17}$$

由此式并注意

$$\frac{u_{k+i}^{(n)}}{u_k^{(n)}}=\frac{r_{k+i}}{r_k}=\frac{v_{k+i}^{(n)}}{v_k^{(n)}},\ k+i<n,$$

立得

$$\frac{1-\sum_{i=k}^{n-1}u_i^{(n)}}{u_k^{(n)}}=\frac{1-\sum_{i=k}^{n-1}v_i^{(n)}}{v_k^{(n)}},$$

即

$$1-\sum_{i=k}^{n-1}u_i^{(n)}=1-\sum_{i=k}^{n-1}v_i^{(n)}.$$

今因

$$\sum_{i=0}^{n}u_i^{(n)}=\sum_{i=0}^{n}v_i^{(n)}=1,$$

而且 $u_i^{(n)}=v_i^{(n)}=0$ 对一切 $i<k$ 成立，故得证 $u_n^{(n)}=v_n^{(n)}$，$n\geqslant k+1$.

唯一性　今设有两组满足（4）～（6）的非负数 p，q，r_n，$n\geqslant 0$，及 $\bar{p}$，$\bar{q}$，$\bar{r}_n$，$n\geqslant 0$，均使已给非负解（$v_0^{(n)}$，$v_1^{(n)}$，…，$v_n^{(n)}$）能表成（7）～（9）的形式. 如 $v_n^{(n)}=1$，（$n\geqslant 1$），即 $v_j^{(n)}=0$，（$n\geqslant 1$，$j<n$），此时显然 $p=\bar{p}=0$，$r_n=\bar{r}_n=0$，$q=\bar{q}=1$. 若存在 k 使 $v_i^{(i)}=1$，$i\leqslant k$，$v_{k+1}^{(k+1)}<1$. 则由（7）（9）（5）知 $p>0$，$X_n>0$，$A_0>0$. 于是由（7）（8）

$$\frac{\sum_{k=0}^{n-1}v_k^{(n)}c_{k0}}{\sum_{k=0}^{n}v_k^{(n)}c_{k0}}=\frac{\sum_{k=0}^{n-1}r_kc_{k0}}{\sum_{k=0}^{+\infty}r_kc_{k0}+\frac{Y_n}{X_n}A_nc_{n0}}=\frac{\sum_{k=0}^{n-1}r_kc_{k0}}{A_0+\frac{q}{p}A_0}\uparrow p,$$

$$n\to+\infty. \tag{18}$$

同样，上式右方也应收敛于 $\bar{p}$，故 $p=\bar{p}$，由（4）得 $q=\bar{q}$；其次，当 $j<k$ 时，由于 $v_j^{(k)}$ 等于 0 而由（7）得 $r_j=0=\bar{r}_j$. 既然 $v_k^{(k+1)}>0$，故 $r_k>0$，$r_k'>0$，于是由（7）得知对 $j>k$，有

$$\frac{r_j}{r_k}=\frac{v_j^{(n)}}{v_k^{(n)}}=\frac{\bar{r}_j}{r_k};\qquad n>\max(j,\ k).\ \blacksquare$$

（三）

考虑任一 Q 过程 $x(t, \omega)$，$t \geqslant 0$，Q 满足 $R < +\infty$，以 $\tau_1(\omega)$ 表它的第一个飞跃点，又

$$\beta_1^{(n)}(\omega) = \inf(t: t \geqslant \tau_1(\omega), x(t, \omega) \leqslant n),$$

$$v_i^{(n)} = P(x(\beta_1^{(n)}) = i), \qquad i = 0, 1, 2, \cdots, n.$$

则如 §6.3 定理 2 所述，$V^{(n)} = (v_0^{(n)}, v_1^{(n)}, \cdots, v_n^{(n)})$ 满足 §6.1 (14)，$n \geqslant 0$. 现在定义此**过程的特征数列** p，q，r_n，$n \geqslant 0$ 如下：

$$p = \lim_{n \to +\infty} \frac{\sum_{i=0}^{n-1} v_i^{(n)} c_{i0}}{\sum_{i=0}^{n} v_i^{(n)} c_{i0}}, \quad q = \lim_{n \to +\infty} \frac{v_n^{(n)} c_{n0}}{\sum_{k=0}^{+\infty} v_i^{(n)} c_{i0}}. \tag{19}$$

如果一切 $v_n^{(n)} = 1$ $(n \geqslant 0)$，定义 $r_n = 0$ $(n \geqslant 0)$；如果存在 k，使 $v_i^{(i)} = 1$ $(i \leqslant k)$，但 $v_{k+1}^{(k+1)} < 1$，那么按引理 2 来定义 $r_n (n \geqslant 0)$，即：先任取定一正数 r_k，并定义

$$r_n = \frac{v_n^{(m)}}{v_k^{(m)}} r_k. \quad m > \max(n, k). \tag{20}$$

由此可见：一 Q 过程唯一决定一特征数列.（由于 r_k 可任意选取，故 $\{r_n\}$ 实际上是除一常数因子外唯一决定. 因此，如 $p = p'$，$q = q'$ 而 $r_n = c r_n'$，$c > 0$ 为常数，我们仍认为 $\{p, q, r_n\}$ 与 $\{p', q', r_n'\}$ 是相同的.）特征数列刻画了此过程的样本函数在第一个飞跃点后的无穷小近邻内的行为，它们满足关系式 (4) ～ (6)，而且使下面的定理 3，定理 4 成立[①]. 在下节中我们将证明反面的结论：任给一组满足这些条件的非负数 p，q，r_n，$n \geqslant 0$，则必存在唯一 Q 过程，它的特征数列与此组数重合. 这样一来，特征数列将全体 Q 过程分类：在全体特征

① 本节末会证明，(5) 可由定理 4 推出.

数列与全体 Q 过程间存在一一对应；也就是说，在全体满足（4）～（6）和下面的定理 3，4 的非负数列与全体以 Q 为密度矩阵的转移概率 $p_{ij}(t)$ 之间存在一一对应，下节的基本定理还会指出如何根据特征数列和 Q 来求出对应的 $p_{ij}(t)$.

(四)

试进一步研究特征数列的性质．考虑用 § 6.3 中（6）（8）定义的 $\beta_m^{(n)}$，因而 $\beta_1^{(0)}$ 是第一个飞跃点后首次到达 0 的时刻，以 η 表 $\beta_1^{(0)}$ 前的最后一个飞跃点，即

$$\eta(\omega)=\sup(u:\ u\leqslant\beta_1^{(0)},\ u\text{ 是 }x(t,\ \omega)\text{ 的飞跃点}).$$

下定理更直接地说明特征数列的概率意义.

定理 2 $P(x(\eta,\omega)=j)=\dfrac{pr_jc_{j0}}{A_0},\ j\neq+\infty,$

$$P(x(\eta,\omega)=+\infty)=q.$$

（当 $p=0$ 因而 $A_0=0$ 时，应理解 $P(x(\eta,\ \omega)=j)=0$）.

证 因 $P(\lim\limits_{m\to+\infty}\beta_m^{(n)}=+\infty)=1$，故对几乎一切 ω，存在唯一正整数 $m=m_n$，使

$$\beta_{m_n-1}^{(n)}<\eta\leqslant\beta_{m_n}^{(n)}\leqslant\beta_1^{(0)}.$$

试证

$$(x(\beta_{m_n}^{(n)})=j)=(x(\eta)=j),\ n>j, \tag{21}$$

$$(x(\beta_{m_n}^{(n)})=n)\downarrow(x(\eta)=+\infty),\ n\to+\infty. \tag{22}$$

实际上，若 $x(\beta_{m_n}^{(n)})=j<n$，则必 $\beta_{m_n}^{(n)}=\eta$，否则由于在 $(\eta,\ \beta_{m_n}^{(n)})$ 中 $x(t)>n$，在 $\beta_{m_n}^{(n)}$ 上轨道之跃度将大于 1，而此以概率 1 不可能．因此

$$(x(\beta_{m_n}^{(n)})=j)\subset(x(\eta)=j);$$

反包含关系是明显的，此得证（21）．其次，显然

$$(x(\beta_{m_{n+1}}^{(n+1)})=n+1)\subset(x(\beta_{m_n}^{(n)})=n),$$

$$\beta_{m_n}^{(n)}\downarrow\bar{\eta}\geqslant\eta,\ n\to+\infty.$$

如 $\omega\in\bigcap_n(x(\beta_{m_n}^{(n)})=n)$，由 $x(t,\ \omega)$ 的右下半连续性得

$$x(\bar{\eta})=\lim_{n\to+\infty}x(\beta_{m_n}^{(n)})=\lim_{n\to+\infty}n=+\infty.$$

但 η 是 $\beta_1^{(0)}$ 前最后一飞跃点，故 $\bar{\eta}=\eta$，从而 $\omega\in(x(\eta)=+\infty)$. 这得证

$$\bigcap_n(x(\beta_{m_n}^{(n)})=n)\subset(x(\eta)=+\infty);$$

反包含关系是明显的，故 (22) 成立.

对 $0\leqslant j\leqslant n$，有

$$\begin{aligned}P(x(\beta_{m_n}^{(n)})=j)&=\sum_{m=1}^{+\infty}P(x(\beta_m^{(n)})=j,\ m_n=m)\\&=\sum_{m=1}^{+\infty}p(\beta_{m-1}^{(n)}<\beta_1^{(0)},\ x(\beta_m^{(n)})=j,\ \beta_m^{(n)}\leqslant\beta_1^{(0)}<\boldsymbol{\tau}_{m+1}^{(n)})\\&=\sum_{m=1}^{+\infty}\left[\sum_{k=1}^{n}v_k^{(n)}(1-c_{k0})\right]^{m-1}v_j^{(n)}c_{j0}\\&=\frac{v_j^{(n)}c_{j0}}{\sum_{k=0}^{n}v_k^{(n)}c_{k0}},\end{aligned}\tag{23}$$

其中 $\boldsymbol{\tau}_{m+1}^{(n)}$ 是 $\beta_m^{(n)}$ 后的第一个飞跃点，由 (21) (23)，并仿照 (18) 的推理即得证定理中第一结论. 第二结论由 (22) (23) 及引理 1 推出.

定理 3　若 $S=+\infty$，则 $q=0$.

证　以 $\boldsymbol{\tau}_t$ 表 $t>0$ 前最后一飞跃点，令

$$\xi_0=\begin{cases}\inf(t:\ x(\boldsymbol{\tau}_t)=+\infty,\ x(t)=0),\\+\infty,\ \text{上括号中 } t\text{-集空}.\end{cases}$$

显然 $(x(\eta)=+\infty)\subset(\xi_0<+\infty)$. 根据 §6.2 (7)，$P(\xi_0<+\infty)=0$；因而 $q=P(x(\eta)=+\infty)=0$. ■

由定理 3 可见，对 $S=+\infty$ 的 Q 过程，特征数列中 $p=1$，$q=0$，故少去一自由度. 因而 $S=+\infty$ 的 Q 过程要比 $S<+\infty$ 的 Q 过程少得多.

在证明下列定理前，先做一些准备.

设 $S=+\infty$. 令

$$\alpha_1^{(n)}(\omega)=\inf(t:\ t \text{ 为飞跃点}, x(t, \omega)\leqslant n). \tag{24}$$

由 § 6.3 定理 3，存在 $l\geqslant 0$，当 $n\geqslant l$ 时，$P(\alpha_1^{(n)}<+\infty)=1$. 令 $s_k^{(n)}=P(x(\alpha_1^{(n)})=k)$. 因 $\sum\limits_{k=0}^{n} s_k^{(n)}=1$，故至少有一 $s_k^{(n)}>0$，不失一般性，可假定 $s_0^{(n)}>0$. 显然，$P(\alpha_1^{(0)}<+\infty)\geqslant s_0^{(n)}>0$，故存在 $T>0$，使 $P_0(\alpha_1^{(0)}<T)>0$. 于是由 § 6.2 引理 1 即得

$$E\alpha_1^{(0)}<+\infty. \tag{25}$$

今对 $x(t, \omega)$，$t\geqslant 0$，施行 $c(\boldsymbol{\tau}_m, \beta_m^{(n)})$ 变换而得 $(Q, V^{(n)})$ 过程 $x_n(t, \omega)$（参看 § 6.3 定理 2）. 令

$$\gamma_0^{(n)}=\inf(u:\ u \text{ 是 } x_n(t, \omega) \text{ 的飞跃点}, x_n(u, \omega)=0). \tag{26}$$

易见 $\gamma_0^{(n)}\leqslant\alpha_1^{(0)}$. 以 $\boldsymbol{\tau}_i^{(n)}$ 表 $x_n(t, \omega)$ 的第 i 个飞跃点，并对 $m<n$ 定义

$$L_{nm}^{(i)}=\begin{cases}\boldsymbol{\tau}_{i+1}^{(n)}-\boldsymbol{\tau}_i^{(n)}, & \boldsymbol{\tau}_i^{(n)}\leqslant\gamma_0^{(m)}, \text{ 而且 } n\geqslant x_n(\boldsymbol{\tau}_i^{(n)})>m,\\ 0, & \boldsymbol{\tau}_i^{(n)}>\gamma_0^{(n)}, \text{ 或 } x_n(\boldsymbol{\tau}_i^{(n)})\leqslant m.\end{cases} \tag{27}$$

于是 $\sum\limits_{i=1}^{+\infty} L_{nm}^{(i)}$ 是在 $\gamma_0^{(n)}$ 以前的满足 $n\geqslant x_n(\boldsymbol{\tau}_i^{(n)})>m$ 的区间 $[\boldsymbol{\tau}_i^{(n)}, \boldsymbol{\tau}_i^{(n+1)})$ 的总长. 因之

$$\alpha_1^{(0)}\geqslant\gamma_0^{(n)}=\boldsymbol{\tau}_1^{(n)}+\sum_{i=1}^{+\infty} L_{n,-1}^{(i)}. \tag{28}$$

令

$$C=(n\geqslant x_n(\boldsymbol{\tau}_i^{(n)})>m, \boldsymbol{\tau}_i^{(n)}\leqslant\gamma_0^{(n)}),\quad \Delta=\sum_{j=m+1}^{n} v_j^{(n)}$$

$$R_i=\sum_{j=i}^{+\infty} m_j, \quad m_j \text{ 由 § 5.1 (4) 给出}. \tag{28$'$}$$

因而 $R_i=E_i\tau_1$ 是自 i 出发首次到达 $+\infty$ 的平均时间. 我们有

$$E\left(\sum_{i=1}^{+\infty} L_{nm}^{(i)}\right)=\sum_{i=1}^{+\infty} E(\boldsymbol{\tau}_{i+1}^{(n)}-\boldsymbol{\tau}_i^{(n)}\mid C)P(C)$$

$$=\sum_{i=1}^{+\infty} E(\boldsymbol{\tau}_{i+1}^{(n)}-\boldsymbol{\tau}_i^{(n)}\mid x_n(\boldsymbol{\tau}_i^{(n)})>m)P(C)$$

$$= \sum_{i=1}^{+\infty} \Big[\sum_{k=m+1}^{n} E(\boldsymbol{\tau}_{i+1}^{(n)} - \boldsymbol{\tau}_i^{(n)} \mid x_n(\boldsymbol{\tau}_i^{(n)}) = k) \times$$

$$P(x_n(\boldsymbol{\tau}_i^{(n)}) = k \mid x(\boldsymbol{\tau}_i^{(n)}) > m) \Big] P(C)$$

$$= \sum_{i=1}^{+\infty} \Big[\sum_{k=m+1}^{n} R_k \frac{v_k^{(n)}}{\Delta} \Big] P(C)$$

$$= \Big[\sum_{k=m+1}^{n} R_k \frac{v_k}{\Delta} \Big] \times \sum_{l=m+1}^{n} \sum_{i=1}^{+\infty} P(x_n(\boldsymbol{\tau}_i^{(n)}) = l,\ \boldsymbol{\tau}_i^{(n)} \leqslant \boldsymbol{\gamma}_0^{(n)})$$

$$= \Big[\sum_{k=m+1}^{n} R_k \frac{v_k^{(n)}}{\Delta} \Big] \sum_{l=m+1}^{n} \sum_{i=1}^{+\infty} v_l^{(n)} (1 - v_0^{(n)})^{i-1}$$

$$= \Big[\sum_{k=m+1}^{n} R_k \frac{v_k^{(n)}}{\Delta} \Big] \cdot \frac{\Delta}{v_0^{(n)}} = \sum_{k=m+1}^{n} \frac{v_k^{(n)}}{v_0^{(n)}} R_k\ , \tag{29}$$

其中以 $v_0^{(n)} > 0$，这是因为 $P(\boldsymbol{\gamma}_0^{(n)} < +\infty) = 1$，存在 k，使 $\delta = P(\boldsymbol{\gamma}_0^{(n)} = \boldsymbol{\tau}_k^{(n)}) > 0$，故

$$v_0^{(n)} = P(x_n(\boldsymbol{\tau}_k^{(n)}) = 0) = \delta > 0.$$

可以更直观地理解（29）. 实际上，若 $x_n(\boldsymbol{\tau}_i^{(n)}) = k$，则 $[\boldsymbol{\tau}_i^{(n)}, \boldsymbol{\tau}_{i+1}^{(n)})$ 的平均长度为 R_k；然而在 $\boldsymbol{\gamma}_0^{(n)}$ 前，这种区间的平均个数等于

$$\sum_{i=1}^{+\infty} v_k^{(n)} (1 - v_0^{(n)})^{i-1} = \frac{v_k^{(n)}}{v_0^{(n)}},$$

由此即可得（29）中的结果.

定理 4[①]　$\sum_{i=0}^{+\infty} r_i R_i < +\infty.$

证　先设 $S = +\infty$. 如上所述，不妨设 $s_0^{(n)} > 0$. 以（7）（8）代入（29），并注意由定理 3，此时 $q = 0$，因而 $Y_n = 0$，$X_n = 1$，即得

① 由定理 2 并注意 $P(x(\eta) \in [0, 1, \cdots, +\infty]) = 1$，可见若 $q < 1$，则必至少有一 $r_i > 0$，故此时 $\sum_{i=0}^{+\infty} r_i R_i > 0$.

$$E\Big(\sum_{i=1}^{+\infty}L_{nm}^{(i)}\Big)=\frac{1}{r_0}\Big(\sum_{k=m+1}^{n-1}r_kR_k+R_n\sum_{l=n}^{+\infty}r_lc_{ln}\Big).\tag{30}$$

由（25）（28）（30）即得

$$\frac{1}{r_0}\sum_{k=1}^{n-1}r_kR_k\leqslant E\alpha_1^{(0)}<+\infty,\tag{31}$$

再令 $n\to+\infty$ 即得所欲证.

次设 $S<+\infty$. 回忆§5.1（一）中的 m_i，Z_i 及 Z，得

$$m_i=(Z_{i+1}-Z_i)\sum_{j=0}^{i}\mu_j,\tag{32}$$

$$\begin{aligned}R_j&=\sum_{i=j}^{+\infty}m_i=\sum_{i=j}^{+\infty}(Z_{i+1}-Z_i)\sum_{k=0}^{i}\mu_k\\&=(Z-Z_j)\sum_{k=0}^{j}\mu_k+\sum_{k=j+1}^{+\infty}(Z-Z_k)\mu_k\\&\leqslant(Z-Z_j)\sum_{k=0}^{+\infty}\mu_k.\end{aligned}$$

由假设 $s<+\infty$ 得 $\sum\limits_{k=0}^{+\infty}\mu_k<+\infty$，于是由（5）并回忆 $c_{n0}=\dfrac{Z-Z_n}{Z}$，我们有

$$\sum_{j=0}^{+\infty}r_jR_j\leqslant\sum_{j=0}^{+\infty}r_j(Z-Z_j)\sum_{k=0}^{+\infty}\mu_k<+\infty.\quad ■$$

由（33）可见，$R_j\geqslant(Z-Z_j)\mu_0$，

$$\sum_{j=0}^{+\infty}r_jR_j\geqslant\sum_{j=0}^{+\infty}r_j(Z-Z_j)\mu_0=\mu_0Z\sum_{j=0}^{+\infty}r_jc_{j0}.$$

由此及定理4的后半证明立得

系1 若 $\sum\limits_{j=0}^{+\infty}r_jR_j<+\infty$，则 $\sum\limits_{j=0}^{+\infty}r_jc_{j0}<+\infty$；相反的结论在$S<+\infty$时成立.

由（10）可见，若 $A_0=\sum\limits_{j=0}^{+\infty}r_jc_{j0}<+\infty$，则一切

$$A_n=\sum_{j=0}^{+\infty}r_jc_{jn}<+\infty.$$

§6.6　基本定理

(一)

下定理是生灭过程构造论中的主要结果.

基本定理　设已给生灭矩阵 $\boldsymbol{Q}$，满足条件 $R<+\infty$，那么下列结论成立：

(i) 任一 Q 过程 $x(t,\ \omega)$，$t\geqslant 0$ 的特征数列 p，q，r_n，$n\geqslant 0$，必满足关系式

$$p+q=1, \tag{1}$$

$$0<\sum_{i=0}^{+\infty} r_i R_i<+\infty, \qquad p>0, \tag{2}$$

$$r_n=0, \qquad p=0, \tag{3}$$

$$q=0, \qquad S=+\infty. \tag{4}$$

(ii) 反之，设已给一列非负数 p，q，r_n，$n\geqslant 0$，满足(1)～(4)，则存在唯一 Q 过程 $x(t,\ \omega)$，$t\geqslant 0$，它的特征数列重合于此已给数列；而且它的转移概率 $p_{ij}(t)$ 满足

$$p_{ij}(t)=\lim_{n\to+\infty} p_{ij}^{(n)}(t), \tag{5}$$

这里 $p_{ij}^{(n)}(t)$ 是 $(Q,\ V^{(n)})$ 过程的转移概率，而分布 $V^{(n)}=(V_0^{(n)},\ V_1^{(n)},\ \cdots,\ V_n^{(n)})$ 如下给出：若 $p=0$，则令

$$v_j^{(n)}=0, \quad 0\leqslant j<n; \quad v_n^{(n)}=1. \tag{6}$$

若 $p>0$，则令

$$v_j^{(n)}=X_n \frac{r_j}{A_n}, \quad 0\leqslant j<n, \tag{7}$$

$$v_n^{(n)}=Y_n+X_n \frac{\sum_{l=n}^{+\infty} r_l c_{ln}}{A_n}; \tag{8}$$

其中

$$0<A_n=\sum_{l=0}^{+\infty}r_l c_{ln}<+\infty,$$

$$X_n=\frac{pA_n(Z-Z_n)}{pA_n(Z-Z_n)+qA_0Z}, \tag{9}$$

$$Y_n=\frac{qA_0Z}{pA_n(Z-Z_n)+qA_0Z}.$$

证　(i) 已在§6.5定理1，3，4中证明.

(ii) 在$S<+\infty$的情况下，只需综合§6.4定理5及§6.5定理1与系1即得证明. 因此，剩下来只要在$S=+\infty$的情形下证明(ii)中结论.

设$S=+\infty$，此时$q=0$而(7)(8)简化为

$$v_j^{(n)}=\frac{r_j}{A_n},\quad 0\leqslant j<n,$$

$$v_n^{(n)}=\sum_{l=n}^{+\infty}\frac{r_l c_{ln}}{A_n}. \tag{10}$$

因$A_n>0$，至少有一$r_i>0$，不失一般性可设$r_0>0$. 下面的证明与§6.4定理2的证明一样. 以$x_n(t,\ \omega)$，$t\geqslant 0$，表$(Q,\ V^{(n)})$过程，$V^{(n)}$由(10)定义，用§6.4中(17′)，(17)对$(Q,\ V^{(n)})$过程定义的量记为$\sum\limits_{i=1}^{+\infty}\overline{L}_{nm}^{(i)}$与$\overline{T}_{\varepsilon}^{(n,r)}(\omega)$，我们只要证明

$$\lim_{m\to+\infty}\lim_{n\to+\infty}E\left(\sum_{i=1}^{+\infty}\overline{L}_{nm}^{(i)}\right)=0, \tag{11}$$

$$\lim_{\varepsilon\to 0}\lim_{\varepsilon\to+\infty}E\overline{T}_{\varepsilon}^{(n,0)}=0. \tag{12}$$

回忆$\sum\limits_{i=1}^{+\infty}\overline{L}_{nm}^{(i)}$是从$x_n(t,\ \omega)$经$C(\tau_i^{(n,m)},\ \beta_i^{(n,m)})$变换变到$x_n(t,\ \omega)$时在$\beta_1^{(n,0)}$前所抛去的区间总长（参看§6.4(4)～(7)），它显然不大于由§6.5(27)定义的总长$\sum\limits_{i=1}^{+\infty}L_{nm}^{(i)}$. 实际上，

$\sum_{i=1}^{+\infty} \overline{L}_{nm}^{(i)}$只是$\beta_1^{(n,0)}(\leqslant\gamma_0^{(n)})$前诸如下区间$[\tau_i^{(n,m)}, \beta_i^{(n,m)})$之总长，在这些区间中，$x_n(t, \omega)>m$. 而$\sum_{i=1}^{+\infty} L_{nm}^{(i)}$则是在$\gamma_0^{(n)}$前一切满足$x_n(\tau_0^{(n)})>n$的区间$[\tau_i^{(n)}, \tau_{i+1}^{(n)})$的总长. 既然每个$[\tau_i^{(n,m)}, \beta_i^{(n,m)})$必是后一种区间之一或几个之和的子集，故必有$\sum_{i=1}^{+\infty} \overline{L}_{nm}^{(i)} \leqslant \sum_{i=1}^{+\infty} L_{nm}^{(i)}$，于是仿§6.5（30）得

$$E\left(\sum_{i=1}^{+\infty}\overline{L}_{nm}^{(i)}\right)\leqslant \frac{1}{r_0}\left(\sum_{k=m}^{n-1} r_k R_k + R_n \sum_{l=n}^{+\infty} r_l c_{ln}\right), \tag{13}$$

当$n\to+\infty$，$m\to+\infty$时，右方第一项根据假设（2）趋于 0. 又由§6.5（32），易见

$$c_{ln}R_n<R_l,$$

故右方第二项不超过$\frac{1}{r_0}\sum_{l=n}^{+\infty} r_l R_l$；当$n\to+\infty$时，它也趋于 0，这样便证明了（11）.

其次，由§6.4（17）并注意$\beta_1^{(n,0)}\leqslant\gamma_0^{(n)}$，显见

$$\overline{T}_\varepsilon^{(n,0)}\leqslant \sum_{\tau_1^{(n)}\leqslant\tau_{ij}^{(n)}\leqslant\gamma_0^{(n)}} f_\varepsilon(\tau_{ij+1}^{(n)}-\tau_{ij}^{(n)})\equiv T_\varepsilon^{(n,0)}. \tag{14}$$

令$F_\varepsilon^{(i)}=\sum_{j=0}^{+\infty} f_\varepsilon(\tau_{ij+1}^{(n)}-\tau_{ij}^{(n)})$，则

$$R_k^{(\varepsilon)}\equiv E_k F_\varepsilon^{(i)} = \sum_{l=k}^{+\infty}\left[\frac{1}{b_l}(1-\mathrm{e}^{-c_l\varepsilon})+\sum_{k=0}^{l-1}\frac{a_l a_{l-1}\cdots a_{l-k}(1-\mathrm{e}^{-c_{l-k-1}\varepsilon})}{b_l b_{l-1}\cdots b_{l-k} b_{l-k-1}}\right]. \tag{15}$$

此式的证明仿§6.4引理 4. 像证明§6.5（30）一样，有

$$\lim_{n\to+\infty} ET_\varepsilon^{(n,0)} = \lim_{n\to+\infty}\frac{1}{r_0}\left[\sum_{k=0}^{n-1} r_k R_k^{(\varepsilon)} + R_n^{(\varepsilon)}\sum_{l=n}^{+\infty} r_l c_{ln}\right] = \frac{1}{r_0}\sum_{k=0}^{+\infty} r_k R_k^{(\varepsilon)} \tag{16}$$

最后一级数被收敛级数 $\sum_{k=0}^{+\infty} r_k R_k$ 所控制，故当 $\varepsilon\to 0$ 时可在求和号下求极限. 既然 $\lim_{\varepsilon\to 0} R_k^{(\varepsilon)}=0$，于是最后得证

$$\lim_{\varepsilon\to 0}\lim_{n\to+\infty} E\overline{T}_\varepsilon^{(n,0)}\leqslant\lim_{\varepsilon\to 0}\lim_{n\to+\infty} ET_\varepsilon^{(n,0)}=0. \quad \blacksquare$$

（二）

我们已知 $S=+\infty$ 时 $q=0$. 另一极端是 $q=1$，这是很重要而有趣的特殊情形. 考虑特征数列为 $p=0$，$q=1$，$r_n=0(n\geqslant 0)$ 的 Q 过程 $x(t,\omega)$，$t\geqslant 0$，记它为（Q，1）过程，它是§6.4 中（Q，$\pi^{(n)}$）过程列 $x_n(t,\omega)$，$t\geqslant 0$ 的极限，$\pi^{(n)}=(0, 0, \cdots, 0, 1)$，括号中共 $n-1$ 个 0. 容易想象，质点沿（Q，1）过程的轨道运动时，每当到达状态“$+\infty$”后以概率 1 立即连续流入有穷状态，在§6.4 中已看到，当 $S<+\infty$ 时，由（Q，$\pi^{(n)}$）过程列的收敛可推出其他（Q，$V^{(n)}$）过程列的收敛，在这个意义上它起了控制作用，就像级数论中控制级数所起的作用.

定理 1[①] （Q，1）过程 $x(t,\omega)$，$t\geqslant 0$，是既满足向后方程组 $P'(t)=QP(t)$，$P(0)=I$ 又满足向前方程组 $P'(t)=P(t)Q$，$P(0)=I$ 的 Q 过程.

证 因每 Q 过程都满足向后方程组，故只要证它满足向前方程组，为此由§2.3 定理 2，只要证在任一固定的 $t_0>0$ 前，样本函数以概率 1 有最后一断点（$t=0$ 也看作一跳跃点），而且是跳跃点. 令 $\Omega_0=(x(t_0,\omega)\in E)$，则 $P(\Omega_0)=1$. 固定 $\omega\in\Omega_0$，设 $x(t_0,\omega)=k$，由于 $x_n(t_0,\omega)\to x(t_0,\omega)$ 及 E 的离散性，存在 $N(=\cdot N(\omega))$，使 $n\geqslant N$ 时，$x_n(t_0,\omega)=k$，取 $M>\max(N,k)$，由于在飞跃点 $\boldsymbol{\tau}$ 上，$x_n(\boldsymbol{\tau},\omega)=n$，再注意§5.1

① 其实（Q，1）过程是唯一的满足两组方程的 Q 过程，证明见 Reuter [1].

(2)，可见在 t_0 以前，$x_M(t, \omega)$ 必有最后一断点，而且是跳跃点，这个点是某 k 区间的闭包的左端点. 由于 § 6.4(3)，此 k 区间保留在一切 $x_n(t, \omega)$，$n \geqslant M$ 之中，故也保留在 $x(t, \omega)$ 之中，从而得证 $x(t, \omega)$ 在 t_0 以前有最后一断点为跳跃点，$(\omega \in \Omega_0)$. 故 $(Q, 1)$ 过程满足向前与向后两组方程. ■

系 1　设 $\boldsymbol{\tau}(\omega)$ 为 $(Q, 1)$ 过程的第一个飞跃点，则

$$P\left(\lim_{t \downarrow \tau} x(t, \omega) = +\infty\right) = 1.$$

证　此由定理 1 及 § 3.2 中定理 1 与系 4 推出①. ■

系 2　对 $(Q, 1)$ 过程，$P(x(\tau_\varphi, \omega) = +\infty) > 0$，这里 $\boldsymbol{\tau}\varphi$ 由 § 6.2 (1) 定义，$\varphi > 0$ 任意.

证　因第一个飞跃点的分布是连续的（见 § 2.3(45)），故

$$P(\boldsymbol{\tau}_\varphi > 0) \geqslant P(\boldsymbol{\tau} \leqslant \varphi) > 0$$

由 § 3.2 系 4，$\boldsymbol{\tau}_\varphi$ 不可能是任一 i 区间的左端点，故由 § 3.2 定理 1，$P(x(\boldsymbol{\tau}_\varphi) = +\infty) = P(\boldsymbol{\tau}_\varphi > 0) > 0$. ■

① 或参看 Chung [1]，第 227 页，Ⅱ. 17 定理 5.

§6.7 $S=+\infty$时Q过程的另一种构造[①]

(一)

本节的目的是当$R<+\infty$，$S=+\infty$时用另一种方法求出一切Q过程，思路与§6.4相仿，故证明扼要. 考虑Q过程$x(t,\omega)$，$t\geqslant 0$以及§6.3（11）中的$\alpha_1^{(n)}$，并令$s_i^{(n)}=P(x(\alpha_1^{(n)})=i)$. 由§6.3定理3，存在$l\geqslant 0$，当$n\geqslant l$时，$P(\alpha_1^{(n)}<+\infty)=1$，从而$\sum\limits_{i=0}^{n} s_i^{(n)}=1$. 故至少有一个$s_k^{(n)}>0$，再由§6.3定理3及§6.1（8），有

$$s_j^{(n)}=\frac{s_j^{(n+1)}}{\sum\limits_{i=0}^{n} s_j^{(n+1)}},\ j\leqslant n. \tag{1}$$

因而$s_k^{(m)}>0$，$(m\geqslant k)$，而且$\dfrac{s_j^{(m)}}{s_k^{(m)}}$不依赖于$m(\geqslant\max(j,k))$. 今任意取定$s_k>0$而定义

$$s_i=s_k\frac{s_j^{(m)}}{s_k^{(m)}}\leqslant 0. \tag{2}$$

显然，除差一常数因子外，(s_j)由过程唯一决定，$j\geqslant 0$.

称(s_j)为此Q过程的**第二组特征数列**. 注意，它只对$R<+\infty$，$S=+\infty$的Q过程有定义.

像证明§6.5定理4一样，可以证明

$$0<\sum_{j=0}^{+\infty} s_jR_j<+\infty. \tag{3}$$

为此，只要对$x(t,\omega)$，$t\geqslant 0$施行$C(\tau_m,\alpha_m^{(n)})$（代替那里的

---

① 构造问题已由§6.6基本定理完全解决，故本节初读时可以不看.

$C(\tau_m, \beta_m^{(n)})$）变换而得（Q，$S^{(n)}$）（代替那里的（Q，$V^{(n)}$））过程 $x_n(t, \omega)$，$t\geqslant 0$，$S^{(n)}=(s_0^{(n)}, s_1^{(n)}, \cdots, s_n^{(n)})$，易见 § 6.5（29）仍成立，只要以 $s_k^{(n)}$ 换 $v_k^{(n)}$.

（二）

考虑反面问题：设已经满足（3）的非负数列（s_j），$j\geqslant 0$，不妨设 $s_0>0$. 按 § 6.1（20）作分布 $S^{(n)}=(s_0^{(n)}, s_1^{(n)}, \cdots, s_n^{(n)})$，以 s_i 代替那里的 φ_i. 由 § 6.1 定理 3，存在（Ω，$\mathcal{F}$，P），在其上可定义（Q，$S^{(n)}$）过程列 $x_n(t, \omega)$，$t\geqslant 0$，（$n\geqslant 0$），满足 § 6.1（17）. 以 $\tau_i^{(n)}(\omega)$ 表 $x_n(t, \omega)$ 的第 i 个飞跃点，并令

$$\beta_0^{(n)}=\min(\tau_i^{(n)}: x_n(\tau_i^{(n)})=0) \tag{4}$$

由于 $s_0>0$，$P(\beta_0^{(n)}<+\infty)=1$. 定义

$$L_{nm}^{(i)}(\omega)=\begin{cases}\tau_{i+1}^{(n)}(\omega)-\tau_i^{(n)}(\omega), & \tau_i^{(n)}(\omega)\leqslant\beta_0^{(n)}(\omega),\\ & n\geqslant x_n(\tau_i^{(n)}(\omega))>m,\\ 0, & \tau_i^{(n)}(\omega)>\beta_0^{(n)}(\omega),\\ & \text{或 } x_n(\tau_i^{(n)}, \omega)\leqslant m.\end{cases} \tag{5}$$

则像 § 6.5（29）的证明一样可证

$$E\left(\sum_{i=1}^{+\infty}L_{mn}^{(i)}\right)=\sum_{k=m+1}^{n}\frac{s_k^{(n)}}{s_0^{(n)}}R_k=\frac{1}{s_0}\sum_{k=m+1}^{n}s_kR_k. \tag{6}$$

当 $n\to+\infty$，$m\to+\infty$时，由（3）知右方项趋于 0. 再仿 § 6.4（16）定义

$$T_\varepsilon^{(n)}(\omega)=\sum_{\tau_1^{(n)}\leqslant\tau_{ij}^{(n)}<\beta_0^{(n)}}f_\varepsilon(\tau_{ij+1}^{(n)}(\omega)-\tau_{ij}^{(n)}(\omega)).$$

不难证明

$$\lim_{n\to+\infty}ET_\varepsilon^{(n)}=\frac{1}{s_0}\sum_{k=0}^{+\infty}s_kR_k^{(\varepsilon)}\to 0,\ \varepsilon\to 0. \tag{7}$$

定理 1　若（s_j）满足（3），则（Q，$S^{(n)}$）过程的样本函数 $x_n(t, \omega)$ 当 $n\to+\infty$时对几乎一切 t 收敛.

证 只需利用（6）（7）并重复 § 6.4 定理 1 的证即可. ■

仿 § 6.4 补定义极限函数后，同样可证所得的为 Q 过程 $x(t, \omega)$，$t\geqslant 0$，称为（Q，S）过程，其转移概率 $p_{ij}(t)=\lim\limits_{n\to+\infty} p_{ij}^{(n)}(t)$，而 $p_{ij}^{(n)}(t)$ 是（Q，$S^{(n)}$）过程的转移概率.

定理 2 （Q，S）过程 $x(t, \omega)$，$t\geqslant 0$，是唯一的以已给 (s_j)，$j\geqslant 0$，为特征数列的 Q 过程.

证 用 § 6.3（11）于（Q，S）及（Q，$S^{(l)}$）过程而得 $\alpha_1^{(n)}$ 及 $\alpha_1^{(l,n)}$，由（1）得

$$\begin{aligned} P(x(\alpha_1^{(n)})=i) &= \lim_{l\to+\infty} P(x_l(\alpha_1^{(l,n)})=i) \\ &= \lim_{l\to+\infty} P(x_{n+l}(\alpha_1^{(n+l,n)})=i) \\ &= \lim_{l\to+\infty} \frac{s_i^{(n+l)}}{\sum\limits_{j=0}^{n} s_j^{(n+l)}} \\ &= s_i^{(n)},\ i=0,1,2,\cdots,n. \end{aligned}$$

由此即知 $x(t, \omega)$，$t\geqslant 0$ 的特征数列为 (s_j).

唯一性的证明仍仿 § 6.4 定理 4，但要作下列修改. 设 $\tilde{x}(t, \omega)$，$t\geqslant 0$，是以 (s_j) 为特征数列的 Q 过程，对它用 § 6.3 中（10）～（13）定义 $\boldsymbol{\tau}_m$，$\alpha_m^{(n)}$，$m\geqslant 1$，并施行 $C(\boldsymbol{\tau}_m, \alpha_m^{(n)})$ 变换而得（Q，$S^{(n)}$）过程 $x_n(t, \omega)$，$t\geqslant 0$. 由特征数列的定义

$$s_j^{(n)} = \frac{s_j}{\sum\limits_{i=0}^{n} s_i},\ j=0,1,2,\cdots,n,$$

故 $x_n(t, \omega)$ 的转移概率 $p_{ij}^{(n)}(t)$，如上述应收敛于（Q，S）过程的转移概率 $p_{ij}(t)$.

今证 $p_{ij}^{(n)}(t)$ 也收敛于 $\tilde{x}(t, \omega)$ 的转移概率 $\tilde{p}_{ij}(t)$. 固定 $(0, b)$ 而令

$$S_{+\infty}^{(b)}(\omega)=(t:\ t\in(0, b),\ t\text{ 是 }\tilde{x}(t, \omega)\text{ 的飞跃点}),$$

因 $S_{+\infty}^{(b)}(\omega)$ 以概率 1 是闭集，故 $(0, b)/S_{+\infty}^{(b)}(\omega)$ 至多是可列

多个不相交的开区间 $T_j(\omega)=(\eta_j(\omega), \gamma_j(\omega))$ 的和，在每 $T_j(\omega)$ 中，$\tilde{x}(t, \omega)\neq+\infty$. 定义 $\tilde{x}(\eta_j)=\lim\limits_{s\downarrow\eta_j}\tilde{x}(s)$，试证

$$P(\tilde{x}(\eta_j,\omega)=+\infty)=0. \tag{8}$$

否则，若说 $P(\tilde{x}(\eta_j)=+\infty)>0$，则必存在 $k\in E$，使

$$P(\tilde{x}(\eta_j)=+\infty;\ 对某\ t\in(\eta_j(\omega), \gamma_j(\omega)),\ \tilde{x}(t,\omega)=k)>0.$$

于是，由上式得 $P(\xi_k(\omega)<+\infty)>0$（这里 $\xi_k(\omega)$ 由 § 6.2（5）对 $\tilde{x}(t, \omega)$ 定义），此与 § 6.2（7）矛盾，今令 t-集

$$S_i^{(b)}(\omega)=(使\ \tilde{x}(\eta_j)=i\ 的区间(\eta_j(\omega), \gamma_j(\omega))\ 之和),$$

由（8）得

$$\bigcup_{i\neq+\infty}S_i^{(b)}(\omega)=\bigcup_j(\eta_j(\omega), \gamma_j(\omega))=(0, b)\backslash S_{+\infty}^{(b)}(\omega).$$

既然以概率 1，$L(S_{+\infty}^{(b)}(\omega))=0$，故 $\sum\limits_{i\neq+\infty}L(S_i^{(b)}(\omega))=b$ 的概率为 1. 然后自 § 6.4(38)起逐句重复 § 6.4 定理 4 的证，并注意 $x(0, \omega)=x_n(0, \omega)$ 即可. ■

总结以上诸结果便得.

定理 3　(i) 设已给 Q 过程 $x(t, \omega)$，$t\geqslant0$，使 $R<+\infty$，$S=+\infty$，则它的第二组特征数列 (s_j) 满足条件（3）；

(ii) 反之，设已给一列非负数 (s_j)，满足（3），则存在唯一 Q 过程 $x(t, \omega)$，$t\geqslant0$，其第二组特征数列重合于此已给数列，而且此过程的转移概率为 $P_{ij}(t)=\lim\limits_{n\to+\infty}p_{ij}^{(n)}(t)$，这里 $p_{ij}^{(n)}(t)$ 是 $(Q, S^{(n)})$ 过程的转移概率，而 $S^{(n)}=(s_0^{(n)}, s_1^{(n)}, \cdots, s_n^{(n)})$ 由 § 6.1（20）定义.

至此，我们已把生灭过程的构造问题叙述完毕. 在此基础上，下节中将研究生灭过程的若干性质.

§6.8 遍历性与0-1律

（一）

在§4.1，§4.2中，我们对一般的马氏链讨论了0-1律、常返性与过分函数，下面看到，对生灭过程，可以得到更完整的结果. 注意，由§4.1定理2，生灭过程的无穷近0-1律恒成立，故只要考虑无穷远0-1律（本节内简称0-1律）.

设 $X=\{x(t, \omega), t\geqslant 0\}$ 是定义在 $(\Omega, \mathcal{F}, P)$ 上的生灭过程，不妨设它是完全可分，Borel可测的，它的密度矩阵 $\boldsymbol{Q}$ 由§5.1（1）给出，利用§5.1（4）～（7），可以引进数字特征 m_i，e_i，R，S，Z_n，Z.

引进随机变量 $g_i(\omega)$：

$$g_i(\omega)=\begin{cases}\inf(t: t>\boldsymbol{\tau}(\omega), & x(t, \omega)=i)\text{ 右方 } t\text{-集非空，}\\ +\infty, & \text{反之.}\end{cases} \tag{1}$$

这里 $\boldsymbol{\tau}(\omega)$ 为 X 的第一个跳跃点，因而 $g_i(\omega)$ 是经过第一次跳跃后的首达 i 的时刻，而 $E_i g_i$ 是自 i 出发，离开 i 后首次回到 i 的平均时间，称**过程 X 遍历**，如它常返，而且对一切 $i\in E$，

$$E_i g_i<+\infty. \tag{2}$$

定理1 设 $R=+\infty$，则 X 常返的充分必要条件是 $Z=+\infty$；X 遍历的充分必要条件是 $Z=+\infty$，$e_1<+\infty$.

证 由于 $R=+\infty$，第一个飞跃点以概率1等于 $+\infty$，故自 k 出发，转移到 m 的概率，重合于自 k 出发，经有穷次跳跃而达到 m 的概率 $q_k(m)$. 由§5.1（25）可见：$q_k(m)\equiv 1$（一切 k，$m\in E$）的充分必要条件是 $Z=+\infty$. 因此由§4.2定理2得证前一结论.

考虑首达 i 的时间.

$$\eta_i(\omega)=\begin{cases}\inf(t:\ t>0,\quad x(t,\ \omega)=i), & \text{右方 } t\text{-集非空},\\ +\infty, & \text{反之}.\end{cases} \tag{3}$$

容易看出

$$\begin{aligned}E_i g_i&=E_i\boldsymbol{\tau}+\frac{a_i}{a_i+b_i}E_{i-1}\eta_i+\frac{b_i}{a_i+b_i}E_{i+1}\eta_i\\&=\frac{1}{a_i+b_i}+\frac{a_i}{a_i+b_i}m_{i-1}+\frac{b_i}{a_i+b_i}e_{i+1}.\end{aligned} \tag{4}$$

由 §5.1 (4)，$m_{i-1}<+\infty$，如 $e_1<+\infty$，由 §5.1 (5) 可见 $e_{i+1}<+\infty$. 因而由 (4) 及 (2) 式下的注意即得证后一结论.

如 $R<+\infty$，Q 过程不唯一，例如 $(Q,\ \pi)$ 过程（参看 §6.1 (二)）就是其中的一种，π 为 E 上任一概率分布. 固定 Q，全体 $(Q,\ \pi)$ 过程的集记为 $\{D\}$，全体 Q 过程的集记为 $\{A\}$，显然 $\{D\}\subset\{A\}$.

定理 2　若 $R<+\infty$，则一切 Q 过程遍历（因而都常返）.

证　考虑 §6.3 (8) 中定义的 $\beta_1^{(0)}$，它是第一个飞跃点后首达状态 0 的时刻. 由 $R<+\infty$，存在 $s>0$ 及 $l\in E$，使 $P(\boldsymbol{\tau}_1<s,\ x(s)\leqslant l)>0$，这里 $\boldsymbol{\tau}_1$ 是第一个飞跃点. 从而

$$\begin{aligned}P(\beta_1^{(0)}<+\infty)\geqslant P(&\boldsymbol{\tau}_1<s,\ x(s)\leqslant l,\\&s\text{ 后经有穷次跳跃到 }0)>0.\end{aligned} \tag{5}$$

因此，存在 $T>0$，$\alpha>0$，使对一切 $k\in E$，有

$$P_k(\beta_1^{(0)}\leqslant T)\geqslant\alpha,$$

（参看 §6.3 的注）. 于是由 §6.2 引理 1，有 $E\beta_1^{(0)}<+\infty$，显然 $g_0\leqslant\beta_1^{(0)}$，故①

$$m_{00}=E_0 g_0\leqslant E_0\beta_1^{(0)}<+\infty.$$

---

① m_{ii} 应理解为自 i 出发，离开 i 后首次回到 i 的平均时间，即 $m_{ii}=E_i g_i$.

这得证状态 0 遍历．由互通性，过程遍历．

（二）

以下所谓“任意生灭过程”是指“任意具有 § 5.1（1）形的 Q 及任意 Q 过程”．

定理 3 设 X 为任意生灭过程，$\{f_i\}$ 为 X 的任一过分函数，则必存在极限

$$\lim_{i\to+\infty} f_i=f. \tag{5'}$$

若 $R<+\infty$ 或 $R=+\infty$，$Z=+\infty$，则 $f_i\equiv f$(常数)．

证 若对某 j，$f_j=+\infty$，则因 $p_{ij}(t)>0$ 对一切 i，$j\in E$ 及 $t>0$ 成立，故由 § 4.2（10）知 $f_i\equiv+\infty$．因而不妨设 $\{f_i\}$ 是有限的过分函数．

如 $R<+\infty$ 或 $R=+\infty$，$Z=+\infty$，由定理 1 及 2，知 X 常返．根据 § 4.2 定理 3，知 $f_i\equiv f$．

剩下一种情形是 $R=+\infty$，$Z<+\infty$．这时 X 非常返，没有飞跃点．以 $\mathcal{N}_t$ 表由 $\{x_u,\ 0\leqslant u\leqslant t\}$ 所产生的 σ 代数，则 $\{f_X,\ \mathcal{N}_t, P\}$ 是可分的半鞅，于是 P 几乎地存在极限

$$\lim_{t\to+\infty} f_{x_t}(\omega)=f(\omega). \tag{6}$$

既然 X 没有飞跃点，非常返，故对几乎一切 ω 及任一正数 N，存在 $T(\omega)>0$，使当 $t\geqslant T(\omega)$ 时，有 $x_t(\omega)\geqslant N$，换句话说①

$$P(\lim_{t\to+\infty} x_t(\omega)=+\infty)=1. \tag{7}$$

由此并注意 X 无飞跃点，可见对 X 的嵌入马氏链 $\{y_n\}$，也有

$$P(y_n(\omega)\to+\infty)=1.$$

注意对生灭过程，自 i 出发，经一步跳跃后只能到 $i+1$ 或 $i-1$．故对几乎一切 ω，$y_n(\omega)$ 必取一切正整数（除有穷多个外）而趋于$+\infty$．于是由（6）知以概率 1

① 如换 P 为 P_i，(7)（8）式同样正确．

$$\lim_{n\to+\infty} f_n = \lim_{n\to+\infty} f_{y_n(\omega)} = \lim_{t\to+\infty} f_{x_t(\omega)} = f(\omega), \tag{8}$$

这说明，$f(\omega)$ 以概率 1 等于某常数 f，而且（5′）成立. ■

(三)

定理 4　对一切生灭过程 X，强 0-1 律成立.

证　如 X 常返，由 § 4.1 定理 5 知对 X，0-1 律成立.

设 X 非常返，即 $R=+\infty$，$Z<+\infty$. 此时（7）成立，不论开始分布如何. 任取不变集 A，由定义及马氏性知对任意 $t\geqslant 0$，

$$\begin{aligned} P_i(A) = P_i(\theta_t A) &= \int_\Omega P_i\left(\frac{\theta_t A}{\mathcal{N}_t}\right) P_i(\mathrm{d}\omega) \\ &= \int_\Omega P_{x_t}(A) P_i(\mathrm{d}\omega) \\ &= \sum_{j\in E} p_{ij}(t) P_j(A). \end{aligned} \tag{9}$$

所以作为 i 的函数 $\{P_i(A)\}$ 是 X 的过分函数，由定理 3 及 (8)，存在常数 f，使

$$f = \lim_{i\to+\infty} P_i(A) = \lim_{t\to+\infty} P_{x_t}(A). \tag{10}$$

注意 A 为不变集，$P_i(A\Delta\theta_t A)=0$，故上式右方等于

$$\begin{aligned} \lim_{t\to+\infty} P_i(\theta_t A/\mathcal{N}_t) &= \lim_{t\to+\infty} P_i\left(\frac{A}{\mathcal{N}_t}\right) \\ &= P_i\left(\frac{A}{\mathcal{N}_{+\infty}}\right) = \chi_A(\omega),\ (P_i\text{-几乎}), \end{aligned} \tag{11}$$

$\chi_A(\omega)$ 是 A 的示性函数. 由（10）及（11）得

$$P_i(\chi_A(\omega)=f)=1.$$

因而 $P_i(A)=0$ 或 1. 再由（9）并注意 $p_{ij}(t)>0$，知对 X 强 0-1 律成立. ■

第 7 章　生灭过程的解析构造

§7.1　自然尺度和标准测度

设给定一个矩阵 $\boldsymbol{Q}=(q_{ij})$ (i，$j\in E=\mathbf{N}$)，具有下面的形式

$$\boldsymbol{Q}=\begin{pmatrix} -(a_0+b_0) & b_0 & 0 & \cdots & 0 & 0 & 0 & \cdots \\ a_1 & -(a_1+b_1) & b_1 & \cdots & 0 & 0 & 0 & \cdots \\ \vdots & \vdots & \vdots & \vdots & \vdots & \vdots & \\ 0 & 0 & 0 & \cdots & a_n & -(a_n+b_n) & b_n & \cdots \\ \vdots & \vdots & \vdots & \vdots & \vdots & \vdots & \end{pmatrix}, \quad (1)$$

即

$$-q_{ii}=q_i=a_i+b_i,\ q_{ii+1}=b_i,\ i\geqslant 0,$$
$$q_{ii-1}=a_i,\ (i>0),\ q_{ij}=0,\ (|i-j|>1),$$

其中 $a_0\geqslant 0$，$b_0>0$，$a_i>0$，$b_i>0$ ($i>0$)．这里的 $\boldsymbol{Q}$ 与 §5.1 中 (1) 的 $\boldsymbol{Q}$ 的仅有的不同在于 a_0 可以取 0 或正数．当 $a_0=0$ 时，这里的 $\boldsymbol{Q}$ 与 §5.1 中的 $\boldsymbol{Q}$ 是相同的，此时 $\boldsymbol{Q}$ 保守．当 $a_0>0$ 时，(1) 中的 $\boldsymbol{Q}$ 在状态 0 不保守，即 0 是仅有的非保守状态．本章中，我们恒设 $\boldsymbol{Q}$ 有形式 (1)，或者说，恒考虑 (1) 形的 $\boldsymbol{Q}$.

对（1）中的 $\boldsymbol{Q}$，称

$$\begin{cases} Z_0=\dfrac{1}{a_0},\ a_0>0;\ Z_0=0,\ a_0=0. \\ Z_1=Z_0+\dfrac{1}{b_0},\ Z_n=Z_0+\dfrac{1}{b_0}+\sum\limits_{i=1}^{n-1}\dfrac{a_1a_2\cdots a_i}{b_0b_1b_2\cdots b_i},\ n\geqslant 2 \end{cases} \tag{2}$$

为**自然尺度**；称

$$Z=\lim_{n\to+\infty} Z_n \tag{3}$$

为**边界点**；称

$$\mu_0=1,\ \mu_n=\frac{b_0b_1b_2\cdots b_{n-1}}{a_1a_2\cdots a_{n-1}a_n},\ n\geqslant 1, \tag{4}$$

为**标准测度**.

引进下面的特征数：

$$\begin{cases} m_0=\dfrac{1}{b_0}=(Z_1-Z_0)\mu_0, \\ m_i=\dfrac{1}{b_i}+\sum\limits_{k=0}^{i-1}\dfrac{a_ia_{i-1}\cdots a_{i-k}}{b_ib_{i-1}\cdots b_{i-k}b_{i-k-1}}=(Z_{i+1}-Z_i)\sum\limits_{k=0}^{i}\mu_k,\ i>0. \end{cases} \tag{5}$$

$$\begin{cases} e_0=Z_0+\sum\limits_{k=0}^{+\infty}\mu_k,\ \mu(E)=\sum\limits_{k=0}^{+\infty}\mu_k, \\ e_i=\dfrac{1}{a_i}+\sum\limits_{k=0}^{+\infty}\dfrac{b_ib_{i+1}\cdots b_{i+k}}{a_ia_{i+1}\cdots a_{i+k}a_{i+k+1}}=(Z_i-Z_{i-1})\sum\limits_{k=i}^{+\infty}\mu_k,\ i>0, \end{cases} \tag{6}$$

$$N_i=\sum_{j=i}^{+\infty}m_j=(Z-Z_i)\sum_{j=0}^{i}\mu_j+\sum_{j=i+1}^{+\infty}(Z-Z_j)\mu_j. \tag{7}$$

$$\begin{cases} R=\sum\limits_{j=0}^{+\infty}m_j=\sum\limits_{j=0}^{+\infty}(Z-Z_j)\mu_j, \\ S=\sum\limits_{j=0}^{+\infty}e_j=\sum\limits_{j=0}^{+\infty}Z_j\mu_j. \end{cases} \tag{8}$$

依照自然尺度和标准测度，可以对边界点 Z 分类. 边界点 Z 称为**正则**的，如果 $Z<+\infty$，$e_1<+\infty$；Z 称为**流出**的，如果 $e_1=+\infty$，$R<+\infty$；Z 称为**流入**的，如果 $Z=+\infty$，$S<+\infty$.

Z 称为自然的，如果 Z 属于剩下的情形.

注意 $R<+\infty$ 蕴含 $Z<+\infty$；$S<+\infty$ 蕴含 $e_1<+\infty$.

§5.1 中引理1的系仍正确. 即

定理1 对形如（1）的 $\boldsymbol{Q}$，（$a_0\geqslant 0$），边界点 Z 是正则的，当且仅当 $R<+\infty$，$S<+\infty$；Z 是流出的，当且仅当 $R<+\infty$，$S=+\infty$；Z 是流入的，当且仅当 $R=+\infty$，$S<+\infty$；Z 是自然的，当且仅当 $R=+\infty$，$S=+\infty$.

§7.2　二阶差分算子

设 $\boldsymbol{u}$ 是 E 上的列向量，定义列向量 $\boldsymbol{u}^+$ 如下：

$$u_i^+ = \frac{u_{i+1} - u_i}{Z_{i+1} - Z_i},\ i \geqslant 0. \tag{1}$$

为方便计，今后我们约定

$$u_{-1}^+ = a_0 u_0,\ u_{-1} = 0. \tag{2}$$

设 $\boldsymbol{u}$ 是 $\{-1\} \bigcup E$ 上的列向量，定义列向量 $\boldsymbol{D}_\mu \boldsymbol{u}$ 如下：

$$(\boldsymbol{D}_\mu \boldsymbol{u})_i = \frac{u_i - u_{i-1}}{\mu_i},\ i \geqslant 0. \tag{3}$$

定理 1　设 $\boldsymbol{u}$ 是 E 上的列向量. 则

$$\boldsymbol{Q}\boldsymbol{u} = \boldsymbol{D}_\mu \boldsymbol{u}^+,$$

即

$$(\boldsymbol{D}_\mu \boldsymbol{u}^+)_i = a_i u_{i-1} - (a_i + b_i) u_i + b_i u_{i+1},\ i \in E. \tag{4}$$

证　注意

$$(Z_i - Z_{i-1})\mu_i = \frac{1}{a_i},\ i > 0;\ (Z_{i+1} - Z_i)\mu_i = \frac{1}{b_i},\ i \geqslant 0. \tag{5}$$

对 $i > 0$，依 (1)(3)，有

$$\begin{aligned}
(\boldsymbol{D}_\mu \boldsymbol{u}^+)_i &= \left(\frac{u_{i+1} - u_i}{Z_{i+1} - Z_i} - \frac{u_i - u_{i-1}}{Z_i - Z_{i-1}}\right)\frac{1}{\mu_i} \\
&= \frac{u_{i+1} - u_i}{(Z_{i+1} - Z_i)\mu_i} - \frac{u_i - u_{i-1}}{(Z_i - Z_{i-1})\mu_i} \\
&= b_i(u_{i+1} - u_i) - a_i(u_i - u_{i-1}) \\
&= a_i u_{i-1} - (a_i + b_i)u_i + b_i u_{i+1}.
\end{aligned}$$

对 $i = 0$，依 (1) ～ (3)，有

$$(\boldsymbol{D}_\mu \boldsymbol{u}^+)_0 = \frac{u_0^+ - u_{-1}^+}{\mu_0} = \frac{u_1 - u_0}{Z_1 - Z_0} - a_0 u_0$$

$$=-(a_0+b_0)u_0+b_0u_1. \quad \blacksquare$$

设 $\boldsymbol{u}$ 是 E 上的列向量，用 $\boldsymbol{u}\mu$ 表示分量为 $u_j\mu_j$ 的行向量. 设 $\boldsymbol{v}$ 为 E 上的行向量，用 $\boldsymbol{v}\mu^{-1}$ 表示分量 $v_i\mu_i^{-1}$ 的列向量.

引理 1 设 $\boldsymbol{v}$ 是行向量，$\boldsymbol{u}=\boldsymbol{v}\mu^{-1}$. 则

$$\boldsymbol{vQ}=(\boldsymbol{Qu})\mu. \tag{6}$$

证 注意

$$\mu_{i-1}b_{i-1}\mu_i^{-1}=a_i,\ i>0;\ \mu_{i+1}a_{i+1}\mu_i^{-1}=b_i,\ i\geqslant 0. \tag{7}$$

对 $i>0$，有

$$\begin{aligned}(\boldsymbol{Qu})_j\mu_j &=[a_jv_{j-1}\mu_{j-1}^{-1}-(a_j+b_j)v_j\mu_j^{-1}+b_jv_{j+1}\mu_{j+1}^{-1}]\mu_j\\ &=v_{j-1}b_{j-1}-v_j(a_j+b_j)+v_{j+1}a_{j+1}=(\boldsymbol{vQ})_j.\end{aligned}$$

对 $i=0$，有

$$\begin{aligned}(\boldsymbol{Qu})_0\mu_0 &=[-(a_0+b_0)u_0+b_0u_1]\mu_0\\ &=[-(a_0+b_0)v_0\mu_0^{-1}+b_0v_1\mu_1^{-1}]\mu_0\\ &=-v_0(a_0+b_0)+v_1a_1=(\boldsymbol{vQ})_0. \quad \blacksquare\end{aligned}$$

系 1 设 $\boldsymbol{u}$ 和 $\boldsymbol{f}$ 是 E 上的行向量，$\boldsymbol{v}=\boldsymbol{u}\mu$，$\boldsymbol{g}=\boldsymbol{f}\mu$. 则 $\boldsymbol{u}$ 满足

$$\boldsymbol{Qu}=\boldsymbol{f}, \tag{8}$$

当且仅当 $\boldsymbol{v}$ 满足

$$\boldsymbol{vQ}=\boldsymbol{g}. \tag{9}$$

$\boldsymbol{u}$ 满足

$$\lambda\boldsymbol{u}-\boldsymbol{Qu}=\boldsymbol{f},\ \lambda>0, \tag{10}$$

当且仅当 $\boldsymbol{v}$ 满足

$$\lambda\boldsymbol{v}-\boldsymbol{vQ}=\boldsymbol{g},\ \lambda>0. \tag{11}$$

引理 2 方程组

$$\begin{cases}u_i=f_i,\\ a_ku_{k-1}-(a_k+b_k)u_k+b_ku_{k+1}=-f_k,\ i<k<n,\\ u_n=f_n.\end{cases} \tag{12}$$

的解为

$$u_k=\frac{Z_n-Z_k}{Z_n-Z_i}f_i+\frac{Z_k-Z_i}{Z_n-Z_i}f_n+\frac{Z_n-Z_k}{Z_n-Z_i}\sum_{i<j<k}(Z_j-Z_i)f_j\mu_j+$$
$$\frac{Z_k-Z_i}{Z_n-Z_i}\sum_{k\leqslant j<n}(Z_n-Z_j)f_j\mu_j. \tag{13}$$

证　依定理 1，(12) 成为

$$\begin{cases}u_i=f_i,\\ u_k^+-u_{k-1}^+=-f_k\mu_k,\ i<k<n,\\ u_n=f_n.\end{cases} \tag{14}$$

于是

$$u_k^+=u_i^++\sum_{i<l\leqslant k}(u_l^+-u_{l-1}^+)=u_i^+-\sum_{i<l\leqslant k}f_lu_l,$$
$$\begin{aligned}u_k&=u_i+\sum_{i\leqslant l<k}(u_{l+1}-u_l)\\&=u_i+\sum_{i\leqslant l<k}u_l^+(Z_{l+1}-Z_l)\\&=u_i+\sum_{i\leqslant l<k}\Big[u_i^+-\sum_{i<j\leqslant l}f_j\mu_j\Big](Z_{l+1}-Z_l)\\&=u_i+\sum_{i\leqslant l<k}u_i^+(Z_{l+1}-Z_l)-\sum_{i\leqslant l<k}\Big(\sum_{i<j\leqslant l}f_j\mu_j\Big)(Z_{l+1}-Z_l)\\&=f_i+u_i^+(Z_k-Z_i)-\sum_{i<j<k}\sum_{j\leqslant l<k}f_j\mu_j(Z_{l+1}-Z_l),\end{aligned}$$
$$u_k=f_i+u_i^+(Z_k-Z_i)-\sum_{i<j<k}(Z_k-Z_j)f_j\mu_j. \tag{15}$$

当 $k=n$ 时，我们有

$$f_n=f_i+u_i^+(Z_n-Z_i)-\sum_{i<j<n}(Z_n-Z_i)f_i\mu_j.$$

因而

$$u_i^+=\frac{f_n-f_i}{Z_n-Z_i}+\frac{1}{Z_n-Z_i}\sum_{i<j<n}(Z_n-Z_i)f_i\mu_j. \tag{16}$$

将 (16) 代入 (15) 中并经整理得 (13). ■

引理 3　方程组

$$\begin{cases}-(a_0+b_0)u_0+b_0u_1=-f_0,\\ a_iu_{i-1}-(a_i+b_i)u_i+b_iu_{i+1}=-f_i,\ 0<i<n,\\ u_n=f_n.\end{cases}\tag{17}$$

的解为

$$u_i=\frac{Z_n-Z_i}{a_0(Z_n-Z_0)+1}f_0+\frac{a_0(Z_i-Z_0)+1}{a_0(Z_n-Z_0)+1}f_n+$$
$$\frac{Z_n-Z_i}{a_0(Z_n-Z_0)+1}\sum_{j=0}^{i-1}[a_0(Z_j-Z_0)+1]f_j\mu_j+$$
$$\frac{a_0(Z_i-Z_0)+1}{a_0(Z_n-Z_0)+1}\sum_{j=i}^{n-1}(Z_n-Z_j)f_j\mu_j.\tag{18}$$

证 从（13）得出

$$u_i=\frac{Z_n-Z_i}{Z_n-Z_0}u_0+\frac{Z_i-Z_0}{Z_n-Z_0}f_n+\frac{Z_n-Z_i}{Z_n-Z_0}\sum_{0<j<i}(Z_j-Z_0)f_j\mu_j+$$
$$\frac{Z_i-Z_0}{Z_n-Z_0}\sum_{i\leqslant j<n}(Z_n-Z_j)f_j\mu_j,\ 0<i<n.\tag{19}$$

特别地，

$$u_1=\frac{Z_n-Z_1}{Z_n-Z_0}u_0+\frac{Z_1-Z_0}{Z_n-Z_0}f_n+\frac{Z_1-Z_0}{Z_n-Z_0}\sum_{j=1}^{n-1}(Z_n-Z_j)f_j\mu_j.\tag{20}$$

但依（17），

$$u_0=\frac{b_0}{a_0+b_0}u_1+\frac{f_0}{a_0+b_0}=\frac{u_1}{a_0(Z_1-Z_0)+1}+\frac{(Z_1-Z_0)f_0}{a_0(Z_1-Z_0)+1}.\tag{21}$$

解方程（20）和（21），得

$$u_0=\frac{Z_n-Z_0}{a_0(Z_n-Z_0)+1}f_0+\frac{1}{a_0(Z_n-Z_0)+1}f_n+$$
$$\frac{1}{a_0(Z_n-Z_0)+1}\sum_{j=1}^{n-1}(Z_n-Z_j)f_j\mu_j.$$

将上式代入（19）中便得（18）. ■

引理 4 方程组

$$\boldsymbol{D}_\mu\boldsymbol{u}^+=\boldsymbol{f},\tag{22}$$

亦即方程组

$$\begin{cases}-(a_0+b_0)u_0+b_0u_1=f_0,\\ a_iu_{i-1}-(a_i+b_i)u_i+b_iu_{i+1}=f_i,\ i>0.\end{cases} \tag{23}$$

的解是

$$u_i=[a_0(Z_i-Z_0)+1]u_0+\sum_{j=0}^{i-1}(Z_i-Z_j)f_j\mu_j. \tag{24}$$

证　(23) 推出

$$\begin{cases}u_0^+=a_0u_0+f_0\mu_0,\\ u_i^+-u_{i-1}^+=f_i\mu_i,\ i>0.\end{cases} \tag{25}$$

于是

$$\begin{aligned}u_i^+&=u_0^++\sum_{j=1}^{i}(u_j^+-u_{j-1}^+)=a_0u_0+f_0\mu_0+\sum_{j=1}^{i}f_j\mu_j\\&=a_0\mu_0+\sum_{j=0}^{i}f_j\mu_j,\end{aligned}$$

$$\begin{aligned}u_i&=u_0+\sum_{j=0}^{i-1}(u_{i+1}-u_j)=u_0+\sum_{j=0}^{i-1}u_j^+(Z_{j+1}-Z_j)\\&=u_0+\sum_{j=0}^{i-1}\left(a_0u_0+\sum_{k=0}^{j}f_k\mu_k\right)(Z_{j+1}-Z_j)\\&=u_0+a_0(Z_i-Z_0)\mu_0+\sum_{j=0}^{i-1}(Z_{j+1}-Z_j)\sum_{k=0}^{j}f_k\mu_k\\&=[a_0(Z_i-Z_0)+1]u_0+\sum_{j=0}^{i-1}(Z_i-Z_j)f_j\mu_j.\end{aligned}$$ ■

系 2　方程组

$$\boldsymbol{Qu}=\boldsymbol{0} \tag{26}$$

的解是

$$u_i=[a_0(Z_i-Z_0)+1]u_0,\ i\geqslant 0. \tag{27}$$

§7.3 方程 $\lambda \boldsymbol{u}-\boldsymbol{D}_\mu \boldsymbol{u}^+=\mathbf{0}$ 的解

设 $\boldsymbol{u}$ 是 E 上的列向量. 如果 $\sup\limits_i |u_i|<+\infty$，称 $\boldsymbol{u}$ 是**有界的**；如果 $\sum\limits_i |u_i|\mu_i<+\infty$，称 $\boldsymbol{u}$ 是**可和的**.

定理 1 对每个 $\lambda>0$，方程

$$\lambda \boldsymbol{u}-\boldsymbol{D}_\mu \boldsymbol{u}^+=\mathbf{0} \tag{1}$$

满足条件 $u_0=1$ 的解 $\boldsymbol{u}(\lambda)$ 存在且唯一，它有下列性质：

(i) $\boldsymbol{u}(\lambda)$ 和 $\boldsymbol{u}^+(\lambda)$ 在 E 上严格增加；

(ii) $u_Z(\lambda)\equiv\lim\limits_{i\to+\infty}u_i(\lambda)<+\infty$，当且仅当边界点 Z 是正则或流出的；

(iii) $\boldsymbol{u}(\lambda)$ 可和，即 $u_Z^+(\lambda)\equiv\lim\limits_{i\to+\infty}u_i^+(\lambda)<+\infty$，当且仅当边界点 Z 是正则或流入的.

证 由于§7.2 中（24），$u_i(\lambda)$ 满足下面的等式

$$u_i(\lambda)=1+a_0(Z_i-Z_0)+\lambda\sum_{j=0}^{i-1}(Z_i-Z_j)u_j(\lambda)\mu_j. \tag{2}$$

于是，我们从（2）可以递推地决定 $u_1(\lambda)$，$u_2(\lambda)$，…因而 $\boldsymbol{u}(\lambda)$ 存在且唯一. 从（2）看出 $\boldsymbol{u}(\lambda)$ 在 E 上严格增加.

其次

$$\begin{aligned}u_i^+(\lambda)&=u_{-1}^+(\lambda)+\sum_{j=0}^{i}[u_j^+(\lambda)-u_{j-1}^+(\lambda)]\\&=a_0u_0(\lambda)+\sum_{j=0}^{i}[D_\mu u^+(\lambda)];\end{aligned}$$

$$\mu_j=a_0+\lambda\sum_{j=0}^{i}u_j(\lambda)\mu_j, \tag{3}$$

于是 $\boldsymbol{u}^+(\lambda)$ 在 E 上严格增加.

设 $u_Z(\lambda)<+\infty$. 依 (2),

$$u_i(\lambda)>\lambda u_0(\lambda)\sum_{j=0}^{i-1}(Z_i-Z_j)\mu_j.$$

令 $i\to+\infty$, 得 $u_Z(\lambda)\geqslant\lambda\sum_{j=0}^{+\infty}(Z-Z_j)\mu_j=\lambda R$, 故 $R<+\infty$, 即边界点 Z 是正则或流出的. 反之, 设 $R<+\infty$. 从 (3) 得

$$u_{i+1}(\lambda)-u_i(\lambda)<a_0(Z_{i+1}-Z_i)+\lambda u_i(\lambda)(Z_{i+1}-Z_i)\sum_{j=0}^{i}\mu_j,$$

$$\frac{u_{i+1}(\lambda)}{u_i(\lambda)}-1<\frac{a_0}{u_0(\lambda)}(Z_{i+1}-Z_i)+\lambda(Z_{i+1}-Z_i)\sum_{j=0}^{i}\mu_j.$$

因 $R<+\infty$, 上式右方是收敛级数的项. 于是从数学分析中知

$$\sum_{i=0}^{+\infty}\lg\frac{u_{i+1}(\lambda)}{u_i(\lambda)}<+\infty,$$

从而 $\lim\limits_{i\to+\infty}u_i(\lambda)\equiv u_Z(\lambda)<+\infty$.

设 $u_Z^+(\lambda)<+\infty$. 依 (2), 有 $u_i(\lambda)\geqslant\lambda Z_i$, $i>0$; 依 (3), 有

$$u_i^+(\lambda)\geqslant\lambda\sum_{j=1}^{i}Z_j\mu_j,\ i>0.$$

于是 $u_Z^+(\lambda)\geqslant\lambda\sum_{j=1}^{+\infty}Z_j\mu_j$, 故 $S<+\infty$, 即边界点 Z 是正则或流入的.

反之, 设 $S<+\infty$. 当 $i>0$ 时,

$$u_i(\lambda)=1+\sum_{j=0}^{i-1}u_j^+(\lambda)(Z_{j+1}-Z_j)<1+u_{i-1}^+(\lambda)(Z_i-Z_0),$$

$$u_i^+(\lambda)-u_{i-1}^+(\lambda)=\lambda u_i(\lambda)\mu_i<\lambda\mu_i+\lambda u_{i-1}^+(\lambda)Z_i\mu_i,$$

$$\frac{u_i^+(\lambda)}{u_{i-1}^+(\lambda)}-1<\frac{\lambda\mu_i}{u_0^+(\lambda)}+\lambda Z_i\mu_i,$$

因 $S<+\infty$ 蕴含 $\sum\limits_{i}\mu_i<+\infty$, 上式右方是一个收敛级数的项; 从数学分析中知 $\sum\limits_{i=1}^{+\infty}\lg\dfrac{u_i^+(\lambda)}{u_{i-1}^+(\lambda)}<+\infty$. 从而 $\lim\limits_{i\to+\infty}u_i^+(\lambda)\equiv$

$u_Z^+(\lambda)<+\infty$. ■

定理 2 设 $\boldsymbol{u}(\lambda)$ 是方程（1）的满足 $u_0(\lambda)=1$ 的解．令

$$v_i(\lambda)=u_i(\lambda)\sum_{j=i}^{+\infty}\frac{Z_{j+1}-Z_j}{u_j(\lambda)u_{j+1}(\lambda)},\ i\geqslant 0. \tag{4}$$

则 $\boldsymbol{v}(\lambda)$ 在 E 上严格减小，$\boldsymbol{v}^+(\lambda)$ 在 E 上严格增加，并且

$$\lambda v_i(\lambda)-(\boldsymbol{D}_\mu \boldsymbol{v}^+(\lambda))_i=\begin{cases}1, & i=0,\\ 0, & i>0;\end{cases} \tag{5}$$

$$u_i^+(\lambda)v_i(\lambda)-u_i(\lambda)v_i^+(\lambda)=1,\ i\geqslant 0; \tag{6}$$

$$v_Z^+(\lambda)\equiv\lim_{i\to+\infty}v_i^+(\lambda)=-\frac{1}{u_Z(\lambda)}. \tag{7}$$

当 $u_Z(\lambda)=+\infty$时，上式右方为 0.

证 因为

$$\begin{aligned}\sum_{j=i}^{+\infty}\frac{Z_{j+1}-Z_j}{u_j(\lambda)u_{j+1}(\lambda)}&=\sum_{j=i}^{+\infty}\frac{1}{u_j^+(\lambda)}\left[\frac{1}{u_j(\lambda)}-\frac{1}{u_{j+1}(\lambda)}\right]\\&<\frac{1}{u_i^+(\lambda)}\sum_{j=i}^{+\infty}\left[\frac{1}{u_j(\lambda)}-\frac{1}{u_{j+1}(\lambda)}\right]\\&=\frac{1}{u_i^+(\lambda)}\left[\frac{1}{u_i(\lambda)}-\frac{1}{u_Z(\lambda)}\right]\\&\leqslant\frac{1}{u_i^+(\lambda)u_i(\lambda)}<+\infty,\end{aligned} \tag{8}$$

所以（4）中级数收敛．其次，从（4）得出

$$v_i^+(\lambda)=u_i^+(\lambda)\sum_{j=i}^{+\infty}\frac{Z_{j+1}-Z_j}{u_j(\lambda)u_{j+1}(\lambda)}-\frac{1}{u_i(\lambda)}. \tag{9}$$

由(8)，我们有 $v_i^+(\lambda)<0$，即 $\boldsymbol{v}(\lambda)$ 在 E 上严格减小．从(4)和(9)得（6）．进一步，由（9）得

$$\begin{aligned}-\frac{1}{u_i(\lambda)}<v_i^+(\lambda)&<\sum_{j=i}^{+\infty}u_j^+(\lambda)\frac{Z_{j+1}-Z_j}{u_j(\lambda)u_{j+1}(\lambda)}-\frac{1}{u_i(\lambda)}\\&=\sum_{j=i}^{+\infty}\left[\frac{1}{u_j(\lambda)}-\frac{1}{u_{j+1}(\lambda)}\right]-\frac{1}{u_i(\lambda)}=-\frac{1}{u_Z(\lambda)}.\end{aligned}$$

由此得（7）．由（9），对 $i>0$，有

$$(\boldsymbol{D}_\mu \boldsymbol{v}^+(\lambda))_i = (\boldsymbol{D}_\mu \boldsymbol{u}^+(\lambda))_i \sum_{j=i}^{+\infty} \frac{Z_{j+1}-Z_j}{u_j(\lambda)u_{j+1}(\lambda)}$$

$$= \lambda u_i(\lambda) \sum_{j=i}^{+\infty} \frac{Z_{j+1}-Z_j}{u_j(\lambda)u_{j+1}(\lambda)} = \lambda v_i(\lambda).$$

对 $i=0$，由 $\boldsymbol{v}(\lambda)$ 的定义看出

$$v_1(\lambda) = v_0(\lambda)u_1(\lambda) - \frac{Z_1-Z_0}{u_0(\lambda)} = v_0(\lambda)u_1(\lambda) - \frac{1}{b_0}. \qquad (10)$$

由于 $\boldsymbol{u}(\lambda)$ 是（1）的解，得

$$b_0 u_1(\lambda) = (\lambda + a_0 + b_0)u_0(\lambda) = \lambda + a_0 + b_0.$$

将上式代入（10）中便得 $\lambda v_0(\lambda) - (\boldsymbol{D}_\mu \boldsymbol{v}^+(\lambda))_0 = 1.$ ■

§7.4　最小解的构造

对于§7.3中定理1和定理2中的 $\boldsymbol{u}(\lambda)$ 和 $\boldsymbol{v}(\lambda)$，令

$$\phi_{ij}(\lambda)=\begin{cases}u_i(\lambda)v_j(\lambda)\mu_j, & j\geqslant i,\\ v_i(\lambda)u_j(\lambda)\mu_j, & j<i.\end{cases} \tag{1}$$

则

$$\mu_i\phi_{ij}(\lambda)=\mu_j\phi_{ji}(\lambda). \tag{2}$$

设 $\boldsymbol{f}$ 是 E 上的列向量，$\boldsymbol{g}$ 是行向量．则

$$\begin{aligned}[\boldsymbol{\phi}(\lambda)\boldsymbol{f}]_i &= \sum_j \phi_{ij}(\lambda)f_j\\ &=v_i(\lambda)\sum_{j=0}^{i}u_j(\lambda)f_j\mu_j+u_i(\lambda)\sum_{j=i+1}^{+\infty}v_j(\lambda)f_j\mu_j,\end{aligned} \tag{3}$$

$$\begin{aligned}[\boldsymbol{g\phi}(\lambda)]_j &= \sum_i g_i\phi_{ij}(\lambda)\\ &=v_j(\lambda)\mu_j\sum_{i=0}^{j}g_iu_i(\lambda)+u_j(\lambda)\mu_j\sum_{i=j+1}^{+\infty}g_iv_i(\lambda).\end{aligned} \tag{4}$$

如果 $\boldsymbol{g}=\boldsymbol{f}\mu$，那么 $\boldsymbol{g\phi}(\lambda)=[\boldsymbol{\phi}(\lambda)\boldsymbol{f}]\mu$，即

$$[\boldsymbol{g\phi}(\lambda)]_j=[\boldsymbol{\phi}(\lambda)\boldsymbol{f}]_j\mu_j. \tag{5}$$

定理 1

$$\lambda\sum_j\phi_{ij}(\lambda)=1-a_0v_i(\lambda)-\frac{u_i(\lambda)}{u_Z(\lambda)}. \tag{6}$$

当 $u_Z(\lambda)=+\infty$ 时，上式中相应的分数为0.

证　由（3）并回忆§7.2（2）中约定，有

$$\begin{aligned}\lambda\sum_j\phi_{ij}(\lambda)=&v_i(\lambda)\sum_{j=0}^{i}[u_j^+(\lambda)-u_{j-1}^+(\lambda)]+\\ &u_i(\lambda)\sum_{j=i+1}^{+\infty}[v_j^+(\lambda)-v_{j-1}^+(\lambda)]\\ =&v_i(\lambda)u_i^+(\lambda)-u_i(\lambda)v_i^+(\lambda)-a_0v_i(\lambda)+u_i(\lambda)v_Z^+(\lambda).\end{aligned}$$

由于§7.3中（6）（7），上式正是（6）.

定理 2　设 $f\in m$，$g\in l$. 则 $\boldsymbol{\phi}(\lambda)f\in m$，$g\boldsymbol{\phi}(\lambda)\in l$，且

$$\lambda\boldsymbol{\phi}(\lambda)\boldsymbol{f}-\boldsymbol{Q}[\boldsymbol{\phi}(\lambda)\boldsymbol{f}]=\boldsymbol{f},\ \lambda>0; \tag{7}$$

$$\lambda\boldsymbol{g}\boldsymbol{\phi}(\lambda)-[\boldsymbol{g}\boldsymbol{\phi}(\lambda)]\boldsymbol{Q}=\boldsymbol{g},\ \lambda>0. \tag{8}$$

证　只证 (7) (8) 可类似证明. 从 (3) 得

$$[\boldsymbol{\phi}(\lambda)\boldsymbol{f}]_i^+=v_i^+(\lambda)\sum_{j=0}^{i}u_j(\lambda)f_j\mu_j+u_i^+(\lambda)\sum_{j=i+1}^{+\infty}v_j(\lambda)f_j\mu_j. \tag{9}$$

当 $i>0$ 时，从 (9) 得

$$\begin{aligned}\boldsymbol{D}_\mu[\boldsymbol{\phi}(\lambda)\boldsymbol{f}]_i^+ &=\boldsymbol{D}_\mu v_i^+(\lambda)\sum_{j=0}^{i}u_j(\lambda)f_j\mu_j+\boldsymbol{D}_\mu u_i^+(\lambda)\sum_{j=i+1}^{+\infty}v_j(\lambda)f_j\mu_j+\\&\quad[v_{i-1}^+(\lambda)u_i(\lambda)-u_{i-1}^+(\lambda)v_i(\lambda)]f_i\\&=\lambda v_i(\lambda)\sum_{j=0}^{i}u_j(\lambda)f_j\mu_j+\lambda u_i(\lambda)\sum_{j=i+1}^{+\infty}v_j(\lambda)f_j\mu_j-\\&\quad[u_i^+(\lambda)v_i(\lambda)-u_i(\lambda)v_i^+(\lambda)]f_i\\&=\lambda[\boldsymbol{\phi}(\lambda)\boldsymbol{f}]_i-f_i.\end{aligned}$$

当 $i=0$ 时，(9) 成为

$$[\boldsymbol{\phi}(\lambda)\boldsymbol{f}]_0^+=v_0^+(\lambda)f_0+u_0^+(\lambda)\sum_{j=1}^{+\infty}v_j(\lambda)f_j\mu_j. \tag{10}$$

回忆 § 7.2 (2) 中约定，有

$$\begin{aligned}[\boldsymbol{\phi}(\lambda)\boldsymbol{f}]_{-1}^+&=a_0[\boldsymbol{\phi}(\lambda)\boldsymbol{f}]_0=a_0v_0(\lambda)f_0+a_0u_0(\lambda)\sum_{j=1}^{+\infty}v_j(\lambda)f_j\mu_j\\&=v_{-1}^+(\lambda)f_0+u_{-1}^+(\lambda)\sum_{j=1}^{+\infty}v_j(\lambda)f_j\mu_j.\end{aligned} \tag{11}$$

依 (10) 和 (11)，以及 § 7.3 (5)，

$$\begin{aligned}\boldsymbol{D}_\mu[\boldsymbol{\phi}(\lambda)\boldsymbol{f}]_0^+&=[\boldsymbol{D}_\mu v_0^+(\lambda)f_0]f_0+[\boldsymbol{D}_\mu u_0^+(\lambda)]\sum_{j=1}^{+\infty}v_j(\lambda)f_j\mu_j\\&=[\lambda v_0(\lambda)-1]f_0+\lambda u_0(\lambda)\sum_{j=1}^{+\infty}v_j(\lambda)f_j\mu_j\\&=\lambda[\boldsymbol{\phi}(\lambda)\boldsymbol{f}]_0-f_0.\quad\blacksquare\end{aligned}$$

引理 1　设 $f\in m$，而边界点 Z 是正则或流出的，则

$$[\boldsymbol{\phi}(\lambda)\boldsymbol{f}]_Z\equiv\lim_{i\to+\infty}[\boldsymbol{\phi}(\lambda)\boldsymbol{f}]_i=0. \tag{12}$$

证 当 Z 正则或流出时，有 $Z<+\infty$ 和 $u_Z(\lambda)<+\infty$. 依§7.3（4）中 $\boldsymbol{v}(\lambda)$ 的定义，$v_Z(\lambda)=0$. 从（6）得出 $[\lambda\boldsymbol{\phi}(\lambda)\mathbf{1}]_Z=\lim\limits_{i\to+\infty}[\lambda\boldsymbol{\phi}(\lambda)\mathbf{1}]_i$，于是得（12）. ■

定理 3 （1）中的 $\boldsymbol{\phi}(\lambda)$ 是最小 $\boldsymbol{Q}$ 预解矩阵，它既是 B 型的，也是 F 型的；$\boldsymbol{\phi}(\lambda)$ 诚实的充分必要条件是 $a_0=0$ 且边界点 Z 是流入或自然；当 Z 是流出或自然时，$\boldsymbol{\phi}(\lambda)$ 是唯一的 F 型 $\boldsymbol{Q}$ 预解矩阵；当 Z 是流入或自然时，$\boldsymbol{\phi}(\lambda)$ 是唯一的 B 型 $\boldsymbol{Q}$ 预解矩阵.

证 $\boldsymbol{\phi}(\lambda)$ 显然是非负的. 依定理 1，我们得出 $\boldsymbol{\phi}(\lambda)$ 的范条件成立. 从定理 2 得出 $\boldsymbol{\phi}(\lambda)$ 的 B 条件和 F 条件均成立. 为证 $\boldsymbol{\phi}(\lambda)$ 的预解方程，取 $\boldsymbol{f}\in m$，令 $\boldsymbol{F}(\lambda)=\boldsymbol{\phi}(\lambda)\boldsymbol{f}$. 则依定理 1，$\boldsymbol{F}(\lambda)-\boldsymbol{F}(\nu)+(\lambda-\nu)\boldsymbol{\phi}(\lambda)\boldsymbol{F}(\nu)\in m$，且由定理 2，它是§7.3 中方程（1）的解，因而

$$\boldsymbol{F}(\lambda)-\boldsymbol{F}(\nu)+(\lambda-\nu)\boldsymbol{\phi}(\lambda)\boldsymbol{F}(\nu)=C\boldsymbol{u}(\lambda),\tag{13}$$

这里 C 是常数. 如果 Z 是正则或流出的，依引理 1，在（13）中令 $i\to+\infty$ 时得 $0=Cu_Z(\lambda)$，那么 $C=0$. 如果 Z 是流入或自然的，同样地依定理 2，（13）左方是有界的，而 $u_Z(\lambda)=+\infty$，故 $C=0$. 于是在（13）中恒有 $C=0$. 取 $f_i=\delta_{ij}$，（13）成为 $\boldsymbol{\phi}(\lambda)$的预解方程. 这样，$\boldsymbol{\phi}(\lambda)$ 是 B 型和 F 型 $\boldsymbol{Q}$ 预解矩阵.

设 $\boldsymbol{\psi}(\lambda)$ 是任意的 $\boldsymbol{Q}$ 预解矩阵. 由于§2.5 中的（22）和（24），对固定的 j，$u_i=\psi_{ij}(\lambda)-\phi_{ij}(\lambda)$满足

$$\lambda u_i-\sum_k q_{ik}u_k=\begin{cases}C_1\geqslant 0, & i=0,\\ 0, & i>0.\end{cases}\tag{14}$$

于是，$u_i-C_1v_i(\lambda)$ 是§7.3 中方程（1）的解，从而 $\boldsymbol{u}-C_1\boldsymbol{v}(\lambda)=C_2\boldsymbol{u}(\lambda)$，即

$$\psi_{ij}(\lambda)=\phi_{ij}(\lambda)+C_1v_i(\lambda)+C_2u_i(\lambda),\tag{15}$$

其中 C_1 和 C_2 是与 i 无关的常数，且 $C_1\geqslant 0$.

如果边界点 Z 是流出或正则，依引理 1 及 $v_Z(\lambda)=0$，在（15）中令 $i\to+\infty$ 我们得 $C_2u_Z(\lambda)\geqslant 0$，从而 $C_2\geqslant 0$. 如果 Z 是流

入或自然，那么因（15）的左方有界，而右方中仅 $\boldsymbol{u}(\lambda)$ 无界，故 $C_2=0$. 这样，我们恒有 $C_2\geqslant 0$，即 $\boldsymbol{\psi}(\lambda)\geqslant\boldsymbol{\phi}(\lambda)$，证明了 $\boldsymbol{\phi}(\lambda)$ 的最小性.

依定理 1，$\boldsymbol{\phi}(\lambda)$ 的诚实性，即 $\lambda\boldsymbol{\phi}(\lambda)\mathbf{1}=\mathbf{1}$ 的充分必要条件是 $a_0=0$ 和 $u_Z(\lambda)=+\infty$，而此条件等价于 $a_0=0$ 边界点 Z 是流入或自然.

设 $\boldsymbol{\psi}(\lambda)$ 是 B 型 $\boldsymbol{Q}$ 预解矩阵，则 $u_i=\psi_{ij}(\lambda)-\phi_{ij}(\lambda)\geqslant 0$，且是 § 7.3 中方程（1）的解，于是

$$\psi_{ij}(\lambda)=\phi_{ij}(\lambda)+Cu_i(\lambda), \tag{16}$$

其中 C 是与 i 无关的常数. 如果 Z 是流入或自然的，此时 $u_Z(\lambda)=+\infty$，那么有 $C=0$，从而 $\boldsymbol{\psi}(\lambda)=\boldsymbol{\phi}(\lambda)$，因而 $\boldsymbol{\phi}(\lambda)$ 是唯一的 B 型 $\boldsymbol{Q}$ 预解矩阵.

设 $\boldsymbol{\psi}(\lambda)$ 是 F 型 $\boldsymbol{Q}$ 预解矩阵，则指定 i，$v_j=\psi_{ij}(\lambda)-\phi_{ij}(\lambda)\geqslant 0$ 是方程

$$\lambda\boldsymbol{v}-\boldsymbol{v}\boldsymbol{Q}=\mathbf{0}. \tag{17}$$

的可和解. 但 $\boldsymbol{u}(\lambda)\boldsymbol{\mu}$ 是（17）的唯一的线性独立解，故

$$\psi_{ij}(\lambda)=\phi_{ij}(\lambda)+Cu_j(\lambda)\mu_j, \tag{18}$$

这里 $C\geqslant 0$ 是与 i 无关的常数. 如果 Z 是流出或自然的，此时 $\sum\limits_j u_j(\lambda)\mu_j=+\infty$，依 $\boldsymbol{\phi}(\lambda)$ 和 $\boldsymbol{\psi}(\lambda)$ 的范条件，故 $C=0$，即 $\boldsymbol{\psi}(\lambda)=\boldsymbol{\phi}(\lambda)$，因而 $\boldsymbol{\phi}(\lambda)$ 是唯一的 F 型 $\boldsymbol{Q}$ 预解矩阵.

定理 4　每个 $\boldsymbol{Q}$ 预解矩阵 $\boldsymbol{\psi}(\lambda)$ 必有形式

$$\psi_{ij}(\lambda)=\phi_{ij}(\lambda)+a_0 v_i(\lambda)F_j^{(1)}(\lambda)+\frac{u_i(\lambda)}{u_Z(\lambda)}F_j^{(2)}(\lambda), \tag{19}$$

其中 $\boldsymbol{F}^{(a)}(\lambda)\geqslant\mathbf{0}$ $(a=1,2)$. $\boldsymbol{\psi}(\lambda)$ 是 B 型的当且仅当 $a_0=0$ 或 $a_0>0$ 且 $\boldsymbol{F}^{(1)}(\lambda)=\mathbf{0}$；$\boldsymbol{\psi}(\lambda)$ 是 F 型的当且仅当 $\boldsymbol{\psi}(\lambda)$ 有形式

$$\psi_{ij}(\lambda)=\phi_{ij}(\lambda)+C_i(\lambda)u_j(\lambda)\mu_j, \tag{20}$$

其中 $C_i\geqslant 0$.

证　本定理的结论实际上已蕴含在定理 3 的证明中. ■

§7.5 一些引理

以后将简记

$$X_i^{(1)}(\lambda)=a_0 v_i(\lambda),\quad X_i^{(2)}(\lambda)=\frac{u_i(\lambda)}{u_Z(\lambda)},\tag{1}$$

$$X_i^{(1)}=\frac{a_0(Z-Z_i)}{a_0(Z-Z_0)+1},\quad X_i^{(2)}=\frac{a_0(Z_i-Z_0)+1}{a_0(Z-Z_0)+1}.\tag{2}$$

显然地，$\boldsymbol{X}^{(1)}+\boldsymbol{X}^{(2)}=\mathbf{1}$. §7.4 中等式（6）成为

$$\lambda\boldsymbol{\phi}(\lambda)\mathbf{1}=\mathbf{1}-\boldsymbol{X}^{(1)}(\lambda)-\boldsymbol{X}^{(2)}(\lambda).\tag{3}$$

引理 1 （$\boldsymbol{X}^{(a)}(\lambda)$，$\lambda>0$）（$a=1$，2）是流出族；而且

$$\boldsymbol{X}^{(1)}(\lambda)\downarrow\mathbf{0},\quad \lambda X_i^{(1)}(\lambda)\to\begin{cases}a_0, & i=0,\\ 0, & i>0,\end{cases}\quad \lambda\uparrow+\infty.\tag{4}$$

$$\boldsymbol{X}^{(2)}(\lambda)\downarrow\mathbf{0},\quad \lambda\boldsymbol{X}^{(2)}(\lambda)\to\mathbf{0},\quad \lambda\uparrow+\infty.\tag{5}$$

$$\lambda\boldsymbol{\phi}(\lambda)\boldsymbol{X}^{(a)}=\boldsymbol{X}^{(a)}-\boldsymbol{X}^{(a)}(\lambda),\quad a=1,2.\tag{6}$$

证 由（6）及§2.7 中（11）知（$\boldsymbol{X}^{(a)}(\lambda)$，$\lambda>0$）是流出族. 于是我们只需证（6），因为引理的其他结论是§2.8 的定理 1 中（22）的推论.

设 $a_0=0$. 等式（6）对 $a=1$ 显然成立；对 $a=2$，（6）由（3）得出. 下面设 $a_0>0$.

如果 $Z=+\infty$，那么 $\boldsymbol{X}^{(2)}=\boldsymbol{X}^{(2)}(\lambda)=\mathbf{0}$，$\boldsymbol{X}^{(1)}=\mathbf{1}$，故从（3）得（6）.

若 $Z<+\infty$，则

$$\lambda\sum_j\phi_{ij}(\lambda)(Z-Z_j)$$

$$=v_i(\lambda)\sum_{j=0}^{i}\lambda u_j(\lambda)\mu_j\sum_{k=j}^{+\infty}(Z_{k+1}-Z_k)+$$

$$
\begin{aligned}
& u_i(\lambda)\sum_{j=i+1}^{+\infty}\lambda v_j(\lambda)\mu_j\sum_{k=j}^{+\infty}(Z_{k+1}-Z_k) \\
= & v_i(\lambda)\left\{\sum_{k=0}^{i}(Z_{k+1}-Z_k)\sum_{j=0}^{k}\lambda u_j(\lambda)\mu_j+\right. \\
& \left.\sum_{k=i+1}^{+\infty}(Z_{k+1}-Z_k)\sum_{j=0}^{i}\lambda u_j(\lambda)\mu_j\right\}+ \\
& u_i(\lambda)\sum_{k=i+1}^{+\infty}(Z_{k+1}-Z_k)\sum_{j=i+1}^{+\infty}\lambda v_j(\lambda)\mu_j \\
= & v_i(\lambda)\left\{\sum_{k=0}^{i}(Z_{k+1}-Z_k)[u_k^+(\lambda)-u_{-1}^+(\lambda)]+\right. \\
& \left.\sum_{k=i+1}^{+\infty}(Z_{k+1}-Z_k)[u_i^+(\lambda)-u_{-1}^+(\lambda)]\right\}+ \\
& u_i(\lambda)\sum_{k=i+1}^{+\infty}(Z_{k+1}-Z_k)[v_k^+(\lambda)-v_i^+(\lambda)] \\
= & v_i(\lambda)\left\{\sum_{k=0}^{i}[u_{k+1}(\lambda)-u_k(\lambda)]+u_i^+(\lambda)(Z-Z_{i+1})-\right. \\
& \left.u_{-1}^+(\lambda)(Z-Z_0)\right\}+u_i(\lambda)\left\{\sum_{k=i+1}^{+\infty}[v_{k+1}(\lambda)-v_k(\lambda)]-\right. \\
& \left.v_i^+(\lambda)(Z-Z_{i+1})\right\} \\
= & v_i(\lambda)\{u_i(\lambda)-u_0(\lambda)+u_i^+(\lambda)(Z-Z_i)-a_0u_0(\lambda)(Z- \\
& Z_0)\}+u_i(\lambda)\{v_Z(\lambda)-v_i(\lambda)-v_i^+(\lambda)(Z-Z_i)\} \\
= & [u_i^+(\lambda)v_i(\lambda)-u_i(\lambda)v_i^+(\lambda)](Z-Z_i)- \\
& [a_0(Z-Z_0)+1]v_i(\lambda) \\
= & (Z-Z_i)-[a_0(Z-Z_0)+1]v_i(\lambda).
\end{aligned}
\tag{7}
$$

(7) 两边乘 $a_0[a_0(Z-Z_0)+1]^{-1}$，我们得对于 $a=1$ 的 (6). 由此及 (3) 得对 $a=2$ 的 (6).

引理 2　(i) 设 $\boldsymbol{X}^{(0)}$ 和 $\bar{\boldsymbol{X}}$ 分别是 $\boldsymbol{Q}$ 的最大通过解和最大流出解 (见 § 2.8)，$\bar{\boldsymbol{X}}(\lambda)$ 是 $\boldsymbol{u}_\lambda^+(1)$ 中的最大元. 则 $\bar{\boldsymbol{X}}(\lambda)=$

$\boldsymbol{X}^{(2)}(\lambda)$. 当边界点 Z 是正则或流出时，有 $\boldsymbol{X}^{(0)}=\boldsymbol{0}$，$\bar{\boldsymbol{X}}=\boldsymbol{X}^{(2)}$；当 Z 是流入或自然时，有 $\boldsymbol{X}^{(0)}=\boldsymbol{X}^{(2)}$，$\bar{\boldsymbol{X}}=\boldsymbol{0}$.

(ii) $(\boldsymbol{X}^{(1)}(\lambda),\ \lambda>0)$ 的标准映像是 $\boldsymbol{X}^{(1)}$. 如果 Z 是正则或流出，那么 $(\boldsymbol{X}^{(2)}(\lambda),\ \lambda>0)$ 的标准映像是 $\boldsymbol{X}^{(2)}$.

证 依 § 7.2 中引理 4 的系，§ 2.8 中 (13) 的唯一线性独立解是 $\boldsymbol{X}^{(2)}$，而 $\boldsymbol{X}^{(0)}$ 和 $\bar{\boldsymbol{X}}$ 均是 § 2.8 中 (13) 的解，故

$$\boldsymbol{X}^{(0)}=C\boldsymbol{X}^{(2)},\ \bar{\boldsymbol{X}}=\bar{C}\boldsymbol{X}^{(2)}, \tag{8}$$

其中 C 和 $\bar{C}$ 是非负常数.

设 Z 是流出或正则，则 $\boldsymbol{X}^{(2)}(\lambda)\neq\boldsymbol{0}$. 依 (6) 和 (8)，

$$\lambda\boldsymbol{\phi}(\lambda)\boldsymbol{X}^{(0)}=C[\boldsymbol{X}^{(2)}-\boldsymbol{X}^{(2)}(\lambda)]=\boldsymbol{X}^{(0)}-C\boldsymbol{X}^{(2)}(\lambda),$$
$$\lambda\boldsymbol{\phi}(\lambda)\bar{\boldsymbol{X}}=\bar{C}[\boldsymbol{X}^{(2)}-\boldsymbol{X}^{(2)}(\lambda)]=\bar{\boldsymbol{X}}-\bar{C}\boldsymbol{X}^{(2)}(\lambda).$$

将上两式与 § 2.8 中 (14) 和 (19) 比较，得 $C=0$ 及 $\bar{C}\boldsymbol{X}^{(2)}(\lambda)=\bar{\boldsymbol{X}}(\lambda)$. 因 $\bar{\boldsymbol{X}}(\lambda)$ 和 $\boldsymbol{X}^{(2)}(\lambda)$ 均属于 $\boldsymbol{u}_\lambda^+(1)$，由 $\bar{\boldsymbol{X}}(\lambda)$ 的极大性，$\bar{\boldsymbol{X}}(\lambda)\geqslant\boldsymbol{X}^{(2)}(\lambda)$. 依 § 2.7 中引理 7，$1=\sup\limits_i\bar{X}_i(\lambda)=\bar{C}\sup\limits_i X_i^{(2)}(\lambda)=\bar{C}$. 这样，我们得 $\boldsymbol{X}^{(0)}=\boldsymbol{0}$，$\bar{\boldsymbol{X}}=\boldsymbol{X}^{(2)}$ 且 $\bar{\boldsymbol{X}}(\lambda)=\boldsymbol{X}^{(2)}(\lambda)$. 由于 $(\bar{\boldsymbol{X}}(\lambda),\ \lambda>0)$ 的标准映像是 $\bar{\boldsymbol{X}}$，故 $(\boldsymbol{X}^{(2)}(\lambda),\ \lambda>0)$ 的标准映像是 $\boldsymbol{X}^{(2)}$.

设 Z 是流入或自然. 如果 $a_0Z=+\infty$，此时 $\boldsymbol{X}^{(2)}=\boldsymbol{0}$. 从 (8) 得出 $\boldsymbol{X}^{(0)}=\boldsymbol{X}^{(2)}$ 和 $\bar{\boldsymbol{X}}=\boldsymbol{0}$. 如 $a_0Z<+\infty$，此时 $\boldsymbol{X}^{(2)}\neq\boldsymbol{0}$. 因此时 $\boldsymbol{u}_\lambda^+(1)$ 仅含零元，故 $\bar{\boldsymbol{X}}(\lambda)=\boldsymbol{X}^{(2)}(\lambda)=\boldsymbol{0}$ 和 $\bar{\boldsymbol{X}}=\boldsymbol{0}$，而 (6) 成为 $\lambda\boldsymbol{\phi}(\lambda)\boldsymbol{X}^{(2)}=\boldsymbol{X}^{(2)}$. 依 § 2.8 中引理 3 中 $\boldsymbol{X}^{(0)}$ 的最大性，$\boldsymbol{X}^{(2)}\leqslant\boldsymbol{X}^{(0)}\leqslant C\boldsymbol{X}^{(2)}$，从而 $C\geqslant1$. 但显然地，$X_i^{(0)}=CX_i^{(2)}\leqslant1$. 令 $i\to+\infty$ 得 $C\leqslant1$. 于是 $C=1$，即 $\boldsymbol{X}^{(0)}=\boldsymbol{X}^{(2)}$.

从上面的证明知，不论边界点 Z 为何种类型，恒有 $\bar{\boldsymbol{X}}(\lambda)=\boldsymbol{X}^{(2)}(\lambda)$. 因而

$$\begin{aligned}\lim_{\lambda\to0}\boldsymbol{X}^{(1)}(\lambda)&=\boldsymbol{1}-\lim_{\lambda\to0}\lambda\boldsymbol{\phi}(\lambda)\boldsymbol{1}-\lim_{\lambda\to0}\bar{\boldsymbol{X}}(\lambda)\\&=\boldsymbol{1}-\boldsymbol{X}^{(0)}-\bar{\boldsymbol{X}}=\boldsymbol{1}-\boldsymbol{X}^{(2)}=\boldsymbol{X}^{(1)}.\end{aligned}\tag{9}$$

即（$\boldsymbol{X}^{(1)}(\lambda)$，$\lambda>0$）有标准映像 $\boldsymbol{X}^{(1)}$.

引理 3　令

$$\eta_j=\begin{cases}X_j^{(2)}\mu_j, & Z\text{ 正则},\\ [a_0(Z_j-Z_0)+1]\mu_j, & Z\text{ 流入};\end{cases}$$

$$\eta_j(\lambda)=\begin{cases}X_j^{(2)}(\lambda)\mu_j, & Z\text{ 正则},\\ \dfrac{a_0u_j(\lambda)\mu_j}{u_Z^+(\lambda)}, & Z\text{ 流入},\end{cases}$$

则

$$\lambda\bar{\boldsymbol{\eta}}\boldsymbol{\phi}(\lambda)=\bar{\boldsymbol{\eta}}-\bar{\boldsymbol{\eta}}(\lambda). \tag{10}$$

（$\bar{\boldsymbol{\eta}}(\lambda)$，$\lambda>0$）是调和流入族.

证　从（10）及 § 2.7 中（11）可得（$\bar{\boldsymbol{\eta}}(\lambda)$，$\lambda>0$）是流入族. 因 $\boldsymbol{u}(\lambda)$ 是 § 7.3 中方程（1）的解，依 § 7.2 中引理 1 的系，$\boldsymbol{u}(\lambda)\boldsymbol{\mu}$ 是 § 7.4 中方程（17）的解，从而 $\bar{\boldsymbol{\eta}}(\lambda)$ 也是，故（$\bar{\boldsymbol{\eta}}(\lambda)$，$\lambda>0$）是调和流入族. 于是我们只需证（10）.

依 § 7.4 中（6）和（5），我们知道，当 Z 正则时（10）正确.

今设 Z 流入. 此时 $u_Z(\lambda)=+\infty$，$u_Z^+(\lambda)<+\infty$. 从 § 7.3 中（7）得

$$u_Z^+(\lambda)=0. \tag{11}$$

由此我们有

$$v_Z(\lambda)=\frac{1}{u_Z^+(\lambda)}. \tag{12}$$

实际上，注意 $\boldsymbol{u}(\lambda)$ 在 E 上增加而 $\boldsymbol{v}(\lambda)$ 下降，有

$$\begin{aligned}0&\leqslant-u_i(\lambda)v_i^+(\lambda)=u_i(\lambda)[v_Z^+(\lambda)-v_i^+(\lambda)]\\&=u_i(\lambda)\sum_{k=i+1}^{+\infty}\lambda v_k(\lambda)\mu_k\leqslant v_0(\lambda)\sum_{k=i+1}^{+\infty}\lambda u_k(\lambda)\mu_k\\&=v_0(\lambda)[u_Z^+(\lambda)-u_i^+(\lambda)]\to0,\ i\to+\infty.\end{aligned}$$

由此及 § 7.3 中（6）得（12）.

其次，注意（11）和（12），有

$$
\begin{aligned}
&\lambda\sum_{k}\phi_{ik}(\lambda)(Z_k-Z_0)\\
&=v_i(\lambda)\sum_{k=0}^{i}\lambda u_k(\lambda)\mu_k\sum_{j=0}^{k-1}(Z_{j+1}-Z_j)+\\
&\quad u_i(\lambda)\sum_{k=i+1}^{+\infty}\lambda v_k(\lambda)\mu_k\sum_{j=0}^{k-1}(Z_{j+1}-Z_j)\\
&=v_i(\lambda)\sum_{j=0}^{i-1}(Z_{j+1}-Z_j)\sum_{k=j+1}^{i}\lambda u_k(\lambda)\mu_k+\\
&\quad u_i(\lambda)\left[\sum_{j=0}^{i-1}(Z_{j+1}-Z_j)\sum_{k=i+1}^{+\infty}\lambda v_k(\lambda)\mu_k+\right.\\
&\quad\left.\sum_{j=i}^{+\infty}(Z_{j+1}-Z_j)\sum_{k=j+1}^{+\infty}\lambda v_k(\lambda)\mu_k\right]\\
&=v_i(\lambda)\sum_{j=0}^{i-1}(Z_{j+1}-Z_j)[u_i^+(\lambda)-u_j^+(\lambda)]+\\
&\quad u_i(\lambda)\left\{\sum_{j=0}^{i-1}(Z_{j+1}-Z_j)[v_Z^+(\lambda)-v_i^+(\lambda)]+\right.\\
&\quad\left.\sum_{j=i}^{+\infty}(Z_{j+1}-Z_j)[v_Z^+(\lambda)-v_j^+(\lambda)]\right\}\\
&=v_i(\lambda)\{u_i^+(\lambda)(Z_i-Z_0)-[u_i(\lambda)-u_0(\lambda)]\}+\\
&\quad u_i(\lambda)\{-v_i^+(\lambda)(Z_i-Z_0)-[v_Z(\lambda)-v_i(\lambda)]\}\\
&=v_i(\lambda)\{u_i^+(\lambda)(Z_i-Z_0)-u_i(\lambda)+1\}+\\
&\quad u_i(\lambda)\left\{-v_i^+(\lambda)(Z_i-Z_0)-\frac{1}{u_Z^+(\lambda)}+v_i(\lambda)\right\}\\
&=[u_i^+(\lambda)v_i(\lambda)-u_i(\lambda)v_i^+(\lambda)](Z_i-Z_0)+v_i(\lambda)-\frac{u_i(\lambda)}{u_Z^+(\lambda)}\\
&=(Z_i-Z_0)+v_i(\lambda)-\frac{u_i(\lambda)}{u_Z^+(\lambda)}.
\end{aligned}
$$

注意 当 Z 流入时有 $\lambda\boldsymbol{u}(\lambda)\mathbf{1}=\mathbf{1}-a_0\boldsymbol{v}(\lambda)$，于是依上面的公式得

$$\lambda\sum_k \phi_{ik}(\lambda)[a_0(Z_k-Z_0)+1]=[a_0(Z_i-Z_0)+1]-\frac{a_0u_i(\lambda)}{u_Z^+(\lambda)}.$$

再依照 § 7.4 中（5）得（10）.

引理 4　（$\boldsymbol{\eta}(\lambda)$，$\lambda>0$）是流入族的充分必要条件是（$\boldsymbol{\eta}(\lambda)$，$\lambda>0$）具有下列表现：

$$\boldsymbol{\eta}(\lambda)=\alpha\boldsymbol{\phi}(\lambda)+d\,\bar{\boldsymbol{\eta}}(\lambda),\ \lambda>0,\tag{13}$$

其中行向量 $\boldsymbol{\alpha}\geqslant\mathbf{0}$ 使 $\boldsymbol{\alpha\phi}(\lambda)\in l$；常数 $d\geqslant 0$，且当 Z 是流出或自然时 $d=0$，而

$$\bar{\boldsymbol{\eta}}(\lambda)=\begin{cases}\boldsymbol{X}^2(\lambda)\boldsymbol{\mu}, & Z\text{ 正则},\\ \dfrac{a_0\boldsymbol{u}(\lambda)\boldsymbol{\mu}}{u_Z^+(\lambda)}, & Z\text{ 流入}.\end{cases}\tag{14}$$

证　当 Z 正则或流入时，调和流入族是 $d\,\bar{\boldsymbol{\eta}}(\lambda)$（$d\geqslant 0$）. 当 Z 是流出或自然时，调和流入族是 0. 于是，本引理是 § 2.8 中定理 1 的特殊情形. ■

引理 5　设 Z 是正则的. 则

$$U_\lambda^{(a)}\equiv\lambda[\boldsymbol{X}^{(2)}(\lambda)\boldsymbol{\mu},\ \boldsymbol{X}^{(a)}]=\lambda[\boldsymbol{X}^{(2)}\boldsymbol{\mu},\ \boldsymbol{X}^{(a)}(\lambda)]\uparrow U^{(a)},$$
$$\lambda\uparrow+\infty,\ a=1,\ 2.\tag{15}$$

其中

$$U^{(1)}=\frac{a_0}{a_0(Z-Z_0)+1},\ U^{(2)}=+\infty.\tag{16}$$

证　（15）中的等号从 § 2.8 中引理 4 的（34）得出，§ 2.8 中（30）变成

$$\lambda[\boldsymbol{X}^{(2)}(\lambda)\boldsymbol{\mu},\ \boldsymbol{X}^{(a)}]-\nu[\boldsymbol{X}^{(2)}(\nu)\boldsymbol{\mu},\ \boldsymbol{X}^{(a)}]$$
$$=(\lambda-\nu)[\boldsymbol{X}^{(2)}(\lambda)\boldsymbol{\mu},\ \boldsymbol{X}^{(a)}(\nu)],\ \lambda,\ \nu>0.\tag{17}$$

由此知 $U_\lambda^{(a)}$ 的非降性，下面求 $U^{(a)}$.

依 § 7.4 中（6）和（9），

$$[\lambda\boldsymbol{\phi}(\lambda)\boldsymbol{X}^{(a)}]_i^+=\lambda v_i^+(\lambda)\sum_{j=0}^{i}u_j(\lambda)X_j^{(a)}\mu_j+\lambda u_i^+(\lambda)\sum_{j=i+1}^{+\infty}v_j(\lambda)X_j^{(a)}\mu_j$$

$$=[\boldsymbol{X}^{(a)}]_i^+-[\boldsymbol{X}^{(a)}(\lambda)]_i^+.$$

注意 § 7.3 中（7），并在上面的公式中令 $i\to+\infty$，得

$$-U_\lambda^{(a)}=[\boldsymbol{X}^{(a)}]_Z^+-[\boldsymbol{X}^{(a)}(\lambda)]_Z^+.$$

从（2）得

$$[\boldsymbol{X}^{(1)}]_Z^+=\frac{-a_0}{a_0(Z_1-Z_0)+1},\quad [\boldsymbol{X}^{(2)}]_Z^+=\frac{a_0}{a_0(Z-Z_0)+1}.$$

为求 $U^{(a)}$，只需证明

$$\lim_{\lambda\to+\infty}[\boldsymbol{X}^{(2)}(\lambda)]_Z^+=+\infty,\quad \lim_{\lambda\to+\infty}[\boldsymbol{X}^{(1)}(\lambda)]_Z=0. \tag{18}$$

由于 $X_i^{(2)}(\lambda)$ 和 $[\boldsymbol{X}^{(2)}(\lambda)]_i^+$ 均是 i 的增加函数，故

$$\frac{X_Z^{(2)}(\lambda)-X_i^{(2)}(\lambda)}{Z-Z_i}<[\boldsymbol{X}^{(2)}(\lambda)]_Z^+.$$

由引理 1，在上式中令 $\lambda\to+\infty$得

$$\frac{1}{Z-Z_i}\leqslant\lim_{\lambda\to+\infty}[\boldsymbol{X}^{(2)}(\lambda)]_Z^+.$$

再令 $i\to+\infty$得（18）中第一等式．此外，

$$0\leqslant-[\boldsymbol{X}^{(1)}(\lambda)]_Z^+<-[\boldsymbol{X}^{(1)}(\lambda)]_0^+=\frac{X_0^{(1)}(\lambda)X_1^{(1)}(\lambda)}{Z_1-Z_0}.$$

从（4）得（18）中第二等式． ■

§7.6　B 型 Q 预解矩阵的构造

依照§7.4 中定理 3，当边界点 Z 是流入或自然时，B 型 $\boldsymbol{Q}$ 预解矩阵唯一．于是，我们将假定 Z 是流出或正则的．此时，$Z<+\infty$ 且 $u_Z(\lambda)<+\infty$.

依§7.4 中定理 4，B 型 $\boldsymbol{Q}$ 预解矩阵 $\boldsymbol{\psi}(\lambda)$ 当且仅当 $\boldsymbol{\psi}(\lambda)$ 具有下列形式：

$$\psi_{ij}(\lambda)=\phi_{ij}(\lambda)+X_i^{(2)}(\lambda)F_j(\lambda), \tag{1}$$

其中 $\boldsymbol{F}(\lambda)\geqslant\boldsymbol{0}$．于是，所有的 B 型 $\boldsymbol{Q}$ 预解矩阵 $\boldsymbol{\psi}(\lambda)$ 的构造问题已含于§2.10 的定理 1 中．当然，在生灭过程的情形，定理将取更具体、更简单的形式.

依照§2.10 中定理 1 的记号，在现在的情形我们有：$H=\varnothing$ 如 $a_0=0$，$H=\{0\}$ 如 $a_0>0$，$\bar{\boldsymbol{X}}(\lambda)=\boldsymbol{X}^{(2)}(\lambda)$，$\bar{\boldsymbol{X}}=\boldsymbol{X}^{(2)}$，$\boldsymbol{X}^{(0)}=\boldsymbol{0}$，$\boldsymbol{X}^{(a)}(\lambda)=\boldsymbol{X}^{(1)}(\lambda)$，$\boldsymbol{X}^{(a)}=\boldsymbol{X}^{(1)}$（见§7.5 中引理 2），且 $\bar{\boldsymbol{\eta}}(\lambda)=d\boldsymbol{X}^{(2)}(\lambda)\boldsymbol{\mu}$（$d$ 是非负常数，且当 Z 流出时 $d=0$），而 $\bar{V}^{(1)}=dU^{(1)}=\dfrac{da_0}{a_0(Z-Z_0)+1}$（见§7.5 中引理 5)．再注意§2.8 中(32)式，于是，§2.10 中定理 1 现在取下面的形式.

定理 1　设边界点 Z 是正则或流出的．为使 $\boldsymbol{\psi}(\lambda)$ 是 B 型 $\boldsymbol{Q}$ 预解矩阵，必须而且只需，或者 $\boldsymbol{\psi}(\lambda)=\boldsymbol{\phi}(\lambda)$，或者 $\boldsymbol{\psi}(\lambda)$ 可以如下得到：取行向量 $\boldsymbol{\alpha}\geqslant\boldsymbol{0}$ 使 $\boldsymbol{\alpha\phi}(\lambda)\in l$ 对某个（从而一切）$\lambda>0$；取常数 $d\geqslant0$（当 Z 流出时，取 $d=0$），使

$$\boldsymbol{\eta}(\lambda)=\boldsymbol{\alpha\phi}(\lambda)+d\boldsymbol{X}^{(2)}(\lambda)\mu\neq\boldsymbol{0}; \tag{2}$$

再取常数 C 满足

$$C\geqslant[\boldsymbol{\alpha},\boldsymbol{X}^{(1)}]+\frac{da_0}{a_0(Z-Z_0)+1}, \tag{3}$$

或取常数 C' 满足

$$C' \geqslant 0. \tag{3_1}$$

其中 $\boldsymbol{X}^{(a)}$ （$a=1$，2）由 §7.5 中（2）决定．最后，令

$$\begin{aligned}\psi_{ij}(\lambda) &= \phi_{ij}(\lambda) + \frac{X_i^{(2)}(\lambda)\eta_j(\lambda)}{C+\lambda[\boldsymbol{\eta}(\lambda),\ \boldsymbol{X}^{(2)}]} \\ &= \phi_{ij}(\lambda) + \frac{X_i^{(2)}(\lambda)\left\{\sum_k \alpha_k \phi_{kj}(\lambda) + dX_j^{(2)}(\lambda)\mu_j\right\}}{C+[\boldsymbol{\alpha},\ \boldsymbol{X}^{(2)} - \boldsymbol{X}^{(2)}(\lambda)] + d\lambda[\boldsymbol{X}^{(2)}(\lambda)\boldsymbol{\mu},\ \boldsymbol{X}^{(2)}]},\end{aligned} \tag{4}$$

或

$$\psi_{ij}(\lambda) = \phi_{ij}(\lambda) + \frac{X_i^2(\lambda)\left\{\sum_k \alpha_k \phi_{kj}(\lambda) + dX_j^{(2)}(\lambda)\mu_j\right\}}{C'+[\boldsymbol{\alpha},\ \mathbf{1}-\boldsymbol{X}^{(2)}(\lambda)] + d\lambda[\boldsymbol{X}^{(2)}(\lambda)\boldsymbol{\mu},\ \mathbf{1}] + da_0 X_0^{(2)}(\lambda)}, \tag{5}$$

$\boldsymbol{\psi}(\lambda)$ 诚实的，当且仅当 $a_0=0$ 且 $C=0$ 或 $a_0=0$ 且 $C'=0$．$\boldsymbol{\psi}(\lambda)$ 是 F 型的，当且仅当 $\boldsymbol{\alpha}=\mathbf{0}$.

§7.7　F 型 Q 预解矩阵的构造

依§7.4 中定理 3，当边界点 Z 是流出或自然时，F 型 Q 预解矩阵唯一．当 Z 是正则或流入时，依§7.4 中定理 4，欲使 Q 预解矩阵 $\boldsymbol{\psi}(\lambda)$ 是 F 型的，当且仅当 $\boldsymbol{\psi}(\lambda)$ 具有下面形式：

$$\psi_{ij}(\lambda)=\phi_{ij}(\lambda)+F_i(\lambda)\eta_j(\lambda), \tag{1}$$

其中$\bar{\boldsymbol{\eta}}(\lambda)$ 由§7.5 中（14）决定．这样，F 型 Q 预解矩阵的构造问题已在§2.10 的定理 5 中解决．

今设 Z 是正则的．此时$\bar{\boldsymbol{\eta}}(\lambda)=\boldsymbol{X}^{(2)}(\lambda)\boldsymbol{\mu}$．按§2.10 中定理 5 的记号，我们有或者 $\boldsymbol{\xi}(\lambda)=\boldsymbol{0}$，或者 $\boldsymbol{\xi}(\lambda)=\boldsymbol{X}^{(2)}(\lambda)$．如果 $\boldsymbol{\xi}(\lambda)=\boldsymbol{0}$，那么 $\overline{W}_\lambda=\lambda[\bar{\boldsymbol{\eta}}(\lambda),\ \overline{\boldsymbol{X}}]=U_\lambda^{(2)}\uparrow U^{(2)}=+\infty$（见§7.5 中引理 5），此与§2.10 中（58）冲突．于是必定 $\boldsymbol{\xi}(\lambda)=\boldsymbol{X}^{(2)}(\lambda)$ 且 $\boldsymbol{\xi}=\boldsymbol{X}^{(2)}$，$\delta>0$．因而，依§2.10 中（58）有 $\overline{W}_\lambda=(1-k\delta)U_\lambda^{(2)}\uparrow\overline{W}=(1-k\delta)U^{(2)}<+\infty$（$\lambda\uparrow+\infty$），由于 $U^2=+\infty$故 $k=\delta^{-1}$．依§2.10 中（60）有 $\beta^{(0)}\leqslant\delta$．又 $\overline{V}^{(0)}=U^{(1)}=a_0[a_0(Z-Z_0)+1]^{-1}$，由§2.8 中（17）确定的 $\boldsymbol{X}^{(0)}=\boldsymbol{0}$．因此，如果由常数 β 代替§2.10 中定理 5 的 $\beta^{(0)}$，$0\in H$，那么§2.10 中定理 5 取下面的形式．

定理 1　设 Z 正则．为使 $\boldsymbol{\psi}(A)$ 是 F 型的 Q 预解矩阵，必须且只需，或者 $\boldsymbol{\psi}(\lambda)=\boldsymbol{\phi}(\lambda)$，或者 $\boldsymbol{\psi}(\lambda)$ 可以如下得到：

取常数 $\beta\geqslant0$，$\delta>0$，$\beta\leqslant\delta$，常数 C 满足

$$\frac{(\delta-\beta)a_0}{a_0(Z-Z_0)+1}\leqslant C. \tag{2}$$

令

$$\boldsymbol{\xi}(\lambda)=\beta\boldsymbol{X}^{(1)}(\lambda)+\delta\boldsymbol{X}^{(2)}(\lambda),\ \boldsymbol{\xi}=\beta\boldsymbol{X}^{(1)}+\delta\boldsymbol{X}^{(2)}, \tag{3}$$

$$\psi_{ij}(\lambda)=\phi_{ij}(\lambda)+\frac{\xi_i(\lambda)X_j^{(2)}(\lambda)\mu_j}{C+\lambda[\boldsymbol{X}^{(2)}(\lambda)\boldsymbol{\mu},\ \boldsymbol{\xi}]}$$

$$=\phi_{ij}(\lambda)+\frac{\{\beta X_i^{(1)}(\lambda)+\delta X_i^{(2)}(\lambda)\}X_j^{(2)}(\lambda)\mu_j}{C+\lambda[\boldsymbol{X}^{(2)}(\lambda)\boldsymbol{\mu},\ \beta\boldsymbol{X}^{(1)}+\delta\boldsymbol{X}^{(2)}]}. \quad (4)$$

(ii) $\boldsymbol{\psi}(\lambda)$ 诚实，当且仅当 $a_0>0$，$\beta=\delta$，$C=0$；或者 $a_0=0$，$C=0$. $\boldsymbol{\psi}(\lambda)$ 是 B 型的，当且仅当 $a_0=0$，或者 $a_0>0$ 且 $\beta=0$.

注 在（5）式的分式中，分子分母均除以 δ 后，定理 1 可以如下叙述.

定理 1′ 设 Z 正则. (i) 为使 $\boldsymbol{\psi}(\lambda)$ 是 F 型 $\boldsymbol{Q}$ 预解矩阵，必须且只需，或者 $\boldsymbol{\psi}(\lambda)=\boldsymbol{\phi}(\lambda)$，或者 $\boldsymbol{\psi}(\lambda)$ 可以如下得到：取常数 $\beta'\geqslant 0$，$\beta'\leqslant 1$，常数 C' 满足

$$\frac{(1-\beta')a_0}{a_0(Z-Z_0)+1}\leqslant C'. \quad (2_1)$$

令

$$\boldsymbol{\xi}'(\lambda)=\beta'\boldsymbol{X}^{(1)}(\lambda)+\boldsymbol{X}^{(2)}(\lambda),\ \boldsymbol{\xi}'=\beta'\boldsymbol{X}^{(1)}+\boldsymbol{X}^{(2)}. \quad (3_1)$$

$$\psi_{ij}(\lambda)=\phi_{ij}(\lambda)+\frac{\xi_i'(\lambda)X_j^{(2)}(\lambda)\mu_j}{C'+\lambda[\boldsymbol{X}^{(2)}(\lambda)\boldsymbol{\mu},\ \boldsymbol{\xi}']}$$

$$=\phi_{ij}(\lambda)+\frac{\{\beta' X_i^{(1)}(\lambda)+X_i^{(2)}(\lambda)\}X_j^{(2)}(\lambda)\mu_j}{C'+\lambda[\boldsymbol{X}^{(2)}(\lambda)\boldsymbol{\mu},\ \beta'\boldsymbol{X}^{(1)}+\boldsymbol{X}^{(2)}]}. \quad (4_1)$$

(ii) $\boldsymbol{\psi}(\lambda)$ 诚实，当且仅当 $a_0>0$，$\beta'=1$，$C'=0$；或者 $a_0=0$，$C'=0$. $\boldsymbol{\psi}(\lambda)$ 是 B 型的，当且仅当 $a_0=0$；或者 $a_0>0$，$\beta'=0$.

当 Z 为流入时，全部的 F 型 $\boldsymbol{Q}$ 预解矩阵的构造，自然地已含于 § 2.10 中定理 5. 但，我们将应用 § 2.10 中定理 4.

设 Z 流入或自然，此时 $\bar{\boldsymbol{X}}(\lambda)=\boldsymbol{X}^{(2)}(\lambda)=\boldsymbol{0}$. 若 $a_0=0$，则最小解 $\boldsymbol{\phi}(\lambda)$ 诚实，因而 $\boldsymbol{Q}$ 预解矩阵唯一. 于是，我们将进一步设 $a_0>0$. 这样，$\boldsymbol{Q}$ 是零流出且单非保守的. 因而，全部的 F 型 $\boldsymbol{Q}$ 预解矩阵的构造问题已含于 § 2.10 中定理 4.

依照 § 2.10 中定理 4 的记号，有

$$\boldsymbol{Z}(\lambda)=\boldsymbol{X}^{(1)}(\lambda)=a_0\boldsymbol{v}(\lambda). \quad (5)$$

因 $v_i(\lambda)$ 是 i 的严格减函数，故

$$\sup_i Z_i(\lambda)=\sup_i X_i^{(1)}(\lambda)=a_0v_0(\lambda)<1. \tag{6}$$

因此，如果 Z 是自然且零流入的，那么依 § 2.10 中定理 4，$\boldsymbol{Q}$ 预解矩阵是唯一的.

如果 Z 是流入的，那么依 § 2.10 中定理 4，每个非最小的 $\boldsymbol{Q}$ 预解矩阵可从 § 2.10 中定理 3 得到. 依 § 2.10 中定理 3 中的记号，此时我们有

$$\bar{\boldsymbol{\eta}}(\lambda)=d\,\frac{\boldsymbol{u}(\lambda)\boldsymbol{\mu}}{u_Z^+(\lambda)}，常数\ d\geqslant 0；$$

$$\begin{aligned}Y_\lambda &=\lambda[\bar{\boldsymbol{\eta}}(\lambda),\ \mathbf{1}]=\frac{d}{u_Z^+(\lambda)}\sum_j\lambda u_i(\lambda)\mu_i\\&=\frac{d}{u_Z^+(\lambda)}(u_Z^+(\lambda)-u_{-1}^+(\lambda))=d-\frac{da_0}{u_Z^+(\lambda)}.\end{aligned}$$

于是 $Y_\lambda\leqslant d<+\infty$. 依 § 2.10 中 (33)，若 $\boldsymbol{\alpha}\neq\mathbf{0}$，则有 $[\boldsymbol{\alpha},\ \mathbf{1}]=+\infty$. 由于 (7) 以及 § 2.10 中引理 1，这样的 $\boldsymbol{\alpha}$ 不存在，故必定 $\boldsymbol{\alpha}=\mathbf{0}$. 因而 $d>0$. 这样，§ 2.10 定理 3 的 $\boldsymbol{Q}$ 预解矩阵必定是 F 型的. 如果我们用 $\bar{C}$ 代替 § 2.10 的定理 3 中的 $\dfrac{C-\bar{\sigma}^{(0)}}{d}$，那么

$$C+\lambda[\bar{\boldsymbol{\eta}}(\lambda),\ \mathbf{1}-\boldsymbol{X}^{(0)}]=d(\bar{C}+\lambda[\boldsymbol{\eta}(\lambda),\ \mathbf{1}])，\ \boldsymbol{\eta}(\lambda)=\frac{\boldsymbol{u}(\lambda)\boldsymbol{\mu}}{u_Z^+(\lambda)}.$$

如果我们仍记 C 代替 $\bar{C}$，那么 § 2.10 中定理 4 取下列形式.

定理 2　(i) 设 Z 自然且 $a_0\geqslant 0$，则 $\boldsymbol{Q}$ 预解矩阵是唯一的.

(ii) 设 Z 流入. 如果 $a_0=0$，那么 $\boldsymbol{Q}$ 预解矩阵是唯一的；如果 $a_0>0$，那么每个 $\boldsymbol{Q}$ 预解矩阵 $\boldsymbol{\psi}(\lambda)$ 必定是 F 型的，更详细地，有 $\boldsymbol{\psi}(\lambda)=\boldsymbol{\phi}(\lambda)$，或者

$$\psi_{ij}(\lambda)=\phi_{ij}(\lambda)+\frac{X_i^{(1)}(\lambda)\eta_j(\lambda)}{C+\lambda[\bar{\boldsymbol{\eta}}(\lambda),\ \mathbf{1}]}, \tag{7}$$

其中，常数 $C\geqslant 0$，$\boldsymbol{\eta}(\lambda)=\dfrac{\boldsymbol{u}(\lambda)\boldsymbol{\mu}}{u_Z^+(\lambda)}$. $\boldsymbol{\psi}(\lambda)$ 不是 B 型的.

(iii) $\boldsymbol{\psi}(\lambda)$ 是诚实的，当且仅当 $C=0$.

§7.8 既非 B 型又非 F 型的 Q 预解矩阵的构造：线性相关情形

前一节中我们已研究了 Z 是流入或自然的情形的全体 $\boldsymbol{Q}$ 预解矩阵的构造．现在假定 Z 正则或流出．依§7.4中定理4，每个 $\boldsymbol{Q}$ 预解矩阵 $\boldsymbol{\psi}(\lambda)$ 有形式

$$\psi_{ij}(\lambda)=\phi_{ij}(\lambda)+X_i^{(1)}(\lambda)F_j^{(1)}(\lambda)+X_i^{(2)}(\lambda)F_j^{(2)}(\lambda), \qquad (1)$$

其中 $\boldsymbol{F}^{(a)}(\lambda)\geqslant\boldsymbol{0}$ $(a=1,2)$．由于§2.9中定理1，若 $a_0>0$，则$\lambda[\boldsymbol{F}^{(1)}(\lambda),\boldsymbol{1}]\leqslant1$．当 $a_0=0$ 时，$\boldsymbol{X}^{(1)}(\lambda)=\boldsymbol{0}$，从而每个 $\boldsymbol{Q}$ 预解矩阵 $\boldsymbol{\psi}(\lambda)$ 必定是 B 型的．因此，我们进一步假定 $a_0>0$.

我们将决定 $\boldsymbol{F}^{(a)}(\lambda)$ $(a=1,2)$，使由（1）确定的 $\psi_{ij}(\lambda)$ 满足范条件，预解方程和 $\boldsymbol{Q}$ 条件.

设 $\boldsymbol{\psi}(\lambda)$ 的范条件成立．从§7.5中（3）得出

$$X_i^{(1)}(\lambda)\lambda[\boldsymbol{F}^{(1)}(\lambda),\boldsymbol{1}]+X_i^{(2)}(\lambda)\lambda[\boldsymbol{F}^{(2)}(\lambda),\boldsymbol{1}]$$
$$\leqslant X_i^{(1)}(\lambda)+X_i^{(2)}(\lambda).$$

令 $i\to+\infty$并注意 $X_Z^{(1)}(\lambda)=0$ 和 $X_Z^{(2)}(\lambda)=1$，有 $\lambda[\boldsymbol{F}^{(2)}(\lambda),\boldsymbol{1}]\leqslant$ 1.从而 $\boldsymbol{\psi}(\lambda)$ 的范条件等价于

$$\boldsymbol{F}^{(a)}(\lambda)\geqslant\boldsymbol{0},\ \lambda[\boldsymbol{F}^{(a)}(\lambda),\boldsymbol{1}]\leqslant1,\ a=1,2. \qquad (2)$$

将（1）代入 $\boldsymbol{\psi}(\lambda)$ 的预解方程，注意 $\boldsymbol{\phi}(\lambda)$ 满足预解方程，$(\boldsymbol{X}^{(a)}(\lambda),\lambda>0)$，$(a=1,2)$，是流出族，以及 $\boldsymbol{X}^{(1)}(\lambda)$ 和 $\boldsymbol{X}^{(2)}(\lambda)$是线性独立的，得 $\boldsymbol{\psi}(\lambda)$ 的预解方程等价于下面事实：对每个 $a=1,2$ 和对任意 $\lambda,\nu>0$，有

$$\begin{aligned}&\boldsymbol{F}^{(a)}(\lambda)\boldsymbol{A}(\lambda,\nu)\\&=\boldsymbol{F}^{(a)}(\nu)+(\nu-\lambda)\sum_{b=1}^{2}[\boldsymbol{F}^{(a)}(\lambda),\boldsymbol{X}^{(b)}(\nu)]\boldsymbol{F}^{(b)}(\nu).\end{aligned} \qquad (3)$$

依§2.7 中（9），（3）等价于对任意 λ，$\nu>0$，

$$\boldsymbol{F}^{(a)}(\lambda)=\boldsymbol{F}^{(a)}(\nu)\boldsymbol{A}(\nu,\lambda)+(\nu-\lambda)\sum_{b=1}^{2}[\boldsymbol{F}^{(a)}(\lambda),\boldsymbol{X}^{(b)}(\nu)]\boldsymbol{F}^{(b)}(\nu)\boldsymbol{A}(\nu,\lambda). \tag{3_1}$$

从（2）和§2.7 中引理 5 可得

$$\boldsymbol{0}\leqslant\boldsymbol{F}^{(a)}(\lambda)\boldsymbol{A}(\lambda,\nu)\in l. \tag{3_2}$$

若对某个 $\nu>0$ 有 $\boldsymbol{F}^{(1)}(\nu)=\boldsymbol{F}^{(2)}(\nu)=\boldsymbol{0}$，则由（$3_1$）知 $\boldsymbol{F}^{(a)}(\lambda)=\boldsymbol{0}$ 对一切 $\lambda>0$ 及 $a=1$，2 成立，从而 $\boldsymbol{\psi}(\lambda)=\boldsymbol{\phi}(\lambda)$.

现设对某个固定的 $\nu>0$，$\boldsymbol{F}^{(a)}(\nu)$（$a=1$，2）不同时为 $\boldsymbol{0}$ 且线性相关. 即

$$\boldsymbol{F}^{(a)}(\nu)=m_{a\nu}\boldsymbol{\eta}(\nu),\ a=1,\ 2, \tag{4}$$

其中数量 $m_{a\nu}\geqslant0$ 且 $m_{1\nu}$ 和 $m_{2\nu}$ 不同时为 0，而行向量 $\boldsymbol{\eta}(\nu)$ 非负、非零，且 $\boldsymbol{\eta}(\nu)\in l$.

将(4)代入(3_1)得

$$\boldsymbol{F}^{(a)}(\lambda)=\left\{m_{a\nu}+(\nu-\lambda)\sum_{b=1}^{2}[\boldsymbol{F}^{(a)}(\lambda),\boldsymbol{X}^{(b)}(\nu)]m_{b\nu}\right\}\boldsymbol{\eta}(\nu)\boldsymbol{A}(\nu,\lambda), \tag{4_1}$$

而且对一切 $\lambda>0$，令 $\boldsymbol{\eta}(\lambda)\equiv\boldsymbol{\eta}(\nu)\boldsymbol{A}(\nu,\lambda)$，$\boldsymbol{\eta}(\lambda)$ 必非负、非零，且 $\boldsymbol{\eta}(\lambda)\in l$. 实际上，由（4）有

$$\boldsymbol{F}^{(a)}(\nu)\boldsymbol{A}(\nu,\lambda)=m_{a\nu}\boldsymbol{\eta}(\nu)\boldsymbol{A}(\nu,\lambda).$$

由 $m_{1\nu}$ 和 $m_{2\nu}$ 不同时为 0，以及（3_2），从上式知 $\boldsymbol{\eta}(\lambda)$ 非负、非零，且 $\boldsymbol{\eta}(\lambda)\in l$. 而且由§2.7 中（10）知（$\boldsymbol{\eta}(\lambda)$，$\lambda>0$）是非零流入族. 由（$4_1$），有 $\boldsymbol{F}^{(a)}(\lambda)=\max\boldsymbol{\eta}(\lambda)$ 对一切 $\lambda>0$，即（4）对一切 $\nu>0$ 成立，即对一切 $\lambda>0$，$\boldsymbol{F}^{(a)}(\lambda)$（$a=1$，2）线性相关且不同时为 $\boldsymbol{0}$.

这样，在（2）式以及（4）对一切 $\nu>0$ 成立的条件下，（3）等价于下面的（5）～（7）：

$$\boldsymbol{F}^{(a)}(\lambda)=m_{a\lambda}\boldsymbol{\eta}(\lambda); \tag{5}$$

$$(\boldsymbol{\eta}(\lambda),\ \lambda>0)\ \text{是非零流入族；} \tag{6}$$

$$\begin{cases} \text{数量}\ m_{a\lambda}\geqslant 0，m_{1\lambda}\ \text{和}\ m_{2\lambda}\ \text{不同时为}\ 0， \\ m_{a\lambda}=m_{a\nu}+(\nu-\lambda)\sum_{b=1}^{2}m_{a\lambda}[\boldsymbol{\eta}(\lambda),\ \boldsymbol{X}^{(b)}(\nu)]m_{b\nu}, \\ (a=1,\ 2,\ \lambda,\ \nu>0). \end{cases} \tag{7}$$

依§7.5 中引理 4，$\boldsymbol{\eta}(\lambda)$ 有表现：

$$\boldsymbol{\eta}(\lambda)=\alpha\boldsymbol{\phi}(\lambda)+p\boldsymbol{X}^{(2)}(\lambda)\boldsymbol{\mu}\neq\boldsymbol{0}, \tag{8}$$

其中常数 $p\geqslant 0$（当 Z 流出时 $p=0$），行向量 $\boldsymbol{\alpha}\geqslant\boldsymbol{0}$ 使对某个（从而一切）$\lambda>0$ 有 $\boldsymbol{\alpha\phi}(\lambda)\in l$. 其次，从（7）得

$$m_{1\lambda}m_{2\lambda}=m_{1\nu}m_{2\nu}.$$

于是存在非负常数 $d_a\geqslant 0$，$(a=1,\ 2)$，且 $d_1+d_2>0$ 使

$$d_1m_{2\lambda}=d_2m_{1\lambda}. \tag{9}$$

不失一般性，设 $d_2>0$，从而 $m_{2\lambda}>0$.（7）成为

$$d_2m_{2\lambda}=d_2m_{2\nu}+(\nu-\lambda)m_{2\lambda}\sum_{b=1}^{2}d_b[\boldsymbol{\eta}(\lambda),\ \boldsymbol{X}^{(b)}(\nu)]m_{2\nu}.$$

两边除以 $m_{2\lambda}m_{2\nu}$，得

$$d_2m_{2\nu}^{-1}=d_2m_{2\lambda}^{-1}+(\nu-\lambda)\sum_{b=1}^{2}d_b[\boldsymbol{\eta}(\lambda),\ \boldsymbol{X}^{(b)}(\nu)]. \tag{10}$$

依§2.8 中（30），有

$$(\nu-\lambda)[\boldsymbol{\eta}(\lambda),\ \boldsymbol{X}^{(b)}(\nu)]=\nu[\boldsymbol{\eta}(\nu),\ \boldsymbol{X}^{(b)}]-\lambda[\boldsymbol{\eta}(\nu),\ \boldsymbol{X}^{(b)}], \tag{11}$$

从而由（10）得出

$$d_2m_{2\lambda}^{-1}-\sum_{b=1}^{2}d_b\lambda[\boldsymbol{\eta}(\lambda),\ \boldsymbol{X}^{(b)}]=C\ (\text{常数}). \tag{12}$$

从（9）得

$$m_{a\lambda}=d_a\left(C+\sum_{b=1}^{2}d_b\lambda[\boldsymbol{\eta}(\lambda),\boldsymbol{X}^{(b)}]\right)^{-1}\geqslant 0,\ a=1,\ 2. \tag{13}$$

将（5）和（13）代入（2）中并注意 $\boldsymbol{X}^{(1)}+\boldsymbol{X}^{(2)}=\boldsymbol{1}$，我们得范

条件等价于

$$\begin{cases}(d_1-d_2)\lambda[\boldsymbol{\eta}(\lambda),\ \boldsymbol{X}^{(2)}]\leqslant C,\\ (d_2-d_1)\lambda[\boldsymbol{\eta}(\lambda),\ \boldsymbol{X}^{(1)}]\leqslant C\end{cases} \tag{14}$$

(等号成立当且仅当 $d_1=d_2$ 且 $C=0$).

但依（8），§7.5 中（4）和（5），以及 §7.5 中引理 5，我们有

$$\begin{aligned}\lambda[\boldsymbol{\eta}(\lambda),\ \boldsymbol{X}^{(a)}]&=\lambda[\boldsymbol{\alpha\phi}(\lambda),\ \boldsymbol{X}^{(a)}]+p\lambda[\boldsymbol{X}^{(2)}(\lambda)\boldsymbol{\mu},\ \boldsymbol{X}^{(a)}]\\ &=[\boldsymbol{\alpha},\ \boldsymbol{X}^{(a)}-\boldsymbol{X}^{(a)}(\lambda)]+pU_\lambda^{(a)}\\ &\quad\uparrow W_a\equiv[\boldsymbol{\alpha},\ \boldsymbol{X}^{(a)}]+pU^{(a)},\ \lambda\uparrow+\infty.\end{aligned} \tag{15}$$

于是（14）等价于

$$\begin{cases}C\geqslant 0, & d_1=d_2,\\ C\geqslant(d_1-d_2)W_2, & d_1>d_2,\\ C\geqslant(d_2-d_1)W_1, & d_1<d_2.\end{cases} \tag{16}$$

我们还需验证 $\boldsymbol{\psi}(\lambda)$ 的 $\boldsymbol{Q}$ 条件，即

$$\lim_{\lambda\to+\infty}\lambda X_i^{(a)}(\lambda)\lambda F_j^{(a)}(\lambda)=0,\ a=1,\ 2. \tag{17}$$

依（13）和（15），

$$\lim_{\lambda\to+\infty}m_{a\lambda}=d_a\left(C+\sum_{b=1}^{2}d_bW_b\right)^{-1}. \tag{18}$$

于是，由 §7.5 中（4）和（5），以及 §2.8 中（25），我们知道除 $a=1$ 和 $i=0$ 外（17）成立. 而对于 $a=1$ 和 $i=0$，（17）的左方的极限是

$$a_0d_1(C+d_1W_1+d_2W_2)^{-1}\alpha_j. \tag{19}$$

今设 $d_1>d_2\geqslant 0$. 依（16），$W_2<+\infty$；从 $U^{(2)}=+\infty$ 和（15）得 $p=0$ 及 $[\boldsymbol{\alpha},\ \boldsymbol{X}^{(2)}]<+\infty$；而依（8），$\alpha\neq 0$. 并且，$[\boldsymbol{\alpha},\ \boldsymbol{X}^{(2)}]<+\infty$ 显然蕴含 $[\boldsymbol{\alpha},\ \boldsymbol{X}^{(1)}]<+\infty$. 这样，$C+d_1W_1+d_2W_2<+\infty$. 从而（19）不是 0，因而（17）不可能对

一切 i，j 成立．所以必定 $d_2 \geqslant d_1$，且 $d_2>0$.

依 § 2.8 中引理 4，

$$W_1=[\boldsymbol{\alpha},\boldsymbol{X}^{(1)}]+\frac{pa_0}{a_0(Z-Z_0)+1}<+\infty.$$

故（16）成为

$$\begin{cases} C\geqslant 0, & d_1=d_2 \\ C\geqslant (d_2-d_1)\left([\boldsymbol{\alpha},\ \boldsymbol{X}^{(1)}]+\dfrac{pa_0}{a_0(Z-Z_0)+1}\right), & d_1<d_2. \end{cases} \tag{20}$$

而（19）为 0 的充分必要条件是 $d_1\boldsymbol{\alpha}=\mathbf{0}$ 或 $W_2=+\infty$．由于（15）及 $[\boldsymbol{\alpha},\ \boldsymbol{X}^{(1)}]<+\infty$，充分必要条件成为

$$d_1\boldsymbol{\alpha}=\mathbf{0}，\text{或 } p>0，\text{或 } p=0 \text{ 且 } [\boldsymbol{\alpha},\ \mathbf{1}]=+\infty. \tag{21}$$

至此，我们已经得到下面的定理.

定理 1 设边界点 Z 正则或流出，$a_0>0$．设（1）中的 $\boldsymbol{F}^{(1)}(\lambda)$ 和 $\boldsymbol{F}^{(2)}(\lambda)$ 对某个（从而一切）$\lambda>0$ 线性相关．则

(i) 为使（1）中的 $\boldsymbol{\psi}(\lambda)$ 是 $\boldsymbol{Q}$ 预解矩阵，必须而且只须，或者 $\boldsymbol{\psi}(\lambda)=\boldsymbol{\phi}(\lambda)$，或者 $\boldsymbol{\psi}(\lambda)$ 可如下得到：取行向量 $\boldsymbol{\alpha}\geqslant\mathbf{0}$ 使对某个（从而一切）$\lambda>0$ 有 $\boldsymbol{\alpha}\boldsymbol{\phi}(\lambda)\in l$；取常数 $d_2\geqslant d_1\geqslant 0$，$d_2>0$，$p\geqslant 0$（当 Z 流出时 $p=0$），以及常数 C，使（20）（21）（8）成立；令

$$\boldsymbol{\xi}(\lambda)=d_1\boldsymbol{X}^{(1)}(\lambda)+d_2\boldsymbol{X}^{(2)}(\lambda),\quad \boldsymbol{\xi}=d_1\boldsymbol{X}^{(1)}+d_2\boldsymbol{X}^{(2)},$$

$$\boldsymbol{\eta}(\lambda)=\boldsymbol{\alpha}\boldsymbol{\phi}(\lambda)+p\boldsymbol{X}^{(2)}(\lambda)\boldsymbol{\mu},$$

$$\begin{aligned}\psi_{ij}(\lambda)&=\phi_{ij}(\lambda)+\frac{\xi_i(\lambda)\eta_j(\lambda)}{C+\lambda[\boldsymbol{\eta}(\lambda),\ \boldsymbol{\xi}]}\\ &=\phi_{ij}(\lambda)+\frac{\{d_1X_i^{(1)}(\lambda)+d_2X_i^{(2)}(\lambda)\}\left\{\sum\limits_k\alpha_k\phi_{kj}(\lambda)+pX_j^{(2)}(\lambda)\mu_j\right\}}{C+\sum\limits_{b=1}^{2}d_b\{[\boldsymbol{\alpha},\boldsymbol{X}^{(b)}-\boldsymbol{X}^{(b)}(\lambda)]+p\lambda[\boldsymbol{X}^{(2)}(\lambda)\boldsymbol{\mu},\boldsymbol{X}^{(b)}]\}}.\end{aligned} \tag{22}$$

(ii) $\boldsymbol{\psi}(\lambda)$ 诚实，当且仅当 $d_1=d_2$ 且 $C=0$；$\boldsymbol{\psi}(\lambda)$ 既非 B

型也非 F 型，当且仅当 $d_1>0$ 且 $\boldsymbol{\alpha}\neq\mathbf{0}$.

定理的最后一结论的证明如下. 用 $(\lambda\boldsymbol{I}-\boldsymbol{Q})$ 左乘 (1) 的两边，得 $\boldsymbol{\psi}(\lambda)$ 的 B 条件等价于

$$\mathbf{0}=(\lambda\boldsymbol{I}-\boldsymbol{Q})(X_i^{(1)}(\lambda)F_j^{(1)}(\lambda)+X_i^{(2)}(\lambda)F_j^{(2)}(\lambda))$$
$$=\begin{cases}a_0F_j^{(1)}(\lambda), & i=0,\\ 0, & i>0.\end{cases}$$

用 $(\lambda\boldsymbol{I}-\boldsymbol{Q})$ 右乘 (1) 的两边，得 $\boldsymbol{\psi}(\lambda)$ 的 F 条件等价于

$$0=(X_i^{(1)}(\lambda)F_j^{(1)}(\lambda)+X_i^{(2)}(\lambda)F_j^{(2)}(\lambda))(\lambda\boldsymbol{I}-\boldsymbol{Q})$$
$$=\frac{(d_1X_i^{(1)}(\lambda)+d_2X_i^{(2)}(\lambda))\alpha_j}{C+\sum\limits_{b=1}^{2}d_b\lambda[\boldsymbol{\eta}(\lambda),\ \boldsymbol{X}^{(b)}]},$$

这里 $\boldsymbol{X}^{(1)}(\lambda)$ 和 $\boldsymbol{X}^{(2)}(\lambda)$ 线性独立，$d_1+d_2>0$. 于是

$$d_1\boldsymbol{X}^{(1)}(\lambda)+d_2\boldsymbol{X}^{(2)}(\lambda)\neq\mathbf{0}.$$

从而，$\boldsymbol{\psi}(\lambda)$ 既非 B 型又非 F 型的，当且仅当 $d_1>0$ 且 $\boldsymbol{\alpha}\neq\mathbf{0}$.

注　在 (22) 的分式中，分子、分母均除以 $d_2(>0)$ 后，定理 1 可叙述如下.

定理 1′　设边界点 Z 正则或流出，$a_0>0$. 设 (1) 中的 $\boldsymbol{F}^{(1)}(\lambda)$ 和 $\boldsymbol{F}^{(2)}(\lambda)$ 对某个（从而一切）$\lambda>0$ 线性相关. 则

(i) 为使 (1) 中的 $\boldsymbol{\psi}(\lambda)$ 是 $\boldsymbol{Q}$ 预解矩阵，必须而且只需，或者 $\boldsymbol{\psi}(\lambda)=\boldsymbol{\phi}(\lambda)$，或者 $\boldsymbol{\psi}(\lambda)$ 可以如下得到：取行向量 $\boldsymbol{\alpha}\geqslant\mathbf{0}$ 使对某个（从而一切）$\lambda>0$ 有 $\boldsymbol{\alpha\phi}(\lambda)\in l$；取非负常数 $\beta\leqslant1$，非负常数 p（当 Z 流出时 $p=0$），常数 C' 使 (8) 成立且

$$\begin{cases}C'\geqslant0, & \beta=1,\\ C'\geqslant(1-\beta)\left([\boldsymbol{\alpha},\ \boldsymbol{X}^{(1)}]+\dfrac{pa_0}{a_0(Z-Z_0)+1}\right), & \beta<1.\end{cases}\tag{23}$$

$$\beta_1\boldsymbol{\alpha}=\mathbf{0}，\text{或 } p>0，\text{或 } p=0 \text{ 且 } [\boldsymbol{\alpha},\ \mathbf{1}]=+\infty.\tag{24}$$

令

$$\xi_i'(\lambda)=\beta\boldsymbol{X}^{(1)}(\lambda)+\boldsymbol{X}^{(2)}(\lambda),\quad \boldsymbol{\xi}'=\beta\boldsymbol{X}^{(1)}+\boldsymbol{X}^{(2)},$$

$$\boldsymbol{\eta}(\lambda)=\boldsymbol{\alpha\phi}(\lambda)+p\boldsymbol{X}^{(2)}(\lambda)\boldsymbol{\mu},$$

$$\begin{aligned}\psi_{ij}(\lambda)&=\phi_{ij}(\lambda)+\frac{\xi_i'(\lambda)\eta_i(\lambda)}{C'+\lambda[\boldsymbol{\eta}(\lambda),\ \boldsymbol{\xi}']}\\&=\phi_{ij}(\lambda)+\frac{\{\beta X_i^{(1)}(\lambda)+X_i^{(2)}(\lambda)\}\left\{\sum_k\alpha_k\phi_{kj}(\lambda)+pX_j^{(2)}(\lambda)\mu_j\right\}}{C'+[\boldsymbol{\alpha},\ \boldsymbol{\xi}'-\boldsymbol{\xi}'(\lambda)]+p\lambda[\boldsymbol{X}^{(2)}(\lambda)\boldsymbol{\mu},\ \boldsymbol{\xi}']}.\end{aligned}\tag{25}$$

（ii）$\boldsymbol{\psi}(\lambda)$ 诚实，当且仅当 $\beta=1$ 且 $C'=0$；$\boldsymbol{\psi}(\lambda)$ 既非 B 型也非 F 型，当且仅当 $\beta>0$ 且 $\boldsymbol{\alpha}\neq\mathbf{0}$.

§ 7.9　既非 B 型又非 F 型的 Q 预解矩阵的构造：线性独立情形

在 § 7.8 中，我们已假定 § 7.8 的（1）中 $\boldsymbol{F}^{(1)}(\lambda)$ 和 $\boldsymbol{F}^{(2)}(\lambda)$ 对某个（从而一切）$\lambda>0$ 是线性相关的. 本节仍设边界点 Z 为正则或流出，且对一切 $\lambda>0$，$\boldsymbol{F}^{(1)}(\lambda)$ 和 $\boldsymbol{F}^{(2)}(\lambda)$ 线性独立.

用矩阵记号更方便. 记

$$[\boldsymbol{y}]=\begin{pmatrix}y_1\\y_2\end{pmatrix},\qquad [\boldsymbol{y}]'=(y_1,y_2),$$

其中 y_1，y_2 表示数量或向量. 如果 $\boldsymbol{A}_1$，$\boldsymbol{A}_2$ 表示行向量，$\boldsymbol{B}_1$，$\boldsymbol{B}_2$ 表示列向量，用 $\{[\boldsymbol{A},\boldsymbol{B}]\}$ 表示其元为 $[A_a,B_b]$（a，$b=1$，2）的二阶方程，$\boldsymbol{I}$ 也表示二阶幺矩阵.

使用矩阵记号，§ 7.8 中（1）～（3）分别地成为

$$\boldsymbol{\psi}(\lambda)=\boldsymbol{\phi}(\lambda)+[\boldsymbol{X}(\lambda)]'[\boldsymbol{F}(\lambda)],\tag{1}$$

$$[\boldsymbol{F}(\lambda)]\geqslant[\boldsymbol{0}],\ \{\lambda[\boldsymbol{F}(\lambda),\ \boldsymbol{X}]\}[\boldsymbol{1}]\leqslant[\boldsymbol{1}],\tag{2}$$

$$[\boldsymbol{F}(\lambda)\boldsymbol{A}(\lambda,\ \nu)]=[\boldsymbol{F}(\nu)]+(\nu-\lambda)\{[\boldsymbol{F}(\lambda),\ \boldsymbol{X}(\nu)]\}[\boldsymbol{F}(\nu)].\tag{3}$$

引理 1　设 $\boldsymbol{F}^{(1)}(\lambda)$ 和 $\boldsymbol{F}^{(2)}(\lambda)$ 满足（2）和（3）. 则存在行向量 $\boldsymbol{\alpha}^{(a)}\geqslant\boldsymbol{0}$，（$a=1$，2），使对某个（从而一切）$\lambda>0$ 有 $\boldsymbol{\alpha}^{(a)}\boldsymbol{\phi}(\lambda)\in l$；存在二阶方程 $\boldsymbol{R}_\lambda=(\gamma_\lambda^{ab})\geqslant\boldsymbol{0}$，$[\boldsymbol{P}_\lambda]\geqslant[\boldsymbol{0}]$（当 Z 流出时 $[\boldsymbol{P}_\lambda]=[\boldsymbol{0}]$），使

$$[\boldsymbol{F}(\lambda)]=\boldsymbol{R}_\lambda[\boldsymbol{\alpha}\boldsymbol{\phi}(\lambda)]+[\boldsymbol{P}_\lambda]\boldsymbol{X}^{(2)}(\lambda)\boldsymbol{\mu}.\tag{4}$$

证　从(2)和(3)看出，对任意 λ，$\nu>0$，有 $[\boldsymbol{F}(\lambda)\boldsymbol{A}(\lambda,\ \nu)]\geqslant[\boldsymbol{0}]$. 今暂时固定 a 及 $\lambda>0$，令 $\boldsymbol{\eta}(\nu)=\boldsymbol{F}^{(a)}(\lambda)\boldsymbol{A}(\lambda,\ \nu)$. 则

($\boldsymbol{\eta}(\nu)$，$\nu>0$）是一流入族．依 § 7.5 中定理 4，存在不依赖于 ν 的行向量 $\boldsymbol{\beta}_\lambda^{(a)}\geqslant\mathbf{0}$（但依赖于 a 和 λ），使得 $\boldsymbol{\beta}^{(a)}\boldsymbol{\phi}(\nu)\in l$，且

$$\nu\boldsymbol{F}^{(a)}(\lambda)\boldsymbol{A}(\lambda,\nu)-\boldsymbol{F}^{(a)}(\lambda)\boldsymbol{A}(\lambda,\nu)\boldsymbol{Q}=\boldsymbol{\beta}_\lambda^{(a)},\tag{5}$$

$$\boldsymbol{F}^{(a)}(\lambda)\boldsymbol{A}(\lambda,\nu)=\boldsymbol{\beta}_\lambda^{(a)}\boldsymbol{\phi}(\nu)+\boldsymbol{P}_\lambda^{(a)}\boldsymbol{X}^{(2)}(\nu)\boldsymbol{\mu},\tag{6}$$

其中 $[\boldsymbol{P}_\lambda]\geqslant[\mathbf{0}]$，且当 Z 为流出边界时 $[\boldsymbol{P}_\lambda]=[\mathbf{0}]$．特别地，当 $\nu=\lambda$ 时有

$$\lambda\boldsymbol{F}^{(a)}(\lambda)-\boldsymbol{F}^{(a)}(\lambda)\boldsymbol{Q}=\boldsymbol{\beta}_\lambda^{(a)},\tag{7}$$

$$[\boldsymbol{F}(\lambda)]=[\beta_\lambda\boldsymbol{\phi}(\lambda)]+[\boldsymbol{P}_\lambda]\boldsymbol{X}^{(2)}(\lambda)\boldsymbol{\mu}.\tag{8}$$

因此，如果能证明：存在不依赖于 $\lambda>0$ 的行向量 $\boldsymbol{\alpha}^{(a)}\geqslant\mathbf{0}$，($a=1, 2$)，使得

$$\boldsymbol{\beta}_\lambda^{(a)}=\gamma_\lambda^{a1}\boldsymbol{\alpha}^{(1)}+\gamma_\lambda^{a2}\boldsymbol{\alpha}^{(2)},\tag{9}$$

其中 $\boldsymbol{R}_\lambda=(\gamma_\lambda^{ab})\geqslant\mathbf{0}$，那么将(9)代入(8)得(4)，且从 $\boldsymbol{\beta}_\lambda^{(a)}\boldsymbol{\phi}(\lambda)\in l$ 得出 $\boldsymbol{\alpha}^{(a)}\boldsymbol{\phi}(\lambda)\in l$（如果对某个 b 有 $\gamma_\lambda^{1b}=\gamma_\lambda^{2b}=0$ 对一切$\lambda>0$，则可取 $\boldsymbol{\alpha}^{(b)}=\mathbf{0}$ 而不影响 $\boldsymbol{\beta}_\lambda^{(a)}$ 的值)，这样便证明了引理.

由于（5）和（7），用（$\nu\boldsymbol{I}-\boldsymbol{Q}$）右乘（3）的两边后，得

$$[\boldsymbol{\beta}_\lambda]=[\boldsymbol{\beta}_\nu]+(\nu-\lambda)\{[\boldsymbol{F}(\lambda),\boldsymbol{X}(\nu)]\}[\boldsymbol{\beta}_\nu].\tag{10}$$

由此易见 $\boldsymbol{\beta}_\lambda^{(a)}\downarrow(\lambda\uparrow)$，且如果对某个 $\lambda>0$ 和某个 a 有 $\boldsymbol{\beta}_\lambda^{(a)}=\mathbf{0}$，那么对 $\nu>\lambda$ 有 $\boldsymbol{\beta}_\nu^{(1)}=\boldsymbol{\beta}_\nu^{(2)}=\mathbf{0}$，从而对一切 $\lambda>0$ 有 $\boldsymbol{\beta}_\lambda^{(1)}=\boldsymbol{\beta}_\lambda^{(2)}=\mathbf{0}$．此时，(9) 平凡地成立，只需取 $\boldsymbol{\alpha}^{(1)}=\boldsymbol{\alpha}^{(2)}=\mathbf{0}$，$\boldsymbol{R}_\lambda=\mathbf{0}$ 即可．下面，我们设对一切 $\lambda>0$，$\boldsymbol{\beta}_\lambda^{(a)}\neq\mathbf{0}$，$a=1, 2$.

我们记矩阵

$$\boldsymbol{T}_{\lambda\nu}=\boldsymbol{I}+(\nu-\lambda)\{[\boldsymbol{F}(\lambda),\boldsymbol{X}(\nu)]\}$$

的元素为 $t_{\lambda\nu}^{ab}$．则（10）可写成下面形式

$$\boldsymbol{\beta}_\lambda^{(a)}=t_{\lambda\nu}^{a1}\boldsymbol{\beta}_\nu^{(1)}+t_{\lambda\nu}^{a2}\boldsymbol{\beta}_\nu^{(2)},\quad a=1, 2.\tag{11}$$

当 $\nu\geqslant\lambda$ 时，有

$$\mathbf{0}\leqslant t_{\lambda\nu}^{ab}\boldsymbol{\beta}_\nu^{(b)}\leqslant\boldsymbol{\beta}_\lambda^{(a)},\quad a, b=1, 2.\tag{12}$$

如果对任意 $\lambda>0$，当 $\nu\rightarrow+\infty$时有

$$t_{\lambda\nu}^{a1}\boldsymbol{\beta}_{\nu}^{(1)}\to\mathbf{0},\ a=1,\ 2,\tag{13}$$

那么依（11），对任意 $\lambda>0$，当 $\nu\to+\infty$ 时有

$$t_{\lambda\nu}^{a2}\boldsymbol{\beta}_{\nu}^{(2)}\to\boldsymbol{\beta}_{\lambda}^{(a)}\neq\mathbf{0},\ a=1,\ 2.\tag{14}$$

选固定的 $\lambda_0>0$ 并令 $\boldsymbol{\alpha}^{(2)}=\boldsymbol{\beta}_{\lambda_0}^{(1)}$. 依（11），

$$\boldsymbol{\beta}_{\lambda}^{(a)}=t_{\lambda\nu}^{a1}\boldsymbol{\beta}_{\nu}^{(1)}+\frac{t_{\lambda\nu}^{a2}}{t_{\lambda_0\nu}^{12}}t_{\lambda_0\nu}^{12}\boldsymbol{\beta}_{\nu}^{(2)}.$$

上面等式的左方不依赖于 ν,而右方的第一项当 $\nu\to+\infty$ 时趋于0. 依(14),上式右方的分式必收敛于某个有穷数 γ_{λ}^{a2}. 因而,在取极限后,我们得

$$\boldsymbol{\beta}_{\lambda}^{(a)}=\gamma_{\lambda}^{a2}\boldsymbol{\alpha}^{(2)}.\tag{14$_1$}$$

此时，取 $\boldsymbol{\alpha}^{(1)}=\mathbf{0}$ 及 $\gamma_{\lambda}^{a1}=0$（$a=1,\ 2,\ \lambda>0$），故（9）成立.

设（13）不成立. 则存在 $\lambda_1>0$ 及某 a_1（不失一般性，可设 $a_1=1$），以及子序列 $\nu_n\to+\infty$ 使

$$t_{\lambda_1\nu_n}^{11}\boldsymbol{\beta}_{\nu_n}^{(1)}\to\boldsymbol{\alpha}^{(1)}\neq\mathbf{0},\quad \mathbf{0}\leqslant\boldsymbol{\alpha}^{(1)}\leqslant\boldsymbol{\beta}_{\lambda_1}^{(1)}.\tag{15}$$

今如果对任意 $\lambda>0$，当 $\nu_n\to+\infty$ 时有

$$t_{\lambda\nu_n}^{a2}\boldsymbol{\beta}_{\nu_n}^{(2)}\to\mathbf{0},\quad a=1,\ 2.$$

那么正如推导出（14_1）一样，我们从上式及（15）得

$$\boldsymbol{\beta}_{\lambda}^{(a)}=\gamma_{\lambda}^{a1}\boldsymbol{\alpha}^{(1)},\quad \mathbf{0}\leqslant\boldsymbol{\alpha}^{(1)}\neq\mathbf{0}.$$

从而取 $\boldsymbol{\alpha}^{(2)}=\mathbf{0}$ 及 $\gamma_{\lambda}^{a2}=0$，（$a=1,\ 2,\ \lambda>0$），（9）成立. 否则，存在 $\lambda_2>0$，某 a_2（不失一般性，可设 $a_2=2$），以及 ν_n 的子列 $\nu'_n\to+\infty$ 使

$$t_{\lambda_2\nu'_n}^{22}\boldsymbol{\beta}_{\nu'_n}^{(2)}\to\boldsymbol{\alpha}^{(2)}\neq\mathbf{0},\ \mathbf{0}\leqslant\boldsymbol{\alpha}^{(2)}\leqslant\boldsymbol{\beta}_{\lambda_2}^{(2)}.\tag{16}$$

对任意 $\lambda>0$，（11）可写成形式

$$\boldsymbol{\beta}_{\lambda}^{(a)}=\frac{t_{\lambda\nu}^{a1}}{t_{\lambda_1\nu}^{11}}\cdot t_{\lambda_1\nu}^{11}\boldsymbol{\beta}_{\nu}^{(1)}+\frac{t_{\lambda\nu}^{a2}}{t_{\lambda_2\nu}^{22}}\cdot t_{\lambda_2\nu}^{22}\boldsymbol{\beta}_{\nu}^{(2)}.\tag{16$_1$}$$

而且，我们可选取 ν'_n 的子列 $\bar{\nu}_n\to+\infty$（该子列可随 λ 而变），使得当 $\nu=\bar{\nu}_n\to+\infty$ 时，上面等式中的两个分式均分别地收敛于某非负数 γ_{λ}^{a1} 和 γ_{λ}^{a2}. 从而，依（15）和（16），在（16_1）中令 $\nu=$

$\bar{\nu}_n \to +\infty$，得

$$\boldsymbol{\beta}_\lambda^{(a)} = \gamma_\lambda^{a1}\boldsymbol{\alpha}^{(1)} + \gamma_\lambda^{a2}\boldsymbol{\alpha}^{(2)}.$$

因 $\boldsymbol{\alpha}^{(1)}$ 和 $\boldsymbol{\alpha}^{(2)}$ 均非零，故 $\boldsymbol{R}_\lambda = (\gamma_\lambda^{ab})$ 有限. 于是，(9) 正确. ■

依引理 1，我们仅需考虑有形式（1）和（4）的 $\boldsymbol{Q}$ 预解矩阵.

现引进记号

$$h_\lambda^{ab} = \lambda[\boldsymbol{\alpha}^{(a)}\boldsymbol{\phi}(\lambda),\ \boldsymbol{X}^{(b)}] = [\boldsymbol{\alpha}^{(a)},\ \boldsymbol{X}^{(b)} - \boldsymbol{X}^{(b)}(\lambda)]$$

$$\uparrow h^{ab} = [\boldsymbol{\alpha}^{(a)},\ \boldsymbol{X}^{(b)}],\ \lambda \uparrow +\infty; \tag{17}$$

$$\boldsymbol{H}_\lambda = (h_\lambda^{ab}) \uparrow \boldsymbol{H} = (h^{ab}),\ \lambda \uparrow +\infty. \tag{18}$$

上面的关系正确，是由于 $\boldsymbol{X}^{(a)}(\lambda) \downarrow \boldsymbol{0}$，$(\lambda \uparrow +\infty)$ 以及 §7.5 中的（6）. 依 §2.8 中（30），有

$$(\nu - \lambda)[\boldsymbol{\alpha}^{(a)}\boldsymbol{\phi}(\lambda),\ \boldsymbol{X}^{(b)}(\nu)] = h_\nu^{ab} - h_\lambda^{ab}. \tag{19}$$

现在，让我们先考虑一特殊情形：$[\boldsymbol{P}_\lambda] = [\boldsymbol{0}]$，$H < +\infty$，即

$$[\boldsymbol{F}(\lambda)] = \boldsymbol{R}_\lambda[\boldsymbol{\alpha}\boldsymbol{\phi}(\lambda)], \tag{20}$$

$$[\boldsymbol{\alpha}^{(a)},\ \boldsymbol{1}] < +\infty,\ a = 1,\ 2. \tag{21}$$

引理 2 设边界点 Z 流出或正则，且 $a_0 > 0$. 设 $\boldsymbol{F}^{(a)}(\lambda)$，$(a=1,\ 2)$，有（20）和（21）的形式. 为使按（1）确定的 $\boldsymbol{\psi}(\lambda)$ 满足范条件和预解方程，必须而且只需 $[\boldsymbol{\phi}(\lambda)]$ 有下面形式：

$$[\boldsymbol{F}(\lambda)] = (\boldsymbol{I} - \boldsymbol{T}_\lambda)^{-1}[\boldsymbol{\alpha}\boldsymbol{\phi}(\lambda)], \tag{22}$$

其中

$$\boldsymbol{\alpha}^{(a)} \geqslant 0,\ [\boldsymbol{\alpha}^{(a)},\ \boldsymbol{1}] \leqslant 1,\ T_\lambda = \{[\boldsymbol{\alpha},\ \boldsymbol{X}(\lambda)]\}. \tag{23}$$

证　必要性 设 $\boldsymbol{\psi}(\lambda)$ 具有形式（1）(20)和(21). 将（20）代入（2）中得

$$\boldsymbol{R}_\lambda \boldsymbol{H}_\lambda[\boldsymbol{1}] \leqslant [\boldsymbol{1}]. \tag{24}$$

将（20）代入（3）并注意（19），以及 §2.7 中（11），我们得

$$\boldsymbol{R}_\lambda[\boldsymbol{\alpha}\boldsymbol{\phi}(\nu)] = \boldsymbol{R}_\nu[\boldsymbol{\alpha}\boldsymbol{\phi}(\nu)] + \boldsymbol{R}_\lambda(\boldsymbol{H}_\nu - \boldsymbol{H}_\lambda)\boldsymbol{R}_\nu[\boldsymbol{\alpha}\boldsymbol{\phi}(\nu)]. \tag{25}$$

右乘 $(\nu \boldsymbol{I}-\boldsymbol{Q})$ 得

$$R_\lambda[\boldsymbol{\alpha}]=\{\boldsymbol{I}+\boldsymbol{R}_\lambda(\boldsymbol{H}_\nu-\boldsymbol{H}_\lambda)\}\boldsymbol{R}_\nu[\boldsymbol{\alpha}]. \tag{26}$$

选取子序列 $\lambda\to+\infty$ 使

$$\boldsymbol{R}_\lambda\to\boldsymbol{R}\geqslant\boldsymbol{0}. \tag{27}$$

从 (24) 和 (26) 得

$$\boldsymbol{RH}[\boldsymbol{1}]\leqslant[\boldsymbol{1}], \tag{28}$$

$$R[\boldsymbol{\alpha}]=\{\boldsymbol{I}-\boldsymbol{RH}+\boldsymbol{RH}_\nu\}\boldsymbol{R}_\nu[\boldsymbol{\alpha}]. \tag{29}$$

令 $[\overline{\boldsymbol{\alpha}}]=\boldsymbol{R}[\boldsymbol{\alpha}]\geqslant[\boldsymbol{0}]$，则 (28) 和 (29) 分别成为

$$[\overline{\boldsymbol{\alpha}}^{(a)},\ \boldsymbol{1}]\leqslant 1,\ a=1,\ 2, \tag{30}$$

$$[\overline{\boldsymbol{\alpha}}]=(\boldsymbol{I}-\overline{\boldsymbol{T}}_\nu)\boldsymbol{R}_\nu[\boldsymbol{\alpha}], \tag{31}$$

其中矩阵 $\overline{T}_\nu=\{[\overline{\boldsymbol{\alpha}},\ \boldsymbol{X}(\nu)]\}$. 但依 (30),

$$[\overline{\boldsymbol{\alpha}}^{(a)},\ \boldsymbol{X}^{(1)}(\nu)+\boldsymbol{X}^{(2)}(\nu)]<1,\ a=1,\ 2,$$

故逆矩阵 $(\boldsymbol{I}-\overline{\boldsymbol{T}}_\nu)^{-1}$ 存在且非负，从 (31) 得

$$\boldsymbol{R}_\nu[\boldsymbol{\alpha}]=(\boldsymbol{I}-\overline{\boldsymbol{T}}_\nu)^{-1}[\overline{\boldsymbol{\alpha}}],$$

于是

$$[\boldsymbol{F}(\lambda)]=\boldsymbol{R}_\lambda[\boldsymbol{\alpha\phi}(\lambda)]=(\boldsymbol{I}-\overline{\boldsymbol{T}}_\lambda)^{-1}[\overline{\boldsymbol{\alpha}}\boldsymbol{\phi}(\lambda)]. \tag{32}$$

充分性　设 $[\boldsymbol{F}(\lambda)]$ 有形式 (22) 和 (23). 正像在必要性中已证明的逆矩阵 $(\boldsymbol{I}-\overline{\boldsymbol{T}}_\nu)^{-1}$ 存在并非负一样，从 (23) 我们得 $(\boldsymbol{I}-\boldsymbol{T}_\lambda)^{-1}$ 也存在且非负.

依 (23), $\boldsymbol{H}[\boldsymbol{1}]\leqslant[\boldsymbol{1}]$，即 $(\boldsymbol{I}-\boldsymbol{H})[\boldsymbol{1}]\geqslant[\boldsymbol{0}]$. 因而 $(\boldsymbol{I}-\boldsymbol{T}_\lambda)[\boldsymbol{1}]\geqslant\boldsymbol{H}_\lambda[\boldsymbol{1}]$. 因 $(\boldsymbol{I}-\boldsymbol{T}_\lambda)^{-1}$ 非负，故 $[\boldsymbol{1}]\geqslant(\boldsymbol{I}-\boldsymbol{T}_\lambda)^{-1}\boldsymbol{H}_\lambda[\boldsymbol{1}]$. 于是 (24) 正确，从而 (2) 也正确. 直接验证便知 $\boldsymbol{R}_\lambda=(\boldsymbol{I}-\boldsymbol{T}_\lambda)^{-1}$ 满足

$$\boldsymbol{R}_\lambda=\{\boldsymbol{I}+\boldsymbol{R}_\lambda(\boldsymbol{H}_\nu-\boldsymbol{H}_\lambda)\}\boldsymbol{R}_\nu, \tag{33}$$

故 (25) 成立；从而 (3) 也成立. ■

引理 3　设 $[\boldsymbol{F}(\lambda)]$ 有形式 (22) 和 (23). 则 $\boldsymbol{F}^{(1)}(\lambda)$ 和 $\boldsymbol{F}^{(2)}(\lambda)$ 线性独立当且仅当 $\boldsymbol{\alpha}^{(1)}$ 和 $\boldsymbol{\alpha}^{(2)}$ 线性独立.

证 当 $\boldsymbol{\alpha}^{(1)}$ 和 $\boldsymbol{\alpha}^{(2)}$ 线性相关时，显然有 $\boldsymbol{F}^{(1)}(\lambda)$ 和 $\boldsymbol{F}^{(2)}(\lambda)$ 线性相关，反过来，设 $\boldsymbol{\alpha}^{(1)}$ 和 $\boldsymbol{\alpha}^{(2)}$ 线性独立. 设常数 C_1 和 C_2 使

$$\boldsymbol{0}=C_1\boldsymbol{F}^{(1)}(\lambda)+C_2\boldsymbol{F}^{(2)}(\lambda)=[\boldsymbol{C}]'(\boldsymbol{I}-\boldsymbol{T}_\lambda)^{-1}[\boldsymbol{\alpha\phi}(\lambda)].$$

在上面的等式两边右乘 $(\lambda\boldsymbol{I}-\boldsymbol{Q})$ 得

$$\boldsymbol{0}=[\boldsymbol{C}]'(\boldsymbol{I}-\boldsymbol{T}_\lambda)^{-1}[\boldsymbol{\alpha}].$$

因 $\boldsymbol{\alpha}^{(1)}$ 与 $\boldsymbol{\alpha}^{(2)}$ 线性独立，故 $[\boldsymbol{C}]'(\boldsymbol{I}-\boldsymbol{T}_\lambda)^{-1}=[\boldsymbol{0}]'$. 因而

$$[\boldsymbol{C}]'=[\boldsymbol{0}]'，即 C_1=C_2=0. \quad ■$$

引理 4 设边界点 Z 流出或正则，且 $a_0>0$. 任意的有形式 (1) 的 $\boldsymbol{Q}$ 预解矩阵，不可能具有形式 (22) 和 (23) 而又使 $\boldsymbol{F}^{(1)}(\lambda)$ 和 $\boldsymbol{F}^{(2)}(\lambda)$ 线性独立.

证 设 $\boldsymbol{Q}$ 预解矩阵 $\boldsymbol{\psi}(\lambda)$ 由 (1) (22) 和 (23) 确定. 该 $\boldsymbol{\psi}(\lambda)$ 应满足 $\boldsymbol{Q}$ 条件，即

$$\begin{aligned}0&=\lim_{\lambda\to+\infty}[\lambda\boldsymbol{X}(\lambda)]'[\lambda\boldsymbol{F}(\lambda)]\\&=\lim_{\lambda\to+\infty}[\lambda\boldsymbol{X}(\lambda)]'(\boldsymbol{I}-\boldsymbol{T}_\lambda)^{-1}[\lambda\boldsymbol{\alpha\phi}(\lambda)].\end{aligned}\tag{34}$$

由 §7.5 中 (4) (5)，以及控制收敛定理，我们有

$$\lim_{\lambda\to+\infty}(\boldsymbol{I}-\boldsymbol{T}_\lambda)^{-1}=\lim_{\lambda\to+\infty}\sum_{n=0}^{+\infty}\boldsymbol{T}_\lambda^n=\sum_{n=0}^{+\infty}\lim_{\lambda\to+\infty}\boldsymbol{T}_\lambda^n=I.$$

于是 (34) 对 $i>0$ 成立，而对于 $i=0$，(34) 成为

$$\boldsymbol{0}=\begin{pmatrix}a_0\\0\end{pmatrix}\boldsymbol{I}[\boldsymbol{\alpha}]=a_0\boldsymbol{\alpha}^{(1)}.$$

因而 $\boldsymbol{\alpha}^{(1)}=\boldsymbol{0}$. 依引理 3，$\boldsymbol{F}^{(1)}(\lambda)$ 和 $\boldsymbol{F}^{(2)}(\lambda)$ 是线性相关的. ■

注 从引理 4 的证明看出，由 (1) (22) (23) 确定的 $\boldsymbol{\psi}(\lambda)$ 是一个 $\overline{\boldsymbol{Q}}$ 预解矩阵，其中 $\overline{\boldsymbol{Q}}=(\bar{q}_{ij})$，且

$$\bar{q}_{ij}=\begin{cases}q_{0j}+a_0\alpha_j^{(1)}, & i=0;\\ q_{ij}, & i>0.\end{cases}$$

下面我们转向一般情形，在(17)(18)中，$\boldsymbol{\alpha}^{(a)}$ 用 $\overline{\boldsymbol{\alpha}}^{(a)}$ 代替后，得到的量分别用 $\bar{h}_\lambda^{ab}$ 和 $\bar{h}^{ab}$ 表示.

引理 5　设边界点 Z 正则或流出，且 $a_0>0$. 设对一切 $\lambda>0$，$\boldsymbol{F}^{(1)}(\lambda)$ 和 $\boldsymbol{F}^{(2)}(\lambda)$ 线性独立. 由（1）（4）确定的 $\boldsymbol{\psi}(\lambda)$ 满足范条件和预解方程当且仅当 $\boldsymbol{\psi}(\lambda)$ 可如下得到：取非负行向量 $\overline{\boldsymbol{\alpha}}^{(a)}$（$a=1,2$）使 $\overline{\boldsymbol{\alpha}}^{(a)}\boldsymbol{\phi}(\lambda)\in l$，然后取非负矩阵 $\overline{\boldsymbol{S}}=\begin{pmatrix}0 & \overline{S}^{12}\\ \overline{S}^{12} & 0\end{pmatrix}$和非负常数 $\overline{P}^{(2)}$（当 Z 流出时，$\overline{P}^{(2)}=0$），并记 $[\overline{\boldsymbol{P}}]=\begin{pmatrix}0\\ \overline{P}^{(2)}\end{pmatrix}$，使得这些量具有下面的性质：

(i) $\overline{\boldsymbol{\alpha}}^{(1)}\neq\boldsymbol{0}$.

(ii) $\overline{P}^{(2)}>0$，或者 $\overline{P}^{(2)}=0$ 而 $\overline{\boldsymbol{\alpha}}^{(1)}$ 和 $\overline{\boldsymbol{\alpha}}^{(2)}$ 线性独立.

(iii) $\overline{h}^{ab}<+\infty$，$(a\neq b)$.

(iv) $\overline{S}^{12}\leqslant 1$，$\overline{S}^{21}\leqslant 1$，$\overline{S}^{12}\geqslant\overline{h}^{12}$，

$$\overline{S}^{21}\geqslant\overline{h}^{21}+\frac{\overline{P}^{(2)}a_0}{a_0(Z-Z_0)+1}.$$

最后令

$$\begin{cases}\boldsymbol{R}_\lambda=(\boldsymbol{I}-\overline{\boldsymbol{S}}+\overline{\boldsymbol{H}}_\lambda+[\overline{\boldsymbol{P}}][\boldsymbol{U}_\lambda]')^{-1},\\ [\boldsymbol{P}_\lambda]=(\boldsymbol{I}-\overline{\boldsymbol{S}}+\overline{\boldsymbol{H}}_\lambda+[\overline{\boldsymbol{P}}][\boldsymbol{U}_\lambda]')^{-1}[\overline{\boldsymbol{P}}],\end{cases}\tag{35}$$

而 $\boldsymbol{\psi}(\lambda)$ 由（1）（4）和（35）确定. 这里 $\overline{\boldsymbol{H}}_\lambda=(\overline{h}_\lambda^{ab})\uparrow\overline{\boldsymbol{H}}=(\overline{h}^{ab})$，$(\lambda\uparrow+\infty)$. 又，依§7.5 中引理 5，我们有：当 $\lambda\uparrow+\infty$时，

$$[\boldsymbol{U}_\lambda]'=(U_\lambda^{(1)},\ U_\lambda^{(2)})\uparrow[\boldsymbol{U}]'=\left(\frac{a_0}{a_0(Z-Z_0)+1},\ +\infty\right).\tag{36}$$

为使得到的 $\boldsymbol{\psi}(\lambda)$ 有（1）（20）（21）的特殊形式，当且仅当 $\overline{P}^{(2)}=0$ 和 $\overline{h}^{22}<+\infty$.

证　(i) 设 $\boldsymbol{\psi}(\lambda)$ 有形式（1）（4），满足范条件和预解方程，而 $\boldsymbol{F}^{(1)}(\lambda)$ 和 $\boldsymbol{F}^{(2)}(\lambda)$ 是线性独立的.

将（4）代入（2）中，我们得范条件等价于

$$\boldsymbol{S}_\lambda[\boldsymbol{1}]\leqslant[\boldsymbol{1}],\ \boldsymbol{S}_\lambda=\boldsymbol{R}_\lambda\boldsymbol{H}_\lambda+[\boldsymbol{P}_\lambda][\boldsymbol{U}_\lambda]'.\tag{37}$$

将（4）代入（3），注意（19）和§2.7 中（11），以及（$\boldsymbol{X}^{(2)}(\lambda)\boldsymbol{\mu}$，

$\lambda>0$）是调和流入族，我们有

$$\begin{aligned}&\boldsymbol{R}_\lambda[\boldsymbol{\alpha\phi}(\nu)]+[\boldsymbol{P}_\lambda]\boldsymbol{X}^{(2)}(\nu)\boldsymbol{\mu}=\boldsymbol{R}_\nu[\boldsymbol{\alpha\phi}(\nu)]+[\boldsymbol{P}_\nu]\boldsymbol{X}^{(2)}(\nu)\boldsymbol{\mu}+\\&\quad(\boldsymbol{R}_\lambda\boldsymbol{H}_\lambda+[\boldsymbol{P}_\lambda][\boldsymbol{U}_\nu]'-\boldsymbol{S}_\lambda)(\boldsymbol{R}_\nu[\boldsymbol{\alpha\phi}(\nu)]+[\boldsymbol{P}_\nu]\boldsymbol{X}^{(2)}(\nu)\boldsymbol{\mu}).\end{aligned}\tag{38}$$

右乘（$\nu\boldsymbol{I}-\boldsymbol{Q}$）于上式两边得

$$\boldsymbol{R}_\lambda[\boldsymbol{\alpha}]=(\boldsymbol{I}-\boldsymbol{S}_\lambda+\boldsymbol{R}_\lambda\boldsymbol{H}_\nu+[\boldsymbol{P}_\lambda][\boldsymbol{U}_\nu]')\boldsymbol{R}_\nu[\boldsymbol{\alpha}],\tag{39}$$

再将上式代入（38），得

$$[\boldsymbol{P}_\lambda]=(\boldsymbol{I}-\boldsymbol{S}_\lambda+\boldsymbol{R}_\lambda\boldsymbol{H}_\nu+[\boldsymbol{P}_\lambda][\boldsymbol{U}_\nu]')[\boldsymbol{P}_\nu].\tag{40}$$

若令 $\delta_\lambda^{(a)}=1-S_\lambda^{aa}$，则 $\delta_\lambda^{(a)}>0$. 实际上，依(37) 有 $\delta_\lambda^{(a)}\geqslant0$. 若 $\delta_\lambda^{(a)}=0$，则 $S_\lambda^{aa}=1$. 从（37）得 $S_\lambda^{ab}=\sum_{t=1}^{2}\gamma_\lambda^{at}h_\lambda^{tb}+\boldsymbol{P}_\lambda^{(a)}\boldsymbol{U}_\lambda^{(b)}=0$ $(b\neq a)$，从而 $\sum_{t=1}^{2}\gamma_\lambda^{at}\alpha^{(t)}=0$，$\boldsymbol{P}_\lambda^{(a)}=\boldsymbol{0}$. 于是

$$S_\lambda^{aa}=\sum_{t=1}^{2}\gamma_\lambda^{at}h_\lambda^{ta}+\boldsymbol{P}_\lambda^{(a)}\boldsymbol{U}_\lambda^{(a)}=0.$$

这导出了矛盾.

用 $\delta_\lambda^{(a)}$ 除以（37）（39）和（40）的第 a 行，我们得

$$\bar{\boldsymbol{S}}_\lambda[\boldsymbol{1}]\leqslant[\boldsymbol{1}],\qquad \bar{\boldsymbol{S}}_\lambda=\begin{pmatrix}0&\bar{S}_\lambda^{12}\\\bar{S}_\lambda^{21}&0\end{pmatrix},\tag{41}$$

以及

$$\begin{cases}\bar{\boldsymbol{R}}_\lambda[\boldsymbol{\alpha}]=(\boldsymbol{I}-\bar{\boldsymbol{S}}_\lambda+\bar{\boldsymbol{R}}_\lambda\boldsymbol{H}_\nu+[\bar{\boldsymbol{P}}_\lambda][\boldsymbol{U}_\nu]')\boldsymbol{R}_\nu[\boldsymbol{\alpha}],\\[\bar{\boldsymbol{P}}_\lambda]=(\boldsymbol{I}-\bar{\boldsymbol{S}}_\lambda+\bar{\boldsymbol{R}}_\lambda\boldsymbol{H}_\nu+[\bar{\boldsymbol{P}}_\lambda][\boldsymbol{U}_\nu]')[\boldsymbol{P}_\nu],\end{cases}\tag{42}$$

这里

$$\bar{S}_\lambda^{aa}=0,\ a=1,\ 2;$$

$$\bar{S}_\lambda^{ab}=\sum_{t=1}^{2}\bar{\gamma}_\lambda^{at}h_\lambda^{tb}+\bar{\boldsymbol{P}}_\lambda^{(a)}\boldsymbol{U}_\lambda^{(b)},\ a\neq b;\tag{43}$$

$$\bar{\gamma}_\lambda^{ab}=\frac{\gamma_\lambda^{ab}}{\delta_\lambda^{(a)}},\ \bar{\boldsymbol{P}}_\lambda^{(a)}=\frac{\boldsymbol{P}_\lambda^{(a)}}{\delta_\lambda^{(a)}}.\tag{44}$$

选取子列 $\lambda\to+\infty$ 使

$$\bar{\boldsymbol{S}}_\lambda \to \bar{\boldsymbol{S}},\ \bar{\boldsymbol{R}}_\lambda \to \bar{\boldsymbol{R}},\ [\bar{\boldsymbol{P}}_\lambda] \to [\bar{\boldsymbol{P}}], \tag{45}$$

则 $\bar{\boldsymbol{S}}$，$\bar{\boldsymbol{R}}$ 和 $[\bar{\boldsymbol{P}}]$ 均非负，且依（41）～（45）有

$$\bar{S}^{aa}=0,\ a=1,\ 2;\ \bar{S}^{12}\leqslant 1,\ \bar{S}^{21}\leqslant 1; \tag{46}$$

$$\bar{S}^{ab}\geqslant \sum_{t=1}^{2} \bar{\gamma}^{at}h^{tb}+\bar{\boldsymbol{P}}^{(a)}\boldsymbol{U}^{(b)},\ a\neq b,\ 约定\ 0\cdot(+\infty)=0; \tag{47}$$

$$\begin{cases}\bar{\boldsymbol{R}}[\boldsymbol{\alpha}]=(\boldsymbol{I}-\bar{\boldsymbol{S}}+\bar{\boldsymbol{R}}\boldsymbol{H}_\nu+[\bar{\boldsymbol{P}}][\boldsymbol{U}_\nu]')\boldsymbol{R}_\nu[\boldsymbol{\alpha}],\\ [\bar{\boldsymbol{P}}]=(\boldsymbol{I}-\bar{\boldsymbol{S}}+\bar{\boldsymbol{R}}\boldsymbol{H}_\nu+[\bar{\boldsymbol{P}}][\boldsymbol{U}_\nu]')[\boldsymbol{P}_\nu].\end{cases} \tag{48}$$

令 $[\bar{\boldsymbol{\alpha}}]=\bar{\boldsymbol{R}}[\boldsymbol{\alpha}]$；则（48）和（49）分别成为

$$\bar{S}^{ab}\geqslant \bar{h}^{ab}+\bar{\boldsymbol{P}}^{(a)}\boldsymbol{U}^{(b)},\ a\neq b,\ 约定\ 0\cdot(+\infty)=0; \tag{49}$$

以及

$$\begin{cases}[\boldsymbol{\alpha}]=(\boldsymbol{I}-\bar{\boldsymbol{S}}+\bar{\boldsymbol{H}}_\nu+[\bar{\boldsymbol{P}}][\boldsymbol{U}_\nu]')\boldsymbol{R}_\nu[\boldsymbol{\alpha}],\\ [\bar{\boldsymbol{P}}]=(\boldsymbol{I}-\bar{\boldsymbol{S}}+\bar{\boldsymbol{H}}_\nu+[\bar{\boldsymbol{P}}][\boldsymbol{U}_\nu]')[\boldsymbol{P}_\nu].\end{cases} \tag{50}$$

由于（36），从（50）得 $\bar{P}^{(1)}=0$ 和 $\bar{h}^{ab}<+\infty$，$(a\neq b)$. 因而得（iv）.

往证

$$\bar{\boldsymbol{\alpha}}^{(1)}\neq\boldsymbol{0},\ 且如\ \bar{\boldsymbol{P}}^{(2)}=\boldsymbol{0}\ 则\ \bar{\boldsymbol{\alpha}}^{(2)}\neq\boldsymbol{0}. \tag{51}$$

实际上，如果有 $\bar{\boldsymbol{\alpha}}^{(1)}=\boldsymbol{0}$，或者 $\bar{\boldsymbol{P}}^{(2)}=\boldsymbol{0}$ 且 $\bar{\boldsymbol{\alpha}}^{(2)}=\boldsymbol{0}$，那么依（51）得：对 $a=1$ 或者 $a=2$，

$$\gamma_\nu^{a1}\boldsymbol{\alpha}^{(1)}+\gamma_\nu^{a2}\boldsymbol{\alpha}^{(2)}=\bar{S}^{ab}(\gamma_\nu^{b1}\boldsymbol{\alpha}^{(1)}+\gamma_\nu^{b2}\boldsymbol{\alpha}^{(2)}),\ a\neq b,$$

$$\boldsymbol{P}_\nu^{(a)}=\bar{S}^{ab}\boldsymbol{P}_\nu^{(b)},\ a\neq b,$$

成立. 于是依（4），$\boldsymbol{F}^{(1)}(\lambda)$ 与 $\boldsymbol{F}^{(2)}(\lambda)$ 是线性相关的. 这与 $\boldsymbol{F}^{(1)}(\lambda)$ 与 $\boldsymbol{F}^{(2)}(\lambda)$ 线性独立的假定相矛盾.

往证逆矩阵

$$\boldsymbol{Z}_\nu^{-1}\equiv(\boldsymbol{I}-\bar{\boldsymbol{S}}+\bar{\boldsymbol{H}}_\nu+[\bar{\boldsymbol{P}}][\boldsymbol{U}_\nu]')^{-1} \tag{52}$$

存在且非负. 实际上，依（iv）和（52），$\boldsymbol{Z}_\nu$ 有形式

$$\begin{pmatrix}1+l_{11} & -l_{12}\\ -l_{21} & 1+l_{22}\end{pmatrix},\ l_{ab}\geqslant 0,$$

且对 $a\neq b$，有

$$l_{ab}=\overline{S}^{ab}-\overline{h}^{ab}-\overline{\boldsymbol{P}}^{(a)}\boldsymbol{U}_{\nu}^{(b)}<\overline{S}^{ab}\leqslant 1.$$

故 $\boldsymbol{Z}_{\nu}^{-1}$ 存在且非负.

这样，从（51）得

$$\boldsymbol{R}_{\nu}[\boldsymbol{\alpha}]=\boldsymbol{Z}_{\nu}^{-1}[\overline{\boldsymbol{\alpha}}],\qquad [\boldsymbol{P}_{\nu}]=\boldsymbol{Z}_{\nu}^{-1}[\overline{\boldsymbol{P}}]. \tag{53}$$

将（54）代入（4）中，可见 $\boldsymbol{\psi}(\lambda)$ 由（1）（4）和（35）确定.

（ii）设行向量 $\overline{\boldsymbol{\alpha}}^{(a)}\geqslant\boldsymbol{0}$，$(a=1,\ 2)$，使得 $\overline{\boldsymbol{\alpha}}^{(a)}\boldsymbol{\phi}(\lambda)\in l$，矩阵 $\overline{\boldsymbol{S}}=(\overline{\boldsymbol{S}}^{ab})$ 非负且 $\overline{S}^{11}=\overline{S}^{22}=0$，$[\overline{\boldsymbol{P}}]$ 非负且 $\overline{\boldsymbol{P}}^{(1)}=\boldsymbol{0}$，当 Z 流出时 $\overline{\boldsymbol{P}}^{(2)}=0$，而且，它们满足性质（i）～（iv）.

因（i）和（ii）蕴含（52），故 $\boldsymbol{Z}_{\lambda}^{-1}$，存在且非负. 于是，可按（35）决定 $\boldsymbol{R}_{\lambda}$ 和 $[\boldsymbol{P}_{\lambda}]$. 往证：由（1）和（4）决定的 $\boldsymbol{\psi}(\lambda)$ 满足范条件和预解方程.

首先，

$$\begin{aligned}(\boldsymbol{R}_{\lambda}\boldsymbol{H}_{\lambda}+[\boldsymbol{P}_{\lambda}][\boldsymbol{U}_{\lambda}]')[\boldsymbol{1}]&=\boldsymbol{Z}_{\lambda}^{-1}(\overline{\boldsymbol{H}}_{\lambda}+[\overline{\boldsymbol{P}}][\boldsymbol{U}_{\lambda}]')[\boldsymbol{1}]\\&=\boldsymbol{Z}_{\lambda}^{-1}(\boldsymbol{Z}_{\lambda}-\boldsymbol{I}+\overline{\boldsymbol{S}})[\boldsymbol{1}]\\&=[\boldsymbol{1}]-\boldsymbol{Z}_{\lambda}^{-1}(\boldsymbol{I}-\overline{\boldsymbol{S}})[\boldsymbol{1}].\end{aligned}$$

由于 $\boldsymbol{Z}_{\lambda}^{-1}$ 非负，又 $\overline{\boldsymbol{S}}\,[\boldsymbol{1}]\leqslant[\boldsymbol{1}]$，故由上式知范条件（37）成立. 进一步，（37）中等号成立当且仅当 $\overline{S}^{12}=\overline{S}^{21}=1$.

其次，

$$\begin{aligned}&\boldsymbol{I}-\boldsymbol{S}_{\lambda}+\boldsymbol{R}_{\lambda}\overline{\boldsymbol{H}}_{\lambda}+[\boldsymbol{P}_{\lambda}][\boldsymbol{U}_{\nu}]'\\&=\boldsymbol{Z}_{\lambda}^{-1}(\boldsymbol{Z}_{\lambda}-\overline{\boldsymbol{H}}_{\lambda}-[\overline{\boldsymbol{P}}][\boldsymbol{U}_{\nu}]'+\overline{\boldsymbol{H}}_{\nu}+[\overline{\boldsymbol{P}}][\boldsymbol{U}_{\nu}]')\\&=\boldsymbol{Z}_{\lambda}^{-1}(\boldsymbol{I}-\overline{\boldsymbol{S}}+\overline{\boldsymbol{H}}_{\nu}+[\overline{\boldsymbol{P}}][\boldsymbol{U}_{\nu}]')\\&=\boldsymbol{Z}_{\lambda}^{-1}\boldsymbol{Z}_{\nu}.\end{aligned}$$

由此可见

$$\boldsymbol{R}_{\lambda}=(\boldsymbol{I}-\boldsymbol{S}_{\lambda}+\boldsymbol{R}_{\lambda}\overline{\boldsymbol{H}}_{\nu}+[\boldsymbol{P}_{\lambda}][\boldsymbol{U}_{\nu}]')\boldsymbol{R}_{\nu}$$

和

$$[\boldsymbol{P}_{\lambda}]=(\boldsymbol{I}-\boldsymbol{S}_{\lambda}+\boldsymbol{R}_{\lambda}\overline{\boldsymbol{H}}_{\nu}+[\boldsymbol{P}_{\lambda}][\boldsymbol{U}_{\nu}]')[\boldsymbol{P}_{\nu}]$$

成立. 于是，我们易验证 $\boldsymbol{\psi}(\lambda)$ 的预解方程成立.

(iii) 设

$$[\boldsymbol{F}(\lambda)]=\boldsymbol{Z}_\lambda^{-1}([\overline{\boldsymbol{\alpha}}\boldsymbol{\phi}(\lambda)]+[\overline{\boldsymbol{P}}]\boldsymbol{X}^{(2)}(\lambda)\boldsymbol{\mu}). \tag{54}$$

往证：$\boldsymbol{F}^{(1)}(\lambda)$ 和 $\boldsymbol{F}^{(2)}(\lambda)$ 线性独立当且仅当 (ii) 成立.

实际上，$[\boldsymbol{F}(\lambda)]$ 的线性独立性显然等价于 $[\overline{\boldsymbol{\alpha}}\boldsymbol{\phi}(\lambda)]+[\overline{\boldsymbol{P}}]\boldsymbol{X}^{(2)}(\lambda)\boldsymbol{\mu}$的线性独立性. 由于 $\boldsymbol{\phi}(\lambda)$ 的 F 条件，

$$[\boldsymbol{C}]'([\overline{\boldsymbol{\alpha}}\boldsymbol{\phi}(\lambda)]+[\overline{\boldsymbol{P}}]\boldsymbol{X}^{(2)}(\lambda)\boldsymbol{\mu})=\boldsymbol{0}$$

等价于

$$[\boldsymbol{C}]'[\overline{\boldsymbol{\alpha}}]=\boldsymbol{0}\text{ 和}[\boldsymbol{C}]'[\overline{\boldsymbol{P}}]=0.$$

因 $\overline{\boldsymbol{P}}^{(1)}=\boldsymbol{0}$，$\overline{\boldsymbol{\alpha}}^{(1)}\neq\boldsymbol{0}$，为了从上式导出 $[\boldsymbol{C}]=[\boldsymbol{0}]$，必须且只需 (ii) 成立.

(iv) 最后，我们证明：$\boldsymbol{\psi}(\lambda)$ 有形式 (1) (20) 和 (21)，当且仅当 $\overline{\boldsymbol{P}}^{(2)}=\boldsymbol{0}$ 且 $\bar{h}^{22}<+\infty$.

实际上，设 $\boldsymbol{\psi}(\lambda)$ 有形式 (1) (20) (21)，即，存在行向量 $\boldsymbol{\alpha}^{(a)}\geqslant\boldsymbol{0}$，$[\boldsymbol{\alpha}^{(a)},\ \boldsymbol{1}]<+\infty$，$a=1,\ 2$，使得

$$\boldsymbol{R}_\lambda[\boldsymbol{\alpha}\boldsymbol{\phi}(\lambda)]=\boldsymbol{Z}_\lambda^{-1}([\overline{\boldsymbol{\alpha}}\boldsymbol{\phi}(\lambda)]+[\overline{\boldsymbol{P}}]\boldsymbol{X}^{(2)}(\lambda)\boldsymbol{\mu}).$$

由于 $\boldsymbol{\phi}(\lambda)$ 的 F 条件，上式等价于

$$\boldsymbol{R}_\lambda[\boldsymbol{\alpha}]=\boldsymbol{Z}_\lambda^{-1}[\overline{\boldsymbol{\alpha}}],\ \overline{\boldsymbol{P}}^{(2)}=\boldsymbol{0},$$

即

$$\boldsymbol{Z}_\lambda\boldsymbol{R}_\lambda[\boldsymbol{\alpha}]=[\overline{\boldsymbol{\alpha}}],\ \overline{\boldsymbol{P}}^{(2)}=\boldsymbol{0}. \tag{55}$$

由上式及 $[\boldsymbol{\alpha}^{(a)},\ \boldsymbol{1}]<+\infty$，$(a=1,\ 2)$ 可得 $\bar{h}^{22}<\infty$和 $\overline{\boldsymbol{P}}^{(2)}=\boldsymbol{0}$.

反之，若 $\bar{h}^{22}<+\infty$和 $\bar{p}^{(2)}=0$，则依 § 2.8 中引理 4，$\bar{h}^{11}=[\overline{\boldsymbol{\alpha}}^{(1)},\ \boldsymbol{X}^{(1)}]<+\infty$，又依 (iii) 有 $\bar{h}^{ab}<+\infty$，$(\alpha\neq b)$，从而有 $[\bar{\boldsymbol{a}}^{(a)},\ \boldsymbol{1}]<+\infty$，$(a=1,\ 2)$，$\overline{\boldsymbol{P}}^{(2)}=\boldsymbol{0}$. 于是

$$\boldsymbol{\psi}(\lambda)=\boldsymbol{\phi}(\lambda)+[\boldsymbol{X}(\lambda)]\boldsymbol{Z}_\lambda^{-1}[\overline{\boldsymbol{\alpha}}\boldsymbol{\phi}(\lambda)],$$

即 $\boldsymbol{\psi}(\lambda)$ 有形式 (1) (20) (21). ■

引理 6　设 $\overline{\boldsymbol{P}}^{(2)}>0$ 或 $\bar{h}^{22}<+\infty$，则引理 5 中的 $\boldsymbol{\psi}(\lambda)$ 是一个 $\overline{Q}$ 预解矩阵，其中 $\overline{Q}=(\bar{q}_{ij})$ 而

$$\bar{q}_{ij}=\begin{cases} q_{0j}+\dfrac{a_0\bar{\alpha}_j^{(1)}}{1+\bar{h}^{11}}, & i=0, \\ q_{ij}, & i>0. \end{cases} \tag{56}$$

$\boldsymbol{\psi}(\lambda)$ 诚实当且仅当 $\bar{S}^{12}=\bar{S}^{21}=1$.

证 只需计算

$$\lim_{\lambda\to+\infty}[\lambda\boldsymbol{X}(\lambda)]'\boldsymbol{Z}_\lambda^{-1}([\lambda\bar{\boldsymbol{\alpha}}\,\boldsymbol{\phi}(\lambda)]+[\bar{\boldsymbol{P}}]\lambda\boldsymbol{X}^{(2)}(\lambda)\boldsymbol{\mu})$$

$$=\begin{cases} \dfrac{a_0\bar{\alpha}^{(1)}}{1+\bar{h}^{11}}, & i=0, \\ 0, & i>0 \end{cases} \tag{57}$$

即可.

显然，

$$\boldsymbol{Z}_\lambda^{-1}=\frac{1}{\det \boldsymbol{Z}_\lambda}\begin{pmatrix} 1+\bar{h}_\lambda^{22}+\bar{\boldsymbol{P}}^{(2)}\boldsymbol{U}_\lambda^{(2)} & \bar{S}^{21}-\bar{h}_\lambda^{21}-\bar{\boldsymbol{P}}^{(2)}\boldsymbol{U}_\lambda^{(1)} \\ \bar{S}^{12}-\bar{h}_\lambda^{12} & 1+\bar{h}_\lambda^{11} \end{pmatrix}.$$

因 $\bar{h}^{22}+\bar{\boldsymbol{P}}^{(2)}\boldsymbol{U}^{(2)}=+\infty$，故 $\lim\limits_{\lambda\to+\infty}\det \boldsymbol{Z}_\lambda=+\infty$. 注意 $\bar{h}^{11}<+\infty$，$\bar{h}^{ab}<+\infty$，$(a\neq b)$. 于是

$$\lim_{\lambda\to+\infty}\boldsymbol{Z}_\lambda^{-1}=\begin{pmatrix} (1+\bar{h}^{11})^{-1} & 0 \\ 0 & 0 \end{pmatrix}.$$

由§7.5 的（4）（5）以及§2.8 中（25），知（58）对 $i>0$ 正确. 对于 $i=0$，（58）左方的极限为

$$(a_0,0)\begin{pmatrix} (1+\bar{h}^{11})^{-1} & 0 \\ 0 & 0 \end{pmatrix}[\bar{\boldsymbol{\alpha}}]=\frac{a_0\bar{\boldsymbol{\alpha}}^{(1)}}{1+\bar{h}^{11}}. \quad ■$$

引理 7 设 $\bar{\boldsymbol{P}}^{(2)}>0$ 或 $\bar{h}^{22}=+\infty$. 则引理 5 中的 $\boldsymbol{\psi}(\lambda)$ 不是 $\boldsymbol{Q}$ 预解矩阵.

证 因 $a_0>0$，$\bar{\boldsymbol{\alpha}}^{(1)}\neq\boldsymbol{0}$ 且 $\bar{h}^{11}<+\infty$，从引理 6 知 $\bar{\boldsymbol{Q}}\neq\boldsymbol{Q}$.

定理 1 设 $a_0>0$，边界点 Z 流出或正则. 则任意 $\boldsymbol{Q}$ 预解矩阵 $\boldsymbol{\psi}(\lambda)$ 必定有形式（1），而其中的 $\boldsymbol{F}^{(1)}(\lambda)$ 和 $\boldsymbol{F}^{(2)}(\lambda)$ 是线性相关的.

证 从引理 4，5 和 7 得本定理. ■

§7.10　$\boldsymbol{\alpha}\boldsymbol{\phi}(\lambda)\in l$ 的条件

设行向量 $\boldsymbol{\alpha}$ 非负. 依§7.5 中 (3)，$\boldsymbol{\alpha\phi}(\lambda)\in l$ 等价于

$$\sum_{i=0}^{+\infty}\alpha_i[1-X_i^{(1)}(\lambda)-X_i^{(2)}(\lambda)]<+\infty. \tag{1}$$

本节中，我们将给出用 $\boldsymbol{Q}$ 直接地决定 $\boldsymbol{\alpha\phi}(\lambda)\in l$ 的条件.

引理 1　设 $a_0\geqslant0$，边界点 Z 正则或流出. 则

$$\lim_{n\to+\infty}\frac{v_n(\lambda)}{Z-Z_n}=\frac{1}{u_Z(\lambda)}, \tag{2}$$

$$\lim_{n\to+\infty}\frac{\phi_{nj}(\lambda)}{Z-Z_n}=X_j^{(2)}(\lambda)\mu_j. \tag{3}$$

证　依§7.3 的 (4) 中 $v(\lambda)$ 的定义，有

$$v_n(\lambda)<\frac{u_n(\lambda)}{[u_n(\lambda)]^2}\sum_{j\geqslant n}(Z_{j+1}-Z_j)=\frac{Z-Z_n}{u_n(\lambda)},$$

$$v_n(\lambda)>\frac{u_n(\lambda)}{[u_Z(\lambda)]^2}\sum_{j\geqslant n}(Z_{j+1}-Z_j)=\frac{u_n(\lambda)}{[u_Z(\lambda)]^2}(Z-Z_n),$$

即

$$\frac{u_n(\lambda)}{[u_Z(\lambda)]^2}<\frac{v_n(\lambda)}{Z-Z_n}<\frac{1}{u_n(\lambda)}. \tag{4}$$

取极限得 (2)，于是得 (3).

定理 1　设 $a_0\geqslant0$，边界点 Z 正则. 则

$$\lim_{i\to+\infty}\frac{1-X_i^{(1)}(\lambda)-X_i^{(2)}(\lambda)}{Z-Z_i}=\lambda[\boldsymbol{X}^{(2)}(\lambda)\boldsymbol{\mu},\ \boldsymbol{1}]. \tag{4_1}$$

而 (1) 等价于

$$\sum_{i=0}^{+\infty}\alpha_i(Z-Z_i)<+\infty, \tag{5}$$

或者等价于

$$\sum_{i=0}^{+\infty} \alpha_i N_i < +\infty, \tag{6}$$

其中 N_i 由 §7.1 中（7）确定.

证 因

$$1-X_i^{(1)}(\lambda)-X_i^{(2)}(\lambda)=\lambda \sum_j \phi_{ij}(\lambda)$$

$$=\lambda v_i(\lambda) \sum_{j=0}^{i} u_j(\lambda)\mu_j+\lambda u_i(\lambda) \sum_{j>i} v_j(\lambda)\mu_j, \tag{7}$$

且当 Z 正则时有 $\sum_{j=0}^{+\infty} \mu_j < +\infty$，从引理 1 得出

$$0<\frac{u_i(\lambda)}{Z-Z_i} \sum_{j>i} v_j(\lambda)\mu_j<\frac{u_i(\lambda)v_i(\lambda)}{Z-Z_i} \sum_{j>i} \mu_j$$

$$\to 1\times 0=0, \ (i\to+\infty). \tag{8}$$

从而

$$\lim_{i\to+\infty} \frac{1-X_i^{(1)}(\lambda)-X_i^{(2)}(\lambda)}{Z-Z_i}$$

$$=\lim_{i\to+\infty} \frac{\lambda v_i(\lambda)}{Z-Z_i} \sum_{j=0}^{i} u_j(\lambda)\mu_j$$

$$=\frac{\lambda}{u_Z(\lambda)}[\boldsymbol{u}(\lambda)\boldsymbol{\mu}, \ \mathbf{1}]=\lambda[\boldsymbol{X}^{(2)}(\lambda)\boldsymbol{\mu}, \ \mathbf{1}]. \tag{9}$$

而当 Z 正则时，$0<\lambda[\boldsymbol{X}^{(2)}(\lambda)\boldsymbol{\mu}, \ \mathbf{1}]<+\infty$，由此立即知（1）等价于（5）. 其次，依 §7.1 中（7），有

$$(Z-Z_i)\mu_0<N_i<(Z-Z_i) \sum_{j=0}^{+\infty} \mu_j.$$

由此知（5）等价于（6）. ■

定理 2 设 $a_0 \geqslant 0$，边界点 Z 流出. 则（1）等价于（6）. 而且，（6）蕴含（5）.

证 从 $u_j(\lambda) \geqslant u_0(\lambda)=1$ 及引理 1 的证明看出，

$$1-\frac{v_j(\lambda)}{Z-Z_j} \geqslant 1-\frac{v_j(\lambda)u_j(\lambda)}{Z-Z_j} \geqslant 0.$$

依§7.3的（4）中 $\boldsymbol{v}(\lambda)$ 的定义以及 $\boldsymbol{u}(\lambda)$ 的单调性，有

$$v_k(\lambda)\leqslant\frac{u_k(\lambda)}{[u_k(\lambda)]^2}(Z-Z_k)\leqslant\frac{1}{u_j(\lambda)}(Z-Z_k),\quad k>j;$$

$$v_k(\lambda)\geqslant\frac{u_k(\lambda)}{[u_Z(\lambda)]^2}(Z-Z_k)\geqslant\frac{u_j(\lambda)}{[u_Z(\lambda)]^2}(Z-Z_k),\quad k>j,$$

$$v_j(\lambda)\sum_{k=0}^{j}u_k(\lambda)\mu_k\leqslant\frac{v_j(\lambda)}{Z-Z_j}u_j(\lambda)\left(\sum_{k=0}^{j}\mu_k\right)(Z-Z_j),$$

$$v_j(\lambda)\sum_{k=0}^{j}u_k(\lambda)\mu_k\geqslant\frac{v_j(\lambda)}{Z-Z_j}\left(\sum_{k=0}^{j}\mu_k\right)(Z-Z_j).$$

于是由（8），

$$\begin{aligned}&\frac{1-X_j^{(1)}(\lambda)-X_j^{(2)}(\lambda)}{N_j}\\&\leqslant\frac{\lambda}{N_j}\left\{\frac{v_j(\lambda)u_j(\lambda)}{Z-Z_j}\left(\sum_{k=0}^{j}\mu_k\right)(Z-Z_j)+\sum_{k=j+1}^{+\infty}(Z-Z_k)\mu_k\right\}\\&\leqslant\lambda\left\{\frac{v_j(\lambda)u_j(\lambda)}{Z-Z_j}+1\right\},\end{aligned}$$

从而

$$\overline{\lim_{i\to+\infty}}\frac{1-X_i^{(1)}(\lambda)-X_i^{(2)}(\lambda)}{N_i}\leqslant\lambda\{1+1\}=2\lambda.\tag{10}$$

又由（4），另一方面

$$\frac{v_j(\lambda)}{Z-Z_j}<\frac{1}{u_j(\lambda)}\leqslant\frac{1}{u_0(\lambda)}=1,$$

故

$$\begin{aligned}&\frac{1-X_j^{(1)}(\lambda)-X_j^{(2)}(\lambda)}{N_j}\\&\geqslant\frac{\lambda}{N_j}\left\{\frac{v_j(\lambda)}{Z-Z_j}\left(\sum_{k=0}^{j}\mu_k\right)(Z-Z_j)+\left[\frac{u_j(\lambda)}{u_Z(\lambda)}\right]^2\sum_{k=j+1}^{+\infty}(Z-Z_k)\mu_k\right\}\\&=\lambda+\lambda\left\{\frac{v_j(\lambda)}{Z-Z_j}-1\right\}\frac{\left(\sum_{k=0}^{j}\mu_k\right)(Z-Z_j)}{N_j}+\end{aligned}$$

$$\lambda\left\{\left[\frac{u_j(\lambda)}{u_Z(\lambda)}\right]^2-1\right\}\frac{\sum\limits_{k=j+1}^{+\infty}(Z-Z_k)\mu_k}{N_j}$$

$$\geqslant\lambda+\lambda\left\{\frac{v_j(\lambda)}{Z-Z_j}-1\right\}+\lambda\left\{\left[\frac{u_j(\lambda)}{u_Z(\lambda)}\right]^2-1\right\},$$

从而

$$\varliminf_{j\to+\infty}\frac{1-X_j^{(1)}(\lambda)-X_j^{(2)}(\lambda)}{N_j}\geqslant\lambda+\lambda\left\{\frac{1}{u_Z(\lambda)}-1\right\}=\frac{\lambda}{u_Z(\lambda)}>0. \tag{11}$$

由（10）和（11）知（1）等价于（6）. 注意 $(Z-Z_j)\mu_0<N_j$，故（6）蕴含（5）. ■

定理 3 设 $a_0\geqslant 0$，边界点 Z 流入或自然. 则（1）等价于

$$\sum_{i=0}^{+\infty}\alpha_i<+\infty. \tag{12}$$

证 显然地，(12) 蕴含（1）. 而（1）蕴含（12）可从下式

$$\lim_{i\to+\infty}(1-X_i^{(1)}(\lambda))=1-X_Z^{(1)}(\lambda)>0$$

得出. ■

§7.11　概率的生灭过程

设 $\boldsymbol{Q}$ 有§7.1中（1）的形式，$\boldsymbol{P}(t)=(P_{ij}(t))$ 是 $\boldsymbol{Q}$ 广转移矩阵，而 $X=\{x_t, t<\sigma\}$ 是定义在某个概率空间 $(\Omega, \mathcal{F}, P)$ 上的齐次马氏链，它以 $\boldsymbol{P}(t)$ 为其转移概率．我们称 X 为 Q 过程．因为 $\boldsymbol{P}(t)$ 不必是转移矩阵，所以链 X 的寿命 σ 不必以概率1为无穷．当 σ 以正概率取有限值时，我们取 $a\overline{\in} E=\mathbf{N}$，并令

$$\widetilde{x}_t=\begin{cases}x_t, & t<\sigma,\\ a, & t\geqslant\sigma.\end{cases}$$

则 $\widetilde{X}=\{\widetilde{x}, t\geqslant 0\}$ 是齐次马氏链，其寿命为无穷，而其转移概率由§2.4中（1）确定．如果 $(\widetilde{X})$ 是典范链，那么称 X 是典范链．于是，我们可以利用寿命为无穷的典范链 $\widetilde{X}$ 的性质来得到 X 的性质．然而，我们可以直接地应用典范链 X 的性质．下面，我们设 $X=\{x_t, t<\sigma\}$ 是一个典范 Q 过程．

令 $\boldsymbol{\tau}_0=0$，

$$\boldsymbol{\tau}_1=\begin{cases}\inf\{t: x_t\neq x_0, \quad 0\leqslant t<\sigma\},\\ \sigma, \quad \text{上面集合是空集}.\end{cases}\tag{1}$$

$\boldsymbol{\tau}_1$ 表示 X 的第1个不连续点，且§2.2中（46）成立，即

$$P_i(\boldsymbol{\tau}_1>t)=\mathrm{e}^{-q_it}.\tag{2}$$

于是当 $0<q_i<+\infty$ 时，$P_i(0<\boldsymbol{\tau}_1<+\infty, \boldsymbol{\tau}_1\leqslant\sigma)=1$，即 X 的第一个不连续点存在．依§2.2中定理6，

$$P_i(X(\boldsymbol{\tau}_1)=j)=\frac{(1-\delta_{ij})q_{ij}}{q_i}, \quad j\in E.\tag{3}$$

因而

$$P_i(\tau_1=\sigma, \text{或} \tau_1<\sigma \text{ 且 } x(\tau_1)=+\infty)=\frac{d_i}{q_i}, \tag{4}$$

其中

$$d_i=q_i-\sum_{j\neq i} q_{ij}. \tag{5}$$

设 $t\in(0,\sigma)$. 如果左极限 $x(t-0)\in E$ 和右极限 $x(t+0)\in E$ 存在且 $x(t-0)\neq x(t+0)$，称 t 是 X 的一个跳跃点. 设 $t\in(0,\sigma]$. 如果 $t=\sigma<+\infty$，或 $t<\sigma$，且 t 是 X 的跳跃点的极限点，称 t 是 X 的飞跃点.

当 $x(0)=i>0$ 或 $x(0)=0$ 但 $a_0=0$ 时，τ_1是跳跃点. 然而，因 a_0 可以是正数，故当 $x(0)=0$ 时τ_1可以不是跳跃点.

设τ_1是 X 的第一个不连续点. 如果τ_1不是跳跃点，令 $\eta=\tau_1$. 如果τ_1是跳跃点，那么依 X 的强马氏性，在τ_1之后存在第一个不连续点τ_2，称为 X 的第二个不连续点. 如果τ_2不是跳跃点，令 $\eta=\tau_2$. 如果τ_2是跳跃点，那么在τ_2之后又存在第一个不连续点τ_3，称为 X 的第三个不连续点. 继续下去. 如果对一切 n，τ_n总存在，那么令 $\eta=\lim\limits_{n\to+\infty}\tau_n$. 于是，以概率 1，$\eta$ 有定义，而且，也总可以定义随机变量 β:

$$\beta=\sup\{n+1: \tau_n<\eta\}. \tag{6}$$

进一步，极限$\lim\limits_{t\uparrow\eta}x(t)=x(\eta-0)$ 存在，而其值 $x(\eta-0)\in E\cup\{+\infty\}$. 对 $\beta<+\infty$，极限值 $x(\eta-0)=0$；对 $\beta=+\infty$，极限值 $x(\eta-0)=+\infty$. 称 η 是 X 的第一个飞跃点. 实际上

$$\eta=\begin{cases}\inf\{t: 0\leqslant t<\sigma, \lim\limits_{s\uparrow t}x(s)=+\infty \text{或} \lim\limits_{s\downarrow t}x(s)=+\infty\}, \\ \sigma, \quad \text{上面集合是空集}.\end{cases} \tag{7}$$

令 $y_n=x(\tau_n)$. 依强马氏性，$\{y_n, n<\beta\}$ 是一个具有终止时刻 β 的离散参数马氏链，亦记为 $\{x(\tau_n), \tau_n<\eta\}$，并称之为 X 的嵌入链，其一步转移概率矩阵 (r_{ij}) 是次随机矩阵：

$$r_{ij}=\begin{cases}\dfrac{(1-\delta_{ij})q_{ij}}{q_i}, & q_i>0,\\ 0, & q_i=0.\end{cases} \tag{8}$$

因为对于生灭过程有 $r_{ij}=0$，$(|i-j|>1)$，故当 $\tau_n<\eta$ 时有 $|x(\tau_n)-x(\tau_n-0)|=1$.

下面的定理 1 和定理 2 对于一般的 Q 过程也是正确的.

定理 1　设 $X=\{x_t,\ t<\sigma\}$ 是典范 Q 过程，$q_i>0$. 则

$$P_i(\tau_1=\eta)=\frac{d_i}{q_i}. \tag{9}$$

证

$$\begin{aligned}P_i(\tau_1=\eta)&=P_i(\beta=1)\\&=1-P_i(\beta>1)=1-\sum_j P_i(y_1=j)\\&=1-\sum_j r_{ij}=\frac{d_i}{q_i}.\quad \blacksquare\end{aligned}$$

定理 2　设 $X=\{x_t,\ t<\sigma\}$ 是典范 Q 过程，$\mathcal{F}(X)$ 表示形如 $(x(t)=i)$ $(i\in E,\ t\geqslant 0)$ 的集合所产生的 σ 代数. 设集合 Λ 和非负随机变量 ξ 均是 $\mathcal{F}(X)$ 可测的. 记 $E_j(\xi,\Lambda)=E_j(\xi\chi_\Lambda)$，其中 χ_Λ 是 Λ 的示性函数. 如果

$$P_i(\Lambda=\theta_{\tau_1}\Lambda)=P_i(\xi=\tau_1+\theta_{\tau_1}\xi)=1, \tag{10}$$

那么 $u_j=E_j(\xi,\Lambda)$ 满足方程

$$\sum_j q_{ij}u_j=-P_i(\Lambda), \tag{11}$$

而 $u_j(\lambda)=E_i(\mathrm{e}^{-\lambda\xi},\Lambda)$，$(\lambda>0)$，满足方程

$$\lambda u_i-\sum_j q_{ij}u_j=0. \tag{12}$$

如果

$$P_i(\tau_1=\eta,\ \Lambda)=P_i(\tau_1=\eta) \tag{13}$$

和

$$P_i(\tau_1<\eta,\ \Lambda)=P_i(\theta_{\tau_1}\Lambda),$$

那么 $u_j=P_i(\Lambda)$ 满足方程

$$\sum_j q_{ij}=d_i. \tag{14}$$

证 当 $q_i=0$ 时，定理的结论平凡地成立. 今设 $q_i>0$.

注意 $\boldsymbol{\tau}_1$ 是停时，记 $\boldsymbol{\tau}_1$-前 σ 代数为 $\mathcal{F}(x_t,\ t\leqslant\boldsymbol{\tau}_1)$，应用 X 的强马氏性于 $\boldsymbol{\tau}_1$，依（10）有

$$\begin{aligned}
E_i(\xi,\Lambda)&=E_i\{E_i[\boldsymbol{\tau}_1+\theta_{\tau_1}\xi,\ \theta_{\tau_1}\Lambda\mid\mathcal{F}(x_t,\ t\leqslant\boldsymbol{\tau}_1)]\}\\
&=E_i\{E_i[\boldsymbol{\tau}_1,\ \theta_{\tau_1}\Lambda\mid\mathcal{F}(x_t,\ t\leqslant\boldsymbol{\tau}_1)]\}+\\
&\quad E_i\{E_i[\theta_{\tau_1}\xi,\ \theta_{\tau_1}\Lambda\mid\mathcal{F}(x_t,\ t\leqslant\boldsymbol{\tau}_1)]\}\\
&=E_i\{\boldsymbol{\tau}_1E_i[\theta_{\tau_1}\Lambda\mid\mathcal{F}(x_t,\ t\leqslant\boldsymbol{\tau}_1)]\}+E_i[E_{x(\tau_1)}(\xi,\ \Lambda)]\\
&=E_i\{\boldsymbol{\tau}_1P_i[\Lambda\mid\mathcal{F}(x_t,\ t\leqslant\boldsymbol{\tau}_1)]\}+\sum_j r_{ij}E_j(\xi,\ \Lambda)\\
&=E_i(\boldsymbol{\tau}_1)P_i(\Lambda)+\sum_{j\neq i}\frac{q_{ij}}{q_i}E_j(\xi,\ \Lambda)\\
&=\frac{P_i(\Lambda)}{q_i}+\sum_{j\neq i}\frac{q_{ij}}{q_i}E_j(\xi,\ \Lambda).
\end{aligned}$$

由此，我们知 $E_j(\xi,\ \Lambda)$ 满足方程（11）.

类似地，

$$\begin{aligned}
E_i(\mathrm{e}^{-\lambda\xi},\ \Lambda)&=E_i\{E_i[\mathrm{e}^{-\lambda(\tau_1+\theta_{\tau_1}\xi)},\ \theta_{\tau_1}\Lambda\mid\mathcal{F}(x_t,\ t\leqslant\boldsymbol{\tau}_1)]\}\\
&=E_i\{\mathrm{e}^{-\lambda\tau_1}E_i[\mathrm{e}^{-\lambda\theta_{\tau_1}\xi},\ \theta_{\tau_1}\Lambda\mid\mathcal{F}(x_t,\ t\leqslant\boldsymbol{\tau}_1)]\}\\
&=E_i[\mathrm{e}^{-\lambda\tau_1}E_{x(\tau_1)}(\mathrm{e}^{-\lambda\xi},\ \Lambda)]\\
&=\sum_j r_{ij}E_i(\mathrm{e}^{-\lambda\tau_1})E_j(\mathrm{e}^{-\lambda\xi},\ \Lambda)\\
&=\sum_j\frac{q_{ij}}{q_i}\frac{q_i}{\lambda+q_i}E_j(\mathrm{e}^{-\lambda\xi},\ \Lambda).
\end{aligned}$$

由此看出，$E_j(\mathrm{e}^{-\lambda\xi},\ \Lambda)$ 满足方程（12）.

依（13）和（14），有

$$\begin{aligned}
P_i(\Lambda)&=P_i(\boldsymbol{\tau}_1=\eta,\ \Lambda)+P_i(\boldsymbol{\tau}_1<\eta,\ \Lambda)\\
&=P_i(\boldsymbol{\tau}_1=\eta)+P_i(\theta_{\tau_1}\Lambda)
\end{aligned}$$

$$=\frac{d_i}{q_i}+\sum_j r_{ij}P_j(\Lambda).$$

由此知 $P_j(\Lambda)$ 满足方程（15）. ■

定理 3　设 $X^{(1)}$ 和 $X^{(2)}$ 由 § 7.5 中（2）决定. 则

$$P_i(x(\eta-0)=0)=X_i^{(1)}=\frac{a_0(Z-Z_i)}{a_0(Z-Z_0)+1},\tag{15}$$

$$P_i(x(\eta-0)=+\infty)=X_i^{(2)}=\frac{a_0(Z_i-Z_0)+1}{a_0(Z-Z_0)+1}.\tag{16}$$

这里约定$\frac{+\infty}{+\infty}=1$，$0\cdot(+\infty)=0$.

证　依定理 2，$u_j=P_j(x(\eta-0)=0)$ 满足 § 7.2 中 $f_0=-a_0$ 和 $f_i=0$，$(i>0)$ 的方程（23）. 于是依 § 7.2 中引理 4 得

$$u_i=[a_0(Z_i-Z_0)+1]u_0-a_0(Z_i-Z_0).\tag{17}$$

类似地，$v_j=P_j(x(\eta-0)=+\infty)$ 满足 § 7.2 中 $f_i=0$，$(i\geqslant 0)$ 的方程（23）. 于是，依 § 7.2 中引理 4 得

$$v_i=[a_0(Z_i-Z_0)+1]v_0.\tag{18}$$

注意 $u+v=1$. 从上式知，如果 $v_0=0$，那么 $v=0$，因而 $u=1$；若 $v_0>0$，则 $v>0$，于是，在正概率集合 $(x(\eta-0)=+\infty)$ 上，依鞅收敛定理有

$$v_{x(\tau_n)}=P_i(x(\eta-0)=+\infty\mid x(\boldsymbol{\tau}_0),\ x(\boldsymbol{\tau}_1),\ \cdots,\ x(\boldsymbol{\tau}_n))\to 1.$$

从而 $v_i\to 1$，$(i\to+\infty)$ 故 $u_i\to 0$ $(i\to+\infty)$. 这样，从（18）和（19）得

$$0=[a_0(Z-Z_0)+1]u_0-a_0(Z-Z_0),\quad 1=[a_0(Z-Z_0)+1]v_0.$$

故当 $a_0Z<+\infty$时，

$$u_0=\frac{a_0(Z-Z_0)}{a_0(Z-Z_0)+1},\quad v_0=\frac{1}{a_0(Z-Z_0)+1}.$$

将上式代入（18）和（19），得（16）和（17）对 $a_0Z<+\infty$时正确，依照约定，（16）和（17）对 $a_0Z=+\infty$时也正确.

令 η_i 是 X 经有限步转移后首达 i 的时刻，即

$$\eta=\begin{cases}\inf\{t:\ 0\leqslant t<\eta,\ x(t)=i\},\\ +\infty,\ \text{上面集合是空集}.\end{cases}\tag{19}$$

显然地，我们有

$$P_i(\eta_n\to\eta,\ \text{当}\ i\leqslant n\to+\infty\ \text{时}\mid x(\eta-0)=+\infty)=1.\tag{20}$$

定理 4 对 $i\leqslant k\leqslant n$，有

$$P_k(\eta_i<\eta_n)=\frac{Z_n-Z_k}{Z_n-Z_i},\quad P_k(\eta_n<\eta_i)=\frac{Z_k-Z_i}{Z_n-Z_i}.\tag{21}$$

证 依定理 2，$u_k=P_k(\eta_i<\eta_n)$ 满足 §7.2 中 $f_i=1$ 和 $f_k=0$，（$i<k\leqslant n$）的方程（22）. 再依 §7.2 中引理 2，我们得（22）中第一个等式，类似地可得第二个等式. ■

定理 5 对 $i\leqslant k$，有

$$P_k(\eta_i<\eta)=\frac{Z-Z_k}{Z-Z_i},\quad P_i(\eta_k<\eta)=\frac{a_0(Z_i-Z_0)+1}{a_0(Z_k-Z_0)+1},\tag{22}$$

$$P_k(\eta\leqslant\eta_i)=P_k(\eta\leqslant\eta_i,\quad x(\eta-0)=+\infty)=\frac{Z_k-Z_i}{Z-Z_i},\tag{23}$$

$$P_i(\eta_k\geqslant\eta)=\frac{a_0(Z_k-Z_i)}{a_0(Z_k-Z_0)+1}.\tag{23_1}$$

证 因 $x(0)=k$ 时，当 $n\to+\infty$ 有

$$\begin{cases}(\eta_i<\eta_n)\uparrow\bigcup\limits_{n=k+1}^{+\infty}(\eta_i<\eta_n)=(\eta_i<\eta),\\ (\eta_n<\eta_i)\downarrow\bigcup\limits_{n=k+1}^{+\infty}(\eta_n<\eta_i)=(\eta\leqslant\eta_i)\subset(x(\eta-0)=+\infty).\end{cases}\tag{24}$$

在（22）中取极限得（23）的第一个公式以及（24）. 其次，$u_i=P_i(\eta_k<\eta)$，（$0\leqslant i\leqslant k$），满足 §7.2 中 $n=k$，$f_i=0$，（$i<k$）和 $f_k=1$ 的方程（17）. 从 §7.2 中引理 3 得（23）中第二个公式，从而得（23_1）.

定理 6 设 $i\leqslant k\leqslant n$，则

$$E_k(\eta_i,\ \eta_i<\eta_n)=\frac{Z_n-Z_k}{Z_n-Z_i}\sum_{j=i+1}^{k-1}\frac{Z_n-Z_j}{Z_n-Z_i}(Z_j-Z_i)\mu_j+$$

$$\frac{Z_k-Z_i}{Z_n-Z_i}\sum_{j=k}^{n-1}\frac{Z_n-Z_j}{Z_n-Z_i}(Z_n-Z_j)\mu_j, \tag{25}$$

$$E_k(\eta_n,\ \eta_n<\eta_i)=\frac{Z_n-Z_k}{Z_n-Z_i}\sum_{j=i+1}^{k-1}\frac{Z_j-Z_i}{Z_n-Z_i}(Z_j-Z_i)\mu_j+$$

$$\frac{Z_k-Z_i}{Z_n-Z_i}\sum_{j=k}^{n-1}\frac{Z_j-Z_i}{Z_n-Z_i}(Z_n-Z_j)\mu_j, \tag{26}$$

$$E_k\min(\eta_i,\ \eta_n)=\frac{Z_n-Z_k}{Z_n-Z_i}\sum_{j=i+1}^{k-1}(Z_j-Z_i)\mu_j+$$

$$\frac{Z_k-Z_i}{Z_n-Z_i}\sum_{j=k}^{n-1}(Z_n-Z_j)\mu_j. \tag{27}$$

证　依定理 2 和定理 4，$u_k=E_k(\eta_i,\ \eta_i<\eta_n)$ 满足 § 7.2 中 $f_i=f_n=0$ 和 $f_k=\dfrac{Z_n-Z_k}{Z_n-Z_i}$，$(i<k<n)$ 的方程（12）. 依 § 7.2 中引理 2，我们得（26）. 类似地可得（27）. 从（26）和（27）得（28）. ■

定理 7

$$E_k(\eta,\ x(\eta-0)=+\infty)$$

$$=\frac{Z-Z_k}{a_0(Z-Z_0)+1}\sum_{j=0}^{k-1}\frac{a_0(Z_j-Z_0)}{a_0(Z-Z_0)+1}\mu_j+$$

$$\frac{a_0(Z_k-Z_0)+1}{a_0(Z-Z_0)+1}\sum_{j=k}^{+\infty}\frac{a_0(Z_j-Z_0)+1}{a_0(Z-Z_0)+1}(Z-Z_j)\mu_j. \tag{28}$$

证　令 $u_k=E_k(\eta_n,\ x(\eta-0)=+\infty)$ $(k\leqslant n)$，则 u_k 满足 § 7.2 中 $f_k=P_k(x(\eta-0)=+\infty)(k<n)$ 和 $f_n=0$ 的方程（17）. 依 § 7.2 中引理 3，有

$$E_k(\eta_n,\ x(\eta-0)=+\infty)$$

$$=\frac{Z_n-Z_k}{a_0(Z_n-Z_0)+1}\sum_{j=0}^{k-1}\frac{a_0(Z_j-Z_0)+1}{a_0(Z-Z_0)+1}\mu_j+$$

$$\frac{a_0(Z_k-Z_0)+1}{a_0(Z_n-Z_0)+1}\sum_{j=k}^{n-1}\frac{a_0(Z_j-Z_0)+1}{a_0(Z-Z_0)+1}(Z_n-Z_j)\mu_j. \tag{29}$$

注意（21）并在上式中取极限，得（29）. ■

定理8 设 $\boldsymbol{X}^{(1)}(\lambda)$ 和 $\boldsymbol{X}^{(2)}(\lambda)$ 由§7.5中（1）确定，则有

$$E_i(\mathrm{e}^{-\lambda\eta},\ x(\eta-0)=0)=X_i^{(1)}(\lambda), \tag{30}$$

$$E_i(\mathrm{e}^{-\lambda\eta},\ x(\eta-0)=+\infty)=X_i^{(2)}(\lambda), \tag{31}$$

$$E_i(\mathrm{e}^{-\lambda\eta})=X_i^{(1)}(\lambda)+X_i^{(2)}(\lambda). \tag{32}$$

证 依定理2，$u_j\equiv E_j(\mathrm{e}^{-\lambda\eta},\ x(\eta-0)=+\infty)$ 满足（12），即，$\boldsymbol{u}$ 是§7.3中方程（1）的非负解. 此外，显然地 $\boldsymbol{u}$ 界于 $\mathbf{1}$，$\boldsymbol{X}^{(2)}(\lambda)$是§7.3中方程（1）的界于 $\mathbf{1}$ 的解，于是

$$\boldsymbol{u}=C\boldsymbol{X}^{(2)}(\lambda),\quad C\text{是常数}. \tag{33}$$

如果边界点 Z 流入或自然，即 $R=+\infty$，从而有 $\boldsymbol{X}^{(2)}(\lambda)=\mathbf{0}$，从而依（33）有 $\boldsymbol{u}=\mathbf{0}$，那么（31）正确. 如果边界点 Z 正则或流出，即 $R<+\infty$，那么从定理7知 $0<E_k(\eta,\ x(\eta-0)=+\infty)<+\infty$. 故 $\boldsymbol{u}>\mathbf{0}$，且在（$x(\eta-0)=+\infty$）上 $\eta<+\infty$.

注意 $\bigcap\limits_n(\tau_n<\eta)=(x(\eta-0)=+\infty)$，且它关于测度 P_i 有正概率. 记$\mathcal{F}(x_t,\ t\leqslant\tau_n)$ 为 τ_n-前 σ 域，而$\mathcal{F}(x_t,\ t<\eta)$ 表示含一切$\mathcal{F}(x_t,\ t\leqslant\tau_n)$ 的最小 σ 域，依强马氏性，在（$\tau_n<\eta$）上有

$$\begin{aligned}
u_{x(\tau_n)}&=E_{x(\tau_n)}(\mathrm{e}^{-\lambda\eta},\ x(\eta-0)=+\infty)\\
&=E_i[\theta_{\tau_n}\mathrm{e}^{-\lambda\eta},\ \theta_{\tau_n}(x(\eta-0)=+\infty)\mid\mathcal{F}(x_t,\ t\leqslant\tau_n)]\\
&=E_i[\mathrm{e}^{\lambda\tau_n}\mathrm{e}^{-\lambda\eta},\ x(\eta-0)=+\infty\mid\mathcal{F}(x_t,\ t\leqslant\tau_n)]\\
&=\mathrm{e}^{\lambda\tau_n}E_i[\mathrm{e}^{-\lambda\eta},\ x(\eta-0)=+\infty\mid\mathcal{F}(x_t,\ t\leqslant\tau_n)].
\end{aligned}$$

令 $n\to+\infty$，我们得：在正概率集 $\bigcap\limits_n(\tau_n<\eta)=(x(\eta-0)=+\infty)$ 上有

$$\begin{aligned}
\lim_{n\to+\infty}u_{x(\tau_n)}&=\mathrm{e}^{\lambda\eta}E_i[\mathrm{e}^{-\lambda\eta},\ x(\eta-0)=+\infty\mid\mathcal{F}(x_t,\ t<\eta)]\\
&=\mathrm{e}^{\lambda\eta}[\mathrm{e}^{-\lambda\eta}\cdot\chi_{(x(\eta-0)=+\infty)}]=\chi_{(x(\eta-0)=+\infty)}.
\end{aligned}$$

于是必然有 $\lim_{n\to+\infty} u_n=1$. 从 (33) 得 $C=1$，因而 (31) 正确.

依定理 2，$v_j=E_j(\mathrm{e}^{-\lambda\eta},\ x(\eta-0)=0)$ 满足 $i>0$ 的方程 (12). 但

$$\begin{aligned} v_0 &= \frac{a_0}{a_0+b_0}E_0(\mathrm{e}^{-\lambda\tau_1})+ \\ &\quad \frac{b_0}{a_0+b_0}E_0[\mathrm{e}^{-\lambda\tau_1+\lambda\theta_{\tau_1}\eta},\ \theta_{\tau_1}(x(\eta-0)=0)\,|\,x(\tau_1)=1] \\ &= \frac{a_0}{\lambda+a_0+b_0}+\frac{b_0}{a_0+b_0}E_0(\mathrm{e}^{-\lambda\tau_1})\cdot E_1(\mathrm{e}^{-\lambda\eta},\ x(\eta-0)=0) \\ &= \frac{a_0}{\lambda+a_0+b_0}+\frac{b_0}{\lambda+a_0+b_0}v_1, \end{aligned}$$

故 $\boldsymbol{v}$ 满足方程

$$\lambda\boldsymbol{v}-\boldsymbol{D}_\mu\boldsymbol{v}^+=\begin{cases} a_0, & i=0, \\ 0, & i>0. \end{cases}$$

而依 § 7.4 定理 5，$\boldsymbol{X}^{(1)}(\lambda)$ 也满足上方程. 于是 $\boldsymbol{v}-\boldsymbol{X}^{(1)}(\lambda)$ 是 § 7.3 中方程 (1) 的解，并且是有界的. 这样

$$\boldsymbol{v}-\boldsymbol{X}^{(1)}(\lambda)=C\boldsymbol{X}^{(2)}(\lambda),\quad C \text{ 是常数}. \tag{34}$$

如果边界点 Z 流入或自然，那么 $\boldsymbol{X}^{(2)}(\lambda)=\mathbf{0}$，因而 $\boldsymbol{v}=\boldsymbol{X}^{(1)}(\lambda)$，即 (30) 正确，如果边界点 Z 正则或流出，那么 $\boldsymbol{X}^{(2)}(\lambda)>\mathbf{0}$. 此时，正像 (34) 的推导一样，在正概率集 $(x(\eta-0)=+\infty)$ 上有

$$\lim_{n\to+\infty} v_{x(\tau_n)}=\mathrm{e}^{\lambda\eta}\cdot\mathrm{e}^{-\lambda\eta}\chi_{(x(\eta-0)=0)},$$

于是 $\lim_{n\to+\infty} v_n=0$. 注意 $\boldsymbol{X}_Z^{(2)}(\lambda)=\mathbf{1}$ 和 $\boldsymbol{X}_Z^{(1)}(\lambda)=\mathbf{0}$ (见 § 7.3 中 (4))，从 (35) 得 $C=0$，故 $\boldsymbol{v}=\boldsymbol{X}^{(1)}(\lambda)$，从而证明了 (30). 此外，从 (30) 和 (31) 得 (32). ■

定理 9　设 $a_0=0$.

(i) 记 C_{kj} 为从 k 出发经有限多次 ($\geqslant 0$) 转移到达 j 的概率，则

$$C_{kj}=P_k(\eta_j<\eta)=\begin{cases}1, & k\leqslant j,\\ \dfrac{Z-Z_k}{Z-Z_j}, & k>j.\end{cases}\tag{35}$$

(ii) 若 m_i，N_i 和 R 由 §7.1 中 (5)(7) 和 (8) 决定，则

$$m_i=E_i\eta_{i+1},\quad N_i=E_i\eta,\quad R=E_0\eta.\tag{36}$$

(iii) $P_k(\eta<+\infty)=1$（对一切 k）的充分必要条件是 $R<+\infty$.

(iv) 设 $R=+\infty$. 则生灭过程 $X=\{x_t,\ t\geqslant 0\}$ 常返的充分必要条件是 $Z=+\infty$. 如果 $Z=+\infty$，那么 X 是遍历的，当且仅当

$$\sum_{k=0}^{+\infty}\mu_k<+\infty.$$

证　(i) 从 (23) 得出.

(ii) 在 (30) 中取 $a_0=0$ 和 $k=n-1$，得 $E_{n-1}\eta_n=m_{n-1}$. 在 (29) 中取 $a_0=0$，得 (37) 中的后面两个等式.

(iii) 因 $N_k\leqslant R$，故若 $R<+\infty$，则 $N_k=E_k\eta<+\infty$，从而 $P_k(\eta<+\infty)=1$. 反之，如果对某个（从而对一切）k 有 $P_k(\eta<+\infty)=1$，那么依定理 8 有 $E_i(\mathrm{e}^{-\lambda\eta})=X_i^{(2)}(\lambda)\neq 0$. 依 §7.3 中定理 1 (ii)，边界点 Z 必定正则或流出，即 $R<+\infty$.

(iv) 当 $R=+\infty$ 时，必定 $P_k(\eta=+\infty)=1$. 于是 X 的常返性等价于 X 的嵌入链的常返性. 从 0 出发，经有限（$\geqslant 1$）步转移回到 0 的概率是

$$f_0^*=\frac{b_0}{a_0+b_0}P_1(\eta_0<\eta)=\frac{Z-Z_1}{Z}.$$

$f_0^*=1$ 等价于 $Z=+\infty$.

当 $Z=+\infty$ 时，X 常返，故 $P_k(\eta_i<\eta)=1$，$(i<k)$. 在 (26) 中令 $n\to+\infty$ 得

$$m_{ki}=\sum_{j=i+1}^{k-1}(Z_j-Z_i)\mu_j+(Z_k-Z_i)\sum_{j=k}^{+\infty}\mu_j,\quad i<k.\tag{37}$$

特别地

$$m_{10}=Z_1\sum_{j=1}^{+\infty}\mu_j;$$

于是，过程 X 从 0 出发，离开 0 后首次回到 0 的平均时间为

$$m_{00}=E_0\tau_1+\frac{b_0}{a_0+b_0}m_{10}=\frac{1}{b_0}+Z_1\sum_{j=1}^{+\infty}\mu_j.$$

从而 X 是遍历的，即 $m_{00}<+\infty$，当且仅当 $\sum_{j=0}^{+\infty}\mu_j<+\infty$. ■

定理 10　设 $a_0=0$，$S=+\infty$（见§7.1中（8）），且 $X=\{x_t,t<\sigma\}$ 是典范 Q 过程. 则对 $\lambda>0$，有 $E_i(\mathrm{e}^{-\lambda\eta_0})\downarrow 0$，$(i\uparrow+\infty)$.

证　从 i 出发经有限次转移后到达 0，必定先到达 $i-1$. 于是有 $W_i(\lambda)\equiv E_i(\mathrm{e}^{-\lambda\eta_0})\leqslant W_{i-1}(\lambda)$，设 $W_i(\lambda)\downarrow\alpha\geqslant 0$，$(i\uparrow+\infty)$. 依定理 2，$W_0(\lambda)=1$，$D_\mu W_i^+(\lambda)=\lambda W_i(\lambda)$，$(i>0)$，即

$$W_{i-1}(\lambda)-W_i(\lambda)=\frac{b_i}{a_i}[W_i(\lambda)-W_{i+1}(\lambda)]+\frac{\lambda}{a_i}W_i(\lambda),\quad i>0.$$

反复应用上面的等式，得

$$\begin{aligned}W_{i-1}(\lambda)-W_i(\lambda)&=\frac{b_ib_{i+1}\cdots b_{i+j+1}}{a_ia_{i+1}\cdots a_{i+j+1}}[W_{i+j+1}(\lambda)-W_{i+j+2}(\lambda)]+\\&\quad\lambda\left[\frac{W_i(\lambda)}{a_i}+\sum_{l=0}^{j}\frac{b_ib_{i+1}\cdots b_{i+l}}{a_ia_{i+1}\cdots a_{i+l}a_{i+l+1}}W_{i+l+1}(\lambda)\right]\\&\geqslant\lambda\left[\frac{1}{a_i}+\sum_{l=0}^{j}\frac{b_ib_{i+1}\cdots b_{i+l}}{a_ia_{i+1}\cdots a_{i+l}a_{i+l+1}}\right]\alpha.\end{aligned}$$

令 $j\to+\infty$，我们得 $W_{i-1}(\lambda)-W_i(\lambda)\geqslant\lambda e_i\alpha$，$(i>0)$（见§7.1中（6））. 故

$$1=W_0(\lambda)\geqslant W_0(\lambda)-W_j(\lambda)\geqslant\lambda\left(\sum_{k=0}^{j}e_k\right)\alpha.$$

再令 $j\to+\infty$ 得 $1\geqslant\lambda\left(\sum_{k=0}^{+\infty}e_k\right)\alpha=\lambda S\alpha$. 因 $S=+\infty$，故 $\alpha=0$. ■

对任意 $\varepsilon\in[0,+\infty]$，令

$$f_\varepsilon(x)=\begin{cases}x, & 0\leqslant x\leqslant\varepsilon,\\ \varepsilon, & x>\varepsilon.\end{cases}\tag{38}$$

定理 11 设 $a_0=0$，$k\geqslant i\geqslant 0$. 令

$$H_{ki}^{(\varepsilon)}=E_k\left\{\sum_{0\leqslant\tau_j<\min(\eta_i,\eta)}f_\varepsilon(\tau_{j+1}-\tau_j)\right\}.\tag{39}$$

特别地

$$H_{ki}^{(+\infty)}=E_k\min(\eta_i, \eta).\tag{40}$$

则当 $R<+\infty$时有

$$\begin{aligned}H_{kj}^{(\varepsilon)}=&\frac{Z-Z_k}{Z-Z_i}\sum_{j=i+1}^{k-1}(Z_j-Z_i)(1-\mathrm{e}^{-(a_j+b_j)\varepsilon})\mu_j+\\&\frac{Z_k-Z_i}{Z-Z_i}\sum_{j=k}^{+\infty}(Z-Z_j)(1-\mathrm{e}^{-(a_j+b_j)\varepsilon})\mu_j\\\leqslant& N_k,\end{aligned}\tag{41}$$

$$\lim_{\varepsilon\to 0}H_{ki}^{(\varepsilon)}=0.\tag{42}$$

如果还有 $S<+\infty$，那么

$$\lim_{k\to+\infty}\frac{H_{ki}^{(\varepsilon)}}{C_{k0}}=\frac{1}{C_{i0}}\sum_{j=i+1}^{+\infty}(Z_j-Z_i)(1-\mathrm{e}^{-(a_j+b_j)\varepsilon})\mu_j,\tag{43}$$

$$\lim_{i\to+\infty}\lim_{k\to+\infty}\frac{H_{ki}^{(\varepsilon)}}{C_{k0}}=0,\tag{44}$$

$$\lim_{\varepsilon\to 0}\lim_{k\to+\infty}\frac{H_{ki}^{(\varepsilon)}}{C_{k0}}=0,\tag{45}$$

其中 C_{kj} 由（36）确定.

证 设 $i\leqslant k\leqslant n$，且令

$$H_{kin}^{(\varepsilon)}=E_k\left\{\sum_{0\leqslant\tau_j<\min(\eta_i,\eta_n)}f_\varepsilon(\tau_{j+1}-\tau_j)\right\}.\tag{46}$$

显然，$H_{kin}^{(\varepsilon)}\uparrow H_{ki}^{(\varepsilon)}$，$(n\uparrow+\infty)$. 易见，

$$E_kf_\varepsilon(\tau_1)=\frac{1}{a_k+b_k}(1-\mathrm{e}^{-(a_k+b_k)\varepsilon}).$$

依定理 2，$u_k=H_{kin}^{(\varepsilon)}$ 满足 § 7.2 中 $f_i=0$，$f_k=1-\mathrm{e}^{-(a_k+b_k)\varepsilon}$，

($i<k<n$) 和 $f_n=0$ 的方程 (12). 依§7.2 中引理 2, 有

$$H_{kin}^{(\varepsilon)}=\frac{Z_n-Z_k}{Z_n-Z_i}\sum_{j=i+1}^{k-1}(Z_j-Z_i)(1-\mathrm{e}^{-(a_j+b_j)\varepsilon})\mu_j+$$
$$\frac{Z_k-Z_i}{Z_n-Z_i}\sum_{j=k}^{n-1}(Z_n'-Z_j)(1-\mathrm{e}^{-(a_j+b_j)\varepsilon})\mu_j. \tag{47}$$

令 $n\to+\infty$, 得到 (42) 中的等式. 将 (42) 中的等式和§7.1 中 (7) 相比较, 得 (42) 中的不等式.

因 $R<+\infty$, 利用控制收敛定理, 从 (42) 得 (43).

因 $S<+\infty$时有 $\sum_{i=0}^{+\infty}\mu_i<+\infty$, 而且

$$\frac{1}{C_{k0}}\frac{Z_k-Z_i}{Z-Z_i}\sum_{j=k}^{+\infty}(Z-Z_j)(1-\mathrm{e}^{-(a_j+b_j)\varepsilon})\mu_j$$
$$\leqslant Z\sum_{j=k}^{+\infty}\mu_j\to 0,\quad k\to+\infty,$$
$$\frac{1}{C_{i0}}\sum_{j=i+1}^{+\infty}(Z_j-Z_i)(1-\mathrm{e}^{-(a_j+b_j)\varepsilon})\mu_j$$
$$\leqslant Z\sum_{j=i+1}^{+\infty}\mu_j\to 0,\quad i\to+\infty,$$

从 (42) 得 (44), 故得 (45). 再次应用控制收敛定理, 从 (42) 得 (46). ■

§7.12 概率构造和分析构造之间的联系

本节中，设 $a_0=0$，而边界点 Z 正则或流出，即 $R<+\infty$. 在第6章中，我们已经用概率方法构造了全部的不中断的生灭过程. 在本章中，我们用分析方法也构造了全部的灭过程. 现在，我们去寻找这两种构造之间的联系.

因为 $a_0=0$ 且 $R<+\infty$，所以在§7.5的（1）中，$\boldsymbol{X}^{(1)}=\boldsymbol{0}$，$\boldsymbol{X}^{(2)}=1$，$\boldsymbol{X}^{(1)}(\lambda)=\boldsymbol{0}$，且 $\boldsymbol{1}>\boldsymbol{X}^{(2)}(\lambda)>\boldsymbol{0}$. 为方便计，记 $\boldsymbol{X}^{(2)}(\lambda)=\overline{\boldsymbol{X}}(\lambda)$. 则§7.5中的（3）成为

$$\lambda\boldsymbol{\phi}(\lambda)\boldsymbol{1}=\boldsymbol{1}-\overline{\boldsymbol{X}}(\lambda). \tag{1}$$

今考虑不中断的典范 Q 过程 $X=\{x_t,\ t\geqslant0\}$. 设 η 是 X 的第一个飞跃点，则 $P_i(\eta<+\infty)=1$，$i\in E$. 依§7.11中定理8，有

$$\overline{X}_i(\lambda)=E_i(\mathrm{e}^{-\lambda\eta}). \tag{2}$$

定理1 设 $X=\{x_t,\ t\geqslant0\}$ 是（Q，π）杜布过程（见§2.3），而 $\boldsymbol{\psi}(\lambda)=(\psi_{ij}(\lambda))$ 是其预解矩阵. 则

$$\psi_{ij}(\lambda)=\phi_{ij}(\lambda)+\overline{X}_i(\lambda)\frac{\sum_k\pi_k\phi_{kj}(\lambda)}{\sum_k\pi_k[1-\overline{X}_k(\lambda)]}, \tag{3}$$

其中 $\boldsymbol{\phi}(\lambda)=(\phi_{ij}(\lambda))$ 是最小的 $\boldsymbol{Q}$ 预解矩阵.

证 记 $C_j(i)=\delta_{ij}$. 则

$$\psi_{ij}(\lambda)=E_i\int_0^{+\infty}\mathrm{e}^{-\lambda t}C_j(x_t)\,\mathrm{d}t,$$

$$\phi_{ij}(\lambda)=E_i\int_0^{\eta}\mathrm{e}^{-\lambda t}C_j(x_t)\,\mathrm{d}t.$$

于是

$$\psi_{ij}(\lambda)=\phi_{ij}(\lambda)+E_i\left[\mathrm{e}^{-\lambda\eta}\int_\eta^{+\infty}\mathrm{e}^{-\lambda(t-\eta)}C_j(x_t)\,\mathrm{d}t\right]$$

$$=\phi_{ij}(\lambda)+E_i\left[\mathrm{e}^{-\lambda\eta}\theta_\eta\left(\int_0^{+\infty}\mathrm{e}^{-\lambda t}C_j(x_t)\mathrm{d}t\right)\right].$$

设$\mathcal{F}(x_t,\ t\leqslant\eta)$表示$\eta$前$\sigma$域．显然，$\eta$关于$\mathcal{F}(x_t,\ t\leqslant\eta)$可测．对于 Doob 过程，按其构造，$\eta$和$x(\eta)$独立．故依强马氏性，在上面的公式中右方第二项等于

$$\begin{aligned}
&E_i\left\{E_i\left[\mathrm{e}^{-\lambda\eta}\theta_\eta\left(\int_0^{+\infty}\mathrm{e}^{-\lambda t}C_j(x_t)\,\mathrm{d}t\right)\mathcal{F}(x_t,\ t\leqslant\eta)\right]\right\}\\
&=E_i\left\{\mathrm{e}^{-\lambda\eta}E_{x(\eta)}\left[\int_0^{+\infty}\mathrm{e}^{-\lambda t}C_j(x_t)\mathrm{d}t\right]\right\}\\
&=E_i(\mathrm{e}^{-\lambda\eta})\cdot E_i(\psi_{x(\eta)j}(\lambda))\\
&=\overline{X}_i(\lambda)\sum_k\pi_k\psi_{kj}(\lambda),
\end{aligned}$$

故

$$\psi_{ij}(\lambda)=\phi_{ij}(\lambda)+\overline{X}_i(\lambda)(\boldsymbol{\pi}\boldsymbol{\psi}(\lambda))_j. \tag{4}$$

上式两边乘π_i并对i求和得

$$(\boldsymbol{\pi}\boldsymbol{\psi}(\lambda))_j=(\boldsymbol{\pi}\boldsymbol{\phi}(\lambda))_j+[\boldsymbol{\pi},\ \overline{\boldsymbol{X}}(\lambda)](\boldsymbol{\pi}\boldsymbol{\psi}(\lambda))_j,$$

$$(1-[\boldsymbol{\pi},\ \overline{\boldsymbol{X}}(\lambda)])(\boldsymbol{\pi}\boldsymbol{\psi}(\lambda))_j=(\boldsymbol{\pi}\boldsymbol{\phi}(\lambda))_j.$$

由于$[\boldsymbol{\pi},\ \mathbf{1}]=1$及

$$\begin{aligned}1-[\boldsymbol{\pi},\ \overline{\boldsymbol{X}}(\lambda)]&=1-[\boldsymbol{\pi},\ \mathbf{1}]+[\boldsymbol{\pi},\ \mathbf{1}-\overline{\boldsymbol{X}}(\lambda)]\\
&\geqslant[\boldsymbol{\pi},\ \mathbf{1}-\overline{\boldsymbol{X}}(\lambda)]>0,\end{aligned}$$

故

$$(\boldsymbol{\pi}\boldsymbol{\psi}(\lambda))_j=\frac{(\boldsymbol{\pi}\boldsymbol{\phi}(\lambda))_j}{1-[\boldsymbol{\pi},\ \overline{\boldsymbol{X}}(\lambda)]}=\frac{(\boldsymbol{\pi}\boldsymbol{\phi}(\lambda))_j}{[\boldsymbol{\pi},\ \mathbf{1}-\overline{\boldsymbol{X}}(\lambda)]}.$$

将上式代入（4）便得（3）．■

按照§7.6中定理1，每个$\boldsymbol{Q}$预解矩阵有下列表现：

$$\psi_{ij}(\lambda)=\phi_{ij}(\lambda)+\overline{X}_i(\lambda)\frac{\sum_k\alpha_k\phi_{kj}(\lambda)+D\overline{X}_j(\lambda)\mu_j}{C+\sum_k\alpha_k[1-\overline{X}_k(\lambda)]+D\lambda\sum_k\overline{X}_k(\lambda)\mu_k}, \tag{5}$$

其中，行向量 $\boldsymbol{\alpha}\geqslant\mathbf{0}$，使得 $\boldsymbol{\alpha}\boldsymbol{\phi}(\lambda)\in l$，即 $\boldsymbol{\alpha}$ 满足 §7.10 中的 (6)，常数 $D\geqslant 0$（当边界点 Z 流出时 $D=0$），且

$$\boldsymbol{\alpha}\boldsymbol{\phi}(\lambda)+D\overline{\boldsymbol{X}}(\lambda)\boldsymbol{\mu}\neq\mathbf{0}. \tag{6}$$

而常数 $C\geqslant 0$. $\boldsymbol{\psi}(\lambda)$ 是诚实的充分必要条件是 $C=0$.

我们指出：如果不计较正常数因子的差别，向量 $\boldsymbol{\alpha}$ 和常数 C、常数 D 由 $\boldsymbol{Q}$ 预解矩阵唯一决定. 实际上，如果（$\boldsymbol{\alpha}^{(1)}$，$C^{(1)}$，$D^{(1)}$）和（$\boldsymbol{\alpha}^{(2)}$，$C^{(2)}$，$D^{(2)}$）对应同一个 $\boldsymbol{\psi}(\lambda)$，那么

$$\frac{\boldsymbol{\alpha}^{(1)}\boldsymbol{\phi}(\lambda)+D^{(1)}\overline{\boldsymbol{X}}(\lambda)\boldsymbol{\mu}}{A_\lambda^{(1)}}=\frac{\boldsymbol{\alpha}^{(2)}\boldsymbol{\phi}(\lambda)+D^{(2)}\overline{\boldsymbol{X}}(\lambda)\boldsymbol{\mu}}{A_\lambda^{(2)}}, \tag{7}$$

其中

$$A_\lambda^{(a)}=C^{(a)}+[\boldsymbol{\alpha}^{(a)},\ \mathbf{1}-\overline{\boldsymbol{X}}(\lambda)]+D^{(a)}\lambda[\overline{\boldsymbol{X}}(\lambda)\boldsymbol{\mu},\ \mathbf{1}]>0. \tag{8}$$

用（$\lambda\boldsymbol{I}-\boldsymbol{Q}$）右乘（7）的两边，注意 $\boldsymbol{\phi}(\lambda)$ 的 F 条件，以及 $\overline{\boldsymbol{X}}(\lambda)\boldsymbol{\mu}$是方程 $\boldsymbol{v}(\lambda\boldsymbol{I}-\boldsymbol{Q})=\mathbf{0}$ 的解，我们得$\dfrac{\boldsymbol{\alpha}^{(1)}}{A_\lambda^{(1)}}=\dfrac{\boldsymbol{\alpha}^{(2)}}{A_\lambda^{(2)}}$，于是$\dfrac{D^{(1)}}{A_\lambda^{(1)}}=\dfrac{D^{(2)}}{A_\lambda^{(2)}}$. 于是常数 $M=\dfrac{A_\lambda^{(1)}}{A_\lambda^{(2)}}>0$，且 M 与 $\lambda>0$ 无关. 故 $\boldsymbol{\alpha}^{(1)}=M\boldsymbol{\alpha}^{(2)}$，$D^{(1)}=MD^{(2)}$，从而

$$C^{(1)}=MC^{(2)}，即（\boldsymbol{\alpha}^{(1)}，C^{(1)}，D^{(1)})=M(\boldsymbol{a}^{(2)}，C^{(2)}，D^{(2)}).$$

我们将称（5）中的 $\boldsymbol{\psi}(\lambda)$ 为（$\boldsymbol{Q}$，$\boldsymbol{\alpha}$，C，D）预解矩阵. 每个诚实的 $\boldsymbol{Q}$ 预解矩阵必是某个（$\boldsymbol{Q}$，$\boldsymbol{\alpha}$，0，D）预解矩阵，

按照 §6.6 中的基本定理，每个不中断的 Q 过程 $X=\{x_t,\ t\geqslant 0\}$ 与其特征数列 p，q，r_n，$n\geqslant 0$ 一一对应. p 和 q 由 X 唯一地决定，而（r_n，$n\geqslant 0$）则除常数因子外由 X 唯一地决定.

定理 2 设 Q 过程 $X=\{x_t,\ t\geqslant 0\}$ 的特征数列是 p，q，r_n，$n\geqslant 0$. 则 X 的预解矩阵 $\boldsymbol{\psi}(\lambda)=(\psi_{ij}(\lambda))$ 为

$$\psi_{ij}(\lambda)=\phi_{ij}(\lambda)+\overline{X}_i(\lambda)\frac{\sum_k r_k\phi_{kj}(\lambda)+D\overline{X}_j(\lambda)\mu_j}{\sum_k r_k(1-\overline{X}_k(\lambda))+D\lambda\sum_k\overline{X}_k(\lambda)\mu_k}, \tag{9}$$

其中

$$D=\begin{cases}\text{任意正数 } D, & p=0, \\ \dfrac{q}{p}A_0 Z, & p>0,\end{cases} \tag{10}$$

$$A_n=\sum_{n=0}^{+\infty} r_n C_{n0}, \tag{11}$$

而 C_{kj} 由 § 7.11 中的 (37) 确定.

证　依 § 6.6 中的 (5)，$p_{ij}(t)=\lim\limits_{n\to+\infty} p_{ij}^{(n)}(t)$，因而 $\psi_{ij}(\lambda)=\lim\limits_{n\to+\infty}\psi_{ij}^{(n)}(\lambda)$. 这里，$(p_{ij}(t))$ 和 $(\psi_{ij}(\lambda))$ 分别是 X 的转移矩阵和预解矩阵，而 $(p_{ij}^{(n)}(t))$ 和 $(\psi_{ij}^{(n)}(\lambda))$ 分别是 $(Q, V^{(n)})$ 杜布过程的转移概率和预解矩阵. 依照定理 1，

$$\psi_{ij}^{(n)}(\lambda)=\phi_{ij}(\lambda)+\overline{X}_i(\lambda)H_j^{(n)}(\lambda), \tag{12}$$

其中

$$H_j^{(n)}(\lambda)=\frac{\sum\limits_{k=0}^{n} v_k^{(n)}\phi_{kj}(\lambda)}{\sum\limits_{k=0}^{n} v_k^{(n)}(1-\overline{X}_k(\lambda))}. \tag{13}$$

如果 $p=0$，此时 $r_n=0$，$n\geqslant 0$. 由于 § 6.6 中的 (6)，

$$H_j^{(n)}(\lambda)=\frac{\phi_{nj}(\lambda)}{1-\overline{X}_n(\lambda)}=\frac{\phi_{nj}(\lambda)\div(Z-Z_n)}{(1-\overline{X}_n(\lambda))\div(Z-Z_n)}.$$

依 § 7.10 中的 (3) 和 (9)，从上式得

$$\lim_{n\to+\infty} H_j^{(n)}(\lambda)=\frac{\overline{X}_j(\lambda)\mu_j}{\lambda\sum\limits_k \overline{X}_k(\lambda)\mu_k}.$$

由此可得 (9).

如果 $p>0$，将 § 6.6 中的 (7) 和 (8) 代入 (13) 得

$$H_j^{(n)}(\lambda)=\frac{\dfrac{X_n}{A_n}\sum\limits_{k=0}^{n-1} r_k\phi_{kj}(\lambda)+\left(Y_n+\dfrac{X_n}{A_n}\sum\limits_{l=n}^{+\infty} r_l C_{ln}\right)\phi_{nj}(\lambda)}{\dfrac{X_n}{A_n}\sum\limits_{k=0}^{n-1} r_k(1-\overline{X}_k(\lambda))+\left(Y_n+\dfrac{X_n}{A_n}\sum\limits_{l=n}^{+\infty} r_l C_{ln}\right)(1-\overline{X}_n(\lambda))}$$

$$=\frac{\sum_{k=0}^{n-1}r_k\phi_{kn}(\lambda)+\left(\frac{D}{Z-Z_n}+\sum_{l=n}^{+\infty}r_lC_{ln}\right)\phi_{nj}(\lambda)}{\sum_{k=0}^{n-1}r_k(1-\overline{X}_k(\lambda))+\left(\frac{D}{Z-Z_n}+\sum_{l=n}^{+\infty}r_lC_{ln}\right)(1-\overline{X}_n(\lambda))}$$

$$=\frac{\sum_{k=0}^{n-1}r_k\phi_{kj}(\lambda)+\left(D+Z\sum_{l=n}^{+\infty}r_lC_{l0}\right)\frac{\phi_{nj}(\lambda)}{Z-Z_n}}{\sum_{k=0}^{n-1}r_k(1-\overline{X}_k(\lambda))+\left(D+Z\sum_{l=n}^{+\infty}r_lC_{l0}\right)\frac{1-\overline{X}_n(\lambda)}{Z-Z_n}}.$$

注意 $A_0=\sum_{l=0}^{+\infty}r_lC_{l0}<+\infty$，且边界点 Z 流出时有 $D=0$. 于是，从§7.10 中的（3）和（9）得出

$$\lim_{n\to+\infty}H_j^{(n)}(\lambda)=\frac{\sum_{k=0}^{+\infty}r_k\phi_{kj}(\lambda)+D\overline{X}_j(\lambda)\mu_j}{\sum_{k=0}^{+\infty}r_k(1-\overline{X}_k(\lambda))+D\lambda\sum_k\overline{X}_k(\lambda)\mu_k}.$$

由此可得（9）.

定理 3 设 Q 过程 $X=\{x_t,\ t\geqslant 0\}$ 的 Q 预解矩阵是（$\boldsymbol{Q}$，$\boldsymbol{\alpha}$，0，D）预解矩阵. 则 X 的特征数列 p，q，r_n，$n\geqslant 0$ 如下：

$$\begin{cases}r_n=\alpha_n,\ n\geqslant 0,\\ p=\begin{cases}0, & \alpha=0,\\ \dfrac{A_0Z}{A_0Z+D}, & \alpha\neq 0,\end{cases}\\ q=\begin{cases}1, & \alpha=0,\\ \dfrac{D}{A_0Z+D}, & \alpha\neq 0.\end{cases}\end{cases}\tag{14}$$

其中

$$A_0=\sum_{n=0}^{+\infty}\alpha_nC_{n0}.\tag{15}$$

证 将（5）和（9）比较，我们知（r_n，$n\geqslant 0$）与（α_n，$n\geqslant 0$）相差一个正常数因子，不妨就认为 $r_n=\alpha_n$，$n\geqslant 0$. 于是（9）和（10）成立，从而得（14）. ■

§7.13　过程在第一个飞跃点上的性质

由于§7.12的定理2和定理3，我们不仅可以清楚地看出用分析方法构造出来的（$\boldsymbol{Q}$，$\boldsymbol{\alpha}$，0，D）预解矩阵所对应的Q过程$X=\{x_t,\ t\geqslant 0\}$的结构，而且可以计算出某些概率量.

定理1　设$X=\{x_t,\ t\geqslant 0\}$是Q过程，其对应的预解矩阵是（$\boldsymbol{Q}$，$\boldsymbol{\alpha}$，0，D）预解矩阵. 设$\beta_1^{(n)}$由§6.3中（6）确定. 则对一切$k\in E$有

$$v_i^{(n)}=P_k(x(\beta_1^{(n)})=i),\ 0\leqslant i\leqslant n, \tag{1}$$

可按如下公式计算：

若$\boldsymbol{\alpha}=\boldsymbol{0}$，则

$$v_i^{(n)}=0,\ (0\leqslant i<n),\quad v_n^{(n)}=1. \tag{2}$$

若$\boldsymbol{\alpha}\neq\boldsymbol{0}$，则

$$v_i^{(n)}=\frac{X_n}{A_n}\alpha_i,\ (0\leqslant i<n), \tag{3}$$

$$v_n^{(n)}=Y_n+\frac{X_n}{A_n}\sum_{l=n}^{+\infty}r_l C_{ln}, \tag{4}$$

其中

$$\begin{cases}0<A_n=\sum\limits_{l=0}^{+\infty}\alpha_l C_{ln}<+\infty,\\ X_n=\dfrac{A_n(Z-Z_n)}{A_n(Z-Z_n)+D},\\ Y_n=\dfrac{D}{A_n(Z-Z_n)+D}.\end{cases} \tag{5}$$

证　本定理的结论由§6.6中基本定理和§7.12中定理3得出. ■

定理 2 设 $X=\{x_t, t\geqslant 0\}$ 是典范 Q 过程，其对应的预解矩阵是（$\boldsymbol{Q}$，$\boldsymbol{\alpha}$，0，D）预解矩阵. 设 η 是 X 的第一个飞跃点. 则对 $0\leqslant i<+\infty$ 及一切 $k\in E$，有

$$P_k(x(\eta)=i)=\begin{cases}0, & D>0\text{ 或}[\boldsymbol{\alpha}, \mathbf{1}]=+\infty. \\ \dfrac{\alpha_i}{[\boldsymbol{\alpha}, \mathbf{1}]}, & D=0\text{ 且}[\boldsymbol{\alpha}, \mathbf{1}]<+\infty;\end{cases} \tag{6}$$

$$P_k(x(\eta)=+\infty)=\begin{cases}1, & D>0\text{ 或}[\boldsymbol{\alpha}, \mathbf{1}]=\infty, \\ 0, & D=0\text{ 且}[\boldsymbol{\alpha}, \mathbf{1}]<+\infty.\end{cases} \tag{7}$$

证 从（6）可得（7），故只要证（6）.

首先证明：对一切 $k\in E$ 有

$$P_k\left(\lim_{n\to+\infty}\beta_1^{(n)}=\eta\right)=1. \tag{8}$$

实际上，任取数列 $\varepsilon_m\downarrow 0$，依 § 3.3 中（11）有

$$P_k(x(\eta+\varepsilon_m)\in E, m\in\mathbf{N}^*)=1.$$

此外，显然有 $\eta\leqslant\beta_1^{(n)}$ 且 $\beta_1^{(n)}\downarrow$，$(n\uparrow)$，故

$$\begin{aligned}1&=P_k(x(\eta+\varepsilon_m)\leqslant n_m\text{ 对某 }n_m=n_m(\omega), m\in\mathbf{N}^*)\\ &\leqslant P_k(\beta_1^{(n)}(\omega)\leqslant\eta(\omega)+\varepsilon_m\text{ 对某个 }n=n_m(\omega), m\in\mathbf{N}^*)\\ &\leqslant P_k\left(\lim_{n\to+\infty}\beta_1^{(n)}(\omega)\leqslant\eta(\omega)+\varepsilon_m, m\in\mathbf{N}^*\right)\\ &\leqslant P_k\left(\lim_{n\to+\infty}\beta_1^{(n)}\leqslant\eta\right).\end{aligned}$$

由此得（8）.

其次

$$(x(\eta)=i)=\bigcap_{n=i}^{+\infty}(x(\beta_1^{(n)})=i)=\lim_{n\to+\infty}x(\beta_1^{(n)})=i. \tag{9}$$

实际上，因 $(x(\beta_1^{(n+1)})=i)\subset(x(\beta_1^{(n)})=i)$，$(n\geqslant i)$，故得（9）中第二个等号. 如果对一切 $n\geqslant i$ 有 $x(\beta_1^{(n)})=i$，那么依（8）和 X 的右下半连续性，$x(\eta)=\lim\limits_{n\to+\infty}x(\beta_1^{(n)})=i$. 反之，若 $x(\eta)=i$，则依 $\beta_1^{(n)}$ 的定义，对 $n\geqslant i$ 有 $\beta_1^{(n)}=\eta$，因而 $x(\beta_1^{(n)})=i$ 对一

切$n\geqslant i$. 故（9）的第一个等号已证明.

依定理 1 和（9），

$$P_k(x(\eta)=i)=\lim_{n\to+\infty}P_k(x(\beta_1^{(n)})=i)=\lim_{n\to+\infty}v_i^{(n)}.$$

当 $\boldsymbol{\alpha}=\mathbf{0}$ 时必定 $D>0$ 和 $v_i^{(n)}=0(n>i)$，从而 $P_k(x(\eta)=i)=0$. 设 $\boldsymbol{\alpha}\neq\mathbf{0}$. 则（3）～（5）导致

$$P_k(x(\eta)=i)=\lim_{n\to+\infty}\frac{X_n}{A_n}\alpha_i, \tag{10}$$

$$\frac{X_n}{A_n}=\left(A_n+\frac{q}{p}A_0\frac{Z}{Z-Z_n}\right)^{-1}. \tag{11}$$

若 $D>0$，则 $0<p<1$，$0<q<1$，故易知$\dfrac{X_n}{A_n}\to 0$. 若 $D=0$，则 $p=1$，$q=0$，故

$$\frac{X_n}{A_n}=\frac{1}{A_n}=\frac{1}{\sum\limits_{k=0}^{n}\alpha_k+\sum\limits_{k=n+1}^{+\infty}\alpha_k C_{kn}}. \tag{12}$$

当 $[\boldsymbol{\alpha},\ \mathbf{1}]=+\infty$时，上式右方当 $n\to+\infty$时趋于 0. 当 $[\boldsymbol{\alpha},\ \mathbf{1}]<+\infty$时，由于

$$\sum_{k=n+1}^{+\infty}\alpha_k C_{kn}\leqslant\sum_{k=n+1}^{+\infty}\alpha_k\to 0,\quad n\to+\infty,$$

故（12）右方趋于$\dfrac{1}{[\boldsymbol{\alpha},\ \mathbf{1}]}$. 这样，恒有

$$\lim_{n\to+\infty}\frac{X_n}{A_n}=\frac{1}{[\boldsymbol{\alpha},\ \mathbf{1}]}.$$

将上式代入（10）后得（6）. ■

§7.14 不变测度

本节中，我们将假定 $a_0=0$. §6.8 中定理 2 已指出：如果边界点 Z 流出或正则，那么所有的 Q 转移矩阵 $\boldsymbol{P}(t)=(p_{ij}(t))$ 均常返且遍历. 本节中，我们将计算出 $\boldsymbol{P}(t)$ 的不变测度，即 $\pi=(\pi_j)$，$\pi_j=\lim\limits_{t\to+\infty}p_{ij}(t)$，或者，如果用预解矩阵 $\boldsymbol{\psi}(\lambda)=(\psi_{ij}(\lambda))$ 表示，$\pi_j=\lim\limits_{\lambda\to 0}\lambda\psi_{ij}(\lambda)$.

定理 1 对最小解 $(f_{ij}(t))$ 或 $(\phi_{ij}(\lambda))$，有

$$\int_0^{+\infty}f_{ij}(t)\mathrm{d}t=\lim_{\lambda\downarrow 0}\phi_{ij}(\lambda)=\Gamma_{ij}\equiv\begin{cases}(Z-Z_j)\mu_j, & j\geqslant i,\\(Z-Z_i)\mu_j, & j<i.\end{cases}$$

证 依 §7.3 中 (2)，有

$$u_k(\lambda)=1+\lambda\sum_{j=0}^{i-1}(Z_i-Z_j)u_j(\lambda)\mu_j, \tag{1}$$

由此得

$$u_i(\lambda)\downarrow 0,\quad(\lambda\downarrow 0). \tag{2}$$

依 §7.3 中 (4)，

$$v_i(\lambda)\to\sum_{j=i}^{+\infty}(Z_{j+1}-Z_j)=(Z-Z_i),\quad\lambda\downarrow 0.$$

于是从 §7.4 中 (1) 得 (1). ■

定理 2 设边界点 Z 正则或流出，设 $\overline{\boldsymbol{X}}(\lambda)$ 由 §7.2 中 (1) 确定，即

$$\overline{\boldsymbol{X}}(\lambda)=\mathbf{1}-\lambda\boldsymbol{\phi}(\lambda)\mathbf{1}. \tag{3}$$

则当 $\lambda\downarrow 0$ 时有

$$\overline{\boldsymbol{X}}(\lambda)\uparrow\mathbf{1}, \tag{4}$$

$$\frac{1-\overline{X}_i(\lambda)}{\lambda}\uparrow N_i=\sum_{j=0}^{+\infty}\Gamma_{ij}, \tag{5}$$

其中 N_i 由 §7.1 中 (7) 确定.

证　从 §7.5 中引理 2 (ii) 得，当 $\lambda \downarrow 0$ 时，$\bar{\boldsymbol{X}}(\lambda)=\boldsymbol{X}^{(2)}(\lambda) \uparrow \boldsymbol{X}^{(2)}=\mathbf{1}$，此即 (4). 此外，

$$\frac{1-\bar{X}_i(\lambda)}{\lambda}=\sum_j \phi_{ij}(\lambda).$$

故由 (1) 得 (5). ■

定理 3　设边界 Z 流出或正则. 设 $\boldsymbol{\psi}(\lambda)$ 是 $(\boldsymbol{Q}, \boldsymbol{\alpha}, 0, D)$ 预解矩阵. 则 $\boldsymbol{\psi}(\lambda)$ 是常返的且是遍历的，其不变测度为

$$\pi_j=\frac{\sum\limits_k \alpha_k \Gamma_{kj}+D\mu_j}{\sum\limits_k \alpha_k N_k+D\sum\limits_k \mu}. \tag{6}$$

证　注意 (1) 和 (4)，在 §7.12 的 (5) 中令 $\lambda \downarrow 0$，得

$$\lim_{\lambda \to 0} \psi_{ij}(\lambda)=\Gamma_{ij}+\frac{\sum\limits_k \alpha_k \Gamma_{kj}+D\mu_j}{\lim\limits_{\lambda \to 0}\left[\sum\limits_k \alpha_k(1-\bar{X}_k(\lambda))+D\lambda \sum\limits_k \bar{X}_k(\lambda)\mu_k\right]}.$$

由于 §7.12 中 (6)，$\boldsymbol{\alpha}$ 与 D 不能同时为 $\mathbf{0}$ 与 0，于是上式中分子为正，而分母中极限是 0. 这样，$\lim\limits_{\lambda \to 0} \psi_{ij}(\lambda)=+\infty$，即 $\boldsymbol{\psi}(\lambda)$ 是常返的.

其次，依 §7.12 中 (5)，

$$\lambda \psi_{ij}(\lambda)=\lambda \phi_{ij}(\lambda)+\bar{X}_i(\lambda) \frac{\sum\limits_k \alpha_k \phi_{kj}(\lambda)+D\bar{X}_j(\lambda)\mu_j}{\sum\limits_k \alpha_k \dfrac{1-\bar{X}_k(\lambda)}{\lambda}+D\sum\limits_k \bar{X}_k(\lambda)\mu_k}.$$

应用定理 1 和定理 2. 在上面式子中令 $\lambda \downarrow 0$，得 $\lim\limits_{\lambda \to 0} \lambda \psi_{ij}(\lambda)=\pi_j$，其中 π_j 由 (6) 确定. 即 $\boldsymbol{\psi}(\lambda)$ 遍历，且其不变测度为 (π_j). ■

第 8 章　双边生灭过程

§8.1　数值特征和边界点的分类

如果状态空间 E 由所有的整数组成，且矩阵 $\boldsymbol{Q}=(q_{ij})$ $(i, j\in E)$ 具有下面的形式：

$$\begin{cases} q_{ij}=0 \quad (|i-j|>1), & q_{ii}=-(a_i+b_i), \\ q_{ii-1}=a_i>0, & q_{ii+1}=b_i>0. \end{cases} \tag{1}$$

那么称矩阵 $\boldsymbol{Q}$ 为双边生灭矩阵，称 Q 过程为双边生灭过程. 本章中，$\boldsymbol{Q}$ 总是指双边生灭矩阵. $\boldsymbol{Q}$ 是保守的，双边生灭过程必满足向后方程组.

对于形如 (1) 的矩阵 $\boldsymbol{Q}$，令

$$\begin{cases} Z_i=-b_0\left(1+\dfrac{b_{-1}}{a_{-1}}+\dfrac{b_{-1}b_{-2}}{a_{-1}a_{-2}}+\cdots+\dfrac{b_{-1}b_{-2}\cdots b_{i+1}}{a_{-1}a_{-2}\cdots a_{i+1}}\right), & i<-1, \\ Z_{-1}=-b_0, \quad Z_0=0, \quad Z_1=a_1, \\ Z_i=a_0\left(1+\dfrac{a_1}{b_1}+\dfrac{a_1a_2}{b_1b_2}+\cdots+\dfrac{a_1a_2\cdots a_{i-1}}{b_1b_2\cdots b_{i-1}}\right), & i>1. \end{cases} \tag{2}$$

称 $\{Z_i, i\in E\}$ 为自然尺度，称

$$r_1=\lim_{i\to-\infty} Z_i,\quad r_2=\lim_{i\to+\infty} Z_i \tag{3}$$

为边界点. 令

$$\begin{cases}\mu_i=\dfrac{a_{-1}a_{-2}\cdots a_{i+1}}{b_0b_{-1}b_{-2}\cdots b_{i+1}b_i}, & i<-1,\\ \mu_{-1}=\dfrac{1}{b_0b_{-1}},\quad \mu_0=\dfrac{1}{a_0b_0},\quad \mu_1=\dfrac{1}{a_0a_1}, & \\ \mu_i=\dfrac{b_1b_2\cdots b_{i-1}}{a_0a_1a_2\cdots a_{i-1}a_i}, & i>1.\end{cases} \tag{4}$$

称 $\{\mu_i, i\in E\}$ 为标准测度.

令

$$\begin{cases}R_1=\sum\limits_{i\leqslant 0}(Z_i-r_1)\mu_i=\sum\limits_{i\leqslant 0}(Z_i-Z_{i-1})\sum\limits_{i\leqslant j\leqslant 0}\mu_j,\\ R_2=\sum\limits_{i\geqslant 0}(r_2-Z_i)\mu_i=\sum\limits_{i\geqslant 0}(Z_{i+1}-Z_i)\sum\limits_{0\leqslant j\leqslant i}\mu_j,\\ S_1=-\sum\limits_{i\leqslant 0}Z_i\mu_i,\quad S_2=\sum\limits_{i\geqslant 0}Z_i\mu_i,\\ e_1=-\sum\limits_{i\leqslant 0}\mu_i,\quad e_2=\sum\limits_{i\geqslant 0}\mu_i,\end{cases} \tag{5}$$

根据 Q，可以将边界点 $r_a(a=1,2)$ 分类. 称 r_a 为正则，如 r_a 有限且 $e_a<+\infty$；r_a 为流出，如 r_a 有限，且 $e_a=+\infty$ 和 $R_a<+\infty$；r_a 为流入，如 r_a 无限，且 $S_a<+\infty$；r_a 为自然，如 r_a 为剩下的情形.

仿 § 7.1 中定理 1 的证明，我们可得

定理 1　r_a 正则等价于 $R_a<+\infty$ 且 $S_a<+\infty$；r_a 流出等价于 $R_a<+\infty$ 且 $S_a=+\infty$；r_a 流入等价于 $R_a=+\infty$ 且 $S_a<+\infty$；r_a 自然等价于 $R_a=+\infty$ 且 $S_a=+\infty$.

§ 8.2 方程 $\lambda \boldsymbol{u}-\boldsymbol{D}_\mu \boldsymbol{u}^+=\boldsymbol{0}$ 的解

设 $\boldsymbol{u}$ 是 E 上的列向量，依 § 7.2 中（1）和（3）定义列向量 $\boldsymbol{u}^+$ 和 $\boldsymbol{D}_\mu\boldsymbol{u}$：

$$\begin{cases} u_i^+=\dfrac{u_{i+1}-u_i}{Z_{i+1}-Z_i}, & i\in E. \\ (\boldsymbol{D}_\mu\boldsymbol{u})_i=\dfrac{u_i-u_{i-1}}{\mu_i}, & i\in E. \end{cases} \tag{1}$$

设 $\boldsymbol{u}$ 是列向量，用 $\boldsymbol{u}\mu$ 表示具有分量 $u_j\mu_j$ 的行向量. 设 $\boldsymbol{v}$ 为行向量，用 $\boldsymbol{v}\mu^{-1}$ 表示具有分量 $v_i\mu_i^{-1}$ 的列向量.

定理 1 § 7.2 中的定理 1、引理 1 及其系，以及引理 2 均保持正确，甚至连其中的记号都不用改变.

引理 1 设 $\boldsymbol{u}$ 和 $\boldsymbol{v}$ 是方程

$$(V_\lambda) \qquad \lambda\boldsymbol{u}-\boldsymbol{D}_\mu\boldsymbol{u}^+=\boldsymbol{0}, \quad \lambda>0. \tag{2}$$

的两个解，则

$$W(\boldsymbol{u},\boldsymbol{v})\equiv\boldsymbol{u}^+\boldsymbol{v}-\boldsymbol{u}\boldsymbol{v}^+=a, \quad a \text{ 为常数}. \tag{3}$$

证 首先注意，对任意向量 $\boldsymbol{s}$ 和 $\boldsymbol{t}$，有

$$\begin{aligned} s_it_i-s_{i-1}t_{i-1}&=s_i(t_i-t_{i-1})+t_{i-1}(s_i-s_{i-1}) \\ &=s_{i-1}(t_i-t_{i-1})+t_i(s_i-s_{i-1}), \end{aligned}$$

故若 $(\boldsymbol{st})_i=s_it_i$，$i\in E$，则

$$\boldsymbol{D}_\mu(\boldsymbol{st})_i=s_i(\boldsymbol{D}_\mu\boldsymbol{t})_i+t_{i-1}(\boldsymbol{D}_\mu\boldsymbol{s})_i=s_{i-1}(\boldsymbol{D}_\mu\boldsymbol{t})_i+t_i(\boldsymbol{D}_\mu\boldsymbol{s})_i. \tag{4}$$

于是

$$\begin{aligned} D_\mu W(\boldsymbol{u},\boldsymbol{v})&=\boldsymbol{D}_\mu(\boldsymbol{u}^+\boldsymbol{v})-\boldsymbol{D}_\mu(\boldsymbol{u}\boldsymbol{v}^+) \\ &=v_i(\boldsymbol{D}_\mu\boldsymbol{u}^+)_i+u_{i-1}^+(\boldsymbol{D}_\mu\boldsymbol{v})_i-u_i(\boldsymbol{D}_\mu\boldsymbol{v}^+)_i-v_{i-1}^+(\boldsymbol{D}_\mu\boldsymbol{u})_i \\ &=v_i\lambda u_i+u_{i-1}^+(\boldsymbol{D}_\mu\boldsymbol{v})_i-u_i\lambda v_i-v_{i-1}^+(\boldsymbol{D}_\mu\boldsymbol{u})_i \end{aligned}$$

$$=\frac{u_i-u_{i-1}}{Z_i-Z_{i-1}}\cdot\frac{v_i-v_{i-1}}{\mu_i}-\frac{v_i-v_{i-1}}{Z_i-Z_{i-1}}\cdot\frac{u_i-u_{i-1}}{\mu_i}$$
$$=0.\ \blacksquare$$

改写方程（2）为

$$u_i^+-u_{i-1}^+=\lambda u_i\mu_i,\quad \lambda>0. \tag{5}$$

类似于 § 7.3 中（2），对 $i>0$ 有

$$\begin{cases} u_i = u_0+u_0^+(Z_i-Z_0)+\lambda\sum\limits_{k=1}^{i-1}u_k(Z_i-Z_k)\mu_k, \\ u_i^+ = u_0^+ +\lambda\sum\limits_{k=1}^{i}u_k\mu_k. \end{cases} \tag{6}$$

类似的推导应用于 $i<0$，得

$$\begin{cases} u_i = u_0-u_0^+(Z_0-Z_i)+\lambda\sum\limits_{i+1\leqslant k<0}u_k(Z_k-Z_i)\mu_k, \\ u_i^+ = u_0^+ -\lambda\sum\limits_{i+1\leqslant k<0}u_k\mu_k. \end{cases} \tag{7}$$

于是，任意指定 u_0 和 u_0^+ 的值，按（6）（7），可唯一地确定方程（2）的一个解. 当给定 $u_0=1$ 和 $u_0^+=0$ 时，方程（2）的解记为 $\boldsymbol{v}$；当给定 $u_0=0$ 和 $u_0^+=1$ 时，方程（2）的解记为 $\boldsymbol{s}$. 因而依引理 1，

$$W(s,v)=s_0^+v_0-s_0v_0^+=1.$$

从（6）和（7）看出，当 i 从 $-\infty$ 增加到 0，然后再增加到 $+\infty$ 时，$\boldsymbol{v}$ 严格减小到 $v_0=1$，然后再严格增加，而 $\boldsymbol{s}$ 严格增加到 $s_0=0$，然后再严格增加.

引理 2 设 $\boldsymbol{u}$ 是方程（2）的一个解，且如果 $0<i\uparrow+\infty$ 时，u_i 为正且严格增加，那么当 $0<i\uparrow+\infty$ 时，u_i^+ 也严格增加. $\boldsymbol{u}(r_2)\equiv\lim\limits_{i\to+\infty}u_i<+\infty$ 当且仅当边界点 r_2 正则或流出. $u^+(r_2)\equiv\lim\limits_{i\to+\infty}u_i^+<+\infty$ 当且仅当边界点 r_2 正则或流入.

证 仿 § 7.3 中定理 1（ii）和（iii）的证明可以证明本定理. $\blacksquare$

引理 3 若 $i>0$，则 $\frac{v_i}{s_i}>\frac{v_i^+}{s_i^+}$.

证

$$\frac{v_i}{s_i}-\frac{v_i^+}{s_i^+}=\frac{W(s,v)}{s_i s_i^+}=\frac{1}{s_i s_i^+}>0. \quad \blacksquare$$

引理 4 当 $0<i\uparrow+\infty$ 时，$\frac{v_i}{s_i}$ 严格减小.

证

$$\begin{aligned}\left(\frac{v}{s}\right)_i^+&=\left(\frac{v_{i+1}}{s_{i+1}}-\frac{v_i}{s_i}\right)\div(Z_{i+1}-Z_i)\\&=-\frac{W(s,v)}{s_{i+1}s_i}=-\frac{1}{s_{i+1}s_i}<0. \quad \blacksquare\end{aligned}$$

引理 5 当 $0<i\uparrow+\infty$ 时，$\frac{v_i^+}{s_i^+}$ 严格增加.

证

$$\begin{aligned}\boldsymbol{D}_\mu\left(\frac{\boldsymbol{v}^+}{\boldsymbol{s}^+}\right)_i&=\frac{\left(\frac{v_i^+}{s_i^+}-\frac{v_{i-1}^+}{s_{i-1}^+}\right)}{\mu_i}=\frac{s_{i-1}^+v_i^+-s_i^+v_{i-1}^+}{s_i^+s_{i-1}^+\mu_i}\\&=\frac{s_{i-1}^+(\boldsymbol{D}_\mu\boldsymbol{v}^+)_i-v_{i-1}^+(\boldsymbol{D}_\mu\boldsymbol{s}^+)_i}{s_i^+s_{i-1}^+}=\frac{\lambda(s_{i-1}^+v_i-v_{i-1}^+s_i)}{s_i^+s_{i-1}^+}\\&=\frac{\lambda[(s_i^+-\lambda s_i)v_i-(v_i^+-\lambda v_i)s_i]}{s_i^+s_{i-1}^+}\\&=\frac{\lambda W(s,v)}{s_i^+s_{i-1}^+}=\frac{\lambda}{s_i^+s_{i-1}^+}>0. \quad \blacksquare\end{aligned}$$

引理 6 当 $0<i\uparrow+\infty$ 时，有

$$\frac{v_i}{s_i}-\frac{v_i^+}{s_i^+}=\frac{1}{s_is_{i-1}}\to\begin{cases}0, & r_2\text{ 非正则},\\ C>0, & r_2\text{ 正则}.\end{cases}$$

证 从引理 2 和 3 得出. $\blacksquare$

由引理 3 到 5，可令

$$\bar{\theta}=\lim_{i\to+\infty}\frac{v_i}{s_i},\quad \underline{\theta}=\lim_{i\to+\infty}\frac{v_i^+}{s_i^+}. \tag{8}$$

而且有$\underline{\theta}\leqslant\bar{\theta}$，当且仅当 r_2 是非正则时有$\underline{\theta}=\bar{\theta}$.

定理 2　$\boldsymbol{u}$ 是方程（2）的满足 $\boldsymbol{u}_0=\mathbf{1}$ 且正的严格减小解，当且仅当 $\boldsymbol{u}$ 具有形式

$$\boldsymbol{u}=\boldsymbol{v}-\boldsymbol{\theta}\boldsymbol{s},\tag{9}$$

其中$\underline{\boldsymbol{\theta}}\leqslant\boldsymbol{\theta}\leqslant\bar{\boldsymbol{\theta}}$. 如果边界点 r_2 正则，那么上述解 $\boldsymbol{u}$ 有无穷多个，而且均界于$\underline{\boldsymbol{u}}=\boldsymbol{v}-\bar{\boldsymbol{\theta}}\boldsymbol{s}$ 和 $\bar{\boldsymbol{u}}=\boldsymbol{v}-\underline{\boldsymbol{\theta}}\boldsymbol{s}$ 之间. 如果边界点 r_2 非正则，那么上述解 $\boldsymbol{u}$ 是唯一的.

证　因 $\boldsymbol{v}$ 和 $\boldsymbol{s}$ 是方程（2）的两个线性独立解，故 $\boldsymbol{u}$ 是 $\boldsymbol{v}$ 和 $\boldsymbol{s}$ 的线性组合，于是，满足 $\boldsymbol{u}_0=\mathbf{1}$ 的解必具有形式（9）.

设 $\boldsymbol{u}$ 是正的严格减小解. 则 $\boldsymbol{u}=\boldsymbol{v}-\boldsymbol{\theta}\boldsymbol{s}>\mathbf{0}$ 和 $\boldsymbol{u}^+=\boldsymbol{v}^+-\boldsymbol{\theta}\boldsymbol{s}^+<\mathbf{0}$，于是$\underline{\boldsymbol{\theta}}\leqslant\boldsymbol{\theta}\leqslant\bar{\boldsymbol{\theta}}$. 反之，若$\underline{\boldsymbol{\theta}}\leqslant\boldsymbol{\theta}\leqslant\bar{\boldsymbol{\theta}}$，则当 $i>0$ 时有 $u_i>0$ 和 $u_i^+<0$. 换句话说，当 $i>0$ 时 $\boldsymbol{u}$ 是正的且严格减小. 当 i 从$-\infty$增加到 0 时，因 $\boldsymbol{v}$ 和$-\boldsymbol{s}$ 均正且严格减小，故 u 也正和严格减小. 从而 $\boldsymbol{u}$ 在 E 上正且严格减小. ■

引理 7　对定理 2 中的 $\boldsymbol{u}$，$\underline{\boldsymbol{u}}$ 和 $\bar{\boldsymbol{u}}$，有

$$u(r_2)=\begin{cases}0, & r_2\text{流出或自然；}\\ & r_2\text{ 正则，}\underline{u}(r_2)=0.\\ \dfrac{1}{s^+(r_2)}, & r_2\text{ 流入；}\\ & r_2\text{ 正则，}\bar{u}(r_2)=\dfrac{1}{s^+(r_2)}.\end{cases}$$

$$u^+(r_2)=\begin{cases}0, & r_2\text{流入或自然；}\\ & r_2\text{ 正则，}\bar{u}^+(r_2)=0.\\ -\dfrac{1}{s(r_2)}, & r_2\text{ 流出；}\\ & r_2\text{ 正则，}\underline{u}^+(r_2)=-\dfrac{1}{s(r_2)}.\end{cases}$$

证　当 r_2 流出或正则时，依引理 2 有 $v(r_2)<+\infty$ 和

$s(r_2)<+\infty$，从而$\underline{u}(r_2)=v(r_2)-\bar{\theta}s(r_2)=0$. 当 r_2 正则时，有

$$\bar{u}(r_2)=v(r_2)-\underline{\theta}s(r_2)$$
$$=\frac{v(r_2)s^+(r_2)-v^+(r_2)s(r_2)}{s^+(r_2)}=\frac{1}{s^+(r_2)}.$$

当 r_2 流入或自然时，有

$$u_i=\bar{u}_i=v_i-\underline{\theta}s_i\leqslant v_i-\frac{v_i^+}{s_i^+}s_i=\frac{1}{s_i^+}.$$

如果 r_2 自然，因 $s^+(r_2)=+\infty$，故 $u(r_2)=\bar{u}(r_2)=0$. 如果 r_2 流入，那么

$$u(r_2)=\bar{u}(r_2)\leqslant\frac{1}{s^+(r_2)}.$$

对任意的 $\varepsilon>0$，当 i 充分大时，有

$$u(r_2)+\varepsilon>v_i-\underline{\theta}s_i.$$

指定一个 i，当 $j(>i)$ 充分大时，有

$$v(r_2)+\varepsilon>v_i-\frac{v_j^+}{s_j^+}s_i.$$

但 j 指定时，有

$$\left(v-\frac{v_j^+}{s_j^+}s\right)_i^+=v_i^+-\frac{v_j^+}{s_j^+}s_i^+=\left(\frac{v_i^+}{s_i^+}-\frac{v_j^+}{s_j^+}\right)s_i^+<0.$$

于是

$$u(r_2)+\varepsilon>v_j-\frac{v_j^+}{s_j^+}s_j=\frac{1}{s_j^+}\to\frac{1}{s^+(r_2)}.$$

由于 $\varepsilon>0$ 任意，$u(r_2)\geqslant\frac{1}{s^+(r_2)}$. 于是当 r_2 流入时有

$$u(r_2)=\frac{1}{s^+(r_2)}.\quad\blacksquare$$

对于 $u^+(r_2)$ 的结论，其证明是类似的，故从略.

定理 3 方程（2）有一个正的严格减小解 $\boldsymbol{u}_1(\lambda)$ 和一个正的严格增加解 $\boldsymbol{u}_2(\lambda)$，它们具有下列性质：

(i) $\boldsymbol{u}_1^+(\lambda)<\mathbf{0}$ 且 $\boldsymbol{u}_1^+(\lambda)$ 严格增加，$\boldsymbol{u}_2^+(\lambda)>\mathbf{0}$ 且 $\boldsymbol{u}_2^+(\lambda)$ 严

格增加；而且

$$\boldsymbol{u}_1(\lambda)\boldsymbol{u}_2^+(\lambda)-\boldsymbol{u}_1^+(\lambda)\boldsymbol{u}_2(\lambda)=\boldsymbol{1},\quad \lambda>0. \tag{10}$$

(ii) 极限 $u_a(r_a,\lambda)\equiv\lim\limits_{Z_i\to r_a}u_{ai}(\lambda)$ 有限，当且仅当 r_a 正则或流出；极限 $u_a^+(r_a,\lambda)\equiv\lim\limits_{Z_i\to r_a}u_{ai}^+(\lambda)$ 有限，当且仅当 r_a 正则或流入.

(iii) 如果 r_a 非流入，那么 $u_b(r_a,\lambda)=0$，$(b\neq a)$. 如果 r_a 流入或自然，那么 $u_b^+(r_a,\lambda)=0$，$(b\neq a)$.

证　依定理 2，方程 (2) 的正的且严格减小解 $\boldsymbol{u}_1(\lambda)$ 是存在的. 类似地，正的且严格增加解 $u_2(\lambda)$ 也存在. 故 $\boldsymbol{u}_1^+(\lambda)<0$，$\boldsymbol{u}_2^+(\lambda)>0$. 从 (6) 和 (7) 可见 $\boldsymbol{u}_1^+(\lambda)$ 和 $\boldsymbol{u}_2^+(\lambda)$ 均严格增加，依引理 1，常数 $W(\boldsymbol{u}_2(\lambda),\boldsymbol{u}_1(\lambda))>0$. 故适当地规范后，可以使 (10) 成立.

今对 $a=2$ 证明 (ii) 和 (iii). 从引理 2 可推出 (ii). 因

$$\lambda\sum_i u_{2i}(\lambda)\mu_i=u_2^+(r_2,\lambda)-u_2^+(r_1,\lambda) \tag{11}$$

及 $u_2^+(r_1,\lambda)$ 的有限性，$u_2^+(r_2,\lambda)$ 有限等价于 $\sum\limits_i u_{2i}(\lambda)\mu_i<+\infty$. 依引理 7，我们可以选取 $\boldsymbol{u}_1(\lambda)$ 和 $\boldsymbol{u}_2(\lambda)$ 使其还满足 (iii). ■

定理 4　$\boldsymbol{u}_1(\lambda)\boldsymbol{\mu}$ 和 $\boldsymbol{u}_2(\lambda)\boldsymbol{\mu}$ 是方程

$$(V_\lambda)\qquad \boldsymbol{\lambda v}-\boldsymbol{vQ}=\boldsymbol{0},\quad \lambda>0. \tag{12}$$

的两个线性独立的解. 方程 (V_λ) 的任意解必是 $\boldsymbol{u}_a(\lambda)\boldsymbol{\mu}$，$(a=1,2)$ 的线性组合.

证　从定理 1 得出本定理的结论. ■

§8.3 最小解

从今以后，我们将用 $\boldsymbol{u}_1(\lambda)$ 和 $\boldsymbol{u}_2(\lambda)$ 表示§8.2的定理3中的解．令

$$\phi_{ij}(\lambda)=\begin{cases}u_{2i}(\lambda)u_{1j}(\lambda)\mu_j, & i\leqslant j,\\ u_{1i}(\lambda)u_{2j}(\lambda)\mu_j, & i>j.\end{cases} \tag{1}$$

则

$$\mu_i\phi_{ij}(\lambda)=\mu_j\phi_{ji}(\lambda). \tag{2}$$

设 $\boldsymbol{f}$ 是列向量，$\boldsymbol{g}$ 是行向量，则

$$\begin{aligned}[\boldsymbol{\phi}(\lambda)\boldsymbol{f}]_i &= \sum_j \phi_{ij}(\lambda)f_j\\ &=u_{1i}(\lambda)\sum_{j\leqslant i}u_{2j}(\lambda)f_j\mu_j+u_{2i}(\lambda)\sum_{j>i}u_{1j}(\lambda)f_j\mu_j,\end{aligned} \tag{3}$$

$$\begin{aligned}[\boldsymbol{g\phi}(\lambda)]_j &= \sum_i g_i\phi_{ij}(\lambda)\\ &=\left[u_{1j}(\lambda)\sum_{i\leqslant j}g_iu_{2i}(\lambda)+u_{2j}(\lambda)\sum_{i>j}g_iu_{1i}(\lambda)\right]\mu_j.\end{aligned} \tag{4}$$

如果 $\boldsymbol{g}=\boldsymbol{f}\mu$，或者 $\boldsymbol{f}=\boldsymbol{g}\mu^{-1}$，那么有

$$[\boldsymbol{g\phi}(\lambda)]=[\boldsymbol{\phi}(\lambda)\boldsymbol{f}]\mu. \tag{5}$$

定理1

$$\lambda\sum_j\phi_{ij}(\lambda)=1-\frac{u_{1i}(\lambda)}{u_1(r_1,\lambda)}-\frac{u_{2i}(\lambda)}{u_2(r_2,\lambda)}. \tag{6}$$

如果 u_a（r_a，λ）$=+\infty$，那么（6）中相应的分式为0.

证 依（3）和§8.2中（5），有

$$\lambda\sum_j\phi_{ij}(\lambda)=u_{1i}(\lambda)\sum_{j\leqslant i}(u_{2j}^{+}(\lambda)-u_{2j-1}^{+}(\lambda))+$$

$$
\begin{aligned}
& u_{2i}(\lambda) \sum_{j>i} (u_{1j}^{+}(\lambda) - u_{1j-1}^{+}(\lambda)) \\
= & u_{1i}(\lambda)(u_{2i}^{+}(\lambda) - u_2^{+}(r_1, \lambda)) + \\
& u_{2i}(\lambda)(u_1^{+}(r_2, \lambda) - u_{1i}^{+}(\lambda)) \\
= & u_{1i}(\lambda) u_{2i}^{+}(\lambda) - u_{2i}(\lambda) u_{1i}^{+}(\lambda) - \\
& u_{1i}(\lambda) u_2^{+}(r_1, \lambda) - u_{2i}(\lambda) u_1^{+}(r_2, \lambda).
\end{aligned} \tag{7}
$$

如果能证明

$$
u_1^{+}(r_2, \lambda) = \frac{1}{u_2(r_2, \lambda)}, \quad u_2^{+}(r_1, \lambda) = \frac{1}{u_1(r_1, \lambda)}, \tag{8}
$$

那么依 § 8.2 中 (10)，从 (7) 可得 (6).

只证 (8) 的第一式，第二式类似可证. 实际上，当边界点 r_2 流入或自然时，依 § 8.2 中定理 3 (ii) 和 (iii)，有 $u_2(r_2, \lambda) = +\infty$ 和 $u_1^{+}(r_2, \lambda) = 0$，从而 (8) 的第一式显然成立. 当边界点 r_2 正则或流出时，依 § 8.2 中 (10)，只要证明

$$
\lim_{i \to +\infty} u_{1i}(\lambda) u_{2i}^{+}(\lambda) = 0 \tag{9}
$$

即可. 对 r_2 正则情形，由于 § 8.2 中定理 3，有 $u_2^{+}(r_2, \lambda) < +\infty$ 和 $u_1(r_2, \lambda) = 0$，(9) 成立. 对 r_2 流出情形，则由于 § 8.2 中定理 3，有 $u_1(r_2, \lambda) = 0$，且 $u_2^{+}(\lambda)$ 增加，$-u_1^{+}(\lambda)$ 减小，故

$$
\begin{aligned}
0 \leqslant & u_{1i}(\lambda) u_{2i}^{+}(\lambda) = u_{2i}^{+}(\lambda)(u_{1i}(\lambda) - u_1(r_2, \lambda)) \\
& = u_{2i}^{+}(\lambda) \sum_{j \geqslant i} (u_{1j}(\lambda) - u_{1j+1}(\lambda)) \\
& = u_{2i}^{+}(\lambda) \sum_{j \geqslant i} (-u_{1j}^{+}(\lambda)(Z_{j+1} - Z_j)) \\
& \leqslant -u_{1i}^{+}(\lambda) \sum_{j \geqslant i} u_{2j}^{+}(\lambda)(Z_{j+1} - Z_j) \\
& = -u_{1i}^{+}(\lambda) \sum_{j \geqslant i} (u_{2j+1}(\lambda) - u_{2j}(\lambda)) \\
& = -u_{1i}^{+}(\lambda)(u_2(r_2, \lambda) - u_{2j}(\lambda)) \\
& \to -u_1^{+}(r_2, \lambda)(u_2(r_2, \lambda) - u_2(r_2, \lambda)) = 0, \quad i \uparrow +\infty. \quad \blacksquare
\end{aligned}
$$

定理 2 设 $\boldsymbol{f}\in m$，$\boldsymbol{g}\in l$. 则 $\boldsymbol{\phi}(\lambda)\boldsymbol{f}\in m$，$\boldsymbol{g}\boldsymbol{\phi}(\lambda)\in l$，且

$$\lambda\boldsymbol{\phi}(\lambda)\boldsymbol{f}-\boldsymbol{Q}(\boldsymbol{\phi}(\lambda)\boldsymbol{f})=\boldsymbol{f},\quad \lambda>0, \tag{10}$$

$$\lambda\boldsymbol{g}\boldsymbol{\phi}(\lambda)-(\boldsymbol{g}\boldsymbol{\phi}(\lambda))\boldsymbol{Q}=\boldsymbol{g},\quad \lambda>0. \tag{11}$$

证 仿 § 7.4 中定理 2 的证明. ■

定理 3 设 $\boldsymbol{f}\in m$，r_a 正则或流出. 则

$$(\boldsymbol{\phi}(\lambda)\boldsymbol{f})(r_a)\equiv\lim_{Z_i\to r_a}(\boldsymbol{\phi}(\lambda)\boldsymbol{f})_i=0. \tag{12}$$

证 当 r_a 流出或正则时，有 $u_a(r_a,\lambda)<+\infty$. 进一步，如果 $Z_i\to r_a$，那么

$$\frac{u_{ai}(\lambda)}{u_a(r_a,\lambda)}\to 1,\quad u_{bi}(\lambda)\to 0,\quad b\neq a.$$

在（6）中令 $Z_i\to r_a$，得 $\lambda(\boldsymbol{\phi}(\lambda)\mathbf{1})_i\to\lambda(\boldsymbol{\phi}(\lambda)\mathbf{1})(r_a)=0$，从而得 (12). ■

定理 4 $\boldsymbol{\phi}(\lambda)$ 是最小 $\boldsymbol{Q}$ 预解矩阵，$\boldsymbol{\phi}(\lambda)$ 是诚实的，当且仅当 r_1 和 r_2 均是流入或自然边界点.

证 仿照 § 7.4 中定理 3 的证明. ■

§8.4　流出族和流入族的表现

今后将简写

$$X_i^{(1)}(\lambda)=\frac{u_{1i}(\lambda)}{u_1(r_1,\lambda)},\quad X_i^{(2)}(\lambda)=\frac{u_{2i}(\lambda)}{u_2(r_2,\lambda)},\tag{1}$$

$$X_i^{(1)}=\frac{r_2-Z_i}{r_2-r_1},\quad X_i^{(2)}=\frac{Z_i-r_1}{r_2-r_1}.\tag{2}$$

当 r_a 正则或流出时，$\boldsymbol{X}^{(a)}(\lambda)\neq\mathbf{0}$；当 r_a 流入或自然时，$\boldsymbol{X}^{(a)}(\lambda)=\mathbf{0}$. 如果 r_a 有限而 $r_b(b\neq a)$ 无限，理解 $\boldsymbol{X}^{(a)}=\mathbf{1}$，$\boldsymbol{X}^{(b)}=\mathbf{0}$，$(b\neq a)$. 如果 r_1 和 r_2 均无限，约定 $\boldsymbol{X}^{(1)}=\boldsymbol{X}^{(2)}=\mathbf{1}$. $\boldsymbol{X}^{(a)}$ 是 §2.8 中方程（13）的解，即是

$$\boldsymbol{Qu}=\mathbf{0},\quad \mathbf{0}\leqslant\boldsymbol{u}\leqslant\mathbf{1}\tag{3}$$

的解. §8.3 中等式（6）成为

$$\lambda\boldsymbol{\phi}(\lambda)\mathbf{1}=\mathbf{1}-\boldsymbol{X}^{(1)}(\lambda)-\boldsymbol{X}^{(2)}(\lambda).\tag{4}$$

引理 1　$(\boldsymbol{X}^{(a)}(\lambda),\ \lambda>0)$ $(a=1,\ 2)$ 是调和流出族，且

$$\lambda\boldsymbol{\phi}(\lambda)\boldsymbol{X}^{(a)}=\boldsymbol{X}^{(a)}-\boldsymbol{X}^{(a)}(\lambda).\tag{5}$$

证　显然，$\boldsymbol{X}^{(a)}(\lambda)\in M_\lambda^+(1)$（见 §2.7）. 如果（5）成立，那么从（5）和 $\boldsymbol{\phi}(\lambda)$ 的预解方程可得出 $(\boldsymbol{X}^{(a)}(\lambda),\ \lambda>0)$ 是流出族，从而是调和流出族，

往证（5）. 若 r_1 和 r_2 均无限，则 $\boldsymbol{X}^{(1)}(\lambda)=\boldsymbol{X}^{(2)}(\lambda)=\mathbf{0}$，故从（4）知（5）平凡地成立. 若 r_a 有限而 $r_b(b\neq a)$ 无限，则 $\boldsymbol{X}^{(a)}=\mathbf{1}$ 而 $\boldsymbol{X}^{(b)}=\mathbf{0}$，$(b\neq a)$. 因 r_b 无限，故 r_b 必为流入或自然，从而 $\boldsymbol{X}^{(b)}(\lambda)=\mathbf{0}$. 于是（4）成为

$$\lambda\boldsymbol{\phi}(\lambda)\mathbf{1}=\mathbf{1}-\boldsymbol{X}^{(a)}(\lambda),\tag{6}$$

从而（5）成立.

设 r_1 和 r_2 均有限，对 $a=2$ 证明（5）.

依§8.3中（3），有

$$\lambda \sum_{j} \phi_{ij}(\lambda)(r_2 - Z_j)$$
$$= u_{1i}(\lambda) \sum_{j \leqslant i} \lambda u_{2j}(\lambda)\mu_j \sum_{k \geqslant j} (Z_{k+1} - Z_k) +$$
$$u_{2i}(\lambda) \sum_{j > i} \lambda u_{1j}(\lambda)\mu_j \sum_{k \geqslant j} (Z_{k+1} - Z_k), \tag{7}$$

$$第一项 = u_{1i}(\lambda)\Big[\sum_{k<i}(Z_{k+1} - Z_k)\sum_{j \leqslant k}\lambda u_{2j}(\lambda)\mu_j +$$
$$\sum_{k \geqslant i}(Z_{k+1} - Z_k)\sum_{j \leqslant i}\lambda u_{2j}(\lambda)\mu_j\Big]$$
$$= u_{1i}(\lambda)\Big\{\sum_{k<i}(Z_{k+1} - Z_k)[u_{2k}^{+}(\lambda) - u_2^{+}(r_1, \lambda)] +$$
$$\sum_{k \geqslant i}(Z_{k+1} - Z_k)[u_{2i}^{+}(\lambda) - u_2^{+}(r_1, \lambda)]\Big\}$$
$$= u_{1i}(\lambda)\Big\{u_{2i}(\lambda) - u_2(r_1, \lambda) + u_{2i}^{+}(\lambda)(r_2 - Z_i) -$$
$$\sum_{k}(Z_{k+1} - Z_k)u_2^{+}(r_1, \lambda)\Big\},$$

$$第二项 = u_{2i}(\lambda) \sum_{k > i} (Z_{k+1} - Z_k) \sum_{i < j \leqslant k} \lambda u_{1j}(\lambda)\mu_j$$
$$= u_{2i}(\lambda) \sum_{k \geqslant i} (Z_{k+1} - Z_k)[u_{1k}^{+}(\lambda) - u_{1i}^{+}(\lambda)]$$
$$= u_{2i}(\lambda)[u_1(r_1, \lambda) - u_{1i}(\lambda) - u_{1i}^{+}(\lambda)(r_2 - Z_i)]$$
$$= u_{2i}(\lambda)[-u_{1i}(\lambda) - u_{1i}^{+}(\lambda)(r_2 - Z_i)].$$

代入（7）中并注意§8.2中（10），得

$$\lambda \sum_{j} \phi_{ij}(\lambda)(r_2 - Z_j)$$
$$= (r_2 - Z_i) - u_{1i}(\lambda)u_2(r_1, \lambda) - u_{2i}(\lambda)(r_2 - r_1)u_2^{+}(r_1, \lambda). \tag{8}$$

当 r_1 有限时，r_1 必定是非流入的，故由§8.2中定理3有 $u_2(r_1, \lambda) = 0$. 注意§8.3中（8），并用 $r_1 - r_2$ 除（8）的两边，得 $a=2$ 的（5）. ■

引理 2　设 r_1 流入，r_2 正则或流出. 记

$$\eta_{1j}=(r_2-Z_j)\mu_j,\quad \eta_{1j}(\lambda)=-\frac{u_{1j}(\lambda)\mu_j}{u_1^+(r_1,\lambda)}. \tag{9}$$

则（$\boldsymbol{\eta}_1(\lambda)$，$\lambda>0$）是调和流入族，且

$$\lambda\boldsymbol{\eta}_1\boldsymbol{\phi}(\lambda)=\boldsymbol{\eta}_1-\boldsymbol{\eta}_1(\lambda). \tag{10}$$

证　依§8.2中定理1，知 $\boldsymbol{\eta}_1(\lambda)\in\mathcal{L}_\lambda^+$（见§2.7）. 依§8.3中（8），$u_2^+(r_1,\lambda)=0$. 如果能证明

$$u_2(r_1,\lambda)=-\frac{1}{u^+(r_1,\lambda)}, \tag{11}$$

那么依§8.3中（5），从（8）得（10）.

往证（11）. 注意§8.2中（10），只需证明

$$\lim_{i\to-\infty}u_{1i}(\lambda)u_{2i}^+(\lambda)=0. \tag{12}$$

实际上，由于 $u_2^+(r_1,\lambda)=0$，有

$$\begin{aligned}0&\leqslant u_{1i}(\lambda)u_{2i}^+(\lambda)=u_{1i}(\lambda)[u_{2i}^+(\lambda)-u_2^+(r_1,\lambda)]\\&=u_{1i}(\lambda)\sum_{j\leqslant i}\lambda u_{2j}(\lambda)\mu_j\leqslant u_{2i}(\lambda)\sum_{j\leqslant i}\lambda u_{1j}(\lambda)\mu_j\\&=u_{2i}(\lambda)[u_{1i}^+(\lambda)-u_1^+(r_1,\lambda)]\\&\to u_2(r_1,\lambda)[u_1^+(r_1,\lambda)-u_1^+(r_1,\lambda)]=0,\quad i\to-\infty.\end{aligned}$$

从（10）和 $\boldsymbol{\phi}(\lambda)$ 的预解方程得（$\boldsymbol{\eta}_1(\lambda)$，$\lambda>0$）是流入族，从而是调和流入族. ■

引理 3　设边界点 r_2 流出或正则，则（$\bar{\boldsymbol{\eta}}(\lambda)$，$\lambda>0$）是调和流入族，当且仅当 $\bar{\boldsymbol{\eta}}(\lambda)$ 有下面的表现：

$$\bar{\boldsymbol{\eta}}(\lambda)=p_1\boldsymbol{\Phi}^{(1)}(\lambda)+p_2\boldsymbol{X}^{(2)}(\lambda)\boldsymbol{\mu}, \tag{13}$$

其中常数 $p_a\geqslant0$（$a=1,2$），当 r_a 流出或自然时 $p_a=0$，且

$$\boldsymbol{\Phi}^{(1)}(\lambda)=\begin{cases}\boldsymbol{\eta}_1(\lambda), & r_1\text{ 流入},\\ \boldsymbol{X}^{(1)}(\lambda)\boldsymbol{\mu}, & r_1\text{ 正则}.\end{cases} \tag{14}$$

证　设（$\bar{\boldsymbol{\eta}}(\lambda)$，$\lambda>0$）是调和流入族. 则

$$\bar{\boldsymbol{\eta}}(\lambda)=C_{1\lambda}\boldsymbol{u}_1(\lambda)\boldsymbol{\mu}+C_{2\lambda}\boldsymbol{u}_2(\lambda)\boldsymbol{\mu},$$

因$\bar{\boldsymbol{\eta}}(\lambda)\in l$，故当 r_a 流出或自然时，$C_{a\lambda}=0$. 故

$$\bar{\boldsymbol{\eta}}(\lambda)=p_{1\lambda}\boldsymbol{\Phi}^{(1)}(\lambda)+p_{2\lambda}\boldsymbol{X}^{(2)}(\lambda)\boldsymbol{\mu},$$

而且，当 r_a 流出或自然时有 $p_{a\lambda}=0$. 因当 r_a 正则时，$(\boldsymbol{X}^{(a)}(\lambda),\ \lambda>0)$ 是调和流出族，故 $(\boldsymbol{X}^{(a)}(\lambda)\boldsymbol{\mu},\ \lambda>0)$ 是调和流入族，又因 $(\bar{\boldsymbol{\eta}}(\lambda),\ \lambda>0)$，$(\boldsymbol{\Phi}^{(1)}(\lambda),\ \lambda>0)$ 和 $(\boldsymbol{X}^{(2)}(\lambda)\boldsymbol{\mu},\ \lambda>0)$ 均是流入族，于是 $p_{a\lambda}=p_a$ 与 $\lambda>0$ 无关. 这样，$\bar{\boldsymbol{\eta}}(\lambda)$ 具有表现（13）. 因$\bar{\boldsymbol{\eta}}(\lambda)\geqslant 0$，故依§8.2 中定理 3（iii）有

$$p_a\geqslant 0 \quad a=1,\ 2.$$

反之，由（12）给出的 $(\bar{\boldsymbol{\eta}}(\lambda),\ \lambda>0)$ 显然地是调和流入族. ■

引理 4 设边界点 r_1 和 r_2 是正则或流出. 若 r_a 正则，则当 $\lambda\uparrow+\infty$ 时有

$$U_\lambda^{ab}\equiv\lambda[\boldsymbol{X}^{(a)}(\lambda)\boldsymbol{\mu},\boldsymbol{X}^{(b)}]$$

$$\uparrow U^{ab}=\begin{cases}+\infty, & b=a,\\ \dfrac{1}{r_2-r_1}, & b\neq a.\end{cases} \tag{15}$$

证 仿§7.5 中引理 5 的证明. ■

引理 5 设 r_a 正则或流出，则调和流出族 $(\boldsymbol{X}^{(a)}(\lambda),\ \lambda>0)$ 的标准映像是 $X^{(a)}$.

证 对 $a=2$ 证明引理. 设 $(\boldsymbol{X}^{(2)}(\lambda),\ \lambda>0)$ 的标准映像为 $\bar{\boldsymbol{X}}^{(2)}$，即 $\bar{\boldsymbol{X}}^{(2)}=\lim\limits_{\lambda\to 0}\boldsymbol{X}^{(2)}(\lambda)$，且

$$\lambda\boldsymbol{\phi}(\lambda)\bar{\boldsymbol{X}}^{(2)}=\bar{\boldsymbol{X}}^{(2)}-\boldsymbol{X}^{(2)}(\lambda). \tag{16}$$

因 $\boldsymbol{X}^{(2)}(\lambda)\leqslant\boldsymbol{X}^{(2)}$，故 $\bar{\boldsymbol{X}}^{(2)}\leqslant\boldsymbol{X}^{(2)}$. 而 $\boldsymbol{u}=\boldsymbol{X}^{(2)}-\bar{\boldsymbol{X}}^{(2)}$ 是§2.8 中方程（13）（即§8.4 中（3））的解. 由于（16），以及§8.4 中（5），有

$$\lambda\boldsymbol{\phi}(\lambda)\boldsymbol{u}=\boldsymbol{u}. \tag{17}$$

设 r_1 无限. 由于 r_2-Z_i 和 Z_i 是方程 $\boldsymbol{Q}\boldsymbol{u}=\boldsymbol{0}$ 的两个线性独立的

解，故

$$u_i = C_1(r_2 - Z_i) + C_2 Z_i = C_1 r_2 + (C_2 - C_1) Z_i.$$

因上式左方的 $\boldsymbol{u}$ 有界，故必定 $C_2 = C_1$，从而 $\boldsymbol{u} = C_1 r_2 = C$ 是一个常数，于是

$$\lambda\boldsymbol{\phi}(\lambda)\boldsymbol{u} = C\lambda\boldsymbol{\phi}(\lambda)\mathbf{1} = C(\mathbf{1} - \boldsymbol{X}^{(2)}(\lambda)) = \boldsymbol{u} - C\boldsymbol{X}^{(2)}(\lambda).$$

将上式与（17）比较得 $C=0$，从而 $\boldsymbol{u}=\mathbf{0}$，$\bar{\boldsymbol{X}}^{(2)} = \boldsymbol{X}^{(2)}$.

设 r_1 有限. 此时 $\boldsymbol{X}^{(1)}$ 和 $\boldsymbol{X}^{(2)}$ 是方程 $\boldsymbol{Q}\boldsymbol{u}=\mathbf{0}$ 的两个线性独立的解，故 $\boldsymbol{u} = C_1\boldsymbol{X}^{(1)} + C_2\boldsymbol{X}^{(2)}$. 依 § 8.4 中（5），有

$$\lambda\boldsymbol{\phi}(\lambda)\boldsymbol{u} = \boldsymbol{u} - C_1\boldsymbol{X}^{(1)}(\lambda) - C_2\boldsymbol{X}^{(2)}(\lambda).$$

将上式与（17）比较得 $C_1\boldsymbol{X}^{(1)}(\lambda) + C_2\boldsymbol{X}^{(2)}(\lambda) = \mathbf{0}$. 如果 r_1 正则或流出，那么由 $\boldsymbol{X}^{(1)}(\lambda)$ 和 $\boldsymbol{X}^{(2)}(\lambda)$ 的线性独立性，有 $C_1 = C_2 = 0$，从而 $\boldsymbol{u}=\mathbf{0}$，$\bar{\boldsymbol{X}}^{(2)} = \boldsymbol{X}^{(2)}$. 如果 r_1 自然（因 r_1 有限，r_1 不可能是流入边界），此时 $\boldsymbol{X}^{(1)}(\lambda) = \mathbf{0}$. 故我们得 $C_2 = 0$，且 $\mathbf{0} \leqslant \boldsymbol{u} = C_1\boldsymbol{X}^{(1)} \leqslant \boldsymbol{X}^{(2)}$. 注意 $\lim\limits_{i\to-\infty} X_i^{(1)} = 1$，$\lim\limits_{i\to-\infty} X_i^{(2)} = 0$，得 $C_1 = 0$. 这样，$\boldsymbol{u}=\mathbf{0}$，即 $\bar{\boldsymbol{X}}^{(2)} = \boldsymbol{X}^{(2)}$.

引理 6　设边界点 r_2 流出或正则. 如果调和流入族 $(\boldsymbol{\Phi}^{(1)}(\lambda),\ \lambda>0)$ 由（14）确定，那么其标准映像为

$$\boldsymbol{\Phi}^{(1)} = \begin{cases} \eta_1, & r_1 \text{ 流入}, \\ \boldsymbol{X}^{(1)}\boldsymbol{\mu}; & r_1 \text{ 正则}. \end{cases} \tag{18}$$

其中 $\eta_{1j} = (r_2 - Z_j)\mu_j$，而 $\boldsymbol{X}^{(1)}$ 由 $\boldsymbol{X}^{(2)}$ 确定.

证　当 r_1 正则时，依引理 5 有 $\lim\limits_{\lambda\to 0}\boldsymbol{X}^{(1)}(\lambda) = \boldsymbol{X}^{(1)}$，故 $\lim\limits_{\lambda\to 0}\boldsymbol{\Phi}^{(1)}(\lambda) = \boldsymbol{\Phi}^{(1)}$，引理结论正确.

今设 r_1 流入，并设 $(\boldsymbol{\eta}_1(\lambda),\ \lambda>0)$ 的标准映像是 $\bar{\boldsymbol{\eta}}_1$，即 $\bar{\boldsymbol{\eta}}_1 = \lim\limits_{\lambda\to 0}\boldsymbol{\eta}_1(\lambda)$，且

$$\lambda\bar{\boldsymbol{\eta}}_1\boldsymbol{\phi}(\lambda) = \bar{\boldsymbol{\eta}}_1 - \boldsymbol{\eta}_1(\lambda). \tag{19}$$

因依（10）有 $\boldsymbol{\eta}_1(\lambda) \leqslant \boldsymbol{\eta}_1$：故 $\bar{\boldsymbol{\eta}}_1 \leqslant \boldsymbol{\eta}_1$. 于是 $\boldsymbol{v} = \boldsymbol{\eta}_1 - \bar{\boldsymbol{\eta}}_1$ 是方程

$\boldsymbol{v}Q=\mathbf{0}$ 的非负解，依（10）和（19），有

$$\lambda\boldsymbol{v}\boldsymbol{\phi}(\lambda)=\boldsymbol{v}. \tag{20}$$

由于 $\boldsymbol{\eta}_1$ 和 $\boldsymbol{Z}_j\mu_j$ 是方程 $\boldsymbol{v}Q=\mathbf{0}$ 的两个线性独立解，故

$$\begin{aligned} v_j &= C_1\eta_{1j}+C_2\boldsymbol{Z}_j\mu_j=C_1\eta_{1j}+C_2(r_2\mu_j-\eta_{1j}) \\ &= C_2r_2\mu_j+(C_1-C_2)\eta_{1j}. \end{aligned}$$

注意 （9），以及§8.3中（2），有

$$\begin{aligned} (\lambda\boldsymbol{v}\boldsymbol{\phi}(\lambda))_j &= C_2r_2(\boldsymbol{\lambda\phi}(\lambda)\mathbf{1})_j\mu_j+(C_1-C_2)(\eta_{1j}-\eta_{1j}(\lambda)) \\ &= C_2r_2(1-X_j^{(2)}(\lambda))\mu_j+(C_1-C_2)(\eta_{1j}-\eta_{1j}(\lambda)) \\ &= v_j-[C_2r_2X_j^{(2)}(\lambda)\mu_j+(C_1-C_2)\eta_{1j}(\lambda)]. \end{aligned}$$

将上式与（20）比较得

$$C_2r_2\boldsymbol{X}^{(2)}(\lambda)\boldsymbol{\mu}+(C_1-C_2)\boldsymbol{\eta}_1(\lambda)=\mathbf{0}.$$

依§8.2中定理4，$\boldsymbol{X}^{(2)}(\lambda)\boldsymbol{\mu}$ 和 $\boldsymbol{\eta}_1(\lambda)$ 是线性独立的，故$C_2r_2=C_1-C_2=0$，从而 $C_1=C_2=0$，$\boldsymbol{v}=\mathbf{0}$，$\bar{\boldsymbol{\eta}}_1=\boldsymbol{\eta}_1$. ■

§8.5　r_1 流入或自然，r_2 正则或流出

从本节开始，我们着手构造所有的 Q 预解矩阵.

依 §8.3 中定理 4，当 r_1 和 r_2 是流入或自然时，最小解 $\boldsymbol{\phi}(\lambda)$是诚实的，因而 $\boldsymbol{\phi}(\lambda)$ 是唯一的 Q 预解矩阵，本节中，假定一个边界点为流入或自然，例如 r_1，而另一个边界点正则或流出，例如 r_2. 此时，有 $\boldsymbol{X}^{(1)}(\lambda)=\mathbf{0}$，$\boldsymbol{X}^{(2)}(\lambda)>\mathbf{0}$. 而且，§8.2 中方程（2）只有一个线性独立的有界解 $\bar{\boldsymbol{X}}(\lambda)=\boldsymbol{X}^{(2)}(\lambda)$. 于是知 Q 是单流出的. 显然，此种情形的构造问题已在 §2.10 的定理 1 中解决. 然而，在现在的双边生灭过程情形，将取特别的形式.

在此情形，依 §8.4 中引理 5 中的记号，有

$$\bar{\boldsymbol{X}}=\boldsymbol{X}^{(2)},\quad \boldsymbol{X}^{(0)}=\mathbf{1}-\bar{\boldsymbol{X}}=\boldsymbol{X}^{(1)}. \tag{1}$$

定理 1　设边界点 r_1 流入或自然，r_2 流出或正则，为使 $\boldsymbol{\psi}(\lambda)=\{\psi_{ij}(\lambda)\}$ 是 Q 预解矩阵，必须而且只需，或者 $\boldsymbol{\psi}(\lambda)=\boldsymbol{\phi}(\lambda)$，或者 $\boldsymbol{\psi}(\lambda)$ 可以如下得到：先取行向量 $\boldsymbol{\alpha}\geqslant\mathbf{0}$ 使 $\boldsymbol{\alpha\phi}(\lambda)\in l$，取常数 $p_a\geqslant0$，$(a=1,2)$，且 r_a 流出或自然时 $p_a=0$. 记

$$\begin{cases}\bar{\boldsymbol{\eta}}(\lambda)=p_1\boldsymbol{\eta}_1(\lambda)+p_2\boldsymbol{X}^{(2)}(\lambda)\boldsymbol{\mu},\\ \boldsymbol{\eta}(\lambda)=\boldsymbol{\alpha\phi}(\lambda)+\bar{\boldsymbol{\eta}}(\lambda)\neq\mathbf{0}.\end{cases} \tag{2}$$

这里 $\eta_1(\lambda)=-\dfrac{u_1(\lambda)\mu}{u_1^+(r_1,\lambda)}$. 再取常数 C 满足

$$[\boldsymbol{\alpha},\boldsymbol{X}^{(1)}]+\bar{\sigma}^{(0)}\leqslant C, \tag{3}$$

其中

$$\bar{\sigma}^{(0)}=\lambda[\bar{\boldsymbol{\eta}}(\lambda),\boldsymbol{X}^{(1)}]，与 \lambda>0 无关. \tag{4}$$

最后，令

$$\psi_{ij}(\lambda)=\phi_{ij}(\lambda)+X_i^{(2)}(\lambda)\frac{\eta_j(\lambda)}{C+\lambda[\boldsymbol{\eta}(\lambda),\ \boldsymbol{X}^{(2)}]}$$

$$=\phi_{ij}(\lambda)+X_i^{(2)}(\lambda)\cdot$$

$$\frac{\sum_k \alpha_k\phi_{kj}(\lambda)+p_1\eta_{1j}(\lambda)+p_2X_j^{(2)}(\lambda)\mu_j}{C+[\boldsymbol{\alpha},\boldsymbol{X}^{(2)}-\boldsymbol{X}^{(2)}(\lambda)]+p_1\lambda[\boldsymbol{\eta}_1(\lambda),\boldsymbol{X}^{(2)}]+p_2\lambda[\boldsymbol{X}^{(2)}(\lambda)\boldsymbol{\mu},\boldsymbol{X}^{(2)}]},\tag{5}$$

$\boldsymbol{\psi}(\lambda)$ 是诚实的，当且仅当

$$C=[\boldsymbol{\alpha},\ \boldsymbol{X}^{(1)}]+\bar{\sigma}^{(0)}.\tag{6}$$

$\boldsymbol{\psi}(\lambda)$ 是 F 型的，当且仅当 $\alpha=0$.

§8.6　r_1 和 r_2 为正则或流出

假设 r_1 和 r_2 为正则或流出. 此时，$\boldsymbol{X}^{(1)}(\lambda)$ 和 $\boldsymbol{X}^{(2)}(\lambda)$ 是§8.2 中方程（2）的线性独立的解. 如果 $\boldsymbol{\psi}(\lambda)$ 是一个 $\boldsymbol{Q}$ 预解矩阵，那么当 j 固定时，$u_i=\psi_{ij}(\lambda)-\phi_{ij}(\lambda)$ 是§8.2 中（2）的非负有界解，故

$$u_i=X_i^{(1)}(\lambda)F^{(1)}+X_i^{(2)}(\lambda)F^{(2)}\geqslant 0.$$

注意　依§8.2 中定理 3，

$$X^{(a)}(r_a,\ \lambda)=1,\quad X^{(a)}(r_b,\ \lambda)=0\quad b\neq a,\ a=1,\ 2.\tag{1}$$

故 $\boldsymbol{F}^{(1)}\geqslant\mathbf{0}$，$\boldsymbol{F}^{(2)}\geqslant\mathbf{0}$. $\boldsymbol{F}^{(a)}$ 实际上依赖于 j 和 $\lambda>0$，故

$$\psi_{ij}(\lambda)=\phi_{ij}(\lambda)+X_i^{(1)}(\lambda)F_j^{(1)}(\lambda)+X_i^{(1)}(\lambda)F_j^{(2)}(\lambda),\tag{2}$$

其中 $\boldsymbol{F}^{(a)}(\lambda)\geqslant\mathbf{0}$ $(a=1,\ 2)$. 我们将决定 $\boldsymbol{F}^{(a)}(\lambda)$ $(a=1,\ 2)$，使得按（2）确定的 $\boldsymbol{\psi}(\lambda)$ 是 $\boldsymbol{Q}$ 预解矩阵. 由于（2）中 $\boldsymbol{\psi}(\lambda)$ 恒满足 B 条件，故只需考虑 $\boldsymbol{\psi}(\lambda)$ 的范条件和预解方程.

注意　（1），以及§8.4 中（4），我们可得：$\boldsymbol{\psi}(\lambda)$ 的范条件等价于§7.8 中（2）. 类似地，注意 $\boldsymbol{\phi}(\lambda)$ 满足预解方程，$(\boldsymbol{X}^{(a)}(\lambda),\ \lambda>0)(a=1,\ 2)$ 是调和流出族，以及 $\boldsymbol{X}^{(1)}(\lambda)$ 和 $\boldsymbol{X}^{(2)}(\lambda)$ 是线性独立的，在将（2）中的 $\boldsymbol{\psi}(\lambda)$ 代入预解方程后，我们得：$\boldsymbol{\psi}(\lambda)$ 的预解方程等价于§7.8 中（3）. 于是，可以仿照§7.8 和§7.9 中的讨论.

注意　对于双边生灭过程的情形，由于（2）中的 $\boldsymbol{\psi}(\lambda)$ 满足 B 条件，而 B 条件蕴含 Q 条件，故只需考虑 $\boldsymbol{\psi}(\lambda)$ 的范条件和预解条件. 而不必像单边生灭过程情形那样，除了考虑范条件和预解方程外，还要考虑 Q 条件.

利用§8.4 中引理 4，仿照§7.8 中定理 1 的证明，我们可

得下面的定理.

定理1 设 r_1 和 r_2 正则或流出，设 $\boldsymbol{F}^{(1)}(\lambda)$ 和 $\boldsymbol{F}^{(2)}(\lambda)$ 对某个（从而一切）$\lambda>0$ 线性相关，则为使（2）中的 $\boldsymbol{\psi}(\lambda)$ 是一个 $\boldsymbol{Q}$ 预解矩阵，必须而且只需，或者 $\boldsymbol{\psi}(\lambda)=\boldsymbol{\phi}(\lambda)$，或者 $\boldsymbol{\psi}(\lambda)$ 可以如下得到：取行向量 $\boldsymbol{\alpha}\geqslant\mathbf{0}$，使得 $\boldsymbol{\alpha\phi}(\lambda)\in l$；取常数 $p_a\geqslant 0$，$(a=1,2)$，当 r_a 流出时 $p_a=0$；取常数 $d_a\geqslant 0$，$(a=1,2)$，且 $d_1+d_2>0$；取常数 C；它们具有下面的性质：

$$\boldsymbol{\eta}(\lambda)=\boldsymbol{\alpha\phi}(\lambda)+p_1\boldsymbol{X}^{(1)}(\lambda)\boldsymbol{\mu}+p_2\boldsymbol{X}^{(2)}(\lambda)\boldsymbol{\mu}\neq\mathbf{0}. \tag{3}$$

如果 $d_1=d_2$，那么

$$C\geqslant 0; \tag{3_1}$$

如果 $d_1>d_2$，那么

$$p_2=0,\quad C\geqslant(d_1-d_2)W_2,\quad W_2=[\boldsymbol{\alpha},\boldsymbol{X}^{(2)}]+\frac{p_1}{r_2-r_1}<+\infty; \tag{4}$$

如果 $d_2>d_1$，那么

$$p_1=0,\quad C\geqslant(d_2-d_1)W_1,\quad W_1=[\boldsymbol{\alpha},\boldsymbol{X}^{(1)}]+\frac{p_2}{r_2-r_1}<+\infty. \tag{5}$$

最后令

$$\boldsymbol{\xi}(\lambda)=d_1\boldsymbol{X}^{(1)}(\lambda)+d_2\boldsymbol{X}^{(2)}(\lambda),\quad \boldsymbol{\xi}=d_1\boldsymbol{X}^{(1)}+d_2\boldsymbol{X}^{(2)}; \tag{6}$$

$$\begin{aligned}\psi_{ij}(\lambda)&=\phi_{ij}(\lambda)+\xi_i(\lambda)\frac{\eta_j(\lambda)}{C+\lambda[\boldsymbol{\eta}(\lambda),\boldsymbol{\xi}]}\\&=\phi_{ij}(\lambda)+\left\{\sum_{a=2}^{2}d_aX_i^{(a)}(\lambda)\right\}\times\\&\qquad\frac{\sum\limits_k\alpha_k\phi_{kj}(\lambda)+\sum\limits_{b=1}^{2}p_bX_j^{(b)}(\lambda)\mu_j}{C+\sum\limits_{a=1}^{2}d_a[\boldsymbol{\alpha},\boldsymbol{X}^{(a)}-\boldsymbol{X}^{(a)}(\lambda)]+\sum\limits_{b=1}^{2}p_b\lambda[\boldsymbol{X}^{(b)}(\lambda)\boldsymbol{\mu},\mathbf{1}]},\end{aligned} \tag{7}$$

而且，$\boldsymbol{\psi}(\lambda)$ 是诚实的，当且仅当 $d_1=d_2$ 且 $C=0$；$\boldsymbol{\psi}(\lambda)$ 是 F 型的，当且仅当 $\boldsymbol{\alpha}=\boldsymbol{0}$.

我们仍采用 § 7.9 中使用的矩阵记号. 仿照 § 7.9 中引理 1 的证明，我们有下面的引理.

引理 1　设 $\boldsymbol{F}^{(a)}(\lambda)$，$(a=1, 2)$，满足 § 7.8 中 (2) 和 (3). 则存在行向量 $\boldsymbol{\alpha}^{(a)}\geqslant\boldsymbol{0}$，$(a=1, 2)$，使 $\boldsymbol{\alpha}^{(a)}\boldsymbol{\phi}(\lambda)\in l$；存在二阶方阵 $\boldsymbol{R}_\lambda=(r_\lambda^{ab})\geqslant\boldsymbol{0}$ 和 $\boldsymbol{M}_\lambda=(M_\lambda^{ab})\geqslant\boldsymbol{0}$（当 r_a 流出时 $M_\lambda^{1a}=M_\lambda^{2a}=0$）；使得

$$[\boldsymbol{F}(\lambda)]=\boldsymbol{R}_\lambda[\boldsymbol{\alpha}\boldsymbol{\phi}(\lambda)]+M_\lambda[\boldsymbol{X}(\lambda)\boldsymbol{\mu}]. \tag{8}$$

先考虑 (8) 的一种特殊情形：

$$[\boldsymbol{F}(\lambda)]=\boldsymbol{R}_\lambda[\boldsymbol{\alpha}\boldsymbol{\phi}(\lambda)],\quad [\boldsymbol{\alpha}^{(a)}, \boldsymbol{1}]<+\infty,\ a=1, 2. \tag{9}$$

仿照 § 7.9 中定理 2 和定理 3 的证明，可以得到下面的定理.

定理 2　设 r_1 和 r_2 为正则或流出. 假定 $\boldsymbol{F}^{(a)}(\lambda)$ $(a=1, 2)$ 有 (9) 的形式. 则为使由 (2) 确定的 $\boldsymbol{\psi}(\lambda)$ 是一个 $\boldsymbol{Q}$ 预解矩阵，必须而且只需，$[F(\lambda)]$ 有如下表示：

$$[\boldsymbol{F}(\lambda)]=(\boldsymbol{I}-\boldsymbol{T}_\lambda)^{-1}[\boldsymbol{\alpha}\boldsymbol{\phi}(\lambda)], \tag{10}$$

其中

$$\boldsymbol{\alpha}^{(a)}\geqslant\boldsymbol{0},\quad [\boldsymbol{\alpha}^{(a)}, \boldsymbol{1}]\leqslant 1,\quad 矩阵\ \boldsymbol{T}_\lambda=\{[\boldsymbol{\alpha}^{(a)}, \boldsymbol{X}^{(b)}(\lambda)]\}. \tag{11}$$

而且，由 (10) 决定的 $\boldsymbol{F}^{(1)}(\lambda)$ 和 $\boldsymbol{F}^{(2)}(\lambda)$ 线性独立的充分必要条件是 $\boldsymbol{\alpha}^{(1)}$ 与 $\boldsymbol{\alpha}^{(2)}$ 线性独立.

仿照 § 7.9 中引理 5 的证明，可得下面的定理.

定理 3　设 r_1 和 r_2 正则或流出，$\boldsymbol{F}^{(1)}(\lambda)$ 和 $\boldsymbol{F}^{(2)}(\lambda)$ 对某个（从而一切）$\lambda>0$ 线性独立. 则为使由 (2) 确定的 $\boldsymbol{\psi}(\lambda)$ 是一个 $\boldsymbol{Q}$ 预解矩阵，必须而且只需 $\boldsymbol{\psi}(\lambda)$ 可以如下得到：取非负行向量 $\bar{\boldsymbol{\alpha}}^{(a)}$ $(a=1, 2)$，使 $\bar{\boldsymbol{\alpha}}^{(a)}\boldsymbol{\phi}(\lambda)\in l$；取非负二阶矩阵 $\bar{\boldsymbol{S}}=(\bar{S}^{ab})$ 和 $\bar{\boldsymbol{M}}=(\bar{M}^{ab})$，使 $\bar{S}^{11}=\bar{S}^{22}=0$，$\bar{M}^{12}=\bar{M}^{21}=0$；它们具有下面的性质：

(i) 如果 r_a 流出，那么 $\overline{M}^{aa}=0$；

(ii) 或者 $\overline{M}^{aa}>0$，$(a=1,2)$；或者 $\overline{M}^{aa}=0$，$\overline{M}^{bb}>0$ $(b\neq a)$ 且 $\overline{\boldsymbol{\alpha}}^{(a)}\neq\boldsymbol{0}$；或者 $\overline{M}^{aa}=0$，$(a=1,2)$ 且 $\overline{\boldsymbol{\alpha}}^{(a)}(a=1,2)$ 线性独立；

(iii) $\bar{h}^{ab}<+\infty$，$(a=1,2,b\neq a)$；

(iv) $\overline{S}^{12}\leqslant 1$，$\overline{S}^{21}\leqslant 1$，且

$$\overline{S}^{ab}\geqslant\bar{h}^{ab}+\frac{\overline{M}^{aa}}{r_2-r_1}(a=1,2,b\neq a).$$

令

$$\begin{cases}R_\lambda=(I-\overline{S}+\overline{H}_\lambda+\overline{M}U_\lambda)^{-1},\\ M_\lambda=(I-\overline{S}+\overline{H}_\lambda+\overline{M}U_\lambda)^{-1}\overline{M}.\end{cases}\tag{12}$$

这里，$\lambda\uparrow+\infty$时

$$\bar{h}_\lambda^{ab}=[\overline{\boldsymbol{\alpha}}^{(a)},\ \boldsymbol{X}^{(b)}-\boldsymbol{X}^{(b)}(\lambda)]\uparrow\bar{h}^{ab}=[\overline{\boldsymbol{\alpha}}^{(a)},\ \boldsymbol{X}^{(b)}];\tag{13}$$

$$0<U_\lambda^{ab}=\lambda[\boldsymbol{X}^{(a)}(\lambda)\boldsymbol{\mu},\ \boldsymbol{X}^{(a)}]\uparrow U^{ab}=\begin{cases}+\infty, & a=b,\\ \dfrac{1}{r_2-r_1}, & a\neq b;\end{cases}\tag{14}$$

$$\begin{cases}\overline{H}_\lambda=(\bar{h}_\lambda^{ab})\uparrow\overline{H}=(\bar{h}^{ab}),\\ U_\lambda=(U_\lambda^{ab})\uparrow U=(U^{ab}).\end{cases}\tag{15}$$

最后令

$$\boldsymbol{\psi}(\lambda)=\boldsymbol{\phi}(\lambda)+[\boldsymbol{X}(\lambda)]'(\boldsymbol{I}-\overline{\boldsymbol{S}}+\overline{\boldsymbol{H}}_\lambda+\overline{\boldsymbol{M}}\boldsymbol{U}_\lambda)^{-1}\{[\overline{\boldsymbol{\alpha}}\boldsymbol{\phi}(\lambda)]+\overline{\boldsymbol{M}}[\boldsymbol{X}(\lambda)\boldsymbol{\mu}]\}.\tag{16}$$

而且，$\boldsymbol{\psi}(\lambda)$ 是诚实的，当且仅当 $\overline{S}^{12}=\overline{S}^{21}=1$；$\boldsymbol{\psi}(\lambda)$ 是 F 型的，当且只当 $[\overline{\boldsymbol{\alpha}}]=[\boldsymbol{0}]$；$\boldsymbol{\psi}(\lambda)$ 有（2）和（9）特殊的形式，当且只当 $\overline{M}^{11}=\overline{M}^{22}=0$ 且 $\bar{h}^{aa}<+\infty$，$(a=1,2)$.

§8.7 $\boldsymbol{\alpha\phi}(\lambda)\in l$ 的条件

设行向量 $\boldsymbol{\alpha}\geqslant\mathbf{0}$. 由于§8.4 中（4），$\boldsymbol{\alpha\phi}(\lambda)\in l$ 等价于

$$\sum_i \alpha_i(1-X_i^{(1)}(\lambda)-X_i^{(2)}(\lambda))<+\infty,\quad \lambda>0. \tag{1}$$

本节中，用 Q 将直接地给出使 $\boldsymbol{\alpha\phi}(\lambda)\in l$ 的条件. 显然地，对（1），我们可分别地考虑 $\sum\limits_{i\geqslant 0}$ 和 $\sum\limits_{i\leqslant 0}$. 现在，我们只考虑 $\sum\limits_{i\geqslant 0}$. 对 $\sum\limits_{i\leqslant 0}$，情况类似.

引理 1 对§8.2 定理 1 中的，$u_1(\lambda)$ 和 $u_2(\lambda)$，有

$$u_{1i}(\lambda)=u_{2i}(\lambda)\sum_{j\geqslant i}\frac{Z_{j+1}-Z_j}{u_{2j}(\lambda)u_{2j+1}(\lambda)}. \tag{2}$$

证 记（2）的右边为 $V_i(\lambda)$. 仿照§7.3 中定理 2 的证明可得：（2）右方的级数是收敛的，$V(\lambda)$ 是§8.2 中方程（2）的正的严格减小解，且

$$V_i^+(\lambda)=u_{2i}^+(\lambda)\sum_{j\geqslant i}\frac{Z_{j+1}-Z_j}{u_{2j}(\lambda)u_{2j+1}(\lambda)}-\frac{1}{u_{2j}(\lambda)}. \tag{3}$$

由此可得

$$V(\lambda)u_2^+(\lambda)-V^+(\lambda)u_2(\lambda)=1. \tag{4}$$

当 r_2 非正则时，满足§8.2 中（10）的正的严格减小解是唯一的，故 $V(\lambda)=u_1(\lambda)$.

当 r_2 正则时，由于 $u_2(r_2,\lambda)<+\infty$，又（2）中右方级数是收敛的，故 $V(r_2,\lambda)=0$. 另一方面，解 $V(\lambda)$ 是 $u_1(\lambda)$ 和 $u_2(\lambda)$的线性组合，即

$$V(\lambda)=C_1u_1(\lambda)+C_2u_2(\lambda),$$

故

$$0=V(r_2,\lambda)=C_1u_1(r_2,\lambda)+C_2u_2(r_2,\lambda)$$

$$=C_2u_2(r_2,\lambda),$$

故 $C_2=0$，$V(\lambda)=C_1u_1(\lambda)$，$V^+(\lambda)=C_1u_1^+(\lambda)$，依（3）和§8.3 中（8），有

$$-\frac{1}{u_2(r_2,\lambda)}=V^+(r_2,\lambda)=C_1u_1^+(r_2,\lambda)=-\frac{C_1}{u_2(r_2,\lambda)},$$

故 $C_1=1$，$V(\lambda)=u_1(\lambda)$. ■

引理 2 设 r_2 正则或流出. 则

$$\lim_{i\to+\infty}\frac{u_{1i}(\lambda)}{r_2-Z_i}=\frac{1}{u_2(r_2,\lambda)},\tag{5}$$

$$\lim_{i\to+\infty}\frac{\phi_{ij}(\lambda)}{r_2-Z_i}=X_j^{(2)}(\lambda)\mu_j.\tag{6}$$

证 利用引理 1 并仿§7.10 中引理 1 的证明. ■

定理 1 设 r_2 正则. 则

$$\sum_{j\geqslant 0}\alpha_i(1-X_i^{(1)}(\lambda)-X_i^{(2)}(\lambda))<+\infty\tag{7}$$

等价于

$$\sum_{i\geqslant 0}\alpha_i(r_2-Z_i)<+\infty,\tag{8}$$

也等价于

$$\sum_{i\geqslant 0}\alpha_iN_i<+\infty.\tag{9}$$

这里，

$$\begin{aligned}N_i&=\sum_{j\geqslant i}(Z_{j+1}-Z_j)\sum_{0\leqslant k\leqslant j}\mu_k\\&=(r_2-Z_i)\sum_{0\leqslant k\leqslant i}\mu_k+\sum_{k\geqslant i+1}(r_2-Z_k)\mu_k.\end{aligned}\tag{10}$$

证 仿§7.10 中定理 1 的证明. ■

定理 2 设 r_2 流出. 则（7）等价于（9），且蕴含（8）.

证 依（2）和（10），对 $j\geqslant i\geqslant 0$ 有

$$u_{1j}(\lambda)<\frac{r_2-Z_j}{u_{2j}(\lambda)}\leqslant\frac{r_2-Z_j}{u_{2i}(\lambda)}\leqslant\frac{r_2-Z_j}{u_{20}(\lambda)},\tag{11}$$

$$u_{1j}(\lambda) > \frac{u_{2j}(\lambda)(r_2 - Z_j)}{(u_2(r_2, \lambda))^2} \geqslant \frac{u_{2j}(\lambda)(r_2 - r_j)}{(u(r_2, \lambda))^2}, \tag{12}$$

$$\frac{u_{1j}(\lambda)}{N_j} < \frac{r_2 - Z_j}{u_{2j}(\lambda)N_j} \leqslant \frac{\mu_0(r_2 - Z_j)}{\mu_0 u_{20}(\lambda)N_j} < \frac{1}{\mu_0 u_{20}(\lambda)}. \tag{13}$$

当 $i \geqslant 0$ 时，有

$$u_{1i}(\lambda) \sum_{0 \leqslant j \leqslant i} u_{2j}(\lambda)\mu_j \leqslant \frac{u_{1j}(\lambda)u_{2j}(\lambda)}{r_2 - Z_i}(r_2 - Z_i) \sum_{0 \leqslant j \leqslant i} \mu_j, \tag{14}$$

$$u_{1i}(\lambda) \sum_{0 \leqslant j \leqslant i} u_{2j}(\lambda)\mu_j \geqslant \frac{u_{1i}(\lambda)u_{20}(\lambda)}{r_2 - Z_i}(r_2 - Z_i) \sum_{0 \leqslant j \leqslant i} \mu_j. \tag{15}$$

于是，依照事实

$$\begin{aligned} & 1 - X_i^{(1)}(\lambda) - X_i^{(2)}(\lambda) \\ & = \lambda u_{1i}(\lambda) \sum_{j \leqslant i} u_{2j}(\lambda)\mu_j + \lambda u_{2i}(\lambda) \sum_{j > i} u_{1j}(\lambda)\mu_j \end{aligned} \tag{16}$$

以及（11）（13）和（14），有

$$\begin{aligned} & \frac{1 - X_i^{(1)}(\lambda) - X_i^{(2)}(\lambda)}{N_i} \\ & \leqslant \frac{\lambda}{u_{20}(\lambda)\mu_0} \sum_{j<0} u_{2j}(\lambda)\mu_j + \frac{\lambda u_{1i}(\lambda)u_{2i}(\lambda)}{r_2 - Z_i} \cdot \frac{(r_2 - Z_i)\sum\limits_{0 \leqslant j \leqslant i} \mu_j}{N_i} + \\ & \quad \frac{2u_{2i}(\lambda)}{N_i} \sum_{j>i} \frac{(r_2 - Z_j)\mu_j}{u_{20}(\lambda)} \\ & \leqslant \frac{\lambda}{u_{20}(\lambda)\mu_0} \sum_{j<0} u_{2j}(\lambda)\mu_j + \frac{\lambda u_{1i}(\lambda)u_{2i}(\lambda)}{r_2 - Z_i} + \frac{\lambda u_{2i}(\lambda)}{u_{20}(\lambda)}. \end{aligned}$$

从（5）得出

$$\begin{aligned} \overline{\lim_{i \to +\infty}} \frac{1 - X_i^{(1)}(\lambda) - X_i^{(2)}(\lambda)}{N_i} & \leqslant \frac{\lambda}{u_{20}(\lambda)\mu_0} \sum_{j<0} u_{2j}(\lambda)\mu_j + \\ & \quad \lambda + \frac{\lambda u_2(r_2, \lambda)}{u_{20}(\lambda)} < +\infty. \end{aligned} \tag{17}$$

类似地，依（16）（12）和（15），有

$$\frac{1 - X_i^{(1)}(\lambda) - X_i^{(2)}(\lambda)}{N_i}$$

$$>\frac{\lambda u_{1i}(\lambda)}{N_i}\sum_{0\leqslant j\leqslant i}u_{2j}(\lambda)\mu_j+\frac{\lambda u_{2i}(\lambda)}{N_i}\sum_{j>i}u_{1j}(\lambda)\mu_j$$

$$>\frac{\lambda u_{1i}(\lambda)u_{20}(\lambda)}{r_2-Z_i}\cdot\frac{(r_2-Z_i)\sum\limits_{0\leqslant j\leqslant i}\mu_j}{N_i}+\frac{\lambda u_{2i}(\lambda)}{N_i}\sum_{j>i}\frac{u_{2i}(\lambda)(r_2-Z_j)\mu_j}{(u_2(r_2,\lambda))^2}$$

$$>\frac{\lambda u_{1i}(\lambda)u_{20}(\lambda)}{r_2-Z_i}\cdot\frac{(r_2-Z_i)\sum\limits_{0\leqslant j\leqslant i}\mu_j}{N_i}+\frac{\lambda u_{2i}(\lambda)u_{20}(\lambda)}{(u_2(r_2,\lambda))^2}\cdot\frac{\sum\limits_{j>i}(r_2-Z_j)\mu_j}{N_i}$$

类似于 § 7.10 中（4），有

$$\frac{u_{1i}(\lambda)}{r_2-Z_i}>\frac{u_{2i}(\lambda)}{(u_2(r_2,\lambda))^2},$$

故

$$\frac{1-X_i^{(1)}(\lambda)-X_i^{(2)}(\lambda)}{N_i}$$

$$>\frac{\lambda u_{2i}(\lambda)u_{20}(\lambda)}{(u_2(r_2,\lambda))^2}\cdot\frac{(r_2-Z_i)\sum\limits_{0\leqslant j\leqslant i}\mu_j}{N_i}+\frac{\lambda u_{2i}(\lambda)u_{20}(\lambda)}{(u_2(r_2,\lambda))^2}\cdot\frac{\sum\limits_{j>i}(r_2-Z_j)\mu_j}{N_i}$$

$$=\lambda X_i^{(2)}(\lambda)X_0^{(2)}(\lambda),$$

$$\varliminf_{i\to+\infty}\frac{1-X_i^{(1)}(\lambda)-X_i^{(2)}(\lambda)}{N_i}\geqslant\lambda X_0^{(2)}(\lambda)>0. \tag{18}$$

从（17）和（18）知（7）等价于（9）. 而（9）蕴含（8）的事实是显然的. ■

定理 3 设 r_2 流入或自然. 则（7）成立当且仅当

$$\sum_{i\geqslant 0}\alpha_i<+\infty. \tag{19}$$

证 **充分性**是显然的，**必要性**从下面事实得出：

$$\lim_{i\to+\infty}(1-X_i^{(1)}(\lambda)-X_i^{(2)}(\lambda))=\lim_{i\to+\infty}(1-X_i^{(1)}(\lambda))$$
$$=1-X^{(1)}(r_2,\lambda)>0. \quad ■$$

§8.8　边界的性质

假设 $X=\{x_t,\ t\geqslant 0\}$ 是不中断的典范 Q 过程，由于 Q 保守，故 X 存在第 n 个跳跃点 τ_n，$n\in\mathbf{N}$ 和第 1 个飞跃点 $\eta=\lim\limits_{n\to+\infty}\tau_n$. 因 $q_{ij}=0$，$(|i-j|>1)$，故有 $|x(\tau_{n+1})-x(\tau_n)|=1$. 于是，$X$ 的嵌入马氏链 $\{x(\tau_n),\ n\geqslant 0\}$ 从一个状态 $i(>0)$ 经一步转移只能到相邻的状态 $i+1$ 和 $i-1$，从 $i=0$ 经一步转移只能到 $i=1$.

依§7.11 中 (20)，我们定义 X 在第 1 个飞跃点 η 以前首次到达状态 i 的时刻 η_i.

定理 1　设 $i\leqslant k\leqslant n$. 则

$$P_k(\eta_i<\eta_n)=\frac{Z_n-Z_k}{Z_n-Z_i},\quad P_k(\eta_n<\eta_i)=\frac{Z_k-Z_i}{Z_n-Z_i}. \tag{1}$$

证　仿§7.11 中定理 4 的证明. ■

定理 2　用 C_{kn} 表示过程 X 从 k 出发，经有限 ($\geqslant 0$) 次转移到达 n 的概率，$C_{kn}=P_k(\eta_n<\eta)$. 则

$$C_{kn}=\begin{cases}\dfrac{r_2-Z_k}{r_2-Z_n}, & n\leqslant k,\\[2ex] \dfrac{Z_k-r_1}{Z_n-r_1}, & n>k.\end{cases} \tag{2}$$

约定 $\dfrac{+\infty}{+\infty}=1$.

证　由于

$$\begin{cases}(\eta_i<\eta_n)\uparrow(\eta_i<\eta), & i<n\uparrow+\infty,\\ (\eta_n<\eta_i)\uparrow(\eta_n<\eta), & n\geqslant i\downarrow-\infty.\end{cases} \tag{3}$$

在 (1) 中分别令 $n\to+\infty$ 或 $i\to-\infty$，得 (2). ■

定理 3

$$\begin{cases} P_k\left(\overline{\lim\limits_{t\uparrow\eta}}\, x(t)=+\infty\right)=P_k\left(\overline{\lim\limits_{n\to+\infty}}\ x(\boldsymbol{\tau}_n)=+\infty\right)=X_k^{(2)}, \\ P_k\left(\underline{\lim\limits_{t\uparrow\eta}}\, x(t)=-\infty\right)=P_k\left(\underline{\lim\limits_{n\to+\infty}}\ x(\boldsymbol{\tau}_n)=-\infty\right)=X_k^{(1)}. \end{cases} \tag{4}$$

其中 $X^{(1)}$ 和 $X^{(2)}$ 由§8.4中（2）确定，且约定$\dfrac{+\infty}{+\infty}=1$.

证 易见，当 $k<n\uparrow+\infty$ 时，

$$(x_0=k,\ \eta_n<\eta)\downarrow\bigcap_{n=k+1}^{+\infty}(x_0=k,\ \eta_n<\eta)$$

$$=\left(x_0=k,\ \overline{\lim_{t\uparrow\eta}}\, x(t)=+\infty\right)=\left(x_0=k,\ \overline{\lim_{n\to+\infty}}\ x(\boldsymbol{\tau}_n)=+\infty\right).$$

于是，在（1）中令 $n\uparrow+\infty$，我们得（4）的第一个等式. 类似地，可得第二个等式. ■

定理 4 最小 Q 过程 $X=\{x_t,\ t<\eta\}$. 常返的充分必要条件是 r_1 和 r_2 均无穷. 此时，$P_k(\eta=+\infty)=1$，$k\in E$.

证 因为 X 从状态 0 出发，离开 0 后又回到 0 的概率是

$$f_0^*=\frac{a_0}{a_0+b_0}C_{-10}+\frac{b_0}{a_0+b_0}C_{10},$$

依（2），$f_0^*=1$ 当且仅当 r_1 和 r_2 均无穷，此时，定理 3 中的概率值 $X_k^{(1)}=X_k^{(2)}=1$. 而且，由于 $|x(\boldsymbol{\tau}_{n+1})-x(\boldsymbol{\tau}_n)|=1$，故当 $t\uparrow\eta$ 时，$x(t)$ 有极限点 i，（$i\in E$ 可任意），从而依§3.2中定理 1 有 $P_k(\eta=+\infty)=1$，$k\in E$. ■

定理 5 设 $i\leqslant k\leqslant n$. 则

$$E_k(\eta_i,\eta_i<\eta_n)=\frac{Z_n-Z_k}{Z_n-Z_i}\sum_{i<j<k}\frac{Z_n-Z_j}{Z_n-Z_i}(Z_j-Z_i)\mu_j+$$

$$\frac{Z_k-Z_i}{Z_n-Z_i}\sum_{k\leqslant j<n}\frac{Z_n-Z_j}{Z_n-Z_i}(Z_n-Z_j)\mu_j, \tag{5}$$

$$E_k(\eta_n,\eta_n<\eta_i)=\frac{Z_n-Z_k}{Z_n-Z_i}\sum_{i<j<k}\frac{Z_j-Z_i}{Z_n-Z_i}(Z_j-Z_i)\mu_j+$$
$$\frac{Z_k-Z_i}{Z_n-Z_i}\sum_{k\leqslant j<n}\frac{Z_j-Z_i}{Z_n-Z_i}(Z_n-Z_j)\mu_j, \tag{6}$$

$$E_k(\min(\eta_i,\eta_n))=\sum_{i<j<k}\frac{(Z_j-Z_i)(Z_n-Z_k)}{Z_n-Z_i}\mu_j+$$
$$\sum_{k<j<n}\frac{(Z_k-Z_i)(Z_n-Z_j)}{Z_n-Z_i}\mu_j. \tag{7}$$

证　仿 § 7.11 中定理 6 的证明. ■

定理 6　设最小解常返. 则最小解遍历的充分必要条件是

$$\sum_k \mu_k<+\infty. \tag{8}$$

此时，还有

$$m_{ii}=\frac{\sum_k \mu_k}{q_i\mu_i}, \tag{9}$$

$$m_{ij}=(Z_j-Z_i)\sum_{k\leqslant i}\mu_k+\sum_{i<k<j}(Z_j-Z_k)\mu_k,\ j>i. \tag{10}$$

$$m_{ij}=\sum_{j<k<i}(Z_k-Z_j)\mu_k+(Z_i-Z_j)\sum_{k\geqslant i}\mu_k,\ j<i, \tag{11}$$

其中 $m_{ij}=E_i g_j$，而g_i按 § 6.8 中（1）确定，即g_i是 X 在经过第 1 次跳跃后首达 i 的时刻.

证　在（7）中分别地令 $i\to-\infty$和 $n\to+\infty$，注意 r_1 和 r_2 均无穷，得（10）和（11）. 仿照 X 的强马氏性，有

$$m_{ii}=\frac{1}{q_i}+\frac{a_i}{q_i}m_{i-1i}+\frac{b_i}{q_i}m_{i+1i}.$$

注意 $a_i(Z_i-Z_{i-1})=b_i(Z_{i+1}-Z_i)=\mu_i^{-1}$，并将（10）和（11）代入上面的等式中，便得（9）. ■

引理 1　设 r_1 和 r_2 不全是无限. 则对任意 $k\in E$，以 P_k 概率 1，有

若$\varliminf\limits_{t\uparrow\eta}x(t)=-\infty$，则$\lim\limits_{t\uparrow\eta}x(t)=-\infty$；

$$\text{若}\overline{\lim_{t\uparrow\eta}}x(t)=+\infty,\ \text{则}\lim_{t\uparrow\eta}x(t)=+\infty,$$

故以 P_k 概率 1，$x(\eta)=\lim\limits_{t\uparrow\eta}x(t)$ 存在，且其值为$-\infty$或$+\infty$.

证 因双边生灭过程的跳跃度为 1，即 $|x(\tau_{n+1})-x(\tau_n)|=1$，$(n\geqslant 0)$. 故为证引理，只需证明：对任意 $i\in E$，

$$P_k(x(\tau_n)=i\text{ 对有限多个 }n)=0,\ k\in E. \tag{12}$$

因 r_1 和 r_2 不全为无限，故最小解非常返，亦即嵌入链 $\{x(\tau_n), n\geqslant 0\}$ 非常返. 设 f_i^* 是嵌入链从 i 出发（它必定离开 i），回到 i 的概率，则 $f_i^*<1$. 记 u_{ki} 为（12）左方的量，易见

$$u_{ii}=f_i^*u_{ii},\ u_{ki}=C_{ki}u_{ii},$$

C_{ki} 由（2）给出. 由上得 $u_{ii}=0$，$u_{ki}=0$. ■

定理 7 设 r_1 和 r_2 不全是无限. 则

$$P_i(x(\eta-0)=-\infty)=X_i^{(1)},\quad P_i(x(\eta-0)=+\infty)=X_i^{(2)}. \tag{13}$$

特别地，

若 r_1 无限，r_2 有限，则

$$P_i(x(\eta-0)=-\infty)=1,\quad P_i(x(\eta-0)=+\infty)=0;$$

若 r_1 有限，r_2 无限，则

$$P_i(x(\eta-0)=-\infty)=0,\quad P_i(x(\eta-0)=+\infty)=1;$$

当 r_1 和 r_2 均有限时，（13）的概率均为正，且其和为 1，即

$$P_i(x(\eta-0)=-\infty\text{或}+\infty)=1.$$

证 由定理 3 和引理 1 得出.

定理 8

$$E_k(\eta_i,\ \eta_i<\eta)=C_{ki}\sum_{i<j<k}C_{ji}(Z_j-Z_i)\mu_j+(Z_k-Z_i)\sum_{j\geqslant k}(C_{ji})^2\mu_j,\ i<k; \tag{14}$$

$$E_k(\eta_n,\ \eta_n<\eta)=(Z_n-Z_k)\sum_{j<k}(C_{jn})^2\mu_j+$$

$$C_{kn}\sum_{k\leqslant j<n}C_{jn}(Z_n-Z_j)\mu_j,\ k<n. \tag{15}$$

特别地，若 r_1 无限，则

$$E_k(\eta_n,\ \eta_n<\eta)=(Z_n-Z_k)\sum_{j<k}\mu_j+\sum_{k\leqslant j<n}(Z_n-Z_j)\mu_j,\ k<n; \tag{16}$$

当 r_2 无限时，则

$$E_k(\eta_i,\ \eta_i<\eta)=\sum_{i<j\leqslant k}(Z_j-Z_i)\mu_j+(Z_k-Z_i)\sum_{j>k}\mu_j,\ i<k. \tag{17}$$

证　在（5）中令 $n\to+\infty$ 得（14），在（6）中令 $i\to-\infty$ 得（15）. ■

引理 2　设 r_1 和 r_2 不全是无限. 令

$$\Lambda_1=(x(\eta-0)=-\infty),\quad \Lambda_2=(x(\eta-0)=+\infty). \tag{18}$$

则对 $i\leqslant k\leqslant n$，有

$$E_k(\min(\eta_i,\ \eta_n),\ \Lambda_a)=\frac{Z_n-Z_k}{Z_n-Z_i}\sum_{i<j<k}(Z_j-Z_i)X_j^{(a)}\mu_j+\frac{Z_k-Z_i}{Z_n-Z_i}\sum_{k\leqslant j<n}(Z_n-Z_j)X_j^{(a)}\mu_j. \tag{19}$$

证　依 § 7.11 中定理 2，$u_k=E_k(\min(\eta_i,\ \eta_n),\ \Lambda_a)$，$(i\leqslant k\leqslant n)$，满足 § 7.2 中 $f_i=f_n=0$，$f_k=X_k^{(a)}$ $(i<k<n)$ 的方程（12）. 依 § 8.2 中定理 1 和 § 7.2 中引理 2，立即得（19）. ■

定理 9　当 r_1 和 r_2 不全是无限时，

$$E_k\eta=\sum_{j\leqslant k}\frac{(Z_j-r_1)(r_2-Z_k)}{r_2-r_1}\mu_j+\sum_{j>k}\frac{(Z_k-r_1)(r_2-Z_j)}{r_2-r_1}\mu_j. \tag{20}$$

特别地，若 r_1 无限而 r_2 有限，则

$$E_k(\eta,\ x(\eta-0)=+\infty)=E_k\eta=(r_2-Z_k)\sum_{j\leqslant k}\mu_j+\sum_{j>k}(r_2-Z_j)\mu_j. \tag{21}$$

若 r_1 有限而 r_2 无限，则

$$\begin{aligned}E_k(\eta,\ x(\eta-0)=-\infty)&=E_k\eta\\&=\sum_{j\leqslant k}(Z_j-r_1)\mu_j+(Z_k-r_1)\sum_{j>k}\mu_j.\end{aligned}\tag{22}$$

如果 r_1 和 r_2 均有限，Λ_a 如（18），那么

$$\begin{cases}E_k(\eta,\ \Lambda_a)=(r_2-Z_k)\sum\limits_{j<k}X_j^{(2)}X_j^{(a)}\mu_1+\\\qquad(Z_k-r_1)\sum\limits_{j\geqslant k}X_j^{(1)}X_j^{(a)}\mu_j,\ a=1,\ 2,\\E_k(\eta)=(r_2-Z_k)\sum\limits_{j<k}X_j^{(2)}\mu_j+(Z_k-r_1)\sum\limits_{j\geqslant k}X_j^{(1)}\mu_j.\end{cases}\tag{23}$$

证 在（7）中令 $i\to-\infty$ 和 $n\to+\infty$ 得（20）. 在（19）中令 $i\to-\infty$ 和 $n\to-\infty$ 得（23）第一式，从而得第二式. ■

注 当 r_1 和 r_2 均无限时，边界点 r_1 和 r_2 均为流入或自然，依定理 4，$P_i(\eta=+\infty)=1$，故 $E_i(\eta)=+\infty$.

定理 10 设 r_1 和 r_2 均无限，则

$$X_i^{(1)}(\lambda)+X_i^{(2)}(\lambda)=E_i\mathrm{e}^{-\lambda\eta}=0,\quad \lambda>0.\tag{24}$$

设 r_1 和 r_2 不全是无限，则

$$X_i^{(1)}(\lambda)=E_i(\mathrm{e}^{-\lambda\eta},\ x(\eta-0)=-\infty),\quad \lambda>0,\tag{25}$$

$$X_i^{(2)}(\lambda)=E_i(\mathrm{e}^{-\lambda\eta},\ x(\eta-0)=+\infty),\quad \lambda>0,\tag{26}$$

证 当 r_1 和 r_2 均无限时，r_1 和 r_2 为流入或自然，从而 $u_1(r_1,\ \lambda)=u_2(r_2,\ \lambda)=+\infty$，故 $\boldsymbol{X}^{(1)}(\lambda)=\boldsymbol{X}^{(2)}(\lambda)=\boldsymbol{0}$. 依定理 4，$P_i(\eta=+\infty)=1$，故（24）正确.

设 r_1 和 r_2 不全是无限，记

$$Y_i^{(a)}(\lambda)=E_i(\mathrm{e}^{-\lambda\eta},\ \Lambda_a).\tag{27}$$

则

$$\begin{aligned}Y_i^{(a)}(\lambda)&=\int_0^{+\infty}\mathrm{e}^{-\lambda t}\,\mathrm{d}P_i(\eta\leqslant t,\ \Lambda_a)\\&=\int_0^{+\infty}\mathrm{e}^{-\lambda t}\frac{\mathrm{d}}{\mathrm{d}t}P_i(\eta\leqslant t,\ \Lambda_a)\mathrm{d}t\end{aligned}$$

$$=\lambda\int_0^{+\infty}\mathrm{e}^{-\lambda t}[P_i(\Lambda_a)-P_i(t<\eta,\ \Lambda_a)]\mathrm{d}t$$

$$=P_i(\Lambda_a)-\lambda\int_0^{+\infty}\mathrm{e}^{-\lambda t}P_i(t<\eta,\ \Lambda_a)\mathrm{d}t.$$

应用强马氏性，

$$\begin{aligned}P_i(t<\eta,\ \Lambda_a)&=P_i(t<\eta,\ \theta_t\Lambda_a)\\&=E_i[P_{x(t)}(\Lambda_a),\ t<\eta]\\&=\sum_i P_i(t<\eta,\ x(t)=j)P_j(\Lambda_a)\\&=\sum_i f_{ij}(t)P_j(\Lambda_a),\end{aligned}$$

这里（$f_{ij}(t)$）是最小解，注意由定理 7，$P_j(\Lambda_a)=X_j^{(a)}$，于是

$$\begin{aligned}Y_i^{(a)}(\lambda)&=X_i^{(a)}-\lambda\int_0^{+\infty}\mathrm{e}^{-\lambda t}\sum_j f_{ij}(t)X_j^{(a)}\mathrm{d}t\\&=X_i^{(a)}-\lambda\sum_j\phi_{ij}(\lambda)X_j^{(a)},\end{aligned}$$

即

$$\boldsymbol{Y}^{(a)}(\lambda)=\boldsymbol{X}^{(a)}-\lambda\boldsymbol{\phi}(\lambda)\boldsymbol{X}^{(a)}.$$

将上式与 § 8.4 中（5）比较，便得 $\boldsymbol{Y}^{(a)}(\lambda)=\boldsymbol{X}^{(a)}(\lambda)$. ■

定理 11 设 r_1 和 r_2 不全是无限，如果 r_a 有限而 $r_b(b\neq a)$ 无限，那么

$$P_i(\eta<+\infty)=\begin{cases}1, & r_a\text{ 正则或流出},\\0, & r_a\text{ 流入或自然}.\end{cases}\tag{28}$$

如果 r_1 和 r_2 均有限，那么

$$P_i(\eta<+\infty\mid\Lambda_a)=\begin{cases}1, & r_a\text{ 正则或流出},\\0, & r_a\text{ 流入或自然}.\end{cases}\tag{29}$$

证 注意当 $\lambda\to0$ 时，在（27）中得

$$Y_i^{(a)}(\lambda)\uparrow P_i(\eta<+\infty,\ \Lambda_a).$$

当 r_a 正则或流出时，依 § 8.4 中引理 5，有

$$Y_i^{(a)}(\lambda)=X_i^{(a)}(\lambda)\uparrow X^{(a)}=P_i(\Lambda_a),\quad \lambda\downarrow0.$$

当 r_a 流入或自然时，有

$$Y_i^{(a)}(\lambda)=X_i^{(a)}(\lambda)=0.$$

于是

$$P_i(\eta<+\infty,\ \Lambda_a)=\begin{cases}P_i(\Lambda_a), & r_a\ \text{正则或流出},\\ 0, & r_a\ \text{流入或自然}.\end{cases}$$

注意对 r_b 无穷，$a\neq b$，有 $P_i(\Lambda_a)=1$. 依上面式子得（28）和（29）. ■

定理 12 设 $\bar{\boldsymbol{X}}$ 和 $\boldsymbol{X}^{(0)}$ 分别是 Q 的最大流出解和最大通过解（见 § 2.8）. 则

若 r_1 和 r_2 均流入或自然，则 $\bar{\boldsymbol{X}}=\boldsymbol{0}$，$\boldsymbol{X}^{(0)}=\boldsymbol{1}$.

若 r_a 正则或流出，而 $r_b(b\neq a)$ 流入或自然，则

$$\bar{\boldsymbol{X}}=\boldsymbol{X}^{(a)},\ \boldsymbol{X}^{(0)}=\boldsymbol{X}^{(b)},\ (b\neq a).$$

若 r_1 和 r_2 均正则或流出，则 $\bar{\boldsymbol{X}}=\boldsymbol{1}$，$\boldsymbol{X}^{(0)}=\boldsymbol{0}$.

证 注意 $\bar{\boldsymbol{X}}(\lambda)=\boldsymbol{X}^{(1)}(\lambda)+\boldsymbol{X}^{(2)}(\lambda)\uparrow\bar{\boldsymbol{X}}$，$\lambda\downarrow 0$，$\bar{\boldsymbol{X}}+\boldsymbol{X}^{(0)}=\boldsymbol{1}$. 从定理 10 和定理 11 得本定理. ■

引理 3

$$E_k(\mathrm{e}^{-\lambda\eta_n},\ \eta_n<\eta)=\begin{cases}\dfrac{u_{2k}(\lambda)}{u_{2n}(\lambda)}, & k\leqslant n,\\[2ex] \dfrac{u_{1k}(\lambda)}{u_{1n}(\lambda)}, & k\geqslant n.\end{cases}$$

证 只需对 $k\leqslant n$ 的情形证明引理. 设 $i<k$. 依 § 7.11 中定理 2，$V_k=E_k(\mathrm{e}^{-\lambda\eta_n},\ \eta_n<\eta_i)$，$(i\leqslant k\leqslant n)$，满足

$$\begin{cases}\lambda V_k-\sum\limits_j q_{kj}V_j=0, & i<k<n,\\ V_i=0,\quad V_n=1.\end{cases}$$

于是

$$\begin{cases} V_k = C_1 u_{1k}(\lambda) + C_2 u_{2k}(\lambda), & i<k<n, \\ 0 = C_1 u_{1i}(\lambda) + C_2 u_{2i}(\lambda), \\ 1 = C_1 u_{1n}(\lambda) + C_2 u_{2n}(\lambda), \end{cases}$$

其中 C_1 和 C_2 是常数，解上面的方程得

$$V_k = \frac{u_{1i}(\lambda)u_{2k}(\lambda) - u_{1k}(\lambda)u_{2i}(\lambda)}{u_{1i}(\lambda)u_{2n}(\lambda) - u_{1n}(\lambda)u_{2i}(\lambda)} = \frac{u_{2k}(\lambda) - u_{1k}(\lambda)\dfrac{u_{2i}(\lambda)}{u_{1i}(\lambda)}}{u_{2n}(\lambda) - u_{1n}(\lambda)\dfrac{u_{2i}(\lambda)}{u_{1i}(\lambda)}}.$$

依 § 8.2 中定理 3 知当 r_1 非流入时有 $u_2(r_1, \lambda)=0$，当 r_1 流入时有 $u_1(r_1, \lambda)=+\infty$. 于是我们恒有 $\lim\limits_{i\to-\infty}\dfrac{u_{2i}(\lambda)}{u_{1i}(\lambda)}=0$，从而

$$E_k(\mathrm{e}^{-\lambda\eta_n}, \ \eta_n<\eta) = \lim_{i\to-\infty} V_k = \frac{u_{2k}(\lambda)}{u_{2n}(\lambda)}. \quad ■$$

引理 4

$$\frac{u_{2k}(\lambda)}{u_{2n}(\lambda)} \uparrow C_{kn} = \frac{Z_k - r_1}{Z_n - r_1}, \quad \lambda \downarrow 0, \quad k \leqslant n, \tag{30}$$

$$\frac{u_{1k}(\lambda)}{u_{1n}(\lambda)} \uparrow C_{kn} = \frac{r_2 - Z_k}{r_2 - Z_n}, \quad \lambda \downarrow 0, \quad k \geqslant n. \tag{31}$$

证　从引理 3 和定理 2 得本引理. ■

定理 13　记

$$\lim_{\lambda\to 0} \phi_{ij}(\lambda) = \Gamma_{ij}, \tag{32}$$

则当 r_1 无限时

$$\Gamma_{ij} = \begin{cases} (r_2 - Z_j)\mu_j, & i \leqslant j, \\ (r_2 - Z_i)\mu_j, & i > j; \end{cases} \tag{33}$$

当 r_2 无限时

$$\Gamma_{ij} = \begin{cases} (Z_i - r_1)\mu_j, & i \leqslant j, \\ (Z_j - r_1)\mu_j, & i > j; \end{cases} \tag{34}$$

又，当 r_1 和 r_2 均有限时，

$$\Gamma_{ij}=\begin{cases}(r_2-r_1)X_j^{(1)}X_i^{(2)}\mu_j, & i\leqslant j,\\ (r_2-r_1)X_i^{(1)}X_j^{(2)}\mu_j, & j>i.\end{cases} \tag{35}$$

证 设 $i\leqslant j$. 由于§8.7中引理1，

$$\phi_{ij}(\lambda)\mu_j^{-1}=\sum_{k\geqslant j}\frac{u_{2i}(\lambda)u_{2j}(\lambda)(Z_{k+1}-Z_k)}{u_{2k}(\lambda)u_{2k+1}(\lambda)}.$$

依引理4，在上式中令 $\lambda\downarrow 0$ 时得

$$\Gamma_{ij}\mu_j^{-1}=\sum_{k\geqslant j}C_{ik}C_{jk+1}(Z_{k+1}-Z_k). \tag{36}$$

当 r_1 无限时，有 $C_{ik}=C_{jk+1}=1$，故

$$\Gamma_{ij}\mu_j^{-1}=\sum_{k\geqslant j}(Z_{k+1}-Z_k)=(r_2-Z_j).$$

当 r_1 和 r_2 均有限时，有

$$\begin{aligned}\Gamma_{ij}\mu_j^{-1}&=\sum_{k\geqslant j}\frac{Z_i-r_1}{Z_k-r_1}\,\frac{Z_j-r_1}{Z_{k+1}-r_1}[(Z_{k+1}-r_1)-(Z_k-r_1)]\\&=(Z_i-r_1)(Z_j-r_1)\sum_{k\geqslant j}\left(\frac{1}{Z_k-r_1}-\frac{1}{Z_{k+1}-r_1}\right)\\&=(Z_i-r_1)(Z_j-r_1)\left(\frac{1}{Z_j-r_1}-\frac{1}{r_2-r_1}\right)\\&=(r_2-r_1)X_j^{(1)}X_i^{(2)}.\end{aligned}$$

对 $i>j$ 情形可类似证明. 这样，证明了（33）和（35）. 而（34）是（33）的对偶情形，引理证完. ■

§8.9　常返性和遍历性

本节中，将研究双边生灭过程的常返性和遍历性．像在§7.4中那样，将对 Q 预解矩阵 $\boldsymbol{\psi}(\lambda)$ 进行讨论．$\boldsymbol{\psi}(\lambda)$ 常返等价于 $\lim\limits_{\lambda\downarrow 0}\psi_{ij}(\lambda)=+\infty$．如果 $\boldsymbol{\psi}(\lambda)$ 常返，那么 $\boldsymbol{\psi}(\lambda)$ 遍历等价于 $\pi_j\equiv\lim\limits_{\lambda\downarrow 0}\lambda\psi_{ij}(\lambda)>0$，此时，$(\pi_j)$ 称为不变测度．

定理 1　设 r_1 流入或自然，r_2 流出或正则．则 Q 预解矩阵 $\boldsymbol{\psi}(\lambda)$ 是常返的，当且仅当 r_1 无限且 $\boldsymbol{\psi}(\lambda)$ 诚实．

证　$\boldsymbol{\psi}(\lambda)$ 有§8.5中表现（5）．因当 r_2 流出或正则时 r_2 有限，故 $\boldsymbol{\phi}(\lambda)$ 是非常返的，即 $\Gamma_{ij}<+\infty$．依引理5和引理6，当 $\lambda\downarrow 0$ 时，有

$$\boldsymbol{X}^{(2)}(\lambda)\uparrow\boldsymbol{X}^{(2)}>\boldsymbol{0},\tag{1}$$

$$\eta_j(\lambda)\uparrow\eta_j=\sum_k\alpha_k\Gamma_{kj}+p_1\eta_{1j}+p_2X_j^{(2)}\mu_j.\tag{2}$$

显然，$0<\eta_j$．注意依§8.8中定理13，有

$$\Gamma_{ij}\leqslant\begin{cases}(r_2-Z_j)\mu_j, & i\leqslant j,\\(r_2-Z_i)\mu_i, & i>j.\end{cases}\tag{3}$$

故依§8.7中定理1和定理3，

$$\sum_k\alpha_k\Gamma_{kj}\leqslant\sum_{k\leqslant j}\alpha_k(r_2-Z_j)\mu_j+\sum_{k>j}\alpha_k(r_2-Z_k)\mu_j<+\infty.\tag{4}$$

因而 $0<\eta_j<+\infty$．

从§2.8中（30）得出

$$\lambda[\boldsymbol{\eta}(\lambda),\ \boldsymbol{X}^{(2)}]=\nu[\boldsymbol{\eta}(\nu),\ \boldsymbol{X}^{(2)}]+(\lambda-\nu)[\boldsymbol{\eta}(\nu),\ \boldsymbol{X}^{(2)}(\lambda)].$$

注意（1），由上面的等式得

$$\lambda[\boldsymbol{\eta}(\lambda),\ \boldsymbol{X}^{(2)}]\downarrow 0,\quad \lambda\downarrow 0.\tag{5}$$

在§8.5的（5）中取极限，得

$$\lim_{\lambda\to 0}\psi_{ij}(\lambda)=\Gamma_{ij}+\frac{X_i^{(2)}\eta_j}{C}. \tag{6}$$

为了使上式左方为无限，必须而且只需 $C=0$. 注意 § 8.8 中定理 12 和 § 8.5 中（3），我们知，$C=0$ 等价于

$$0=C\geqslant[\boldsymbol{\alpha},\ \boldsymbol{X}^{(1)}]+\bar{\sigma}^{(0)}=\lambda[\boldsymbol{\eta}(\lambda),\ \boldsymbol{X}^{(1)}].$$

由于 $\boldsymbol{\eta}(\lambda)\neq\boldsymbol{0}$，上式等价于 $\boldsymbol{X}^{(1)}=\boldsymbol{0}$ 和 $C=0$，即等价于 r_1 无限且 $\boldsymbol{\psi}(\lambda)$ 诚实. ■

定理 2 设 r_1 流入或自然，r_2 流出或正则. 设 $\boldsymbol{\psi}(\lambda)$ 常返，则

(i) 设 r_1 流入，则 $\boldsymbol{\psi}(\lambda)$ 遍历；

(ii) 设 r_1 自然，

i) 若 $\sum\limits_{k\leqslant 0}\mu_k=+\infty$，则 $\boldsymbol{\psi}(\lambda)$ 不是遍历的；

ii) 若 $\sum\limits_{k\leqslant 0}\mu_k<+\infty$ 且 $\boldsymbol{\psi}(\lambda)$ 有 § 8.5 中表现（3）. 则 $\boldsymbol{\psi}(\lambda)$ 遍历的充分必要条件是

$$\sum_{k\leqslant 0}\alpha_k M_k<+\infty, \tag{7}$$

其中

$$M_k=(r_2-Z_k)\sum_{j\leqslant k}\mu_j+\sum_{j>k}(r_2-Z_j)\mu_j. \tag{8}$$

特别地，如果

$$\sum_{k\leqslant 0}\mu_k<+\infty,\quad \sum_{k\leqslant 0}\alpha_k(r_2-Z_k)<+\infty,$$

那么 $\boldsymbol{\psi}(\lambda)$ 是遍历的.

证 依定理 1，$\boldsymbol{\psi}(\lambda)$ 有 § 8.5 中表现（3），且其中 $C=0$，r_1 无穷，因而 $\boldsymbol{X}^{(1)}=\boldsymbol{0}$，$\boldsymbol{X}^{(2)}=\boldsymbol{1}$. 于是

$$\pi_j=\lim_{\lambda\to 0}\lambda\psi_{ij}(\lambda)=\frac{\eta_j}{[\boldsymbol{\eta},\boldsymbol{1}]}, \tag{9}$$

其中

$$\eta_j = \sum_k \alpha_k \Gamma_{kj} + p_1(r_2 - Z_j)\mu_j + p_2\mu_j \tag{10}$$

$$[\boldsymbol{\eta}, \mathbf{1}] = \sum_k \alpha_k M_k + p_1 \sum_k (r_2 - Z_k)\mu_k + p_2 \sum_k \mu_k. \tag{11}$$

当 r_1 自然时有 $p_1=0$；当 r_1 流入时有 $-\sum\limits_{i\leqslant 0} Z_i\mu_i < +\infty$ 和 $\sum\limits_{i\leqslant 0}\mu_i < +\infty$，于是

$$p_1 \sum_k (r_2 - Z_k)\mu_k = p_1\left\{r_2\sum_{k<0}\mu_k - \sum_{k<0} Z_k\mu_k + \sum_{k\geqslant 0}(r_2 - Z_k)\mu_k\right\} < +\infty. \tag{12}$$

当 r_2 流出时有 $p_2=0$；当 r_2 正则时，有 $\sum\limits_{k\geqslant 0}\mu_k < +\infty$. 于是

$$p_2 \sum_{k\geqslant 0}\mu_k < +\infty. \tag{13}$$

在定理 1 中已证明 $0<\eta_j<+\infty$. 于是，为使 $\boldsymbol{\psi}(\lambda)$ 是遍历的，充分必要条件是

$$\sum_k \alpha_k M_k + p_2 \sum_{k\geqslant 0}\mu_k < +\infty. \tag{14}$$

注意　如果 $\sum\limits_{k\leqslant 0}\mu_k < +\infty$，那么

$$\sum_{k\geqslant 0}\alpha_k M_k < +\infty. \tag{15}$$

实际上，当 $k\geqslant 0$ 时，

$$M_k = (r_2 - Z_k)\sum_{i<0}\mu_i + N_k, \tag{16}$$

其中 N_k 由 §8.7 中（10）确定. 依 §8.7 中定理 1 和定理 2，我们得（15）.

(i) 设 r_1 流入. 此时必定 $\sum\limits_{k\leqslant 0}\mu_k < +\infty$，依（15），遍历性（14）等价于（7）. 但（8）和（12）导致

$$M_k \leqslant \sum_j (r_2 - Z_j)\mu_j < +\infty.$$

依 §8.7 中定理 3，有

$$\sum_{k\leqslant 0}\alpha_k M_k\leqslant\Big(\sum_{k\leqslant 0}\alpha_k\Big)\Big(\sum_j(r_2-Z_j)\mu_j\Big)<+\infty.$$

于是，$\boldsymbol{\psi}(\lambda)$ 是遍历的.

(ii) 设 r_1 自然.

i) 设 $\sum\limits_{k\leqslant 0}u_k=+\infty$. 如果 $\boldsymbol{\alpha}=\mathbf{0}$，那么因 $p_1=0$（因 r_1 自然)，必定 $p_2>0$. 于是 (14) 不成立，故 $\boldsymbol{\psi}(\lambda)$ 不遍历. 如果 $\boldsymbol{\alpha}\neq\mathbf{0}$，那么依 (16) 有 $M_k=+\infty$. 因而 (14) 不成立，故 $\boldsymbol{\psi}(\lambda)$ 不遍历.

ii) 设 $\sum\limits_{k\leqslant 0}\mu_k<+\infty$. 由于 (15)，遍历性条件 (14) 成为 (7). 而且，如果我们设 $\sum\limits_{k\leqslant 0}\alpha_k(r_2-Z_k)<+\infty$，那么依 (8)，对 $k\leqslant 0$ 有

$$\begin{aligned}M_k&\leqslant(r_2-Z_k)\sum_{i<k}\mu_i+\sum_{k\leqslant i<0}(r_2-Z_i)\mu_i+\sum_{i\geqslant 0}(r_2-Z_i)\mu_i\\&\leqslant(r_2-Z_k)\sum_{i<0}\mu_i+\sum_{i\geqslant 0}(r_2-Z_i)\mu_i.\end{aligned}$$

依 § 8.7 中定理 3，有 $\sum\limits_{k\leqslant 0}\alpha_k<+\infty$；还有，从上面的式子看出，(7) 正确，从而 $\boldsymbol{\psi}(\lambda)$ 遍历. ■

定理 3 设 r_1 和 r_2 正则或流出.

(i) $\boldsymbol{Q}$ 预解矩阵 $\boldsymbol{\psi}(\lambda)$ 常返当且仅当 $\boldsymbol{\psi}(\lambda)$ 诚实.

(ii) 诚实的 $\boldsymbol{Q}$ 预解矩阵 $\boldsymbol{\psi}(\lambda)$ 必定遍历，

证 依 § 4.2 中定理 1，知 $\boldsymbol{\psi}(\lambda)$ 常返，因而 $\boldsymbol{\psi}(\lambda)$ 必定诚实.

先证：若 $\boldsymbol{\alpha}\geqslant\mathbf{0}$ 使 $\boldsymbol{\alpha\phi}(\lambda)\in l$，则

$$\sum_k\alpha_k M_k<+\infty,\tag{17}$$

其中

$$M_k=\sum_j\Gamma_{kj}=(r_2-r_1)\Big\{X_k^{(1)}\sum_{j<k}X_j^{(2)}\mu_j+X_k^{(2)}\sum_{j\geqslant k}X_j^{(1)}\mu_j\Big\}.\tag{18}$$

实际上，当 $k\geqslant 0$ 时，

$$M_k \leqslant X_k^{(1)} \sum_{j<0} (Z_j - r_1)\mu_j + N_k, \tag{19}$$

这里 N_k 由 § 8.7 中（10）确定. 依 § 8.7 中定理 1 和定理 2，有 $\sum\limits_{k\geqslant 0} \alpha_k M_k < +\infty$. 类似地，可证 $\sum\limits_{k\leqslant 0} \alpha_k M_k < +\infty$.

其次，对

$$\bar{\boldsymbol{\eta}} = p_1 \boldsymbol{X}^{(1)} \boldsymbol{\mu} + p_2 \boldsymbol{X}^{(2)} \boldsymbol{\mu}，当 r_a 流出时 p_a = 0, \tag{20}$$

恒有

$$[\bar{\boldsymbol{\eta}}, \mathbf{1}] = \sum_j \bar{\eta}_j < +\infty. \tag{21}$$

实际上，当 r_2 正则时，有

$$\sum_j X_j^{(2)} \mu_j \leqslant \frac{1}{r_2 - r_1} \sum_{j<0} (Z_j - r_1)\mu_j + \sum_{j\geqslant 0} \mu_j < +\infty.$$

同理，r_1 正则时有 $\sum\limits_j X_j^{(1)} \mu_j < +\infty$. 故（21）正确.

这样，对 § 8.6 的（3）中的 $\boldsymbol{\eta}(\lambda)$，有

$$0 < \eta_j(\lambda) \uparrow \eta_j = \sum_k \alpha_k \Gamma_{kj} + \bar{\eta}_j. \tag{22}$$

从（17）和（21）得出

$$[\boldsymbol{\eta}, \mathbf{1}] < +\infty. \tag{23}$$

再次，类似于（5），我们可得

$$\lambda[\boldsymbol{\eta}(\lambda), \boldsymbol{\xi}] \downarrow 0, \quad \lambda \downarrow 0, \tag{24}$$

其中 $\boldsymbol{\xi}$ 和 § 8.6 的（6）中的相同.

现设 $\boldsymbol{\psi}(\lambda)$ 诚实，且在 § 8.6 中表现（7）（$C=0$，$d_1 = d_2 > 0$）. 则

$$\lim_{\lambda\to 0} \psi_{ij}(\lambda) = \Gamma_{ij} + \frac{(d_1 X_i^{(1)} + d_2 X_i^{(2)})\eta_j}{0} = +\infty. \tag{25}$$

$$\pi_j = \lim_{\lambda\to 0} \lambda \psi_{ij}(\lambda) = \lim_{\lambda\to 0} \lambda \phi_{ij}(\lambda) + \frac{(X_i^{(1)} + X_i^{(2)})\eta_j}{[\boldsymbol{\eta}, \mathbf{1}]}$$

$$=\frac{\eta_j}{[\boldsymbol{\eta},\ \mathbf{1}]}>0. \tag{26}$$

故 $\boldsymbol{\psi}(\lambda)$ 常返且遍历，

设 $\boldsymbol{\psi}(\lambda)$ 诚实且有 § 8.6 的定理 3 中的表现. 因此，$\overline{S}^{12}=\overline{S}^{21}=1$，即

$$\overline{\boldsymbol{S}}=\begin{pmatrix}0 & 1\\ 1 & 0\end{pmatrix}. \tag{26$_1$}$$

$\boldsymbol{\psi}(\lambda)$ 可以写成下列形式

$$\psi_{ij}(\lambda)=\phi_{ij}(\lambda)+\sum_{a=1}^{2}\sum_{b=1}^{2}X_i^{(a)}(\lambda)r_\lambda^{ab}\eta_j^{(b)}(\lambda), \tag{27}$$

其中

$$\boldsymbol{\eta}^{(b)}(\lambda)=\overline{\boldsymbol{\alpha}}^{(b)}\boldsymbol{\phi}(\lambda)+\overline{M}^{bb}\boldsymbol{X}^{(b)}(\lambda)\boldsymbol{\mu}，当 r_b 流出时 \overline{M}^{bb}=0， \tag{28}$$

$$\begin{aligned}\boldsymbol{R}_\lambda &=(r_\lambda^{ab})=(\boldsymbol{I}-\overline{\boldsymbol{S}}+\overline{\boldsymbol{H}}_\lambda+\overline{\boldsymbol{M}}\boldsymbol{U}_\lambda)^{-1}\\ &=\sum_{n=0}^{+\infty}\boldsymbol{\Gamma}_\lambda^n\operatorname{diag}\left(\frac{1}{1-\mathrm{e}_\lambda^{aa}}\right),\end{aligned} \tag{29}$$

这里 $(\mathrm{e}_\lambda^{ab})=(\overline{\boldsymbol{S}}-\overline{\boldsymbol{H}}_\lambda-\overline{\boldsymbol{M}}\boldsymbol{U}_\lambda)$，$\boldsymbol{\Gamma}_\lambda=(t_\lambda^{ab})$，

$$t^{aa}=0,\qquad t_\lambda^{ab}=\frac{\mathrm{e}_\lambda^{ab}}{1-\mathrm{e}_\lambda^{aa}}\ (a\neq b). \tag{30}$$

作为（24）的特殊情形，有

$$\lambda[\boldsymbol{\eta}^{(a)}(\lambda),\ \boldsymbol{X}^{(b)}]\downarrow 0,\qquad \lambda\downarrow 0. \tag{31}$$

故当 $\lambda\downarrow 0$ 时

$$1-\mathrm{e}_\lambda^{aa}\downarrow 1,\qquad t_\lambda^{ab}\uparrow\overline{S}^{ab},$$

$$\boldsymbol{\Gamma}_\lambda\uparrow\overline{\boldsymbol{S}},\qquad \boldsymbol{R}_\lambda\uparrow\boldsymbol{R}=\sum_{n=0}^{+\infty}\overline{\boldsymbol{S}}^n.$$

因 $\overline{\boldsymbol{S}}$ 有形如（26_1），故 $\boldsymbol{R}=(r^{ab})$ 的每个元素 r^{ab} 为无限.

依 § 8.6 中定理 3（ii），有 $\boldsymbol{\eta}^{(b)}(\lambda)\neq\mathbf{0}$（$b=1,\ 2$）. 注意当 $\lambda\downarrow 0$ 时，

$$\boldsymbol{X}^{(a)}(\lambda)\uparrow\boldsymbol{X}^{(a)},\qquad \boldsymbol{\eta}^{(a)}(\lambda)\uparrow\boldsymbol{\eta}^{(a)}=\overline{\boldsymbol{\alpha}}^{(a)}\boldsymbol{\Gamma}+\overline{M}^{aa}\boldsymbol{X}^{(a)}\boldsymbol{\mu}>\mathbf{0}. \tag{31$_1$}$$

于是在（27）中取极限得

$$\lim_{\lambda\to 0}\psi_{ij}(\lambda)=\Gamma_{ij}+\sum_{a=1}^{2}\sum_{b=1}^{2}X_i^{(a)}r^{ab}\eta_j^{(b)}=+\infty.$$

即 $\boldsymbol{\psi}(\lambda)$ 常返.

因 $\boldsymbol{\psi}(\lambda)$ 是诚实的，故

$$\lambda r_\lambda^{ab}\sum_j\eta_j^{(b)}(\lambda)=1,\quad a=1,2. \tag{32}$$

注意（17）和（21），当 $\lambda\downarrow 0$ 时，

$$\sum_j\eta_j^{(b)}(\lambda)\uparrow\sum_k(\overline{\alpha}_k^{(b)}M_k+\overline{M}^{bb}X_k^{(b)}\mu_k)<+\infty.$$

于是从（32）得

$$\lim_{\lambda\to 0}\lambda r_\lambda^{ab}\sum_j\eta_j^{(b)}(\lambda)=1.$$

由（17）及（31_1）知 $\sum_j\eta_j^{(b)}(\lambda)\uparrow\sum_j\eta_j^{(b)}=[\boldsymbol{\eta},\mathbf{1}]<+\infty$，于是存在 j 使 $\lim_{\lambda\to 0}\lambda r_\lambda^{ab}\eta_j^{(b)}(\lambda)>0$. 依（27），

$$\lim_{\lambda\to 0}\lambda\psi_{ij}(\lambda)\geqslant X_i^{(a)}\lim_{\lambda\to 0}\lambda r_\lambda^{ab}\eta_j^{(b)}(\lambda)>0,$$

从而 $\boldsymbol{\psi}(\lambda)$ 遍历.

附录1　时间离散的马尔可夫链的过分函数

§1.1　势与过分函数

近年来关于马氏过程与古典分析中的位势理论间紧密的关系引起了广泛的注意，众所周知，联系于拉普拉斯算子有所谓半调和函数，这种函数在数理方程中起着重要的作用，在马氏过程论中，与这种算子和函数相当的分别是所谓无穷小算子 u 和过分函数；而且对于维纳（Wiener）过程，u 恰好化为拉普拉斯算子，而对于具离散参数的齐次马氏链，u 则化为 $P-I$（P 的定义见下，I 为恒等变换）．研究这两种理论的关系，无论是对用数学分析方法以解决概率问题，或是用概率方法以解决数学分析问题，都有很大的帮助．

上述关系开始由杜布和 G. A. Huat 所研究，这里，我们偏重于讨论过分函数．本节叙述它们的一般性质，下一节叙述极限性质，在下节中要用到一些辅助知识，为节省篇幅起见，只指明出处而略去证明．

（一）

设已给可列集 E 上一广随机矩阵① $p=(p(i,j))$，i，$j\in E$，E 的全体子集构成 E 中一 σ 代数 $\mathcal{B}$，对 $A\in\mathcal{B}$，令 $p(i,A)=\sum_{i\in A}p(i,j)$，显然

$$0\leqslant p(i,A)\leqslant p(i,E)\leqslant 1. \tag{1}$$

用迭代法定义 $p^{(n)}(i,A)$：

$$\begin{cases} p^{(0)}(i,A)=\chi_A(i)=\begin{cases}1, & i\in A,\\ 0, & i\overline{\in} A.\end{cases} \\ p^{(n)}(i,A)=\int_E p^{(n-1)}(j,A)p(i,\mathrm{d}j).\end{cases} \tag{2}$$

上式中的积分实际上是级数 $\sum_{j\in E}p^{(n-1)}(j,A)p(i,j)$，不过写成积分的形式更方便，由（2）可见：

$p^{(1)}(i,A)=p(i,A)$，$p^{(n)}(i,j)$是 n 步转移概率.

$p^{(n)}(i,A)$ 具有性质：当 i 固定时，它关于 A 是 $\mathcal{B}$ 上的不超过1的测度，显然，当 $A\in\mathcal{B}$ 固定时，它是 $i\in E$ 的函数.

由§1.1定理1知：可以在某概率空间（Ω，$\mathcal{F}$，P）上定义一马氏链 $X=\{x_n,n\geqslant 0\}$，其状态空间为 $E\cup\{a\}$，$(a\overline{\in}E)$. 它在 E 中的一步转移概率为 $p(i,j)$，而且 a 为吸引状态.

$$p(i,a)=1-p(i,E),\ (i\in E);\ p(a,a)=1. \tag{3}$$

由 P 可产生两个变换，一个是把 E 上的非负函数 $u(=u(i))$ 变为 E 上的非负函数 Pu：$u\rightarrow Pu$，其中

$$Pu\cdot(i)=\int_E u(j)p(i,\mathrm{d}j). \tag{4}$$

这里 $Pu\cdot(i)$ 表函数 Pu 在 i 点的值. 另一个是把 $\mathcal{B}$ 上的测度 v

---

① 即满足条件 $0\leqslant p(i,j)$，$\sum_{j\in E}p(i,j)\leqslant 1$ 的矩阵（i，$j\in E$）. 注意 $p(i,j)$ 与 t 无关.

变为$\mathcal{B}$上的测度 vP 的变换：$v \to vP$，

$$vP \cdot (A) = \int_E p(i,\ A) v(\mathrm{d}i), \tag{5}$$

$p(i,\ A)$ 是这两变换的核函数. 还需要一个重要的核函数 $G(i,\ A)$：

$$G(i,A) = \sum_{n=0}^{+\infty} p^{(n)}(i,A), \tag{6}$$

当 $A=\{j\}$ 为单点集时，它化为 $G(i,\ j) = \sum_{n=0}^{+\infty} p^{(n)}(i,\ j)$. 利用核函数 $G(i,\ A)$ 及 $p^{(n)}(i,\ A)$，类似地可以定义 Gu，vG 与 $P^{(n)}u$，$vP^{(n)}$.

（二）

设 $u(i)$，$(i \in E)$，为非负函数. 可取 $+\infty$ 为值. 称 u 为（关于 p 或关于 X 的）**过分函数**，如

$$Pu \leqslant u; \tag{7}$$

称 u 为（关于 P 或 X 的）**调和函数**，如 u 有限非负而且

$$Pu = u; \tag{8}$$

称 u 为**势**，如存在非负函数 $f(i)$，$i \in E$，（f 可取 $+\infty$ 为值），使

$$u = Gf, \tag{9}$$

这时也称 u 为 $\boldsymbol{f}$ **的势**.

显然，调和函数是有穷的过分函数. 势也是过分函数；实际上，由（9）

$$Pu = P\,[Gf] = P\left(\sum_{n=0}^{+\infty} P^{(n)} f\right)$$

$$= \sum_{n=1}^{+\infty} P^{(n)} f \leqslant Gf = u. \tag{10}$$

特别，由于 $G(i,\ A) = G\chi_A \cdot (i)$，故作为 i 的函数，$G(i,\ A)$ 是 χ_A 的势，从而也是过分的.

以$\mathcal{E}$表关于 P 的全体过分函数的集.

引理1　(i) 非负常数 $c\in\mathcal{E}$；

(ii) 若 u，$v\in\mathcal{E}$，c_1，c_2 为非负常数，则

$$c_1u+c_2v\in\mathcal{E},\ \min(u,\ v)\in\mathcal{E}.$$

(iii) 若 $u_n\in\mathcal{E}$，$u_n\to u$，则 $u\in\mathcal{E}$；

(iv) 对任 $u\in\mathcal{E}$，存在 $u_n\in\mathcal{E}$，u_n 有界，使 $u_n\uparrow u$.

证　(i) 及 (ii) 中第一结论明显，为证第二结论，令

$$h=\min(u,\ v),$$

则

$$Ph\leqslant Pu\leqslant u;\qquad Ph\leqslant Pv\leqslant v,\tag{11}$$

故 $Ph\leqslant h$.

(iii) 由法图引理

$$Pu=P(\lim_{n\to+\infty}u_n)\leqslant\varliminf_{n\to+\infty}Pu_n\leqslant\lim_{n\to+\infty}u_n=u.\tag{12}$$

(iv) 只要取 $u_n=\min(n,\ u)$ 即可.

关于有穷的势有下列简单引理：

引理2　设 $u=Gf<+\infty$，则

(i) f 被 u 唯一决定；

(ii) $P^{(n)}u\downarrow$ $(n\to+\infty)$.

证　由 (6)

$$G=P^{(n)}G+\sum_{j=0}^{n-1}P^{(j)},\tag{13}$$

取 $n=1$ 得 $Gf=PGf+f$. 若 $Gf<+\infty$，则 $PGf<+\infty$，故

$$f=u-Pu.\tag{14}$$

其次，由 (13)

$$P^{(n)}u=P^{(n)}Gf=Gf-\sum_{j=0}^{n-1}P^{(j)}f\downarrow 0\qquad(n\to+\infty).\ ■$$

注1　由证明可见，为使 (i) 中结论即 (14) 成立，只需 $PGf<+\infty$ 即可. 如此条件不满足，则 (i) 可不成立，例如，设 E 只含一点 i，又 $P=P^{(0)}$，则 $G(i,\ i)=+\infty$，故任一正函

数 f 的势都恒等于$+\infty$.

称函数 v 为过分函数 u 的**极大调和核**，如果 $v\leqslant u$，v 是调和函数，而且对任一不大于 u 的调和函数 h 都有 $h\leqslant v$. 显然，若极大调和核存在，则必唯一.

设 $u\in\mathcal{E}$，由于

$$u\geqslant Pu\geqslant p^{(2)}u\geqslant\cdots \tag{15}$$

故存在极限

$$P^{(+\infty)}u=\lim_{n\to+\infty}P^{(n)}u\leqslant+\infty. \tag{16}$$

我们来证明：若 $P^{(+\infty)}u<+\infty$，则 $P^{(+\infty)}u$ 是 u 的极大调和核；因而特别地，有穷过分函数 u 必有极大调和核为 $P^{(+\infty)}u$. 实际上，由（15）

$$P(P^{(+\infty)}u)=P(\lim_{n\to+\infty}P^{(n)}u)=\lim_{n\to+\infty}P^{(n+1)}u=P^{(+\infty)}u.$$

若 $h\leqslant u$ 而且调和，则

$$h=P^{(n)}h\leqslant P^{(n)}u\downarrow P^{(+\infty)}u.$$

定理 1［里斯(Riesz)分解］ 任一有穷过分函数 u 可唯一地表为一调和函数 v 与一势 w 的和：

$$u=v+w, \tag{17}$$

$$v=P^{(+\infty)}u,\quad w=G(u-Pu). \tag{18}$$

证 因 u 有穷，故 $P^{(+\infty)}u$ 为 u 的极大调和核，在

$$u=P^{(n+1)}u+\sum_{j=0}^{n}P^{(j)}(u-Pu)$$

中令 $n\to+\infty$，即得

$$u=P^{(+\infty)}u+G(u-Pu). \tag{19}$$

下证**唯一性**. 设 $u=v_1+w_1$ 为任一展式，v_1 调和，w_1 为势，因而 $w_1\leqslant u$ 有穷. 以 $P^{(n)}$ 作用于此展式两边，令 $n\to+\infty$，再用引理 2(ii)，即得

$$P^{(+\infty)}u=\lim_{n\to+\infty}P^{(n)}u=\lim_{n\to+\infty}P^{(n)}v_1+\lim_{n\to+\infty}P^{(n)}w_1=v_1. \quad\blacksquare$$

注2 由证明过程可见，定理1中有穷性假定可局部化如下：若在点 i 上 $u(i)<+\infty$，则

$$u(i)=P^{(+\infty)}u\cdot(i)+G(u-Pu)\cdot(i). \tag{20}$$

(三)

什么样的过分函数是势？由定理1可见：若对有穷过分函数 u 有 $P^{(+\infty)}u=0$，则 u 必是势. 这结果可以加强.

定理2（势的判别法） 过分函数 u 是势的充分必要条件是 $P^{(+\infty)}u$ 至多只能取两值0与 $+\infty$.

证 必要性 令 $E_0=(j: P^{(\infty)}u\cdot(j)<+\infty)$，因 $P^{(+\infty)}u$ 过分，

$$\int_E P^{(+\infty)}u\cdot(j)p(i, \mathrm{d}j)\leqslant P^{(+\infty)}u\cdot(i),$$

故若 $i\in E_0$，$k\overline{\in}E_0$，则必 $P(i, k)=0$，否则左方积分等于 $+\infty$ 而与 $i\in E_0$ 矛盾. 这表示 $P(i, E_0)=P(i, E)$，因而不妨设 $E=E_0$.

设 $u=Gw$，令 $B_m=\left(i: w(i)\geqslant\frac{1}{m}\right)$，则

$$+\infty>P^{(+\infty)}u\geqslant P^{(+\infty)}\left[\int_{B_m}w(j)G(\cdot, \mathrm{d}j)\right]$$
$$\geqslant\frac{1}{m}P^{(+\infty)}G(\cdot, B_m),$$

于是 $P^{(+\infty)}G(\cdot, B_m)<+\infty$. 由此推知，对任一固定的 i，下式

$$P^{(n)}G(i, B_m)+\sum_{j=0}^{n-1}P^{(j)}(i, B_m)=G(i, B_m) \tag{21}$$

的左方当 n 充分大时有穷，故 $G(i, B_m)<+\infty$. 于上式中令 $n\rightarrow+\infty$ 得

$$P^{(+\infty)}G(i, B_m)=0. \tag{22}$$

令

$$C_m=\left(i : w(i)<\frac{1}{m}\right).$$

$$P^{(+\infty)}u=P^{(+\infty)}\left[\int_{C_m} w(j)G(\cdot, \mathrm{d}j)+\int_{B_m} w(j)G(\cdot, \mathrm{d}j)\right].$$

第一积分等于

$$\lim_{n\to+\infty} P^{(n)}\left[\int_{C_m} w(j)G(\cdot, \mathrm{d}j)\right]=\lim_{n\to+\infty}\int_{C_m} w(j)(P^{(n)}G)(\cdot, \mathrm{d}j)$$

$$=\int_{C_m} w(j)(P^{(+\infty)}G)(\cdot, \mathrm{d}j),$$

类似计算并利用(22)得知第二积分等于

$$\int_{B_m} w(j)(P^{(+\infty)}G)(\cdot, \mathrm{d}j)=0.$$

因此

$$+\infty>P^{(+\infty)}u=\int_{C_m} w(j)(P^{(+\infty)}G)(\cdot, \mathrm{d}j)\to 0, \ (m\to+\infty).$$

充分性 定义函数 w

$$w(i)=\begin{cases}u(i)-Pu\cdot(i), & u(i)<+\infty,\\ +\infty, & u(i)=+\infty,\end{cases} \tag{23}$$

则 $u=Gw$. 实际上，如 $u(i)<+\infty$，由注2及假定

$$u(i)=P^{(+\infty)}u\cdot(i)+G(u-Pu)\cdot(i)=Gw\cdot(i),$$

若 $u(i)=+\infty$，则由 $Gw\cdot(i)\geqslant w(i)=+\infty$ 得

$$u(i)=+\infty=Gw\cdot(i). \quad ■$$

由定理2直接推得

系1 有穷过分函数 u 是势的充分必要条件是 $P^{(+\infty)}u=0$.

至于一般过分函数与势的关系有

定理3 设 u 为有穷过分函数，而且对任一常返状态 i 有 $u(i)=0$，则 u 是一列不下降的势的极限.

证 以 D 表全体非常返状态所成的集. 任取一列 $D_n\subset D$，D_n 是有穷集，$D=\bigcup_n D_n$，定义

$$u_k=\min\left[u,\ kG(\cdot,\ \bigcup_{n=1}^{k}D_n)\right]. \tag{24}$$

若 $j\in D$，当 k 充分大时，$j\in\bigcup_{n=1}^{k}D_n$，$G(j,\ \bigcup_{n=1}^{k}D_n)\geqslant 1$，则 $u_k\uparrow u$. 由（10）式下的说明及引理 1(ii) 知 u_k 是有穷过分函数，又因 $G(i,\ j)\leqslant G(j,j)$，得

$$G(\cdot,\ \bigcup_{n=1}^{k}D_n)\leqslant\sum_{j\in\bigcup_{n=1}^{k}D_n}G(j,\ j)<+\infty, \tag{25}$$

故由本节引理 2 得

$$P^{(+\infty)}u_k\leqslant kP^{(+\infty)}G(\cdot,\ \bigcup_{n=1}^{k}D_n)=0,$$

由系 1 知 u_k 是势. ■

系 2　若每一状态都非常返，则任一有穷过分函数是一列不下降的势的极限.

证明与上证完全相同.

如果定理 3 或系 2 的条件不满足，那么结论一般不正确. 仍然考虑注 1 中的例，那里 $G(i,\ i)=+\infty$，故任一势或恒为 0 或恒为 $+\infty$. 显然任一列势不能趋于过分函数 $u(i)\equiv C$，$0<C<+\infty$ 为常数.

(四)

试给出上述诸概念的一些概率解释. 考虑（一）中的马氏链 $X=\{x_n,\ n\geqslant 0\}$，$p^{(n)}(i,\ j)$ 是质点自 i 出发在第 n 步来到 j 的转移概率，$i,\ j\in E$，把 u 看成 $E\cup\{a\}$ 上的函数，补定义 $u(a)=0$，则

$$P^{(n)}u\cdot(i)=\int_E u(j)p^{(n)}(i,\ \mathrm{d}j)=\int_{E\cup\{a\}}u(j)p^{(n)}(i,\ \mathrm{d}j)$$
$$=E_iu(x_n), \tag{26}$$

因而 $P^{(n)}u\cdot(i)$ 是开始分布集中在 i 时，$u(x_n)$ 的平均值，而

（7）（8）则分别化为

$$E_i u(x_1) \leqslant u(i), \quad i \in E, \tag{27}$$

$$E_i u(x_1) = u(i), \quad i \in E. \tag{28}$$

$G(i,\ A)$ 是自 i 出发的质点位于 A，$(i \in E,\ A \subset E)$，中的平均总次数，实际上，定义

$$\eta_n(\omega) = \begin{cases} 1, & x_n(\omega) \in A, \\ 0, & x_n(\omega) \overline{\in} A. \end{cases}$$

则 $\eta = \sum\limits_{n=0}^{+\infty} \eta_n$ 是位于 A 中的总次数而

$$E_i \eta = E_i \left(\sum_{n=0}^{+\infty} \eta_n \right) = \sum_{n=0}^{+\infty} p^{(n)}(i,\ A) = G(i,\ A). \tag{29}$$

直观地，设想某块土地采用第 i 种耕作方案时可获年产量 $u(i)$ kg，$u(a)=0$，如果今年采用第 i 种方案，那么明年采用第 j 种的概率为 $p(i,\ j)$；于是在今年（第 0 年）采用第 i 种方案的条件下，第 n 年的平均年产量为 $E_i u(x_n) = P^{(n)} u(i)$ kg，而势

$$Gu(i) = \sum_{n=0}^{+\infty} P^{(n)} u(i)$$

则是长久耕种下去历年平均年产量的总和，如果 u 是过分函数，那么（27）表示今年的年产量不小于明年的平均年产量，又

$$P^{(+\infty)} u \cdot (i) = \lim_{n \to +\infty} P^{(n)} u \cdot (i)$$

是经过多年以后的稳定的平均年产量，而 Riesz 分解式（19）则表示今年年产量与稳定的平均年产量之差是 $G(u - Pu)$.

例 1 对任意集 $A \subset E$，以 $u_A(i)$ 表自 i 出发的质点经有穷多步（包括第 0 步）终于来到 A 中的概率，即

$$u_A(i) = P_i \left(\bigcup_{n=0}^{+\infty} (x_n \in A) \right). \tag{30}$$

显然 $0 \leqslant u_A(i) \leqslant 1$；$u_A(i) = 1$，$(i \in A)$. 以 $r_A(i)$ 表自 i 出发从

下一步起永不来到 A 的概率，即

$$r_A(i)=P_i\left(\overline{\bigcup_{n=1}^{+\infty}(x_n\in A)}\right)=P_i\left(\bigcap_{n=1}^{+\infty}(x_n\in \overline{A})\right),$$

则因

$$\begin{aligned}u_A(i)&=P_i\left(\bigcup_{n=1}^{+\infty}(x_n\in A)\right)+P^{(0)}(i,\ A)P_i\left(\overline{\bigcup_{n=1}^{+\infty}(x_n\in A)}\right)\\&=Pu_A\cdot(i)+P^{(0)}(i,\ A)r_A(i),\end{aligned}\tag{31}$$

可见 $u_A(i)$ 是有穷的过分函数，而且

$$P^{(0)}(i,\ A)r_A(i)=u_A(i)-pu_A\cdot(i).$$

由（17）（18）得 u_A 的里斯展开式为

$$u_A(i)=P^{(+\infty)}u_A\cdot(i)+\int_E P^{(0)}(j,\ A)r_A(j)G(i,\ \mathrm{d}j).\tag{32}$$

这式的概率解释见下例.

例 2　以 $v_A(i)$ 表自 i 出发到达 A 无穷多次的概率，即

$$\begin{aligned}v_A(i)&=P_i\left(\bigcap_{m=0}^{+\infty}\bigcup_{n=m}^{+\infty}(x_n\in A)\right)\\&=\lim_{m\to+\infty}P_i\left(\bigcup_{n=m}^{+\infty}(x_n\in A)\right)\\&=\lim_{m\to+\infty}P^{(m)}u_A\cdot(i)=P^{(+\infty)}u_A\cdot(i),\end{aligned}\tag{33}$$

故 v_A 是 u_A 的极大调和核，当然是调和函数.

以 $w_A(i)$ 表自 i 出发到达 A 有穷（>0）次的概率，则显然

$$u_A(i)=v_A(i)+w_A(i),$$

故由(32)及里斯展开式的唯一性得

$$\begin{aligned}w_A(i)&=\int_E P^{(0)}(j,\ A)r_A(j)G(i,\ \mathrm{d}j)\\&=\int_A r_A(j)G(i,\ \mathrm{d}j),\end{aligned}\tag{34}$$

因而 w_A 是 $P^{(0)}(\cdot,\ A)r_A(\cdot)$ 的势.

注3 如果 u 是调和函数，显然（17）化为 $u=v$. 特别，若 P 为随机矩阵又 $u_A(i)\equiv 1$（当任两状态互通而且常返时此条件满足），则因 u_A 调和而得 $v_A(i)=u_A(i)$，一切 i.

（五）

与过分函数、调和函数对偶的概念分别是过分测度与调和测度. 称非负数列 $v=\{v(i)\}$，$(i\in E)$ 为（关于 P 的，或关于 X 的）**过分测度**，如

$$vP\leqslant v, \tag{35}$$

其中 $vP\cdot(j)$ 的值由（5）定义（当（5）中 A 为单点集 $\{j\}$ 时）. 如果（35）取等号而且 $0\leqslant v(i)<+\infty$ $(i\in E)$，就称 v 为**调和测度**.

如 $v(i)\equiv 0$，显然 v 是调和测度，我们以下自然不考虑这种平凡情形.

当 $\boldsymbol{P}$ 为随机矩阵而且至少存在一常返状态时，调和测度存在；如果存在两不互通的常返状态，那么有无穷多个调和测度.①

我们知道，关于任何广转移矩阵 $\boldsymbol{P}$，过分函数总存在（任意常数 $C\geqslant 0$ 都是），但过分测度的存在性却待研究.

定理4 设 $\boldsymbol{P}$ 为随机矩阵，E 中任两状态互通，则至少存在一个过分测度 v，而且 $0<v(j)<+\infty$，一切 $j\in E$.

证 任意固定一个 $i\in E$. 对每 $k\in E$ 定义 ${}_iN_{ik}$ 如下：

(i) 对 $k=i$，令 ${}_iN_{ii}=f_{ii}$，f_{ii} 为自 i 出发后终于回到 i 的概率；由互通性知 $f_{ii}>0$；

(ii) 对 $k\neq i$，令 ${}_iN_{ik}$ 为自 i 出发后在回到 i 以前到达 k 的平均次数.

---

① 参看王梓坤［1］§2.5，并注意那里所谓平稳分布是一种特殊的调和测度.

对 $k\neq i$，以${}_if_{jk}$表自 j 出发后在到达 i 以前到达 k 的概率. 则显然有

$$ {}_iN_{ik}=\sum_{n=1}^{+\infty} n\cdot {}_if_{ik}({}_if_{kk})^{n-1}(1-{}_if_{kk})=\frac{{}_if_{ik}}{1-{}_if_{kk}}, \tag{36}$$

由互通性知${}_if_{ik}>0$，${}_if_{kk}<1$，故

$$0<{}_iN_{ik}<+\infty,\ 一切\ k\in E. \tag{37}$$

以${}_ip_{ik}^{(n)}$表自 i 出发于第 n 步来到 k 而且中间未回到 i 的概率，我们有

$$ {}_iN_{ik}=\sum_{n=1}^{+\infty} {}_ip_{ik}^{(n)}.$$

简写 $p(i,\ j)=p_{ij}$，于是

$$\begin{aligned}\sum_j {}_iN_{ij}\cdot p_{jk}&=f_{ii}p_{ik}+\sum_{j\neq i}\left(\sum_{n=1}^{+\infty} {}_ip_{ij}^{(n)}\right)p_{jk}\\&=f_{ii}p_{ik}+\sum_{n=1}^{+\infty} {}_ip_{ik}^{(n+1)}\leqslant \sum_{n=1}^{+\infty} {}_ip_{ik}^{(n)}={}_iN_{ik},\end{aligned} \tag{38}$$

故取 $v(j)={}_iN_{ij}(j\in E)$，即得所欲求.

可以把对过分测度的研究化为对过分函数的研究. 实际上，设关于广转移矩阵 $\boldsymbol{P}=(p_{ij})$ 存在过分测度 v，$0<v(i)<+\infty$，令

$$q_{ji}=p_{ij}\frac{v(i)}{v(j)}, \tag{39}$$

显然 $\boldsymbol{Q}=(q_{ji})$ 是一广转移矩阵. 如果 β 是关于 $\boldsymbol{P}$ 的过分测度，定义

$$\alpha(i)=\frac{\beta(i)}{v(i)},\quad i\in E, \tag{40}$$

那么 $\alpha=\{\alpha(i)\}$ 是关于 $\boldsymbol{Q}$ 的过分函数.

§1.2　过分函数的极限定理

（一）

本节中，我们先将马氏链的位势理论作一简短介绍，然后应用此理论以研究马氏链的过分函数的极限定理．这节中的某些结果，由于篇幅所限，不能在此证明，只指明出处，以供查阅．

设状态空间 E 为可列集，$\boldsymbol{P}$ 为 E 上的广转移矩阵，$\boldsymbol{P}=(P(i,j))$ 给出一步转移的概率，矩阵 $\boldsymbol{P}$ 满足下列条件：

$$P(i,j)\geqslant 0;\quad \sum_{j\in E}P(i,j)\leqslant 1.$$

回忆上节所述，称非负函数 $h(i)$（$i\in E$）为过分的，如

$$Ph\cdot(i)=\sum_{j\in E}P(i,j)h(j)\leqslant h(i),\quad i\in E,$$

如此式取等号，而且 h 非负有限，就称 h 为调和的．E 上的测度 μ 若满足条件

$$\mu P\cdot(j)\equiv\sum_{i\in E}\mu(i)P(i,j)\leqslant\mu(j),\quad j\in E,$$

则称为过分测度．

设 h 为过分函数，如果 $E^h=(i:0<h(i)<+\infty)$ 非空，定义

$$P^h(i,j)=\frac{P(i,j)h(j)}{h(i)},\quad i,j\in E^h,\tag{1}$$

那么 $\boldsymbol{P}^h=(P^h(i,j))$ 是 E^h 上的广转移矩阵，因而可以定义 h-**过分函数**（即定义在 E^h 上的关于 $\boldsymbol{P}^h$ 过分的函数）、h-**调和函数**等．以 $\boldsymbol{P}^h$ 为转移概率矩阵，以 E^h 为相空间的马氏链（$x_n(\omega)$，$\beta(\omega)$）称为 h-**链**，$\beta(\omega)$ 为中断时刻（见第 1 章 §1.6），$0\leqslant$

$n\leqslant\beta(\omega)$（若 $\beta(\omega)=+\infty$，则 $0\leqslant n<+\infty$），$\omega\in\Omega$. 如 $\beta(\omega)\equiv+\infty$，简记 $(x_n(\omega),\ \beta(\omega))$ 为 $\{x_n(\omega)\}$ 或 $\{x_n\}$. 注意 1-链即以 $\boldsymbol{P}$ 为转移概率矩阵的马氏链.

以 $P^{(n)}(i,\ j)$ 表 1-链的 n 步转移概率，$P^{(0)}(i,\ j)=\delta_{ij}$，(克罗内克符号)；令

$$G(i,\ j)=\sum_{n=0}^{+\infty}P^{(n)}(i,\ j). \tag{2}$$

本节总假定 1-链是非常返的，即

$$G(i,\ j)<+\infty,\quad i,\ j\in E. \tag{3}$$

固定 E 上一测度 γ，使满足

$$\gamma(i)>0,\quad (i\in E);\quad \sum_{i\in E}\gamma(i)=1.$$

定义函数

$$K(i,\ j)=\frac{G(i,\ j)}{\zeta(j)},\quad i,\ j\in E.$$

这里 $\zeta(j)=\sum_{i\in E}\gamma(i)G(i,\ j)$，(若 $\zeta(j)=0$，则可将 j 自 E 中除去，故不妨设 $\zeta(j)>0$). 在 E 中可引入距离 d，使在此距离下，点列 $\{j_n\}\subset E$ 是 Cauchy 基本列的充分必要条件是：或者 $\{j_n\}$ 只含有穷多个不同元，或者 $\{j_n\}$ 含无穷多个不同元而且 $\{K(i,\ j_n)\}$ 对每一固定的 $i\in E$ 都是实数的柯西 (Cauchy) 基本列. E 关于 d 的完备化空间记为 E^*. 称集 $B=E^*\setminus E$ 为 E 的**马亭边界**，B 依赖于 P 及 γ. 以 $\mathcal{F}$ 表 E^* 中含一切开集的最小 σ 代数.

设 $\zeta\in B$，下式定义的函数 $K(\cdot,\ \zeta)$ 是过分的：

$$K(i,\ \zeta)=\lim_{\substack{j\to\xi\\ d}}K(i,\ j). \tag{4}$$

称过分函数 h 为**极小的**，如自展式 $h=h_1+h_2$（其中 h_1，h_2 均过分）可推出 h_1，h_2 都与 h 成比例. 称边界点 $\xi\in B$ 为**极小的**，如 $K(\cdot,\ \xi)$ 是极小调和函数，而且

$$\sum_{i\in E}\gamma(i)K(i,\ \xi)=1. \tag{5}$$

全体极小边界点所成的集记为 B_e.

我们要用到下列结果①：

(i) 设函数 h 过分而且对 γ 可积，则对 h-链（x_n，β)，几乎处处或者 β 有穷，此时 $x_\beta\in E$；或者 $\beta=+\infty$，此时 x_n 在 E^* 中拓扑下收敛于某点 $x_\beta\in B_e$.

(ii) 对 (i) 中 h，存在 $E\cup B_e$ 上唯一测度 μ^h，使

$$h(i)=\int_{E\cup B_e}K(i,\ \xi)\mu^h(\mathrm{d}\xi). \tag{6}$$

μ^h 有下列概率意义：设 h-链（x_n，β）有开始分布 γ^h，（$\gamma^h(i)=\gamma(i)h(i)$），则终极状态 x_β 的分布为 μ^h，即

$$\mu^h(C)=P(x_\beta\in C),\quad C\in\mathcal{F}, \tag{7}$$

当且仅当 h 调和时 μ^h 集中在 B_e 上.

(iii) 适当选取基本空间 Ω 后，对 $\xi\in B_e$，可以考虑在条件 $x_\beta=\xi$ 下的 (ii) 中的 h-链，所得条件链记为 $\{x_{n\xi}\}$，对 μ^h—几乎一切 ξ，(μ^h-ξ)，此条件链是 $K(\cdot,\ \xi)$ -链（因而更是马氏链），有相空间为 $E_\xi=(i:\ K(i,\ \xi)>0)$，开始分布为 $\gamma^{K(\cdot,\xi)}$，又由于 $K(\cdot,\ \xi)$ 调和，

$$\sum_{j\in E_\xi}P(i,\ j)\frac{K(j,\ \xi)}{K(i,\ \xi)}=1,\quad i\in E_\xi.$$

故此链是不断的，即它的中断时刻 $\beta(\omega)\equiv+\infty$.

引理 1 设 $\xi\in B_e$，$\{x_n\}$ 为具任意开始分布 α，$\left(\sum_i\alpha(i)=1\right)$ 的 $K(\cdot,\xi)$-链，则有 $P(x_\beta=\xi)=1$.

证 概率 P 依赖于开始分布 α，故最好记 P 为 P_α. 当 $\alpha=\gamma^{K(\cdot,\xi)}$ 时，由 (iii) 及 (5) 得

① 参看 Hunt [1].

$$1=P_\alpha(x_\beta=\xi)=\sum_{i\in E_\xi}\gamma(i)K(i,\ \xi)P_i(x_\beta=\xi),\tag{8}$$

P_i 表开始分布集中在点 i 的 $K(\cdot,\ \xi)$ -链所产生的概率. 由于 $\gamma(i)K(i,\ \xi)>0$，由（5）及（8）得 $P_i(x_\beta=\xi)=1(i\in E_\xi)$，从而对任意开始分布 α（它必集中在 E_ξ 上），有

$$P_\alpha(x_\beta=\xi)=\sum_{i\in E_\xi}\alpha(i)P_i(x_\beta=\xi)=\sum_{i\in E_\xi}\alpha(i)=1.\quad\blacksquare$$

以下简记

$$\mu_i^h(C)=P_i(x_\beta\in C),\quad C\in\mathcal{F},$$

此即开始分布集中在 i 上的 h-链的终极状态的分布. 由（6）（7）已知 μ^h 有重要意义，但如何求出 μ_i^h 及 μ^h 的值？在一特殊情形即对 E^h 中的单点集 j，由亨特（Hunt）[1] 中（2. 21）

$$\begin{cases}\mu_i^h(j)=G(i,\ j)\dfrac{h(j)-Ph\cdot(j)}{h(i)}, & i,\ j\in E^h,\\ \mu^h(j)=\displaystyle\sum_{i\in E^h}\gamma(i)G(i,\ j)[h(j)-Ph\cdot(j)], & j\in E^h,\end{cases}\tag{9}$$

至于边界上的集 C，则有

定理1 设 $C\subset B_e$，$C\in\mathcal{F}$，则

$$\mu_i^h(C)=\frac{h_c(i)}{h(i)},\quad i\in E^h,$$

$$\mu^h(C)=\sum_{i\in E^h}\gamma(i)h_c(i),$$

其中 $h_C(i)$ 表 h 在 i 关于 C 的 Réduite①.

证 任取一不属于 E 的元 s，令 $P(s,\ i)=\gamma(i)$，$P(i,\ s)=0$，$(i\in E)$，则 $P(i,\ j)$ 的定义域自 E 扩大到 $E\cup\{s\}$. 由于 $\gamma(i)>0$，扩大后的 P 有一中心 s，故可引用瓦塔纳贝（Watanabe）[1] 中的公式（4. 20）：

---

① 这里及下面用到的一些知识见 T. Watanabe [1] 与 Hunt [1].

$$h_C(i)=\int_C K(i,\ \xi)\mu^h(\mathrm{d}\xi),\tag{10}$$

由此得（参看亨特（Hunt）[1] 中（2.19）式）

$$\mu_i^h(C)=\int_C \frac{K(i,\ \xi)}{h(i)}\mu^h(\mathrm{d}\xi)=\frac{h_C(i)}{h(i)},\ i\in E^h.\tag{11}$$

由（7）及（11）得

$$\mu^h(C)=\sum_{i\in E^h}\gamma^h(i)\mu_i^h(C)=\sum_{i\in E^h}\gamma(i)h_C(i).\quad\blacksquare$$

关于极小性有下列简单结论，为完全计仍给出证明.

引理 2 （i）常数 1 是极小调和函数的充分必要条件是：存在不恒为 0 的有界调和函数，而且任一有界调和函数是常数.

（ii）设 $\xi\in B_e$，又 h 是 $K(\cdot,\ \xi)$-调和、有界的函数，则 h 恒等于某一常数.

证 （i）要用到下列事实：对任一极小调和函数 h，必存在唯一的 $\xi\in B_e$，使 μ^h 集中在此点 ξ 上. 故如 1 极小调和，μ^1 集中在某点 $\xi\in B_e$ 上，亦即有 $P(x_\beta=\xi)=1$，这里 x_β 是 1-链的终极状态，而 P 是 $P_{(i,j)}$ 及开始分布 γ 产生的概率. 既然 $\gamma(i)>0$，故 $P_i(x_\beta=\xi)=1$，$i\in E$. 然而任一有界调和函数 u 可表为 $u(i)=E_if(x_\beta)$，其中 f 是某个定义在 B_e 上的边界函数，而 E_i 是对 P_i 的期望. 因此

$$u(i)=E_if(x_\beta)=f(\xi)$$

是与 i 无关的常数.

反之，任取一不恒为 0 的有界调和函数 u，由假定知 u 恒等于某大于 0 的常数 C，故 C 调和，从而常数 1 也调和. 令如调和函数 $v\leqslant 1$，仍由假设知 v 是一常数，因而与 1 成比例，由此容易推知 1 是极小调和函数.

（ii）由于 $\mu^{K(\cdot,\xi)}$ 集中在一点 ξ 上，仿（i）之证即知任一 $K(\cdot,\ \xi)$-调和、有界的函数 h 是常数. $\blacksquare$

(二) 过分函数的渐近性质

先讨论极限的存在性. 在过分函数渐近性质的研究中, F-收敛性起着重要作用. 设 $\xi\in B_e$, 称 E 的子集 D 为 ξ 的一 F-邻域, 如对以 $\gamma^{K(\cdot,\xi)}$ 为开始分布的 (因而由引理 1, 对以 E_ξ 上任一概率分布为开始分布的) $K(\cdot, \xi)$-链 $\{x_n(\omega)\}$, 存在正整数 $N\equiv N(\omega)$ 使对几乎一切 ω, $x_n(\omega)\in D$ 对一切 $n\geqslant N$ 成立.

称函数 $v(i)$, $(i\in E)$, 在 $\xi\in B_e$ 有 F-极限 b (可能无穷), 并记为 $F\lim\limits_{i\to\xi}v(i)=b$, 如对 b 在广义直线 $[-\infty, +\infty]$ 上的任一邻域 G, 存在 ξ 的 F-邻域 D, 使当 $i\in D$ 时, 有 $v(i)\in G$.

引理 3 存在 F-极限 $F\lim\limits_{i\to\xi}v(i)=b$ 的充分必要条件是: 对以 $\gamma^{K(\cdot,\xi)}$ 为开始分布的 (因而由引理 1, 对以 E_ξ 上任一概率分布为开始分布的) $K(\cdot, \xi)$-链 $\{x_n\}$, 有

$$\lim_{n\to+\infty} v(x_n)=b \quad \text{a. s.}.$$

证 设 $F\lim\limits_{i\to\xi}v(i)=b$, 即对 b 的任一邻域 G, 存在 ξ 的 F-邻域 D, 使 $v(i)\in G$ 对一切 $i\in D$ 成立. 固定此 D, 由定义, 对以 $\gamma^{k(\cdot,\xi)}$ 为开始分布的 $K(\cdot, \xi)$-链 $\{x_n\}$, 存在正整数 $N\equiv N(\omega)$, 使 $n\geqslant N$ 时, 几乎处处有 $x_n\in D$; 从而有

$$v(x_n)\in G, \quad \text{a. s.}.$$

反之, 设几乎处处有 $\lim\limits_{n\to+\infty} v(x_n)=b$. 在一零测集上适当定义 b 的值后, 可使 b 关于 $\{x_n\}$ 的不变 σ-代数可测①. 但由引理 2 (ii) 及钟开莱 (Chung) [1] 113 页, 此 σ-代数只含概率为 0 或 1 的集, 故 b 几乎处处等于常数, 令 $\Omega_0=(\omega: \lim\limits_{n\to+\infty} v(x_n(\omega))=b$, b 为常数), 则 $P(\Omega_0)=1$. 对 b 的任一邻域 G, 如 $\omega\in\Omega_0$, 则存在正整数 $N\equiv N(\omega)$, 使 $n\geqslant N$ 时有

$$v(x_n(\omega))\in G. \tag{12}$$

---

① 见 Chung K. L. [1] § I. 17.

取 $D=(x_n(\omega):\omega\in\Omega_0,\ n\geqslant N(\omega))$，即 D 为满足括号中两条件的状态 $x_n(\omega)$ 的集；$D\subset E$. 由定义，D 是 ξ 的 F-邻域，由(12)，当 $i\in D$ 时，有 $v(i)\in G$. ■

以下记号 $\lim\limits_{n\to+\infty} v(x_n)$ 中，如 $\beta<+\infty$，我们总认为此极限存在而且等于 $v(x_\beta)$；测度 μ 在 B_e 上的限制记为 μ_B；"μ_B-ξ" 表"关于测度 μ_B 几乎一切的 ξ".

定理 2 设 $(x_n,\ \beta)$ 为 1-链，有开始分布 γ，如果几乎处处存在极限 $\lim\limits_{n\to\beta} v(x_n)$，那么存在极限 $F\lim\limits_{i\to\xi} v(i)=b(\xi)$，$(\mu_B$-$\xi)$.

证 由引理 3，只要证明对 μ_B-ξ，存在极限 $\lim\limits_{n\to\infty} v(y_n)$，其中 $\{y_n\}$ 是以 $\gamma^{K(\cdot,\xi)}$ 为开始分布的 $K(\cdot,\ \xi)$-链. 根据（一）中 (iii)，适当选择基本空间 Ω 后，只要证几乎处处存在 $\lim\limits_{n\to+\infty} v(x_{n\xi})$，以 P^ξ 表马氏链 $\{x_{n\xi}\}$ 所产生的概率，则由假定

$$1=P(\text{存在}\lim_{n\to\beta} v(x_n))=P(\beta<+\infty)+P(\text{存在}\lim_{n\to+\infty} v(x_n))$$

$$=\mu(E)+\int_{B_e} P^\xi(\text{存在}\lim_{n\to+\infty} v(x_{n\xi}))\mu_B(\mathrm{d}\xi).$$

由于 $\mu(E)+\mu_B(B_e)=\mu(E\cup B_e)=1$，故存在 $b(\xi)$ 使

$$P^\xi(\lim_{n\to+\infty} v(x_{n\xi})=b(\xi))=1,\ (\mu_B\text{-}\xi).\quad ■$$

再讨论 F-极限的数值，如何求出 $F\lim\limits_{i\to\xi} v(i)$ 的值？当 v 为有限过分函数时，问题可以解决.

引理 4 设 1 对马氏链 $\{x_n\}$ 是极小调和函数，对应点 $\xi(\in B_e)$. 若 v 是此链的有限过分函数，则

$$F\lim_{i\to\xi} v(i)=\inf_{i\in E} v(i).$$

证 根据引理 3，只要证几乎处处

$$\lim_{n\to+\infty} v(x_n)=\inf_{i\in E} v(i).$$

上式左方的极限由于 v 是有限过分函数而几乎处处存在并且有限（见上引亨特（Hunt）文）. 为证等式成立，先设 v 有界. 考虑里斯分解式

$$v(i)=g(i)+h(i),$$

其中 g 是非负势而 h 是有界调和函数，由引理 2 知 $h(i)\equiv c$（常数）. 不难证明[①]几乎处处 $\lim\limits_{n\to+\infty} g(x_n)=0$. 既然 $g(i)\geqslant 0$，可见

$$\lim_{n\to+\infty} v(x_n)=c=\inf_{i\in E} v(i),\quad \text{a. s.}.$$

对一般的 v，令 $a(\omega)=\lim\limits_{n\to+\infty} v(x_n(\omega))$. 如上述，可取 $a(\omega)$ 有限，定义函数

$$v_m(i)=\min(m,\ v(i)),$$

则 v_m 有界过分，故

$$\lim_{n\to+\infty} v_m(x_n(\omega))=\inf_{i\in E} v_m(i).$$

由于 $v_m\uparrow v$ 及 $a(\omega)$ 的有限性，对几乎一切 ω，存在正整数 $N\equiv N(\omega)$，当 $n\geqslant N$ 时，$v(x_n(\omega))\leqslant a(\omega)+1$. 任取正整数 $M\equiv M(\omega)\geqslant a(\omega)+1$，则当 $m\geqslant M$ 时

$$v(x_n(\omega))=v_m(x_n(\omega)),\ 一切\ n\geqslant N.$$

注意　当 $m\geqslant M_1$（M_1 为某正整数）时，

$$\inf_{i\in E} v_m(i)=\inf_{i\in E} v(i).$$

于是几乎处处有

$$\lim_{n\to+\infty} v(x_n(\omega))=\lim_{n\to+\infty} v_{M+M_1}(x_n(\omega))=\inf_{i\in E} v(i). \qquad \blacksquare$$

定理 3　设 u 是有限过分函数，则对 μ_B—ξ，有

(i)
$$F\lim_{i\to\xi}\frac{u(i)}{h(i)}=\inf_{i\in H}\frac{u(i)}{h(i)}, \tag{13}$$

其中 $\xi\in B_e$ 而 h 为对应于 ξ 的不恒为 0 的极小调和函数，又 $H=(i:\ h(i)>0)$；

(ii) 若 h 有界，则

$$F\lim_{i\to\xi} u(i)=\sup_{i\in H} h(i)\cdot\inf_{i\in H}\frac{u(i)}{h(i)}. \tag{14}$$

---

① 证明可仿 Дынкин Е. Б. [1] 定理 12. 8.

(iii) 设 v 也是有限过分函数，h 有界，而且 $F\lim\limits_{i\to\xi}v(i)>0$，则

$$F\lim_{i\to\xi}\frac{u(i)}{v(i)}=\inf_{i\in H}\frac{u(i)}{h(i)}\div\inf_{i\in H}\frac{v(i)}{h(i)}. \tag{15}$$

证 因 h 对 P 极小调和，故 1 对 P^h 极小调和，由于 h-链的终极分布集中在 h 所对应的点 ξ 上，因而作为 h-链的极小调和函数，1 也对应于点 ξ. 既然 $\frac{u}{h}$ 为 h-过分，在 H 中有限，由引理 4 得 (13).

在 (13) 中令 $u\equiv1$，得

$$F\lim_{i\to\xi}h(i)=\sup_{i\in H}h(i)>0. \tag{16}$$

如 h 有界，此极限是有限的，代入 (13) 得

$$\begin{aligned}F\lim_{i\to\xi}u(i)&=F\lim_{i\to\xi}h(i)\cdot F\lim_{i\to\xi}\frac{u(i)}{h(i)}\\&=\sup_{i\in H}h(i)\cdot\inf_{i\in H}\frac{u(i)}{h(i)},\end{aligned}$$

此即 (14). 应用 (14) 于 v，将所得式除 (14)，由假定 $F\lim\limits_{i\to\xi}v(i)>0$ 得 (15). ■

注 1 对已给边界点 $\xi\in B_e$，定理 3 中 h 的一种取法为 $K(\cdot,\xi)$，根据等式［见亨特 (Hunt)［1］(2.19) 式］

$$P_i(x_\beta=\xi)=K(i,\xi)\mu\{\xi\} \tag{17}$$

可见，若 $\mu\{\xi\}>0$，则 $K(\cdot,\xi)$ 必有界. 由于对应于 ξ 的任一极小调和函数 h 必与 $K(\cdot,\xi)$ 成比例，故若 $K(\cdot,\xi)$ 有界，则 h 也有界.

再考虑原子核情形.

迄今对有限过分函数的 F-收敛性已研究清楚，然而何时 F-收敛化为通常的收敛？试给出一简单的充分条件，它概括了常见的实用情况，为此要引进原子核的概念.

设 $\{x_n\}$ 是以 γ 为开始分布的、不中断的马氏链. 考虑状态空间 E 关于此链的博威（Blackwell）分解：

$$E=E_0 \cup E_1 \cup E_2 \cup \cdots \tag{18}$$

诸 E_i 互不相交，E_0 为完全非原子几乎闭集，而 E_j，$(j>1)$，为原子几乎闭集（见钟开莱（Chung）［1］§1.17）. 称 $\xi_j(\in B_e)$ 为**原子边界点**，如 $\mu\{\xi_j\}>0$. 可证[①]全体原子几乎闭集 $\{E_j, j\geqslant 1\}$ 与全体原子边界点集 $\{\xi_j\}$ 间存在一一对应[①]. 下设 E_j 与 ξ_j 对应.

设 ε_j 为 E_j 的子集，$(j\geqslant 1)$. 称 ε_j 是一原子核，如

$$P(\mathcal{L}(E_j))=P(\mathcal{L}(\varepsilon_j)), \tag{19}$$

而且对 ε_j 的任一无限子集 A 有

$$P(\mathcal{L}(\varepsilon_j-A))=0. \tag{20}$$

这里 $\mathcal{L}(\varepsilon)=\bigcup\limits_{m=1}^{+\infty}\bigcap\limits_{n=m}^{+\infty}(x_n\in\varepsilon)$.

引理5 对任一无界点列[②] $\{j_n\}\subset\varepsilon_j$，当 $n\to+\infty$ 时，$\{j_n\}$ F-收敛于 ξ_j.

证 任取 ξ_j 的 F-邻域 C，则对 $K(\cdot, \xi_j)$-链 $\{y_n\}$，存在正整数 $N\equiv N(\omega)$ 及 ω-集 Ω_0，$P(\Omega_0)=1$，使对任一 $\omega\in\Omega_0$，对一切 $n\geqslant N$ 有 $y_n(\omega)\in C$. 令

$$Y=(y_n(\omega): \omega\in\Omega_0, n\geqslant N(\omega))\subset C$$

有必要时可放大 $N(\omega)$ 后，可设 $Y\subset E_j$；再由（19）可设 $Y\subset\varepsilon_j$. 由此即可推知一切（除有穷多个外）$j_n\in Y$；否则存在 $\{j_n\}$ 的一无限子集 A，使

$$P(\mathcal{L}(\varepsilon_j-A))\geqslant P(\mathcal{L}(Y-A))$$

① 见 Chung K. L. Acta Mathematica，1963，110（1-2）：19－77.

② 称点列 $\{j_n\}$ 为无界的，如对 E 中任意有限子集 D，存在正整数 N，当 $n\geqslant N$ 时，$j_n\overline{\in}D$.

$$=P(\mathcal{L}(Y))=\mu\{\xi_j\}>0,$$

这与（20）矛盾，于是存在正整数 M，对 $n\geqslant M$ 有

$$j_n\in Y\subset C. \quad ■$$

定理 4 设 $\{x_n\}$ 是以 γ 为开始分布的马氏链，u 为此链的有限过分函数，如果 ε_j 是一原子核，$\{j_n\}$ 为 ε_j 的任意一个无界的子列，那么存在有限极限 $\lim\limits_{n\to+\infty} u(j_n)$，而且

$$\lim_{n\to+\infty} u(j_n)=\sup_{i\in H} h(i)\cdot\inf_{i\in H}\frac{u(i)}{h(i)}. \tag{21}$$

这里 h 是对应于 ξ_j 的极小调和函数，$H=(i: h(i)>0)$.

证 因 ξ_j 对应于原子几乎闭集 E_j，故 $\mu\{\xi_j\}>0$. 由注 1 知 h 有界. 由（14）得知（21）右方值等于 $F\lim\limits_{i\to\xi_j}u(i)$. 然而由引理 5

$$\lim_{n\to+\infty} u(j_n)=F\lim_{i\to\xi_j}u(i),$$

此得证（21）. ■

最后叙述过分测度的极限定理. 利用对偶性，不难得到过分测度的相应的结果. 设对转移矩阵 $\boldsymbol{P}$ 存在严格为正的过分测度 $\alpha(i)>0$，$(i\in E)$.（当 $\boldsymbol{P}$ 满足不可分条件时，即 E 中任两状态互通时，如此的 α 必存在，见 § 1.1 定理 4.）令

$$q_{ji}=\frac{p(i, j)\alpha(i)}{\alpha(j)}, \tag{22}$$

设 β 是对 $\boldsymbol{P}$ 的有限过分测度，定义

$$\beta^*(i)=\frac{\beta(i)}{\alpha(i)},$$

则 β^* 是对 $Q=(q_{ji})$ 的有限过分函数. 以 ξ^* 表 Q-链的极小边界点，F^* 表它的 F-收敛，由（13）得

$$F^*\lim_{i\to\xi^*}\frac{\beta(i)}{\alpha(i)h^*(i)}=\inf_{i\in H^*}\frac{\beta(i)}{\alpha(i)h^*(i)},$$

其中 h^* 为 Q-链的极小调和函数，对应于 ξ^*，而 $H^*=(i:$

$h^*(i)>0$).

(三) 具连续参数马氏链的应用

考虑连续时间参数情形，设 $X=\{x(t,\omega),\ 0\leqslant t<\tau(\omega)\}$ 为可列齐次马氏链，其转移概率矩阵 $(p_{ij}(t))$ 满足条件

$$\lim_{t\to 0} p_{ii}(t)=1, \quad i\in E. \tag{23}$$

设此过程的样本函数右连续，以 $\boldsymbol{Q}=(q_{ij})$ 表密度矩阵，其中

$$q_{ij}=\lim_{t\to 0}\frac{p_{ij}(t)-\delta_{ij}}{t}.$$

以下设

$$0<q_i\equiv -q_{ii}=\sum_{j\neq i} q_{ij}<+\infty, \quad i\in E. \tag{24}$$

以 $\tau_n(\omega)$ 表样本函数的第 n 个跳跃点，即

$$\tau_0(\omega)\equiv 0,$$

$$\tau_n(\omega)=\inf(t:\ t>\tau_{n-1}(\omega),\ x(t,\omega)\neq x(\tau_{n-1}(\omega),\omega)).$$

假定中断时刻 $\tau(\omega)$ 为第一个飞跃点，即

$$\tau(\omega)=\lim_{n\to+\infty}\tau_n(\omega), \tag{25}$$

因而 $X\equiv\{x(t,\omega),\ 0\leqslant t<\tau(\omega)\}$ 是最小链，考虑嵌入马氏链

$$y_n(\omega)=x(\tau_n(\omega),\omega), \quad n\in\mathbf{N}. \tag{26}$$

以下总设 $\{y_n(\omega)\}$ 的转移矩阵满足条件 (3)，于是可以定义 $\{y_n\}$ 的马亭边界，以下记号 $F\lim\limits_{i\to\xi}$ 系指对此边界而言.

设非负函数 $u(i)$，$(i\in E)$，为关于 X 的过分函数，简称为 X-过分. 因而对任意 $t\geqslant 0$，有

$$\sum_{j\in E} p_{ij}(t)u(j)\leqslant u(i), \quad i\in E. \tag{27}$$

在瓦特纳贝 (Watanabe) [1] 中证明了：函数 $u(i)$ 是 X-过分的充分必要条件是它关于嵌入链 $\{y_n\}$ 过分. 这样一来，对有限 X-过分函数完全可以运用第 (二) 段中结果.

设已给函数 $f(i)\geqslant 0$，$i\in E$，满足

$$u(i) \equiv E_i \int_0^{\tau} f(x(t,\ \omega))\mathrm{d}t < +\infty, \qquad i \in E. \tag{28}$$

容易验证由此式定义的函数 u 对 X-过分、有限.

设嵌入链 $\{y_n\}$ 的开始分布为 γ，ε 是此链的一原子核，对应于边界点 ξ，于是必有 $\mu\{\xi\}>0$. 由（17）知函数

$$\mu_i\{\xi\} \equiv P_i, \qquad y_\beta = \xi,$$

是 $\{y_n\}$ 的对应于 ξ 的一极小调和函数，任取一无界子列 $\{j_n\} \subset \varepsilon$，由（21）得

$$\lim_{n\to+\infty} E_{jn}\int_0^{\tau} f(x(t,\ \omega))\mathrm{d}t = \sup_{i\in H}\mu_i\{\xi\} \cdot \inf_{i\in H}\frac{E_i\int_0^{\tau} f(x(t,\omega))\mathrm{d}t}{\mu_i\{\xi\}}, \tag{29}$$

其中 $H=(i:\ \mu_i(\xi)>0)$.

特别，先在（29）中取 $f(i)=\delta_{li}$，再取 $f(i)=\delta_{mi}$，（$l\in E$，$m\in E$）. 将所得两式相除，如果

$$M_m = \inf_{i\in H}\frac{\int_0^{+\infty} p_{im}(t)\mathrm{d}t}{\mu_i\{\xi\}} > 0, \tag{30}$$

即得最小链的转移概率的积分比的公式

$$\lim_{n\to+\infty}\frac{\int_0^{+\infty} p_{j_n l}(t)\mathrm{d}t}{\int_0^{+\infty} p_{j_n m}(t)\mathrm{d}t} = \frac{M_l}{M_m}. \tag{31}$$

今考虑双边生灭过程 X 的特殊情形，这时 F-收敛化为通常的收敛.

设可列马氏链 X 为双边生灭过程，即它的密度矩阵 $\boldsymbol{Q}=(q_{ij})$ 满足条件

$$q_{ij}=0, \quad |i-j|>1,$$

$$q_{ii-1}=a_i>0,\ q_{ii+1}=b_i>0, \qquad q_i=-q_{ii}=a_i+b_i,$$

i，$j\in E=\mathbf{Z}$，E 为全体整数集. 引入特征数

$$z_i=-b_0\left(1+\frac{b_{-1}}{a_{-1}}+\cdots+\frac{b_{-1}b_{-2}\cdots b_{i+1}}{a_{-1}a_{-2}\cdots a_{i+1}}\right),\qquad i<-1,$$

$$z_{-1}=-b_0,\qquad z_0=0,\qquad z_1=a_0,$$

$$z_i=a_0\left(1+\frac{a_1}{b_1}+\cdots+\frac{a_1a_2\cdots a_{i-1}}{b_1b_2\cdots b_{i-1}}\right),\qquad i>1,$$

$$r_1=\lim_{i\to-\infty}z_i,\qquad r_2=\lim_{i\to+\infty}z_i.$$

杨向群［1］中证明了：对嵌入链 $\{y_n\}$，以 C_{in} 表自 i 出发经有穷多次跳跃到达 n 的概率，则

$$C_{in}=\begin{cases}\dfrac{r_2-z_i}{r_2-z_n}, & n<i,\\[2ex] \dfrac{z_i-r_1}{z_n-r_1}, & n>i,\end{cases}\tag{32}$$

(理解$\dfrac{+\infty}{+\infty}=1$)；(3) 对 $\{y_n\}$ 不满足的充分必要条件是 $r_1=-\infty$，$r_2=+\infty$，故只要考虑至少有一 r_a 有穷的情形①.

(i) 设 $r_1=-\infty$，$r_2<+\infty$，这时只有一个原子几乎闭集 E，$\varepsilon=(n, n+1, \cdots)$ 是原子核

$$K(i,j)=\frac{C(i,j)}{\sum\limits_{v\in E}\gamma(v)G(v,j)}=\frac{C_{ij}G(j,j)}{\sum\limits_{v\in E}\gamma(v)C_{vj}G(j,j)}=\frac{C_{ij}}{\sum\limits_{v\in E}\gamma(v)C_{vj}}.\tag{33}$$

当 $j>i$ 时，由 (32) 知 $C_{ij}=1$，故

$$K(i,j)=\frac{1}{\sum\limits_{v<j}\gamma(v)+\sum\limits_{v\geqslant j}\gamma(v)C_{vj}}.\tag{34}$$

以 $+\infty$ 表 ε 所对应的最小边界点，由于 $\sum\limits_{v\in E}\gamma(v)=1$，故

---

① 若 $r_1=-\infty$，$r_2=+\infty$，则 $\{y_n\}$ 常返，故 $\{y_n\}$ 的（或最小链 X 的）每一过分函数 u 为一常数．注意 u 或处处有限，或恒等于 $+\infty$；此因 $p_{ij}(t)>0$，$(t>0,\ i,\ j\in E)$.

$$K(i,\ +\infty)=\lim_{j\to+\infty} K(i,\ j)=1, \tag{35}$$

由引理 2（i）之证可见 $\mu\{+\infty\}\equiv P(y_\beta=+\infty)=1$.

除$+\infty$外还有一边界点$-\infty$，类似计算得

$$K(i,-\infty)=\frac{r_2-z_i}{\sum_{v\in E}\gamma(v)(r_2-z_v)},$$

但因 $\mu\{-\infty\}=0$，故此边界点无关紧要.

设 u 为最小过程的有限过分函数，由（21）得

$$\lim_{i\to+\infty} u(i)=\inf_{i\in E} u(i).$$

（ii）设 r_1，r_2 都有穷，此时有两原子几乎闭集，各有原子核为 $\varepsilon_1=(\cdots,\ -n-1,\ -n)$，$\varepsilon_2=(n,\ n+1,\ \cdots)$，它们分别对应的最小边界点记为$-\infty$，$+\infty$. 仿上算得

$$K(i,\ -\infty)=\frac{r_2-z_i}{\sum_{v\in E}\gamma(v)(r_2-z_v)},$$

$$K(i,\ +\infty)=\frac{z_i-r_1}{\sum_{v\in E}\gamma(v)(z_v-r_1)}.$$

对最小链 X 的任一有限过分函数 u，有

$$\lim_{i\to-\infty} u(i)=(r_2-r_1)\cdot\inf_{i\in E}\frac{u(i)}{r_2-z_i},$$

$$\lim_{i\to+\infty} u(i)=(r_2-r_1)\cdot\inf_{i\in E}\frac{u(i)}{z_i-r_1}.$$

附录 2　λ-系与 $\mathcal{L}$-系方法

我们来叙述测度论中若干引理，它们在随机过程论中很有用.

设 $\mathcal{A}$ 为基本空间 $\Omega=(\omega)$ 的某子集系，它是 Ω 中某些子集的集合. 包含 $\mathcal{A}$ 的一切 σ 代数的交 $\mathcal{F}\{\mathcal{A}\}$ 显然也是一 σ 代数，而且是含 $\mathcal{A}$ 的最小 σ 代数. 于是得

引理 1　若 σ 代数 $\mathcal{K}\supset\mathcal{A}$，则 $\mathcal{K}\supset\mathcal{F}\{\mathcal{A}\}$.

然而在许多问题中，要验证 $\mathcal{K}$ 是一 σ 代数，常常很不容易. 于是邓肯（Е. Б. Дынкин）将对 $\mathcal{K}$ 的条件放宽，而对 $\mathcal{A}$ 稍加条件，从而引进了 λ-系与 π-系的概念.

Ω 中的子集系 Π 称为 **π-系**，如果 $A_1\in\Pi$，$A_2\in\Pi$，那么 $A_1A_2\in\Pi$.

Ω 中的子集系 Λ 称为 **λ-系**，如果

(i) $\Omega\in\Lambda$；

(ii) 自 $A_1\in\Lambda$，$A_2\in\Lambda$，$A_1A_2=\varnothing$，可得 $A_1\cup A_2\in\Lambda$；

(iii) 自 $A_1\in\Lambda$，$A_2\in\Lambda$，$A_1\supset A_2$，可得 $A_1\setminus A_2\in\Lambda$；

(iv) 自[1] $A_n \in \Lambda$，$A_n \uparrow A$，$n \in \mathbf{N}^*$ 可得 $A \in \Lambda$.

引理 2

(i) Ω 的子集系$\mathcal{M}$若既是 π-系，又是 λ-系，则必是一 σ-代数；

(ii) 若 λ-系 Λ 包含 π-系 Π，则 $\Lambda \supset \mathcal{F}\{\Pi\}$.

证 (i) 由 λ-系的条件（i），$\Omega \in \mathcal{M}$，由此及 λ-系的条件（iii）知，若 $A \in \mathcal{M}$，则$\overline{A} \in \mathcal{M}$. 若 $A_1 \in \mathcal{M}$，$A_2 \in \mathcal{M}$，由 π-系的定义，知 $A_1A_2 \in \mathcal{M}$. 由 λ-系的条件（iii），$A_2 \setminus A_1A_2 \in \mathcal{M}$，再由 λ-系的条件（ii）知 $A_1 \cup A_2 = A_1 \cup (A_2 \setminus A_1A_2) \in \mathcal{M}$，由归纳法知，若 A_1，A_2，…，A_n 均属于$\mathcal{M}$，则 $\bigcup_{i=1}^{n} A_i \in \mathcal{M}$，再由 λ-系的条件（iv）知

$$\bigcup_{i=1}^{+\infty} A_i = \lim_{n \to +\infty} \bigcup_{i=1}^{n} A_i \in \mathcal{M}.$$

(ii) 包含 π-系 Π 的一切 λ-系的交$\mathcal{F}_1$显然是含 Π 的最小 λ-系，故若能证$\mathcal{F}'$，也是 π-系，则由（i）即得证所需结论. 令

$$\mathcal{F}_1 = \{A：AB \in \mathcal{F}' \text{对一切} B \in \Pi \text{成立}\}.$$

由于$\mathcal{F}'$是一 λ-系，易见$\mathcal{F}_1$也是 λ-系. 既然$\mathcal{F}_1 \supset \Pi$，故$\mathcal{F}_1 \supset \mathcal{F}'$. 这表示若 $A \in \mathcal{F}'$，$B \in \Pi$，则 $AB \in F'$. 令

$$\mathcal{F}_2 = \{B：AB \in \mathcal{F}' \text{对一切} A \in F' \text{成立}\},$$

由于$\mathcal{F}'$是 λ-系，易见$\mathcal{F}_2$也是 λ-系. 按上所述，$\mathcal{F}_2 \supset \Pi$，因而$\mathcal{F}_2 \supset \mathcal{F}'$. 这表示若 A，$B \in \mathcal{F}'$，则 $AB \in F'$，于是得证$\mathcal{F}'$为π-系. ■

现在来考虑函数，设 $\mathcal{L}$ 为定义在 Ω 上的一族函数，满足

---

① $A_n \uparrow A$ 表 $A_n \subset A_{n+1}$，$A = \bigcup_{n=1}^{+\infty} A_n$.

② 可由 λ-系的条件（i）和（iii）推出.

条件

（Ⅰ）若 $\xi(\omega)\in\mathcal{L}$，又

$$\eta(\omega)=\begin{cases}\xi(\omega), & \xi(\omega)\geqslant 0,\\ 0, & \xi(\omega)<0,\end{cases}$$

则 $\eta(\omega)$ 及 $\eta(\omega)-\xi(\omega)$ 均属于$\mathcal{L}$.

函数集 L 称为$\mathcal{L}$-系，若它满足条件

（I_1）$\mathbf{1}\in L$（$\mathbf{1}$ 表恒等于 1 的函数）；

（I_2）L 中任两函数的线性组合仍属于 L；

（I_3）若 $\xi_n(\omega)\in L$，$0\leqslant\xi_n(\omega)\uparrow\xi(\omega)$，而且 $\xi(\omega)$ 有界或属于$\mathcal{L}$，则 $\xi(\omega)\in L$.

引理 3　若$\mathcal{L}$-系 L 包含某一 π-系 Π 中任一集 A 的示性函数 $\chi_A(\omega)$，则 L 包含一切属于$\mathcal{L}$中的关于$\mathcal{F}\{\Pi\}$ 可测的函数.

证　使 $\chi_A(\omega)\in L$ 的全体集 A 构成 λ-系 Λ. 既然 $A\supset\Pi$，故由引理 2，$\Lambda\supset\mathcal{F}\{\Pi\}$；换言之，$\chi_A(\omega)\in L$ 对任意集 $A\in\mathcal{F}\{\Pi\}$ 成立.

设 $\xi(\omega)$ 为$\mathcal{L}$中非负、关于$\mathcal{F}\{\Pi\}$ 可测的函数. 令

$$\Gamma_{kn}=\left\{\frac{k}{2^n}\leqslant\xi(\omega)<\frac{k+1}{2^n}\right\}\in\mathcal{F}\{\Pi\},$$

$$\xi_n=\sum_{k=0}^{2^{2n}}\frac{k}{2^n}\chi_{\Gamma_{kn}},$$

则由 $\chi_{\Gamma_{kn}}\in L$ 及（I_2），$\xi_n\in L$. 因 $0\leqslant\xi_n\uparrow\xi$，由（$\mathrm{I}_3$）即得 $\xi\in L$.

按（Ⅰ），任一$\mathcal{F}\{\Pi\}$ 可测函数 $\eta\in\mathcal{L}$可表为$\mathcal{L}$中两非负$\mathcal{F}\{\Pi\}$ 可测函数之差，而已证明后两者属于$\mathcal{L}$，故由（I_2），$\eta\in L$.

引理 2，3 非常有用，典型用法如下：有时需要证明某一集系 S 具有某性质 A_0，为此令 Λ 为具有 A_0 的一切集的集，然后

证明 Λ 包含某一集系 Π，实际中常常容易看出 Λ 是一 λ-系，而 Π 是一 π-系，并且 $\mathcal{F}\{\Pi\}\supset S$. 于是由引理 2（ii），$A\supset S$，即证明了 S 中的集都有性质 A_0. 这种方法称为 **λ-系方法**.

另外一些时候需要证明某一函数集 F 具有某性质 $\widetilde{A}_0$. 为此引入满足（Ⅰ）的函数集 $\mathcal{L}$，使全体具有 $\widetilde{A}_0$ 的函数集 L 是一 $\mathcal{L}$-系；再引进一 π-系 Π，使 $\mathcal{F}\{\Pi\}$ 可测函数集包含 F. 于是根据引理 3，只要证明 $\chi_A(\omega)\in L$ 对一切 $A\in\Pi$ 成立就够了. 这种方法称为 **$\mathcal{L}$-系方法**.

关于各节内容的历史的注

第 1 章

§1.1 本书采用的概率论公理结构以及随机过程的存在定理（定理 1）均溯源于 Колмогоров [1].

§1.2 可分性定义及定理 1，2 属于 Doob，这里的叙述略有改进. 本节中可分性定义等价于 Doob [1] 中的“关于闭集可分”的定义，证明见王梓坤 [1] §3.1 定理 3.

§1.3 定理 1，2 分别取材于 Doob [1] 与 Chung [1].

§1.4 条件概率与条件数学期望的近代定义属于 Колмогоров [1].

§1.5，§1.6 马尔可夫链最初由 A. A. Марков（1856—1922）于 1906 年研究，一般马氏过程理论的奠基工作见 Колмогоров [2]. 马尔可夫性的严格定义（即定理 1 中的 (iv)）由 Doob [1] 给出，更一般的马氏过程的定义见 Дынкин [1] [2]，各种定义间的关系见王梓坤 [1] 189 页. 关于连续参数马氏链的基本文献见 Doob [2] [3]，Lévy [1] [2]，Добрушин [1]，Reuter [1]，Kendall and Reuter [1] 等，特别是 Chung [1]，这是一部系统的优秀著作，过去一些直观的论断在其中得到严格的证明；侯振挺、郭青峰的专著 [1] 也很有特色，其中发展和建立了一些新方法. Гихман，Скороход 的巨著［2］中有些章节对马氏链作了很好的叙述.

第2章

§2.1　定理4由 Lévy 提出，这里的证明取材于 Chung［1］；本节其他的定理都属于 Doob［2］.

§2.2　转移概率（$p_{ij}(t)$）在标准性条件 $p_{ij}(t)\to\delta_{ij}$ 下的可微性，最初由于 Колмогоров 于1951年［3］中当作预言提出. 后来在附加条件 $q_i<+\infty$ 或 $q_j<+\infty$ 下，Austin［1］［2］，Юшкевич［1］，Chung 给出证明. 最后由 Ornstein［1］于1960年彻底证实，这里所述的定理2的证明即取自该文，但原证相当简略，定理3，4，5，6见 Doob［3］［1］.

§2.3　定理1，2，4及引理2见 Doob［3］［1］，引理2是强马尔可夫性的前奏. 定理5是 Feller［2］中一结果在可列状态空间情况下的特殊化.

§2.4　本节的结果取自 Reuter［1］，那里使用了半群方法. 本节的证明中使用的方法是比较初等的.

§2.5　定理1和定理2源自 Reuter［3］. 定理2的证明取自 Reuter［5］. 定理3和定理4取自 Feller［4］，但这里对其证明作了某些改进.

§2.6　本节的结果取自 Feller［4］.

§2.7　定理1来自侯振挺［1］，而其证明取自 Reuter［2］. 引理4和引理7以及定理2源自杨向群［8］［9］. 本节中其他的引理取自 Reuter［1］，但本节中已对它们作了很多改进.

§2.8　本节的结果属于杨向群［8］［9］，但定理1中关于流入族部分取自 Reuter［3］.

§2.9　本节结果取自杨向群［8］.

§2.10　本节结果源出于杨向群［8］. 定理1和定理3分

别是 Reuter [3] 中结果的推广和深化.

§2.11 本节结果源自 Reuter [1] 和侯振挺 [1]，但定理 3 的证明较源证明作了很大的改进和简化.

第 3 章

§3.1 引理 2 中第二结论由朱成熹 [1] 得到，定理 2 中 (i) 的证见 Chung [1]，(ii) 由 Lévy 给出.

§3.2 定理 1 由 Doob [2] 得到，定理 2 属于 Lévy，定理 4 的叙述仿 Chung [1]，定理 5 由 Chung [1] 给出.

§3.3 本节结果及证明属于 Chung [1]，Ⅱ.9，那里对强马氏性研究的历史有简要叙述. 关于一般马氏过程的强马氏性见 Дынкин [1] [2].

第 4 章

§4.1 本节结果属于王梓坤 [6]，那里对一般的马氏过程讨论了 0-1 律.

§4.2 除定理 1 见 Chung [1] 外，其他结果取材于王梓坤 [7].

§4.3 定理 1，定理 2 来源于吴立德 [1]，定理 3，定理 4 来源于杨向群 [1].

§4.4 嵌入问题最初由 Elfving 于 1937 年提出. 定理 1～定理 3 由吴立德 [2] 得到，定理 2，定理 3 与系 2 也为王梓坤于 1956 年获得，D. G. Kendall 亦曾证明系 2. 本节中连续扩充不唯一的例 1 由孟庆生、郭冠英造出，例 2 见 Speakman [1]. 其他结果见 Johansen [1].

第 5 章

§5.1 定理 1 见 Добрушин [1]，定理 2，定理 3 见王梓坤 [2] [5].

§5.2 本节大部结分果来源于王梓坤 [4]，其他是新证明的，但引理 3 取自 Reuter [1].

§5.3　引理 1 见 Ledermann and Reuter [1]. 定理 2 改进了 Гнеденко [1] 中一结果. 其余定理是新结果.

§5.4　定理 2 来源于 Гихман-Скороход [1]，其余是新结果.

§5.5　定理 1，定理 2 的证明取材于 Saaty [1].

§5.6　关于生灭过程的应用可参看 Feller [1]，Bharucha-Reid [1].

第 6 章

§6.1～§6.7　全部结果来源于王梓坤 [2] [3] [5]，杨向群做了显著的改进，参看王梓坤、杨向群 [1]，关于生灭过程的构造问题，几乎同时于 1958 年左右由好几位作者所研究. Feller 用分析方法研究了比较一般的马氏链的构造，并深入地讨论了生灭过程，见他的论文 [3]. Karlin 及 McGregor 发表了一系列关于生灭过程的论文，其中的 [1] 用积分形式表达了转移概率，并研究了过程的性质，Юшкевич [2] 用半群的方法构造 Q 过程. 本章所叙述的概率方法，由作者所发展，并由杨向群、侯振挺、郭青峰等继续深入，他们并吸取了其他方法的优点，见杨向群 [2] [3].

§6.8　本节源出王梓坤 [9]. 关于生灭过程性质更多的研究，可参看杨向群 [4].

第 7 章

§7.1　Feller [3] 已对生灭过程引进了自然尺度和标准测度，并将生灭过程视为扩散. Feller [3] 则构造了最小解，以及同时满足向后方程组和向前方程组的全部生灭过程. 杨向群 [2] 则构造了全部的生灭过程. 定理 1 取自杨向群 [3].

§7.2　定理 1 属于 Feller [3]. 引理 2 属于杨向群 [4].

余下的其他结果全是新的.

§7.3 本节的所有结果取自 Feller [3].

§7.4 除了定理 4 是新的外，其余结果取自 Feller [3].

§7.5～§7.9 这些节的结果取自杨向群 [2].

§7.10 本节的结果源于杨向群 [3].

§7.11 除了定理 11 取自王梓坤和杨向群的 [2] 外，本节的所有结果属于杨向群 [8].

§7.12，§7.13 这两节的所有结果来自杨向群 [3].

§7.14 本节结果源于杨向群 [4].

第 8 章

§8.1～§8.7 这些节中的全部结果取自杨向群 [6].

§8.8 定理 6 取自杨向群 [11]. 定理 1，3，4，7，9 和 11，取自杨向群 [1]. 余下的结果全是新的.

§8.9 本节的结果取自杨向群 [11].

附录 1

§1.1 马尔可夫链的势与过分函数，最初由 Doob [4] 及 Hunt [1] 所研究，这里的叙述主要参考 Doob [4].

§1.2 本节中关于马亭边界的叙述见 Hunt [1] 及 Watanabe [1]；过分函数的极限定理则属于王梓坤 [8].

附录 2

λ-系与 $\mathcal{L}$-系方法的明确叙述首见于 Е. Б. Дынкцн [2].

参考文献

王梓坤

［1］随机过程论．北京：科学出版社，1965.

［2］Классификация всех процессов раэмножения ц гибелн，Научные доклады высшей школы. Фиэ. -Матем. Hayku. 1958，(4)：19-25.

［3］On a birth and death process. Science Record，New Ser.，1959，3 (8)：311-334.

［4］On distributions of functionals of birth and death processes and their applications in the theory of queues. Scientia Sinica，1961，10 (2)：160-170.

［5］生灭过程构造论．数学进展，1962，5 (2)：137-170.

［6］马尔可夫过程的 0-1 律．数学学报，1965，15 (3)：342-353．英文稿：Chinese Mathematics (Amer. Math. Society). Acta Math. Sinica，1965，7 (1)：41-54.

［7］常返马尔可夫过程的若干性质．数学学报，1966，16 (2)：166-178．英文稿：Chinese Mathematics (Amer. Math. Society). Acta Math. Sinica，1966，8 (2)：176-190.

［8］The Martin boundary and limit theorems for excessive

functions，Scientia Sinica，1965，14（8）：1 118-1 129.

［9］生灭过程的遍历性与 0-1 律. 南开大学学报（自然科学版），1964，5（5）：89-94.

王梓坤、杨向群

［1］中断生灭过程的构造. 数学学报，1978，21（1）：66-71.

［2］中断生灭过程构造论中的概率分析方法. 南开大学学报（自然科学版），1979，（3）：1-32.

刘　文

［1］可列齐次马氏链转移概率的频率解释. 河北工学院学报，1976，（1）：69-74.

［2］关于可列齐次马氏链转移概率的强大数定律. 数学学报，1978，21（3）：231-242.

朱成熹

［1］非齐次马尔可夫链样本函数的性质. 南开大学学报（自然科学版），1964，5（5）：95-104.

［2］非齐次转移函数的分析性质. 数学进展，1965，8（1）：34-54.

许宝騄

［1］欧氏空间上纯间断的时齐马尔可夫过程的概率转移函数的可微性. 北京大学学报（自然科学版），1958，（3）：257-270.

孙振祖

［1］一类马氏过程的一般表示式. 郑州大学学报（理学版），1962，（2）：17-23.

吴立德

［1］齐次可数马尔可夫过程积分型泛函的分布. 数学学报，1963，13（1）：86-93.

［2］关于连续参数的马尔可夫链的离散骨架. 复旦大学学报

（自然科学版），1964，9（4）：483-489.

［3］可数马尔可夫过程状态的分类．数学学报，1965，15（1）：32-41.

李志阐

［1］半群与马尔可夫过程齐次转移函数的微分性质．数学进展，1965，8（1）：153-160.

李漳南

［1］一类相依变数的强大数定律．南开大学学报（自然科学版），1964，5（5）：41-50.

李漳南、吴荣

［1］可列状态马尔可夫链可加泛函的某些极限定理．南开大学学报（自然科学版），1964：121-140.

杨向群（杨超群）

［1］可列马氏过程的积分型泛函和双边生灭过程的边界性质．数学进展，1964，7（4）：397-424．英文稿：Selected Transtation of Mathematical Statistics and Probability，1973，12：209-248.

［2］一类生灭过程．数学学报，1965，15（1）：9-31．英文稿：Chinese Mathematics（Amer. Math. Society）. Acta Math. Sinica，6：305-329.

［3］关于生灭过程构造论的注记．数学学报，1965，15（2）：174-187．英文稿：同［2］的英文杂志，6：479-494.

［4］生灭过程的性质．数学进展，1966，9（4）：365-380.

［5］柯氏向后微分方程组的边界条件．数学学报，1966，16（4）：429-452.

［6］双边生灭过程．南开大学学报（自然科学版），1964，5（5）：9-40.

［7］可列马尔可夫过程的 W 变换和强极限．中国科学，1979，

9：835-848.

[8] 可列马尔可夫过程构造论，第 2 版. 长沙：湖南科技出版社，1986. 英文版：The construction theory of denumerable Markov processes. John Wiley & Sons，1990.

[9] 单流出时满足向后方程组或单流入时满足向前方程组的 Q 过程的构造. 科学通报，1980，25：1 105-1 108. 科学通报英文版，1981，26：390-394.

[10] Q 过程构造论：有限个非保守状态和有限个流出边界的情形. 中国科学，1981，11：1 440-1 452. 中国科学英文版，1982，25：476-491.

[11] 不规则可数马氏过程的状态分类. 数学学报，1980，23：583-608.

[12] 可列马尔可夫过程的 U 区间. 数学年刊，1980，1：131-138.

[13] 可列马氏过程的强极限和流入分解. 数学年刊，1980，1：255-260.

[14] 逼近马氏链及非黏返回过程样本轨道的构造（Ⅰ）（Ⅱ）. 湘潭大学自然科学学报，1983，(1)：43-55；1983，(2)：1-15.

[15] 关于双有限 Q 过程构造论的注记. 湘潭大学自然科学学报，1984，(1)：9-23.

施仁杰

[1] 可列马尔可夫过程的随机时间替换. 南开大学学报（自然科学版），1964，5（5）：5-88.

[2] 马尔可夫过程对于随机时间替换的不变性质. 南开大学学报（自然科学版），1964，5（5）：199-204.

郑曾同

[1] 测度的弱收敛与强马氏过程. 数学学报，1961，11（2）：126-132.

梁之舜

［1］Об условных Марковских процессах. Теория Вероятностей н её Примеиня，1960，5（2）：227-228.

［2］Инвариантность строго Марковского свойства при нреобразоваиня. Дынкина. 1960，6（2）：228-231.

［3］Интегральное представление одного класса зксцессивных слунайных величин. Вестник Моско Вского Универентета，Серни，1961，（1）：36-37.

胡迪鹤

［1］抽象空间中的 q-过程的构造理论. 数学学报，1966，16：150-165.

［2］度量空间中的转移函数的强连续性、Feller 性和强马尔可夫性. 数学学报，1977，20（3）：298-300.

［3］可数的马尔可夫过程的构造理论. 北京大学学报（自然科学版），1965，（2）：111-143.

［4］关于某些随机阵的调和函数. 数学学报，1979，22（3）：276-290.

侯振挺

［1］Q 过程的唯一性准则. 中国科学，1974，（2）：115-130.

［2］齐次可列马尔可夫过程中的概率-分析法（1）. 科学通报，1973，18（3）：115-118.

［3］齐次可列马尔可夫过程的样本函数的构造. 中国科学，1975，（3）：259-266.

侯振挺、郭青峰

［1］齐次可列马尔可夫过程. 北京：科学出版社，1978.

［2］齐次可列马尔可夫过程构造论中的定性理论. 数学学报，1976，19（4）：239-262.

侯振挺、汪培庄

[1] 可逆的时齐马尔可夫链——时间离散情形. 北京师范大学学报（自然科学版），1979，(1)：23-44.

钱敏平

[1] 平稳马氏链的可逆性. 北京大学学报（自然科学版），1978，(4)：1-9.

墨文用

[1] 齐次可列马尔可夫过程的可加泛函. 山东大学学报（自然科学版），1978，(2)：1-10.

严加安

[1] 鞅与随机积分引论. 上海：上海科技出版社，1981.

伊藤清

[1] 概率论（中译本）. 刘璋温，译. 北京：科学出版社，1963.

[2] 随机过程（中译本）. 刘璋温，译. 上海：上海科技出版社，1961.

Austin D. G.

[1] Some differentiation properties of Markoff transition probability functions. Proc. Amer. Math. Soc.，1956，7：756-761.

[2] Note on differentiating Markoff transition functions with stable terminal states. Duke Math. J.，1958，25：625-629.

Bharucha-Reid A. T.

[1] Elements of the Theory of Markov Probability and Their Applications. 1960. 中译本：马尔可夫过程论初步及其应用. 杨纪珂，吴立德，译. 上海：上海科技出版社，1979.

Сарымсаков Т. А.

[1] Основы Теории Процессов Маркова. 1954.

Chung K. L.

[1] Markov Chains with Stationary Transition Probabilities. 1960.

［2］ On the boundary theory for Markov chains. Acta Mathematica，1963，110（1—2）：19-77；1966，115（1—2）：111-163.

Гихман И. И.，Скороход А. Н.

［1］ Введение в Теорино Случайных Процессов. 1965.

［2］ Теория Случайных Процессов，Ⅰ，1971；Ⅱ，1973；Ⅲ，1975. 中译本：随机过程论. 石北源，等译. 北京：科学出版社，第 1 卷，1986；第 2 卷，1986；第 3 卷，1992.

Гнеденко Б. В.，Беляев Ю. К.，Соловьев А. Д.

［1］ Математические Методы в Теория Надежности. 1965.

Добрушин Р. Л.

［1］ Об условиях регулярности однородных по времени Марковских процессов со счетным числом возможных состояний. Ycnex Matem. Hayk，1952，7（6）：185-191.

［2］ Некоторые классы однородных счетных Марковских процессов. Теорuя Вероят. u её Nрuм.，1957，11（3）：377-380.

Doob J. L.

［1］ Stochastic Processes. 1953.

［2］ Topics in the theory of Markov chains. Trans. Amer. Math. Soc.，1942，52：37-64.

［3］ Markov chains-denumerable case. Trans. Amer. Math. Soc.，1945，58：455-473.

［4］ Discrete potential theory and boundaries. Journ. Math. Mech.，1959，8：433-458.

［5］ State spaces for Markov chains. Trans. Amer. Math. Soc.，1970，149：279-305.

Дынкин Е. Б.

[1] Марковские Процессы. 1963.

[2] Основания Теории Марковских Процессов. 1959. (中译本：马尔可夫过程论基础. 王梓坤，译. 北京：科学出版社，1962)

Dynkin E. B. ，Yushkevich A. A.

[1] Markov Processes：Theorems and Problems. 1969 (有中译本)

Feller W.

[1] An Introduction to Probability Theory and Its Applications. 1957，1 (有中译本)；1971，2.

[2] On the integro-differential equations of purely discontinuous Markov processes. Trans. Amer. Math. Soc. ，1940，48：488-575；Errata，1945，58：474.

[3] The birth and death processes as diffusion process. Journ. Math. Pures. Appl. ，1959，9：301-345.

[4] On boundaries and lateral conditions for the Kolmogoroff's differential equations. Ann. Math. ，1957，65：527-570.

Hunt G. A.

[1] Markov chains and Martin boundaries. Illinois J. Math. ，1960，4：313-340.

Johansen S.

[1] Some results on the imbedding problem for finite Markov chains. J. London Math. Soc. ，1974，8 (2)：345-351.

Karlin S. ，McGregor J. L.

[1] The elassification of birth and death processes. Trans. Amer. Math. Soc. ，1957，86：366-400.

[2] Linear growth，birth and death processes. J. Math. Mech. ，1958，1：643-662.

Keilson J.

［1］Log-concavity anl log-convexity in passage time densities of Birth and death processes. J. Applied Probability，1971，8：391-398.

Kendall D. G.

［1］On the genearlized birth and death process，Ann. Math. Statist.，1948，19：1-15.

［2］Some recent developments in the theory of denumerable Markov processes. Trans. Fourth Prague Conference，1965：11-17.

［3］On the behaviour of a standard Markov transition function near t=0. Zs. f. Wahrsch.，1965，3：276-278.

Kingman J. F. C.

［1］Markov transition probabilities. Zs. f. Wahrsch.，（Ⅰ）1967，7（4）：248-270；（Ⅱ）1967，9（1）：1-9，（Ⅲ）1968，10（2）：87-101；（Ⅳ）1969，11（11）：9-17.

Колмогоров А. Н.

［1］Основнне Помямця Меория Вероятносмей. гИц，М.，1936. Grundbegriffe der Wahrscheinlichkeitsrechung. Berlin，1933.

［2］Über die analytischen methoden in der wahrscheinlichkeitsrechung. Math. Ann.，1931，104：415-458. 译文：概率论的解析方法，伊藤清，著. 随机过程. 上海科技出版社，1961：208-253.

［3］On some probabilities concerning the differentiability of the transition problems in temporolly homogeneous Markov processes having a denumerable set of states. in Russian，Uch. Zapiski，1951：148.

Lamb C.

[1] Decomposition and construction of Markov chains. Zs. f. Wahrsch., 1971, 19: 213-224.

Ledermaun. W., Reuter G. E. H.

[1] Spectral theory for the differential equations of simple birth and death processes. Phil. Trans. Roy. Soc. London, Ser. A, 1954, 246: 321-369.

Lévy P.

[1] Systémes Markoviens et stationnaires, Cas déuombrable. Ann. Sci. École Norm. Super., 1951, 69: 327-381.

Ornstein D.

[1] The differentiability of transition functions. Bull. Amer. Math. Soc., 1960, 66: 36-39.

Reuter G. E. H.

[1] Denumerable Markov processes and the associated contraction semi-groups on 1. Acta Math., 1957, 97: 1-46.

[2] Denumerable Markov processes (Ⅳ), on C. T. Hou's uniqueness theorem for q-semigroups. Zs. f. Wahrsch, 1976, 33: 309-315.

[3] Denumerable Markov processes Ⅱ. J. Lond. Math. Soc., 1959, 34: 81-91.

[4] Denumerable processes Ⅲ. J. Lond. Math. Soc. 1962, 37: 64-73.

[5] Notes on resolvents of denumerable submarkovian processes. Z. W. Verw. Geb. Bd. 9, 16-19.

Saaty T. L.

[1] Elements of Queueing Theory with Applications. 1961.

Smith G.

[1] Instantaneous states of Markov processes. Trans. Amer.

Math. Soc.，1964，110：185-195.

Soloviev A. D.

［1］ Asymptotic distribution of the moment of first crossing of a high level by a birth and death process. Proc. Sixth Berkeley Symp. Math. Stat. and Probability，1972：71-86.

Speakman J. M. O.

［1］ Two Markov chains with a common skeleton. Zs. f. Wahrsch.，1967，7：224.

Юшкевич А. А.

［1］ Некоторые замечания о граничных условиях для процессов размножения и гцбели. Trans. Fourth Prague Conference 1965：381-388.

［2］ О дцфференцируемостн переходных вероятностей однородноро Марковского проце-сса со счетным числом состоявий. Yн. Зan. Mzy.，186，Матемагнка，1959，9：141-160.

Walsh J.

［1］ The Martin boundary and completion of Markov chains. Zs f. Wahrsch.. 1970，14：169-188.

Watanabe T.

［1］ On the theory of Martin boundaries induced by countable Markov processes. Mem. Coli. Sci. Univ. Kyoto，Series A，Math.，1960，33：89-108.

William D.

［1］ On the construction problem for Markov chains. Zs. f. Wahrsch.，1964，3：227-246；1966，5：296-299.

［2］ Fictitionus states couple laws and local time. Zs. f. Wahrsch.，1969，11：288-310.

名词索引

① 这表示此名词首次出现于§2.3.

H

J

K

L

M

P

Q

S

后　记

王梓坤教授是我国著名的数学家、数学教育家、科普作家、中国科学院院士。他为我国的数学科学事业、教育事业、科学普及事业奋斗了几十年，做出了卓越贡献。出版北京师范大学前校长王梓坤院士的8卷本文集（散文、论文、教材、专著，等），对北京师范大学来讲，是一件很有意义和价值的事情。出版数学科学学院的院士文集，是学院学科建设的一项重要的和基础性的工作。

王梓坤文集目录整理始于2003年。

北京师范大学百年校庆前，我在主编数学系史时，王梓坤老师很关心系史资料的整理和出版。在《北京师范大学数学系史（1915～2002）》出版后，我接着主编5位老师（王世强、孙永生、严士健、王梓坤、刘绍学）的文集。王梓坤文集目录由我收集整理。我曾试图收集王老师迄今已发表的全部散文，虽然花了很多时间，但比较困难，定有遗漏。之后《王梓坤文集：随机过程与今日数学》于2005年在北京师范大学出版社出版，2006年、2008年再次印刷，除了修订原书中的错误外，主要对附录中除数学论文外的内容进行补充和修改，其文章的题目总数为147篇。该文集第3次印刷前，收集补充散文目录，注意到在读秀网（http：//www. duxiu. com），可以查到王老师的散文被中学和大学语文教科书与参考书收录的一些情况，但计算机显示的速度很慢。

出版《王梓坤文集》，原来预计出版 10 卷本，经过测算后改为 8 卷。整理 8 卷本有以下想法和具体做法。

《王梓坤文集》第 1 卷：科学发现纵横谈。在第 4 版内容的基础上，附录增加收录了《科学发现纵横谈》的 19 种版本目录和 9 种获奖名录，其散文被中学和大学语文教科书、参考书、杂志等收录的 300 多篇目录。苏步青院士曾说：在他们这一代数学家当中，王梓坤是文笔最好的一个。我们可以通过阅读本文集体会到苏老所说的王老师文笔最好。其重要体现之一，是王老师的散文被中学和大学语文教科书与参考书收录，我认为这是写散文被引用的最高等级。

《王梓坤文集》第 2 卷：教育百话。该书名由北京师范大学出版社高等教育与学术著作分社主编谭徐锋博士建议使用。收录的做法是，对收集的散文，通读并与第 1 卷进行比较，删去在第 1 卷中的散文后构成第 2 卷的部分内容。收录 31 篇散文，30 篇讲话，34 篇序言，11 篇评论，113 幅题词，20 封信件，18 篇科普文章，7 篇纪念文章，以及王老师写的自传。1984 年 12 月 9 日，王梓坤教授任校长期间倡议在全国开展尊师重教活动，设立教师节，促使全国人民代表大会常务委员会在 1985 年 1 月 21 日的第 9 次会议上作出决定，将每年的 9 月 10 日定为教师节。第 2 卷收录了关于在全国开展尊师重教月活动的建议一文。散文《增人知识，添人智慧》没有查到原文。在文集中专门将序言列为收集内容的做法少见。这是因为，多数书的目录不列序言，而将其列在目录之前．这需要遍翻相关书籍。题词定有遗漏，但数量不多。信件收集的很少，遗漏的是大部分。

《王梓坤文集》第 3～4 卷：论文（上、下卷）。除了非正式发表的会议论文：上海数学会论文，中国管理数学论文集论文，以及在《数理统计与应用概率》杂志增刊发表的共 3 篇论文外，其余数学论文全部选入。

《王梓坤文集》第 5 卷：概率论基础及其应用。删去原书第 3 版的 4 个附录。

《王梓坤文集》第 6 卷：随机过程通论及其应用（上卷）。第 10 章及附篇移至第 7 卷。《随机过程论》第 1 版是中国学者写的第一部随机过程专著（不含译著）。

《王梓坤文集》第 7 卷：随机过程通论及其应用（下卷）。删去原书第 13～17 章，附录 1～2；删去内容见第 8 卷相对应的章节。《概率与统计预报及在地震与气象中的应用》列入第 7 卷。

《王梓坤文集》第 8 卷：生灭过程与马尔可夫链。未做调整。

王梓坤的副博士学位论文，以及王老师写的《南华文革散记》没有收录。

《王梓坤文集》第 1～2 卷，第 3～4 卷，第 5～8 卷，分别统一格式。此项工作量很大。对文集正文的一些文字做了规范化处理，第 3～4 卷论文正文引文格式未统一。

将数学家、数学教育家的论文、散文、教材（即在国内同类教材中出版最早或较早的）、专著等，整理后分卷出版，在数学界还是一个新的课题。

本套王梓坤文集列入北京师范大学学科建设经费资助项目(项目编号 CB420)。本书的出版得到了北京师范大学出版社的大力支持，得到了北京师范大学出版社高等教育与学术著作分社主编谭徐锋博士的大力支持，南开大学王永进教授和南开大学数学科学学院党委书记田冲同志提供了王老师在《南开大学》(校报)上发表文章的复印件，同时得到了王老师的夫人谭得伶教授的大力帮助，使用了读秀网的一些资料，在此表示衷心的感谢。

李仲来

2016-01-18

图书在版编目（CIP）数据

生灭过程与马尔可夫链/王梓坤，杨向群著；李仲来主编.
—北京：北京师范大学出版社，2018.8（2019.12 重印）
（王梓坤文集；第 8 卷）
ISBN 978-7-303-23668-8

Ⅰ.①生…　Ⅱ.①王…　②杨…　③李…　Ⅲ.①生灭过程—研究②马尔可夫过程—研究　Ⅳ.①O211.6

中国版本图书馆 CIP 数据核字（2018）第 090383 号

营销中心电话　010—58805072 58807651
北师大出版社高等教育与学术著作分社　http://xueda.bnup.com

Wang Zikun Wenji
出版发行：北京师范大学出版社 www.bnupg.com
北京市海淀区新街口外大街 19 号
邮政编码：100875
印　　刷：鸿博昊天科技有限公司
经　　销：全国新华书店
开　　本：890 mm ×1240 mm　1/32
印　　张：16.875
字　　数：380 千字
版　　次：2018 年 8 月第 1 版
印　　次：2019 年 12 月第 2 次印刷
定　　价：88.00 元

策划编辑：谭徐锋　岳昌庆　　责任编辑：岳昌庆
美术编辑：王齐云　　装帧设计：王齐云
责任校对：陈　民　　责任印制：马　洁